3

Kurt Junghanns **DAS HAUS FÜR ALLE**

Zur Geschichte der Vorfertigung
in Deutschland

*Dessau, 80. Geburtstag
des Bauhauses im Dezember
2006, [signature]*

Ernst & Sohn

Die Herausgabe des Buches
wurde durch das Bauhaus Dessau gefördert.

Die Deutsche Bibliothek – CIP-Einheitsaufnahme

Das Haus für alle/Zur Geschichte der Vorfertigung
in Deutschland/Kurt Junghanns. – Berlin: Ernst, 1994
ISBN 3-433-01274-1
NE: Junghanns, Kurt

Umschlagfotografien:
Interimsbau für abgebranntes
Gutshaus bei Altlandsberg in Terrastbauweise
Typ 1927 in Dessau-Törten
Gagfah-Siedlung (1. Bauabschnitt) in Merseburg, 1929–1930
Stadt ohne Höfe, Luckhardt & Anker, Modell 1927

Gestaltung: Sophie Bleifuß, Berlin
Satz: Ditta Ahmadi, Berlin
Reproduktion: Reprowerkstatt Rink, Berlin
Druck: Ratzlow Druck, Berlin
Bindung: Lüderitz & Bauer, Berlin

© 1994 Ernst & Sohn
Verlag für Architektur und
technische Wissenschaften GmbH
Ein Unternehmen der VCH Verlagsgruppe

Alle Rechte vorbehalten

ISBN 3-433-01274-1

Inhaltsverzeichnis

7 Vorbemerkung

Teil I
Die Ansätze zur Vorfertigung bis 1918

1 Aus der Frühgeschichte der Vorfertigung
11 Krieg und Vorfertigung
13 Hausbau für die koloniale Expansion
19 Vorfertigung mit Beton

2 Die Anfänge der Vorfertigung in Deutschland
26 Erste Bauten
28 Die Entwicklung des Holzhauses
43 Das Werk Gustav Lilienthals
50 Leichte Stahlbausysteme

3 Hausbau mit Beton
53 Guß- und Schüttverfahren
58 Anfänge der Plattenbauweise
62 Walter Gropius' Denkschrift von 1910

4 Vorfertigung im Zeitbewußtsein
68 Vorfertigung und soziale Frage
69 Vorfertigung und künstlerische Reformbewegung

Teil II
Der Aufbruch in den zwanziger Jahren

1 Hausbau zwischen Wirtschaft und Politik
76 Die Nachkriegskrise
89 Wirtschaftlicher Aufschwung
99 Weltwirtschaftskrise und Faschismus

2 Bauen mit Beton
107 Guß- und Schüttbeton
116 Der Baukasten im Großen
119 Martin Wagners Industrialisierungspläne
125 Die großen Versuchssiedlungen
137 Angebote auf dem Baumarkt
140 Versuche einzelner Architekten

3 Vorgefertigte Holzhäuser
146 Baumarkt und Holzhaus
150 Die führenden Unternehmen
192 Montagesysteme einzelner Architekten

4 Metallhäuser und Stahlskelettsysteme
208 Hausproduktion und Stahlindustrie
226 Die Metallarchitektur der Junkerswerke Dessau
235 Kupfer- und Aluminiumhäuser
241 Skelettbauten des Baugewerbes
250 Metallhausprojekte am Bauhaus
261 Ideen und Versuche einzelner Architekten

5 Das wachsende Haus
290 Das Konzept Martin Wagners
292 Eine Ausstellung vorgefertiger Häuser

307 Verzeichnis der Abkürzungen
308 Literaturverzeichnis
315 Personenregister
316 Firmenregister
317 Bildnachweis

Vorbemerkung

Die vorliegende Arbeit behandelt die Entwicklung der Vorfertigung im Hausbau beschränkt auf Deutschland und zeitlich begrenzt von den Anfängen bis 1945. Nach diesem Zeitpunkt bewirkten die Kriegszerstörungen mit ihren riesigen Trümmerbergen in den Städten und die damit einhergehende Wohnungsnot einen so ungewöhnlichen Aufschwung der Vorfertigung mit so unterschiedlichen Entwicklungstrends im geteilten Deutschland, daß dieser umfangreiche Stoff eine besondere Behandlung erfordert. Im Hinblick auf die damals erreichte Vielfalt der Bauweisen wurde der Begriff der Vorfertigung weit gefaßt und das zukunftsträchtige Gebiet der Teilvorfertigung weitgehend in die vorliegende Betrachtung einbezogen.

Außer einigen technikgeschichtlich angelegten Berichten über die Vorfertigung gibt es noch keine Darstellung, die sie auch in ihren gesellschaftlichen Zusammenhängen bis hin zu den künstlerischen Problemen zeigt. Das Ziel der Arbeit war deshalb, einerseits die Vielfalt der entwickelten technischen Ideen und der Motive darzustellen, die zur Vorfertigung führten, andererseits die Träger dieser Vorfertigung in der Bauwirtschaft und in der Fachwelt, insbesondere unter den Architekten von Rang, in ihrem zeitbedingten Wirken festzuhalten. Da ein entsprechender Forschungsvorlauf fehlt, kann der hier gegebene Bericht nur als eine Annäherung an den sehr vielgestaltigen historischen Befund gelten. Hinweise auf Lücken und noch unerschlossenes Quellenmaterial sind daher stets willkommen.

Trotz langjähriger eigener Forschungen wurde diese Arbeit nur durch die verständnisvolle Unterstützung in der Fachwelt, in Archiven, Museen, Bauaufsichts- und Denkmalpflegeämtern ermöglicht. Allen Helfern sei herzlich gedankt, besonders Dipl. phil. Helmut Erfurth in Dessau für das gesamte Material über den Stahlhausbau Hugo Junkers', Dipl.-Ing. Achim Wendschuh für die Erschließung des Nachlaß- und Fotofundus der Akademie der Künste Berlin, Frau Anna Sabine Halle in Berlin für eingehende Informationen und die Bilddokumentation über das Werk Gustav Lilienthals und Ing. Klaus Winter in Merseburg für seine Mitteilungen und Fotos zur Zollbauweise. Nicht zuletzt gilt mein Dank dem Bauhaus in Dessau für eine wirksame Förderung des Unternehmens und dem Verlag Ernst & Sohn für die sorgfältige Edition.

Kurt Junghanns

Teil I
Die Ansätze zur Vorfertigung

1 Aus der Frühgeschichte der Vorfertigung

Deutschland zählt in der Geschichte der Vorfertigung zu den Spätentwicklern. Als es mit eigenen Leistungen auftrat, hatten die industriell fortgeschrittenen Länder Westeuropas, insbesondere England und Belgien, aber auch die jungen Vereinigten Saaten bereits eine Periode lebhafter industrieller Fertighausproduktionen hinter sich. Immer wieder wurden Errungenschaften, Ideen und Erfahrungen aus diesen Ländern im deutschen Hausbau wirksam, so daß ein Überblick über die Vorgänge im Ausland zum Verständnis der Entwicklung in Deutschland unerläßlich ist.

An sich ist die Vorfertigung im Hausbau viel älter. In der Bucht von Tunis wurde ein Schiffswrack aus Römerzeiten gefunden mit Bauelementen aus Marmor für einen Tempel mit den Säulen und dem plastischen Schmuck einschließlich der Statuen. Bestätigt wird die Annahme, daß es sich um eine Vorfertigung handelt, durch einen Brief des jüngeren Plinius an seinen Freund Mustius, in dem er um die Übersendung eines Ceres-Tempels mit vier Säulen bittet. Geliefert werden sollten auch der Tempelfußboden und die Statue der Göttin. Es gab also neben den vielen bekannten römischen Manufakturen, die Gebrauchsgerät und Kunstgegenstände in Serie fertigten, auch solche, die Bauelemente herstellten und verfrachteten. Zweifellos war eine solche Vorfertigung nicht ohne Bedeutung für die Verbreitung römischer Kultur und Kunst in den eroberten Provinzen des Weltreiches.[1]

Im allgemeinen setzte die Vorfertigung ein, wenn leichte Zerlegbarkeit und Transportfähigkeit gefragt waren.

Die ersten gesicherten Nachrichten darüber setzen in Japan mit dem Bericht des Ho-Djo-Ki aus dem 12. Jahrhundert ein, in dem eine zerlegbare und auf zwei Handkarren transportierbare Holzhütte beschrieben wird, 3 × 3 m groß, in der leichten japanischen Bauart mit Haken und Ösen zum Verriegeln der Wandplatten.[2] Die nächste Überlieferung bezieht sich auf Leonardo da Vinci, der 1494 und 1497 zerlegbare Gartenpavillons in einer Tafelbauweise für die Herzogin Isabella Sforza entworfen hat. 1575 wurde eine vorgefertigte Holzhütte für hundert Mann von englischen Goldsuchern aus ihrer Heimat nach Baffin Land gebracht. Allerdings ging ein Teil der Hütte auf dem Transport verloren. 1624 führte eine englische Fischereiflotte eine Holzhütte an Bord, die auf Cape Ann in Massachusetts als Stützpunkt aufgestellt und später auf andere Standorte an der Küste umgesetzt wurde.[3]

Um diese Zeit gab es in Moskau bereits eine ausgedehnte Vorfertigung von Wohnhäusern in der dort üblichen Blockbauweise. Sie wurden in verschiedenen Preislagen für den Verkauf hergestellt und auf dem Holzmarkt an der Stelle des heutigen Trubnaja Platzes angeboten. Der Käufer konnte das aufgestellte Haus besichtigen, es wurde dann abgebaut und auf sein Grundstück gefahren. Die Stadt erlebte damals einen raschen Aufschwung durch das Aufblühen des russischen Staates, dessen Expansion sogar zur Vorfertigung einer kompletten Festung vom Umfang des Moskauer Kreml führte. Alle Teile für die Mauern in Holz-Erde-Konstruktion, für die Türme, Lagerhäuser, Lebensmittelmagazine, Bäckereien, Badehäuser, Truppenunterkünfte und für zahlreiche Wohnhäuser wurden in Uglitsch an der Wolga hergerichtet,

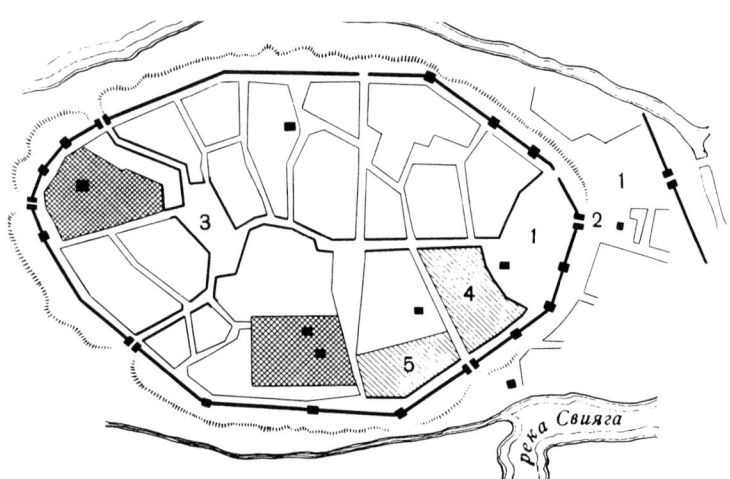

1 Swijashsk an der Wolga, Vorgefertigte Festung, 1551

Hauptplatz, durch Festungsmauer geteilt (1), Tor (2), Leniwy-Markt (3), Artilleriehof (4), Shitny-Hof, für Lebensmittel (5), Klöster (kreuzschraffiert), Kirchen (schwarze Rechtecke)

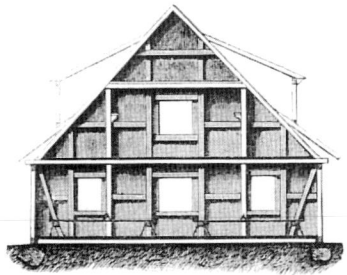
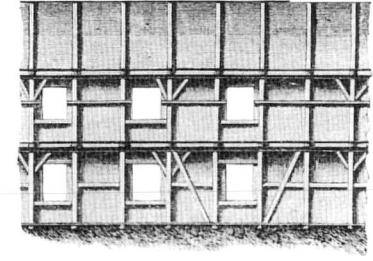

2 Preußische Lazarettbaracke, 1807

vormontiert und wieder abgebaut. 1551 schwamm das gesamte Baumaterial mit dem Frühjahrshochwasser 1000 km abwärts nach Swijashsk, wo die Festung in kürzester Zeit errichtet werden konnte.[4]

Krieg und Vorfertigung

Das Militärwesen war anfänglich überhaupt der wichtigste Auslöser für Vorfertigung und Montage. 1788, während des Türkenkrieges, wurden in Wien 24 Lazarettbaracken zusammengestellt und auf der Donau nach Slawonien in das Kampfgebiet verschifft. 1790 brachte die britische Flotte ein vorgefertigtes Hospital nach Australien. Die Reihe ähnlicher Meldungen setzt sich im 19. Jahrhundert fort.[5] Es waren stets einfache verbretterte FAchwerkbauten in der Art der preußischen Lazarettbaracken, die 1807 nach der Schlacht bei Eylau im ehemaligen Königsberg für 18 000 Verwundete errichtet worden sind. Ähnliche Barackenlazarette wurden auch während der Freiheitskriege aufgebaut, allein drei vor den Toren der Stadt Frankfurt am Main. Allerdings waren sie noch nicht vorgefertigt. Die Kranken lagen damals dicht gedrängt, Verwundete und Infektionskranke durcheinander, so daß die Sterberate vor allem durch Typhus und Ruhr erschreckend hoch war. Während des Krimkrieges 1854/56 errichteten die Engländer bei Renkioi am Südausgang der Dardanellen ein vorbildliches Etappenlazarett aus 64 in England vorgefertigten Holzfachwerkbaracken, die zur Absonderung der Infektionskranken in drei getrennten Gruppen an überdachten Wandelgängen aufgereiht worden sind. Die mit dieser Maßnahme erreichten Erfolge in der Seuchenbekämpfung wurden schließlich in die allgemeine Krankenpflege übernommen und Isolierstationen in vorgefertigten Baracken bei vielen Krankenhäusern eingerichtet und erprobt, so in Greifswald in der Universitätsklinik und in Berlin in der Charité.[6] Im amerikanischen Sezessionskrieg 1865 schließlich war der Einsatz von vorgefertigten, leicht transportierbaren Baracken wegen der geringen Besiedlung des Landes eine dringende Notwendigkeit. Es wurden damals vierzehn Barackenlazarette mit über 100 000 Betten errichtet,[7] so daß die Barackenproduktion einen lebhaften Aufschwung nahm und neue, für Transport

1 H. Vergnolle: La Préfabrication chez les Romains. Technique et Architecture 9 (1950), H. 7/8, S. 11 f.
2 The Ten Foot Square Hut and Tales of the Heike. Translated by A. L. Sadler, Tokyo 1977

3 H. Wurm: Vorgefertigte Bauten des 19. Jh. In: Technikgeschichte Bd. 33 (1966), Nr. 3, S. 37, 232; Ch. Peterson: Early American Prefabrication, Gazette des Beaux Arts XXIII, Jan. 1948, S. 37 f.

4 A. Olearius: Moskowitische und persische Reise, Berlin 1939, S. 79; A. W. Bunin: Geschichte des russischen Städtebaues, Berlin 1961, S. 53, 123
5 Wurm, S. 233

6 Langenbeck, von Coler, Werner: Die transportable Lazarettbaracke, Berlin 1890, S. 12 f., 22–27, 171, 29
7 Langenbeck, S. 29, 40–43, 49 f.

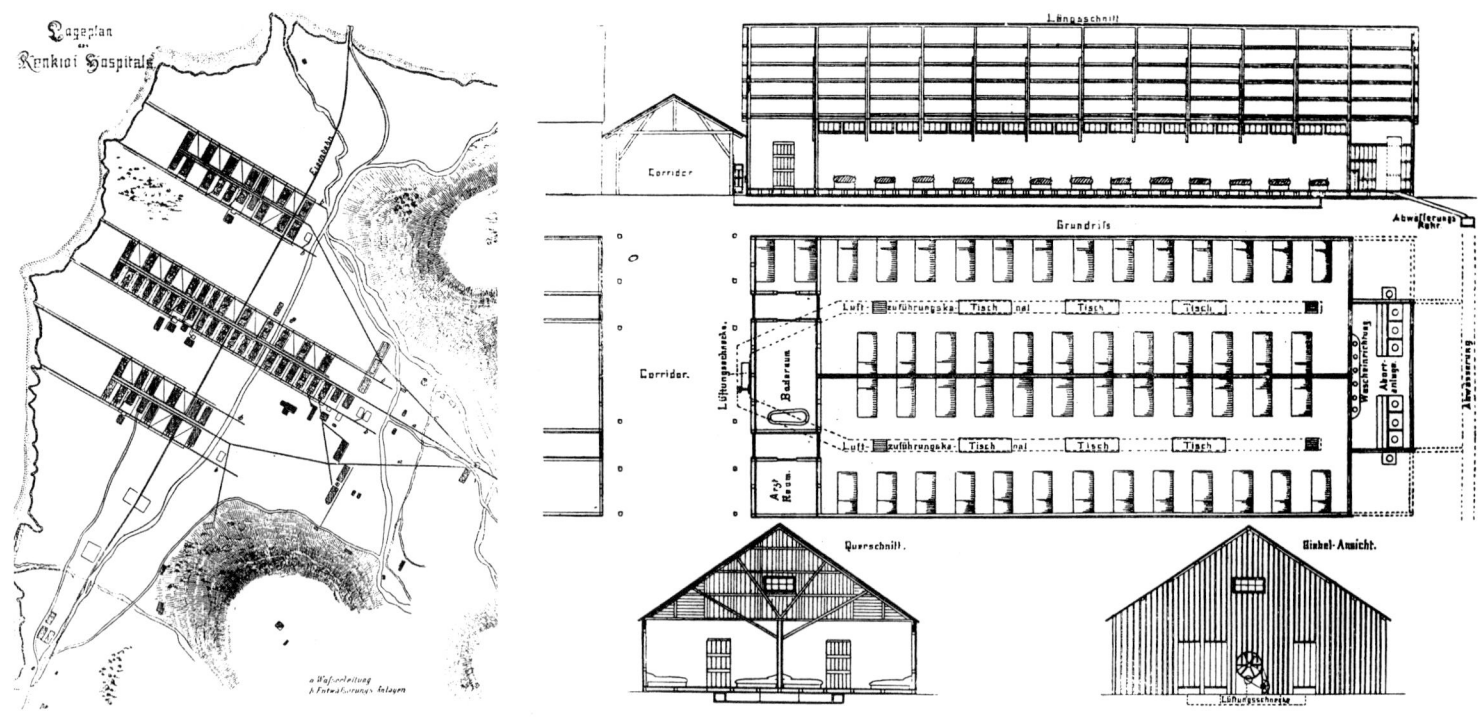

3/4 Englisches Etappenlazarett im Krimkrieg, Renkioi (Dardanellen), 1855
3 Lageplan

4 vorgefertigte Baracke (Grundriß, Ansicht, Längs- und Querschnitt)

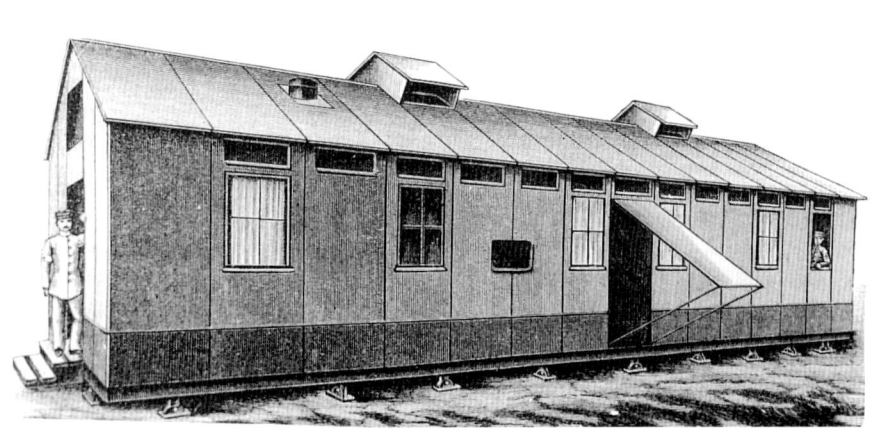
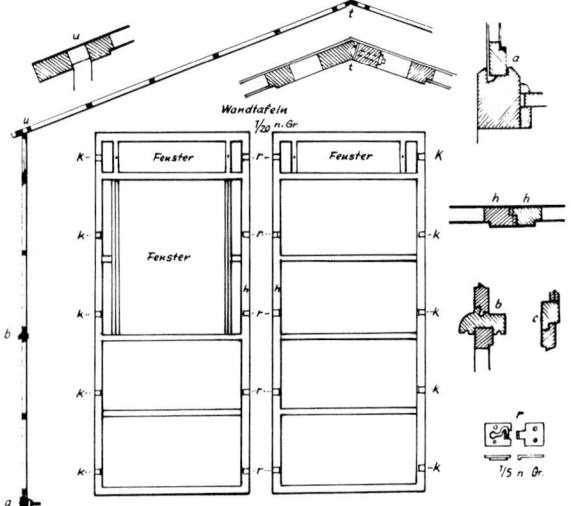

5/6 Sanitätsbaracke, System Doecker, 1885
5 Ansicht
6 Konstruktion

und Montage besonders geeignete Bausysteme entwickelt wurden.

In den deutschen Heeresverwaltungen wurden diese Erfahrungen aus dem Krim- und dem Sezessionskrieg wenig beachtet, obwohl mit der wachsenden Zahl der eingesetzten Truppen die Zahl von Verwundeten und Infektionskranken ständig zunahm. Diese Vernachlässigung und der Rückstand in der Vorfertigung von Baracken hatten während des Deutsch-Französischen Krieges teilweise katastrophale Folgen. Die vorhandenen Feldlazarette und die Krankenhäuser in der Heimat reichten nicht aus, und so mußten eiligst Baracken in den Garnisonsstädten errichtet werden: in Dresden auf dem ehemaligen Alaunplatz, in Berlin auf dem Tempelhofer Feld, insgesamt in 84 Orten. Es waren fast ausschließlich Holzbauten, oft nur Schuppen, und nur wenige waren von geschickten Unternehmern vorgefertigt. Eine von dem Schweizer Ingenieur Riesold 1869/70 unter Berücksichtigung der neusten technischen und medizinischen Erfahrungen konstruierte transportable Lazarettbaracke in Holztafelbauweise mit einem einfachen Holzskelett kam zu spät.[8] Unter dem Eindruck der hohen, aber vermeidbaren Verluste begannen in Deutschland systematische Tests mit den vorhandenen Barackenbauweisen und eine intensive Arbeit an deren Verbesserung.

Allgemein wuchs das Interesse am Ausbau des Sanitätswesens. 1864 wurden Lazarette, Krankenhäuser und das Sanitätspersonal durch die Genfer Konvention für den Kriegsfall als neutral erklärt. 1863 wurde das Internationale Komitee vom Roten Kreuz gegründet, das 1885 mit Unterstützung der belgischen Regierung in Antwerpen einen Wettbewerb für Lazarettbaracken ausschrieb – den ersten internationalen Wettbewerb für vorgefertigte Bauten. In diesem Rahmen machte erstmals eine deutsche Firma von sich reden: Christoph & Unmack, die später zum bedeutendsten Holzhausproduzenten werden sollten, erhielten den ersten Preis.[9]

Die Baracke verdrängte im Lauf des 19. Jahrhunderts das Zelt, das bisher für Feldlazarette und Truppenunterkünfte üblich gewesen war. Endgültig überlegen erwies sie sich jedoch erst 1878 bei der Okkupation Bosniens und der Herzegovina durch Österreich, als es gelang, in diesen unerschlossenen Gebieten vorgefertigte Lazarette, Truppenunterkünfte und selbst Pferdeställe auf Tragtieren in abgelegene Einsatzorte zu transportieren. Gegen Ende der achtziger Jahre gab es in Deutschland bereits eine lebhafte Barackenproduktion speziell für Lazarette, darunter auch schon Typen mit einer glatten Stahlblechaußenhaut.[10] Als letztes Beispiel in dieser Reihe sei das »Kriegshaus« erwähnt, das bei der Unterdrückung des sogenannten Boxeraufstandes in China um 1900 dem deutschen Expeditionskorps als Stabsgebäude mitgegeben worden war. Der erdgeschossige Bau hatte eine Grundfläche von 11,30 × 17 m und wurde im Auftrag des preußischen Kriegsministeriums von den Hamburger Asbest- und Gummiwerken A. Calmon angefertigt. Es war ein mit Asbestschieferplatten beplankter Holzfachwerkbau. Die Konstruktion ist offensichtlich noch wenig durchdacht gewesen, denn der Aufbau dauerte acht Tage und die Demontage drei. Bereits 1901 wurde aus Peking die Vernichtung durch Brand gemeldet.[11]

Von diesen einfachen »fliegenden« Holzbauten der ersten Feldlazarette zieht sich ein ununterbrochener Entwicklungsstrang bis in die jüngste Zeit. »Baracke« ist eine internationale Bezeichnung geworden, sie ist in allen Weltsprachen zu finden. Baracken wurden und werden für die vielfältigsten Zwecke gebracht und sind durch »Lager« verschiedenster Art zu einem Stigma des 20. Jahrhunderts geworden.

Hausbau für die koloniale Expansion

Koloniale Eroberungen lösten nicht nur die Vorfertigung von Lazarettbaracken und Truppenunterkünften aus, sondern auch die von Wohnhäusern für die nachfolgende Besiedlung. Denn der übliche Massivbau konnte den teilweise sprunghaft wachsenden Bedarf an Wohnraum nicht decken. Vor allem fehlte es an Bauhandwerkern und an Fachkräften für die Herstellung der traditionellen Baumaterialien. Eine Folge waren erhöhte Löhne für Facharbeiter und enorm hohe Wohnungsmieten. Das Kostengefüge war derart, daß die Vorfertigung von Wohnhäusern, Läden und Geschäftshäusern in Europa und der Transport nach Übersee zu einem gewinnbringenden Geschäft werden konnten. Die Abnehmer waren in erster Linie Nordamerika, besonders die Neuenglandstaaten im Nordosten mit Boston und New York als den wichtigsten Häfen, aber auch die Karibischen Inseln, Südamerika, Australien und Afrika. 1809 erreichte der Häuserstrom bereits das abgelegene Honolulu. Hier kamen die ersten Häuser aus Russisch-Alaska, wahrscheinlich waren es Blockhütten.[12]

---

8 Langenbeck, S. 31, 40–43, 49f.
9 Langenbeck, S. 77, 55–64, 196–200; ZBV 5 (1885), H. 8, S. 84, H. 40, S. 416; 6 (1886), H. 37, S. 368
10 Langenbeck, S. 55–64, 196–203; Zur Nieden: Zerlegbare Häuser, Berlin 1889; HdbA Bd. III,2,1, S. 339f.
11 DBZ 34 (1900), H. 95, S. 582; 35 (1901), H. 62, S. 384
12 Ch. Peterson: Pioneer Prefabs in Honolulu, AJA Journal Sept. 1973, S. 42–47

7 Plantage auf einer karibischen Insel mit Häusern in Paneelbauweise, 1861, Hersteller Skillings & Flint, Boston

8 Vorgefertigtes Holzhaus um 1830, Hersteller John Manning, London

9 Balloon-Frame-System nach George W. Snow, Chicago, vor 1850

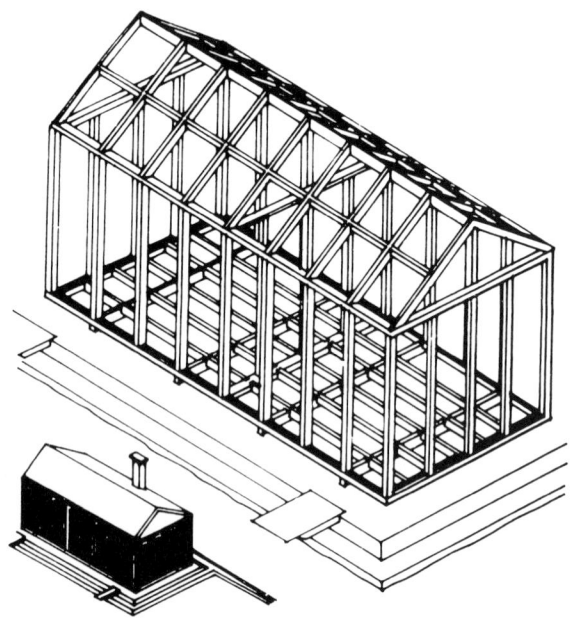

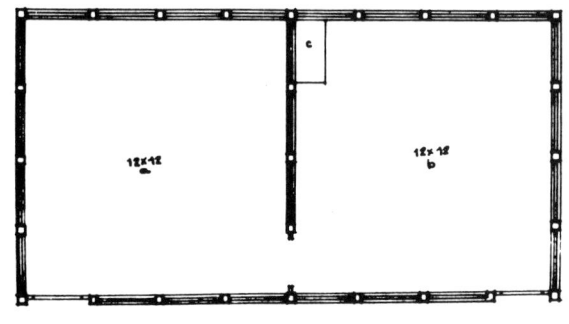

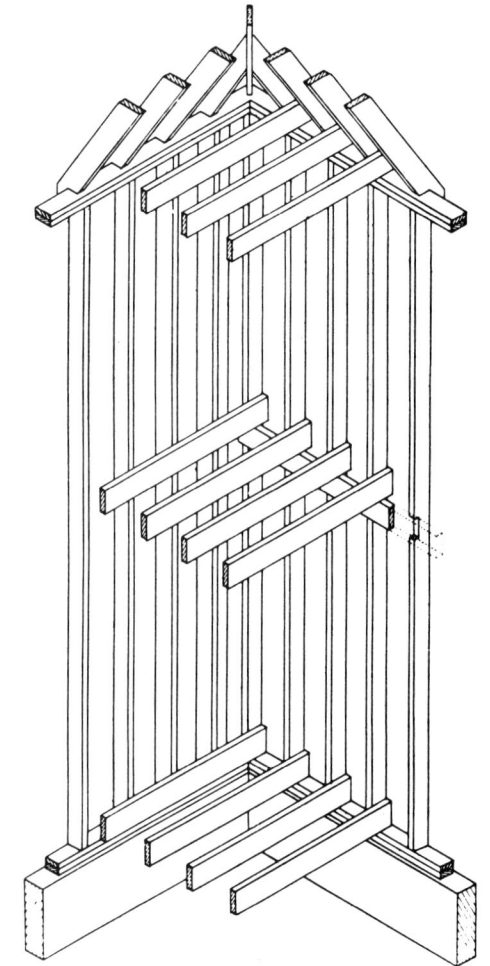

Holz war anfangs das gegebene Baumaterial und ein vereinfachtes Fachwerk mit äußerer und innerer Verbretterung die gebräuchlichste Konstruktion. Solche Fachwerkhäuser wurden ein- und zweigeschossig geliefert. In der Regel reichte ihre leichte Bauweise für die klimatischen Verhältnisse der Bestimmungsländer aus, so daß diese Art der Vorfertigung weite Verbreitung fand. Besondere Dämmstoffe gab es bis in die zweite Hälfte des 19. Jahrhunderts noch nicht. Von Häusern, die 1840 von Norwegen nach Algier verfrachtet wurden, heißt es ausdrücklich, daß die Ausfachung aus zwei sich überkreuzenden eingeschobenen Brettlagen bestand, die eine Isolierschicht von trangetränktem dickem Papier einschlossen.[13]

Der Transport zur See und vor allem der mehr oder weniger schwierige Landtransport machten eine leichte Konstruktion und eine möglichst raumsparende Verpackung erforderlich. Einfachste Montage ohne längere Handarbeit auf der Baustelle waren für den Absatz wichtig. In London produzierte die Firma John Manning seit etwa 1830 zweiräumige Hütten für die Kolonien mit einfachem Ständerwerk und eingeschobenen, auf Rahmen und Füllung gearbeiteten Holztafeln. Die Montage dauerte nur einen Tag.[14] 1840 veröffentlichte John Hall, ein Architekt in Baltimore, eine Beispielsammlung von Wohnhausentwürfen, darunter auch eine zweiräumige Hütte in der gleichen Tafelbauweise. Sie hatte den Vorzug, daß das gesamte Baumaterial von nur einem Pferd transportiert werden konnte.[15] Bei späteren Systemen wurde das Ständerwerk weggelassen. 1861 erhielten zwei Holzhändler in Boston ein Patent für eine Hütte aus Platten, die aus einer gespundeten Brettlage auf einem flachen Holzrahmen bestanden. Solche leichten Hütten wurden Jahre hindurch in großer Zahl auch von der amerikanischen Armee gekauft.

Der große Mangel an Wohnraum in den Kolonien war jedoch nicht nur ein starker Anreiz zum Häuserimport, sondern auch zur Entwicklung einer lokalen Holzindustrie. Dampfbetriebene Sägewerke entstanden überall in den Vereinigten Staaten. Die Einführung der Kreissäge und die Verwendung maschinell hergestellter Drahtstifte anstelle der teuren schmiedeeisernen Nägel veranlaßten den Ingenieur George Snow in Chicago zur Entwicklung einer Hauskonstruktion, die nur aus Brettern, wie sie jedes Sägewerk maßgerecht liefern konnte, und genagelten Verbindungen bestand. Loch und Zapfen wie beim Fachwerkbau entfielen. Die Konstruktion bestand aus enggestellten Brettpfosten, entsprechend angeordneten, hochkant liegenden Brettern als Deckenbalken, einer Brettschalung außen und einer Vertäfelung innen. Diese leichte Bauweise, spöttisch Balloon Frame System genannt, beruhte auf einer Teilvorfertigung und beanspruchte noch erhebliche Arbeit auf der Baustelle.[16] Aber diese Arbeit konnte auch von Nichtfachleuten verrichtet werden.

Das System war praktisch und billig, das Ergebnis ein ortsfestes Haus, das nur noch bedingt »zerlegbar« und »transportabel«, dafür aber variabel in Größe und Grundriß war. Es verbreitete sich rasch und bildete bald die Grundlage der außerordentlich hohen Produktivität der amerikanischen Holzindustrie. »Ohne Kenntnis der Balloon Frame Konstruktion«, heißt es in einer Pressestimme von 1855, »hätten weder Chicago noch San Franzisco in einem einzigen Jahr zu großen Städten werden können.«[17] Die Sägewerke von Chicago ermöglichten es, daß 1876 die mehrere hundert Kilometer entfernte Stadt Cheyenne in Wyoming mit etwa 3000 Balloon Frame Häusern in nur drei Monaten errichtet werden konnte.[18] Es wird geschätzt, daß solche Häuser in der zweiten Hälfte des 19. Jahrhunderts einen Anteil von 60 bis 80 Prozent der gesamten Wohnbausubstanz der Vereinigten Staaten erreichten. Die Haustypen waren sehr verschieden, ein- und zweigeschossig, mit Sattel- oder Walmdach, mit und ohne angebaute Lauben, aber alle mit der gleichen wasserabweisenden waagerechten Stülpschalung außen. Monotonie im Städtebau durch Wiederholung der gleichen Haustypen war daher ein noch unbekannter Begriff. Die Vereinigten Staaten sind auf diese Weise durch die Umstände ihrer Besiedlung, durch günstiges Klima und natürlichen Holzreichtum zu einem Land des Holzhauses geworden und George Snow zum erfolgreichsten Pionier der Vorfertigung im 19. Jahrhundert.

Das Einfamilienhaus aus Holz ist in Nordamerika noch immer vorherrschend. Natürlich wurde die Art der Vorfertigung unablässig verfeinert. Ein starker Impuls ging von dem wirtschaftlichen Aufschwung aus, der nach dem Bürgerkrieg einsetzte. Schon in den siebziger Jahren bot eine Firma in Chicago »ready made houses« an, das heißt Fertighäuser, bei denen über den Rohbau hinaus bereits Teile des Innenausbaus mitgeliefert wurden.[19] Nach 1900 wurde mit dem »precut house« oder »mail order house« der damals weitest entwickelte Vorfertigungsgrad und die höchste technische Vollkommenheit erreicht. Ein solches Haus war sofort be-

---

13 HdbA III,2,1, S. 226
14 G. Herbert: The Dream of the Factory-Made House, Cambridge/Mass. 1986², S. 15, Abb. 1,1
15 Peterson, Early American, S. 38, 41

16 S. Giedion: Raum, Zeit, Architektur, Ravensburg 1965, S. 233–236
17 Giedion, S. 235
18 M. Ragon: Histoire Mondiale de l'Architecture et de l'Urbanisme, Bd. I, o. O. 1971, S. 136
19 DBZ 5 (1871), H. 21, S. 163

ziehbar, sogar die passende Möblierung konnte man bestellen. Die Konstruktion ging auf das Balloon-Frame-System zurück, von individuell gebauten Häusern war es daher kaum zu unterscheiden.[20]

Dem Holzhaus erwuchs jedoch um 1830 für einige Jahrzehnte ein starker Konkurrent im Haus aus Eisen. Schon gegen Ende des 18. Jahrhunderts wurden in England große Fabriken mit Innenstützen und Deckenträgern aus Gußeisen gebaut. Schinkel hat solche Fabriken auf seiner Englandreise 1826 besichtigt, ihre Konstruktion studiert und ihre brutale, für ihn unheimliche architektonische Erscheinung in seinen Reiseskizzen festgehalten.

Das Eisen, zunächst in Form des Gußeisens, stieß von vornherein auf große Sympathie, weil es dem Holz konstruktiv überlegen war und vor allem als feuersicher galt. Zugleich fand die englische Hüttenindustrie, die weit über den Bedarf des Maschinenbaus hinaus Eisen produzierte, im Bauwesen einen aufnahmefähigen Markt. Sie ging sogar zum Guß von geschoßhohen Fassadenelementen über. Als ein frühes Zeugnis hat sich ein kleines Schleusenwärterhaus von 1830 in Tipton Green erhalten, das aus Gußeisentafeln zusammengesetzt ist. Aus diesen Anfängen entstand in kurzer Frist eine leistungsfähige Bauindustrie, die bald komplette gußeiserne Büro-, Lager- und Warenhäuser lieferte. Solche Bauten haben sich vor allem in Glasgow, dem Zentrum der englischen Eisenindustrie, bis heute erhalten. Ein erheblicher Teil dieser Produktion wurde exportiert, wenn auch des hohen Gewichts der Bauelemente wegen der Absatz auf Küstenstädte beschränkt blieb. Nach der Jahrhundertmitte wurden auch gußeiserne Leuchttürme für den Ausbau der großen Schiffahrtsrouten in alle Welt versandt.[21]

Neben der englischen beteiligte sich auch die aufblühende amerikanische Hüttenindustrie an dem Geschäft. Am bekanntesten wurde James Bogardus in New York, der seit 1848 gußeiserne Büro-, Waren- und Wohnhäuser mit weitge-

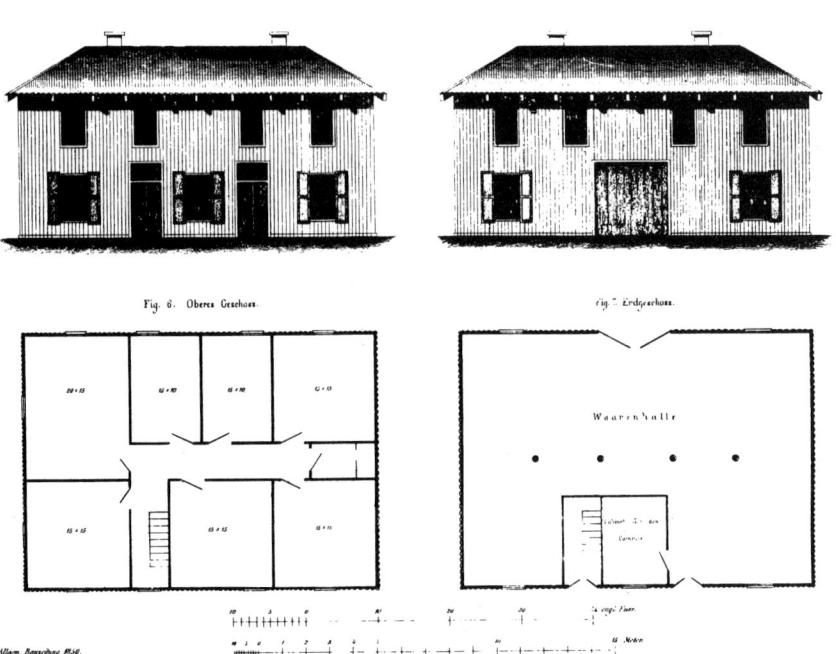

10–12 Englische Wellblechkonstruktionen
10 Palast für den afrikanischen König Eyambo, 1843
11 Warenhaus mit Wohnung für Kalifornien, 1850

12 Fabrikhof in Bristol mit vormontierten Wellblechbauten, 1854

hend verglasten Fassaden von hoher architektonischer Qualität geschaffen hat. Es gab auch andere leistungsfähige Eisengießereien. Als 1849 St. Louis am Missisippi zum größten Teil niederbrannte, wurde das Geschäftsviertel in kurzer Zeit mit vorgefertigten Gußeisenhäusern wieder aufgebaut, darunter viele von besonderer architektonischer Eigenart. Die Gestaltung ging durchaus von historischen, vor allem von klassizistischen Stilformen aus, jedoch waren die Säulen, Halbsäulen, Pilaster und anderen Teile der Fassade aufgrund der höheren Belastbarkeit des Materials schlanker und feingliedriger als bei Steinbauten. Das schwere Gußeisen ermöglichte, besonders in Verbindung mit Glas, einen leichten, grazilen Architekturcharakter. In dieser Form fügte sich das Eisen als ein neuer, zeitgemäßer Baustoff bruchlos in die bisherige Architekturtradition ein. Es wurde selbst im Kirchenbau angewandt, und der englische Hof ließ sich 1815 bis 1823 in Brighton von John Nash ein zierliches eisernes Schloß errichten. Die große Zeit der Gußeisenarchitektur begann jedoch erst gegen 1820 und endete um 1860.[22]

Wesentlich leichter und handlicher wurden die Eisenbauten, als um 1840 das verzinkte Wellblech erfunden wurde. Es fand sofort Eingang in den Hausbau. Die Außenwände bestanden jetzt aus geschoßhohen Wellblechtafeln, die auf ein tragendes Gerüst von Schmiedeeisen aufgeschraubt wurden. Ein Haus von 4,10 × 6,10 m Grundfläche konnte nun in zwei Kästen von 31 × 62 × 275 cm Größe verpackt werden. Das Blech blieb ohne Anstrich, damit es die Sonnenstrahlen reflektierte. Auf der Innenseite erhielten die Platten eine Holzverkleidung. Auch alle Innenwände und Decken waren aus Holz.

Heute zählen Wellblechbauten zu den billigen Provisorien, damals hingegen waren sie neu, setzten den mit dem Gußeisen eingeschlagenen Weg fort und standen, wenigstens in ihrem ersten Jahrzehnt, in einem gewissen Ansehen.

So bestellte der afrikanische König Eyambo 1843 in England einen zweigeschossigen Palast für sich und seinen Harem.[23] Die Stadt Hamburg zog nach dem großen Stadtbrand von 1842 einen Wiederaufbau mit Wellblechhäusern aus England und Belgien in Betracht und gab diese Absicht erst auf, als sich einfache Mauerbauten als billiger erwiesen.[24] Noch 1851 ließ sich das englische Königshaus von der damals bekanntesten Hausbaufirma Bellhouse in Manchester einen Ballsaal in Wellblechkonstruktion errichten, der sich in seiner äußeren Erscheinung von den üblichen Blechhäusern wenig unterschied. Aber als vier Jahre später die gleiche Bauweise für das Museum of Science and Art in London gewählt worden war, begann die Kritik, obwohl dem Bau eine gewisse Eleganz der Formgebung nicht abzusprechen war.[25] In den Kolonien und in den Vereinigten Staaten hatten sich die technischen und vor allem die bauphysikalischen Mängel einfacher importierter Wellblechhäuser längst offenbart: Sie waren im Sommer zu heiß und im Winter zu kalt und galten bald nur noch als ein notwendiges Übel.

Neben England war auch Belgien ein Zentrum der Vorfertigung von eisernen Häusern. Hier hatte vor 1845 der Ingenieur Delavelaye – anscheinend erstmals – versucht, aus

20 B. Kelly: The Prefabrication of Houses, London 1951, S. 11
21 R. B. White: Prefabrication. A History of the Development in Great Britain, London 1965, S. 12; Wurm, S. 233
22 Wurm, S. 246; Giedion. S. 151–153; J. Gloag/D. Bridgewater: A History of Cast Iron in Architecture, London 1948, S. 198
23 Petersen, Pioneer Prefabs, S. 46f.; H. R. Hitchcock: Early Victorian Architecture, London 1954, Bd. I, S. 459, 498
24 Jahrbuch der Baukunst und Bauwissenschaft, Bd. I 1844, S. 308
25 Hitchcock, Early Victorian, Bd. I, S. 568f., Bd. II, S. XVI,47

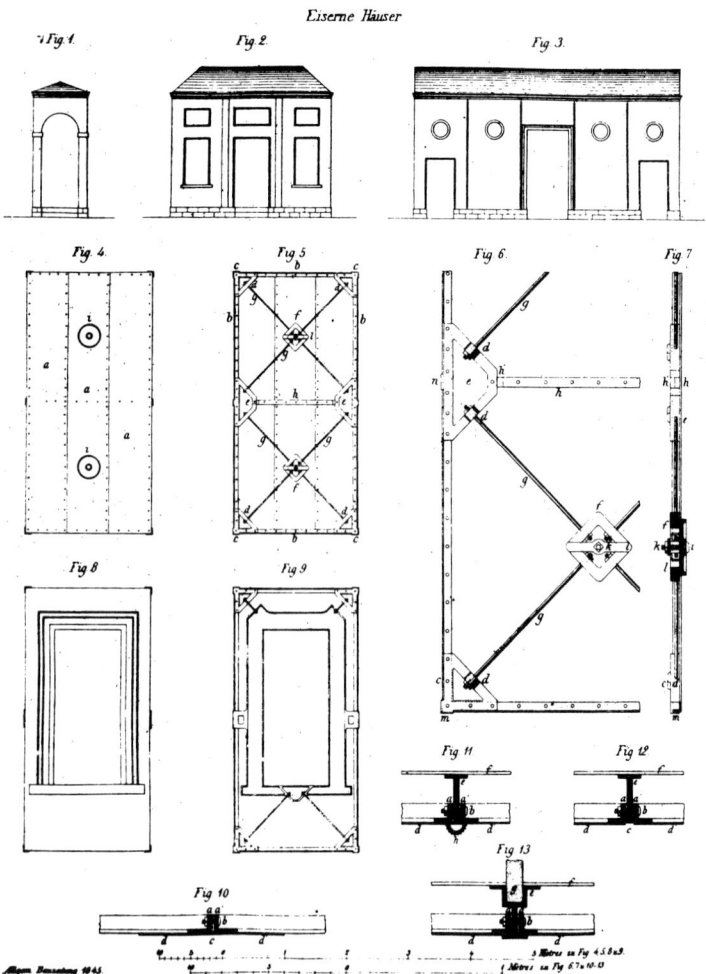

13 Paneelbauweise mit Walzblechtafeln, System Delavelaye, Belgien, 1845

14 Französisches Eisenfachwerk nach Ch. Eck: Traité de Construction en Poteries et Fer, Paris, 1836

glattem Walzblech eine Plattenbauweise zu entwickeln. Seine Wandelemente maßen 2×4 m und waren für Geschäfts- und Warenhäuser gedacht. Die miteinander verschraubten Platten bestanden aus einer 2 mm dicken Blechtafel auf einem schmalen gußeisernen Rahmen, der durch ein System von Spanndrähten ausgesteift wurde. Auf der Innenseite war eine Lattung als Putzträger vorgesehen. Der Hohlraum zwischen Blechtafel und Lattung sollte zur Verbesserung der Wärmeisolierung mit Lehm gefüllt werden. Ob Delavelaye mit seinem System praktische Erfolge erzielt hat, ist nicht bekannt. Aber als ein neues, durch industrielle Fertigung geprägtes Konstruktionsprinzip war es für jene Zeit so bemerkenswert, daß die Allgemeine Bauzeitung in Wien darüber eingehend mit Abbildungen berichtete.[26]

Indessen erfuhren alle Faktoren, die zur Entwicklung der Vorfertigung im Hausbau geführt hatten, eine starke Intensivierung, als 1848 der kalifornische Goldrausch ausbrach. Der massenhafte Zustrom von Goldsuchern in ein noch gänzlich unerschlossenes Gebiet ließ den Bedarf an vorgefertigten Wohnhäusern sprunghaft steigen. Durch die starke Nachfrage erzielte ein Haus in Kalifornien einen vierzehnmal höheren Preis als in New York.[27] Von überall her, aus England, Belgien, Frankreich, aus Südamerika, selbst aus Hongkong, kamen verpackte Häuser in Kalifornien an. Auch Deutschland war unter den Herstellerländern. Viele Häuser aus Europa wurden nicht mehr über den langen Seeweg um das Kap Horn verschifft, sondern auf Maultieren über den Isthmus von Panama geschleppt. Die erreichten Transport-

und Bauleistungen waren beträchtlich: Ein in New York vorgefertigtes und in San Franzisco montiertes Hotel in Holzbauweise war 54 m lang, 3 1/2 Geschoß hoch und enthielt außer zehn Läden im Erdgeschoß etwa hundert Räume.[28]

Beschleunigend auf die Hausproduktion wirkte seit 1850 auch die zunehmende Auswanderung von Engländern nach Australien. Insgesamt erreichte die Vorfertigung mit Holz- und Eisenbauten in jenen Jahren einen Höhepunkt. Statistische Angaben fehlen, aber es steht fest, daß jedes der Hauptzentren der Vorfertigung in England und in den Staaten jährlich Tausende von Häusern geliefert hat.

Um 1860 ging mit dem Goldrausch auch diese Konjunktur zu Ende. Die amerikanische Industrie hatte sich inzwischen so weit entwickelt, daß sie den laufenden Bedarf im Lande selbst zu decken vermochte und eigene Wege der Vorfertigung beschritt. Am schwersten davon betroffen waren die europäischen Industrieländer. Der weitere Ausbau ihrer Kolonien konnte diesen Verlust nicht wettmachen. In England wurde es um die Vorfertigung ziemlich still. Der Spott über das Museum of Science and Art signalisierte eine allgemeine Abwertung der Wellblechbauten und damit der Vorfertigung überhaupt.

Vorfertigung mit Beton

Die veränderte Marktsituation beeinflußte die eben noch blühende Hausproduktion ganz entscheidend. Der Rückgang des Exports mit seinen überhöhten Preisen drängte die Vorfertigung auf den Inlandsmarkt zurück mit seinen viel härteren Wettbewerbsbedingungen. Seither konnte sich die Vorfertigung im Hausbau nur in scharfer Konkurrenz zum traditionellen Mauerbau entwickeln. Waren bisher Zerlegbarkeit und leichte Transportfähigkeit die Grundlagen des Erfolgs gewesen, so trat jetzt die Errichtung dauerhafter ortsfester Bauten mehr und mehr in den Vordergrund.

Andererseits fand der Gedanke, mit neuen Konstruktionen und Herstellungsverfahren billiger zu bauen als das Bauhandwerk, durch die großen Fortschritte in der Technik immer wieder neue Nahrung. Wiederholt wurden Versuche unternommen, Holzfachwerk durch ein Skelett aus Schmiedeeisen oder Stahl zu ersetzen und auf gewohnte Weise auszufachen. Auf diesem Gebiet wurde Frankreich führend. Ohne Aussicht auf Erfolg blieben Versuche in den Vereinigten Staaten nach 1900, Stahlskeletthäuser auf den Markt zu bringen, die außen mit glattem Walzblech verkleidet waren.[29] Begünstigt wurden solche Vorstöße auch durch die Entwicklung der chemischen Industrie, die leichte wärmedämmende Materialien entwickelte und in Plattenform lieferte. Schon in den fünfziger Jahren waren Bautafeln aus Papiermaché in eisernen Rahmen angeboten worden.[30] Vor allem aber führte die Erfindung des Zements und des eisenbewehrten Betons zu zahlreichen Experimenten in Frankreich, England und den Vereinigten Staaten mit dem Ziel, den üblichen Mauerbau durch eine billiger herzustellende Art des Massivbaus zu verdrängen. Schon 1832 produzierte M. Ranger kleine Betonblöcke zum Vermauern, die auch Eingang in die Praxis fanden. In London und Brighton wurden damit Schulen, Wohnhäuser und andere Gebäude errichtet. Es waren die ersten Bauten, die eine Vorstellung von der Festigkeit und vor allem von der Wetterbeständigkeit des Betons vermittelten.[31] 1855 erhielt der Franzose François Coignet ein Patent auf ein Stampfbetonverfahren, dessen Prinzip durch die Pisébauweise, ein Lehmstampfbau zwischen einer Wandschalung, in Frankreich seit alters bekannt war. Er errichtete damit mehrstöckige Häuser. Seither wurde auch in England damit experimentiert. Hier erfand Joseph Tall ein kostensparendes standardisiertes Schalungssystem, dessen Bedeutung seinerzeit bereits so hoch eingeschätzt wurde, daß Napoleon III. für die Weltausstellung von 1867 in Paris den Bau einer Cité ouvrière nach Talls System veranlaßte. Die Entwürfe begutachtete und korrigierte er selbst. Es handelte sich um dreigeschossige Reihenmiethäuser, von denen einige in der Rue Daumesnil noch erhalten sind. Die Fassaden sind im Erdgeschoß strukturiert wie bei kostspieligen Quaderbauten, in den Obergeschossen glatt mit profilierten rundbogigen Fenstergewänden.[32] In Frankreich wurden solche Betonhäuser abgelehnt, auch Coignet hatte mit seinem Verfahren wenig Chancen. In England hatte Tall mehr Erfolg, selbst reiche Grundbesitzer ließen sich damals von namhaften Architekten Landhäuser aus Beton bauen, und viele Unternehmer nutzten das Verfahren zur Errichtung kleiner billiger Arbeiterhäuser. Über die Technologie und den Umfang dieser Bautätigkeit wurde 1871 in der Deutschen Bauzeitung ausführlich berichtet.[33]

Es lag im Zug der Zeit, daß der neue Baustoff Beton zu vielfältigen Experimenten anregte. Bereits in den fünfziger Jahren gab es die Kunststeinfirma Lippmann, Schneckenburger & Cie in Bastignolles bei Paris, die auch hohle Platten aus

26 Allgemeine Bauzeitung 10 (1845), S. 110–115
27 Peterson, Early American, S. 45
28 Ebd., S. 43
29 A. Bruce/H. Sandbank: A History of Prefabrication, Rariton NJ 1945, S. 42
30 Hitchcock, Early Victorian, Bd. I, S. 528
31 P. Collins: Concrete. The Vision of a New Architecture, New York 1959, S. 37
32 Collins, S. 40f.
33 DBZ 5 (1871), H. 30, S. 236 bis 238

15 Stampfbetonhäuser, Bauweise Tall, Paris, Rue Daumesnil, 1867

16/17 Gußbetonhäuser, Bauweise Thomas A. Edinson
16 Musterhaus, 1906
17 Siedlung in Philippsburg/New Jersey, 1909

Beton herstellte, aus denen sich Häuser zusammensetzen ließen. Diese Platten waren bewehrt und enthielten Hohlkörper aus Ton zur Gewichtsverminderung. Die Abdichtung der Fugen wurde durch eine Randnut gesichert. In Paris und Bastignolles hatte das Unternehmen Musterhäuser aufgestellt, vor allem aber exportierte es in die Kolonien, zuerst 1860 nach der Antilleninsel St. Thomas. Es waren die ersten massiven maisons mobiles, die Frankreich exportierte. Die Erfahrungen damit können nicht schlecht gewesen sein, denn die Patente wurden von den Zementwerken Wittenburg in Amsterdam übernommen, die seit 1893 geschoßhohe und mehr als türbreite Betonplatten ebenfalls für den Export in die Kolonien herstellten.[34] Seit 1875 wurde durch W. H. Lascelles auch in London eine Plattenbauweise ausprobiert. Hier waren die Platten nur 61×91 cm groß, 4 cm dick und bewehrt. Sie wurden auf ein Holzfachwerk montiert, seit 1878 auch auf ein Betonskelett. Für diese verbesserte Bauweise ließ sich Lascelles von Norman Shaw, einem der führenden englischen Architekten, Cottages in rustikalem Stil entwerfen. Die Sichtflächen der Platten waren strukturiert wie eine gefliese Wand und wurden wegen der Vorliebe Shaws für roten Backstein rot eingefärbt. Die Häuser sollten durchaus den Charme des Queen-Anne-Stils haben. Lascelles und sein Architekt erhielten dafür auf der Pariser Weltausstellung von 1878 eine Goldmedaille und die Mitgliedschaft der Ehrenlegion. Der Londoner »Builder« allerdings bedauerte die Anpassung an das Alte und kritisierte Shaw, weil er für das neue Material keine neue Form gefunden habe.[35]

Eine Krönung fand diese Entwicklung in Europa 1896 durch die ersten dünnwandigen Raumzellen aus Stahlbeton, die François Hennebique, einer der französischen Betonpioniere, für die Compagnie d'Orléans als kleine Bahnwärterhäuschen produzierte. Sie umschlossen einen Raum von 1,90 × 1,90 m Grundfläche bei 2,50 m lichter Höhe. Sie wurden mit der Bahn transportiert und durch einen Eisenbahndrehkran versetzt.[36] Für den allgemeinen Hausbau blieb dieser Vorstoß allerdings noch ohne jede praktische Bedeutung.

In den Vereinigten Staaten konzentrierte sich das Interesse anscheinend besonders auf die Ablösung des üblichen Mauerziegels durch Betonblocksteine. Das erste Betonhaus Amerikas entstand 1837 auf diese Weise auf Staten Island an der Einfahrt in den Hafen von New York. Die Steine wurden auf der Baustelle in Formen gestampft. 1866 erhielt C. S. Hutchinson bereits ein Patent für Hohlblocksteine. Es wurden auch Z-förmige Betonsteine hergestellt, die ein leichtes Hohlmauerwerk ermöglichten, auch langgestreckte mit einem Winkelprofil, die das Aufführen von Betonwänden ohne Schalung gestatteten, indem ein Schenkel so einbetoniert wurde, daß der andere senkrecht stand und als Verblender diente.[37] Um 1900 war der Bau von Betonhäusern bereits sehr verbreitet, wobei die Betonindustrie aus Absatzgründen auf eine historisierende Architektur größten Wert legte.

Diese Entwicklung brachte zwar keine besonderen technischen oder gestalterischen Fortschritte, war aber die Basis für Experimente, die weit ins Neuland vorstießen. So suchte der berühmte Erfinder Thomas A. Edison die Fertigung auf der Baustelle durch weitgehende Mechanisierung zu verbilligen. 1906 meldete die New York Press, daß er ganze Häuser in einer kompletten Schalung mit einem schnell bindenden Beton zu gießen beabsichtige. Dachgauben, Schornsteine, Dachrinnen, dekorative Details, Treppen, Regale, die unerläßlichen Kamine und selbst Badewannen sollten in einem Arbeitsgang mitgegossen werden. Dafür ließ Edison sich von einem Architekturbüro ein zweigeschossiges Musterhaus mit gedecktem Vorplatz und Balkon im Stil François I. entwerfen und konstruierte eine entsprechende, aus vielen Gußeisenplatten bestehende Schalung. Die Sichtflächen der Platten

18/19 Großplattenbauweise Grosvenor Atterbury, Siedlung Forest Hills, Long Island/N.Y., 1918

18 Montagebild
19 Rohbau

34 Th. Chateau: Technologie du Bâtiment, Paris 1863, Bd. I, S. 301; F. F. Peters: Bauen und Technologie 1820–1914, Diss. ETH Zürich Nr. 5919, 1977, S. 168; Wurm, S. 255
35 Collins, S. 42f.; Peters, S. 71
36 G. Haegermann: Vom Caementum zum Spannbeton, Wiesbaden/Berlin 1964, S. 121, Abb. 305; P. Christophe: Der Eisenbeton u. seine Anwendung, Berlin 1905, S. 280, Abb. 788, 789
37 Collins, S. 56; Haegermann, S. 43; HdbA III, 2, 1, S. 138f.

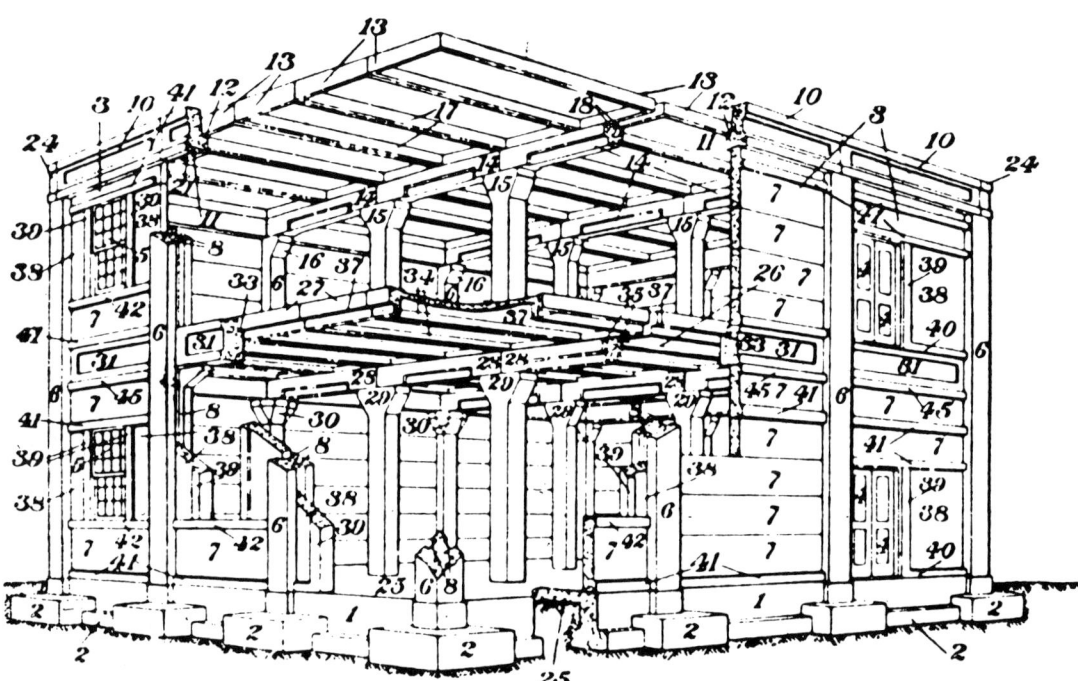

20 Stahlbetonskelettmontagebauweise, John E. Conzelmann, USA, 1912

wurden sorgfältig geglättet, vernickelt und poliert, jede Nacharbeit sollte sich damit erübrigen. Auf- und Abbau der Schalung dauerten jeweils vier Tage, der Guß mit Hilfe von Aufzug und Gleitrinne nur sechs Stunden. Das Ergebnis war jedoch wegen der vielen feingliedrigen und deshalb anfälligen Einzelheiten der Architektur nicht befriedigend. Edison vereinfachte sein System, er ließ vor allem die dekorativen Elemente weg und baute 1909 in Philippsburg (New Jersey) zweigeschossige glatte Einfamilienhäuser mit flachen Dächern. Die Freude an seiner Erfindung war ihm jedoch genommen.[38]

Edisons Assistenten George G. Small und Henry J. Harms führten sein Werk fort und versuchten, das Gießen von Wohnhäusern in Frankreich und Holland einzuführen. Sie konnten H. P. Berlage dafür interessieren, der ihnen ein einfaches zweigeschossiges Wohnhaus entwarf. Ohne Fundament dauerte dessen Guß sechs Stunden, die Fertigung des Hauses insgesamt dreißig Tage. Trotzdem scheiterte das Unternehmen in beiden Ländern.[39]

Abgesehen von diesen Mißerfolgen ist es das Verdienst Edisons, die Verarbeitungsweise des Betons gefunden zu haben, die den höchsten Mechanisierungsgrad auf der Baustelle mit den damals gegebenen Baumaschinen ermöglichte. Stampfbeton, hieß es, habe ungleichmäßige Dichte und Festigkeit. Gußbeton sei gleichmäßig im ganzen Bau, führe zu Arbeitseinsparungen durch Mechanisierung und zu kürzeren Bauzeiten, und er braucht nicht verputzt zu werden. Er galt auch nach dem ersten Weltkrieg noch als die entwicklungsfähigste Betonbauweise. 1929 nannte ihn Wasmuths Lexikon der Baukunst »die neuzeitlichste Verarbeitungsweise von Beton«.[40] Nachteilig sind der große Wassergehalt und Zementverbrauch. Nach der Erfindung von Betonrüttlern und Vibratoren wurde es möglich, mit geringerem Zementaufwand und Wassergehalt höhere Festigkeiten zu erreichen.

Einen anderen Weg beschritt der Ingenieur Grosvenor Atterbury. Er faßte die vielen Teilarbeiten auf der Baustelle in wenige Arbeitsgänge zusammen, indem er statt der bisher üblichen kleinen Betonblöcke große Wandplatten stampfen und mit einem Kran versetzen ließ. 1902 hat er mit den Vorarbeiten begonnen, 1910 waren seine Versuche so weit gediehen, daß er anderthalbgeschossige Einfamilienhäuser bauen konnte. Seine Platten waren geschoßhoch und raumgroß. Die Außenplatten erhielten einen Hohlraum zur Wärmedämmung. Auch das Dach wurde aus Platten zusammengesetzt. Die dafür erforderlichen Kräne fand Atterbury in der amerikanischen Bauindustrie bereits vor, denn Amerika war auch in der Entwicklung von Baumaschinen dem alten Europa weit voraus. 1918 konnte Atterbury in Forest Hills, Long Island, eine Siedlung mit zweigeschossigen Einfamilienreihenhäusern in seiner Bauweise errichten.[41]

Ohne Erfolg blieb ein Versuch von J. Lake, Atterburys System durch Stahlbetonrippenplatten zu variieren, die innen durch Gips- oder Zementtafeln abgedeckt werden sollten. Während dieser Zeit gediehen auch Pläne und Versuche für eine Skelettmontagebauweise mit Wand-, Decken- und Dachplatten durch John F. Conzelman bis zur Patentreife. Aber auch dieses Verfahren fand keinen Eingang in die Praxis.[42]

Dieser kurze Blick auf das Ausland vermittelt das Bild einer vielfältigen Entwicklung zur Industrialisierung des Hausbaus hin, die sich dort seit der ersten Hälfte des 19. Jahrhunderts vollzogen hat. Der altbewährte Holzbau wurde durch Bauweisen ersetzt, die eine kontinuierliche wirtschaftliche Vorfertigung ermöglichen. Die Produktion von Gußeisen, Schmiedeeisen, Walzblech und Stahl auf industrieller Basis hatte unmittelbare Auswirkungen auf das Bauwesen, wobei der Ausbau der Kolonialreiche sowie die Besiedelung Amerikas als eine mächtige wirtschaftliche Schubkraft wirkten. Nur langsam kam der Hausbau mit Beton in Gang, denn er traf unmittelbar auf die Konkurrenz des traditionellen Mauerbaus und mußte sich gegen tiefgehende Vorurteile durchsetzen. Verfolgt man die Entwicklung der Fertigung auf Betonbasis, erhält man einen Einblick in die rastlose geistige Arbeit, die seit der Erfindung des Portlandzements geleistet wurde, und in die große Bereitschaft zum Risiko, die angesichts der vielen gescheiterten Versuche immer wieder aufzubringen war.

Bis 1918 waren einige Grundprobleme der Vorfertigung geklärt: Holz als Baustoff war nur sinnvoll und wirtschaftlich im Bereich des Ein- und Zweifamilienhauses; für das mehrstöckige Miethaus kam es nicht in Frage. Eisen hatte sich als Material für den Hausbau überlebt, es bewährte sich zunächst bei anderen Bauaufgaben. Am aussichtsreichsten für die Vorfertigung hatte sich Beton erwiesen. Er war feuersicher, beständig gegenüber Fäulnis und Korrosion, er verband beste Formbarkeit mit hoher Festigkeit. Seine Eignung für eine industrielle Fertigung stand außer Zweifel, die dafür brauchbaren Konstruktionsgrundsätze der Platten- und der Skelettmontagebauweise waren erkannt und teilweise praktisch erprobt. Es gab die ersten Raumzellen. Allerdings hatten sich auch einige einschneidende Nachteile gezeigt: das hohe Gewicht erschwerte und verteuerte Transport und Montage, und der für die Stabilität unerläßliche dauerhafte Verbund der Betonelemente untereinander schloß die bisher hoch geschätzte Zerlegbarkeit und Wiederverwendung weitgehend aus.

Alle diese Schritte ins Neuland der Vorfertigung mit ihren vielen praktischen Erfahrungen waren das Werk der damals führenden Industrieländer England, Frankreich und der Vereinigten Staaten. Deutsche Erfinder, Ingenieure und Unternehmer traten mit eigenen Leistungen erst gegen Ende des 19. Jahrhunderts hervor.

38 Collins, S. 90; Haegermann, S. 189
39 Haegermann, S. 189; P. Haves: Gußbeton, Berlin 1916, S. 32–34
40 Haves S. 9; WLB Bd. I, S. 490
41 Bruce/Sandbank, S. 30f.; Kelly, S. 13f.; M. Wagner: Amerikanische Bauwirtschaft, Berlin 1925, S. 65f.; Th. Hänseroth: Aufbruch zum modernen Bauwesen, Diss. B TU Dresden 1984, S. 129–131
42 Bruce/Sandbank, S. 33; Hänseroth, S. 134f.; J. Cowan: An Historical Outline of Architectural Science, Amsterdam/London/New York 1966, S. 14; T. Konzc: Hdb. der Fertigteilbauweise, Berlin 1966², Bd. 1. S. 6

2 Die Anfänge der Vorfertigung in Deutschland

Als im Ausland die erste Welle der Vorfertigung im Hausbau anlief, war Deutschland noch ein reines Agrarland, das Getreide exportierte. Es wandelte sich erst in der zweiten Hälfte des 19. Jahrhunderts zum Agrar-Industriestaat. Mit der Reichsgründung 1871 konnte es die schlimmsten politischen und wirtschaftlichen Folgen seiner traditionellen Kleinstaaterei überwinden. Das jetzt zentralisierte Deutsche Reich entwickelte sich in einem raschen Aufschwung bis 1900 zu einer der führenden Großmächte Europas und eroberte im Laufe der achtziger Jahre auch einige Kolonien, vorzugsweise in Afrika. An der Besiedlung Amerikas war es vor allem durch zahllose Auswanderer beteiligt, die aus der Enge seiner wirtschaftlichen und gesellschaftlichen Verhältnisse ausbrachen. Erst der kalifornische Goldrausch brachte einen Wandel, da es erstmals auch zum Export vorgefertigter Häuser kam. Wahrscheinlich handelte es sich um leichte Eisenkonstruktionen, denn die Allgemeine Bauzeitung in Wien brachte 1850 zur Information und Anregung einen eingehenden Bildbericht über die Anlage und Konstruktion eines zweigeschossigen industriell hergestellten englischen Wellblechhauses.[1] Besondere Auswirkungen hatten diese Vorgänge zunächst noch nicht, selbst in England mit seiner umfangreichen Produktion vorgefertigter Häuser blieb der einheimische Hausbau, auch das Kleinhaus für Arbeiter, bei der traditionellen Mauertechnik und den entsprechenden Vorstellungen über die Gestalt des Hauses.

Die deutschen Fachzeitschriften berichteten gelegentlich über fabrikmäßig hergestellte Häuser und ihre konstruktiven Besonderheiten. Vor allem brachten sie Beispiele, die auf Weltausstellungen gezeigt worden waren wie 1867 oder 1880 in Paris. Der Maßstab für die Bewertung war allein die leichte Zerlegbarkeit, der verlustlose Wiederaufbau bei Ortsveränderungen und ein leichter Transport an Orte, wo keine Bauhandwerker zur Verfügung standen, wie in den Kolonien. Selbst das fundamental neue Konstruktionsprinzip der Platten- oder Tafelbauweise wurde nur in diesem Rahmen gesehen, keineswegs als eine Basis für ortsfeste Bauten. „Die Bequemlichkeit für das Abbrechen und Wiederaufrichten", heißt es im Handbuch der Architektur 1891, werde durch die Zerlegbarkeit der Wände in „tafelförmige Abteilungen" gefördert.[2]

Der Rückschag für die Vorfertigung in den europäischen Industrieländern, der im Lauf der fünfziger Jahre einsetzte, und die allgemeine Abwertung der Wellblechhäuser haben die Erwartungen an eine industrielle Hausproduktion auch in Deutschland stark gedämpft. Karl Bötticher, der Architekturtheoretiker der Jahrhundertmitte, sah im Eisen noch den Baustoff der Zukunft; für Gottfried Semper war es um 1860 bereits „ein magerer Boden für die Kunst". Seine hohe Festigkeit erlaubte geringste Stützenquerschnitte und ungewohnte Spannweiten. Es veränderte damit alle gewohnten Proportionen und schloß die starken plastischen Wirkungen der Steinarchitektur aus. Im Grunde fehlten noch alle Voraussetzungen, um eine dem ortsfesten Mauerbau gleichwertige oder gar überlegene Technik des Hausbaus sich auch nur vorzustellen. Selbst die Mechanisierung der Baustellen war trotz der rasch fortschreitenden allgemeinen Industrialisierung noch kein Gegenstand der Fachdiskussion. Der Einsatz von Maschinen war und blieb im Bauwesen denkbar gering. Die Philipp Holzmann Aktiengesellschaft, das größte deutsche Bauunternehmen des 19. Jahrhunderts, verfügte 1873 nur über 0,13 PS pro Arbeitskraft bei 1800 Beschäftigten. Außer zwei Kränen gab es acht Lokomotiven für den Erd- und Materialtransport, mehrere Lokomobile zum Antrieb von Kreiselpumpen für die Wasserhaltung und einen Bagger. 1907 waren im gesamten deutschen Baugewerbe erst 21 000 PS eingesetzt, 1924 vergleichsweise 443 000.[3] 1859 wurde zum ersten Mal über die Verwendung von „Dampfhebemaschinen" beim Bau von Häusern in Marseille berichtet und mit bemerkenswertem Optimismus bereits auf die Möglichkeit hingewiesen, durch solchen Maschineneinsatz die Bauzeiten zu verkürzen und im Sinne des Grundsatzes der Engländer „Zeit ist Geld" den Zinsendienst für Baudarlehen zu vermindern. Einfache Derricks mit senkrechtem Mastbaum, wie sie schon beim Bau des Kristallpalastes in London eingesetzt worden waren, wurden so selten gebraucht, daß eine Maschinenfabrik in Frankfurt am Main deren Produktion nach kurzer Zeit wieder einstellte. Die schweren Hebezeuge entwickelten sich erst seit den achtziger Jahren, seit 1885 auch mit elektrischem Antrieb.[4] Der Wohnungsbau allerdings blieb von dieser ohnehin schleppenden Mechanisierung unberührt. Für die vielen verstreuten kleinen Bauvorhaben genügten die althergebrachten einfachen Transportmittel, Winden und Seilrollen.

Auch die traditionellen Baustoffe boten wenig Anlaß zu Vorfertigungsgedanken. Holz hatte seine Beliebtheit im Hausbau längst verloren. Eisen war nach der Ablehnung der Wellblechhäuser nur noch verwendbar als Skelett; für einen

21 Aussichtsturm auf dem Löbauer Berg, 1854, Hersteller Eisenhütte Bermsdorf, Höhe 28 m, Montagezeit 2,5 Monate, 1965/66 restauriert

grundlegenden Durchbruch fehlte jedoch ein geeigneter billiger Füllstoff. Beton galt zunächst als eine Art Ersatzmaterial. Nur zögernd wurde er von der Baupolizei als vollwertig anerkannt. Zudem setzte sein hohes Gewicht bei großen Fertigteilen schwere Hebetechnik voraus, was ihn lange Zeit für eine Montagebauweise als untauglich erscheinen ließ. Die Industrialisierung drang im Lauf des 19. Jahrhunderts lediglich in einige Bauhandwerke ein; es entstanden Fabriken für Türen und Fenster, Wandverkleidungen, Parkett, für Armaturen, und die Ziegelherstellung wurde durch die Einführung der Strangpresse mechanisiert, der Bauprozeß selbst aber blieb handwerklich. Noch 1883 berichtete die Deutsche Bauzeitung unter dem Druck der Schulraumnot in den rasch wachsenden Städten über den Bau einer ortsfesten ganz einfachen hölzernen Schulbaracke, ohne vorgefertigte Interimsbauten und ihre Vorteile auch nur in Betracht zu ziehen. Erst in den folgenden Jahren setzte ein Wandel ein, so daß man von einem zaghaften Beginn der Vorfertigung auf deutschem Boden sprechen kann. Seine

1 Allg. Bauztg. 15 (1850), S. 184f., Taf. 342
2 HdbA Bd. III,2,1, S. 303
3 G. Garbotz: Baumaschinen einst und jetzt. Baumaschine und Bautechnik 21 (1974), H. 10, S. 333–346
4 Allg. Bauztg. 24 (1859), S. 156; Zentralbl. der Bauverw. 16 (1896), S. 544; Peters, S. 76–78; 1873 wurden „transportable Dampfmaschinen, Dampfwinden und Dampframmen" in der Dt. Bauzeitung annonciert.

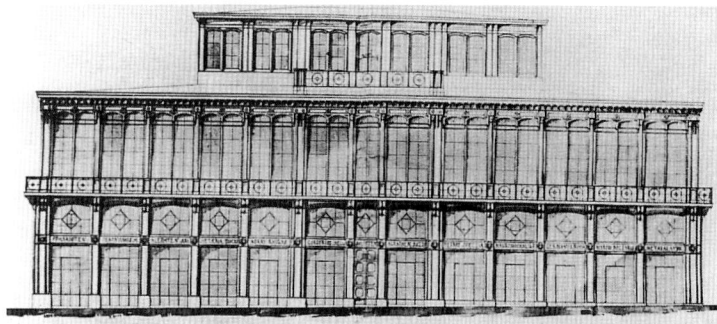

22/23 „Eisernes Haus" in Graz, 1846, Aufriß und Straßenbild nach dem ursprünglichen Entwurf

Basis war die industriell betriebene Barackenproduktion, die zu vielerlei Montagesystemen führte, aber es entstanden auch die ersten vorgefertigten Wohnhäuser für eine ortsfeste Aufstellung.

Erste Bauten

Abseits vom großen Strom der bautechnischen Entwicklung gab es zu allen Zeiten besondere Bauaufgaben, bei denen die Kriterien „zerlegbar und transportabel" Grundbedingungen waren. So stand am Rheinufer in Köln um die Mitte des 19. Jahrhunderts ein großer eiserner Lagerschuppen, der bei Hochwasser und Eisgang demontiert werden konnte.

1854, als in England und Amerika die Vorfertigung eiserner Leuchttürme einen Höhepunkt erreichte, goß die Eisenhütte Bermsdorf die Bauelemente für den Turm auf dem Löbauer Berg. Lauchhammer produzierte 1867 einen Pavillon im maurischen Stil für den Vizekönig von Ägypten in der Form einer offenen Säulenhalle von 400 Tonnen Gewicht. Serienmäßig stellte das Werk gußeiserne Säulen, Treppen, Geländer, Kamine und andere Bauteile her.[5]

Ein Gußeisenhaus besonderer Art wurde 1846 in Graz errichtet, vermutlich mit den Bauelementen einer österreichischen Hütte. Auf einem gemauerten Erdgeschoß mit Läden erhob sich eine nach drei Seiten verglaste Eisenkonstruktion für ein Café, von dem aus man einen weiten Blick auf die umliegenden Berge hatte. Ursprünglich sollte auch das

24–26 Stahlskelettbau
24 Wohngeschäftshaus, Nürnberg, Trödelmarkt, 1883

25/26 Warenhaus in Benin mit Wellblechhaut, um 1885, Aufriß und Grundriß, Hersteller Schaubach & Crämer, Lützel-Koblenz

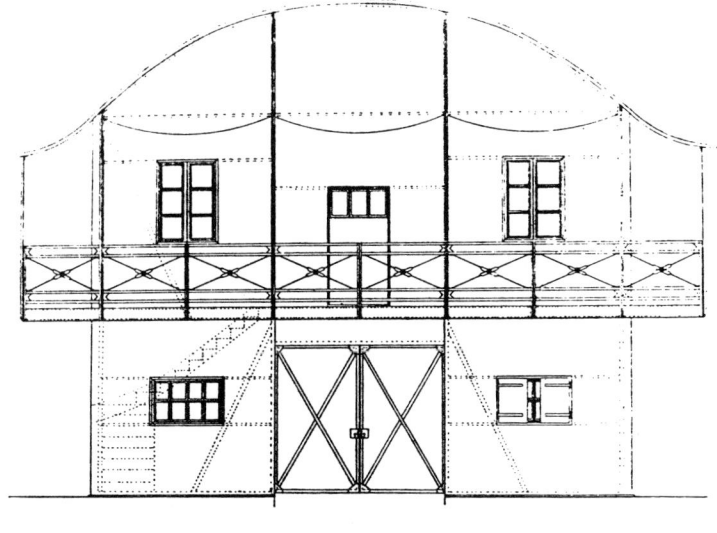

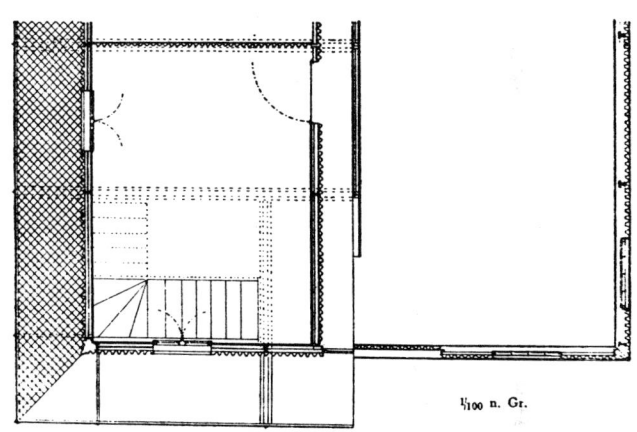

Ladengeschoß aus Gußeisen montiert werden. Der auf dem europäischen Kontinent wohl einzigartige Bau wurde als ein bedeutendes architektonisches Werk auch in Deutschland beachtet und im „Kunstwart", einer Zeitschrift des Bildungsbürgertums, noch 1890 als eine „höhere technische Ausbildung des Eisenbaues" gefeiert. Offensichtlich waren der angestrebte Pavilloncharakter und die Kenntnis englischer Gußeisenarchitektur Ursache für die Wahl der ungewöhnlichen Konstruktion. Heute sind die großen Glasflächen bis auf normale Fensteröffnungen zugesetzt.[6]

Vereinzelt wurden auch ortsfeste Eisenfachwerkhäuser gebaut, die eine Ausfachung aus Schlackensteinen erhielten wie in Nürnberg am Trödelmarkt 1883 und in Berlin das Café Helms an der Schloßfreiheit, das 1882 von dem bekannten Architekturbüro Ende & Böckmann entworfen war und sehr zierlich gewesen sein soll.[7] Bei dem Nürnberger Skelettbau ergab sich die Konstruktion aus einer beengten Lage. Auf einem Grundstück von nur 49 m² war das Haus eines Schnei-

[5] Ch. Schädlich: Eisen in der Architektur des 19. Jhs., Habil. HAB Weimar 1967, S. 141;
200 Jahre Lauchhammer, Lauchhammer 1925, S. 50
[6] F. Bouvier: Das „Eiserne Haus", Hist. Jb. der Stadt Graz 1978, S. 221–234; Österr. Kunsttopographie Bd. XLVI: Die Kunstdenkmäler der Stadt Graz, Profanbauten des IV. u. V. Bez, Wien o. J., S. 406–413; Kunstwart Bd. III 1889/1890, H. 1, S. 4
[7] H. Schliepmann: Betrachtungen über Baukunst, Berlin 1891, S. 46; Berlin u. seine Bauten, Der Hochbau Bd. III, Berlin 1896, S. 17

dermeisters mit Werkstatt, Geschäftsräumen und Wohnung zu errichten, wobei die nutzbare Fläche durch Auskragung vergrößert werden sollte. Da Holzfachwerk verboten war, blieb das Eisenskelett der einzig gangbare Ausweg. Seine Verwendung war durch die Umstände bedingt, keineswegs das Zeichen eines neuen bautechnischen Trends.[8]

Mit der Eroberung der Kolonien ergab sich auch in Deutschland ein bisher unbekannter Bedarf an Fertighäusern für die Erschließung und Verwaltung der neuen Gebiete, denn Massivbauten üblicher Art waren nur ausnahmsweise möglich. Das erste Verwaltungsgebäude in Kamerun konnte nur durch den Einsatz eingeborener angelernter Bauarbeiter aus dem über 500 Kilometer entfernten Accra in Bruchsteinmauerwerk errichtet werden. Das amtliche Zentralblatt der Bauverwaltung verwies deshalb 1885 auf die sich hier bietenden Absatzmöglichkeiten für Fertighäuser und bildete als Beispiel ein in Deutschland produziertes Wellblechhaus in Kamerun ab. Es war ein leichter Eisenskelettbau mit Wellblechverkleidung aus einer Maschinenfabrik bei Koblenz mit Verkaufs- und Lagerräumen im Erdgeschoß und Wohnräumen darüber. Zum Schutz gegen die Sonnenhitze hatten die Außenwände des Wohngeschosses eine Lehmstakung, der Dachboden eine Erdschüttung und das Wellblechdach erhielt in der Trockenzeit eine Strohabdeckung. Der Bau war eine Auftragsarbeit für eine Hamburger Handelsfirma, keineswegs ein Serienprodukt. Ein ähnliches Haus bestellte sich die Handelsgesellschaft für eine Niederlassung in Benin.[9] Für die deutsche Eisenindustrie blieben solche Aufträge bloße Nebenprodukte. Eine Serienfertigung ist nur für die Werkstätte Wilhelm Tillmanns in Remscheid nachweisbar, die kleine Bahnwärterhäuschen aus Wellblech auf Holzskelett produzierte und dafür Patente erhalten hatte.[10] Vorfertigung mit einer gewissen Kontinuität und Tradition konnte sich unter diesen Bedingungen noch nicht entwickeln. Hier brachte erst der Holzbau einen entscheidenden Fortschritt.

Die Entwicklung des Holzhauses

Auch für die Fertigung mit Holz waren die Vorbedingungen keineswegs günstig. Deutschland hatte sich ganz im Gegensatz zu den Vereinigten Staaten im Lauf des 19. Jahrhunderts zu einem Land des Steinhauses entwickelt. In Preußen waren 1816 noch über die Hälfte aller Gebäude gänzlich aus Holz und 10 Prozent gemauert, 1883 aber hatte sich das Verhältnis fast umgekehrt: 10 Prozent von Holz und 40 Prozent massiv, den Rest bildeten Bauten in Mischbauweise.[11] Das Vordringen des Steinhauses bewirkte nicht nur eine Veränderung der Bautraditionen, sondern auch der Bewertungsmaßstäbe. Nur das massiv gebaute Haus galt als dauerhaft und vollwertig, das Holzhaus seither als vergänglich, besonders feuergefährdet, als billig und damit als minderwertig. Es brachte auch wirtschaftliche Nachteile. Ein Holzhaus war weniger mit Hypotheken belastbar als ein Steinhaus, und man mußte höhere Beiträge an die Brandversicherung entrichten. Die wirtschaftliche und ideelle Konkurrenz des Steinhauses war daher erdrückend. Trotzdem hatte sich ein Rest von Sympathie für den Baustoff Holz erhalten.

Während des ganzen 19. Jahrhuderts hielt sich im europäischen Bürgertum eine Vorliebe für das „Schweizerhaus". Sie ging auf die Zeit der französischen Revolution zurück, als die Schweiz als das Land galt, „wo die Freiheit wohnt und wo die Sitten und Gebräuche des Volkes noch lebendig sind". Das schweizerische Bauernhaus mit seinem schwach geneigten Dach und seiner reich verzierten Holzarchitektur wurde zum Symbol dieser Ideen und verwandelte sich im Lauf der Jahre in eine beliebte Form des Land- und Ferienhauses in England, Frankreich und auch in Deutschland. Schweizerhäuser wurden noch nach 1900 in den Villenvororten großer Städte gebaut.[12] Um diese Zeit wuchs das Interesse am Holzbau und seiner besonderen Schönheit auch durch die ideelle Aufwertung der alten nationalen Volksbauweisen und deren Wiederaufleben im sogenannten Heimatstil und der Heimatschutzbewegung, die um die Jahrhundertwende einsetzte. Die Zahl der Landhäuser und Villen im ländlichen Stil nahm zu, und manches städtische Mietshaus erhielt einen Ziergiebel in schönem Holzfachwerk. Allein auf dieser schmalen Basis romantisierender Ideen konnte sich in Deutschland das vorgefertigte ortsfeste Holzhaus entwickeln. Der Absatz war daher von vornherein begrenzt. Wenn man von Wohnbaracken absieht, so beschränkte er sich auf Bauten für die Erholung des Bürgertums wie Garten-, Sommer- und Ferienhäuser, Jagd- und Berghütten, schließlich auch auf ländliche Villen, wenn der Bauherr auf ein rustikales Milieu besonderen Wert legte. Holzhäuser galten daher bis 1914 als „Luxusbauten".

Das wachsende Interesse an den Volksbauweisen und die romantische Verklärung des Holzhauses nutzte die schwedische Holzindustrie, um vorgefertigte Holzhäuser in Deutschland und auch in England anzubieten. Mehrere solcher Häuser wurden seit 1891 im Norden Berlins gebaut: in Lehnitz bei Oranienburg, in Stolpe bei Hennigsdorf und in Waidmannslust bei Tegel. Der erste Bau entstand in Lehnitz und ist nach dem zweiten Weltkrieg abgerissen worden. Das Haus war zweigeschossig mit einem spitzen Türmchen und wurde von einem schwedischen Monteur mit einigen Berliner Zimmerleuten in vier bis fünf Wochen aufgebaut. Er-

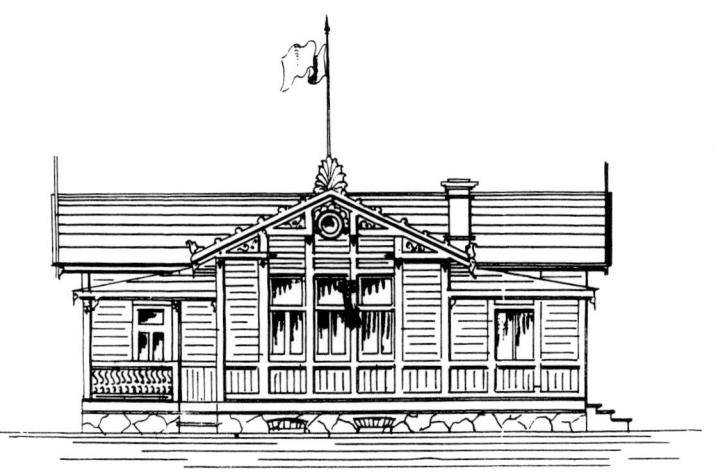

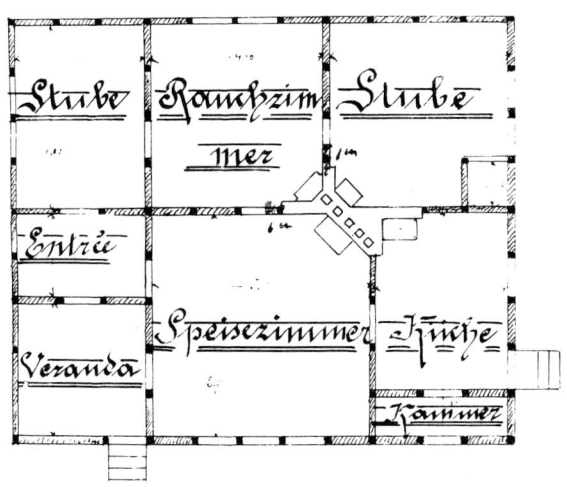

27–32 Schwedische Holzhäuser, Berlin-Waidmannslust, 1892, Nimrodstraße 27, Zustand 1989
28 Aufriß
29 Grundriß

halten haben sich zwei Häuser in Waidmannslust. In der Bondickstraße steht ein zweigeschossiger, in der Zwischenzeit leider verputzter Bau von 1892, nahebei in der Nimrodstraße eine bescheidene erdgeschossige Hütte mit einem flach geneigten Pappdach aus dem gleichen Jahr. Errichtet wurden sie von einem Bauunternehmer, der der Generalvertreter der schwedischen Herstellerfirma war.[13] Sie bestehen aus einem Skelett von geschoßhohen Pfosten mit Nuten, in die Platten aus einer dreifachen Brettlage eingeschoben sind. Die Außenwandplatten erhielten eine Zwischenschicht aus asphaltgetränktem Papier zur Abdichtung gegen Wind und Feuchtigkeit. Die Häuser waren von Anbeginn schmucklos bis auf gesägte Zierbretter in den Giebelfeldern und krabbenähnliche Aufsätze an den Giebelkanten. Außer-

8 Blätter für Architektur u. Kunsthandwerk 1 (1888), S. 133f., Taf. 74
9 ZBV 5 (1885), S. 453, 549; HdbA Bd. III,2,1, S. 312, 314
10 HdbA Bd. III, 2,1, S. 308, Abb. 562, 566, 567, 573, 575f.
11 Bericht über den I. Allgemeinen Deutschen Wohnungskongreß 1904, Göttingen 1905, S. 173
12 E. Ziehen: Die deutsche Schweizerhausbegeisterung 1750–1815, Frankfurt/M. 1922; P. Jaquet: Le Chalet Suisse, Das Schweizer Chalet, Zürich 1963
13 Bauakten im Bauaufsichtsamt Berlin-Reinickendorf, Vorgänge Bd. I Lübars, Bondickstr. 6 und Waidmannslust, Nimrodstr. 53; Kunstwart 5 (1891/1892), S. 232

30–32 Bondickstraße
30 Aufriß
31 Grundrisse
32 Zustand 1989

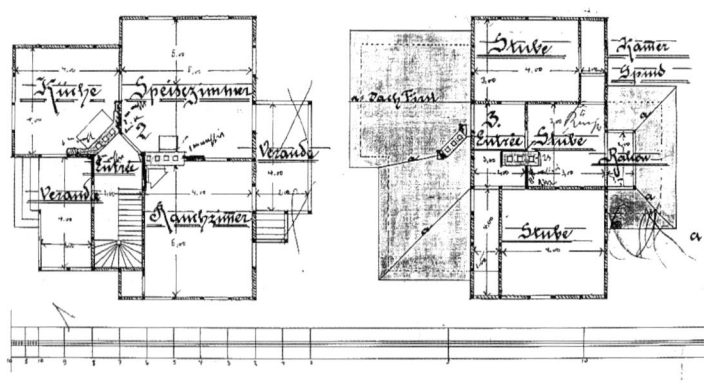

dem wechselte die Richtung der äußeren Brettlagen; in den Brüstungsfeldern wurde eine senkrechte Stellung der Bretter bevorzugt. Die Schornsteine waren gemauert. Die unvorteilhaften Grundrisse dieser „Holzvillen" entsprachen dem Können jener Bauunternehmer, die für das Kleinbürgertum arbeiteten. Damals wurde auch von einem Holzhaus aus Norwegen berichtet, das ein Schriftsteller sich auf dem Seeberg bei Kleinmachnow hatte errichten lassen.[14] So gering die Einfuhr solcher Häuser auch war, sie fielen auf und führten zu Anwürfen gegenüber der deutschen Holzindustrie, daß sie nichts Entsprechendes zu bieten habe.

Die deutschen Fachzeitschriften begannen schon in den siebziger Jahren über den aufblühenden amerikanischen und gelegentlich auch über den skandinavischen Holzhausbau zu berichten. Selbst das amtliche „Zentralblatt der Bauverwaltung" schaltete sich mit einigen Artikeln ein. Auch das „Handbuch der Architektur" und die „Baukunde des Architekten" brachten Beispiele mit Konstruktionsangaben.[15] Aber schon vorher hatte eine Werft in Wolgast, die nach Einführung eiserner Hochseeschiffe sich veranlaßt sah, den Bau hölzerner Schiffe aufzugeben, die Produktion von Häusern aufgenommen. Seit 1868 soll sie die Einzelfertigung von Wohnhäusern, seit 1884 die Serienfertigung von Bauelementen für Gartenhäuser und bald auch für Wohnhäuser begonnen haben.[16] Das bisher bekannte älteste Haus wurde 1890 in Berlin-Wannsee, Bergstraße, errichtet und läßt erkennen, daß die Schwedenhäuser sowohl konstruktiv als auch in der architektonischen Haltung weitgehend Vorbild gewesen sind. Die in eine „Aktiengesellschaft für Holzbearbeitung" umgewandelte Werft war offensichtlich bemüht, den Wünschen selbst anspruchsvoller Kunden gerecht zu werden und durch Erker, Loggien, Veranden und durch hohe Dächer mit verzierten Giebeln und spitzen Türmchen sich dem herrschenden Villenstil anzupassen. Das Sommerhaus eines Bankdirektors in Clausberg bei Eisenach war eine der aufwendigsten Ausführungen. Hier wurde das Erdgeschoß zum Teil verputzt und damit ein stufenweiser Übergang vom kompakten Sockelmauerwerk zum reinen Holzwerk geschaffen. Doch es gab auch einfachere Bauten unter-

14 Das Dt. Landhaus 3 (1907/1908), H. 2, S. 58; S. Petersen: Norwegische Holzhäuser, WMB 10 (1926), H. 9, S. 370–378
15 Ztschr. des Bayr. Architekten- und Ingenieurvereins 1869, S. 76; Allg. Bauztg. 40 (1875), S. 77; Rombergs Ztschr. für praktische Baukunst 1880, S. 327; ZBV 4 (1884), S. 316, 388; 7 (1887), S. 116; HdbA Bd. III,2,1, S. 238
16 Wolgaster Holzhäuser Gesellschaft: Fünfzig Jahre Holzhausbau 1868–1918, Wolgast o. J.; Festschrift zur 700-Jahrfeier der Stadt Wolgast, Wolgast 1957, S. 86f.

Aktiengesellschaft für Holzbearbeitung in Wolgast (später Wolgaster Holzindustrie AG)
33–36 Holzskelett mit eingenuteter Verbretterung: Gärtnerhaus, Berlin-Wannsee, Bergstraße, 1890
33 Abbildung im Werkskatalog

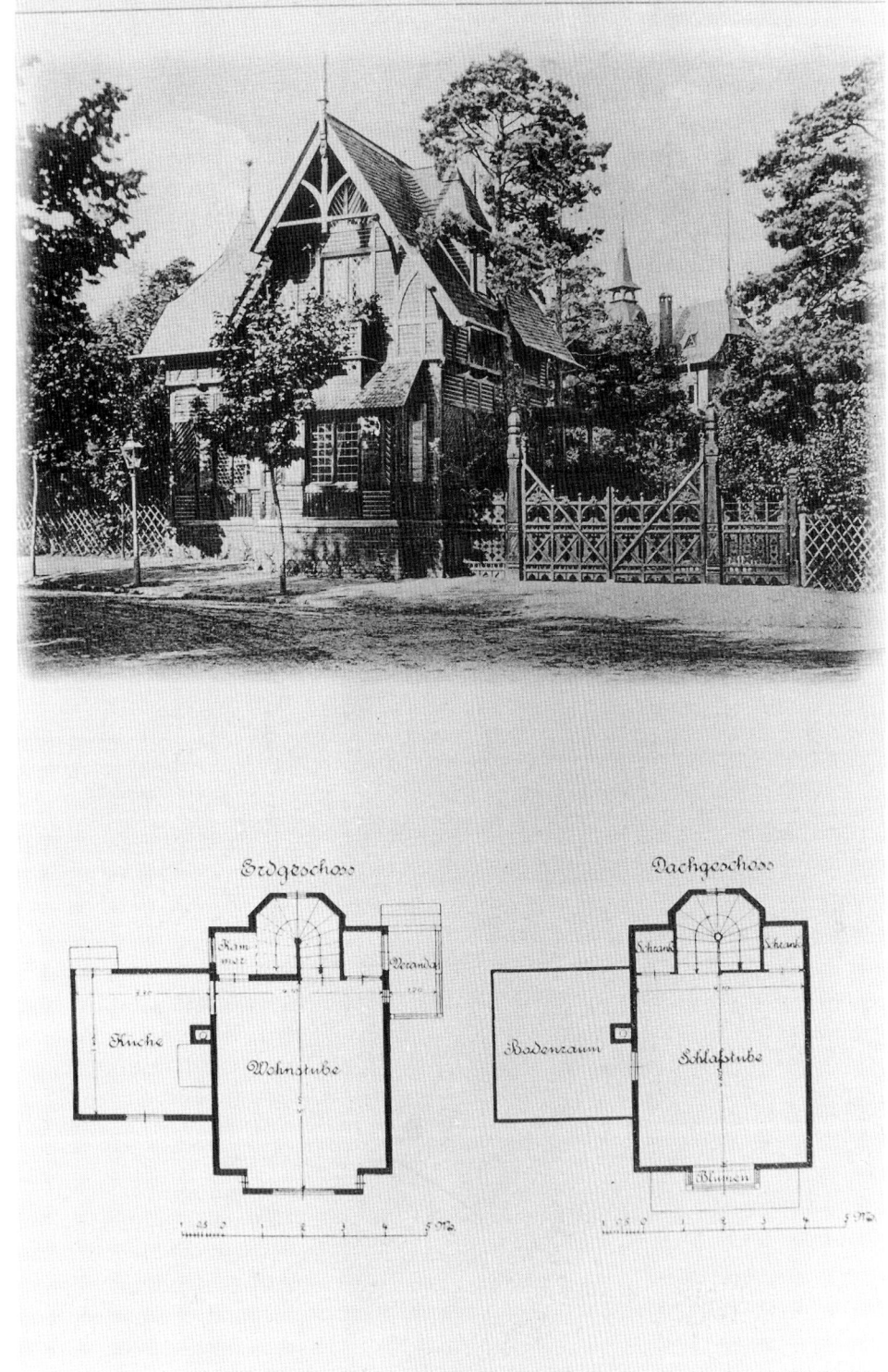

34 Zustand 1989
35 Ferienhaus in Heringsdorf, um 1890

36 Landhaus, vor 1907

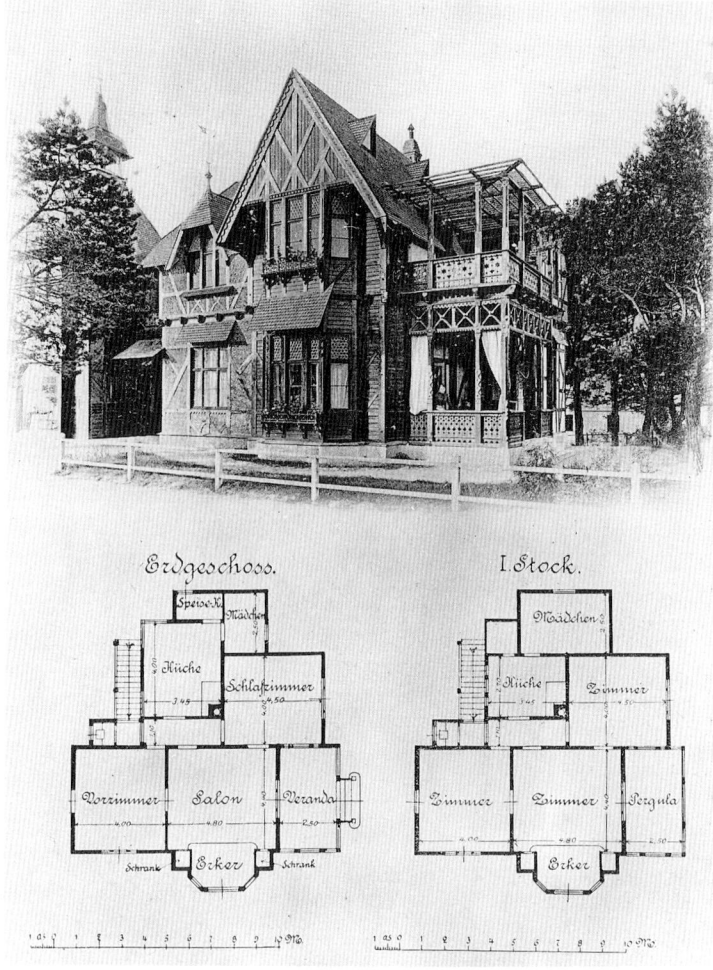

schiedlichster Gestalt, sie gingen unter anderem nach Rostock, Heringsdorf, Binz, Kiel, Hamburg, Potsdam und Königswusterhausen, vierzehn Stück mit einem Auftrag nach Argentinien.

Da die Werft in alter Schiffsbautradition das harte und dauerhafte Pitchpineholz verwendete, galten ihre Häuser bald als besonders haltbar. Das harte Holz hatte außerdem den Vorteil, im Verlauf der Jahreszeiten wenig zu quellen und zu schwinden. Das Haus in Berlin-Wannsee, das Gärtnerhaus eines großen Villengrundstücks, hat sich äußerlich fast unverändert erhalten, lediglich die Fenster im Erdgeschoßerker wurden in der Zwischenzeit ausgewechselt. Es zeigt noch heute die sehr sorgfältige Verarbeitung des Holzes. Die Bretter der Außenhaut sind schwach profiliert. Sie verlaufen

37/38 Holzskelettbau verputzt

37 Ferienhaus eines Bankdirektors in Clausberg bei Eisenach, um 1890

38 Haus der Geschäftsleitung Wolgast, um 1890

in der Regel waagerecht, bei den Fensterbrüstungen nach schwedischem Vorbild jedoch senkrecht und aus dekorativen Gründen in manchen Gefachen auch diagonal. Damals wurden die Gefache außerdem noch mit 12 cm starkem Ziegelmauerwerk ausgefüllt. Die Deckenbalken des Erdgeschosses sind aufgekämmt, so daß die Balkenköpfe überstehen und eine leichte Auskragung des Dachgeschosses ermöglichen.[17] So wurde durchaus versucht, die Eigenarten der alten Holzbaukunst auch bei der neuen Technik beizubehalten. Der Entwurf stammte von einem Berliner Architekten. Auf diesen Bau scheint die Werft besonderen Wert gelegt zu haben, denn er stand in ihrem Werbekatalog an erster Stelle.

Die handwerkliche Gediegenheit der Wolgaster Häuser sprach für sich, und die Nachfrage stieg. Das Unternehmen wurde vergrößert und das Produktionsprogramm erweitert, die industrielle Herstellung von Fenstern und Türen wurde aufgenommen. Für eine zerlegbare Lazarettbaracke erhielt das Werk auf der Weltausstellung von 1897 in Brüssel einen ersten Preis. Vermutlich handelte es sich dabei um eine Plattenkonstruktion. Ob damit auch Wohnhäuser gebaut wurden, war bisher nicht feststellbar. Anscheinend begann die Zeit der Plattenbauten erst nach 1918. Wichtiger ist, daß das Werk nach 1900 offenbar erstmals in Deutschland eine rationalisierte Form der Blockbauweise entwickelt hat, um mit

17 Bauakte im Bauaufsichtsamt Berlin-Zehlendorf, Akte Bergstr. 6

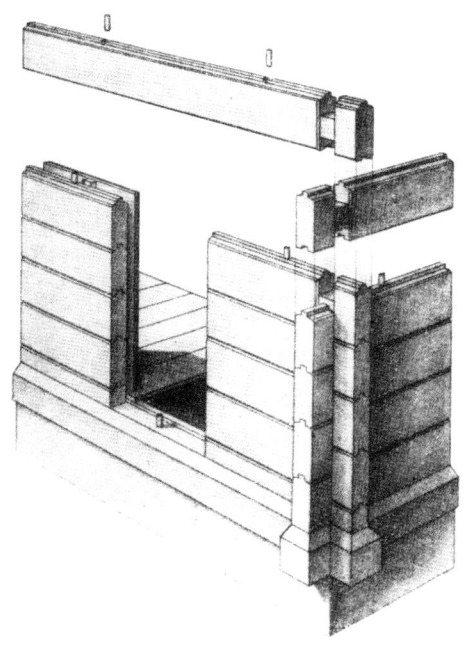

39–43 Blockbau
39 Konstruktionsprinzip
40 Zeitungsannonce
1907/08, Ferienhaus,
Heringsdorf, vor 1907
41 Ansicht

dem Bau der beliebten Schweizerhäuser sich einen neuen Absatzmarkt zu erschließen. Die im Blockbau üblichen Rund- und Balkenhölzer wurden auf 8 cm starke Bohlen reduziert. Die alte Verbindung durch Überblattung ist jedoch beibehalten worden, so daß die Bohlen an den Gebäudeecken etwa handbreit überstanden. Auch die Innenwände griffen mit Überblattungen in die Außenwände ein. Sie zeichneten sich dadurch in der Fassade ab und gaben ihr die für Blockbauten charakteristische Gliederung. Alle Innenräume erhielten eine Holzvertäfelung. Ein Ferienhaus dieser Art an der Strandpromenade zwischen Bansin und Heringsdorf hat sich in bestem Zustand erhalten. Durch Balkone und Galerien ist es seinem Zweck besonders angepaßt worden, so daß es 1907 als attraktiver Blickfang für eine Werbeannonce diente. Auch hier wurde sehr hartes Holz verwendet; ein gewöhnlicher Drahtstift läßt sich in die Bohlen nicht einschlagen. In dieser Erfolgsperiode nannte sich das gewachsene Unternehmen Holzindustrie-Aktiengesellschaft.

In den letzten Jahren vor dem Weltkrieg wurde auch die ursprüngliche Skelettbauweise weitgehend rationalisiert.

42 Aufgang zur Galerie
43 Treppenhaus

Die äußeren Schalungsbretter sind nicht mehr zwischen die Ständer eingeschoben worden, sondern aufgenagelt, und ihre Stoßfugen erhielten einfache Deckleisten. Bis auf die Abrundung der Brettkanten wurde auf jede Profilierung verzichtet. Der Hohlraum zwischen den Brettschichten ist mit Torfstreu verfüllt worden, sodaß der Wärmehaushalt eines solchen Hauses wirtschaftlicher ist als der eines entsprechenden Mauerbaues. Die Wandfelder zwischen den Deckleisten konnten wesentlich verbreitert werden und erstreckten sich meist über mehrere Gefache. Ihre Oberfläche wirkte einheitlicher strukturiert und geschlossener als früher. Die aus dem traditionellen Villenbau übernommenen zahlreichen Vor- und Rücksprünge des Baukörpers verschwanden zugunsten einer klaren Form; das einfache Satteldach herrschte vor. Der Einfluß der künstlerischen Reformbewegung jener Zeit ist unverkennbar, obwohl das Werk nicht zu den Mitgliedern des Deutschen Werkbundes zählte. Ein Haus dieser Art in Berlin-Zehlendorf, Schopenhauerstraße, ist bis auf die spä-

44–47 Rationalisierter Holzskelettbau
44/45 Landhaus, Berlin-Zehlendorf, Schopenhauerstraße, um 1910 und 1989

tere Verschieferung der Giebelkanten, den Einbau eines Fenstererkers auf der Gartenseite und eines Balkons über dem Hauseingang äußerlich unverändert geblieben. Ein Arbeiterhaus von etwa 1914 zeigt die gleiche solide Bauweise. Der Absatz solcher Häuser scheint vielversprechend gewesen zu sein, denn die Wolgaster Holzindustrie-Gesellschaft wandelte ihre Hausbauabteilung in eine selbständige Wolgaster Holzhäusergesellschaft um. Obwohl das Werksarchiv nicht erhalten ist und keine exakten Angaben über die Entwicklung der Technologie und den Umfang der Produktion vorliegen, kann man das Werk als das im deutschen Holzhausbau über die Jahrhundertwende hinaus führende bezeichnen.

Diese Stellung ging in der Folgezeit durch das Heranwachsen weiterer leistungsfähiger Holzbaubetriebe verloren. Damals begann die Blütezeit jener Firma, die 1885 im Wettbewerb für Lazarettbaracken den ersten Preis erhalten hatte. Die Geschichte von Christoph & Unmack geht zurück auf die Übernahme eines Kupferhammers in Niesky 1835 durch die Familie Christoph. Das Werk spezialisierte sich zunächst auf Dampfkesselbau und die Lieferung von Eisenbahnmaterial. Der Barackenbau wurde von einem Zweig der Familie 1882 nach dem Erwerb eines Patents des dänischen Rittmeisters G. O. Doecker aufgenommen. Doecker war unter dem Eindruck der riesigen Verluste im Krieg von 1870/71 auf den Gedanken gekommen, eine leichte, einfach und schnell zu montierende Lazarettbaracke zu konstruieren. Das Hauptbauelement bestand aus einem geschoßhohen und etwa türbreiten Holzrahmen, der beiderseits mit einer Lage von 3–4 mm dicker Filzpappe benagelt war. Die Pappe wurde gegen das Wetter außen mit Leinöl getränkt, innen der Brandgefahr wegen mit Wasserglas gestrichen. Doecker konnte bereits von Vorgängermodellen ausgehen, von dem System des Ingenieurs Riesold mit einfachen hölzernen Bautafeln, die von Zwischenstützen gehalten wurden und von einer Konstruktion, bei der die Holzrahmen in Erinnerung an das gebräuchliche Lazarettzelt beiderseits mit Segeltuch bespannt waren. Er verfestigte die empfindlichen Pappschichten durch das Aufkleben von Jute und ersetzte die Zwischenstützen durch eine besonders feste Verbindung der Bauplatten, einerseits paarweise durch Scharniere, andererseits durch jeweils fünf Haken mit Ösen. Die Fugen der Dachplatten wurden mit Streifen von Segeltuch überklebt. Immerhin wurden im internationalen Wettbewerb mit dieser einfachen Konstruktion 49 Konkurrenten aus dem Feld geschlagen, darunter zwölf spezialisierte Barackenproduzenten. Trotz der wenig widerstandsfähigen Bauweise hatte Doecker bei den europäischen Militärverwaltungen großen Erfolg. Seine Baracken galten allgemein als verbesserte Zelt-

46 Arbeiterhaus vermutlich vor 1914, Ansicht
47 Grundrisse

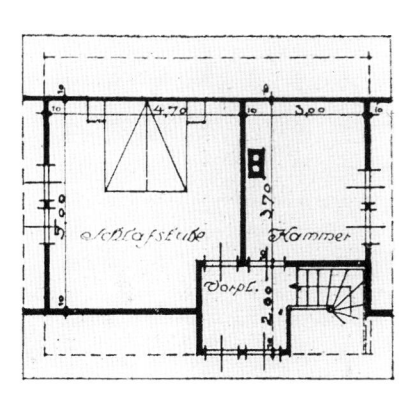

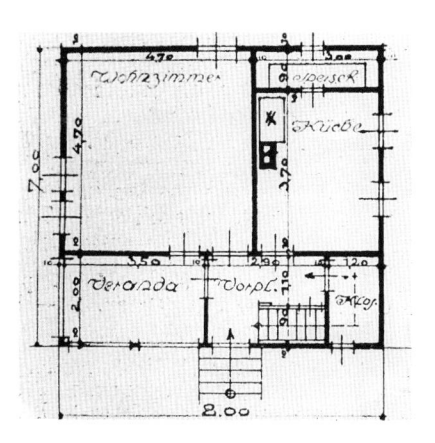

48–57 Christoph & Unmack, Niesky
48–54 Holzpaneelbau

48/49 Landhaus Fortuna, Lotteriepreis einer Ausstellung, 1905
48/49 Ansicht und Grundriß

50 Wohnhaus „zerlegbar und transportabel"
51 Vierfamilienhäuser, Wilhelmshaven, vor 1914

52 Tropenhaus in Kamerun

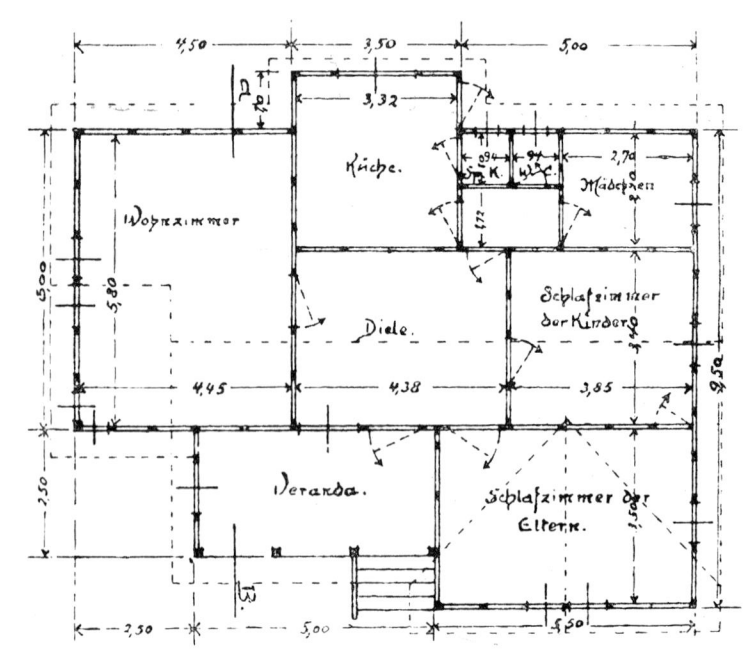

53 Kindergarten
54 Turnhalle mit Stahlhilfskonstruktion

bauten. 1892 brannte die Barackenfabrik in Niesky ab. Es kam zu einer Neugründung mit einem neuen Teilhaber und zur Bildung der Firma Christoph & Unmack. 1922 wurde auch der Kessel- und Stahlbau in diese Firma mit einbezogen.[18]

Christoph & Unmack änderten den Charakter der Doekker-Bauten, indem sie die Filzpappe durch dünne Brettlagen ersetzten, und schufen damit ihren bekannten und vielseitig verwendbaren Barackentyp: Er bestand aus Wand-, Fußboden-, Decken- und Dachplatten, deren Breite von 1,10 m sich wie auch bei anderen Systemen aus der Breite der Türen und Fenster ergab. Die Platten waren von Hand ohne Hebezeuge versetzbar. Die Dächer wurden mit Dachpappe gedeckt. Für die Kolonien wurden Tropenhäuser mit doppeltem Dach und Luftdurchzug als Sonnenschutz gefertigt. 1898 ging das Unternehmen mit technisch verbesserten Wandplatten auch zur Vorfertigung von Wohnhäusern über. Bei einem Ausstellungshaus von 1905, der „Villa Fortuna", waren die Wandplatten beiderseits verbrettert, die Außenschicht durch einen Asbestschieferbelag geschützt und die Innenseite mit einer glatten Filzpappe abgedeckt. Zusätzliche Isolierschichten dichteten die Hohlräume zwischen den Verbretterungen nach außen und innen ab. Das Haus war der erste Preis einer Ausstellungslotterie, es mußte deshalb zerlegbar sein, selbst das Dach war mit abnehmbaren Falzziegeln eingedeckt.[19] Die meisten Wohnhäuser blieben jedoch ohne die Asbestschutzschicht, ebenso die vielen Gebäude anderer Zweckbestimmung wie Kindergärten, Schulpavillons, Turnhallen oder Ateliers. Die Herkunft aus dem billigen Barackenbau sah man jedoch allen diesen Gebäuden an; ohne eine zusätzliche Deckschicht blieb es beim Eindruck eines Provisoriums.

Vielleicht gab der Erfolg der Wolgaster Blockbauweise den Anstoß, im Hausbau zu einem ähnlichen System überzugehen. Um 1911 begann die Fertigung von Blockhäusern aus nur 7 cm dicken, glatt gehobelten und gespundeten Bohlen, die innen durch eine leichte Vertäfelung von Holz oder dünnen Preßplatten abgedeckt wurden. Bohlen und Vertäfelung reichten für die Wärmehaltung auch in harten Wintern aus. Ihre Tragfähigkeit ermöglichte zweigeschossige Bauten.

*55–57 Blockbau:
Serie „Norddeutsche Holzhäuser"
55 Jagdhütte Typ Göttingen, 1913
56/57 Wohnhaus Typ Kiefernkamm
56 Ansicht
57 Erd- und Obergeschoßgrundriß*

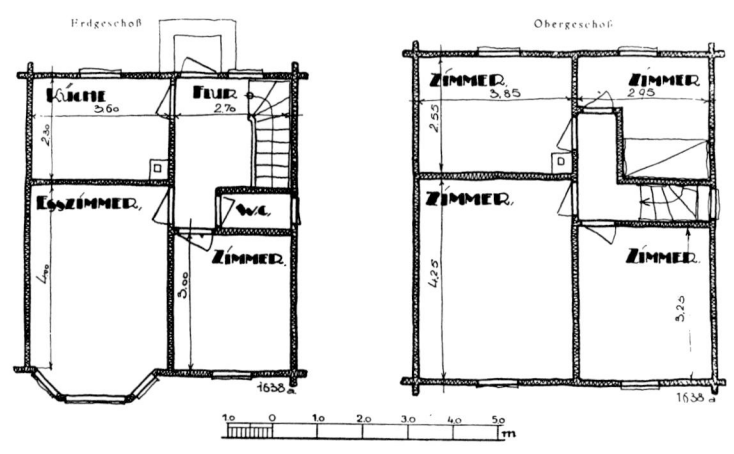

Diese „Nordischen Holzhäuser" galten als warm und behaglich. Sie wurden wie die Wolgaster Häuser als Land- und Ferienhäuser und als Jagdhütten benutzt und waren schon vor dem ersten Weltkrieg in ganz Deutschland verbreitet. In dieser Zeit waren Holzhäuser bereits so beliebt, daß sich einzelne Architekten darauf spezialisierten und Zeitschriften darüber berichteten.[20]

Es ist charakteristisch für die damalige Einstellung zum Hausbau, daß die in den Katalogen der beiden Holzbaufirmen abgebildeten Haustypen so unterschiedlich waren wie beim üblichen Mauerbau. Bei einer Plattenbauweise ergeben sich durch die gleichbleibende Plattenbreite stets wiederkehrende Vorzugsmaße. Bei der Blockbauweise entfällt dieser Anstoß zu einer bestimmten Maßordnung, die die grundlegende Vorbedingung für die Fertigung der einzelnen Bauelemente in großen Serien ist. Auch ein sich wiederholendes Grundrißsystem zur Rationalisierung der gesamten Entwurfs-, Herstellungs- und Bauprozesse ist bei den Häusern aus Wolgast und Niesky noch nicht erkennbar,

58 R. Plate & Sohn, Hamburg, Prospekt, um 1905

59 Ferdinand Bendix Söhne, Berlin, Ausschnitt aus Prospekt, um 1905

18 Langenbeck, S. 93f., 98, 175, 204, 379; 1835–1935 Hundert Jahre Christoph & Unmack, Görlitz 1935, S. 3–7
19 Das Dt. Landhaus 1 (1905/1906), H. 22, S. 476–478
20 Ebd., S. 280f., 476–478, 515

Grundrißsystematik war noch nicht gefragt. Im Gegensatz zu den Vereinigten Staaten mit ihrer hoch entwickelten Fertighausproduktion blieb es in Deutschland bei der Einzelanfertigung auf Bestellung mit Hilfe serienmäßig hergestellter Bauelemente und ergänzender Sonderbauteile. Wie im üblichen Hausbau wurden für die jeweiligen Entwürfe Architekten herangezogen, allerdings wie im landläufigen Eigenheimbau üblich, recht unqualifizierte Kräfte mit wenig Sinn für die Klarheit des Grundrisses und der Baugestalt.

Für die Jahre zwischen 1900 und 1914 läßt sich eine ganze Reihe von Unternehmen benennen, die auf der Basis geschoßhoher Wandelemente Wohnhäuser verschiedenster Art, Sportbauten, darunter Turn- und Tennishallen, Schul- und Krankenpavillons, Massenunterkünfte und als eine Neuheit auch „Autoschuppen" anboten. Unter ihnen war die Aktiengesellschaft Ferdinand Bendix Söhne in Berlin, die Filialwerke in Posen und in Landsberg an der Warthe besaß, wahrscheinlich eine der größten. Um die Jahrhundertwende konnte sie in Berlin einen Schulkomplex mit sechzehn Klassenräumen, acht Lehrerzimmern und einer Turnhalle errichten. Ein Zentrum scheint Hamburg gewesen zu sein als ein günstiger Platz für die Holzanlieferung aus Übersee und den Export in die koloniale Welt. Die Firma Calmon, die das „Kriegshaus" für den Einsatz in China hergestellt hatte, lieferte vor allem Viehställe an die Rittergüter in Norddeutschland. Sie war führend in der Herstellung von festen feuerhemmenden Bauplatten aus Asbestschiefer, der gegen Ende des 19. Jahrhunderts erfunden worden war, sich aber bald als nicht wetterbeständig erwiesen hatte und vom Asbestzementschiefer abgelöst wurde. Ein anderes Unternehmen, die Holzbaugesellschaft Gottfried Hagen, ebenfalls in Hamburg, zählte zweifellos auch zu den großen Holzhausbaugesellschaften. Nachweisbar ist die Beteiligung an Kleinsiedlungsvorhaben von 1919 in Berlin. Eine dritte Firma arbeitete nach dem System Plate, bei dem die nur 6 cm dicken, aber 2 m breiten Wandplatten in ein Skelett aus Schwelle, Rähm und Zwischen- beziehungsweise Eckstützen eingeschoben wurden. Aber allen diesen Unternehmen fehlte eine ästhetisch geschulte Leitung, die den recht primitiven Charakter ihrer Produkte hätte überwinden können.

Obwohl das Ansehen des Holzhauses zunahm und der Absatz stieg, scheint der Barackenbau das Hauptgeschäft gewesen zu sein. Die Aufträge ergaben sich nicht nur aus dem Bedarf der Heeresverwaltungen, sondern auch aus dem lebhaften Aufschwung der Wirtschaft und dem Wachstum der Industriezentren. Der Bau der Lokomotivfabrik in Wildau bei Königswusterhausen begann 1900 mit einem Barackenlager südlich der heutigen Werkssiedlung. Ebenso überbrückten die Siemenswerke die Etappe ihrer großen Erweiterung in Berlin-Siemensstadt durch das Aufstellen von Baracken für Baubüro, Verwaltungs- und Lagerräume. Viele Schulen und Krankenhäuser waren zunächst in vorgefertigten Baracken untergebracht. Wie groß der Export in die Kolonien war, ist nicht mehr festzustellen. Es müssen jedoch überwiegend „grausam schlechte" und dem Tropenklima ungenügend angepaßte Bauten gewesen sein.

Ein nachhaltiger Anstoß zu einem weiteren Fortschritt im Holzhausbau ergab sich gegen Ende des 19. Jahrhunderts durch den Aufschwung der chemischen Industrie. Sie lieferte dem Bauwesen verschiedenartigste neue Isolier- und Dämmstoffe und eröffnete damit die Möglichkeit, den Materialaufwand bei den üblichen Bauweisen ohne Minderung der bauphysikalischen Eigenschaften zu senken und in der Vorfertigung überhaupt neue Wege zu beschreiten. Ohnehin waren Füllstoffe wie Torfmull, Holzwolle, Hobelspäne, Stroh, Häcksel, Kieselgur, Schlackenwolle und selbst Kork bei leichten Wandkonstruktionen der Wärmedämmung wegen längst üblich geworden. So bot die Firma Grünzweig & Hart-

60 Holzskelett mit Bauplatten: System Karl Hengerer: „Tektonhaus", Stuttgart, 1908

mann in Ludwigshafen seit 1897 Holzhäuser aus Bautafeln mit Korkfüllung an.[21] Schon seit den achtziger Jahren wurden bei Innenräumen anstelle der Verbretterungen und Vertäfelungen Asbestplatten verwendet, womit man glatte Flächen für einen Anstrich oder das Tapezieren schaffen wollte. Auf dem Markt erschienen Dämmplatten aus Kieselgur oder Papierfilz, asphaltgetränkte Papiere und anderes mehr. Damals stand das sogenannte Steinholz hoch im Kurs, besonders als Fußbodenbelag; es handelte sich um ein Material aus Magnesiumoxychlorid als Bindemittel mit Füllstoffen wie Holzmehl, Asbestfasern, Korkschrot, Sägespäne und anderes. Steinholz wirkte feuerhemmend und wärmedämmend und bot sich als Material für Bauplatten geradezu an. In Stuttgart experimentierte damit der Baurat Karl Hengerer. Er nahm Sägespäne und Holzwolle als Füllstoff und erfand die Tektonplatte. Sie war 50 cm breit und 3,50 m lang und enthielt vier flache Holzstäbe zur Aussteifung. Tekton ließ sich sägen und nageln und war auch als Putzträger geeignet. Hengerer hoffte, mit dem Tekton die im Holzhausbau üblichen Verbretterungen vollwertig ersetzen zu können und entwarf eine entsprechende Bauweise: ein leicht montierbares Holzfachwerk mit äußerer und innerer Tektonverkleidung. Sein „Tektonhaus" wurde erstmals 1908 auf einer Bauausstellung in Stuttgart vorgeführt. Die Montage dauerte einen Tag, der Innenausbau ebenfalls, so daß am dritten Tag bereits die Möblierung erfolgen konnte.[22] Das Echo in der Presse war günstig. Hengerer konnte in verschiedenen Städten Tektonhäuser bauen, aber ein bleibender Erfolg blieb aus. Auch ein 1918 patentiertes „Verfahren zur Herstellung von Wänden und Decken aus hölzernem Tragwerk und Kunstholzbauteilen" (DRP 354 078) hatte keine praktischen Auswirkungen. Tekton aber wurde mit einem verbesserten Bindemittel noch in den zwanziger Jahren produziert und vielseitig verwendet.

Der rasche allgemeine Aufschwung der Technik seit dem Ende des 19. Jahrhunderts veranlaßte viele regsame Menschen, sich mit technischen Problemen zu beschäftigen und etwas Neues zu erfinden, nicht zuletzt auch im Bereich des Bauwesens. Damals wurde Erfinder zu einer Berufsbezeichnung. In den Patentämtern lagern ihre Ideen, darunter auch solche, die den Gedanken der Vorfertigung nur in Verruf bringen konnten wie das fragwürdige „Verfahren zum Aufbau mörtelloser Plattenwände an einem hölzernen Gerippe". Patentinhaber war die „Gesellschaft für die fabrikmäßige Herstellung von Landhäusern H. Roese & Co." in Berlin.[23] Zu den rastlosen Tüftlern zählte auch Gustav Lilienthal, der wie Hengerer eine Bauplatte erfand und dafür verschiedene Vorfertigungssysteme entwickelte.

Das Werk Gustav Lilienthals

Geboren wurde Lilienthal 1849 in Anklam.[24] Er war nicht nur ein genialer Helfer bei den Flugstudien und Flugversuchen seines Bruders Otto, sondern ein Erfinder mit Leib und Seele. In seiner Heimatstadt lernte er Maurer. 1868 begann er ein Studium an der Bauakademie in Berlin, brach es aber nach zwei Jahren ohne einen Abschluß ab. Offensichtlich stand die mit dem Studium vorprogrammierte Beamtenlaufbahn in unüberbrückbarem Gegensatz zu seiner Lebensauffassung und Interessenlage. Er war ein Neuerer mit sozialem und ausgesprochen pädagogischem Engagement. Mit der Entwicklung von Bauspielen für Kinder hat er sich fast fünfzig Jahre beschäftigt. Von Anbeginn arbeitete er mit seinem Bruder an den Problemen des Fliegens. Gemeinsam bauten sie Tragflügel aus Weidenruten. Nach einigen Wanderjahren im Ausland als Bauleiter ließ er sich in Berlin nieder und kam 1877 auf den Gedanken, statt der üblichen Kinderbaukästen mit Holzklötzchen einen Architekturbaukasten mit richtigen Steinen zu schaffen. Er entwarf die Formen der Steine, die Vorlagen für das Zusammensetzen und fand nach zahllosen Experimenten auch eine Rezeptur für die Herstellung der Steine. Das Ergebnis war der Anker-Steinbaukasten, das beliebteste Spielzeug der Jahrhundertwende, auf das Walter Gropius verwies, als er 1910 seine Vorstellungen über die Industrialisierung des Hausbaus erläuterte.

Für Lilienthal allerdings waren die ersten Steinbaukästen ein schwerwiegender geschäftlicher Mißerfolg. Er mußte seine Idee, die Steinformen, die Vorlagen und die Rezeptur für ein Spottgeld an einen kapitalkräftigen Fabrikanten verkaufen, der schließlich Nutznießer der Erfindung wurde.

Zehn Jahre später war Lilienthal wieder mit einem Baukasten beschäftigt. Er dachte an kleine, aber begehbare „Kinderhäuser" aus Holzleisten und Papptafeln. Zunächst erwarb er 1888 ein Patent für die „Herstellung von Modellbauten aus Holzleisten". Diese Leisten waren in regelmäßigen Abständen gelocht und wurden durch Drahtschlaufen

---

21 ZBV 6 (1886), H. 4, S. 39; H. v. Voß: Tafelbauweise, Berlin/Stuttgart 1958, S. 20f. (Schweizerisches Patent Nr. 14 398 vom 15. 5. 1897)
22 Württembergische Bauausstellung Stuttgart 1908, Kat. S. 43; Schwäbischer Merkur 1908, Nr. 325 vom 15. 7., Nr. 345 vom 27. 7.; WLB Bd. IV. Berlin 1932, S. 515
23 DRP Nr. 283 238 vom 3. 6. 1914
24 A. und G. Lilienthal: Die Lilienthals, Stuttgart/Berlin 1930; Gustav Lilienthal 1849 bis 1933. Baumeister, Lebensreformer, Flugtechniker, Ausstellungskat., Berlin 1989

61–75 Terrast-Baugesellschaft Gustav Lilienthal, Berlin

61–63 Betonhohlblockbauweise:
Siedlung „Freie Scholle",
Berlin-Tegel, Egidystraße

61/62 erste Häuser vor 1900 und 1988
63 Haustypen nach 1900, Zustand 1988

Seite 45:
64–67 Holzpaneelbau: Die Vorläufer
64 Spielbaukasten, 1888
65 Baukasten „Kinderhaus"

und Keile miteinander verbunden. Damit war der Urtyp der späteren Märklin- und Stabilbaukästen geboren – allerdings noch ohne die drehbare Welle, das Rad und die Kurbel. Später wurden die Leisten an den Kanten mit einer Längsnut versehen für das Einschieben von Papptafeln. Solche Baukästen für Kinderhäuser wurden von Lilienthal in verschiedenen Größen hergestellt und auf der Leipziger Messe angeboten. Aber auch dieses Unternehmen endete mit einem geschäftlichen Fehlschlag. Der bleibende Gewinn für den Erfinder lag in der Entdeckung des Konstruktionsprinzips der Stütze mit Längsnut und eingeschobenen wandbildenden Bautafeln. Es sollte der Ausgangspunkt für eine neue Montagebauweise werden.[25]

Zunächst eröffnete Lilienthal gegen Ende der neunziger Jahre in Großlichterfelde bei Berlin ein Baugeschäft. Er wollte billige Vororthäuser bauen, um auch wenig begüterten Familien gesundes Wohnen im Grünen zu ermöglichen. Bei seinen Sparmaßnahmen fällt das Prinzip auf, die großen hohen und die niedrigen kleinen Räume eines Hauses so ineinander zu fügen, daß ein Minimum an umbautem Raum erforderlich wurde – ein Gedanke, den später Adolf Loos mit seinem „Raumplan" auch künstlerisch zu nutzen verstand.[26] Um auch Arbeitern das Wohnen mit Garten zu ermöglichen, betrieb er die Gründung einer Baugenossenschaft. So entstand 1895 die „Freie Scholle", die dreißig Jahre später durch die Bauten Bruno Tauts weithin bekannt geworden ist. Lilienthal lieferte die Entwürfe für die ersten Kleinsthäuser und erfand dafür einen Betonhohlstein, den die Siedler auf der Baustelle selbst herstellen konnten. Diese plattenförmigen Steine waren an der Ober- und Unterseite offen und ermöglichten den Bau von Wänden mit kommunizierenden Luftkammern. Lilienthal ließ sich daraufhin ein Patent ausstellen (DRP 100 730 von 1897). Für die Fußböden entwarf er den sogenannten Terrast-Betonestrich mit einem schlaff über die Deckenbalken gezogenen Drahtgewebe als Bewehrung. Dieser praktische Estrich war bis in die dreißiger Jahre sehr verbreitet.

Das Unternehmen „Freie Scholle" glückte. Im Herbst 1905 standen bereits vierzig Häuser, anfangs mit nur einem Wohnraum und einer Dachkammer, später mehrräumig.[27] Es gab große Anerkennung in der Presse, aber auch Kritik an dem „erschrecklichen Maurerpolierstil". Im Verlauf der Jahre zeigten sich auch technische Mängel.[28]

Gegen Ende der neunziger Jahre ging Lilienthal zu Trockenmontagebauweisen über. Er griff auf das System seiner Kinderhäuser zurück und versuchte eine Bauweise mit Stahlstützen und Rillen für das Einsetzen von zwei Bautafeln. Der entstehende Hohlraum sollte mit Torf verfüllt werden. Die geschoßhohen Bautafeln fertigte er aus einer „Steinmasse mit wasserundurchlässigem Zellulosestoff" – offensichtlich einem Abkömmling der Anker-Bausteine. Die Baupolizei lehnte die Bauweise jedoch als ungeeignet für Wohnbauten ab. Daraufhin wechselte Lilienthal zum Holzbau über und benutzte das schon bekannte Paneelsystem für eine neue Bauweise. Die üblichen Verbretterungen ersetzte er durch seine Bautafeln in zwei Ausführungen. Er bot eine leichte Form an mit 5 cm dicken Plattenrahmen für Sommerhäuser und Lauben und eine schwere mit 10 cm dicken Rahmenwerk und mit bewehrten Bauplatten für Dauerwohnräume. Die Paneelbreite betrug etwa einen Meter; einfache Satteldächer mit Pappdeckung waren die Regel. Über andere Einzelheiten wie die Befestigung der Paneele und die Abdichtung der Fugen ist nichts bekannt. Aus Abbildungen läßt sich erschließen, daß die Häuser erdgeschossig waren und auf Betonfundamenten standen, die mit billigen ungelernten Arbeitskräften ausgeführt werden konnten. Anfangs wurden die bescheidenen Häuschen durch Giebel- und Firstverzierungen ästhetisch aufgewertet – wie ein Musterhaus in Lichterfelde. Eigens für die Produktion, den Vertrieb und die Montage der vorgefertigten Häuser verwandelte Lilienthal sein Baugeschäft in die Terrast-Baugesellschaft mbH mit einer Abteilung für zerlegbare Terrasthäuser. Es entstanden leichte Gartenlauben und Sommerhäuser sowie in schwerer Ausführung zahlreiche Wohnhäuser in der Umgebung Berlins, unter anderem in Falkenberg, Mariendorf, an der Krummen Lanke und am Zeuthener See. Der bedeutendste Bau war die „Villa Damaschke", das Wohnhaus des berühmten Bodenreformers in Werder, das nach dem zweiten Weltkrieg

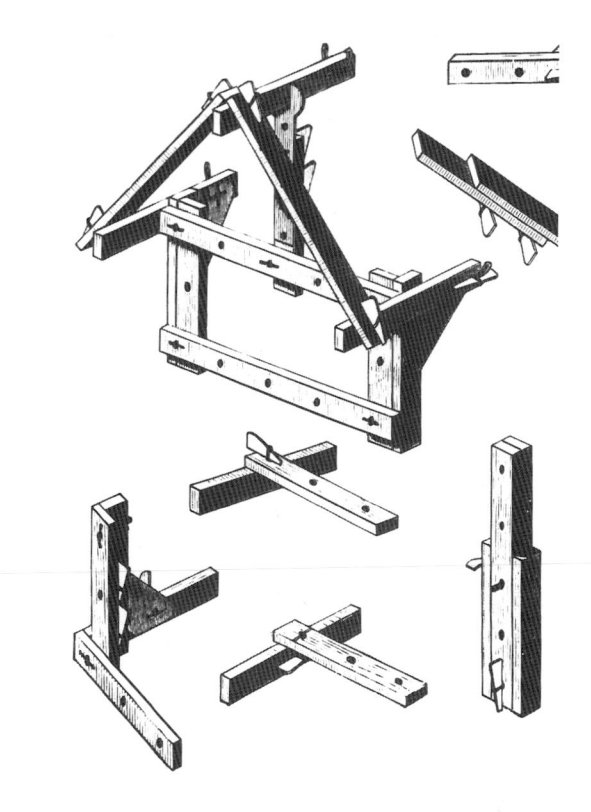

25 Lilienthal, Kat. S. 61–90
26 G. Lilienthal: Das Vororthaus für eine Familie, Prometheus 1891, H. 54, S. 21–26; Lilienthal, Kat. S. 93–107; D. Worbs: Der Raumplan im Wohnungsbau von Adolf Loos, in: Adolf Loos 1870–1933. Raumplan – Wohnungsbau, Akademie der Künste Berlin (Hrsg.), Akademie-Kat. 140, Berlin 1984, S. 64–77
27 75 Jahre Freie Scholle, Festschr. Berlin 1970, S. 10–14; Lilienthal, Kat. S. 107/108
28 Das Dt. Landhaus 1 (1905/1906), H. 10, S. 230; B. Taut: Siedlungsmemoiren, Dt. Architektur 24 (1975), H. 12, S. 763

66 Musterhaus, Berlin-Lichterfelde, um 1900

67 Gutshaus in Altlandsberg

wegen Baufälligkeit abgerissen worden ist. Die Terrast-Baugesellschaft erfreute sich offensichtlich eines guten Rufes. 1901 erhielt sie die erste offizielle Anerkennung durch die Silbermedaille einer Berliner Ausstellung. Sie errichtete Schulbaracken für das Gymnasium in Lichterfelde und für die 11. und 12. Gemeindeschule in Görlitz, Melanchthonstraße. Ein adliger Rittergutsbesitzer ließ sich einen Interimsbau montieren, nachdem sein Gutshaus bei Altlandsberg abgebrannt war. Auch die schon erwähnten Interimsbauten von Siemens & Halske am Nonnendamm in Siemensstadt von 1908 waren erdgeschossige Terrasthäuser. Von hier aus lenkte Hans Hertlein Entwurf und Ausführung der Werksanlagen, die inzwischen zu den bekanntesten Berliner Industriebauten zählen.[29] Das im zweiten Weltkrieg beschädigte Baubüro wurde wiederhergestellt, aber 1980 abgerissen. So ist über die chemische Zusammensetzung und die physikalischen Eigenschaften der Terrastplatten und über konstruktive Einzelheiten nichts mehr in Erfahrung zu bringen.

Bekannt wurden die Terrast-Häuser vor allem durch die enge Zusammenarbeit Lilienthals mit dem Pfarrer Friedrich von Bodelschwingh, der seit 1905 in Rüdnitz und Lobetal bei Bernau Wohnkolonien für behinderte Arbeitslose, Trinker, ehemalige Strafgefangene und andere gescheiterte Existenzen sowie das Altersasyl Gnadental auf billigem Pachtland anlegte. Die wenigen noch erhaltenen Wohnbaracken zeigen ein drittes System Lilienthals. Sie bestehen aus leichten vorgefertigten Brettkonstruktionen ähnlich dem Balloon Frame System. Die Brettpfosten von 25 × 140 mm stehen im

68 Holzskelettbau: Wohnbaracke der „von Bodelschwingh-Anstalt", Lobetal bei Bernau, 1905, Zustand 1987

29 Lilienthal, Kat. S. 111–117

*69–75 Stahlskelettbau,
System Terramor:
Hausbau in Brasilien,
1911–1913
69 Einfamilienhaus*

*70 Beginn der Ausfachung
71 Arbeiterhaus*

72/73 Einsetzen der Wand- und Türplatten

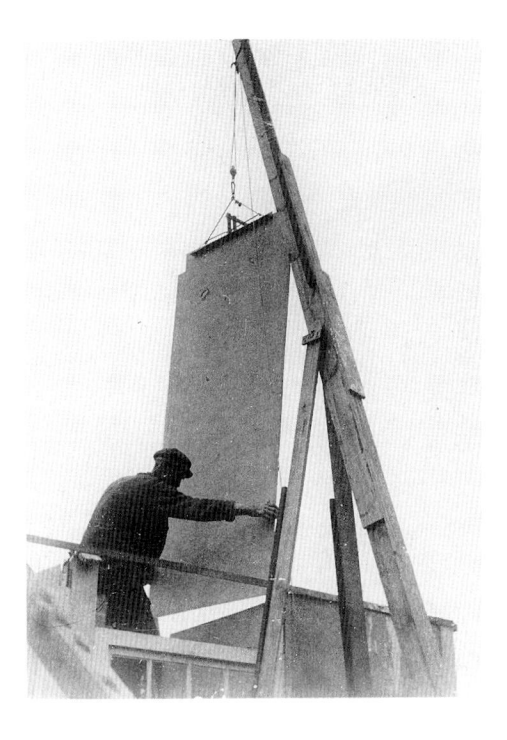

Abstand von 50 cm auf einem Schwellholz und tragen einen Rähm, auf dem die ebenfalls brettförmigen Sparren in gleichem Abstand aufgekämmt sind. First- und Mittelpfetten ruhen auf Stützen, die mit den Sparren zusammen ein stabiles Bindersystem bilden. Die Decken der Innenräume bestehen aus 50 × 100 cm großen Korkplatten, ein damals sehr oft verwendetes Material zur Wärmeisolierung. Die Gefache sind mit Ziegelmauerwerk ausgesetzt und außen und innen verputzt, eine ursprüngliche Verkleidung mit Terrastplatten ist mit Sicherheit anzunehmen. Nach den Abbildungen zu urteilen waren sie hier 1,00 m breit und geschoßhoch. Im Archiv der von Bodelschwinghschen Anstalten in Bethel bei Bielefeld haben sich Zeichnungen zu verschiedenen anderen Gebäuden in Terrast-Bauweise erhalten, bei denen ungewiß ist, ob es sich um Angebote oder ausgeführte Bauten handelt, darunter ein Speisesaal für 200 Personen mit großem Küchenanbau und ein kleines Wohnheim für zwanzig Personen mit eigener Küche und zwei Pflegerwohnungen. Über die Gesamtproduktion der Terrast-Baugesellschaft ist leider nichts mehr zu erfahren; sie scheint jedoch nicht befriedigend gewesen zu sein.

Lilienthal versuchte daraufhin eine Marktlücke zu nutzen und entwickelte eine feuer- und termitensichere Bauweise, die er Terramor nannte; 1911 ließ er sie unter DRP 261472 patentieren. Das Patent bezog sich auf eine hohle Plattenwand mit „Mörtelstielen". Tragende Konstruktion war ein Stahlskelett mit Stützen NP 12 in etwa 1 m Abstand. Die Ausfachung bestand aus zwei eingeschobenen Bauplatten. Um sie fest gegen die Flansche der Stützen zu drücken, wurde ein Holzstab mit elliptischem Querschnitt in den Hohlraum eingestellt und so gedreht, daß er die Platten auseinandertrieb und gegen die Flansche preßte. Dann wurde der Zwischenraum zwischen Stab und Stützensteg mit Mörtel gefüllt und der Stab nach dem Abbinden wieder herausgezogen. Die Flansche der Stützen blieben außen und innen sichtbar.

Die Bauweise war lediglich für Länder mit warmem Klima geeignet und konnte nur bescheidenen Ansprüchen genügen. Tatsächlich erhielt Lilienthal damals die Aufforderung, sein termitensicheres Terramorsystem in Brasilien einzuführen. 1912 reiste er dorthin, um die Arbeiten selbst zu leiten. Für den Ausbau der brasilianischen Häfen bot er Isolierstationen für Passagiere, Krankenpavillons, winzige Arbeiterdoppelhäuser und kleine Einfamilienhäuser an. Er mußte sich mit einfachsten Mitteln behelfen. So wurde für das Einbringen der großen Bautafeln ein dreibeiniger Holzkran zusammengezimmert. Aber trotz harter Arbeit blieb das erwartete Ergebnis aus, und Lilienthal kehrte 1913 enttäuscht nach Deutschland zurück.

74 Siedlerhaus, Berlin-Lichterfelde, vor 1914

75 verbesserte Stützenform mit Betonfüllung und Plattenhalterung

Es hat den Anschein, daß das bei mangelhafter Ausführung bedenkliche System der Mörtelstiele Lilienthal schon in Brasilien zu neuen Ideen angeregt hat, die er nach seiner Rückkehr sofort patentieren ließ (DRP 261 972 vom 5. Juli 1913 und 279 473 vom 20. Oktober 1914). Er brachte die Funktion der Mörtelstiele und die der Stütze zu einer bemerkenswerten Synthese, indem er eine Stütze in Doppel-T-Form aus 1,15 mm dickem Stahlblech konstruierte und deren Steg stark aufwulstete. Statt der Mörtelstiele dienten die Wülste als Halterung der Bauplatten, gleichzeitig erhöhten sie die Knickfestigkeit. Eine ähnliche Konstruktion tauchte nach dem Krieg als Bauweise Schmetz auf.[30] Lilienthal verstärkte die Tragfähigkeit der Stützen, indem er den Hohlraum der Wülste mit Beton ausfüllte. Damit war er der erste deutsche Architekt, der Stahlleichtprofile im Hausbau verwendete. Außerdem nahm er das Prinzip der betongefüllten Stahlhohlprofile vorweg, die heute zum Rüstzeug jedes Konstrukteurs zählen.

Die Bautätigkeit aber gab er auf. Die Nutzung seiner Patente überließ er einem Bauunternehmer in Lichterfelde, der ein Musterhaus für sein Büro errichtete. Nach dem Weltkrieg wurde das System vom Reichskommissar für Wohnungswesen als eine Ersatzbauweise anerkannt, dann verlieren sich die Spuren.

Mit 65 Jahren wandte Lilienthal sich wieder der Fliegerei zu und baute an einem Schwingenflugzeug nach dem Vorbild des Vogelfluges, in der Hoffnung, damit eine effektivere Flugtechnik zu ermöglichen, als sie bisher bekannt war. Diese Idee ließ ihn bis an sein Lebensende nicht mehr los.

Beim entscheidenden Flugversuch rollte sein Flugzeug flügelschlagend über die Piste, hatte jedoch zu wenig Auftrieb und hob nicht ab. So blieb ihm auch hier der endgültige Durchbruch versagt.

Gustav Lilienthal war mehr Techniker als Architekt. Wie bei vielen Erfindern seiner Zeit lagen Erfolg und Mißerfolg nahe beieinander. Bei allen seinen Bauideen und Bausystemen stand der ökonomischste Einsatz der Technik im Vordergrund, darin lag für ihn der Reiz der Aufgabe; die Fragen der architektonischen Gestalt spielten eine untergeordnete Rolle. Charakteristisch dafür sind die rationell durchdachten Vororthäuser in Lichterfelde mit ihrer burgähnlichen Architektur und die Häuser der „Freien Scholle", die die Kritik herausforderten. Dem hielt Lilienthal entgegen, daß es leicht sei, mit viel Geld schön zu bauen, aber sehr schwer, mit wenig Geld guten Wohnraum zu schaffen.[31] Seine Bauten werden in den Berliner Inventarisationswerken nicht genannt. Seine vorgefertigten Häuser entsprachen nur ungenügend den herrschenden Maßstäben technischer Gediegenheit und Dauerhaftigkeit. Wie Peter Behrens verfaßte er 1918 eine Denkschrift mit praktischen Ratschlägen für einen sparsamen Kleinhausbau,[32] aber allem Anschein nach wurde sie nicht veröffentlicht. Lilienthal starb im Februar 1933 auf dem Flugplatz Johannisthal neben seinem Flugzeug.

30 Bauweise Schmetz, DVW 1 (1919), H. 2, S. 25 f.
31 Das Dt. Landhaus 1 (1905/1906), H. 17, S. 408
32 G. Lilienthal (Pseudonym Tekton): Vorschläge für die Verbilligung des Kleinwohnungsbaues, Ms. Landesarchiv Berlin, Nachlaß Lilienthal

Leichte Stahlbausysteme

Während beim Holzhaus die Entwicklung der Vorfertigung bereits eine gewisse Kontinuität erreichte, gab es beim Hausbau mit Stahl nur einige voneinander unabhängige Einzelversuche. Die Terramor-Bauweise Lilienthals war der letzte in dieser Reihe – immerhin bereits mit der Vorwegnahme der Einsicht, daß die zur Verfügung stehenden Stahlnormalprofile für den Kleinhausbau letztlich ungeeignet sind. Zwar machte der allgemeine Stahlhochbau bedeutende Fortschritte, die beteiligten Stahlbaufirmen lieferten die Skelette für Werkhallen und Speicher, Geschäfts- und Bürohäuser, aber den Wohnungsbau ließen sie unbeachtet. Neue Ideen entstanden deshalb vor allem in den Büros der Bauplattenfabrikanten, auch das Terramor-System diente dem Absatz einer Bauplatte. Die Deutschen Magnesitwerke in Berlin produzierten Magnesittafeln mit einer Juteeinlage, 1,00 m breit und 12 und 20 mm dick und warben in den achtziger Jahren für eine Skelettbauweise mit ihren Platten als äußere und innere Beplankung. Sie fanden damit sogar Eingang in das Handbuch der Architektur. Aber es zeigten sich Mängel, die Platten warfen sich, und ihre Oberfläche war so glatt, daß kein Putz daran haftete; außerdem vergrößerte das Magnesit die Rostgefahr.[33] Ein ähnliches Unternehmen, die Firma Cohnfeld & Co. in Freital bei Dresden, brachte Bautafeln aus Xylolith auf den Markt. Auch hier diente Magnesit als Bindemittel für eine Masse aus Holzmehl, Kieselgur, Asbestfasern und anderen Beimengungen. Die Tafeln sollten in Verbindung mit einem leichten Stahlskelett besonders für

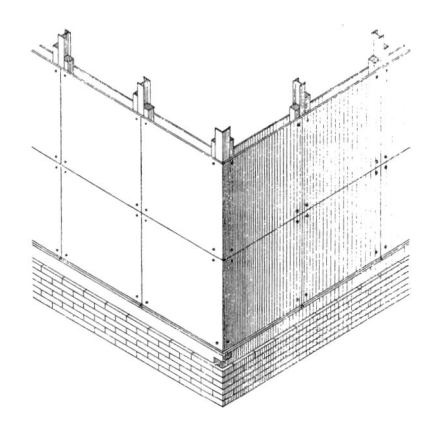

76 Außenwandkonstruktion der Magnesitwerke, Berlin, vor 1890

77–82 Isothermalsystem Heilemann, Berlin
77–79 Bauzeichnungen

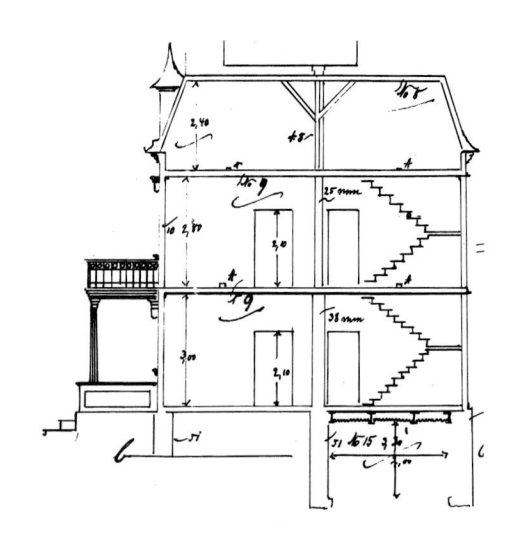

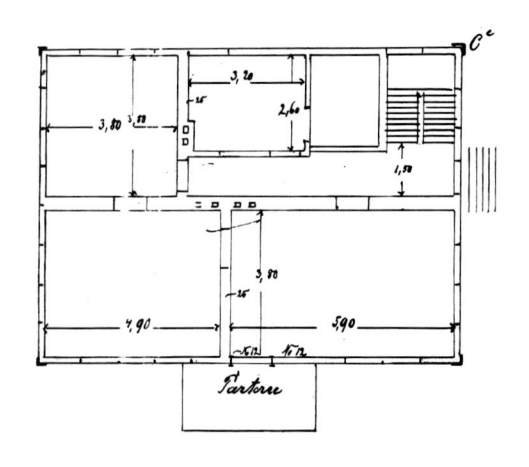

33 HdbA Bd. III,2,1, S. 327f.; Erfahrungen der Praxis DBZ 34 (1900), H. 60, S. 372, H. 66, S. 408

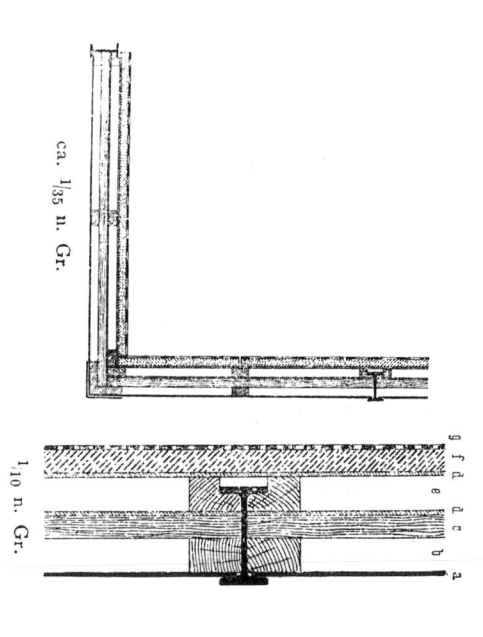

80–82 Zweifamilienhaus, Berlin-Weißensee, Parkstraße, 1888/89, abgebrochen 1989
80 Balkondetail
81 Außenwandquerschnitt
82 Straßenansicht, 1986

Tropenhäuser geeignet sein.[34] Die Praxis korrigierte allerdings diese Vorstellungen. Xylolith erwies sich als ein guter und billiger Fußbodenbelag und blieb es für einige Jahrzehnte.

Nachdem der Hausbau mit einer Außenhaut von Stahl vor allem durch die Verwendung des Wellblechs in ganz Europa in Mißkredit geraten war, berichtete die Fachpresse über ein neues deutsches Stahlbausystem. Es handelte sich um die erste Stahltafelbauweise auf deutschem Boden, die der Ingenieur und Bauunternehmer F. C. Heilemann in Berlin-Weißensee entwickelt hat und um 1888 mit Erfolg erprobte. Er nannte seine Erfindung Isothermalsystem. Rudolf Eberstadt, Universitätsprofessor und bekannt durch seinen konsequenten Kampf gegen die Berliner Mietskaserne, verwies ausdrücklich auf die „eisernen Häuser" als Beispiel eines rationalisierten Kleinwohnungsbaues mit niedrigen Mieten. Erhalten hat sich ein einzelnes Haus in der Parkstraße in Weißensee bis 1989. Es war ein typisches zweigeschossiges Vorstadthaus für zwei Familien mit einer Außenhaut aus glattem Walzblech.

Schon 1875 gab es Hinweise auf „eiserne Häuser" in Meinigen. Es waren einfache erdgeschossige Holzfachwerkbauten mit einer Wellblechverkleidung außen und einer Verbretterung innen. Eine Teerfilzschicht diente als Isolierung. Die Häuser waren von der Wiener Firma Charles John Dammers gefertigt und wurden 28 Tage nach der Bestellung per Bahn angeliefert, die Montage dauerte vierzehn Tage. Ein solches Haus wurde durch Fracht und Zoll etwas teurer als ein entsprechender Bau mit Ziegelausfachung, soll aber bessere wohnhygienische Eigenschaften gehabt haben.[35]

In Weißensee lag ein grundsätzlich anderes konstruktives System vor. Man kann es als eine Weiterentwicklung der Holzhäuser aus Wandplatten mit Zwischenstützen ansehen. Bei dem einzigen erhaltenen Haus bestand das Skelett aus durchgehenden Doppel-T-Stützen NP 10 in etwa 1,00 m Abstand und Deckenträger NP 9, die an den Stützen auf Konsolen von Winkeleisen aufgelagert und mit ihnen verschraubt waren. Auch der Dachstuhl bestand aus Normalprofilen. Bemerkenswert waren die Wandplatten wegen ihrer vorzüglichen Wärmeisolierung: Der Blechplatte außen entsprach eine Kieselgurplatte innen, die mit einer Asbestschicht zum Innenraum und einem Papierfilzbelag nach außen abgedeckt war. Der verbleibende Hohlraum wurde durch eine mit Papierfilz beklebte Brettschicht in zwei Luftkammern geteilt. Die Platten waren so zwischen den Stützen eingeschoben, daß deren äußerer Flansch als Fugendeckleiste diente, während der Innenflansch durch die Kieselgurschicht abgedeckt war, wodurch eine Kältebrücke vermieden wurde.[36] Die fast hundertjährige Lebensdauer des Hauses beweist, daß die Rostgefahr durch Schwitzwasser hier weitestgehend ausgeschaltet worden ist. Die Vorfertigung erstreckte sich jedoch nur auf die Außenwände, die Innentreppe und den Balkon mit seinen schlanken Gußeisenstützen. Der Keller und die Innenwände waren auf die übliche Weise gemauert. Der Grundriß offenbarte den Tiefstand der damaligen Baukultur. Er entsprach der herrschenden Tendenz, die Wohnräume mit dem Balkon als repräsentativen Teil des Hauses auf die Straßenseite zu legen und auf Kosten der Küche und der Nebenräume möglichst groß zu halten. Die neue Bauweise wurde in der Fassade nur durch die senkrechten Linien der Stützen und durch einige ornamentierte Zierleisten angedeutet, die die waagerechten Fugen der Stahlhaut abdeckten. Für solche „Façoneisen" gab es in Berlin spezielle kleine Walzwerke. Die üblichen profilierten Fenstergewände fehlten, vielleicht waren sie ursprünglich aufgemalt, denn es heißt, die Häuser seien bunt bemalt gewesen. Lediglich über der Balkontür hatte sich eine strukturierte Blechblende erhalten, die nach der Bauzeichnung auch über den Fenstern vorgesehen war. Die meisten Häuser sollen in der Gürtelstraße gestanden haben, wo Heilemann anscheinend Bauland besaß.[37] Sie mußten nach wenigen Jahrzehnten größeren gemauerten Mietshäusern weichen.

Über die Person und die Ausbildung Heilemanns und sein sonstiges Wirken läßt sich nichts mehr in Erfahrung bringen. Die Bauzeichnungen sind von einer ungeübten Hand recht flüchtig angefertigt worden, das Bausystem selbst deutet auf einen erfahrenen und risikofreudigen Konstrukteur hin. Er nahm Ideen vorweg, die erst im Stahlhausbau der zwanziger Jahre zum Tragen kommen sollten. Um diese Zeit war sein Isothermalsystem längst vergessen.

Verweht sind auch die Spuren des sogenannten Scherrer-Hauses von 1915 mit lasttragenden, wahrscheinlich abgekanteten Stahlpaneelen, über das in der englischen Literatur berichtet wird.[38] Leichte Vorfertigung als eine Konkurrenz zum Mauerbau war noch nicht denkbar, „transportabel" und „ortsfest" bezeichneten zwei getrennte Welten.

---

34 HdbA Bd. III,2,1, S. 338f.; DBZ 24 (1890), H. 36, S. 215–218
35 DBZ 9 (1875), H. 14, S. 69
36 HdbA Bd. III,2,1, S. 316; DBZ 23 (1889), H. 83, S. 503
37 R. Eberstadt: Städtische Bodenfragen, Berlin 1894, S. 7f.
38 D. Harrison: A Survey of Prefabrication. Ministry of Works, London 1945, S. 7 (nach Herbert, Dream S. 340, Anm. 9)

3 Hausbau mit Beton

Einen ganz anderen Verlauf als bei Holz und Stahl nahm die Entwicklung der Vorfertigung mit Beton. Durch dessen Verarbeitungsweise stand die Mechanisierung der Baustelle von vornherein im Vordergrund. Guß- und Stampfbetonverfahren mit vorgefertigten Schalungen waren die dafür am besten geeigneten Techniken. Allerdings gab es in Deutschland zunächst noch keine entsprechenden Erfahrungen. Die ersten Kenntnisse kamen aus Frankreich und betrafen die Bauten Coignets. Von hier wurde auch die Bezeichnung Zement-Pisé übernommen, die bis zur Jahrhundertwende für Stampfbeton üblich war.

Guß- und Schüttverfahren

Erste Versuche im Hausbau mit Beton unternahm eine süddeutsche Eisenbahngesellschaft beim Bau ihrer Bahnwärterhäuschen, zur Anwendung im Wohnungsbau kam er erstmals während der Gründerjahre in Berlin. Die treibende Kraft waren allerdings weder Baubetriebe noch Ingenieure oder Architekten, sondern zwei Textilunternehmer, die eine Fabrik für Wollwaren und Plüsch vor den Toren betrieben und wie andere Besitzer abgelegener Fabriken bestrebt waren, Wohnungen für ihre Arbeiter in der Nähe des Unternehmens zu schaffen.

Nach dem Krieg gegen Frankreich von 1870/71 mit dem Milliardensegen der Kriegskontributionen erlebte Berlin eine Baukonjunktur, deren Ausmaß man sich schwer vor-

83–88 Victoriastadt, Berlin-Rummelsburg, 1872–1875

83 Gerüstlose Kletterschalung mit eisernen Leitständern

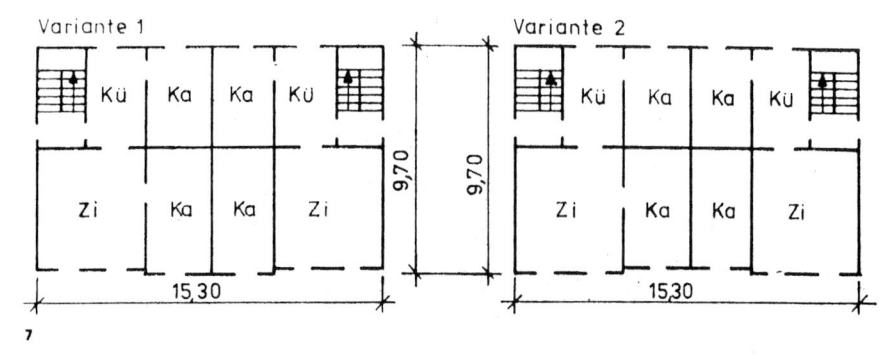

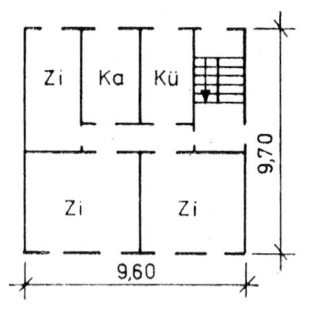

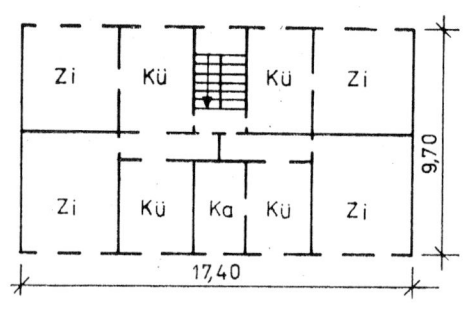

84 Grundrißtypen, Baujahr 1872/73 (oben), 1873/74 und 1874/75 (unten)
85 Doppelhäuser Nöldnerstraße 17/18 von 1872 (abgebrochen)

*86 Nöldnerstraße 19
von 1872 (verändert)
87/88 Spittastraße 40
von 1872/73 vor und nach
der Restaurierung*

stellen kann. Die Preise für Mauerziegel erreichten Rekordhöhen. Vor dem Schönhauser und dem Rosenthaler Tor begann eine wilde Ziegelbrennerei in rasch errichteten Feldbrennöfen. Die Wohnungsnot der Werktätigen blieb trotzdem riesengroß, überall bauten sie sich Notunterkünfte, und es kam zu Unruhen, wenn die Polizei dagegen vorging.

In dieser angespannten Lage erwarben die beiden Fabrikanten ein Gelände von etwa 20 Hektar außerhalb der Berliner Stadtgrenze im Bereich der heutigen Nöldnerstraße in Rummelsburg und planten den Bau einer Siedlung mit Kleinwohnungen in zwei- und dreigeschossigen Häusern. Der hohen Ziegelpreise wegen sollte mit Beton gebaut werden. Die dafür notwendige Technologie kannte der Kaufmann Alexis Riese, der in dem Unternehmen der Fabrikanten gelernt und sich bei einem längeren Aufenthalt in England mit dem sogenannten Zement-Pisébau für englische Arbeiterhäuser vertraut gemacht hatte. Er konnte darauf verweisen, daß die englischen Gußbetonhäuser 30 bis 50 Prozent billiger kamen als ein entsprechender Mauerbau. Die Kostensenkung ergab sich aus dem Einsatz ungelernter Arbeiter mit niedrigen Löhnen und durch den ausgiebigen Gebrauch billiger Zuschlag- und Füllmaterialien. Im englischen Klima war außerdem eine Verminderung der beim Mauerbau üblichen Wandstärken möglich. Eigens für ihre Baupläne gründeten die Fabrikanten die „Berliner Cementbau AG", in die sie das erworbene Bauland bereits mit Gewinn einbrachten. Anstelle eines erfahrenen Baufachmannes wurde A. Riese Bauleiter der neuen Gesellschaft.

Der Bebauungsplan beschränkte sich auf ein einfaches rechteckiges Straßenraster. Die einzelnen Parzellen waren nach englischem Vorbild klein und schlossen jede Hinterlandbebauung aus. Gebaut wurde nach Typenentwürfen, nachweisbar sind insgesamt sieben, die im Lauf der Jahre wechselten. Entgegen der im deutschen Hausbau übermächtigen Tendenz zu individueller Vielfalt wurde – zweifellos wieder nach englischem Vorbild – eine weitgehende Normung der Abmessungen angestrebt. Hauslängen und -tiefen, die Maße der Räume, der Fenster, der Türen und Geschoßhöhen waren weitgehend vereinheitlicht. Nach einigen Probebauten, die später als Armenhaus dienten, entstanden seit 1872 etwa sechzig Häuser als Doppel- und auch Reihenhäuser, von denen nur wenige noch erhalten sind. Die Fabrikanten machten aus der Herkunft ihres Bauverfahrens keinen Hehl; sie nannten ihre Siedlung im großspurigen Geist jener Jahre nach der englischen Königin Viktoriastadt und die Hauptstraße nach dem Prinzgemahl Prinz-Albert-Straße (heute Nöldnerstraße). Der Gründerkrach und die folgende Wirtschaftskrise bereiteten dem Vorhaben jedoch ein rasches Ende. 1875 wurde die Bautätigkeit endgültig eingestellt und die Aktiengesellschaft aufgelöst.[1]

Riese hatte das englische Verfahren bis in alle Einzelheiten übernommen. Der erste Probebau in Rummelsburg war eingeschossig, die Kletterschalung aus Holz. Der Beton wurde von Hand gemischt, von zwei Arbeitern zu Brei verrührt, in Eimer gefüllt, mit einer trichterförmigen Schüttrinne in die Schalung eingebracht, etwa 60 cm hoch bei jedem Arbeitsgang, und leicht angestampft. Als billiger Zuschlagstoff wurde die Kohlenschlacke der Wollwarenfabrik verwendet, der Beton wurde außerdem nach englischem Vorbild durch Eindrücken von Ziegel- und Gesteinsbrocken und erhärteten Zementklumpen gestreckt. Auf eine Bewehrung des Betons wurde verzichtet. Trotzdem sind in den erhaltenen Häusern bis heute keine Risse aufgetreten. Nur bei Dachtafeln gab es Schwierigkeiten, offensichtlich blieb man deshalb bei der üblichen hölzernen Dachkonstruktion. Riese unterließ bei allen Bauten die Abdichtung gegen die Bodenfeuchtigkeit, die Geschoßdecken bestanden aus hochkant gestellten Bohlen ohne Einschub, als Dielung dienten Bretter ohne Nut und Feder, so daß verschüttetes Wasser ungehindert hindurchlief und den Deckenputz darunter durchnäßte. Auch die Treppen waren von Holz.

Das Streben nach niedrigsten Baukosten ohne Rücksicht auf die Qualität der Wohnungen war unverkennbar. Die ersten Häuser waren nicht unterkellert und blieben unverputzt, die Straßen jahrelang unbefestigt. Die Sanitäranlagen beschränkten sich auf Wasserpumpe und Aborthäuschen auf dem Hof. Die Ablehnung der „schwarzen Kästen" scheint allgemein gewesen zu sein, so daß sich die Gründer zu einer Verbesserung ihrer Bauweise gezwungen sahen.

Bauleiter wurde jetzt der Ingenieur Türrschmidt. Die Räume wurden vergrößert, die Decken und schließlich auch die Treppen in Beton ausgeführt. Die Schalungstafeln erhielten einen glatten Blechbelag, und das aus England übernommene System der eisernen Leitständer für die Schalung wurde so verbessert, daß es nach fast zwanzig Jahren noch als eine wichtige Neuerung in das Handbuch der Architektur aufgenommen worden ist.[2] Die Häuser erhielten jetzt einen Verputz, wobei auch Fensterfaschen mit Verdachungen und schmale Gurtgesimse angetragen worden sind. Aber es blieb bei der Meinung, daß eine „geschmack- und stilvolle Behandlung" bei solchen Betonhäusern eine große Schwierigkeit sei.[3]

Dennoch wurde das Experiment von Rummelsburg so bald nicht vergessen. Als Edison bei seinem Besuch in Berlin als der Erfinder des Gußbetons gefeiert wurde, gab es in der Vossischen Zeitung heftigen Widerspruch mit dem Hinweis auf die „Zementhäuser Rieses" und eine nachträgliche Auseinandersetzung über deren Technologie, über Vorteile und Mängel.⁴ Noch 1915 nannte sie Theodor Goecke vorbildlich wegen ihrer Maßvereinheitlichung und Typisierung und der damit angebahnten Kostensenkung durch Serienfertigung einzelner Bauteile.⁵ Nach dieser Erwähnung gerieten die Häuser in Vergessenheit.

Es war kein Zufall, daß die Rummelsburger Versuche nicht weiter vorangetrieben wurden. Ästhetische Gründe mögen eine Rolle gespielt haben, wichtiger aber waren die Vorbehalte gegenüber dem Beton als Massivbaustoff. Bis 1903 war er nach der Berliner Bauordnung für Außenwände und Brandmauern nicht zugelassen, was zwangsläufig einen Rückstand gegenüber Frankreich und den Vereinigten Staaten zur Folge hatte. Erst seit 1904 setzte ein lebhafter Aufschwung in der Entwicklung neuer Betonkonstruktionen ein.⁶ Erste bleibende Erfahrungen wurden im Kanal- und Schleusenbau gesammelt.

Um 1911 war das Problembewußtsein bereits so ausgeprägt, daß ein Besuch Edisons in Berlin zu einer lebhaften Beschäftigung mit dessen Gießverfahren und mit der Einführung der Guß- und Stampfbetontechnik in den Wohnungsbau führte. Die Meinungen prallten aufeinander. Fritz Hoeber, der Biograph von Peter Behrens, feierte die „gegossenen Häuser" Edisons in den Sozialistischen Monatsheften als einen „zukünftigen Typ unserer Baukunst".⁷ Die sehr verbreitete „Bauwelt" stellte allerdings nach Überprüfung der Wirtschaftlichkeit fest, daß die kostspieligen Stahlschalungen die Herstellung eines Haustyps in so großen Serien erfordern würde, daß eine unerträgliche Monotonie die Folge wäre. Das Ganze sei daher bestenfalls eine geistreiche Spielerei des großen Erfinders.⁸

Andere dagegen nahmen die offensichtlichen Mängel der Methode zum Anlaß für eigene weiterführende Experimente. Zwei Vorhaben sind bekannt geworden, die sich eng an Edisons System der eisernen Schalungen anlehnten, aber in der Grundrißbildung variabler waren: die Verfahren Mannebach und Mezger. Beide wurden jedoch erst nach dem ersten Weltkrieg anwendungsreif.

Es lag nahe, die Stahlschalungen durch billigere Holzschalungen zu ersetzen. Bereits 1912 wurde von einem Häusergußverfahren eines Ingenieurs Zeller in Berlin-Wilmersdorf berichtet, der verstellbare Holzschalungen erfunden hatte, die den Guß verschiedenster Haustypen ermöglichten. Außerdem verwendete Zeller wie sein Vorbild Edison einen Spezialbeton. Es soll ein Porenbeton gewesen sein, wobei unklar ist, ob es sich um einfachen Bimsbeton oder um eine durch chemische Zusätze aufgeblähte Masse gehandelt hat. Bekanntlich kam Gas- und Zellbeton erst in den zwanziger Jahren auf den Markt. Auch bei den Deckenplatten Zellers gab es eine ungewöhnliche Neuerung. Sie waren kreuzweise mit Drahtbündeln bewehrt, die durch Drillen vorgespannt wurden. Damit sollen Spannweiten bis zu 10 m erreicht worden sein. Angeblich waren auch die Kosten niedriger als beim Mauerbau. Die Fülle des Neuen gegenüber dem Verfahren Edisons war so auffallend, daß erstmals ein preußisches Ministerium sich einschaltete und Probebauten veranlaßte. Das System scheint jedoch ernsthafte Schwächen gehabt zu haben, denn Erfolgsberichte sind in der Folgezeit ausgeblieben.⁹

Ein rühriger Neuerer war der Architekt Friedrich Zollinger, der 1906, noch vor dem Abschluß seines Studiums in Darmstadt, seine Laufbahn mit der Erfindung des Lamellendachs begann, einer stützenlosen tonnenförmigen Dachkonstruktion. Die Lamellen waren einfache vorgefertigte Brettstücke von gleicher Länge, die zu Dreiecken zusammengesetzt und verschraubt wurden und eine gewölbte Gitterkonstruktion ergaben. Im Vergleich zu den üblichen Dachstühlen war die Holzersparnis bedeutend; außerdem konnten die Lamellen nach der Demontage unverändert wieder benutzt werden.¹⁰ Zur gleichen Zeit beschäftigte sich Zollinger auch mit der Rationalisierung des Stampfbetons. Zweierlei wollte er erreichen: einerseits sollte das arbeitsaufwendige schichtweise Einbringen und wiederholte Stampfen des Betons vermieden werden, andererseits die Wärmehaltung durch Hohlräume verbessert und damit Material eingespart werden. Im Ergebnis erhielt Zollinger 1910 ein Patent für ein

1 DBZ 5 (1871), H. 30, S. 236–238; E. Kanow: Colonie Victoriastadt, Architektur der DDR 30 (1981), H. 1, S. 50–53; A. Niemeyer: Ein Vorläufer des Betonbaues am Rande Berlins, in: Arbeitskreis für Hausforschg. (Hrsg.): Aus Forschungen des Arbeitskreises für Haus- und Siedlungsforschg., Marburg 1991, S. 97–108
2 HdbA Bd. III,2,1, S. 132
3 DBZ 6 (1872), H. 43, S. 354
4 Vossische Ztg. 1914, Nr. 341 vom 8. 7., Nr. 348 vom 12. 7. Nr. 354 vom 15. 7.
5 Th. Goecke: Der Kleinwohnungsbau, die Grundlage des Städtebaues, Der Städtebau 12 (1915), H. 2, S. 23
6 F. Emperger: Hdb. des Eisenbetons. Bd. 11, Berlin 1915², S. 528
7 F. Hoeber: Das gegossene Haus als zukünftiger Typ unserer Baukunst, Sozialistische Monatshefte 19 (1913), Bd. II, S. 671–674
8 BW 3 (1912), H. 18, S. 39
9 Ebd.
10 WLB Bd. III, Berlin 1931, S. 469f.; E. Kapust: Zollinger-Lamellenbau, untersucht anhand der Ulmenhofsiedlung in Ahlen, Münster 1982; K. Winter/W. Rug: Innovationen im Holzbau – Die Zollinger-Bauweise, Bautechnik 69 (1992), H. 4, S. 190–197

„Verfahren zur Herstellung von Wänden, Säulen und Decken aus Beton mit Hohlräumen". Er erfand dafür geschoßhohe verstellbare Stahlzylinder mit dem Durchmesser der vorgesehenen Hohlräume. Sie sollten in die Schalung eingestellt und nach dem Einschütten des Betons bis zur vollen Geschoßhöhe durch Einschlagen von Preßkernen auseinandergetrieben werden, um die Betonmasse zu verdichten. Das Schwinden des Betons nach dem Abbinden reichte für das Lockern und Entfernen der Zylinder aus. An Punkten mit hohem Lastanfall konnte durch Auslassen eines oder mehrerer Zylinder ein massiver Betonpfeiler in der Wand gebildet werden. Die Deckenplatten sollten auf die gleiche Weise in stehenden Schalungen hergestellt werden.[11]

Zollinger war noch in der Experimentierphase, als Edison Berlin besuchte. Er lehnte dessen Gußverfahren und die Stahlschalungen ab, suchte aber seine Holzschalungen zu verbessern. Er konstruierte einheitliche und weitgehend wiederverwendbare Tafeln, die sehr einfach auf- und abzubauen waren und verschiedenste Hausgrundrisse zuließen.

Zur Verbesserung der Preßmechanik verwendete er anstelle der Zylinder dreiseitige Prismen. 1913 hatte sein Schüttbetonverfahren eine gewisse Reife erreicht, sodaß es in der „Bauwelt" ausführlich beschrieben wurde.[12] Ob nach diesem System gebaut worden ist, muß leider offen bleiben. Zollingers große Zeit sollte erst nach dem Weltkrieg beginnen, nachdem er zum Stadtbaurat von Merseburg berufen worden war.

Anfänge der Plattenbauweise

Wann die Methode, Häuser aus Betonplatten zusammenzusetzen, in Deutschland erstmals als realistisch erschien, läßt sich nicht mehr ermitteln. Zunächst gab es nur sporadische Versuche, den rasch wachsenden Anforderungen des Baumarktes durch mehr oder weniger große Betonplatten nachzukommen. Hier ist vor allem der Maurermeister und Fabrikant C. Rabitz in Berlin zu erwähnen, der die bekannte Rabitzwand erfunden hat. Sie bestand aus einem ausgesteiften und beiderseits verputzten Drahtgewebe und wurde ihm 1879 patentiert. Sie sollte die im Berliner Wohnungsbau üblichen verputzten Holztrennwände ablösen. Nach dem gleichen Prinzip produzierte Rabitz auch „biege- und bruchfeste Cementplatten". Ob er damit Eingang in den Hausbau fand, ist ungewiß. Seine Platten waren die Ursache dafür, daß der französische Betonpionier Joseph Monier für seine Erfindung des bewehrten Betons in Deutschland zunächst kein Patent erhalten konnte.

Eine andere Berliner Firma stellte Platten in der Größe von 1,00 m × 2,00 m her, eine dritte solche mit Schraubverbindungen. Im September 1900 erhielt Georg Brück in Berlin das Patent auf eine Wandkonstruktion aus Betonsteinen mit aussteifenden senkrechten Rundeisen in den Stoßfugen, hatte damit aber keinen Erfolg.[13] 1918 jedoch brachten Wayß & Freitag winkelförmige, 60 × 30 cm große Betonplatten mit einer Öffnung auf den Markt, in die senkrechte Rundeisen eingestellt und vergossen wurden. Hermann Muthesius, ein führender Architekt jener Jahre, errichtete damit 1918 ein Arbeiterdoppelhaus als ein Beispiel materialsparenden Bauens.[14] Auch der berühmte Frank Lloyd Wright versuchte es mit hochkant gestellten Betonplatten und aus-

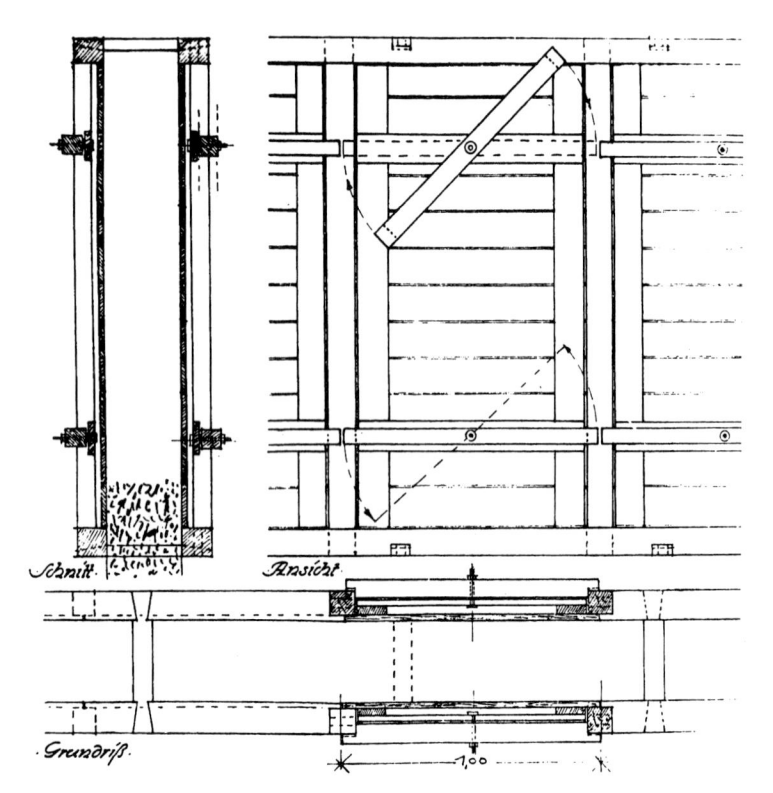

89 Betongußverfahren: System Fritz Zollinger (Zollbau), Vorgefertigte Holzschalung mit Verriegelung, um 1912

[11] DRP 263 193 vom 24. 9. 1910
[12] Bauwelt 4 (1913), H. 45, S. 27
[13] DRP 115 692 vom 22. 6. 1899
[14] siehe Abb. 121–123, S. 82; H. Muthesius: Das Arbeiterdoppelhaus in der JBM-Bauweise, Berlin 1918; DBZ 53 (1919), H. 5, S. 25/26

90–95 System Max und Reinhard Mannesmann, Remscheid

90/91 Querschnitt einer Wohnbaracke und Wandplatte, 1906

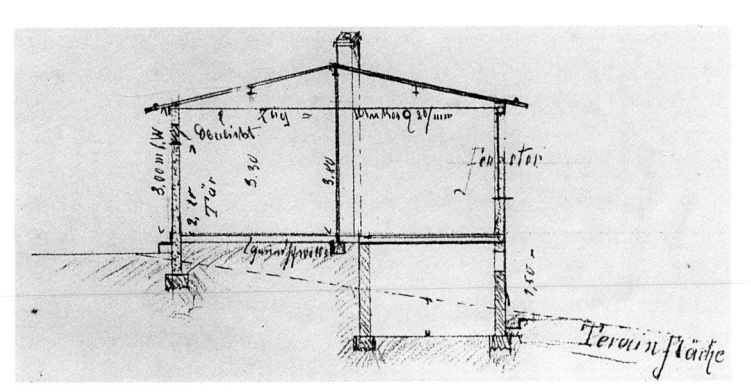

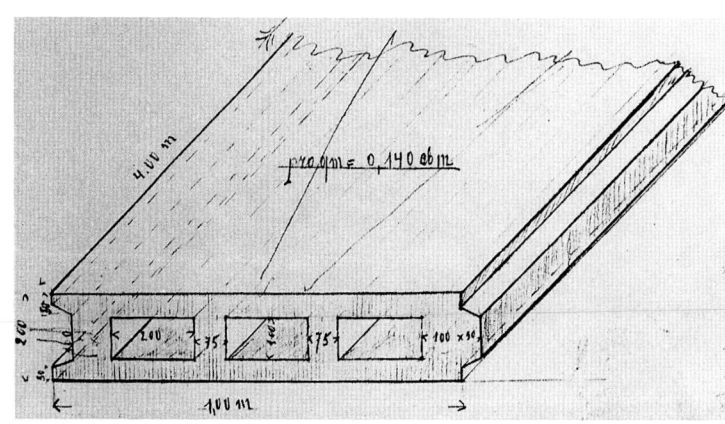

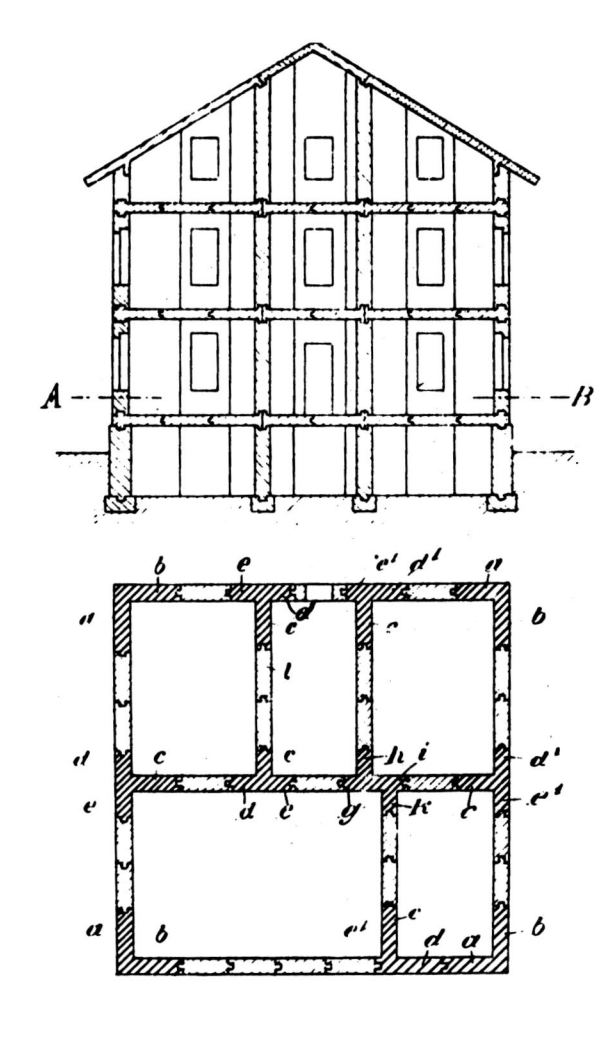

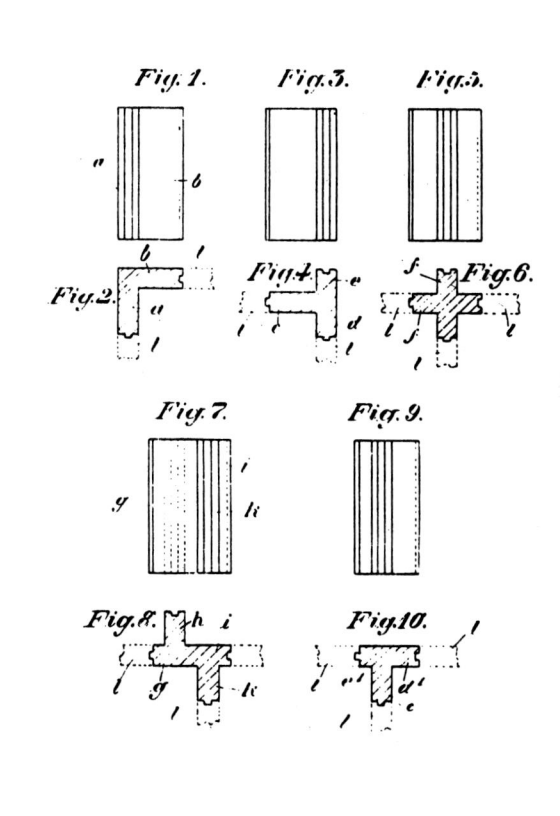

92/93 Querschnitt, Grundriß und Paneeltypen der Patentschrift, 1911

94/95 Wohnhäuser in Porz-Westhofen bei Köln, 1921, Zustand 1962

steifenden Rundeisen.¹⁵ Aber Muthesius führte seinen Versuch nicht fort, und auch Wright gab die Methode nach einigen Bauten wieder auf.

Eine Paneelbauweise auf Betonbasis zu entwickeln und zu erproben ist ein sehr kostspieliges Unternehmen. Zudem waren kapitalkräftige große Baubetriebe damals am üblichen Wohnungsbau mit seiner Aufsplitterung in viele kleine Bauvorhaben wenig interessiert und deshalb ohne Bereitschaft zu Investitionen auf diesem Gebiet. So entstand die einzige brauchbare Betonplattenbauweise außerhalb des Bauwesens in einem Unternehmen der Stahlindustrie, in den Werken der Familie Mannesmann in Remscheid-Bliedingshausen.

Die Brüder Max und Reinhard Mannesmann waren nicht nur erfolgreiche Großindustrielle, sie zählten auch zu den vielseitigsten Erfindern und ideenreichsten Konstrukteuren der Jahrhundertwende. Ihr Name stand bereits für das komplizierte Walzen nahtloser Rohre, als ihnen um 1900 ein zweiter Wurf glückte, eine bedeutsame Verbesserung des

Auer-Glasglühlichtes. Sie lösten nach vielen Experimenten den stehenden Glühstumpf durch den hängenden ab und gaben der Gasbeleuchtung damit ihre endgültige Form. Sie erfanden aber auch den praktischen zweirädrigen Autoanhänger, einen Helikopter mit zwei Flügelrotoren und während des ersten Weltkrieges eine viel benutzte Ersatzbereifung für Fahrräder aus kleinen stehenden Stahlspiralen.

Unter ihren Erfindungen gab es auch eine Betonplattenbauweise. Ihre Entwicklung und die erste Erprobung waren das besondere Verdienst von Max Mannesmann.[16]

Anlaß zur Beschäftigung mit Bauproblemen war wiederum die Notwendigkeit, in der Nähe der familieneigenen Werke und Gruben Wohnraum für die Arbeiter zu schaffen. Von 1906 datiert eine Entwurfsskizze für eine 55 m lange und 8 m breite Arbeiterwohnbaracke, die aus 1 m breiten und 4 m hohen Betonplatten zusammengesetzt werden sollte. Sie war für die Grube Laura bestimmt. Die Platten sollten 20 cm dick sein und zur Verminderung des Materialaufwandes und des Gewichtes wie bei Zollingers Schüttbeton durch das Einstellen langer schmaler Hohlkörper in die Formkästen Luftkammern erhalten. Die Stoßfugen waren nach dem Prinzip von Nut und Feder ausgebildet. Vorgesehen war, die Tür- und Fensterrahmen beim Stampfen mit einzubetonieren. Trennwände sollten 10 cm stark sein, ebenso die Dachplatten. Zur Aufnahme der großen Dachlast waren Stützen und Pfetten aus Stahlnormalprofilen geplant. Vielleicht kannte Mannesmann ein verwandtes Bausystem aus „Eisen und Stahlbeton", mit dem damals in Belgien Kleinhäuser für die ärmere Bevölkerung gebaut wurden. Sein Erstling wirkt jedenfalls noch recht laienhaft, wie eine ohne ernsthafte Vorarbeit rasch hingeworfene Ideenskizze. Aber Mannesmann ließ einen Kostenvoranschlag aufstellen, so daß diese Baracke vielleicht als ein Versuchsbau auch ausgeführt worden ist.

Die Ergebnisse der Versuche können nicht schlecht gewesen sein, denn Mannesmann arbeitete weiter an der Verbesserung seines Systems. Das Ziel war nach seinen Worten „die Herstellung von fahrbaren Häusern, sowohl zum Zweck der fabrikmäßigen Herstellung an Zentralpunkten mit billigen Produktionsbedingungen, als auch zwecks Vornahme späterer Ortsveränderungen. In der gleichen Weise können anstatt der großen Häuser auch einzelne Hausteile versendbar hergestellt werden". Er dachte bereits an die Vorfertigung ganzer Wohnräume und Häuser, die „auf Flößen,

96 System Wilhelm Franck, Cannstadt, Paneele in Winkeleisenrahmen nach Patentschrift, 1908

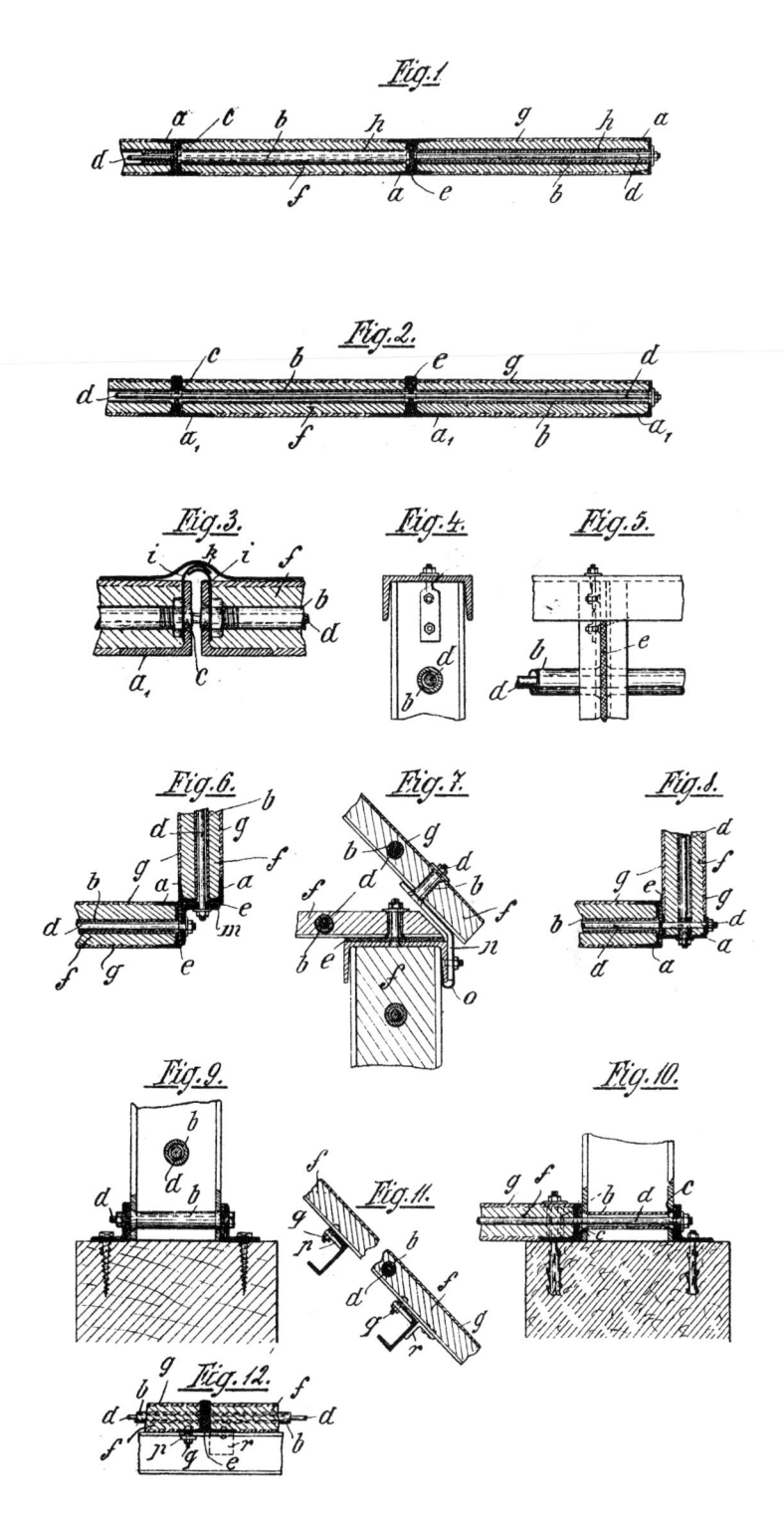

15 H. und B. Rasch: Wie Bauen?, Stuttgart 1928, S. 99; Die Form 6 (1931), H. 9, S. 344
16 R. Brandt-Mannesmann: Max Mannesmann/Reinhardt Mannesmann. Dok. aus dem Leben der Erfinder, Remscheid 1964, S. 57, 94, 153, 170

Schiffen oder Wagen" an ihren Bestimmungsort gebracht werden könnten. Die Dächer stellte er sich als gewölbte, mit Asphalt abgedichtete Betonschalen vor, aus denen die Fenster heraustreten wie bei einem Mansardendach. Auch die Deckenplatten wollte er mit einer leicht gewölbten Untersicht herstellen. Fliesen für die Bäder und Küchen und der Wandputz sollten bereits in der Fabrik aufgetragen werden. Er träumte von Schiebefenstern und von Türen, die beim Öffnen in einem Schlitz in der Wand verschwinden.[17]

Indessen nahmen seine Gedanken mit den Jahren realistische Züge an, so daß er sein System erstmals im Mai 1909 in Österreich patentieren lassen konnte. Es folgten Verbesserungen und weitere Patente in der Schweiz. Das Hauptpatent von 1911 zeigt ein aus geschoßhohen Platten zusammengesetztes Haus. Neu gegenüber dem System der Arbeiterbaracke war der Gedanke, für die wichtigsten Punkte im Gefüge des Hauses spezielle Platten anzufertigen: winkelförmige für die Gebäudeecken, drei- und vierschenklige für die Wandanschlüsse bei Außen- und Innenwänden. Für die Decken und das Dach waren besondere Platten vorgesehen. Die Stoß- und auch die Setzfugen aller Platten sollten nach dem Prinzip von Nut und Feder ausgebildet werden.[18]

Dieses weitgehend ausgearbeitete, wenn auch noch nicht produktionsreife System war zeitgleich entstanden mit dem Gußverfahren Edisons und der Großplattenbauweise Atterburys. Vielleicht sind Erfahrungen dieser beiden von Max Mannesmann genutzt worden, sein System aber war eine durchaus eigenständige Leistung. Der Weltkrieg erschwerte die Versuchsarbeiten, der frühe Tod Max Mannesmanns brachte sie 1915 vollständig zum Erliegen.

Der Mangel an Arbeiterwohnungen nach 1918 bewog Reinhard Mannesmann, die Arbeit seines Bruders fortzuführen und zur Ausführungsreife zu bringen. Die schmalen Paneele wurden beibehalten, ebenso die Eckpaneele. Deren Schenkel maßen 40 und 60 cm. Auf die schweren Dachplatten, wie sie die Konstruktionsskizze von 1910 noch zeigt, wurde zugunsten eines billigeren traditionellen Daches verzichtet. Wie bei Atterburys Häusern lagen die Deckenplatten satt auf den Wandelementen auf und bildeten bei zweigeschossigen Bauten ein schmales Gurtband in der Fassade. Die Außenwandpaneele erhielten Hohlräume, die beim Stampfen wie bei Atterbury mit Hilfe einer Zwischenschicht von losem Sand erzeugt wurden, die nach dem Abbinden des Betons wieder herausgespült wurde. Die Platten hatten in ihrem oberen Rand eine 10 cm breite Nut, in die beim Montieren ein langer Holzbalken eingelegt wurde, der dem Ausrichten und der Halterung diente. Die Paneele kamen anscheinend mit einem dünnen feinkörnigen Putz versehen auf die Baustelle, sie wurden sehr exakt versetzt, die Stoß-

fugen verstrichen und mittels einer Nut im Plattenrand mit Zementmörtel vergossen. Nach dem Abbinden wurde ein Rundeisen als Ringanker anstelle des Holzbalkens einbetoniert. Die Kellerwände bestanden aus verhältnismäßig dünnen Platten mit einem verstärkten breiten Rand für die Lastaufnahme. Montiert wurde mit einem Portalkran.[19] Die ausgeführten Häuser zeigen eine sehr sorgfältige Vorfertigung und eine hohe Qualität der Montage. Es ist bemerkenswert, daß diese Entwicklungen in der schweren Vorfertigung ihr hohes Niveau Ingenieuren der Metallindustrie vedankten. Aber Reinhard Mannesmann starb im Februar 1922, und die Firma stellte die Arbeit an der Plattenbauweise ein.

Zu nennen ist hier noch die Paneelbauweise des Cannstädters Wilhelm Franck, die zur gleichen Zeit entwickelt wurde, aber nur noch aus einer Patentschrift zu erschließen ist (DRP Nr. 221003 vom 28. 11. 1908). Im Grunde handelte es sich dabei um einen Stahlrahmenbau, denn die äußere und die innere Betonschicht der Außenwandplatten sollten von rechteckigen Rahmen aus U-Profilen gehalten und ausgesteift werden. Für die Verbindung der Platten waren jeweils drei waagerecht durchgehende Zuganker in den Plattenhohlräumen vorgesehen. Das System ließ viele technische und bauphysikaische Fragen offen und war zweifellos auch sehr kostspielig, so daß sich keine Interessenten dafür fanden. Damit zählt Franck zu den vielen, deren Ideen unbeachtet in den Archiven der Patentämter untergegangen sind.

Walter Gropius' Denkschrift von 1910

Ein dritter Anstoß für die Vorfertigung war die im 19. Jahrhundert rasch aufblühende Produktion von Bauelementen durch die Zementwarenindustrie. Sie diente zunächst der Rationalisierung des Mauerbaus. Schon zu Schinkels Zeiten war es üblich, ornamentale Bauglieder, die Steinmetz- oder gar Bildhauerarbeit erforderten, fabrikmäßig aus Zink herzustellen. Daneben entwickelte sich in Deutschland und ganz besonders in Berlin eine leistungsfähige Kunststeinindustrie, die Gesimse, Fenster- und Türgewände, Balkonkonsolen, Balluster und ornamentierte Formsteine aller Art zunächst aus Stuck und nach der Erfindung des Portlandzements auch aus Beton herstellte. 1852 wurde der erste Zement in Deutschland produziert, 1909 gab es bereits 160 Zementfabriken. Die besten der Kunststeinbetriebe schufen Formsteine von besonderer Qualität, die selbst bei den Arbeiten der Denkmalpflege verwendet wurden. Czarnikow & Co, die bekannteste Firma in Berlin, lieferte 1854 einige Tonnen Formsteine für die Wiederherstellung des alten Gildehauses in Riga. Benzinger & Co in Freiburg i. Br. stellte komplette Renaissancefassaden her.[20] 1869 benutzte der Berliner Architekt Martin Gropius Betonformsteine „mit antiken Profilen und Architekturformen" beim Bau der Nervenheilanstalt Eberswalde und lobte deren Vorzüge.[21]

Mit der Einführung des bewehrten Betons erweiterte sich das Angebot. Treppenstufen und Podestplatten wurden produziert, Deckenbalken, Dach- und Wandplatten, besonders aber Fertigteile für Kellerdecken. Schon vor 1914 lagen alle Grundformen vorgefertigter Betondeckenbalken vor: der einfache T-förmige Stegbalken, solche mit Ober- und Untergurt, U-förmige Dreiwandbalken und der Visintinibalken in der Form eines Gitterträgers.

Obwohl die Fertigungswerke keinerlei Versuche unternahmen, das Sortiment ihrer Betonelemente mit dem Blick auf eine geschlossene Bauweise zu vervollständigen, wurde doch das kontinuierliche Aufblühen dieses Industriezweigs und die zunehmende Verwendung seiner Produkte bei der Rationalisierung des Mauerbaus zu einem wichtigen Ausgangspunkt für weitergehende Industrialisierungstendenzen. Es lag nahe, die Zukunft des Hausbaus als eine schrittweise Fortsetzung des bisher eingeschlagenen Weges sich vorzustellen. Anders als bei allen Versuchen, mit neuen Baustoffen neue fabrikmäßig hergestellte Konstruktionen zu schaffen, wurden bei dieser Fertigung traditionelle Züge und Qualitätsmerkmale der alten Bautechnik beibehalten. In dieser Richtung bewegten sich die Gedanken von Peter Behrens, der 1907 zum Architekten und Designer der Allgemeinen Elektrizitätsgesellschaft (AEG) in Berlin berufen worden war, und seines Mitarbeiters Walter Gropius. Beide hielten den Übergang zum industrialisierten Hausbau für nahe bevorstehend.

Behrens hatte sich durch seine Arbeiten für die AEG in kurzer Zeit einen internationalen Ruf erworben. Als Le Corbusier 1910 Deutschland bereiste, besuchte er auch dessen Büro. Er traf dort auf Ludwig Mies van der Rohe, Adolf Meyer und nicht zuletzt auf Walter Gropius. Die Projekte,

17 Max Mannesmann, undatierte Beschreibung seiner Bauweise, verm. 1906, mit Kostenanschlag für eine Arbeiterbaracke von 1906, Dt. Mus. München, Nachlaß Mannesmann
18 Patentamt der Schweiz Nr. 56 978, Kl. 4b, vom 29. 3. 1911
19 R. Niggemeyer: Einheitsbau, Diss. TU Hannover 1927, S. 5f., 13, 15–18, 36

20 A. Leonhardt: Von der Cementware zum konstruktiven Spannbetonfertigteil, in: G. Haegermann: Vom Caementum zum Spannbeton, Beitr. zur Gesch. des Betons Bd. III. Wiesbaden/Berlin 1965, S. 5; W. Petry: Betonwerkstein und die künstlerische Behandlung des Betons, München 1913
21 Ztschr. für Bauwesen 1869, S. 147

die er sah, und die Gespräche, die er führte, erweckten in ihm den Eindruck, in einem Zentrum modernen Denkens zu sein, adäquat dem aktiven Geist der deutschen Industrie. Im Brennpunkt standen der technische Fortschritt und sein Einfluß auf Architektur und Design.

Damals hatte der siebenundzwanzigjährige Gropius die Arbeiten an einem „Programm zur Gründung einer allgemeinen Häuserbaugesellschaft auf künstlerisch einheitlicher Grundlage" gerade abgeschlossen, in dem er die im Büro diskutierten Meinungen und vor allem die Ideen und Erfahrungen seines Meisters zu einem eigenen System verarbeitet hatte. Behrens war in dieser Zeit mit den Entwürfen für den Werkswohnungsbau der AEG in Henningsdorf bei Oranienburg beschäftigt, und es war bezeichnend für den Geist seines Büros, daß dieser Auftrag vor allem unter dem Eindruck der Gußbetontechnik Edisons zu grundsätzlichen Überlegungen über den Kleinhausbau und seine städtebaulichen, konstruktiven, wirtschaftlichen und sozialen Besonderheiten führte. Bei den Bauten in Henningsdorf bemühte sich Behrens um äußerste Kostensenkung. Um bereits bei der Geländeerschließung zu sparen, variierte er die in Kleinsiedlungen bereits übliche Reihenhausbauweise durch „Gruppenbau", durch eine Tiefenstaffelung der Reihen, so daß der Bedarf an Straßenland und an Versorgungsleitungen auf ein Minimum gesenkt werden konnte. Beim Baustoff entschied er sich für Schlackenbeton, weil Kohlenschlacke am Ort vorhanden war und dieser Beton erlaubte, die baupolizeilich vorgeschriebenen Wandstärken zu reduzieren und überhaupt den teuren Mauerziegel zu vermeiden. Wie Lilienthal ließ Behrens großformatige Hohlblocksteine vor Ort stampfen und unverputzt versetzen. In solchen „großkörperlichen Baugliedern" sah er ein wichtiges Mittel zur Rationalisierung des Bauens.

Das Experiment in Hennigsdorf veranlaßte Behrens zu weitergehenden Gedanken, die er unter dem Eindruck der wachsenden Wohnungsnot gegen Ende des ersten Weltkrieges unter dem Titel „Vom sparsamen Bauen" zusammengefaßt hat. Aus dieser Schrift geht hervor, daß er im Interesse weiterer Kostensenkungen durchaus auch an eine „großzügige Verwendung der Maschine" dachte. „Mit der Industrialisierung der Fenster, Türen, Treppen, Öfen und anderer Bauteile", schrieb er, „ist zwar begonnen worden, doch sind die Ergebnisse noch recht unzureichend. Diese Industrialisierung der Bauteile muß noch viel weitgehender und großzügiger in Angriff genommen werden ... In dieser Erkenntnis könnte eine große zusammenfassende Organisation auf materialtechnischem Gebiet viel dazu beitragen, die gewaltige Aufgabe der Kleinwohnungsgestaltung ... zu ihrem Teil mit Erfolg zu lösen".[22]

Seite 63:
97/98 Fassadenelemente der Kunststeinindustrie

97 Loge „Zur schönen Aussicht", Freiburg i. Br., 1872
98 Portal einer Villa, Freiburg i. Br., 1914

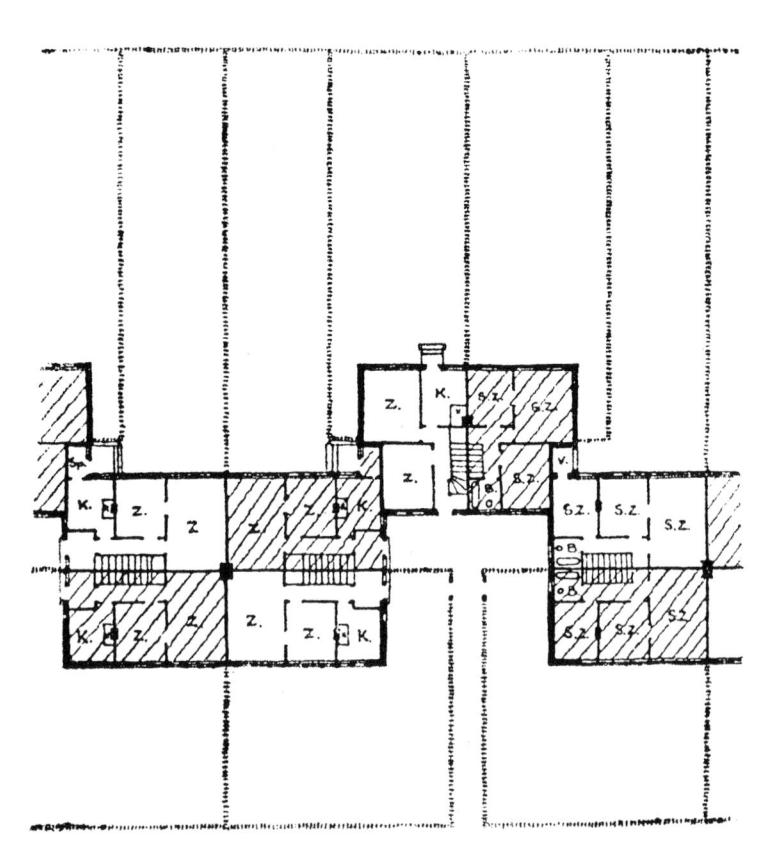

99/100 Rationalisierter Mauerbau: Peter Behrens, Werksiedlung der AEG, Henningsdorf, Paul-Jordan-Straße, 1910/11

99 System des „Gruppenbaues"
100 Wohnbauten aus Schlackenbetonblöcken

An der Entwicklung dieser Gedanken war Gropius offensichtlich stark beteiligt, denn als er seine Vorstellungen über die Industrialisierung und die dafür notwendigen Maßnahmen niederschrieb, bildeten sie deren rationalen Kern. Diese Ideengemeinschaft veranlaßte ihn, Behrens ausdrücklich als Mitautor seiner Denkschrift zu nennen – allerdings erst in späteren Jahren, denn der Abschluß seines Manuskriptes fiel mit einem Zerwürfnis zwischen ihm und Behrens zusammen, so daß er damals das Büro verließ.[23]

Im April 1910 wandte sich Gropius mit seinem Programm an den Gründer und Vorsitzenden der AEG, Emil Rathenau.[24] Denn seine Absicht war, mit der Produktionskapazität einer großen Kapitalgesellschaft inmitten der traditionellen Bauwirtschaft eine Insel des rationalisierten, durch industrielle Serienfertigung verbilligten Hausbaus zu schaffen. Bereits im ersten Satz seines Programms nannte er die Industrialisierung des Hausbaus als das Ziel der zu gründenden Gesellschaft. Im Schlußabsatz unter dem Titel „Zug der Zeit" umriß er die Erscheinungen im Wohnungs- und Städtebau jener Jahre, auf die sich sein Programm stützte und die den nüchtern rechnenden Industriemagnaten vom Erfolg der Sache überzeugen sollten. Während Friedrich Naumann bei seinen Überlegungen zur Vorfertigung 1906 von den durch die Reformbewegung ausgelösten Fortschritten in der industriellen Herstellung der Elemente des Ausbaus und der Möbel ausgegangen war, verwies Gropius auf den sich abzeichnenden großen Bedarf an kleinen und mittleren Einfamilienhäusern, der den Städte- und Wohnungsbau bereits in ganz neue Bahnen gelenkt habe. Er erwartete eine „enorme Steigerung der Dezentralisation" und meinte damit die unaufhaltsam wachsende Tendenz zum Einfamilienhaus mit Garten, die einerseits zum Ankauf riesiger Gebiete am Rand der Großstädte durch Kapitalgesellschaften, andererseits zu einem Aufschwung der Gartenstadtbewegung mit ihren „bewußten Kulturbestrebungen" geführt habe. Außerdem glaubte er in Übereinstimmung mit dem im Werkbund beliebten Neoliberalismus an eine „enorme Zunahme" des Werksiedlungsbaus durch die Großindustrie und damit an einen großen Bedarf an typisierten Kleinhäusern für Arbeiter. Auf einer Englandreise hatte er 1908 die Praxis der englischen Bauunternehmer kennengelernt, die ganze Straßenzüge mit Reihenhäusern gleichen Typs bebauten „wie ein Ei dem anderen gleichend", und sie scheinbar mühelos verkauften. Er sah dort einen Städtebau größten Ausmaßes mit typisierten Häusern, dessen Resultate, soweit sie positiv waren, die Gartenstadtbewegung aufgegriffen hatte, und der ihn in seinem Vorhaben offensichtlich sehr bestärkt hat. Denn er kannte den in Deutschland übermächtigen Hang zur individuellen Gestaltung des Eigenheims und verwies ausdrücklich auf die Ziele des Deutschen Werkbundes und auf die entsprechende Produktion einiger reformerischer Industrieunternehmen, die ihm durchaus als geeignet erschienen, „einen indifferenten neutralen Geschmack anzubahnen, der das Typisieren ermöglicht". „Es kommt nur darauf an", hatte er geschrieben, „wer den kaufmännisch so ungemein wichtigen Vorlauf gewinnt, um die günstigen Verhältnisse geschäftlich auszunutzen".

In seiner Denkschrift sprach Gropius vom Tiefstand des Hausbaus jener Jahre in technischer, kultureller und künstlerischer Hinsicht und stellte ihm den industrialisierten, auf einer Fertigung in großen Serien beruhenden Hausbau als ein Mittel der Abhilfe gegenüber. Er trug alle Argumente zusammen, die gegen die teure Handarbeit und das Bauhandwerk und für die industrielle Fertigung sprachen. Bei dem Nachweis der höheren Qualität kam er auch auf das Grundanliegen des Werkbundes zurück: gediegene Einfachheit und höchsten Gebrauchswert durch das Zusammenwirken der Künstler oder „Erfinder" mit den Produzenten in der Wirtschaft zu erreichen. Er betonte die Möglichkeit, bei industrieller Fertigung jedes Detail Schritt für Schritt zu größerer Feinheit entwickeln zu können als jemals bei einem unikalen Bau und damit „Kunst und Technik zu einer glücklichen Vereinigung" zu bringen. Hier klingen bereits Gedanken der ersten Bauhausjahre an. Darüber hinaus versicherte Gropius, mit der Industrialisierung des Hausbaus auch dem neuen Zeitstil zu entsprechen. Dem hemmungslosen Streben nach dem Neuen trete das Streben nach Vollendung entgegen, das sich wie in alten Zeiten auf die Pflege des Erprobten und Guten stützt: „Sachlichkeit und Solidität gewinnen wieder an Boden".

In einem kühnen Anlauf hat Gropius versucht, das Wesen des industrialisierten Bauens zu erfassen, alle seine Vorzüge darzulegen und auch seine historische Notwendigkeit nachzuweisen. Er war der erste Architekt auf diesem Weg. Bis zu den Werbemethoden hatte er in seinem Programm alles bedacht. Die einzige, aber auch die entscheidende Schwachstelle ergab sich aus der bautechnischen Situation. Sein Interesse war offensichtlich allein auf eine schwere Vorfertigung gerichtet, die Experimente der Brüder Mannesmann kannte er nicht. Er erwähnt nur die Gußhäuser Edisons, suchte aber nach einem weniger radikalen Weg. Seine Ge-

22 P. Behrens/H. de Fries: Vom sparsamen Bauen, Berlin 1918, S. 59

23 W. Gropius: Wie wollen wir in Zukunft bauen? WW 1 (1924), H. 19, S. 154

24 H. Probst/Ch. Schädlich: Walter Gropius Bd. III., Berlin 1987, S. 18–25

101 Walter Gropius, Villa von Arnim, Falkenhagen (Pommern), 1910/11

danken gingen von der florierenden Zementwarenindustrie und dem hier erreichten Stand der Vorfertigung aus. Er dachte an eine Weiterentwicklung des Gegebenen zu einem geschlossenen System von Bauelementen und nannte seine Vorschläge „letzte Konsequenz vorhandener Gepflogenheiten im Bauwesen". Er versicherte, daß man eines Tages auf diesem Weg alle Teile eines Hauses in der Fabrik werde herstellen können. In der Liste der Bauelemente zählte er unter anderem Gesimse, Portale, Balkone, Erker, Veranden, Türen, Fenster und Dachgauben auf, aber noch keine Wandelemente. Er wollte mit einer Teilvorfertigung beginnen und sie mit einem rationalisierten Mauerbau kombinieren. Die künftigen Kunden sollten die Wahl haben zwischen einem Putz-, Backstein- oder Haussteinbau, zwischen Schiefer- oder Ziegeldach. An fertige Wandelemente oder Skelettkonstruktionen dachte er noch nicht. So vermerkte Le Corbusier nach seiner Deutschlandreise ausdrücklich, daß im Büro Behrens noch niemand den Stahlbetonskelettbauten Perrets eine grundlegende Bedeutung für den künftigen Hausbau einräumen wollte. Für Gropius war wesentlich, daß die zu gründende Baugesellschaft Haustypen für die verschiedensten Ansprüche bereit halten und nur solche Typen bauen sollte. Um trotzdem möglichst viele individuelle Wünsche befriedigen zu können, schlug er die Anfertigung von Varianten für jeden Typ vor, aber alle Typen und Varianten sollten einer einheitlichen Maßordnung und einem bestimmten Rastersystem unterworfen sein. Die entsprechend bemessenen vorgefertigten Bauelemente wären dann bei jedem Bau der Gesellschaft einsetzbar gewesen, der Bedarf hätte sich summiert und eine kostensparende Serienfertigung ermöglicht.

Den Gedanken der Maßordnung als unabdingbare Grundlage des industrialisierten Bauens nannte Gropius später das einzig bleibend Neue seines Programms. Damit ging er weit über die bereits vielfach erhobene Forderung nach Maßvereinheitlichung hinaus. Er hatte erkannt, daß der Gebäudeentwurf und die Gestalt und Bemessung der Bauelemente ein einheitliches Ganzes bilden müssen, wenn das industrialisierte Bauen ernsthaft mit dem üblichen Mauerbau konkurrieren soll.

1910 hatte Gropius noch keine ausgearbeiteten Haustypen und noch keine Entwürfe für die Bauelemente, er sprach nur von „Vorarbeiten in den Skizzen".[25] Leider hat sich nichts davon erhalten, so daß man über die versprochene „künstlerisch einheitliche Grundlage" nur mutmaßen kann. Aus Bemerkungen im Text des Programms und aus der Architektur des gleichzeitig entworfenen Hauses Arnim im ehemaligen Falkenhagen bei Polanow und des Wohnhauses auf Golzengut in Dranske Pomorskie kann man schließen, daß Gropius wie sein Meister Behrens einen für die Montage besonders geeigneten vereinfachten Klassizismus anstrebte.[26] Denn er verfolgte das Ziel, nicht nur Häuser schechthin zu schaffen, sondern damit auch einen Beitrag zur architektonischen Kultur zu leisten. Er wollte dem vorgefertigten Haus den Makel des Minderwertigen und Kunstlosen nehmen, den es durch „technisch und ästhetisch schlechte" Produkte erhalten hatte.

Als die AEG auf seine Denkschrift nicht einging, suchte Gropius den westfälischen Industriellen und Kunstfreund Karl Ernst Osthaus für seine Ideen zu gewinnen. Aber auch Osthaus lehnte wegen des hohen finanziellen Einsatzes eine Beteiligung ab. Statt dessen schlug er Gropius die Mitarbeit an einem in Hagen geplanten Siedlungsvorhaben mit über hundert Kleinhäusern für Arbeiter als eine Möglichkeit vor, seine Vorstellungen in der Praxis zu erproben. Gropius wollte daraufhin als eine Art Generalunternehmer kleine lokale Baufirmen mit der Herstellung einzelner Bauelemente beauftragen. Aber auch dieser Plan zerschlug sich, wobei Gropius ausdrücklich versicherte, seine Prinzipien für die Herstellung von Typenhäusern künftig in der Baupraxis durchsetzen zu wollen. Er betrachtete sie als sein „Geschäftsgeheimnis" und bat Osthaus deshalb um äußerste Diskretion.[27] So blieb die Denkschrift unbekannt und ohne Auswirkung auf die allgemeine Entwicklung der Bautechnik und der Architektur.

So eingehend Gropius auch alle Seiten seines Systems bedacht hat, zwei Schwierigkeiten hatte er zu gering eingeschätzt: einerseits blieb sein rationalisierter Mauerbau saisonabhängig und störte dadurch die unerläßliche Kontinuität der Produktion im Herstellerwerk, andererseits ergab sich aus der Zersplitterung des Hausbaus durch viele kleine Bauherren ein weiteres Hemmnis. Der erforderliche umfangreiche Auftragseingang war vor 1914 nie gesichert. Im Gegenteil, durch Hochtreiben der Baulandpreise flaute die Bautätigkeit während der Vorkriegsjahre empfindlich ab. Rathenau war zweifellos bekannt, daß in den Berliner Neubaugebieten ganze Straßenzüge unbewohnt blieben. Gropius hatte die Rechnung ohne den Wirt gemacht. In diesem utopischen Zug seines Programms mag eine Ursache dafür zu suchen sein, daß er es erst nach fünfzig Jahren in englischer Sprache in den Vereinigten Staaten veröffentlicht hat, wo große industrialisierte Hausbaubetriebe seit Jahrzehnten mit Erfolg produzierten und sein frühes Programm den Realitäten besser entsprach als 1910 in Deutschland.

Gropius' Denkschrift ist als ein Spiegelbild der Ideen in einem der technisch progressivsten Zentren aufschlußreich für den Stand der Vorfertigungsproblematik überhaupt. Sie beschränkte sich auf das Einfamilienhaus, der Geschoßwohnungsbau wurde noch nicht einbezogen. Auch alle anderen Vorfertigungsansätze wie die Stahlbauten Heilemanns oder die Paneelbauweise Mannesmanns waren für höchstens zweigeschossige Bauten gedacht. Eine Ursache dafür mag gewesen sein, daß die technischen Probleme beim Einfamilienhaus leichter zu lösen sind als beim mehrgeschossigen Wohnhaus und daß das wirtschaftliche Risiko bei kleinen Bauvorhaben ein begrenztes ist.

Die geringen Erfolgsaussichten ließen damals nur vereinzelte, voneinander unabhängige Vorfertigungsversuche entstehen, aber noch kein breites kontinuierliches Zusammenwirken. Betonbauweisen wurden aus dem Ausland übernommen und mit eigenen Ideen weitergeführt, jedoch mit solcher Verspätung, daß sie erst nach 1918 wirksam werden konnten. Allein beim Holzhausbau läßt sich ein durchgehender Entwicklungsprozeß zum Haus in Paneelbauweise, zum Block- und Skelettbau feststellen. Nur das vorgefertigte Holzhaus eroberte sich eine gesicherte Position auf dem Baumarkt. Allen anderen Bauweisen blieb ein dauerhafter Erfolg versagt. So war letztlich Wagemut entscheidend, Selbstvertrauen und ein beträchtlicher technischer Optimismus.

25 H. Hesse-Frielinghaus u. a.: Karl Ernst Osthaus, Recklinghausen 1971, S. 403

26 Probst/Schädlich, Bd. I, Berlin 1985, Abb. S. 163f.

27 Hesse-Frielinghaus, S. 462

4 Vorfertigung im Zeitbewußtsein

Das Wohnhaus aus Mauerziegeln blieb die gesellschaftliche Norm. Weder die erste Deutsche Bauausstellung von 1900 in Dresden noch der erste Allgemeine Deutsche Wohnungskongreß von 1904 in Frankfurt am Main oder der VIII. Internationale Architektenkongreß von 1908 in Wien beschäftigten sich mit dem Problem der Vorfertigung. Selbst die große Bauausstellung von 1913 in Leipzig, die ganz wesentlich der Rationalisierung des Bauens gewidmet war, ließ die Vorfertigung unberücksichtigt. Das mangelnde Interesse von Bauwirtschaft und Fachwelt vermochte jedoch Einwirkungen der allgemeinen Industrialisierung auf das bautechnische Denken nicht zu verhindern. Die alltägliche Erfahrung der Verbilligung der Produkte durch maschinelle Fertigung in großen Serien führte schon sehr früh zu dem Gedanken, durch Maßvereinheitlichung auch im Hausbau Serienfertigung und damit Kostensenkungen zu bewirken. J. B. Say, ein in Deuschland viel gelesener französischer Nationalökonom, trat schon in der ersten Hälfte des 19. Jahrhunderts für die „Eichung", d. h. für die Normung der Maße von Türen, Fenstern, Deckenbalken und anderen Bauteilen, selbst der Zimmergrößen ein.[1] Seine Gedanken spielten in der Architekturdiskussion um 1850 eine Rolle, wurden aber wegen des „Individualismus der Bauherren" und des „unüberwindlichen Ehrgeizes der Baumeister" als undurchführbar verworfen.[2]

Vorfertigung und soziale Frage

Die Probleme der Maßvereinheitlichung wurden erst aktuell durch die wachsende Wohnungsnot in den industriellen Ballungszentren. Sie bewirkte eine Tendenz zur Selbsthilfe durch Baugenossenschaften und Bauvereine, andererseits zum Bau von Werkssiedlungen durch die Industrie. In allen Fällen waren niedrige Mieten das Ziel und die Senkung der Baukosten eine Kardinalfrage. Damit aber wurden Maßvereinheitlichung und Typisierung bei den Grundrissen und Normung möglichst vieler Bauteile umso dringlicher. Während beim vorgefertigten Einzelhaus individuelle Vielfalt bei Grundriß und Baugestalt gefragt war, verschmolzen Typung und Normung mit dem Begriff des organisierten Kleinwohnungsbaus zu einer unlöslichen Einheit. Für diesen Wohnungsbau mit gleichen Haustypen wurde nach 1900 die Bezeichnung Serienbau üblich. Auf diese Weise entstand im Bauwesen ein Bereich, in dem der „Individualismus der Bauherren" ausgeschaltet war, Typung und Normung zur Selbstverständlichkeit wurden und die Industrialisierung des Hausbaus bereits als eine letzte Konsequenz sich abzeichnete.

Überhaupt setzte mit dem Beginn der Vorfertigung ein bezeichnender sozialer Differenzierungsprozeß ein. Das typisierte Massenprodukt kam als Dauerwohnhaus nur für die „ärmeren Classen" in Frage. Kaiser Wilhelm II. nahm keinen Anstoß daran, seinen Marineunteroffizieren in Wilhelmshaven als ein besonderes Geschenk barackenähnliche Einfamilienhäuser aus der Produktion von Christoph & Unmack zu stiften. Ausschließlich für den Arbeiter propagierte die Bodenreformbewegung, die gegen Bodenspekulation und Mietwucher ankämpfte, den sogenannten Abbruchbau: der Arbeiter sollte die Zerlegbarkeit der vorgefertigten Häuser nutzen, auf den Kauf teuren Baulands verzichten und billiges Pachtland nehmen, da er sein Haus nach Ablauf der Pachtfrist ohne Verluste auf ein anderes Pachtgrundstück umsetzen könne. Als Modell dafür diente die Arbeitslosenkolonie in Lobetal bei Bernau, deren Gelände nur befristet auf achtzehn Jahre gepachtet werden konnte und für die deshalb vorgefertigte Wohnbaracken verwendet worden waren.[3]

Es heißt, daß schon die Anhänger des Sozialreformers Robert Owen davon überzeugt waren, daß industrielle Vorfertigung den Bau von Siedlungen für die Werktätigen verbilligen könnte. Man dachte damals an Gußeisenkonstruktionen. Auch Edison und Atterbury sahen den Sinn ihrer Bemühungen in einer Verbilligung des Kleinhauses ohne Abstriche an seinem Wohnwert. Edinsons Ziel waren „gemütliche Häuser für die arbeitende Bevölkerung, die ein Sechstel bis ein Achtel von dem kosten, was der Arbeiter bisher aufbringen mußte".[4] Atterbury überließ die Nutzung seiner Patente überhaupt nur gemeinnützigen Institutionen.

Auch in Deutschland erhielt die Vorfertigung gesellschaftliche Bedeutung erst in Verbindung mit der Wohnungsfrage. Das Wohnen in einem Haus mit Garten auch der Bevölkerung mit niedrigen Einkommen zu ermöglichen, war auch das ausgesprochene Ziel der Vorfertigungsversuche Lilienthals gewesen. Rudolf Eberstadt erwähnte in seinem Handbuch des Wohnungswesens von 1909 die zerlegbaren Häuser als einen möglichen neuen Weg zur Lösung der Wohnungsfrage. Soziales Verantwortungsbewußtsein – in der Sprache jener Jahre „der soziale Gedanke" – veranlaßten Architekten wie Bruno Taut, Richard Riemerschmid, Heinrich

102–104 Bauen mit typisierten Hauseinheiten *102 Fuggerei, Augsburg, Siedlung für „Nichtshäbige", 1516–1525* *103 Hermann Muthesius, Hellerau, Am Dorffrien, 1912*

Tessenow, Hermann Muthesius oder Peter Behrens sich mit dem Kleinwohnungsbau als einer wichtigen Zukunftsaufgabe zu beschäftigen, für konsequente Typisierung einzutreten und damit gezielt oder noch unbewußt den Boden für die Vorfertigung aufzubereiten.

Mit der Forderung nach Typisierung begann aber auch die Auseinandersetzung um das für den industrialisierten Hausbau so heikle Problem der architektonischen und städtebaulichen Monotonie. Gegen Befürchtungen in dieser Richtung wurde die Schönheit der Fuggerei in Augsburg ins Feld geführt, einer Siedlung des 16. Jahrhunderts für „Nichtshäbige" mit nur wenigen Haustypen in einheitlicher Architektur. Auf den Städtebau des Absolutismus mit typisierten Häusern wurde verwiesen. Richard Riemerschmid griff darauf zurück, als er die Straße Am Talkenberg in Hellerau projektierte. Bruno Taut und Muthesius suchten die einfache Aufreihung gleicher Haustypen durch skandierende Elemente aufzulockern und damit gestaltbar zu machen. Der Reformgeist der Vorkriegsjahre nahm bereits städtebau-künstlerische Fragen des industrialisierten Hausbaus vorweg.

Vorfertigung und künstlerische Reformbewegung

Die allgemeine Industrialisierung veränderte selbst die Architekturtheorie. Wesentliche Einflüsse gingen von der Erscheinung und Wirkungsweise der Maschinen aus. In deren Konstruktion und Formgebung zeigte sich schon um die Mitte des 19. Jahrhunderts ein neuer Grad zweckmäßigen Gestaltens. Selbst in der reinsten Theorie des Eklektizismus, in Karl Böttichers „Tektonik der Hellenen" von 1852, wurden die Maschinen als vorurteilsloseste Verwirklichung der Einheit von Funktion und Form bezeichnet, wobei diese Einheit allerdings nur für eine hypothetische „Kernform" gelten sollte, die erst durch eine übergestülpte historisierende „Kunstform" Bedeutung und Schönheit erhält. Trotzdem war damit ein neuer Gesichtspunkt in die Architekturtheorie eingeführt. Es ging seither um die bewußte Anwendung des in der Industrie herrschenden Grundsatzes „kleinster Aufwand bei größtem Nutzen" auch in der Architektur. Bis zur Jahrhundertwende wurden die Maschinen zu einer Art Leitbild des architektonischen Gestaltens im Hinblick auf Zweckmäßigkeit und knappste Form. Um 1900 sprach man bereits vom Maschinenstil als der reinsten Verkörperung der neuen Gestaltungsgedanken.[5] Man sah in der Maschine allerdings nur das Vorbild für eine funktionell geprägte Form, noch nicht das Mittel für eine Umwälzung der Bautechnik. Daß eine solche Umwälzung auch zu einer neuen spezifischen

1 J. B. Say: Vollständiges Handbuch der praktischen Nationalökonomie, Bd. II, Stuttgart 1829, S. 110–114
2 A. Reichensperger: Die christlich-germanische Baukunst und ihr Verhältnis zur Gegenwart, Trier 1860[3], S. 40
3 Jb. der Bodenreform, Bd. IV, Jena 1908, S. 278
4 Collins, S. 90
5 K. Junghanns: Die Maschine in der Architekturtheorie des 19. und 20. Jhs., in: Anschauung und Deutung, W. Kurth z. 80. Geb., Berlin 1964, S. 182ff.

104 Richard Riemerschmid, Hellerau, Am Talkenberg, 1914

105 Richard Riemerschmid, Maschinenmöbel, 1906, Hersteller Deutsche Werkstätten, Hellerau/München

Architektur führen könnte, lag noch ganz jenseits jeder Erfahrung. Dieser Gedanke klingt erst 1913 in Gropius' Charakterisierung der kommenden Baukunst an: „Eine neue Zeit fordert den eigenen Sinn. Exakt geprägte Form, jeder Zufälligkeit bar, klare Kontraste, Ordnen der Glieder, Reihung gleicher Teile und Einheit von Form und Farbe werden entsprechend der Energie und Ökonomie unseres öffentlichen Lebens das ästhetische Rüstzeug des modernen Baukünstlers werden".[6] Aber erst nach den Erschütterungen durch den Weltkrieg und die Novemberrevolution wurde „die Maschine" in den progressiven Architektenkreisen auch als eine Aufforderung zur maschinellen Herstellung von Bauelementen und zu einer entsprechend gestalteten Architektur aufgefaßt.

Schließlich hat auch die fortschreitende Ablösung der Handwerksprodukte durch maschinelle Fertigung im Bereich des Baubedarfs und der Gebäudeausstattung zu Überlegungen über die Industrialisierung des Hausbaus geführt. Es ist bezeichnend, daß diese Gedanken nicht in der Bauwirtschaft, sondern in den Reihen der großen kulturellen und künstlerischen Erneuerungsbewegung jener Jahre zur Sprache kamen. Bereits 1906 forderte der liberale Politiker Friedrich Naumann auf der III. Deutschen Kunstgewerbeausstellung in Dresden zur industriellen Herstellung von Gebäuden auf. Naumann hatte einen ausgesprochenen Sinn für Technik und sah im technischen Fortschritt ein Mittel zur Steigerung des nationalen Wohlstands und zur Lösung der anstehenden dringenden sozialen Probleme. Zuvor hatte er sich mit Architekten und dem Direktor der Deutschen Werkstätten Hellerau Karl Schmidt beraten. Er ging von den sogenannten Maschinenmöbeln aus, die die Deutschen Werkstätten ausgestellt hatten und die mit einem beschränkten Sortiment seriengefertigter Bauelemente hergestellt waren. Als nächstes Ziel der Reformbewegung nannte er die Industrialisierung des Hausbaus und schlug dafür gut durchdachte Wohnhäuser, kleine Postämter und ländliche Bahnhöfe als erste geeignete Objekte vor.[7] In der Folge wurde auf der Kunstgewerbeausstellung von 1908 in München ein vorgefertigtes „transportables Landhaus" aus Holz gezeigt. Die Architekten waren A. und G. Ludwig, der Hersteller ist anscheinend nicht mehr zu ermitteln.[8] Ein anderer Anlaß, das vorgefertigte Haus in die Reformarbeit einzubeziehen,

106/107 Alöis und Gustav Ludwig, Transportables Landhaus, Kunstgewerbeausstellung München, 1908

106 Ansicht
107 Wohnraum

6 W. Gropius: Die Entwicklung moderner Industriebaukunst, in: Die Kunst in Industrie und Handel, Jb. des Dt. Werkbundes 1913, Jena 1913, S. 19f.

7 F. Naumann: Kunst und Industrie, in: Das dt. Kunstgewerbe 1906, München 1906, S. 32
8 W. Riezler/G. v. Pechmann: Die Ausstellung München 1908, München 1908, S. 97

108/109 Handelsübliche vorgefertigte Tropenhäuser

110 Vorgefertigtes Musterhaus, Ausstellung des Deutschen Werkbundes, Köln, 1914, Hersteller Siebelwerke, Köln-Rath

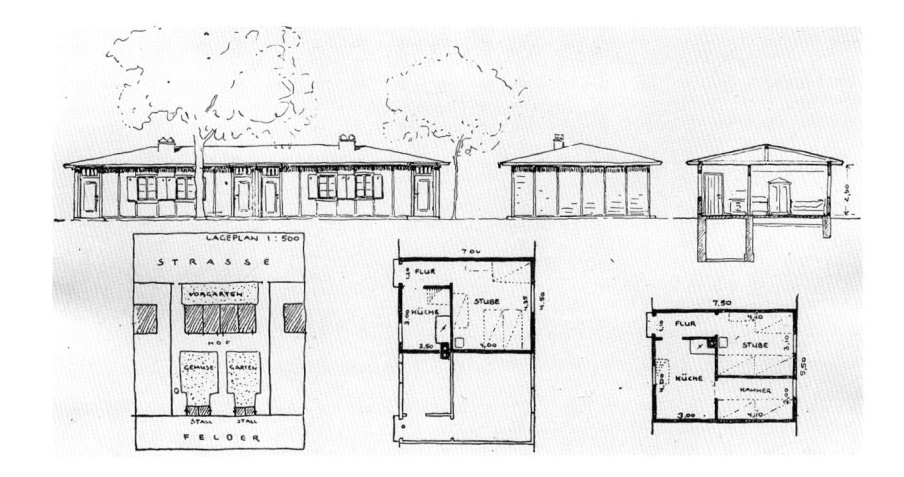

111/112 Bruno Taut, Notbauten für den Wiederaufbau in Ostpreußen, Holzpaneelbau, 1914
111 Insthaus für vier Familien
112 Gutshaus

war die häufig minderwertige bauphysikalische und ästhetische Qualität der exportierten Tropenhäuser. Hier spielte auch nationales Prestigedenken eine Rolle, denn diese Produkte stachen ab von den soliden Kolonialbauten der Engländer, Franzosen, Spanier und Portugiesen. Der Deutsche Werkbund, das Zentrum der Reformbewegung, ließ deshalb auf seiner großen Ausstellung von 1914 in Köln ein vorgefertigtes Haus aufstellen, das ausdrücklich als ein Vorbild für Kolonialbauten gedacht war.[9] Gezeigt wurde allerdings ein Sommerhaus der Siebelwerke in Köln-Rath, die vor allem Isoliermittel und Dämmstoffe produzierten, sich aber eine leistungsfähige Hausbauabteilung angegliedert hatten. Angaben über die Konstruktion fehlen. Wahrscheinlich war das Haus ein Plattenbau.

Reformgedanken veranlaßten Bruno Taut 1914, für den Wiederaufbau im kriegszerstörten Ostpreußen auf das Bauen mit vorgefertigten wiederverwendungsfähigen Holzpaneelen zu verweisen und Entwürfe dafür auszuarbeiten. In dieser Randprovinz des Reiches waren 34000 Häuser vernichtet worden. Anderseits lagen hier die Baustoffpreise und die Bauarbeiterlöhne besonders hoch. Es mangelte an Bauhandwerkern und an geschulten Architekten. Taut, der im ehemaligen Königsberg geboren war, fühlte sich alarmiert, als der Wiederaufbau mit häßlichen Provisorien begann. Er veröffentlichte Entwürfe in einer einfachen Holz-

9 Jb. des Dt. Werkb. 1913, S. 93

113 Albin Müller, Vorgefertigtes Einfamilienhaus, Landesausstellung Darmstadt, 1914, Hersteller Christoph & Unmack

plattenbauweise für „Notbauten", die den in Ostpreußen bisher üblichen Haustypen weitgehend entsprachen. Auf konstruktive Einzelheiten kam es ihm nicht an. Er wollte damit nicht nur die Provisorien verbessern, sondern auch durch die wiederholte Verwendung der Bauplatten Kosten sparen helfen. Außerdem hoffte er, mit seinen Grundrissen eine Änderung der primitiven Wohnweise der Landarbeiter anregen zu können, für die Kochen, Wohnen und Schlafen in einem Raum noch immer die Regel war. Er schlug dagegen abgetrennte kleine Küchen und Schlafkammern vor. Wie weit seine Vorschläge in der Praxis wirksam geworden sind, muß leider dahingestellt bleiben.[10]

Im gleichen Jahr begann erstmals ein namhafter Architekt die Zusammenarbeit mit der Holzindustrie. Albin Müller, ein führendes Mitglied der Darmstädter Künstlerkolonie, übernahm die Gestaltung und Einrichtung eines Musterhauses der Firma Christoph & Unmack für die Landesausstellung von 1914 auf der Mathildenhöhe in Darmstadt. Ein Erfolg blieb nicht aus. Das vorgefertigte Holzhaus wurde in den Kreis der künstlerisch bewerteten Ausstellungsobjekte aufgenommen, in Kunstzeitschriften abgebildet und vereinzelt sogar ausführlich besprochen.[11]

1915 zog Theodor Goecke, ein bekannter Berliner Stadtplaner, eine Bilanz aller dieser Bestrebungen. Als er die Aufgaben der Zukunft umriß, forderte er für den Kleinwohnungsbau im Interesse der Kostensenkung „neue Typen" mit einheitlichen Maßen, damit möglichst viele Bauteile industriell hergestellt werden könnten bis zu „großen Wandelementen nach dem Beispiel der nordischen Holzhäuser oder der Doeckerbauten".[12] Diese Bemerkung war symptomatisch. Goecke brachte zwei Entwicklungsstränge zusammen: die aufblühende Bewegung des reformierten Wohnungsbaus und die noch wenig geschätzte Vorfertigung. Damit hatte er ein großes neues Thema angeschlagen, das besonders die zwanziger Jahre beschäftigen sollte. Die Förderung der Vorfertigung wurde zu einer sozialen Aufgabe, und die schöpferische Initiative ging auf die Bauindustrie und den progressiven Flügel der Architektenschaft über. Ein neues Kapitel der Hausbautechnik zeichnete sich ab.

10 B. Taut: Notbauten für ostpreußische Landwirte, BW 5 (1914), H. 45, Beil. Die Bauberatung S. 9–12

11 Dt. Kunst u. Dekoration 34 (1914), S. 263; Dekorative Kunst 22 (1914), S. 497

12 Goecke, S. 23

Teil 2
Der Aufbruch in den zwanziger Jahren

1 Hausbau zwischen Wirtschaft und Politik

Die „Goldenen Zwanziger", die in einer seltenen Konzentration bedeutende Errungenschaften in den bildenden Künsten, in der Literatur, in Theater, Film, Produktgestaltung, vor allem aber in der Architektur und im Städtebau gebracht haben, sind auch für die Vorfertigung im Hausbau eine Ära bedeutender Fortschritte gewesen. Allein die Tatsache, daß fast alle führenden deutschen Architekten sich auf irgendeine Weise damit beschäftigt haben, deutet einen tiefen Umschwung an. Niemand sprach mehr von zerlegbaren transportablen Häusern wie zu Beginn des Jahrhunderts, es ging auch nicht mehr um vorgefertigte ortsfeste Einzelbauten. Das Problem hatte eine neue Dimension angenommen. Viele Architekten hielten die Zeit für gekommen, sich von der traditionellen Hausbautechnik zu lösen und zu neuen Bauweisen und überhaupt zur Industrialisierung des Wohnungsbaues überzugehen. Dabei dachten sie nicht nur an die technischen und wirtschaftlichen Probleme, die eine konsequente Industrialisierung aufwirft, sondern erstmals auch an die Auswirkungen im baukünstlerischen Bereich. Gropius hatte schon 1913 die exakt geprägte Form gefordert, jeder Zufälligkeit bar, als angemessenen Ausdruck des Industriezeitalters. Die rasche Entfaltung der Produktivkräfte seither und vor allem die Welle der Rationalisierung und technischen Modernisierung, mit der die deutsche Industrie ihre im Krieg verlorene Wettbewerbsfähigkeit auf dem Weltmarkt wiederherstellte, gaben solchen Gedanken einen starken Auftrieb.

Bereits gegen Kriegsende signalisierte die Gründung von Rationalisierungsverbänden einen neuen Entwicklungstrend. Dem Normenausschuß der deutschen Industrie folgten das Reichskuratorium für Wirtschaftlichkeit in Industrie und Handwerk, 1921 der Ausschuß für wirtschaftliche Fertigung und viele ähnliche Organisationen. Vor dem Hintergrund neuer technisch-wirtschaftlicher Ideen erschien auch die Industrialisierung des Wohnungsbaus in einem neuen Licht. Unter den Pionieren des neuen Bauens galt sie als überfällig, sie forderten Bauhöfe für entsprechende Experimente, die radikalsten unter ihnen suchten bereits nach einer gemäßen architektonischen Sprache, die ihren Vorstellungen von maschinell geprägten Formen entsprach. Einfache Körper mit glatten, makellosen Oberflächen wie bei Industrieprodukten wurden auch in der Architektur zum neuen ästhetischen Ideal. Wenn die spätere reale Industrialisierung diese elementaren Vorstellungen auch wesentlich korrigiert hat, so bleibt doch festzuhalten, daß der für den Übergang zur Vorfertigung unerläßliche subjektive Faktor nach dem ersten Weltkrieg bereits herangereift war. Er bildete die Voraussetzung für die vielen theoretischen Erörterungen und praktischen Versuche, die damals einsetzten, die teilweise sogar staatlich gefördert wurden und zu hohen Erwartungen Anlaß gaben. Der objektive Faktor aber, die Baupraxis in ihrer Abhängigkeit von der allgemeinen wirtschaftlichen Lage, hat diese Erwartungen allerdings nur zum Teil erfüllt und am Ende schwer enttäuscht. Es gab zwar wesentliche Neuerungen im Holzhausbau, es wurden Stahlkonstruktionen in den Hausbau eingeführt und die für den Fortschritt letztlich entscheidende schwere Vorfertigung auf Betonbasis in Versuchssiedlungen erprobt, aber eine kontinuierliche Entwicklung aller Komponenten bis zum Durchbruch der Industrialisierung kam nicht zustande. Schließlich stellte die Weltwirtschaftskrise von 1929 bis 1933 alle Errungenschaften wieder in Frage. Die Bautätigkeit ging zurück, die Arbeitslosigkeit war im Baugewerbe am höchsten und der Charakter der Bauaufgaben näherte sich wieder dem Stand der krisenhaften Nachkriegsjahre. Mit dem Faschismus brach die Entwicklung zur Vorfertigung im Hausbau endgültig ab. Unter den vielen Architekten, die seit 1933 ins Exil gehen mußten, waren auch die bedeutendsten Vorkämpfer der Industrialisierung: W. Gropius, M. Wagner, E. May und K. Wachsmann. So blieb die Vorfertigung der zwanziger Jahre gleichsam ein Torso, imponierend zwar durch ihre Vielgestaltigkeit und ihren Ideenreichtum, durch den Wagemut der Beteiligten, gleichzeitig aber ist sie ein Beispiel für den unglaublichen Verschleiß an Arbeitskraft und Enthusiasmus, mit dem ein gesellschaftlicher Fortschritt in der Regel erkauft werden muß.

Die Nachkriegskrise

1918 war das eben noch blühende Deutschland nicht mehr wiederzurkennen. Der Krieg bis zur militärischen und moralischen Niederlage hatte seine Wirtschaft deformiert und zerrüttet und seine Kräfte erschöpft. Die Gesamtproduktion erreichte 1918 57 Prozent des Volumens von 1913. Die Katastrophe schlug durch die Entbehrungen und die Verelendung der Volksmassen in eine tiefe politische Krise um. Ruhmlos verschwand die Monarchie, das kapitalistische

114 Bruno Taut, Ideenskizze für ein kristallin-expressionistisches Vorfertigungssystem, „wandlungsfähig wie der Mensch", 1920

System war gefährdet. Nur aufgrund der politischen Unerfahrenheit der Bevölkerung einschließlich des fortschrittlichen Flügels der Intelligenz war es möglich, hinter der demokratischen Fassade der Weimarer Republik die erschütterten Machtstrukturen beizubehalten und die alte Gesellschaftsordnung wieder zu stabilisieren. Andererseits wurde diese Unerfahrenheit auch zum Anlaß für hochgespannte Erwartungen hinsichtlich einer Erneuerung der Gesellschaft und einer Wende zu sozialer Gerechtigkeit bis hin zu Träumen von Gemeinwirtschaft und Sozialismus. Der Glaube an einen allgemeinen Fortschritt war grenzenlos. Von diesem Aufbruch der Ideen blieb kein Bereich des Lebens unberührt. Walter Gropius sprach von tiefer Niedergeschlagenheit wegen des Zusammenbruchs und von glühender Hoffnung zugleich. In der Literatur dominierte die exaltierte Oh-Mensch-Dichtung mit „zerhackten Sätzen", in der Malerei die eindringliche expressionistische Elementarisierung von Form und Farbe, und selbst in der Architektur brachen überschwengliche und phantastische Ideen durch. Beflügelt von einem Optimismus ohnegleichen eilten die Gedanken dem Leben weit voraus. Bruno Taut zeichnete Manifeste für den Bau leuchtender Stadtkronen als Symbole einer geläuterten Menschengemeinschaft und neue Siedlungsformen für die Auflösung der Städte in Länder ohne Grenzen. Er dachte an ein neues naturverbundenes Wohnen und an industriell vorgefertigte Häuser in expressionistisch kristallinen Formen, für die er ein Bausystem mit geschoßhohen Platten skizzierte. Gropius gründete das Bauhaus als eine Zelle des neuen Lebens und als eine soziale Basis der erwarteten künftigen Architektur. Für viele Architekten, ganz besonders für die progressiv denkenden, war die drückende Wohnungsnot zum Inbegriff der gesellschaftlichen Gebrechen geworden und ihre Überwindung zu einer hohen moralischen Verpflichtung. Die Aufgabe, Wohnungen, vor allem Kleinwohnungen, billiger zu bauen als bisher und die Mieten den überwiegend niedrigen Einkommen der Bevölkerung anzupassen, wurde zum Schlüsselproblem. Von seiner Lösung erhoffte man sich die Reduzierung vieler sozialer Mißstände und eine wesentliche Harmonisierung der durch politische Widersprüche und wirtschaftliche Interessenkämpfe zerrissenen Gesellschaft. Die bisher bekannten Mittel und Wege zur Baukostensenkung erlangten dadurch höchste Aktualität. Typisierung der Grundrisse, Normung und Serienfertigung möglichst vieler Bauteile und Rationalisierung der Bauprozesse beschäftigten die Architekten bis weit in die konservativen Kreise hinein. Die kompromißlosesten unter ihnen sahen in diesen Maßnahmen jedoch nur unerläßliche Vorbedingungen und forderten als das allein zeitgemäße und endgültige Mittel die Industrialisierung des Wohnungsbaus.

Diesen Vorstellungen widersprachen zwar alle bisherigen Erfahrungen, waren doch bisher sämtliche Versuche gescheitert, die Kosten des üblichen Mauerbaus durch Vorfertigung zu unterbieten. Es gab aber auch die unwiderlegbare Tatsache, daß die industrielle Produktion allgemein billiger ist als die handwerkliche. Diese Erfahrung hatte schon vor dem Krieg zu großen Hoffnungen hinsichtlich einer Verbilligung des Wohnungsbaues Anlaß gegeben, sie wurden noch gesteigert durch Meldungen über die Rationalisierung in der amerikanischen Industrie mittels Taylorsystem und Fließband, besonders aber durch die überraschenden wirtschaftlichen Erfolge der Autoindustrie. Häuser wie Autos zu fertigen wurde ein Wunschbild der Avantgarde unter den Architekten nicht nur in Deutschland, sondern in ganz Europa. Damit reagierte der fortschrittliche Flügel der Fachwelt auch auf die offensichtlich gewordene allgemeine Beschleunigung des technisch-wissenschaftlichen Fortschritts.

Es war Martin Wagner, der 1918 noch im Feld in einer Schrift „Neue Bauwirtschaft" als einer der ersten mit besonderem Nachdruck auf den amerikanischen Taylorismus und die Arbeiten des Taylor-Schülers Gilbreth zur Rationalisierung des traditionellen Mauerbaus hingewiesen hat.[1] Wagner wurde 1919 Stadtbaurat von Berlin-Schöneberg und errichtete die Siedlung Lindenhof nach seinen Entwürfen mit der Absicht, das Projekt für Arbeitszeitstudien und die Entwicklung von Normen zu nutzen. Aber die beteiligten kleinen Bauunternehmer zeigten sich daran wenig interessiert.

115 Vergleich der Kostentwicklung im Hausbau und in der Autoproduktion

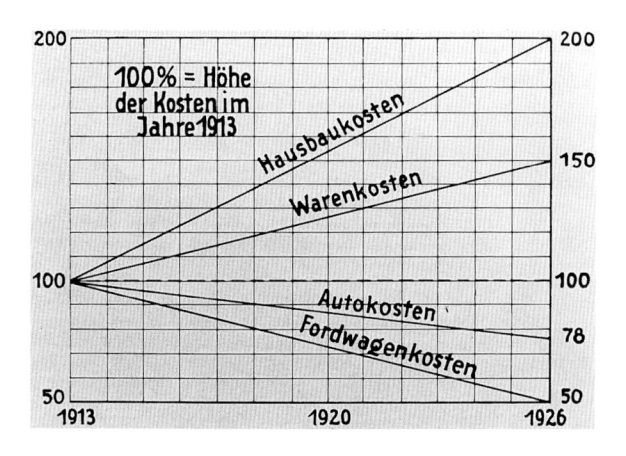

Indessen gab es auch in den Kreisen der Betriebswissenschaft und selbst im Innungsverband des Bauhandwerks lebhafte Befürworter einer Baurationalisierung, ebenso in den Gewerkschaften. Aus diesem Konglomerat der Interessen entstand im Frühjahr 1920 – nicht zuletzt auch durch die Aktivität Wagners – die „Forschungsgesellschaft für wirtschaftlichen Baubetrieb". Mit Bewegungs- und Zeitstudien sollte begonnen werden, erste Ergebnisberichte erschienen in der Fachpresse. Aber es zeigte sich bald ein unversöhnlicher Gegensatz zwischen den Zielen der sogenannten Gemeinwirtschaft, für die die Gewerkschaften und auch Martin Wagner eintraten, und den Vorstellungen der kapitalistisch orientierten Bauunternehmer und ihres Innungsverbandes. Vor allem fürchteten die mittleren und kleinen Baubetriebe, in deren Händen der Wohnungsbau damals lag, ihre Beweglichkeit im Konkurrenzkampf einzubüßen. Dieser Konflikt hatte ein solches Gewicht, daß Bruno Taut an der Möglichkeit einer allgemeinen Rationalisierung des Wohnungsbaus

1 M. Meyer: Die Anregungen Taylors für den Baubetrieb, Berlin 1915; M. Wagner: Neue Bauwirtschaft, ein Beitrag zur Verbilligung der Baukosten im Wohnungswesen, Schriften des Deutschen Wohnungsausschusses H. 5, Berlin 1918
2 M. Wagner: Großsiedlungen, ein Weg zur Rationalisierung des Wohnungsbaues, WW 3 (1926), H. 11–14, S. 83f.; ders.: Rationalisierter Wohnungsbau, WW 2 (1925), H. 11–14, S. 172; Ztschr. des VDI 64 (1920), H. 46, S. 967; DVW 2 (1920), H. 10, S. 143 und 3 (1921), H. 12, S. 171; SBW 1 (1921), H. 5, S. 63 und 9 (1929), S. 137–139; E. Hotz (Hrsg.): Kostensenkung durch Bauforschung, Berlin 1932, S. 15f.

116/117 Baubetriebsforschung: Siedlung Lindenhof, Berlin-Schöneberg, Arch. Martin Wagner, 1919
116 Bebauungsplan
117 Siedlungsbild

unter privatkapitalistischen Bedingungen überhaupt zweifelte, weil sie letzten Endes das bestehende Wirtschaftssystem in Frage stellte. So blieben die finanziellen Zuwendungen bereits im Februar 1921 aus, so daß die Gesellschaft am 25. Mai wieder aufgelöst werden mußte.[2]

Allerdings gab es auch keinen Grund zu besonderem Optimismus im Wohnungsbau, denn durch einige Faktoren, die noch auf die Kriegsmaßnahmen zurückgingen, kam die Bautätigkeit aus einer tiefen Lähmung nicht heraus. Zunächst war der Wohnungsneubau nach Ausbruch des Krieges rasch zum Erliegen gekommen, während sich der Verfall der Bausubstanz durch unzureichende Reparaturarbeiten beschleunigte. Außerdem wurden immer mehr Wohnungen zweckentfremdet durch Umwandlung in Verwaltungsräume, private Büros, Rechtsanwalts- und Arztpraxen. Schließlich nahm die Zahl der Wohnungssuchenden nach Kriegsende durch den Flüchtlingsstrom aus den vorübergehend besetzten oder endgültig abzutretenden Reichsgebieten erheblich zu. Bei einem Bestand von etwa 14 Millionen Wohnungen erhöhte sich das Defizit bis 1919 auf mindestens eine Million. Wahrscheinlich war es wesentlich höher, denn die Reichswohnungszählung von 1927 ergab 1 700 000 als statistisch gesicherten Fehlbetrag.

Die riesige Wohnungsnot zwang zu sozialpolitischen Maßnahmen, die die Freiheit der Wohnungswirtschaft erheblich eingeschränkt haben. Zunächst war noch während des Krieges eine Mieterschutzgesetzgebung notwendig geworden, nachdem der Hausbesitz versucht hatte, den wach-

118 Notwohnungen, Dresden, Fröbelstraße, um 1920

119/120 Henry de Fries, Vorschlag zur Aufwertung von Barackensiedlungen

senden Wohnungsmangel für Mietsteigerungen auszunutzen. Vor allem mußten die Soldatenfamilien vor Exmittierungen geschützt werden, um die Kampfmoral der Truppe nicht zu gefährden. Es folgte eine mehr oder weniger ausgeprägte Zwangswirtschaft für den gesamten Wohnraum, die in den Siegerländern nach Kriegsende wieder aufgehoben wurde, in Deutschland aber beibehalten und sogar ausgebaut werden mußte. Hier war die Wohnungsnot zu einem so brisanten politischen Problem geworden, daß nach 1918 keine der politischen Parteien es wagte, den Mieterschutz und die Wohnraumlenkung anzutasten.

Eine solche Lage schloß jede Profitmaximierung im Wohnungsbau aus, das freie Kapital suchte daher lohnendere Anlagemöglichkeiten, vor allem in der Industrie. Außerdem fehlte es nach dem Krieg an Baumaterial. Die Kohleförderung war stark abgesunken und damit auch die davon abhängige Produktion von Mauerziegeln, Zement und Stahl. Die Lage verschärfte sich 1923, als französische und belgische Truppen das Ruhrgebiet besetzten. Industrie und Handel nutzten die Notlage und trieben die Baustoffpreise nach und nach in solche Höhen, daß ein rentabler Wohnungsbau nicht mehr möglich war. Viele Städte und Gemeinden versuchten unter dem Druck der Bevölkerung, die Bautätigkeit durch billige Kredite oder gar durch verlorene Zuschüsse in Gang zu bringen. Manche Städte kauften Kiesgruben, Ziegeleien und Sägewerke und bauten Wohnungen in eigener Regie. Überall wurden mit einfachsten Kleinhaussiedlungen begonnen. Ein spürbarer Erfolg blieb jedoch aus. Die Wohnbautätigkeit erreichte anfangs nur 25 Prozent des Umfanges von 1914, stieg bis 1922 auf 64 Prozent, um dann durch die Katastrophe der Inflation auf 40 Prozent wieder abzusinken.[3] Einzelne Städte errichteten deshalb Barackensiedlungen wie Dresden, Magdeburg oder Breslau, andere kauften ausgemusterte Eisenbahnwagen und richteten darin Notwohnungen ein. Hannover hielt die Spitze mit 106 Waggons.[4] Es gab sogar Vorschläge für die ästhetische Aufwertung solcher vorgefertigter Notprodukte durch spätere Zusatzbauten.[5] Erst in der zweiten Hälfte der zwanziger Jahre erreichte der Wohnungsbau wieder das Vorkriegsniveau.

Kriege beschleunigen den technischen Fortschritt, aber sie hemmen ihn auch. Während die Wohnungsnot zunahm, ging die Baustoffversorgung zurück. Eine Folge waren Versuche, den traditionellen Mauerbau durch materialsparende Konstruktionen der neuen Lage anzupassen, oder überhaupt auf Naturbaustoffe wie Lehm oder auf Kalk-Sand-Stampfbauweisen zurückzugreifen. Bereits 1917 wurde ein Reichsverband für Spar- und Ersatzbauweisen gegründet, der neue Konstruktionen aufgreifen und die Kenntnis darüber verbreiten sollte. Vom gleichen Geist getragen war das Bändchen „Vom sparsamen Bauen", das Peter Behrens 1918 herausgab, ebenso der Bericht von Hermann Muthesius über das Arbeiterdoppelhaus in einer Sparbauweise, das er 1918 auf der Ausstellung „Sparsame Baustoffe" in Berlin gezeigt hatte. Auf dieser Ausstellung wurde eine Fülle mehr oder weniger phantasievoller Bauweisen angeboten.[6] Eine wichtige Nebenwirkung der die gesamte Fachwelt bewegenden Bemühungen war eine Lockerung der technischen Baubestimmungen für Kleinhäuser und eine flexiblere Einstellung in konstruktiven Fragen, vor allem aber ein wachsendes Interesse an der Rationalisierung der Bauprozesse.

Die allgemeine Notlage zwang die Weimarer Republik, auf die Spartendenzen der Kriegszeit zurückzugreifen und sie noch zu intensivieren. Bereits die erste Regierung berief einen „Reichs- und preußischen Staatskommissar für das Wohnungswesen", der seine Hauptaufgabe in der Förderung von Spar- und Ersatzbauweisen sah. Nach einer Beratung mit Baupraktikern legte er Maßnahmen zur Rationalisierung des Hausbaus fest, darunter die Typisierung von Klein- und Mittelwohnungen, und gab einen Katalog mit 67 verschiedenen Spar- und Ersatzbauweisen heraus.[7] Darin waren auch zwei Montagebauweisen aufgenommen: Lilienthals Terramor-System und eine sehr ähnliche Bauweise Schmetz. Lehmbauweisen einschließlich des Holzfachwerkbaus mit Lehmstakung oder Ausfachung mit Lehmpatzen spielten die größte Rolle. Mischrezepte für den Lehm, technische Hinweise und Erfolgsberichte häuften sich. Von Vorfertigung oder gar von Industrialisierung des Bauens sprach in diesen Kreisen niemand, die Not verwies auf das Nächstliegende. Auch die erste deutsche Tagung für Wohnungsbau, die die Technische Hochschule Dresden im April 1919 durchführte, brachte keinen neuen Gedanken, vielmehr hoffte man auf ein Ende der Kohleknappheit, um in alten Gleisen weiterarbeiten zu können.[8] Selbst die Zeitschrift des Vereins Deutscher Ingenieure beschränkte sich in einem Artikel über Siedlung und Kleinwohnung auf den wenig neuen Hinweis, daß man mit Maschinenarbeit das Bauen verbilligen könne. Als 1920 in Berlin eine zweite Ausstellung für Spar- und Ersatzbauweisen stattfand, bemängelte Bruno Taut, daß leider „das Ganze", d.h. die große Perspektive für das Bauwesen völlig fehle, der Mangel an einer klaren Orientierung habe das allgemeine Mißtrauen gegenüber technischen Neuerungen noch verstärkt. Martin Wagner urteilte härter: 90 Prozent der angepriesenen Ersatzbauweisen seien technischer Rückschritt, nicht Fortschritt.[9]

Die Orientierung auf Ersatzbauweisen brachte zwar wenig Brauchbares hervor, aber sie stellte die festgefügten alten Bautraditionen in Frage und blieb deshalb nicht ohne Nachwirkungen. So wurde 1920 der „Deutsche Ausschuß für wirtschaftliches Bauen" gegründet, der bis 1933 bestanden hat und vor allem durch seine Schriften „Vom wirtschaftlichen Bauen" bekannt wurde.[10]

Die Baupraxis aber reagierte zunächst äußerst konservativ, hier fand die Werbung für das Sparen und Rationalisieren kein nennenswertes Echo. Eine Versuchssiedlung der Stadt Düsseldorf von 1922 am Nordfriedhof zur Erprobung verschiedener Ersatzbauweisen – die erste größere Versuchssiedlung – blieb unbeachtet und wurde nicht ausgewertet.[11] Lehmbauten sind nur vereinzelt errichtet worden. Das größte Bauprogramm der Anfangsjahre, die zahlreichen Bergmannssiedlungen im Ruhrgebiet zur Unterstützung der Kohleförderung, hielt sich durchaus an die konventionelle Bautechnik.

---

3 o. V.: Die Wohnungsprobleme nach dem Kriege, Der Neubau 7 (1925), H. 3, S. 40–42; H. Hirtsiefer: Die Wohnungswirtschaft in Preußen, Eberswalde 1929, S. 83
4 A. Gut: Der Wohnungsbau in Deutschland nach dem Weltkriege, München 1928, S. 47, 173; Mitt. in WW 3 (1926), H. 11/14, S. 123 und 4 (1927), H. 5, S. 38; DBZ 61 (1927), H. 49, S. 415; B. Schwan: Die Wohnungsnot und das Wohnungselend in Deutschland, Berlin 1929, Abb. S. 190, 254, 303
5 H. de Fries: Künstlerische Probleme des Holzbaues, DVW 1 (1919), H. 9, S. 110–112
6 E. Friedrich: Sparsame Baustoffe, DVW 1 (1919), H. 1, S. 12–15, H. 2, S. 24–26

7 Reichs- und preußischer Staatskommissar für das Wohnungswesen: Ber. über die Beratung über dringende Maßnahmen auf dem Gebiet der Wohnungsfürsorge, Druckschr. Nr. 1, Berlin 1919; ders.: Ersatzbauweisen, Druckschr. Nr. 2. Berlin 1919
8 DVW 1 (1919), H. 9, S. 121

9 B. Taut: Die Neue Wohnung, Leipzig 1925³, S. 100; M. Wagner: Gemeinwirtschaft im Wohnungswesen, SBW 1 (1921), H. 2, S. 14
10 R. Stegemann: Die Träger der Baurationalisierung. Vom Wirtschaftlichen Bauen, 7. Folge, Dresden 1930
11 H. Spiegel: Der Stahlhausbau, Berlin 1929, S. 2

121–124 Spar- und Ersatzbauweisen: Arbeiterdoppelhaus System Ibus (Wayß & Freytag AG), Arch. Hermann Muthesius, 1918

121 Wandaufbau
122 Ansicht
123 Grundrisse

124 Bauweise Schmetz (Amtlicher Katalog der Ersatzbauweisen 1919, Nr. 3)

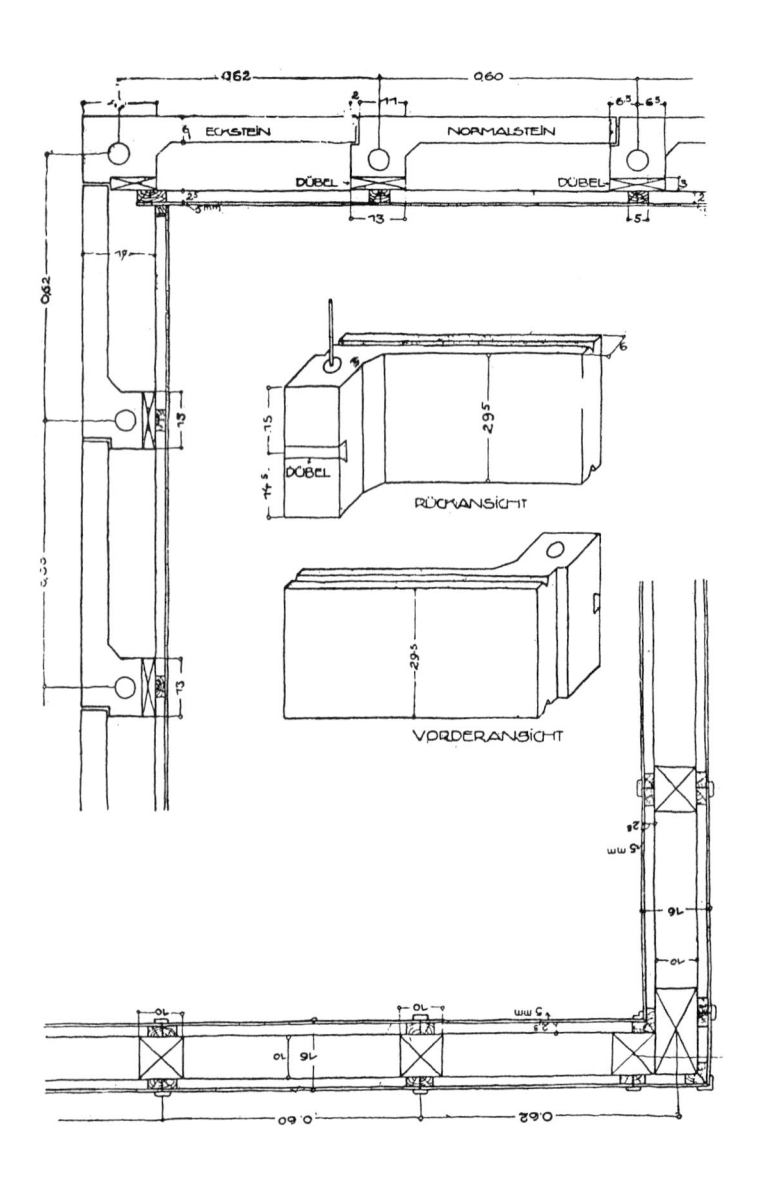

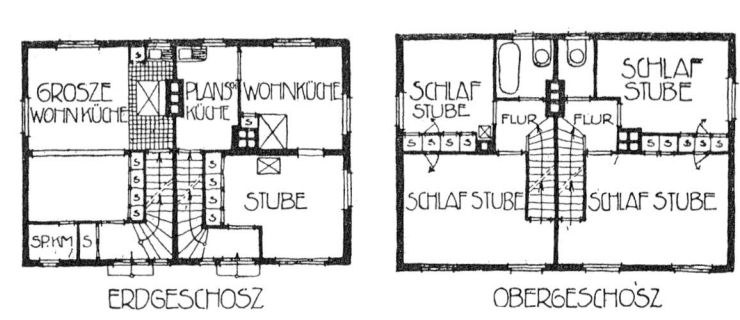

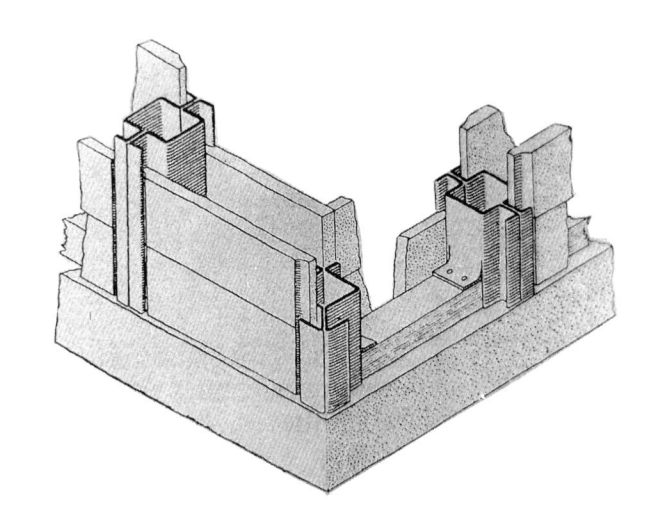

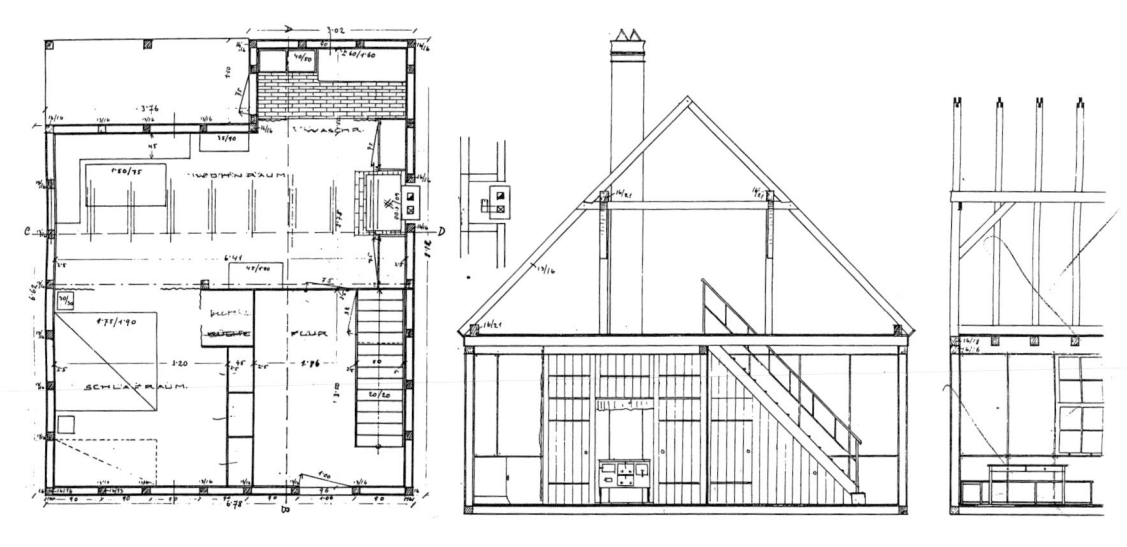

125/126 Wiederaufbau in Nordfrankreich: Angebotsprojekt einer Wiener Firma, 1920, Arch. Margarete Lihotzky
125 Haustyp A, Grundriß und Schnitt
126 Ansicht eines Wohnhofes

Eine Ausnahme bildete lediglich das Bauen mit Guß- und Schüttbeton. Damit wurde an vielen Stellen experimentiert. Gußbeton und seine verbesserte Form, der Schüttbeton, zählten zunächst zu den Ersatzbauweisen, weil damit Mauerziegel eingespart werden konnten. Durch vorgefertigte Schalungen und weitgehende Mechanisierung der Herstellung und Verarbeitung des Betons kamen sie jedoch den Industrialisierungserwartungen am weitesten entgegen. Manche sahen darin die „geradezu klassische Industrialisierungsmethode".[12] Sie waren in den ersten Nachkriegsjahren überhaupt das einzige Gebiet des Wohnungsbaus, in dem eine neue Bautechnik erprobt, die Baurationalisierung entwickelt und damit wichtige Voraussetzungen für die Idee und die Praxis der schweren Vorfertigung geschaffen worden sind.

Unter den schwierigen Nachkriegsbedingungen schien sich allein für das vorgefertigte Holzhaus eine echte Entwicklungschance abzuzeichnen. Holz war der einzige gängige Baustoff, der von der Kohlenkrise und der Materialknappheit nicht berührt wurde. Außerdem war der Kohlebedarf der Holzindustrie gering, da ihr die Holzabfälle als Heizmaterial zur Verfügung standen. Der Reichskommissar für das Wohnungswesen verwies schon im April 1919 ausdrücklich auf den Holzbau als ein Mittel rascher Wohnungsbeschaffung und forderte die deutschen Länderregierungen auf, das Holzhaus bei der Vergabe von Zuschüssen und bei der Gewährung von Hypotheken gegenüber den Steinbauten nicht mehr zu benachteiligen.[13] Der Holzeinschlag in den Staatsforsten wurde erhöht, um ein ausreichendes Angebot an Bauholz zu sichern. Siedlungsvorhaben sollten bevorzugt beliefert werden. Es wurde errechnet, daß der Bau von 200000 Häusern nur ein Fünftel des jährlichen Holzeinschlages beansprucht hätte.[14] Alles deutete auf eine Holzhauskonjunktur hin.

Die alteingesessenen Holzhausproduzenten wie Christoph & Unmack in Niesky, die Wolgaster Holzhäuser-Gesellschaft und die Siebel-Werke in Köln-Rath suchten die Lage zu nutzen. Sie schlossen sich schon 1918, spätestens Anfang 1919, zu einem Interessenverband zusammen, um die Preisbildung zu beeinflussen und die zu erwartende Konkurrenz abzuwehren.[15] Im November 1919 gründeten ähnliche Wirtschaftsverbände der Holzindustrie den „Deutschen Holzbauverein", der dreißig große Werke der Holzindustrie mit über 20000 Arbeitern umfaßte. Alle waren bereit, „Holzhäuser in jeder Größe schnellstens herzustellen". Mit Nachdruck protestierten sie gegen einen Plan, amerikanische Holzhäuser zu importieren.[16] Um für das Bauen mit Holz zu werben, gab der Verein 1920 das Mitteilungsblatt „Der Holzbau" als eine Beilage der Deutschen Bauzeitung heraus. In Erwartung einer Holzhauskonjunktur hatte der Wohnungsverband Groß-Berlin einen Auftrag für 300 Wohnungen in kleinen Doppelhäusern an den Holzbau-Industriellenverband Berlin vergeben. Dieses Ereignis wurde ein weithin beachteter Auftakt des Wohnungsbaus. Es war zugleich das erste größere Siedlungsvorhaben mit vorgefertigten Häusern. Spandau plante ähnliche Notwohnungen ebenfalls in einer Holzbauweise.

Aber diese Beispiele fanden keine Nachfolge mehr. Entgegen allen Erwartungen blieb die Holzhauskonjunktur aus. Hauptursache dafür war das Verhalten der Sägewerke und des Holzgroßhandels, die die Preise rücksichtslos in die Höhe trieben und Holz in großen Mengen gegen feste Währungen ins Ausland verschoben. 1920 kostete Bauholz bereits fünfundzwanzig mal mehr als 1914, man sprach von Holznot.[17] Vorgefertigte Holzhäuser wurden unerschwinglich teuer. Lediglich in Frankreich schienen durch den Wiederaufbau der kriegszerstörten Ostgebiete große Absatzmöglichkeiten sich zu eröffnen. 1919 bereits hatten die norwegische und die kanadische Holzindustrie Angebote gemacht, 1920 das Wiener Bauunternehmen Franz & Co, für das Margarete Schütte-Lihotzky zwei einfache Reihenhaustypen entworfen hat.[18] 1921 wurde mit deutschen Vertretern über die Lieferung von 25000 Holzhäusern verhandelt. Aufgrund eines hohen Preisniveaus in Frankreich und niedriger Löhne in Deutschland stand für die Industrie ein großes Geschäft in Aussicht, das zweifellos der Vorfertigung neue Impulse verliehen hätte. Aber es zerschlug sich, weil Holzhäuser bei der betroffenen französischen Bevölkerung auf Ablehnung stießen.[19]

Die Holzindustrie verstärkte ihre Werbung. Christoph & Unmack baute 1919 in Niesky eine kleine Werkssiedlung mit Musterhäusern in verschiedener Bauart, 1923 eine Reihe von anderthalbgeschossigen Doppelhäusern in einer soliden Plattenbauweise. Die Allgemeine Häuserbau AG Adolf Sommerfeld errichtete 1922 eine Mustersiedlung in Berlin-Zehlendorf, einem Wohngebiet des gutsituierten Bürgertums. Andere Firmen beschickten die Gewerbeschau von 1922 in München. Christoph & Unmack veranlaßten Berichte über ihre Bauten in den Fachzeitschriften.[20] Sie erhöhten die Attraktivität ihrer Häuser, indem sie die Entwürfe nicht mehr von unbedeutenden Architekten in Niesky, sondern von anerkannten Gestaltern anfertigen ließen wie Albin Müller in Darmstadt, derein ganzes Buch mit neuen Typen herausgab.[21] Trotzdem stellte die Firma in ihrem Geschäftsbericht fest, daß wegen der steigenden Preise im Inland vor allem das Ausland Abnehmer für Holzhäuser geworden sei.[22] Zudem beschränkte sich der Absatz noch immer auf einzelne private Aufträge, überwiegend wurden kleine Ferienhäuser und Jagdhütten bestellt. Eine Serienfertigung großen Stils konnte sich auf dieser schmalen Basis nicht entwickeln. Das Werk war bei weitem der bedeutendste deutsche Holzhausproduzent. Die Deutschen Werkstätten Hellerau-München, die den Hausbau überhaupt erst 1919 aufgenommen hatten, kamen trotz ihres ausgezeichneten Rufes über einen Jahresumsatz von 10 bis 12 Häusern nicht hinaus.[23] Für weniger bekannte Firmen war der Kampf auf dem Baumarkt noch weitaus schwieriger. Selbst die alte Wolgaster Holzhäusergesellschaft mußte die Produktion zeitweilig einstellen und einige Jahre später ganz aufgeben. Auch die Siebelwerke stellten die Hausproduktion ein und beschränkten sich wieder auf Isolier- und Dämmstoffe.

Die trotz drückender Wohnungsnot zögernde Haltung der Bauwirtschaft löste in der politisch aktivierten Bevölkerung eine Welle der Selbsthilfe aus. Innerhalb der Bauarbeiterschaft entstanden kleine Produktivgenossenschaften, deren Ziel es war, trotz der Stagnation Kleinwohnungen zu bauen.[24] Ähnliche Tendenzen gab es in vielen europäischen Ländern, selbst in Staaten, die am Krieg nicht beteiligt waren wie Holland und Spanien. Martin Wagner hatte diesen aktiven Geist bei seinem Versuch kennengelernt, die Siedlung Lindenhof für Arbeitsstudien zu nutzen. Während die Unternehmer bremsten, waren die Bauarbeiter zur Mitarbeit bereit. Um so mehr sah sich Wagner in seiner Absicht bestärkt, die sporadische Genossenschaftsbildung aufzugreifen und aus diesen Anfängen mit Hilfe der Gewerkschaften leistungsfähige Baubetriebe der Arbeiterschaft zu entwickeln.[25] Solche Unternehmen hatten zunächst die Form von Produktivgenossenschaften und wurden später in Aktiengesellschaften umgewandelt, an denen die Gewerkschaften, aber auch Wohnungsfürsorgegesellschaften und

127–130 Die Bauhüttenbewegung
127 Forderungen des Bauarbeiterverbandes: Der Grundstein vom 17. 1. 1920

128 Formblatt für die Leistungserfassung

12 ZBV 47 (1927), H. 44, S. 565
13 Reichs- und preußischer Staatskommissar für das Wohnungswesen: Erlaß vom 6. April 1919
14 Dr. Wedemeyer: Holzhausbau im Wohnungs- und Siedlungswesen, BW 12 (1921), H. 42, S. 611
15 DVW 1 (1919), H. 9, S. 109/110
16 Der Holzbau 1 (1920), Nr. 1, S. 1 (Beil. der DBZ); BW 10 (1919), H. 47, S. 16
17 DVW 2 (1920), H. 5, S. 74f. und 3 (1921), H. 23, S. 322
18 Margarete Schütte-Lihotzky, Soziale Architektur. Ausstell.kat., Wien 1993, S. 40
19 SBW 1 (1921), H. 12, S. 14f.
20 F. Paulsen: Holzhäuser für Siedlungen, BW 10 (1919), H. 35, S. 14f.; Wedemeyer, Holzhausbau, S. 611–614
21 A. Müller: Holzhäuser, Darmstadt 1922
22 BW 13 (1922), H. 20, S. 347
23 Mitt. im Werksarchiv
24 K. Novy/M. Prinz: Illustrierte Geschichte der Gemeinwirtschaft, Berlin/Bonn 1985, S. 82ff.
25 M. Wagner: Vom eigenen Werk, WW 1 (1924), H. 1, S. 8

selbst einige Städte finanziell beteiligt waren. Diese sogenannten Bauhütten sollten nicht nur als gemeinnützige Unternehmen mit weitgehender Gewinnbeschränkung tätig sein, sondern auch als Schrittmacher bei der Rationalisierung und der Baukostensenkung im Hausbau wirken. Nicht ohne Grund erwartete Wagner eine große Überlegenheit der Bauhütten über die vielen Klein- und Mittelbetriebe, die damals den Wohnungsbau noch beherrschten.

Wagners Gedanken fielen auf fruchtbaren Boden. Die Bauhütten bildeten sich seit November 1919 in rascher Folge, so daß es nach einem Vierteljahr bereits über vierzig Betriebe gab. Auf Betreiben Wagners wurde 1920 eine Dachorganisation geschaffen, der „Verband Sozialer Baubetriebe" mit Sitz in Berlin.[26] Als dessen Direktor begann er eine intensive Propaganda- und Erziehungstätigkeit. Er gab eine Verbandszeitschrift heraus, die „Soziale Bauwirtschaft", daneben die „Dreikellenbücher", eine Fachbuchreihe für Betriebswirtschaft. Er hielt Vorträge, ließ Lehrkurse für Betriebsleiter durchführen und vermochte die anfangs unerfahrenen Bauhütten zu exakter Wirtschaftsführung, zweckmäßiger Baustellenorganisation, zum Bau von Rationalisierungsmitteln und zum Einsatz neuester Technik zu erziehen.

Die Bewegung der Selbsthilfe führte gleichzeitig auch zur Bildung von Baugenossenschaften und anderen Bauvereinen mit dem erklärten Ziel, Kleinwohnungen zu schaffen. Sie entstanden in vielen Städten, blieben meist klein und waren durch politische Bindungen, religiöse Bekenntnisse und andere weltanschauliche Unterschiede getrennt und zersplittert. In manchen Großstädten gab es Dutzende von Baugenossenschaften. In Köln wurden von 1919 bis 1922 insgesamt 74 gegründet, davon 29 allein im Rekordjahr 1921.[27] 1926 zählte man in Deutschland etwa 4000 solcher Vereinigungen.[28] Die meisten lehnten Typisierung und Normung als eine Beeinträchtigung ihrer Selbständigkeit ab und sperrten sich gegen das neue Bauen. In der Regel waren sie in Baufragen unerfahren und wenig aktionsfähig. Die bunte Siedlung am Falkenberg in Berlin-Grünau wäre nie gebaut

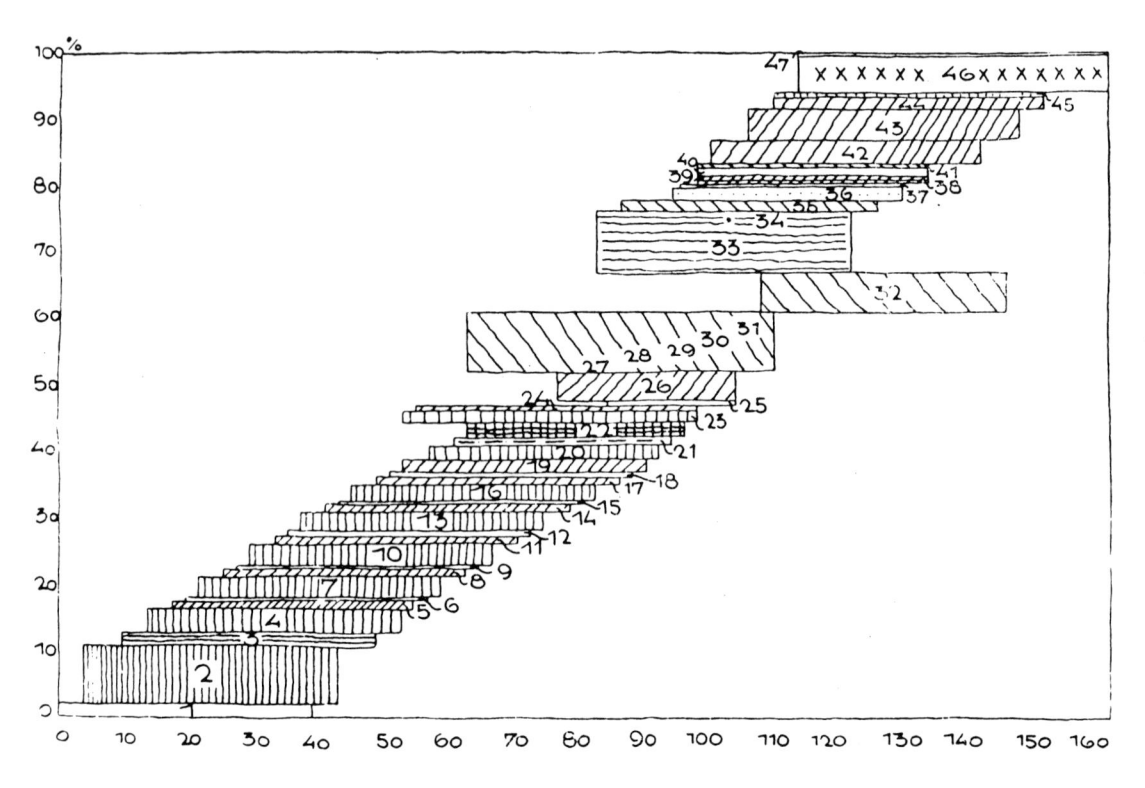

129 Bauablaufplan für eine viergeschossige Wohnhausgruppe „Arbeitsgraphikon"
Erd- und Maurerarbeiten (1–26)
Installationsarbeiten (27–32)
Außen- und Innenputz (33/34)
Ausbau (35–46)

worden, hätte nicht die Deutsche Gartenstadtgesellschaft Entwurf und Ausführung für die Genossenschaft übernommen.[29] Um zum Träger Epoche machender Siedlungen zu werden, waren tiefgreifende Veränderungen notwendig. Von entscheidender Bedeutung war die Haltung der Arbeiterparteien. Die Kommunistische Partei knüpfte an die sporadischen Anfänge eines von den Städten betriebenen sozialen Wohnungsbaus an und trat für eine allgemeine Kommunalisierung des Kleinwohnungsbaus ein, um diesen Bereich des Bauwesens der kapitalistischen Wirtschaft zu entziehen und sozialen Gesichtspunkten größeren Raum zu verschaffen. Doch diese Politik, die zweifellos eine Entwicklung zur Industrialisierung des Wohnungsbaus begünstigt hätte, wurde von Bauunternehmern, Hausbesitzern und Hypothekenbanken und damit auch von den meisten Parteien der Weimarer Republik abgelehnt. Auch die Sozialdemokratische Partei trat gegen Eingriffe in die Bauwirtschaft auf. Sie orientierte ihre Wohnungspolitik auf die Selbsthilfebewegung und unterstützte alle Ideen und Maßnahmen, die auf deren Organisierung und Lenkung gerichtet waren.[30]

Martin Wagner verstand es, mit Hilfe der Gewerkschaften der wildwuchernden Genossenschaftsbewegung ein Ziel und die entsprechende organisatorische Form zu geben. Er sah in ihr die Grundlage für die Bildung großer Bauorganisationen als Partner und Auftraggeber der aufblühenden Bauhütten. Er dachte an einen Wohnungsbau in ganz neuen Dimensionen. Seine ersten Erfahrungen in dieser Richtung hatte er in der Stadt Rüstringen sammeln können, die durch den Bau neuer Werften für die Aufrüstung vor 1914 zu einer Stadterweiterung durch planmäßigen Siedlungsbau übergegangen war. In mehreren Beiträgen, vorwiegend für die „Soziale Bauwirtschaft", verwies er auf die immer wieder bestätigte Tatsache, daß mit technischen Verbesserungen allein Kostensenkungen von nur 5 bis 10 Prozent erreichbar waren. Um diese Grenze zu unterschreiten, forderte er die Zusammenfassung der vielen zersplitterten Bauorganisationen in einem großen Dachverband, der von qualifizierten Fachleuten geleitet werden und den Bauorganisationen als Berater, Kreditvermittler ud Treuhänder zur Verfügung

130 Merkblatt für Ziegeltransport mittels „Rahmen"

26 Rückblick und Ausblick, SBW 1 (1921), H. 1, S. 1–3; M. Wagner: Das Bauhüttensystem, SBW 3 (1923), H. 10/11, S. 120–128; A. Garbai: Die Bauhütten, Hamburg 1928; Novy/Prinz, S. 82–97
27 WW 3 (1926), H. 23, S. 192; 4 (1927), H. 3/4, S. 24; K. Novy: Wohnreform in Köln, Köln 1986, S. 157–196
28 WW 3 (1926), H. 7, S. 51
29 WW 3 (1926), H. 22, S. 186
30 K. Junghanns: KPD – SPD, zwei Linien in der Wohnungspolitik der zwanziger Jahre, Wiss. Ztschr. HAB Weimar 29 (1983), H. 5/6, S. 376–380

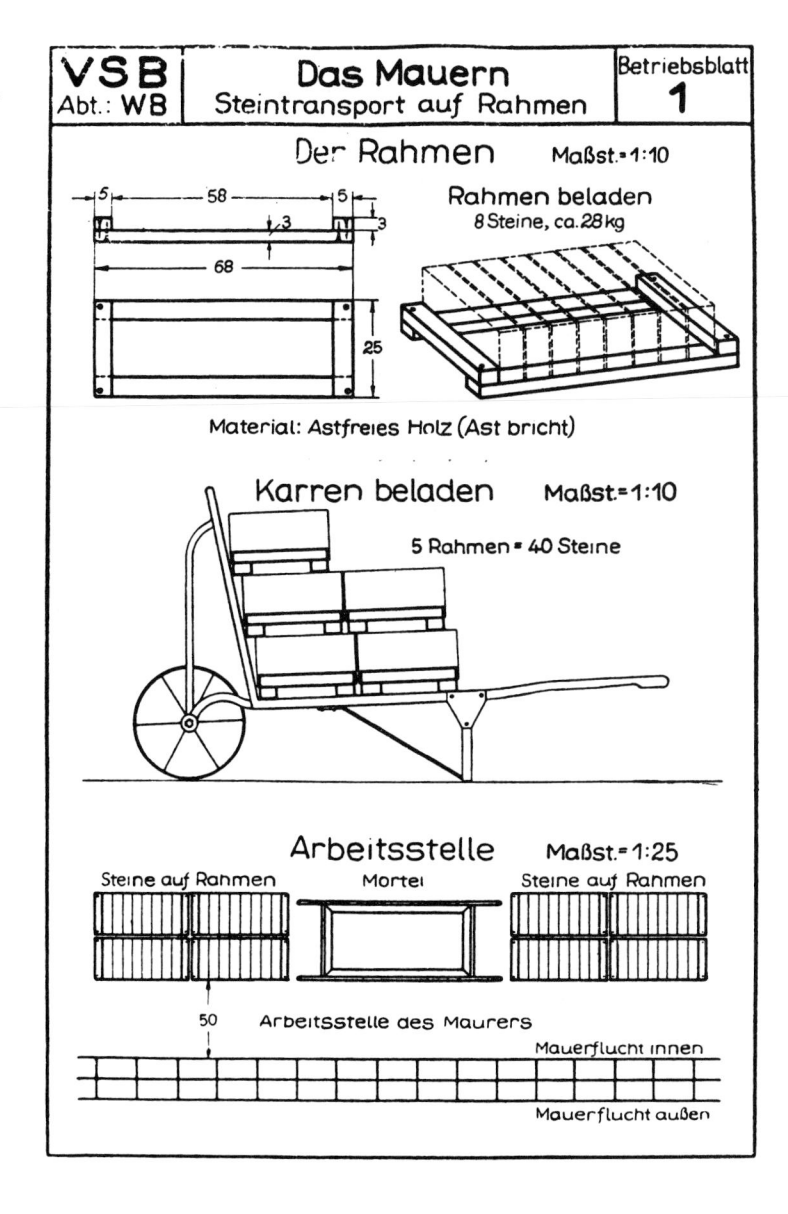

131 Mechanisierung: Bauhütte Stettin, Maschineneinsatz für Schüttbeton

stehen sollte. Ein solcher Verband wäre imstande, für eine großzügige Zusammenfassung aller Bauvorhaben und ihre zeitliche Koordinierung zu sorgen. Damit wäre zugleich der Weg frei für weitgehende Typisierung, kontinuierliche Massenfertigung von Baustoffen und Bauelementen und für einen zügigen Bauablauf als entscheidende Faktoren der Baukostensenkung. Wagner versprach eine Verbilligung bis zu 50 Prozent gegenüber dem üblichen Hausbau. Seine Vorschläge wurden beachtet, mit Unterstützung der Gewerkschaften erreichte er 1924 die Gründung der „Deutschen Wohnungsfürsorge-Aktiengesellschaft für Beamte, Angestellte und Arbeiter", kurz Dewog genannt. Die Zusammenfassung der vielen Bauorganisationen sollte auf lokaler Ebene durch Tochtergesellschaften erfolgen, die ihrerseits die Aufgabe hatten, durch Koordinierung den örtlichen Bauhütten zuzuarbeiten. Die Gehag Berlin (Gemeinnützige Heimstätten Spar- und Bau AG) wurde mit Abstand die bekannteste unter den Dewog-Gründungen. In diesen Organisationen sah Wagner, der Zeit seines Lebens zu kühnen Schlußfolgerungen neigte, die Großabnehmer für eine von ihm angestrebte industrialisierte Hausproduktion. So waren an der Schwelle zu einem neuen wirtschaftlichen Aufschwung große gemeinnützig wirkende Organisationen entstanden, die das Gesicht des Wohnungsbaus der zwanziger Jahre weitgehend mitprägen sollten und zugleich Träger bedeutender Vorfertigungsexperimente gewesen sind.[31]

Die Bilanz der ersten Jahre der Weimarer Republik war also hinsichtlich der Vorfertigung trotz der politischen und wirtschaftlichen Unsicherheiten nicht negativ. Der Wohnungsbau war zu einem erstrangigen gesellschaftlichen Problem geworden, die Typisierung und Normung einzelner Bauteile wie Türen und Fenster als Mittel der Kostensenkung fanden zunehmend Beachtung, eine kritische Überprüfung des traditionellen Mauerbaus und des handwerklichen Baustellenbetriebes hatte eingesetzt, und die Zerlegung der bisher homogenen Außenwand in bauphysikalisch verschiedenen wirksame Schichten wurde weithin erprobt. Schließlich war vor allem durch Guß- und Schüttbetonver-

31 M. Wagner: Neue Wege im Kleinwohnungsbau, SBW 4 (1924), H. 3/4, S. 21–33; ders.: Probleme der Baukostensenkung, SBW 4 (1924), H. 13, S. 131–135; R. Linnecke: Die Organisation der Gemeinwirtschaft im Bau- und Wohnungswesen, WW 4 (1927), H. 3/4, S. 180; Der deutsche Wohnungsbau. Verh. und Ber. des Ausschusses zur Untersuchung der Erzeugungs- und Absatzbedingungen der deutschen Wirtschaft, Unterausschuß III, Berlin 1931, S. 403; Novy/Prinz, S. 99–141; G. Uhlig: Sozialisierung und Rationalisierung im „Neuen Bauen", Arch+, H. 45, Juli 1979, S. 5–8

132 Struktur und Aktionäre der Gemeinnützigen Heimstätten Spar und Bau AG Berlin (Gehag)

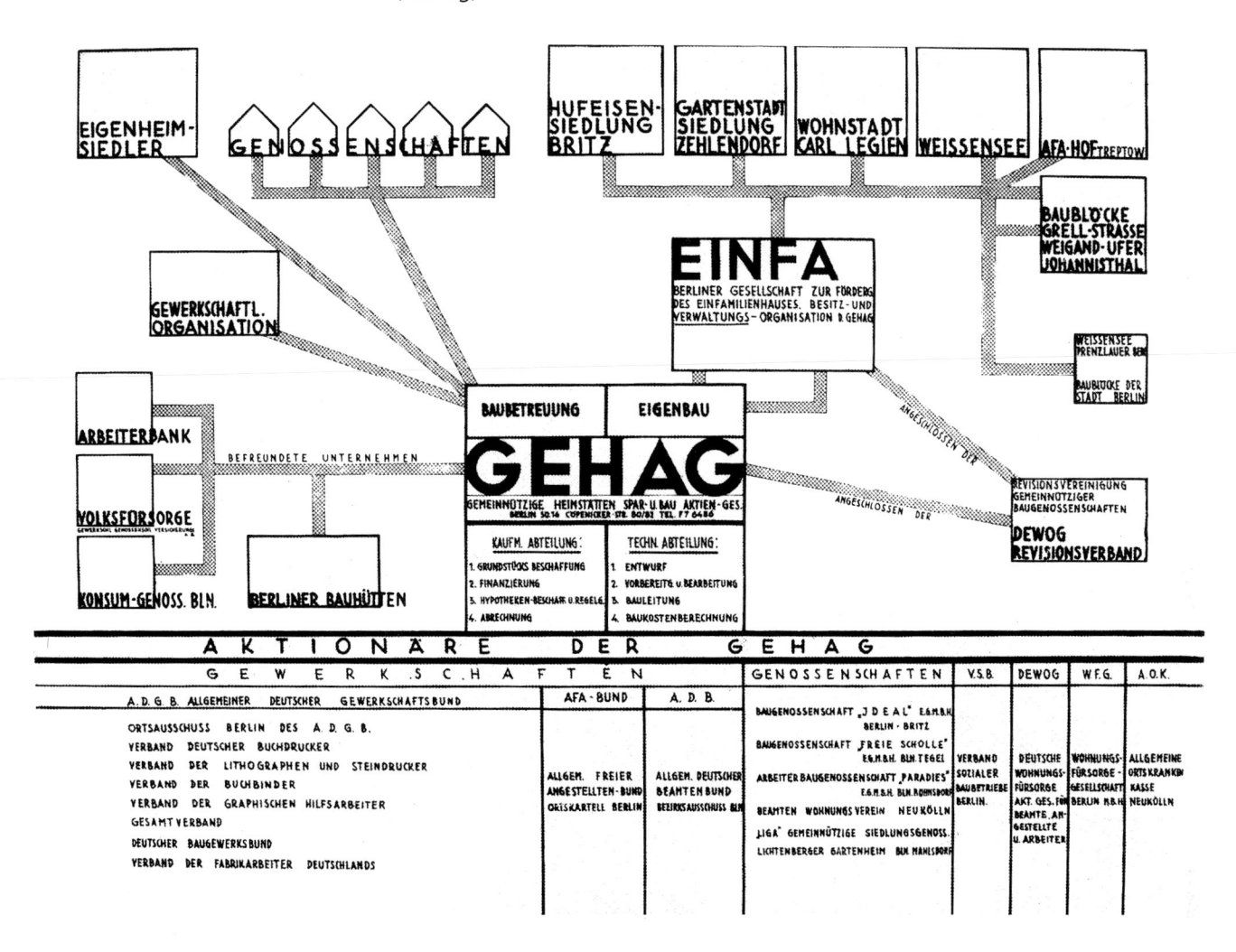

fahren die Mechanisierung der Baustelle und der Einsatz vorgefertigter Schalungen in Gang gekommen. Die Möglichkeit der Industrialisierung des Hausbaus, die bisher außer acht gelassen oder bestritten wurde, war zu einem ernsthaft diskutierten Problem geworden. Die Zeit, da nur rührige Erfinder und risikofreudige Bauunternehmer mit der Vorfertigung sich beschäftigten und die Fachwelt abseits stand, war endgültig vorbei.

Wirtschaftlicher Aufschwung

Die Nachkriegskrise mit ihren politischen Kämpfen, ihrer kurzen Inflationskonjunktur und der folgenden, für viele Menschen unverständlichen Superinflation von 1923 stellte die Geduld der Bevölkerung auf eine harte Probe. Eine Billion alter Reichsmark hatte nur noch den Wert von einer Mark neuer Währung. Alle Ersparnisse der Arbeiterschaft, des Kleinbürgertums und großer Teile des Mittelstandes waren in Nichts zerronnen. 1924 wurden die Arbeiterregierungen in Sachsen und Thüringen als letzte gefährliche Auswirkungen der Novemberrevolution mit militärischer Gewalt beseitigt.

Als schließlich im Zuge einer weltweiten Konkjunktur auch in Deutschland ein wirtschaftlicher Aufschwung einsetzte, waren viele Menschen vom Anbruch der seit 1918 erwarteten Periode großer Fortschritte überzeugt. Bruno Taut, der im Sommer 1923 verzweifelt die Originalzeichnungen zu seinem Buch „Die Auflösung der Städte" zu verkaufen suchte und bereit war, im Ausland selbst als einfacher Bauleiter zu arbeiten, schrieb am Ende des gleichen Jahres vom Jahrhundertpendel, das auf dem Tiefpunkt angelangt sei, um endlich wieder aufwärts zu schwingen.[32] Er täuschte sich nicht. 1924 begannen die „sieben fetten Jahre" des Wohnungs- und Städtebaus, die das verarmte Deutschland auf diesem Gebiet in eine international führende Position brachten und auch die Bedingungen für die Vorfertigung im Hausbau ganz wesentlich verbesserten.

Diese Entwicklung wurde keineswegs durch eine besonders rege Bautätigkeit in Gang gesetzt. Der Wohnungsbau erreichte erst 1927 wieder das Ausmaß der Vorkriegsjahre, die ohnehin kein Höhepunkt gewesen waren. Er übertraf sie bis 1930 um etwa 30 Prozent, um dann infolge der weltweiten Wirtschaftskrise auf 65 Prozent wieder abzusinken. Erst 1933 setzte mit dem Ende der Krise eine leichte Belebung auch im Bauwesen ein. Die beispielhafte Qualität wurde auch nicht durch einen besonders hohen materiellen Aufwand erzielt. Im Gegenteil, die erreichten Wohnwerte mußten mit den einfachsten Mitteln geschaffen werden. Das Besondere dieser Jahre ergab sich aus der noch immer drückenden Wohnungsnot und der politischen Notwendigkeit, den Wohnungsbau durch die Vergabe niedrig verzinster staatlicher Kredite zu fördern. Gebraucht wurden vor allen Dingen Kleinwohnungen mit 1 bis 3 Zimmern. Die private Bauwirtschaft war jedoch wie schon vor dem Krieg am Bau großer Wohnungen für zahlungskräftige Mieter interessiert. So blieb der Kleinwohnungsbau vor allem eine Aufgabe der Baugenossenschaften und gemeinnützigen Bauvereine, die auf diesem Gebiet seit jeher tätig waren. Sie nutzten die gebotene Chance. Während ihr Anteil am Wohnungsbau vor 1914 höchstens 5 Prozent betrug, stieg er in der zweiten Hälfte der zwanziger Jahre auf 40 bis 50 Prozent, in Städten mit über 100 000 Einwohnern auf mehr als 50 Prozent. Auch einzelne Städte und Gemeinden mit besonders unzureichenden Wohnverhältnissen ließen Kleinwohnungen errichten, damit sank der Anteil des privaten Wohnungsbaus auf 35 bis 40 Prozent. Nur in den kleinen Gemeinden und auf dem Land hielt er sich in der gewohnten Höhe.[33]

Mit dieser Verlagerung der Bautätigkeit veränderte sich zwangsläufig auch das Bild des Wohnungsbaus. Während die Neubautätigkeit auf dem privaten Sektor nach wie vor zersplittert blieb, herrschte bei den Baugenossenschaften und den Bauvereinen die Tendenz, ihre Bauvorhaben in geschlossenen Siedlungen zusammenzufassen. Die „Siedlung" wurde zum Kennzeichen jener Jahre und zum fruchtbaren Boden eines neuen Wohnungsbaus.

Am Beginn standen zwei bedeutende Schöpfungen, die beide der Aktivität Martin Wagners zu danken waren: der Bau einer kleinen Versuchssiedlung aus vorgefertigten Großplatten in Berlin-Friedrichsfelde und die Errichtung der ersten deutschen Großsiedlung mit etwa 1000 Wohnungen in Berlin-Britz. Friedrichsfelde wurde zum Auftrakt weiterer Versuche mit schwerer Vorfertigung; Britz aber, wo eine Bauhütte im Auftrage der Gehag erstmals mit vollem Einsatz modernster Technik im Takt- und Fließverfahren gebaut hat, war ganz das Werk der von Wagner angeregten Arbeiterorganisationen. Damals waren viele Kräfte aktiviert, die auf eine Weiterentwicklung der Technik des Wohnungsbaues drängten. Allgemein wurden die neuen Siedlungen, die verwendeten Grundriß- und Haustypen, deren Kosten und die davon abhängenden Mieten und nicht zuletzt die angewandte Bautechnik zu Hauptthemen der Fachdiskussion. Typisierung und Rationalisierung seien geradezu Schlagworte geworden, stellte Mies van der Rohe 1927 fest.[34] Vor allem wirkte sich auch die Rationalisierungswelle in der Industrie auf das Bauwesen aus. Die Mechanisierung der Bauprozesse nahm zu. Arbeitete das deutsche Baugewerbe 1907 insgesamt mit nur 21000 PS, so um die Mitte der zwanziger Jahre mit fast einer halben Million.[35] Natürlich entfiel der Löwenanteil an den Maschinen auf die international tätigen Firmen, die die Großbauten jener Jahre ausführten. Durch die umfangreichen Baulose in den Siedlungen wuchs auch das Interesse der mittleren Baubetriebe an der Mechanisierung. 1928 schließlich wurde der erste Lehrstuhl für Baumechanik an der Technischen Hochschule Charlottenburg eingerichtet.

Das Angebot der Baustoffindustrie an neuen Dämmstoffen, Deckenkonstruktionen, Wandplatten und Ausbaumaterialien wurde fast unübersehbar. Außerdem wurden zahlreiche patentierte Bauweisen angeboten, so daß der Bauweltverlag seit 1929 einen laufend erneuerten „Bauweltkatalog" herausgab, der durch Annoncen der vielen Firmen einen guten Überblick über die angebotenen Baumaterialien und Bauleistungen gewährte. Zusätzlich eröffnete der Verlag die „Bauwelt-Musterschau", eine Dauerausstellung von neuen Baumaterialien und Konstruktionen. Jede Baumesse brachte technische Neuheiten. Unter dem Motto „Rationelles Bauen" drehte die Humboldt Film GmbH auf den technisch am weitesten fortgeschrittenen Baustellen Filme, bei denen Richard Paulick als technischer Berater und Drehbuchautor mitgewirkt hat.[36] Bruno Taut sprach schon 1927 von einem Höhepunkt der Baurationalisierung.[37] Damals trat die gesamte politische Linke einschließlich der Gewerkschaften für technische Neuerungen im Wohnungsbau ein. Selbst die Zentrumspartei empfahl in ihrem „Nationalen Bauprogramm" von 1927 strenge Typisierung und Normung und weitgehende Vorfertigung von Bauteilen. Sie griff sogar einen Gedanken der Pioniere des Wohnungsbaus auf und forderte die Bildung einer staatlichen Zentralstelle zur Koordinierung der vorgeschlagenen Maßnahmen.[38]

Allerdings kam der Siedlungsbau technisch über einen rationalisierten Mauerbau nicht hinaus. Versuchssiedlungen mit schwerer Vorfertigung wie in Dessau-Törten oder in Frankfurt-Praunheim oder mit Stahlskelettbauweisen wie in Kassel-Rothenberg und in Berlin-Reinickendorf blieben Ausnahmen. Viele Architekten arbeiteten an der Entwicklung neuer Bauweisen für Einfamilienhäuser. Zu einem besonderen Ereignis auf diesem Gebiet wurde die Weißenhof-Siedlung von 1927, die die Stadt Stuttgart für die Werkbundausstellung „Die Wohnung" unter der Leitung von Mies van der Rohe errichten ließ. Sie sollte der Popularisierung des neuen Bauens und moderner Wohnkultur dienen. Siebzehn der führenden Architekten Europas haben hier gebaut und einen Durchbruch der neuen Architektur in Deutschland erreicht. Bezeichnenderweise war der traditionelle Ziegelbau bei allen Häusern von Skelettkonstruktionen mit Ausfachung, von Hohlmauerwerk verschiedenster Art und Betonbauweisen abgelöst. Hans Scharoun, Bruno und Max Taut hatten für ihre Häuser ein Skelettsystem mit Thermosplatten gewählt, die ein Maximum an Wärmedämmung gewährleisteten und bisher vorzugsweise im Schiffbau verwendet worden waren. Sie waren leicht, aber teuer, so daß die Häuser zu den kostspieligsten der Siedlung zählten. Gropius führte einen „Trockenbau" vor als Beispiel eines Montagebaus mit industriell gefertigten Bauelementen, Mies van der Rohe einen Stockwerksbau, der auf die Vorteile des Stahlskeletts im Wohnungsbau, insbesondere auf die Möglichkeit zu flexibler Raumaufteilung hinweisen sollte, und J. P. Oud zeigte eine Kleinhausreihe in einer Schüttbetonbauweise. Alle Beteiligten suchten neue Ideen einzubringen, es ging um die Synthese von neuer Technik und neuer architektonischer Form. Der Aufbau der Siedlung war deshalb nicht frei von Problemen, vor allem übernahmen manche der ausführenden Baufirmen nur widerwillig die neue Technik und versuchten Änderungen in ihrem Sinne vorzunehmen.[39]

Um die propagandistische Wirkung der Siedlung zu verstärken, wurden drei Bücher herausgegeben, die die Hauptziele der Ausstellung heraushoben: „Bau und Wohnung" mit den Beschreibungen der Häuser durch die jeweiligen Architekten, „Innenräume" mit Abbildungen der Wohnräume und ihrer Möblierung und „Wie Bauen?" als ein Kompendium der neuen Bautechnik.[40] Probleme der Vorfertigung waren allerdings nur angedeutet. Indessen zeigte sich auch die Kehrseite der Anwendung neuester Technik beim Bau. Alle Häuser waren individuelle Bauten und keine billigen Serienprodukte. Die hohen Baukosten gaben Anlaß zu heftiger Kritik. Gropius' Trockenmontagehaus mit dem höchsten Vorfertigungsgrad erwies sich als eines der teuersten. Es war offensichtlich geworden, daß die neue Technik bei Einzelbauten keine nennenswerte Senkung der Baukosten erbringen konnte. Als die österreichische Gruppe des Werkbundes eine Alternative zu den kompakten Wiener Gemeindebauten zeigen wollte und in Wien-Lainz eine Ausstellung mit rationellen Formen des Kleinhauses durchführte, verzichtete sie aus diesem Grund auf technische Experimente und schrieb allen beteiligten Architekten eine verbesserte Art des Mauerbaues vor.[41] Trotzdem war die Weißenhofsiedlung ein großes Ereignis. Im Gegensatz zur zeitgenössischen, von konservativer Seite oft absichtlich verständnislosen Kritik[42] war das Urteil nach einem halben Jahrhundert eindeutig positiv: „Die Bauten der Weißenhofsiedlung stellten ... einige Aspekte der technologischen Entwicklung im Wohnungsbau Europas dar und wiesen gleichzeitig auf die Probleme hin, die auf dem Weg zu rationeller Herstellung und

32 G. D. Salotti (Hrsg.): Bruno Taut. La Figura e l'Opera, Milano 1990, S. 108, 110; Taut, Neue Wohnung, S. 5
33 Der dt. Wohnungsbau, S. 16f.; Gut, Wohnungsbau, S. 108; für 1926/1927 Handwörterbuch des Wohnungswesens, Jena 1930, S. 104
34 Bau und Wohnung. Hrsg. Deutscher Werkbund, Stuttgart 1927, S. 7
35 Garbotz, Baumaschinen S. 333; ders.: 100 Jahre Mechanisierung im deutschen Baugewerbe, Ztschr. des VDI 91 (1949), H. 21, S. 547
36 Abb. in W. Gropius: Bauhausbauten Dessau, München 1930, S. 99–131, 173, 174; Bauhaus-Archiv (Hrsg.): Siedlungen der zwanziger Jahre, Berlin 1985, S. 121: die Filme konnten bisher nicht gefunden werden.
37 B. Taut: Die Grundrißfrage, WW 5 (1928), H. 21/22, S. 312
38 Richtlinien der Gewerkschaften für ein Wohnungsbauprogramm. WW 3 (1926), H. 22, S. 181–185; H. Brüning/F. Desauer/K. Sander: Das nationale Bauprogramm, Berlin 1927
39 Bau und Wohnung. Hrsg. Deutscher Werkbund, Stuttgart 1927; RFG: Mitt. 2 (1929), H. 6; J. Joedicke/Ch. Plath: Die Weißenhofsiedlung in Stuttgart, Stuttgart 1977²; Die zwanziger Jahre des Deutschen Werkbundes, Hrsg. Deutscher Werkbund/Werkbundarchiv, Gießen/Lahn 1982, S. 104ff.; K. Kirsch: Die Weißenhofsiedlung. Werkbundausstellung „Die Wohnung" Stuttgart 1927, Stuttgart 1987
40 W. Gräff: Innenräume, Stuttgart 1928; H. und B. Rasch: Wie Bauen?, Stuttgart 1928
41 A. Krischanitz/O. Kapfinger: Die Wiener Werkbundsiedlung, Wien 1985
42 DBZ 61 (1927), H. 59, S. 489–491, H. 76, S. 625–631, H. 88, S. 721–727; WMB 12 (1928), H. 7, S. 325; Der Baumeister 26 (1928), H. 2, S. 33–72; ABC Beiträge zum Bauen, Serie 2, H. 4 (1927/1928), S. 6; Joedicke/Plath, S. 61–63

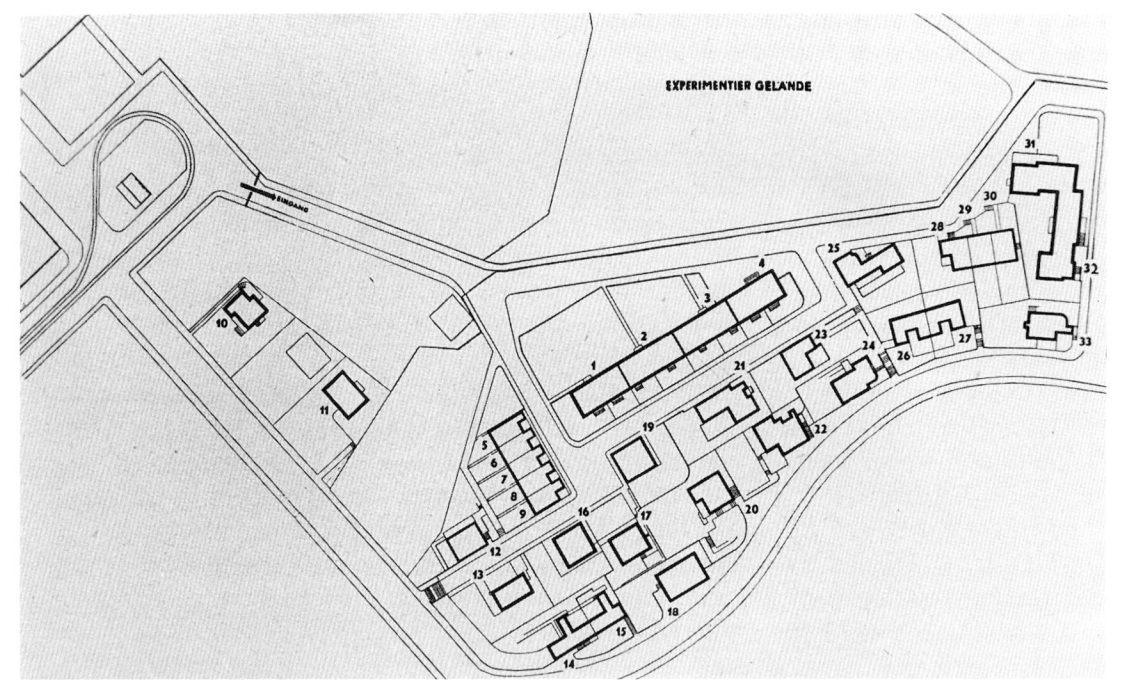

133–136 Deutscher Werkbund: Ausstellung „Bau und Wohnung", Stuttgart-Weißenhof, 1927
133 Siedlungsplan
134 L. Mies van der Rohe, Stahlskelettbau (Haus 1–4)

Lösung konstruktiver Schwierigkeiten noch zu meistern waren". Oder in kurzen Worten: „Weißenhof war ein Fanfarenstoß für das Neue in der Welt".[43]

Anders als Martin Wagner suchten die Architekten und Ingenieure, die sich mit Baukostensenkung und Vorfertigung befaßten, das Problem allein mit den Mitteln der Technik zu lösen. Im Grunde waren ihre Ideen und Vorschläge Angebote an die Industrie. Hier aber herrschten harte Profitinteressen. Die Zement- und Betonwerke haben zwar die Produktion von Betonfertigteilen verstärkt und vielerlei Arten von Stahlbetonbalken, Zementdielen, Tür- und Fensterstürzen, Treppenstufen und Schornsteinröhren auf den Markt gebracht, aber sie waren wenig geneigt, aus diesen Einzelteilen ein ganzes System zu entwickeln. Das geringe Interesse wurde besonders deutlich, als der Deutsche Ausschuß für Eisenbeton 1927 beschloß, in der Technischen Hochschule Dresden Versuche mit Stahlbetonfertigteilen durchführen zu lassen. Die Industrie gab dafür so zögernd und so wenig Mittel, daß die Arbeiten erst 1931 begonnen werden konnten.[44] Erst die Vergabe großer Baulose im Siedlungsbau veranlaßte die einschlägige Industrie und die

43 Joedicke/Plath, S. 6, 13
44 W. Gehler/A. Amos: Versuche mit fabrikmäßig hergestellten Eisenbetonbauteilen, Berlin 1934; A. Kleinlogel: Fertigkonstruktionen im Beton- und Stahlbetonbau, Berlin 1949³, S. IV und S. 1

135 J. P. Oud, Gußbetonbau (Haus 5–9)
136 W. Gropius, Trockenmontagebau (Haus 17)

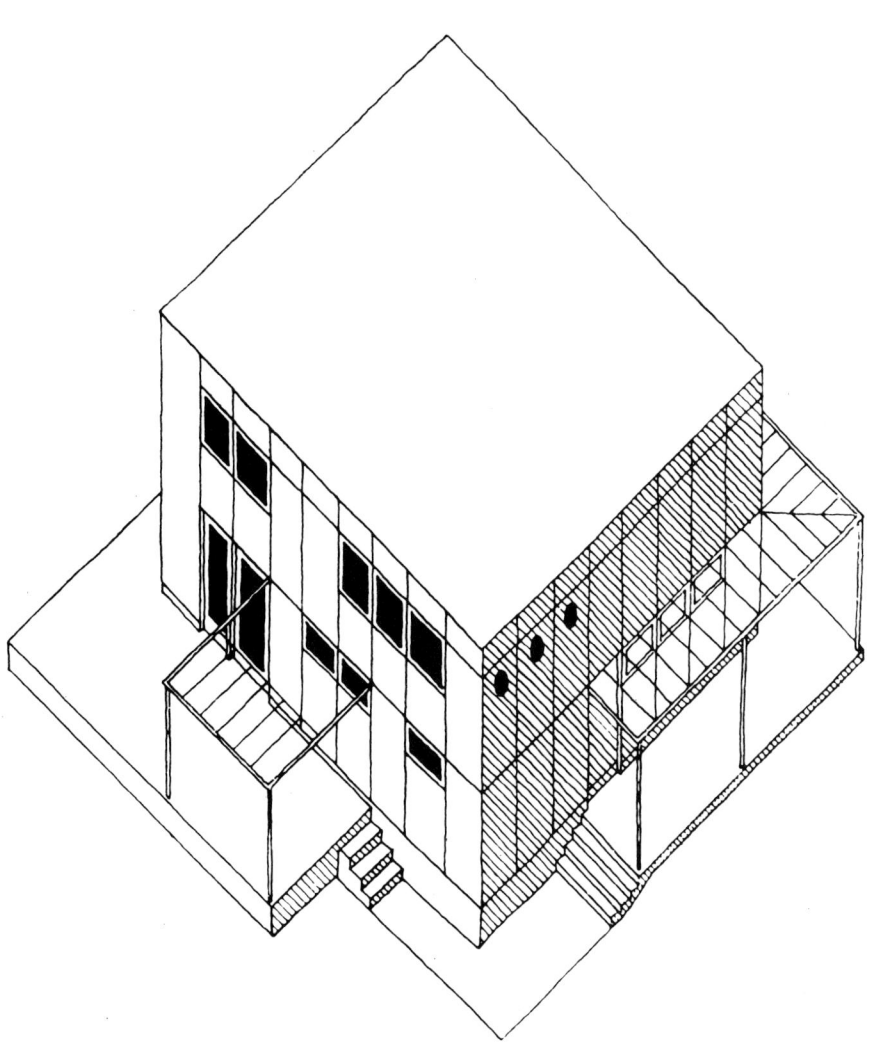

Großbauunternehmen, sich dem Wohnungsbau zuzuwenden und eigene Entwicklungsarbeiten zu beginnen. Die Zementwerke Dyckerhoff & Söhne erteilten 1927 einen Auftrag zur Erprobung der bisher im Wohnungsbau angewandten Betonbauverfahren.[45] Bekannt wurde die Stahlskelettbauweise der Philipp Holzmann AG durch einen Bauteil in der Friedrich-Ebert-Siedlung in Berlin-Reinickendorf. „Ein wirtschaftlicher Umschwung", hieß es in einem Bericht über die Lage und die Zukunft der Bautechnik, „wird hier erst eintreten, wenn einzelne führende Unternehmen der Bauwirtschaft in Verbindung mit großen Geldgebern auf Grund der neuesten Forschungsergebnisse planmäßig umfangreiche Serienbauten durchführen und den Nachweis erbringen, daß durch neue Methoden der Bau besser und wirtschaftlicher wird".[46]

Solche Gedanken hatten eine reale Grundlage vor allem im Verhalten der kapitalkräftigen deutschen Stahlindustrie. Sie hatte 1926 begonnen, Stahlhäuser serienmäßig vorzufertigen und für deren Absatz zu werben. Dieses ungewöhnliche Unternehmen war rein wirtschaftlich begründet. Durch den Ausfall der Rüstungsaufträge war die Stahlindustrie unterbeschäftigt, auch der Schiffbau arbeitete gedrosselt, sein Stahlbedarf erreichte nur die Hälfte des Vorkriegsvolumens. Der Maschinenbau konnte trotz der Betriebsmodernisierungen den Rückgang nicht ausgleichen.[47] Andererseits bot die steigende Wohnbautätigkeit einen Anreiz, hier einen neuen Absatzmarkt zu erschließen. Ausgelöst wurde diese Initiative durch das Vorgehen der englischen Stahlindustrie, die durch brachliegende Kapazitäten einerseits, durch Wohnungsmangel und Mangel an Baufacharbeitern andererseits seit 1925 Stahlhäuser mit großem Erfolg auf den Markt brachte. Es handelte sich um ein- und zweigeschossige Bauten, die aus geschoßhohen Walzblechtafeln mit oder auch ohne Skelett zusammengesetzt wurden. Die Nachrichten darüber weckten in Deutschland sofort große Hoffnungen. Die Siedlerverbände des Ruhrgebietes schlugen die Übernahme der Lizenz für den Bau solcher Häuser vor.[48] Als daher seit 1924 nach der Unterzeichnung des Dawes-Planes die wirtschaftlichen Aussichten Deutschlands sich zu klären begannen, setzten an vielen Stellen vorbereitende Arbeiten zur Stahlhausproduktion ein. Die stahlverarbeitenden Betriebe gingen voran, ihnen folgten die großen Stahlkonzerne, die dafür besondere Hausbaugesellschaften gründeten und zu leistungsfähigen Produzenten ausbauten.

Das erste Stahlhaus wurde im April 1926 durch das Eisenwerk Gebrüder Wöhr in Unterkochen (Württemberg) errichtet. Kurz darauf zeigten die Tresorbauanstalten Braune & Roth und die Carl Kästner AG in Leipzig ihre Musterhäuser. Noch 1926 wurde die Deutsche Stahlhausbaugesellschaft von den oberschlesischen Hüttenwerken als erstes Unternehmen der Großindustrie gegründet. Auf dem Höhepunkt der allgemeinen Wohnbautätigkeit erfolgte 1928 schließlich die Gründung der Stahlhaus GmbH in Düsseldorf durch das Zusammenwirken der größten Stahlwerke des Ruhrgebietes und Mitteldeutschlands. Auch die Hochbauabteilung der Gutehoffnungshütte in Oberhausen entwickelte ein Bausystem, selbst die Vulkan-Werft in Hamburg. Die im Flugzeugbau führenden Junkerswerke in Dessau arbeiteten ebenfalls an einer Stahlbauweise. Es gab wahrscheinlich noch eine ganze Reihe kleiner Firmen, die mit Stahlhäusern Geschäfte zu machen hofften. In Österreich, das nach dem Zusammenbruch der Habsburger Monarchie von seinen traditionellen Märkten abgeschnitten war, lassen sich nur zwei größere Firmen namhaft machen: ein Stahlwerk in der Steiermark und die Böhlerbau AG in Wien.

Die Stahlindustrie begann großzügig: sie ließ in Duisburg Versuchsbauten im Umfang eines Straßenzuges errichten, veranlaßte den Bau von Musterhäusern in vielen Städten und beschickte Ausstellungen, darunter selbst eine Gewerbeschau des bayrischen Handwerks in München. Sie erreichte den Bau zahlreicher, wenn auch kleiner Siedlungen vorzugsweise im Ruhrgebiet. Die Stahlhäuser waren in der Regel anderthalbgeschossig und wurden in verschiedenen Typen geliefert. Die Konstruktion ging mehr oder weniger auf englische Vorbilder zurück. Veränderungen ergaben sich vor allem aus den härteren klimatischen Bedingungen in Deutschland.

Mit der Stahlindustrie hatte sich eine der stärksten Wirtschaftsmächte in den Hausbau eingeschaltet und der Vorfertigung ein neues Feld eröffnet. Allein die Stahlhaus GmbH plante einen jährlichen Ausstoß von 6 000 Häusern.[49] Im Rahmen des gesamten deutschen Hausbaus war dieses Programm noch recht bescheiden, im Bereich der Vorfertigung aber war es eine neue Dimension. Ein Umschwung schien sich anzubahnen, ein Beginn konsequenter industrieller Hausproduktion. Für den Kampf gegen die noch immer drückende Wohnungsnot war ein offensichtlich starker Bundesgenosse auf dem Plan erschienen. Die Hoffnungen, die er weckte, waren groß. „Der bedeutende Anteil des Stahls bei der Gesundung unserer Wohnungswirtschaft", hieß es in einem Bericht über die Baumesse in Leipzig 1929, „ist nicht mehr auszuschalten".[50] Doch das Stahlhaus wurde kein Erfolg, es hatte keine durchschlagende Kostensenkung gebracht und war selbst bei sorgfältiger Pflege dauernd vom Rost bedroht. So gab es auch bei Kreditinstituten und Brandversicherungen Vorbehalte wie beim Holzhaus. Exportversuche blieben in Libyen, Griechenland, in der Türkei und offensichtlich auch in Holland ohne Erfolg. Die englische Stahlindustrie hatte den Hausbau schon 1928 wieder aufgegeben. Statt 6000 Häuser jährlich konnte die Stahlhaus GmbH bis zum Frühjahr 1929 nur etwa 830 absetzen. Ihre Hausproduktion blieb deshalb auf ein einziges Werk in Siegen beschränkt. Der Umsatz aller anderen Stahlhausproduzenten war wesentlich geringer. Schätzungsweise sind bis 1930 insgesamt kaum mehr als 1000 Häuser errichtet worden.[51] Die Stahlhaus GmbH wurde deshalb 1931 wieder aufgelöst. Aber noch 1932 warb die „Beratungsstelle für Stahlverwendung" in Düsseldorf für den Bau von Siedlungshäusern aus Stahl mit dem ausdrücklichen Hinweis auf die Möglichkeit der Montage in Selbsthilfe.

Eine Folge der Ablehnung war eine stärkere Orientierung auf den Stahlskelettbau, weil die Stahlteile hier in die Ausfachung eingebettet werden können und der Einwand der Rostgefahr entfiel. Außerdem waren Skelettbauten mit Außen- und Innenputz von einem Mauerbau nur schwer zu unterscheiden. An dieser Entwicklung mit ihrer Tendenz zur Stahleinsparung waren die großen Hüttenwerke weniger interessiert, vor allem versprachen der Beschluß zum Panzerkreuzerbau vom August 1927 und die beginnende Wiederaufrüstung Deutschlands höhere Profite. Die oberschlesische Stahlindustrie allerdings nahm auch den Kleinhausbau mit Stahlskelett in ihr Programm auf. Im allgemeinen jedoch wurde diese Bauweise von großen und mittleren Unternehmen der Bauwirtschaft wie der Philipp Holzmann AG und von Wayß & Freytag aufgegriffen – abgesehen von einzelnen Architekten, die mit dieser Teilvorfertigung Hervorragendes geleistet haben. Die Stahlhauswelle ebbte jedoch unaufhaltsam ab und lief in der folgenden Weltwirtschaftskrise endgültig aus.

Der Aufschwung des Wohnungsbaus hat auch dem Bauen mit Holz einen neuen Auftrieb gegeben. Besonders die alte bäuerliche Holzbaukunst Bayerns regte viele Bauherren und Architekten an, Land- und Ferienhäuser in Holz, vorzugsweise in der Blockbauweise ausführen zu lassen. Der Holzbau hatte an Ansehen gewonnen, die Verbreitung vorgefertigter Häuser nahm zu. Man findet sie vor allem in den Vororten der großen Städte und in den Erholungsgebieten. Vereinzelt entstanden Holzhaussiedlungen. Die Konstruktionen wurden verfeinert. Die Plattenbauweise verlor an Bedeutung, für ortsfeste Häuser wurden vor allem Skelettsysteme üblich. Die führenden Produzenten bemühten sich um eine architektonische Annäherung an das neue Bauen. Christoph & Unmack berief Konrad Wachsmann zum Chefarchitekten der Holzbauabteilung, der hier seine ersten Erfahrungen in der Vorfertigung und im Montagebau sammeln konnte, bevor er zu einem führenden Verfechter der Leichtbauweise wurde.

Neben den alteingesessenen Holzbaufirmen tauchten neue auf wie die Deutschen Werkstätten Hellerau/München oder Höntsch & Co in Niedersedlitz bei Dresden und viele andere, die unbedeutend geblieben sind. Allem Anschein nach erreichte die Holzhausproduktion damals ihren höchsten Stand. Genauere Angaben darüber sind heute nicht mehr möglich. Die berühmten sieben fetten Jahre waren also durchaus auch eine Blütezeit des Holzhausbaus und einer neuen Holzbaukunst.

Schon 1926 hatte Gropius eine Eingabe an den Reichstag gerichtet, in der er den Bau einer großen Versuchssiedlung zur wissenschaftlichen Erforschung des Bauens mit dem Ziel einer Modernisierung der Bauwirtschaft vorschlug.[52] Seit Martin Wagners Forderung von 1921 nach Bildung einer neutralen staatlichen Zentralstelle zur Koordinierung der Typung und Normung im Wohnungsbau waren ähnliche Gedanken immer wieder vorgebracht worden, wiederholt von Gropius, aber auch durch Ernst May im März 1927 vor dem Reichskuratorium für Wirtschaftlichkeit. Es gab ähnliche Überlegungen auch in den zuständigen Ministerien, die seit Wagners Forschungsgesellschaft 1920 die Rationalisierungsbestrebungen gefördert haben und den „Ausschuß für wirtschaftliches Bauen" mit seinen Tagungen und Publikationen Jahr für Jahr unterstützten.[53] Tatsächlich fand sich im Dezember 1926 eine Parteienmehrheit im Reichstag zusammen, die zehn Millionen Mark zur Förderung von Typung, Normung und Rationalisierung bewilligte. Dieses Ereignis ist um so bemerkenswerter, als gleichzeitig starke Kräfte am Werk waren, die gegen die Rationalisierung im Wohnungsbau auftraten und das Streben nach Senkung der Baukosten und Mieten sabotierten. Zu ihnen zählte der größte Teil der Bauwirtschaft, der darin Gefahren für seinen Umsatz sah. Vor allem aber fürchtete der politisch gut organisierte Hausbesitz und die mit ihm liierten Hypothekenbanken eine Abwertung der Altbauten. Hier sprach man vom „Unfug des Bauens", nachdem die offizielle Vereinigung der Wohnungsämter schon 1925 die Wohnungsnot entgegen allen Tatsachen für behoben erklärt hatte.[54] Jahr für Jahr wurden

45 WW 4 (1927), H. 1/2, S. 15
46 W. Lübbert: 2 Jahre Bauforschung, Berlin 1930, S. 14f.
47 E. Strauch: Neuzeitliche Methoden im Wohnungsbau, Phil. Diss. Berlin (Gedruckter Auszug) 1931, S. 47
48 BW 16 (1925), H. 51, Beil. Techn. Neuheiten S. 23
49 Strauch, S. 43f.
50 Der Stahlbau 2 (1929), H. 14, S. 168
51 Strauch, S. 43f.
52 W. Nerdinger: Walter Gropius, Berlin 1985, S. 152
53 Stegemann, Baurationalisierung S. 13
54 WW 2 (1925), H. 17, S. 139 und H. 24, S. 189

die billigen Hauszinssteuerhypotheken trotz der Proteste der Bauvereine und ihrer Architekten erst im Herbst ausgezahlt, so daß das Bauen häufig in die Wintermonate fiel und sich allein durch diese Zeitverschiebung um 10 bis 20 Prozent verteuerte. Gleichzeitig erhöhten die Banken die Baugeldzinsen, nachdem der Reichsbankpräsident Schacht, der später Hitlers Aufrüstung finanzierte, die Aufnahme von Baukrediten im Ausland durch die Stadtverwaltungen beschränkt und die Finanzierung größerer Siedlungsvorhaben damit erschwert hatte. Auch die Baustoffindustrie erhöhte laufend ihre Preise.[55] Damit wurden alle Anstrengungen zur Senkung der Baukosten durchkreuzt, so daß nach den Worten von Bruno Taut die gleiche Wohnung nach drei Jahren die Hälfte mehr an Miete kostete.[56]

Die bewilligten zehn Millionen riefen unvermeidlich alle Gegner einer staatlichen Beeinflussung des Wohnungsbaus und die Anhänger des „freien Spiels der Kräfte" auf den Plan. Die einen schlugen vor, die gesamte Summe in einer großen Versuchssiedlung zu verbauen, um ihre Auswirkungen zeitlich möglichst einzugrenzen. Andere protestierten in einer Eingabe an den Reichstag gegen die beabsichtigten „Typisierungsversuche". Unterzeichner waren Paul Schultze-Naumburg und Emil Högg, Professor an der Technischen Hochschule Dresden, beide Parteigänger des Nationalsozialismus und weitere rechtsstehende Abgeordnete.[57] Selbst der Kunsthistoriker Cornelius Gurlitt, angesehenes Mitglied des Bundes der Architekten, warnte vor der Typisierung und vor Experimenten mit neuen Baumaterialien wegen der zu erwartenden Bauschäden. Überhaupt wandte er sich gegen Entwicklungsarbeiten für das Kleinhaus, weil es im verarmten Deutschland ein Luxus sei.[58] Allerdings war das Problem recht vielschichtig. Eine wesentliche Ursache der Ablehnung ergab sich aus der Vorstellung einer Rationalisierung um jeden Preis und der damit möglicherweise einhergehenden Verarmung des architektonischen Schaffens. Im Lager des neuen Bauens war man sich dieser Gefahr bewußt. „Der mißverstandene Begriff der Rationalisierung", erklärte Bruno Taut, „führt im Endergebnis zum hausgebauten Stumpfsinn."[59] So setzte sich nur langsam der Gedanke des progressiven Flügels der Fachwelt durch, auf der Basis der bewilligten Millionen eine ständige neutrale Organisation für die Bauforschung zu schaffen. Sie wurde schließlich im Sommer 1927 als „Reichsforschungsgesellschaft für Wirtschaftlichkeit im Bau- und Wohnungswesen" gegründet.

Die tiefen Interessengegensätze und Meinungsverschiedenheiten führten unvermeidlich zu einem recht zwiespältigen organisatorischen Aufbau der jungen Gesellschaft. Es wurde ein sehr umfangreicher und daher kostspieliger Leitungsapparat geschaffen, der aus drei Organen bestand: aus dem geschäftsführenden Vorstand mit dem Präsidenten, Ministerialbaurat Wilhelm Lübbert; er trat für Typung und Normung als Mittel zur Verbesserung und Verbilligung des Wohnungsbaus ein und hatte schon 1926 eine systematische Zusammenstellung von Wohnungs- und Hausgrundrissen mit den entsprechend anfallenden Mieten herausgebracht; weiter aus dem Verwaltungsrat, in den Martin Wagner, Otto Bartning und Jobst Siedler berufen wurden, den aber die zahlreichen Vertreter der Industrie und der Politik beherrschten, und aus dem Sachverständigenrat für die wissenschaftliche Lenkung der Arbeit. Hier waren die Fachleute tätig, unter ihnen Ernst May, Paul Mebes, Paul Schmitthenner und Walter Gropius – seit 1928 als zweiter Obmann. Die Zusammensetzung der Räte aus Befürwortern und aus Gegnern der Rationalisierung läßt auf eine zielbewußte Regie schließen, die auf ein „unschädliches Instrument des Kompromisses" hinarbeitete.[60]

Durch die Mitwirkung breiter Kreise der Fachwelt war die Gesellschaft jedoch in kurzer Frist arbeitsfähig und konnte durch die Bildung zahlreicher Arbeitsausschüsse mit Fachleuten aus Wissenschaft und Praxis eine umfangreiche Tätigkeit beginnen. Sie stellte sich zwei Hauptaufgaben: Forschungen zur technischen Verbesserung der Bauwerke, andererseits zur billigeren Herstellung der Bauten, insbesondere der Wohngebäude. Maßgebend für die Richtung ihrer Arbeit war die Überzeugung, daß den Leichtbauweisen die Zukunft gehöre, weil sie höchste Qualitätssteigerung hinsichtlich Wärme- und Schallisolierung ermöglichten und durch geringes Gewicht für Vorfertigung und Montage günstig seien. Vor allem sollte die Abhängigkeit von der Witterung vermindert und die jeweilige Bauzeit verkürzt werden, um Baukapital und Baugeldzinsen auf ein Mindestmaß herabzudrücken.[61] Da die verschiedenen Arten der Leichtbaumaterialien in den unterschiedlichsten Abmessungen hergestellt wurden, begannen Arbeiten zur Vereinheitlichung der Maße, wie sie Gropius wiederholt gefordert hatte. Untersucht wurden nicht nur Baustoffe, alte und neue Bauweisen, einzelne Bauteile wie Türen, Fenster und Installationen, son-

55 Der dt. Wohnungsbau, S. 580 (Architekt Ahrens), S. 583 (B. Taut); Das Neue Frankfurt 4 (1930), H. 2/3, S. 25 (E. May)
56 B. Taut: Gegen den Strom, WW 7 (1930), H. 17, S. 320
57 R. Paulick: Notiz in Volksblatt für Anhalt, Aug. 1927
58 C. Gurlitt: Neue Baustoffe und Bauarten, DBZ 61 (1927), H. 31/32, S. 268–272
59 B. Taut: Ein Wohnhaus, Stuttgart 1927, S. 10
60 RFG: Geschäftsbericht 1927. Mitt. 1 (1928), H. 12, S. 4–14; WW 4 (1927), H. 16, S. 136/137; Lübbert, S. 6ff.; W. Triebel: Geschichte der Bauforschung, Hannover 1983, S. 40–120
61 Lübbert, S. 47f.

137–139 Reichsforschungsgesellschaft für Wirtschaftlichkeit im Bau- und Wohnungswesen
137 Titelblatt eines Tagungsberichtes

138/139 Reichsforschungssiedlung Spandau-Haselhorst, 1931

dern auch der Straßenbau und die Wirtschaftlichkeit von Bebauungsplänen und ganzer Siedlungen. Als auf der Wochenendausstellung von 1927 in Berlin unter den angebotenen Holzhäusern gewissenlose bautechnische „Entgleisungen" festgestellt wurden, regte die Reichsforschungsgesellschaft die Aufstellung von Gütevorschriften im Deutschen Normenausschuß an. Sie wurden bereits 1928 als DIN 1990 herausgegeben. Auf die gleiche Weise veranlaßte sie die Aufstellung von Gütevorschriften für Stahlhäuser (DIN 1030). 1928 gab sie ein Sonderheft mit Grundrissen für Kleinwohnungen heraus mit der Begründung, daß 90 Prozent aller Einkommen unter 2 500 Mark lägen und der Bau kleiner Wohnungen eine dringende soziale Notwendigkeit sei.[62] Aus den gleichen Gründen förderte sie den Aufbau einer Grundrißwissenschaft als einer neuen Disziplin und ermöglichte die Arbeiten Gustav Wolfs an einer systematischen „Grundrißstaffel" für Kleinwohnungen, die 1930 abgeschlossen werden konnte.[63]

Ein besonderes Verdienst war die finanzielle Unterstützung der wichtigsten Versuchhausiedlungen jener Jahre durch sehr niedrig verzinsliche Darlehen. Stuttgart-Weißenhof wurde auf diese Weise mit 150 000 Mark gefördert. Für Frankfurt-Praunheim sind 300 000 Mark bereitgestellt worden, für Dessau-Törten 350 000 Mark und für München-Arnulfstraße, wo unter anderem eine Großplattenbauweise erprobt wurde, 171 000 Mark. Weniger bekannt ist die Beihilfe von 280 900 Mark für eine Versuchssiedlung in Hamburg an der Jarresstraße und an der Alsterkrugchaussee, wo Schüttbeton mit Solomit-Dämmplatten als verlorene Schalung und ein Stahlbetonskelettsystem getestet worden sind.[64]

Bei all diesen Siedlungen sind eingehende technische, bauphysikalische und wirtschaftliche Untersuchungen vorgenommen und in Berichten festgehalten worden. Die wirtschaftlich aussichtsreichsten Vorfertigungsverfahren wurden erfaßt und objektive Maßstäbe für die Beurteilung des Neuen und vor allem der immer wieder angefeindeten Versuchssiedlungen gegeben. Im Februar 1929 konnte erstmals ein Forschungsbericht des Staatlichen Instituts für Bauwesen der Sowjetunion mit den Angaben über sechs Versuchshäuser in Moskau veröffentlicht werden. Er war als Auftakt der Zusammenarbeit zwischen beiden Institutionen gedacht.[65]

Im Herbst 1929 wurde die Vielzahl der Arbeitsausschüsse, die inzwischen entstanden waren und deren Koordinierung immer schwieriger wurde, neu geordnet und für ihre Leitung eine Gruppe besoldeter Mitarbeiter eingesetzt. Es wurden mehr gezielte Honoraraufträge vergeben. Im März 1930 trat eine neue Satzung in Kraft.[66] Da die großen Versuchssiedlungen keine überzeugenden Ergebnisse gebracht hatten und weitere nicht geplant waren, setzte sich der Gedanke einer eigenen Forschungssiedlung doch noch durch. 1928 wurde ein Reichswettbewerb für eine solche Siedlung auf einem Gelände in Spandau-Haselhorst ausgeschrieben, bei dem Gropius den ersten Preis erhielt.[67] 1930 begann der Bau. Für den Ankauf des Geländes und die Bauausführung waren über vier Millionen Mark bereit gestellt worden. Das Vorhaben stieß auf vielfältige Kritik. Auffallend war das Mißverhältnis zwischen den Summen, die den Versuchssiedlungen zur Förderung der Vorfertigung zugewiesen worden waren, und den Millionen, die in Haselhorst ohne besonders weit gesteckte technische Ziele verbaut worden sind. Mit Recht warf Martin Wagner der Forschungsgesellschaft vor, für die Vorfertigung zu wenig getan zu haben.[68]

Zweifellos gab die Tätigkeit der Reichsforschungsgesellschaft den Bestrebungen zur Modernisierung der Bautechnik und den Tendenzen zur Typisierung und Normung neuen Auftrieb. Im Bund der Architekten entspann sich eine lebhafte Kontroverse über das Für und Wider von Typung, Normung und Industrialisierung.[69] Es war ein großer Schritt getan vom Empirisch-Handwerklichen zu einer wissenschaftlichen Durchdringung des gesamten Wohnungs- und Siedlungsbaus. Es scheint, daß dieser Erfolg Gropius bewogen hat, über den Rahmen der Reichsforschungsgesellschaft hinaus auf ein Staatssekretariat für Wohnungsbau – oder wie Richard Paulick aufgrund seiner Kenntnis der Verhältnisse es nannte – auf ein Industrialisierungssekretariat hinzuarbeiten.[70] Immerhin hatte es 1916 in Preußen ein Staatssekretariat für Wohnungswesen gegeben, das die Typisierung der Grundrisse und die Normung der Bauteile fördern sollte. Es war angeregt worden durch Vorarbeiten im Groß-Berliner Verein für Kleinwohnungswesen. An eine solche Institution mit entsprechenden staatlichen Zuständigkeiten und Befugnissen, wie sie die Reichsforschungsgesellschaft noch nicht besaß, scheint Gropius gedacht zu haben.

Während Wagner sein Rationalisierungs- und Industrialisierungsprogramm mit Organisationen außerhalb der privaten Bauwirtschaft durchführen wollte, sah Gropius den Weg in einer Reform dieser Wirtschaft durch die Einführung planwirtschaftlicher Regulierungen. Schon 1927, während der Entwurfsarbeiten für die Weißenhofhäuser, schlug er einen Bebauungsplan für ganz Deutschland vor als eine grundlegende Voraussetzung für die Industrialisierung des Wohnungsbaues, weil damit allein ein kontinuierlicher Auftragseingang und eine großzügige Serienfertigung von Bauteilen gesichert werden könne. Anläßlich einer Ausstellungseröffnung 1928 sprach er von einem „Generalwohnungsbauplan", der den Umfang und die Verteilung der Bauvorhaben, die Wohnungsgrößen und Typen und vor allem auch die Finanzierung für den gesamten Wohnungsbau verbindlich festlegen sollte, um den effektivsten Einsatz von Material und finanziellen Mitteln zu sichern.[71] Der Architekt müsse zum Organisator der Bauwirtschaft werden, erklärte er an anderer Stelle, der die vielen auf den Wohnungsbau einwirkenden Kräfte und die sozialen Anforderungen zu einer neuen Einheit zusammenfügt und den Schritt zur industriellen Fertigung als der wirtschaftlichsten Methode des Hausbaus vorbereitet.[72]

Wahrscheinlich wurde Gropius in seinen Vorstellungen auch durch den Präsidenten der Reichsforschungsgesellschaft bestärkt, der 1929 als ein Ergebnis der bisherigen Untersuchungen feststellte, daß die im Wohnungsbau Zusammenwirkenden vom Grundstücksbesitzer über den Bauherrn, dessen Architekten und die Baupolizei bis zu den Hypothekenbanken aneinander vorbei und gegeneinander arbeiteten. Man könne dieses Durcheinander nur durch die Zusammenfassung aller technischen und wirtschaftlichen Vorgänge in einer Hand mildern. Eine solche organisatorische Unterstellung sei „im Großen betrachtet vielleicht wichtiger als alle technischen und wirtschaftlichen Einzelforschungen", ohne sie fehle die einheitliche und tatkräftige Führung.[73] Gropius ging von ähnlichen Überlegungen aus, als er 1931 in einem Gutachten für den Enquête-Ausschuß des Reichstages die Einführung eines „staatlichen Generalleistungsplanes" für das gesamte Bauwesen vorschlug. „Der Verlauf der Entwicklung im Baugewerbe", erklärte er, „hat mir die Überzeugung gegeben, daß es in der Hauptsache daran fehlt, daß in Deutschland von Regierungs wegen ein Generalleistungsplan aufgestellt wird, der das umfangreiche und weit verzweigte Gebiet in eine einheitliche Entwicklungslinie bringt ..., da es bei uns noch an den zusammenhängenden Kräften fehlt und zuviel Wertvolles in der allgemeinen Verworrenheit versickert".[74] Ein solcher Leistungsplan hätte der Vorfertigung starke Impulse geben können. Denn das Ziel war für Gropius die Umstellung der Bauwirtschaft auf eine industrialisierte Hausproduktion, wie er sie wiederholt gefordert hatte, am umfassendsten in einem Artikel von 1926: Der große Baukasten. Damit schuf er sich allerdings auch viele Gegner. Für die Baustoffindustrie und das Baugewerbe war der Leistungsplan ebenso wie sein alter Vorschlag, Standardmaße für den Wohnungsbau einzuführen, unannehmbar. Er störte außerdem die Kompetenzen der Länder und Gemeinden in Baufragen. Die Größe der Aufgabe und der Gedanke, sich ihr zu stellen, mögen neben anderen Gründen Gropius 1928 bewogen haben, nach Berlin überzusiedeln.

Wie so viele Erwartungen und großen Pläne jener Jahre sollte sich auch Gropius' Hoffnung auf ein Staatssekretariat nicht erfüllen. Sie war zu weit entfernt von den wirtschaftlichen und politischen Realitäten der Weimarer Republik. Trotzdem waren seine Pläne Höhepunkt dessen, was die aktivsten Geister damals bereits in Erwägung zogen, um den Wohnungsproblemen und der Industrialisierung des Hausbaus beizukommen. Als Bruno Taut die Serie seiner Erfolge in einer Kurve darstellte, zeigten die Jahre zwischen 1924 und 1930 einen steilen Anstieg und den Höhepunkt seines Schaffens.[75] Dieses Bild gilt auch für die damalige Situation im Wohnungsbau und das Ringen um einen Fortschritt in der Vorfertigung.

Weltwirtschaftskrise und Faschismus

Nur wenige Jahre hatten genügt, um den Hausbau gegenüber der Vorkriegszeit grundlegend zu verändern und unter großen Anstrengungen das Fundament für eine neue Architektur und eine neue Bautechnik zu legen. Aber noch rascher wurden alle diese Errungenschaften seit 1930 durch den Ausbruch einer weltweiten Wirtschaftskrise wieder in Frage gestellt. Die Industrieproduktion fiel steil ab und die Arbeitslosigkeit erreichte Rekordhöhen. Die Bauwirtschaft

---

62 RFG: Kleinwohnungsgrundrisse, Sonderheft Nr. 1, Berlin 1928
63 G. Wolf: Die Grundrißstaffel, München 1931
64 RFG: Mitt.blatt Nr. 1, Juli 1930, S. 4–6; Nr. 7/8, Jan./Febr. 1931, S. 2–28; Triebel, S. 114–116
65 RFG: Mitt. 2 (1929), H. 28
66 RFG: Mitt.blatt Nr. 1, Juli 1930, S. 2/3; Triebel, S. 46
67 RFG: Sonderheft Nr. 3 (Reichswettbewerb ... Spandau-Haselhorst); Schlußbericht BW 23 (1932), H. 16, S. 400–404, H. 17, S. 421–424, H. 29, S. 711
68 M. Wagner: Fabrikerzeugte Häuser, Neue Bauwelt 38 (1947), H. 39, S. 612
69 Baugilde 8 (1928), H. 21, S. 914, 1166, 1169, 1173, 1180, 1309
70 Mitt. von R. Paulick 28. 12. 1962
71 Rede vor der Presse anläßlich der Vorbesichtigung der Gagfah-Ausstellung im Fischtalgrund am 1. 8. 1928, Baugilde 10 (1928), H. 17, S. 1313 f.
72 W. Gropius: Der Architekt als Organisator der modernen Bauwirtschaft und seine Forderungen an die Industrie, in: F. Block (Hrsg.): Probleme des Bauens, Potsdam 1928, S. 202–214
73 Lübbert, S. 15
74 Der dt. Wohnungsbau, S. 585
75 K. Junghanns: Bruno Taut 1880–1938, Berlin 1983[2], Abb. 2

war davon am stärksten betroffen. Um zu überleben, übernahmen nicht wenige Unternehmen Aufträge, die nicht einmal die eigenen Kosten deckten. Viele gemeinnützige Bauvereine kamen durch die Erwerbslosigkeit unter ihren Mitgliedern, durch Mietrückstände und Beitragsausfälle in finanzielle Schwierigkeiten. Sie fielen als Auftraggeber aus und brachten damit auch die Bauhütten in Gefahr. Die privaten Bauherren wurden vorsichtig und hielten ihre Aufträge zurück. Selbst im Büro Gropius nahm man kleine Wochenendhäuser in Auftrag. Vor allem wurde die staatliche Wohnungsbaufinanzierung fast vollständig eingestellt. Sie war seit 1924 von Jahr zu Jahr gesteigert worden und hatte 1930 den Gesamtbetrag von etwa fünf Milliarden Mark erreicht.[76] Mit der 5. Notverordnung entfielen diese niedrig verzinslichen Hypotheken, die Reichsregierung war nur noch bereit, Bauzuschüsse für Wohnungen von höchstens 36,00 m² Wohnfläche zu gewähren. Bei einer solchen Reduzierung der Wohungsgrößen stand der erreichbare Wohnwert in keinem Verhältnis mehr zu den aufgewandten Baukosten. Bruno Taut ließ seine Studenten eingehende Untersuchungen darüber anstellen,[77] er und viele andere Architekten protestierten gegen die unsoziale Baupolitik. Der gesamte für den Fortschritt so wichtige Sektor des gemeinnützigen Wohnungsbaus war gelähmt, und seine Gegner im Lager der freien Bauwirtschaft verstärkten ihre Angriffe. Am schärfsten urteilte der Reichsbankpräsident Schacht, der den bisherigen Wohnungsbau mit dem Hinweis auf die wachsende Zahl leerstehender Wohnungen als eine riesige Fehlinvestition diffamierte und ihn sogar für die hohe Arbeitslosigkeit verantwortlich machen wollte.[78]

Die Reichsregierung unter Brüning führte eine grundsätzliche Wende in der Wohnungs- und Siedlungspolitik durch. Führende Regierungsmitglieder hielten den Zusammenbruch der Wirtschaft für eine tiefgehende Strukturkrise. Sie rechneten mit einer steigenden Bedeutung der Landwirtschaft und einer längeren Periode der „Reagrarisierung". Aus dieser Vorstellung ergab sich der Plan einer großzügigen Umsiedlung städtischer Arbeiter aufs Land, um dort das Arbeitspotential zu erhöhen und die Städte von den Erwerbslosen zu entlasten. Die Verwirklichung des Planes hätte bedeutende Mittel erfordert, er reduzierte sich schließlich auf eine sehr fragwürdige Aktion: Als eine Maßnahme sogenannter produktiver Erwerbslosenfürsorge wurde einem beschränkten Teil der Arbeitslosen die Möglichkeit gegeben, am Stadtrand sich ein primitives Häuschen in Selbsthilfe zu errichten und auf dem beigegebenen Gartenland Gemüse und Obst als „Nebenerwerb" anzubauen. Die Siedler mußten bis zur Erschöpfung für Haus und Garten arbeiten. Die Zahl solcher Stadtrand- oder Nebenerwerbssiedlungen blieb jedoch gering: sie waren nur als eine „seelische Ablenkung" für die unruhig gewordene Bevölkerung gedacht.[79] Nebenher wurde der Bau von Eigenheimen staatlich gefördert, um die kleinen Spargelder für die Bauwirtschaft zu mobilisieren. Alle diese Maßnahmen boten keinerlei Anlaß, die Vorfertigung wieder ins Spiel zu bringen. Zwar entwarfen Konrad Wachsmann, Adolf Rading und vielleicht auch andere Architekten Siedlerhäuschen für Erwerbslose in besonders einfachen und billigen Konstruktionen, die man auch hätte vorfertigen können. Ob davon Gebrauch gemacht wurde, ist jedoch ungewiß.

Unter diesen Bedingungen wurde auch die Lage der Reichsforschungsgesellschaft schwierig. Mit dem Ausbleiben der Aufträge für umfangreiche Siedlungen zogen sich die Großbetriebe aus dem Wohnungsbau zurück. Rationalisierung mit dem Ziel der Einsparung menschlicher Arbeitskraft war durch das riesige Heer der Erwerbslosen sinnlos geworden. Verzicht auf kostspielige technische Investitionen und Verharren beim „bewährten Alten" schien die einzig vernünftige Strategie der Bauwirtschaft zu sein. Die Zeit arbeitete den Gegnern des technischen Fortschritts und des perspektivischen Denkens in die Hände. Mit dem fadenscheinigen Hinweis, die zehn Millionen Mark seien nur auf drei Jahre befristet gegeben worden, sperrte der Reichsarbeitsminister 1931 das Konto der Reichsforschungsgesellschaft und zwang sie zur Selbstauflösung. Wie zu erwarten war, fehlte es nicht an bedauernden und an höhnisch triumphierenden Pressemeldungen.[80] Die Schwierigkeiten einer Wirtschaftskrise genügten, diese zukunftsträchtige, wenn auch nicht unproblematische Institution zu Fall zu bringen. Der progressive und sozial eingestellte Teil der Fachwelt sah sich nach den trüben Erfahrungen der Nachkriegsjahre erneut von Staat und Wirtschaft im Stich gelassen. Damit blieb das problem der Vorfertigung für viele Jahre aus der staatlichen Ebene verbannt.

In der allgemeinen Rückzugsstimmung unternahm es Martin Wagner, dem schwindenden konstruktiven Geist durch einen Wettbewerb besonderer Art einen neuen Auftrieb zu geben. Er wandte sich gegen den Trend zur Verkleinerung der Wohnfläche bei Neubauten und schlug vor, bei Eigenheimen wie in normalen Wirtschaftsperioden zu planen, aber in abgestimmten Etappen zu bauen. Das Haus sollte „wachsen" je nach der Einkommenslage seiner Bewohner. Dafür sollten vor allem Montagebauweisen gewählt werden, die An- und Umbauten erleichtern. Wagners Vorschlag hatte mobilisierende Kraft, ein entsprechender Ideenwettbewerb wurde ausgeschrieben und fand eine überraschend hohe Beteiligung. Auch die folgende Ausstellung mit Musterhäusern wurde ein Erfolg. Die Stadt Wien führte daraufhin einen ähnlichen Wettbewerb durch.[81] Aber der Aufmarsch neuer Ideen und die Beispiele neuer Bauweisen hatten bei der allgemeinen Notlage nur geringe Auswirkungen. Die Vorfertigung blieb weiterhin auf dem Rückzug.

Die übergroße Mehrheit der Fachwelt mag die Meinung von Hans Poelzig geteilt haben, als er 1931 im Architektenverband das gesamte Bauwesen für wirtschaftlich und politisch bedroht erklärte.[82] Trotzdem fanden sich Kräfte, die ihren Weg unbeirrt fortsetzten. Hugo Junkers in Dessau ließ weiterhin an einer Stahlskelettbauweise mit einer Stahlaußenhaut arbeiten. Er gab auch nicht auf, als die faschistische Baupolizei Stahlhautbauten nicht mehr zuließ. Die Hirsch Kupfer- und Messingwerke Finow führten die Entwicklung einer Plattenbauweise mit äußerer Kupferhaut fort und brachten die ersten Häuser 1931 als eine absolute Neuheit auf den Markt; aber bereits 1934 mußte die Produktion wegen ihres hohen Bedarfs an kriegswichtigem Kupfer eingestellt werden. Zu nennen ist auch Richard Riemerschmid, der noch 1932 eine besonders materialsparende Holzbauweise herausbrachte, aber auch ihm blieb ein dauernder Erfolg versagt.

Auch die Zeit des Faschismus brachte keine neuen Entwicklungsansätze. Die ersten Jahre waren noch von den Auswirkungen der Wirtschaftskrise geprägt. Im Hausbau herrschte weiterhin die Tendenz, den individuellen Eigenheimbau zu fördern. Die „Bauwelt" schrieb 1935 anscheinend in Erinnerung an das „wachsende Haus" einen Wettbewerb für das „wandelbare Eigenheim" aus. Vor allem wurde für den Bau kleiner Siedlerhäuschen geworben. Durch Typisierung der Grundrisse, einfachste Bauausführung in traditioneller Technik, niedrigen Ausstattungsgrad, durch billigste Schotterstraßen und Fortfall der Kanalisation in den sogenannten Kleinsiedlungen, nicht zuletzt auch durch weitgehende Selbsthilfe wurden die Baukosten gesenkt. Das Interesse wandte sich wieder den Ersatz- und Sparbauweisen der Nachkriegsjahre zu. Wieder wurde der Lehmbau geför-

140 Werbeschrift für die Kleinsiedlung, 1937

76 Der dt. Wohnungsbau, S. 11
77 B. Taut: Grenzen der Wohnungsverkleinerung, DBZ 65 (1931), S. 210; ders.: Die Kleinstwohnung als technisches Problem, BW 22 (1931), H. 9, S. 254/255
78 F. Paulsen: Unser Bauwesen von 1924 bis 1931, verurteilt durch Dr. H. Schacht, BW 22 (1931), H. 11, S. 385; O. Völkers: Zwischenbilanz des „Neuen Bauens", BW 23 (1932), H. 44, S. 1105–1110
79 H. Köhler: Arbeitsbeschaffung, Siedlung und Reparationen in der Schlußphase der Regierung Brüning, Vierteljahreshefte f. Zeitgeschichte 17 (1969), H. 3. S. 276–307; Die Arbeitslosen-Kleinsiedlung – Ein Ausweg?, DBZ 65 (1931), H. 75/76, Beil. Bauwirtschaft und Baurecht Nr. 38, S. 213f. (Ersparnisse in der Wohlfahrtspflege durch Umsiedlung); Der Baumeister 30 (1932), H. 4, Beilage S. 45, 47 (Kritische Stimmen)
80 F. Paulsen: Verforschte Millionen, BW 23 (1932), H. 13, S. 333; WW 8 (1931), H. 9/10, S. 191 und H. 11/12, S. 229; Dt. Bauhütte 34 (1930), H. 6, S. 85 und H. 10, S. 160
81 M. Eisler: Das wachsende Haus in Wien, Moderne Bauformen 31 (1932), H. 16, S. 289–308
82 J. Posener: Hans Poelzig, Schriftenreihe d. Akad. d. Künste, Bd. 6, Berlin 1970, S. 243

dert.[83] Unter diesen Bedingungen gab es keine Anstöße zur Vorfertigung.

Nur beim Holzhausbau kam es zu einem gewissen Auftrieb durch die Versuche, der wirtschaftlich stark getroffenen staatlichen Forstwirtschaft aufzuhelfen.[84] Unter dem Motto „Deutsches Holz" wurde 1933 am Kochenhof in München eine Werbesiedlung für Holzhäuser errichtet und als Ausstellung gezeigt. Vereinfachte Fachwerkbauweisen herrschten vor, nur zwei Häuser waren aus Paneelplatten montiert. Letztlich geriet die Siedlung durch ideelle Zielsetzungen und architektonische Haltung zu einer konservativen Gegenausstellung zur Weißenhofsiedlung.[85] Auch die Deutschen Werkstätten warben 1934 mit einer kleinen Musterschau „Am Sonnenhang" in Hellerau für das Einfamilienholzhaus. Aber die günstigen Verhältnisse waren nur von kurzer Dauer. Durch die riesigen Rüstungsbauten wurde Bauholz bald Mangelware: 1938 begann seine Zwangsbewirtschaftung. Damit beschränkte sich die Vorfertigung auf Baracken für Arbeits- und Konzentrationslager und für kriegswichtige Unterkünfte.

Als 1935 der mehrstöckige Mietshausbau wieder einsetzte, wurde von vornherein der arbeitsintensive Mauerbau bevorzugt, um möglichst viele Erwerbslose beschäftigen zu können. Die Mechanisierung auf den Baustellen nahm zwar zu, konzentrierte sich jedoch auf die großen Baufirmen, die die Rüstungsbauten ausführten. Die „Reichsstelle für Wirtschaftsaufbau", die die Entwicklung der Industrie lenken und auch den Bau der erforderlichen Arbeiterwohnstätten sichern sollte, beschränkte sich auf die Empfehlung von Kleinhäusern in einfachster traditioneller Technik. Bei einer großen „Bautechnischen Versuchs- und Mustersiedlung" in Salzgitter-Kniestedt, die von der 1934 gegründeten Deutschen Akademie für Bauforschung betreut und ausgewertet wurde, beschränkten sich die Versuchsreihen auf Mauerwerk mit fünfzehn Arten von Wandbausteinen und auf neun Vollziegelwände mit unterschiedlichen Dämmplatten. Daneben gab es nur noch vier Guß- und Schüttbetonverfahren. Vorfertigungssysteme blieben ausgeschlossen. Ein handwerklich orientierter, von den gegebenen Verhältnissen abhängiger pragmatischer Geist beherrschte jetzt das Feld.

83 Siedlung und Wirtschaft 19 (1937), H. 10, S. 610–614, 20 (1938), H. 2, S. 145 und H. 3, S. 255
84 DBZ 67 (1933), H. 45, S. 879; Der dt. Volkswirt 16. Folge 29. 1. 1937, S. 98f.
85 Moderne Bauformen 32 (1933), H. 11, S. 567–634; DBZ 67 (1933), H. 45, S. 879–886; BW 24 (1933), H. 43, Bildteil 1–16

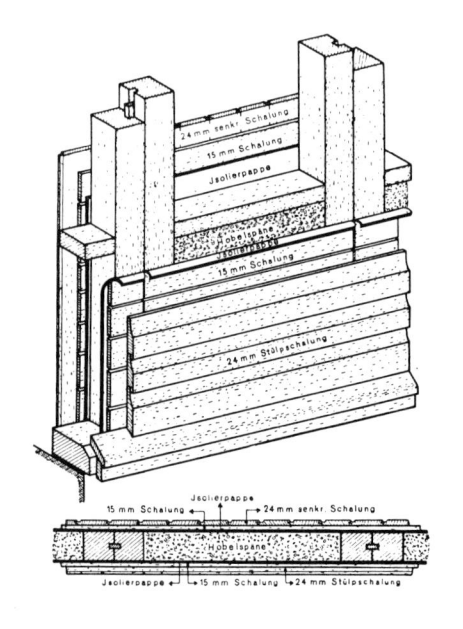

Seite 102:
141–143 Holzhaussiedlung Am Kochenhof, München, 1933
141 Ansicht, Mehrfamilienhaus in Skelettbauweise, P. Bonatz und F. E. Scholer

142 Ansicht, Einfamilienhaus in Panellbauweise, L. Volkart
143 Konstruktion der Außenwände

144–147 Wohnungsbau gemäß Kriegseinheitstyp 1943, Konstruktionsvarianten
144 Holzpaneelbau
145 Holzskelett mit Bimsplattenausfachung

146 Skelett aus Stahlsaitenbeton mit Bimsplattenausfachung
147 Palisadenbau mit hohlen Betonelementen und Deckensystem W. Schäfer

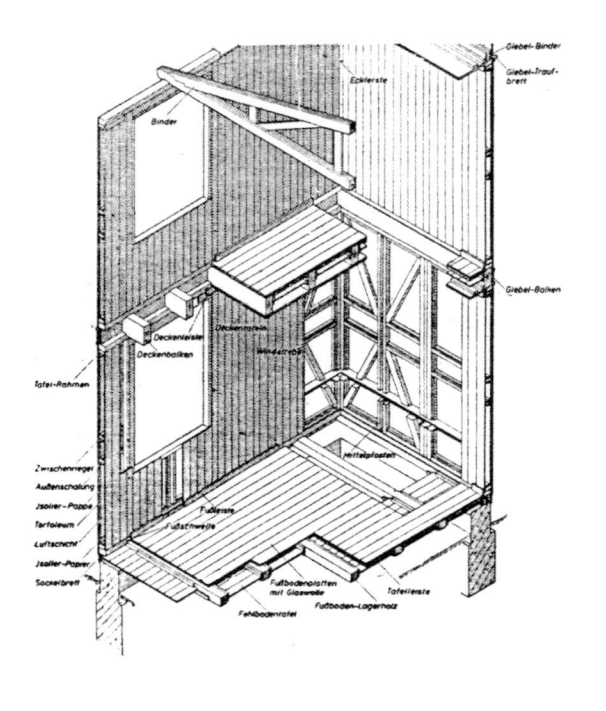

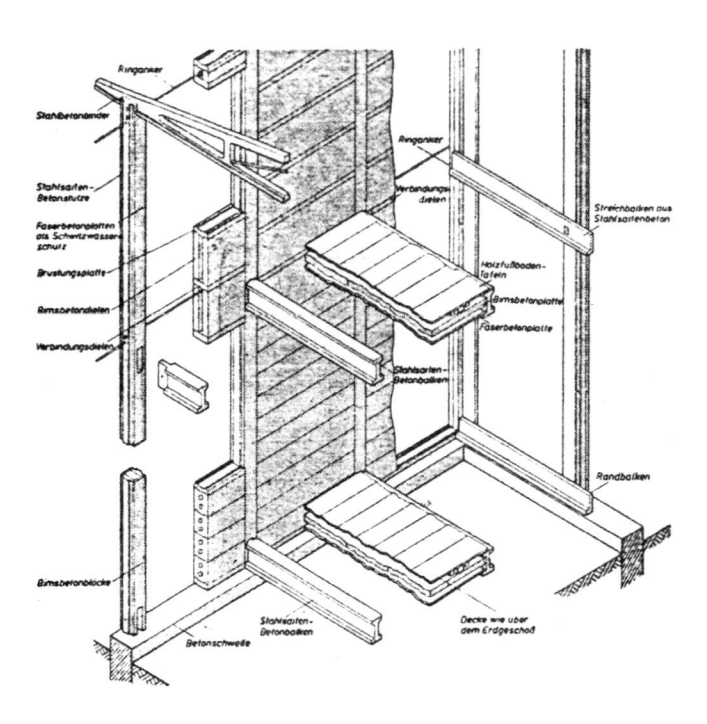

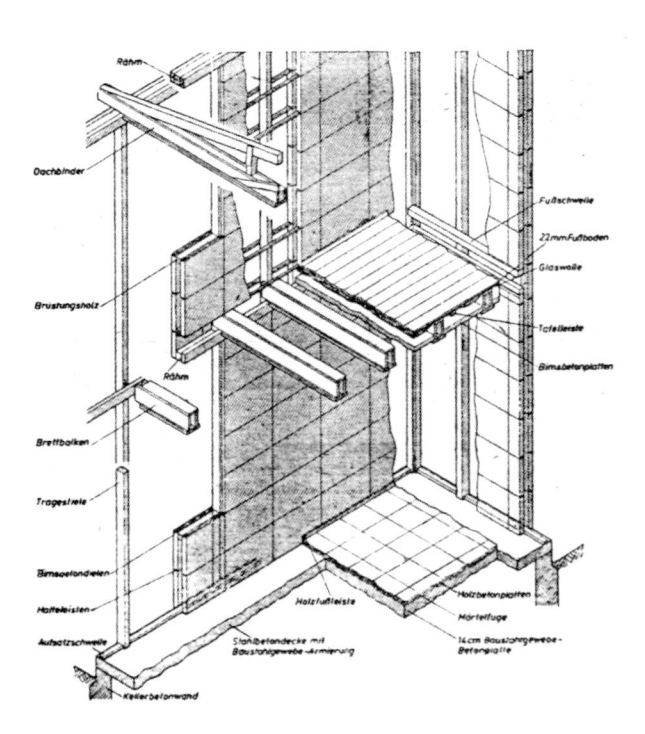

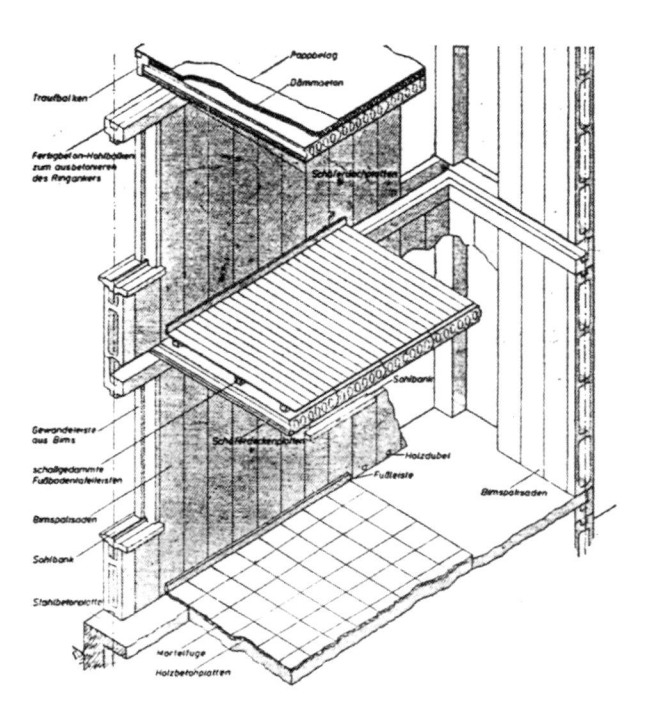

Damals spielte Paul Schmitthenner eine führende Rolle. Er wandte sich gegen Häuser aus Stahl, weil man sie mit großem Aufwand gegen Schall und Kälte isolieren müsse. Sein Grundsatz „Sachlichkeit ist nie Komplikation" richtete sich gegen alle Versuche der Aufgliederung der Außenwände in schützende, isolierende und tragende Teile.[86] Stahl wurde – trotz der Proteste der Stahlindustrie – als undeutsch, als „internationaler Baustoff" diffamiert. Ohnehin wurde er durch die Aufrüstung knapp und war seit 1937 kontingentiert, so daß selbst Skelettkonstruktionen im Hausbau unmöglich wurden. Albert Speer, der Baumeister Hitlers, propagierte „Stein statt Eisen".[87] Seither wurden Autobahnbrücken, wo es nur anging, in alter Steinbauweise gewölbt wie 1938 bei Pirk südlich von Plauen oder bei Jena-Göschwitz über die Saale. Im Hausbau kehrte man wieder zu gewölbten Tür- und Fensterstürzen zurück. Im November 1939 brachte ein Neubauverbot den Hausbau gänzlich zum Stillstand, Zugelassen waren nur noch Reparaturarbeiten und kleine Umbauten.[88]

Aber bereits nach der Besetzung Frankreichs, als der Höhepunkt der Eroberungen erreicht schien und Deutschland über das Industriepotential fast ganz Europas verfügte, als ein Ende des Krieges sich abzeichnete und bereits junge Steinmetzen für den Bau der Siegesmonumente ausgebildet wurden, setzten auch neue Überlegungen zum künftigen Wohnungsbau ein. Die Zahl der für kriegswichtige Bauten dienstverpflichteten Bauarbeiter ging zurück, und das Neubauverbot wurde gelockert. Es war bezeichnend, daß mit staatlichen Großbauten riesigen Ausmaßes gerechnet wurde und man glaubte, dafür die Kapazität der gesamten Ziegel-, Kalksandstein- und Natursteinindustrie einsetzen zu müssen. Für den Wohnungsbau sollte eine leistungsfähige Betonindustrie Hohlsteine, Gas- und Schaumbetonblöcke, Deckenträger und andere Bauteile liefern.[89] An die Frankfurter Häuserfabrik wurde erinnert und an Systemen der Großblock- und der Skelettbauweisen gearbeitet.[90] Die Zementindustrie gab vorsorglich ein Buch „Betonfertigteile im Wohnungsbau" heraus. Neue Zeitschriften erschienen wie „Betonwaren und Betonwerkstein", „Der Wohnungsbau in Deutschland" oder „Das Bauwerk". Die Holzindustrie warb trotz der Kontingentierung des Bauholzes für Holzhäuser – „ortsfest und versetzbar". Christoph & Unmack versandte noch 1940 ein prächtiges Musterbuch und 1941 die Werbeschrift eines Zweigwerkes im Isergebirge.[91] Über siebzig Holzbaubetriebe boten im Bauweltkatalog 1942 vorgefertigte Holzhäuser an, 1939 waren es nur sechzehn gewesen.[92] Hitler selbst bestärkte die Erwartungen im November 1940 durch einen Erlaß über den Wohnungsbau nach dem Krieg.[93]

Mit dem Erlaß verfolgte die Regierung allerdings besondere Ziele. Sie hatte die Kriegsverluste im Auge und wollte mit dem Wohnungsbau die Geburtenfreudigkeit fördern zur Erhaltung der Wehrkraft und im Hinblick auf die geplante Aufsiedlung der Ostgebiete. Es wurden deshalb Haustypen für kinderreiche Familien gefordert, vor allem aber Senkung der Baukosten durch Typenbau in großen Serien, Normung der Bauteile und Mechanisierung der Bauprozesse. Es sollten Versuche „zur wesentlichen Vereinfachung und Beschleunigung der Arbeiten am Bau" durchgeführt werden. Entsprechende Vorarbeiten wurden in den Planungsbüros des Reichswohnungskommissars begonnen; für die technisch-konstruktiven Fragen war Albert Speer zuständig. Aber mit dem Überfall auf die Sowjetunion verflüchtigten sich alle Hoffnungen auf ein nahes Kriegsende und auf einen Aufschwung des Wohnungsbaus. Als 1943 die massive Bombardierung der deutschen Städte einsetzte, wurden die Zukunftsprojekte durch Entwürfe für sogenannte Behelfsheime abgelöst; gefragt waren einfach zu montierende feuersichere Konstruktionen. Der große Bedarf führte zu zahlreichen Vorschlägen, die von der Akademie für Bauforschung geprüft wurden. Meistens handelte es sich um betongebundene Holzwolletafeln, teils als selbsttragende Paneele, teils mit Betonstützen, wobei eine Bewehrung mit Stahlsaiten bevorzugt wurde.[94] Ernst Neufert arbeitete 1943/44 an einem „Kriegseinheitstyp", einem zweigeschossigen Vierspännerhaus, für das er vier Bauweisen vorschlug: Holztafelbau, Holzskelett mit Bimsplattenausfachung und zwei Betonskelettbauweisen. Die damit geschaffenen Wohnungen bestanden aus Wohnküche und Schlafraum für eine vierköpfige Familie.[95] Die Vorfertigung war zum Notnagel geworden. Der Verfall der Bauwirtschaft nahm zu. Die Arbeitskräfte im Baugewerbe waren von 2,53 Millionen 1939 trotz des Einsatzes von Kriegsgefangenen und verschleppten Ausländern 1944 auf 1,13 Millionen, also auf die Hälfte, zurückgegangen. Das technische Niveau sank ab: das letzte vorgeschriebene Behelfsheim für die zahllosen ausgebombten Familien war der Reichseinheitstyp 001, der in jedem nur greifbaren Material ausgeführt werden sollte, zuletzt selbst mit einfachen Rundhölzern.[96] Ausnahmen bildeten lediglich kriegswichtige Wohnbauten wie die Werksiedlung eines Flugzeugmotorenwerkes in Ludwigsfelde bei Berlin von 1943/44 mit über hundert Holzhäusern gleichen Typs. Sie wurde von sowjetischen Kriegsgefangenen und sogenannten Ostarbeitern handwerklich ausgeführt.[97] Vorfertigung kam nicht mehr in Betracht.

Wichtig wurde die Vorfertigung allein für kriegswichtige Industrie- und Militärbauten. Wie schon im ersten Weltkrieg führte dieser Bedarf zwangsläufig zum Montagebau mit

148 Hausbau mit Kriegsgefangenen und Deportierten, Werksiedlung des Daimler-Benz-Flugzeugmotorenwerkes Ludwigsfelde bei Berlin, 1944, Zustand 1989

feuersicheren Stahlbetonfertigteilen. Elemente für massive Baracken wurden produziert, vor allem aber Stützen, Betonbinder und Dachplatten für große Lager- und Industriehallen. Es gab bedeutende Fortschritte in der Herstellungstechnik, 1940 wurde die Schnellerhärtung des Betons durch Erwärmen eingeführt, 1943 der geheizte Formkasten und 1944 der Fachwerkträger mit vorgespanntem Untergurt.[98] 1944 kam die erste Richtlinie für die Herstellung und Anwendung von Stahlbetonfertigteilen als DIN 4225 heraus, im gleichen Jahr ein Erlaß über Massivbaracken, die für Unterkünfte, Verwaltungsbüros, Krankenhäuser und Lagerräume gebraucht wurden. Es waren in der Regel einfache Konstruktionen aus Betonstützen mit eingeschobenen Betonplatten.[99] Von dieser Entwicklung blieben die Probleme des Hausbaues unberührt.

Der Höhenflug der Industrialisierung, der für die schöpferischen Impulse der zwanziger Jahre so entscheidend gewesen ist, endete in tiefen Enttäuschungen.

Wenige Jahre hatten genügt, um den Hausbau durch viele neue Ideen zu bereichern, der Typisierung eine breite Bresche zu schlagen und das Fundament für eine neue Bautechnik und eine neue Architektur zu legen. Diese Errungenschaften waren nicht vergessen. Als der Krieg überstanden war und das Leben sich zu normalisieren begann, stellten sich die alten Probleme auf eine neue Weise: Die Massen des Ruinenschutts und die Notwendigkeit ihrer Verwertung, eine riesige Wohnungsnot andererseits bildeten eine noch nie erlebte Herausforderung an die Technik. Unter diesen Bedingungen wurde Vorfertigung aus einer Möglichkeit zu einer zwingenden Notwendigkeit. Ein neuer Entwicklungsschub war die Folge. Er wurde prägend für die Nachkriegsetappe der Vorfertigung mit Auswirkungen bis heute.

86 P. Schmitthenner: Bauen im neuen Reich, München 1934, S. 12
87 A. Speer: Stein statt Eisen, Baugilde 19 (1937), H. 9, S. 285
88 P. Briese: Wohnungsbau im Rahmen der Kriegswirtschaft, Der Dt. Baumeister 2 (1940), H. 5, S. 27f.
89 Zementindustrie und Wohnungsbauprogramm. Ebd., H.11, S. 29f.; S. Stratemann: Die Industrialisierung des Wohnungsbaues, Der Wohnungsbau in Dtschl. 3 (1943), H. 4, S. 85–106
90 H. Burchard: Betonfertigteile im Wohnungsbau, Berlin 1941, S. 27, 94
91 Christoph & Unmack: Wohnhäuser aus Holz (Musterbuch W 2000), Niesky 1940
92 Bauweltkatalog 1939, S. 316–357, 1942, S. 186–269
93 Erlaß vom 15. 11. 1940, Der Dt. Baumeister 2 (1940), H. 11, S. 5–7
94 Triebel, S. 147–156
95 E. Neufert: Die Pläne zum Kriegseinheitstyp, Der Wohnungsbau in Dtschl. 3 (1943), H. 13/14, S. 233–240; ders.: Möglichkeiten der Gestaltung beim Kriegseinheitstyp, ebd., H. 17/18, S. 279–282
96 R. Wagenführ: Die dt. Industrie im Kriege 1939–1945, Berlin 1963[2], S. 160; G. Fehl/ T. Harlander: Hitlers sozialer Wohnungsbau 1940–1945, Stadtbauwelt (1984), H. 48, S. 2095–2102 (391–398)
97 G. Birk: Entstehung und Untergang des Daimler-Benz-Flugzeugmotorenwerkes, Trebbin 1986
98 Mitt. von Prof. G. Wobus vom 4. 4. 1973
99 Das Deutsche Baugewerbe 25 (1943), H. 5/6, S. 58f.; H. 18/19/20, S. 215–217; H. 21/22/23, S. 240f.; Koncz, S. 8f.; Kleinlogel, Fertigk./Stahlbeton S. 16, 43, 116

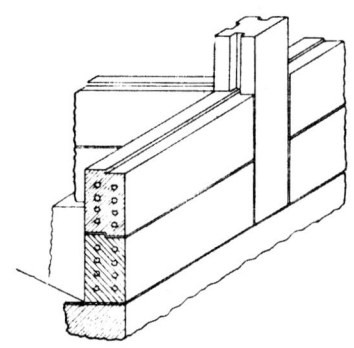

149–151 Kriegsbedingte Vorfertigung: Universalbaracke
149 Wandkonstruktion
150 Giebelansicht

151 Typenserie des Barackensystems Jos. Hoffmann & Söhne, Ludwigshafen

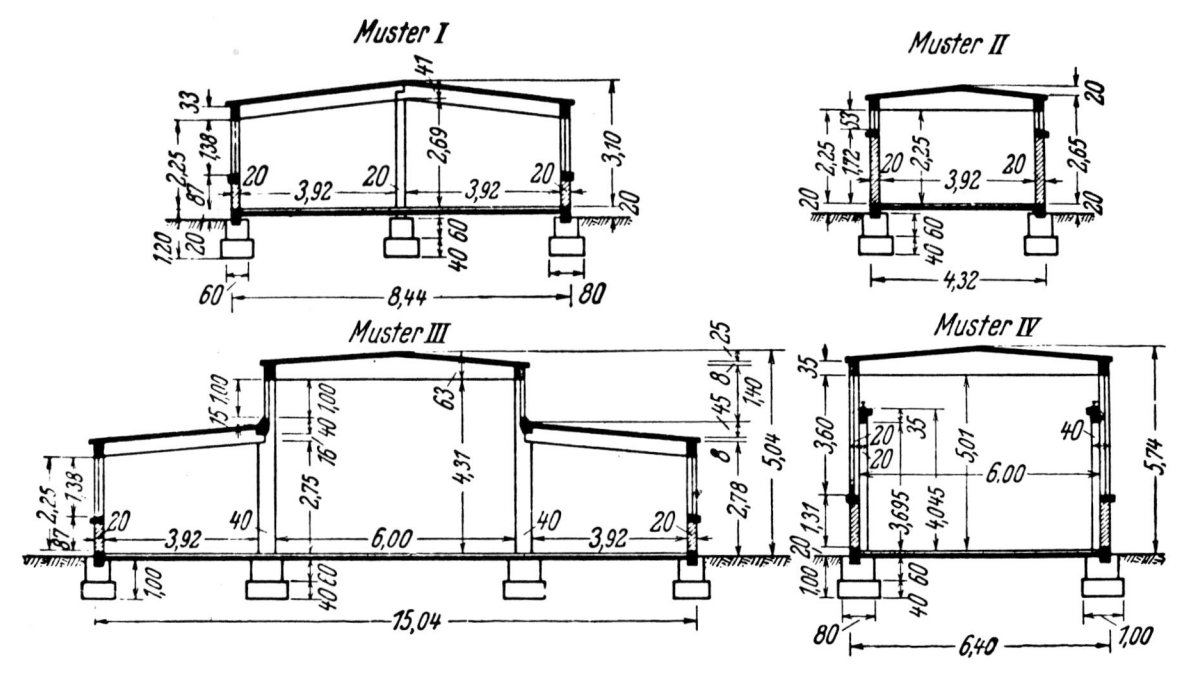

2 Bauen mit Beton

Die Kriegswirtschaft von 1914 bis 1918 hatte zwar im Hausbau zu fruchtlosen Ersatzbauweisen geführt, aber bei Industrie- und Militärbauten, wie im zweiten Weltkrieg, den Einsatz der schweren Vorfertigung begünstigt. 1917 errichtete Grün & Bilfinger, eine der deutschen Großbaufirmen, über hundert niedrige Lagerhallen für Munition bei Posen. Das Unternehmen hatte Fertigbauteile bereits im Tiefbau angewandt und verfügte daher über einschlägige Erfahrungen.[1] Stützen, Dachbinder und Dachplatten waren aus Stahlbeton vorgefertigt, die Wandfelder wurden ausgemauert. In einer ähnlichen Konstruktion bauten Wayß & Freytag 1918 in Untertürkheim eine Motorenhalle von 60 × 60 m² Grundfläche in nur elf Wochen.[2] Auch viele Flugzeugschuppen waren aus Betonelementen montiert, ihre Wände bestanden aus etwa 1,00 m langen und 0,30 m hohen Platten, die zwischen Betonpfosten versetzt wurden. Solche Elemente benutzte Ernst May nach ihrer Demontage 1919 für den Bau zweigeschossiger Siedlungshäuser in Gleiwitz.[3] Hier konnte er die ersten praktischen Erfahrungen für seine späteren Pionierleistungen sammeln. Weitere Auswirkungen auf den Wohnungsbau sind jedoch nicht bekannt. Eine wesentliche Ursache dafür mögen die grundverschiedenen konstruktiven Anforderungen gewesen sein.

Ohne Nachwirkungen blieb auch die Paneelbauweise der Gebrüder Mannesmann, die nach dem Bau der ersten Häuser durch den Tod der Erfinder eingestellt worden war, ohne daß sie über den Kreis der lokalen Fachwelt hinaus bekannt geworden wäre. Eine kontinuierliche und breit gefächerte Entwicklung zur schweren Vorfertigung hin begann deshalb in Deutschland erst mit der Einführung von Guß- und Schüttbetonverfahren als der ersten Stufe des mechanisierten Bauens mit Beton.

Guß- und Schüttbeton

In den Jahren vor dem ersten Weltkrieg hatte es bereits architektonisch bedeutende Betonbauten gegeben, in München das Anatomiegebäude der Universität von Max Littmann und vor allem den eindrucksvollen Kuppelbau der Jahrhunderthalle in Breslau von Max Berg. Noch vor Kriegsende verwies Josef Frank, einer der bekanntesten Architekten Österreichs, auf die Gußbetontechnik als ein wichtiges Mittel für den Kampf gegen die Wohnungsnot und berichtete von ihrer weiten Verbreitung und Anerkennung in den Vereinigten Staaten.[4] Ein Zementkonzern in der Schweiz schrieb 1919 unter dem Kennwort Pic-Pic einen internationalen Wettbewerb für eine Gartenstadt mit Gußbetonhäusern aus, bei dem Hans Schmidt-Basel als zweiter Preisträger sich sein erstes Architektenhonorar verdiente.[5] Mies van der Rohe dachte sich seinen Idealentwurf einer großen Villa von 1923 in Gußbeton ausgeführt. Selbst konservative Baupraktiker führten damit Versuche durch. 1919/20 erprobte Fritz Schumacher, der Stadtbaudirektor von Hamburg, in Langenhorn einige Guß- und Schüttbetonverfahren im Kleinhausbau, allerdings ohne wirtschaftlichen Gewinn.[6] Erfolgsmeldungen aus dem Ausland, vor allem über die Gußbetonhäuser des Amerikaners Charles Ingeroll, regten immer wieder zu neuen Erprobungen an. Amerikanische Stahlschalungen wurden eingeführt und eigene Stahlplattensysteme entwickelt.[7] Beton galt jetzt als der aussichtsreichste und modernste Baustoff.

Die Stadt Dortmund ließ ein Versuchshaus nach dem Gußbetonverfahren Mannebach errichten, dessen eiserne Schalungselemente mittels Laschen miteinander verschraubt wurden. Diese Elemente waren handlicher als die Platten Edisons und ermöglichten eine variable Grundrißbildung. Die wahrscheinlich breiige Gußmasse wurde durch einen Aufzug mit Kippmulde und Gießrinne eingebracht. Aber die Kosten der Eisenplatten erwiesen sich als zu hoch und ihr hohes Gewicht verteuerte den Transport und die Montage. Es konnten nur wenige Bauten ausgeführt werden. Das System

---

1 K. Kleinlogel: Fertigkonstruktionen aus Eisenbeton, Beton und Eisen 24 (1925), H. 10, S. 154
2 Kleinlogel, Fertigk./Stahlbeton, S. 24, Abb. 35; W. Petry: Der Beton- und Eisenbetonbau 1889–1923, Obercassel 1923, S. 315; DBZ 54 (1920), Mitt. über Zement, Beton und Eisenbeton Nr. 18, S. 137f.
3 Der Neubau 6 (1924), H. 7, S. 74, Abb. 17
4 J. Frank: Wohnhäuser aus Gußbeton, in: Josef Frank 1885–1967, Hrsg. Hochschule für angewandte Kunst Wien, Wien 1981, S. 112–116
5 Schweiz. Bauzeitung 76 (1919), S. 195, 204–206; J. Gubler: Nationalisme et Internationalisme dans l'Architecture Moderne de la Suisse, Lausanne 1973, S. 80–86; Archithese Nr. 12, 1974, S. 18f.
6 E. G. Friedrich: Die Kleinsiedlung in Hamburg-Langenhorn, DVW 2 (1920), H. 10, S. 131–138
7 Sozialistische Monatshefte 26 (1920), H. 2, S. 71; DVW 2 (1920), H. 10, S. 134

152/153 Josef Frank, Wien, Vorschlag für Wohnungsbau mit Gußbeton
152 Bebauungsplan
153 Hausansicht

154/155 Bauweise Mannebach
154 Systemskizze mit Stahlplattenschalung, 1918/19
155 Ausführung mit Holzschalung, 1919/1920

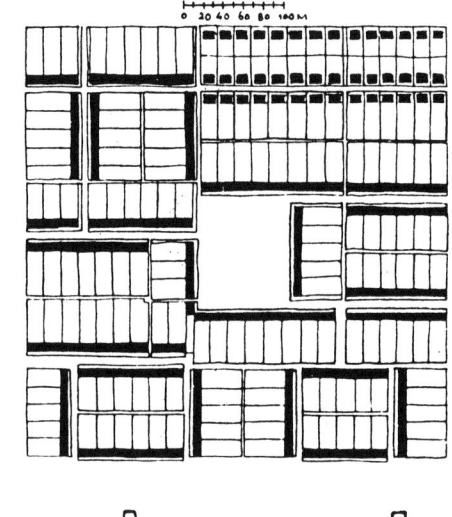

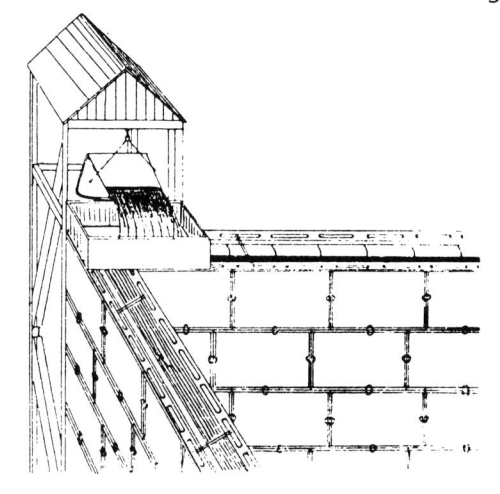

galt 1921 bereits als gescheitert, und die „Gewerkschaft Mannebach" löste sich auf.[8] Ein anderes Verfahren, das System Mezger, mit 30 cm breiten und geschoßhohen U-förmigen Stahlplatten blieb schon vor der praktischen Erprobung auf der Strecke. Bei diesem System wog ein Element 135 kg und die Schalung für nur ein Geschoß 35 Tonnen, also ebensoviel wie ein kleines vorgefertigtes Holzhaus.[9]

Erfolgreicher waren deshalb die Versuche mit tafelförmigen Holzschalungen, die kaum ein Sechstel des Gewichts der Eisenschalungen erreichten. So wurde das System Mannebach von der Kraftbau AG Berlin übernommen und auf Holzschalung umgestellt. Die Tafeln waren ähnlich den ursprünglichen Stahlplatten 1,00 × 1,50 m bis zu 1,00 × 2,00 m groß und wurden durch eine Vielzahl von Stegbolzen gehalten, die man beim Ausschalen aus der fertigen Wand wieder herauszog.[10] Von einer Firma Gebr. Loesch in Karlsruhe heißt es, daß sie bis 1921 über hundert Häuser mit einem wärmedämmenden und nagelbaren Schlackenbeton in Holzschalungen mit Blechbeschlag gebaut habe, darunter 1919/1920 zweigeschossige Doppelhäuser nach Entwürfen von Max Taut am Eichkatzweg in der Siedlung Eichkamp in

8 Reichskommissar, Ersatzbauweisen, S. 26f.; DBZ 53 (1919), H. 39, S. 210; BW 12 (1921), H. 32, S. 485; Strauch S. 59
9 BW 12 (1921), H. 34, S. 485f.
10 P. H. Riepert: Der Kleinwohnungsbau und die Betonbauweisen, Berlin 1924, S. 69
11 DBZ 53 (1919), H. 39, S. 210; 54 (1920), Mitt. über Zement, Beton und Eisenbeton Nr. 18, S. 139f.; BW 12 (1921), H. 34, S. 210

156–158 Bauweise Loesch, Karlsruhe/Berlin: Doppelhäuser in Berlin-Eichkamp, Eichkatzweg, Arch. Max Taut, 1919/1920
156 Bauprozeß
157 Rohbau
158 Ansicht, 1991

Berlin.[11] Taut war schon vor dem ersten Weltkrieg bemüht gewesen, neue Baustoffe, vor allem Stahlbeton, in seine Architekturkonzeption einzubeziehen. Nach dem Krieg nutzte er die Formbarkeit des Betons für expressionistische Versuche wie bei dem Grabmal Wissinger in Stahnsdorf und dem Gewerkschaftshaus von 1923 in Berlin, Wallstraße. Es ist daher sehr wahrscheinlich, daß er im Zug der damaligen Tendenzen die Ausführung der Eichkamphäuser in Gußbeton angeregt hat. Das Ergebnis war anscheinend nicht befriedigend, und man ging wieder zum herkömmlichen Mauerbau über.

Bekannter als die Loesch-Bauweise wurden der „Zollbau" des Stadtbaurates Zollinger und die „Kossel-Schnellbauweise" einer Firma in Bremen. Zollinger wurde 1918 Stadtbaurat in Merseburg, einer Stadt mit besonders großer Wohnungsnot. Durch den kriegsbedingten raschen Aufschwung der chemischen Industrie bei dem Dorf Leuna und des Kohlebergbaus im Geiseltal waren zwischen 1916 und 1921 mehr als 32 000 Chemiearbeiter und Bergleute in die Stadt geströmt. Die Stadtverwaltung baute Notwohnungen in Baracken, vor allem aber förderte sie den Eigenheimbau in Selbsthilfe. Gleichzeitig ging sie zum Wohnungsbau in eigener Regie über und gründete dafür die „Merseburger Baugesellschaft". Zollinger wurde deren Vorsitzender, so daß er den Wohnungsbau in städtebaulicher wie in bautechnischer Hinsicht nach seinen Plänen lenken konnte.[12]

Da im Stadtgebiet allenthalben bester Betonkies anstand, wurde Zollingers Betonschüttverfahren zur gegebenen Bauweise. Sie erwies sich auch als geeignet für das Bauen in Selbsthilfe, selbst die Dächer konnten die Siedler ohne Schwierigkeiten in Zollingers sparsamer Lamellenkonstruktion ausführen. Das komplizierte Preßbetonverfahren hatte er in der Zwischenzeit aufgegeben. In Merseburg verwendete er einen Beton mit Zusatz von Lokomotivschlacke und Asche etwa im Verhältnis 1 : 6 : 6. An der zügigen geschoßhohen Schüttung hielt er fest und beschränkte das Verdichten auf ein einfaches „Durchstoßen" des Betons. Die Festigkeit war dennoch ausreichend und eine besondere Bewehrung nicht erforderlich. Die Wärmedämmung einer 26 cm dicken Außenwand übertraf die einer 38 cm dicken Ziegelmauer. Die Decken wurden massiv nach verschiedenen Systemen ausgeführt. So lagen die Rohbaukosten beim „Zollbau" in Merseburg um 40 bis 45 % niedriger als beim Mauerbau.

Zollinger suchte auch den Mechanisierungsgrad der Baustellen zu erhöhen. Die Merseburger Baugesellschaft setzte Betonmischer und Transportbänder ein, sie verwendete 1928 beim Bau der Siedlung an der Siegfriedstraße das sogenannte Bauschiff und an der Gerostraße einen haushohen Portalkran. Das Bauschiff war ein fahrbares Holzgerüst, breiter und höher als eine Hauseinheit, eine portalartige Beschickungsanlage mit Aufzügen und Schüttrinnen. Es ging auf eine Idee des Architekten Ernst Neufert zurück, der damals am Bauhaus tätig war, und galt jahrelang als Inbegriff einer hochmechanisierten Baustelle. Ein Höhepunkt war der Bau von 750 Wohnungen in einer geschlossenen Siedlung mit der Markwardstraße als zentraler breiter Grünachse. Bauherr war die Gemeinnützige Aktiengesellschaft für Angestelltenheimstätten (Gagfah), Ausführender die Allgemeine Häuserbaugesellschaft A. Sommerfeld Berlin (Ahag). Gebaut wurde 1929 bis 1931 überwiegend dreigeschossig in der Zollbauweise mit Bauschiff. So wurde Merseburg durch das Wirken seines Stadtbaurates zu einer Stadt der neuesten Bautechnik, das ausgedehnte Stadterweiterungsgebiet westlich der Bahn ist davon geprägt.

Die Zollbauweise wurde auch in anderen Städten angewandt, in Magdeburg 1921 in den Siedlungen Eichenweiler und Birkenwerder, 1926 in der kleinen Gartenvorstadt Gesundbrunnen in Halle, vor allem aber in dem benachbarten Bad Dürrenberg. Dort errichtete die Ahag Sommerfelds 1929 etwa 1000 Wohnungen in langen Häuserzeilen nach den Entwürfen von Alexander Klein. Aber hier wie schon in der Gagfah-Siedlung in Merseburg zeigte sich ein großer Nachteil aller portalähnlichen Beschickungsanlagen: das unerläßliche Umsetzen hemmte den zügigen Bauablauf, es war zeitraubend und kostspielig, außerdem bedingten diese Anlagen eine gewisse Monotonie der Gebäudeanordnung bereits im Planbild. Bei einem Bauvorhaben mit 400 Wohnungen, die die Ahag im gleichen Jahr in Berlin-Zehlendorf errichtete, reduzierte sie deshalb das Bauschiff auf einen niedrigen Turm mit weit ausladenden Förderbändern, der mit geringerem Aufwand umzusetzen war und überdies zwei benachbarte Hausreihen gleichzeitig beschicken konnte. Es wird geschätzt, daß bis 1929 etwa 3 000 Wohnungen mit Zollinger-Schalungen hergestellt worden sind.[13] Diese Zahl ist zweifellos zu niedrig angesetzt. Allerdings verlor die Bauweise an Bedeutung, nachdem Zollinger 1930 auf der Höhe seiner Erfolge als Stadtbaurat und Vorsitzender der Merseburger Baugesellschaft abgewählt worden war. Die Gründe dafür sind nicht mehr feststellbar.

Während Zollingers Tätigkeit mehr oder weniger auf den Merseburger Raum beschränkt blieb, nahm der Geschäfts-

12 F. Zollinger (Hrsg.): Merseburg. (Deutschlands Städtebau), Berlin 1929², S. 44–51
13 E. F. Berking: Die Gußbauweise, DVW 4 (1922), H. 6, S. 93; Der Baumeister 26 (1929), Beil. S. B221–B224; DBZ 63 (1929), Beil. Moderner Wohnungsbau, S. 51–53; BW 20 (1929), H. 19, S. 447–450; Riedel, S. 82f.; J. Siedler: Die Lehre vom neuen Bauen, Berlin 1932, S. 37–39

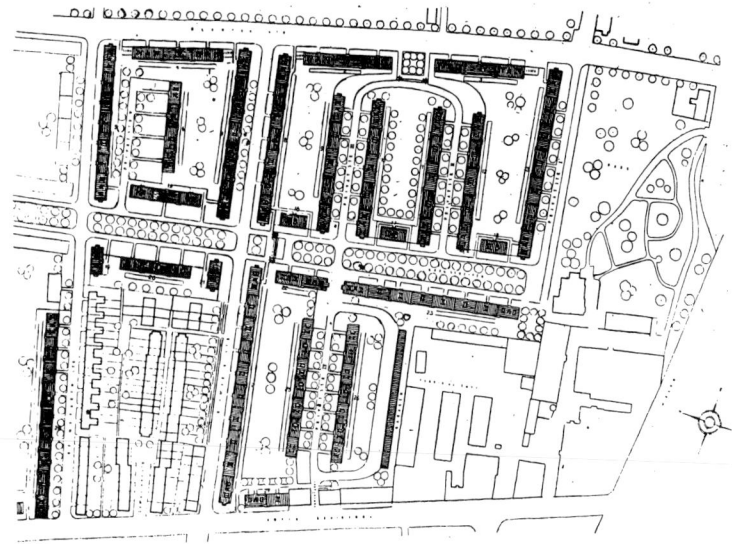

159–164 Bauweise
F. Zollinger (Zollbau)
159 Siedlungsbau in Selbsthilfe mit vorgefertigtem Lamellendach, 1922, Merseburg, Geusaer Straße
160–163 Großsiedlung Merseburg, Markwardstraße, 1929–1931
160 Bebauungsplan
161 Gießen mittels Bauschiff

162 Ansicht 1. Bauabschnitt
163 Wohnhäuser Markwardstraße, Zustand 1991

bereich der Firma Kossel in Bremen internationale Dimensionen an. Das Unternehmen bestand seit 1903, mit der Schüttbauweise begann es 1919 im Ruhrgebiet. Bereits 1923 wurde eine holländische Tochtergesellschaft gegründet, 1925 eine zweite in Irland und 1926 eine Konzessionsgesellschaft in der Sowjetunion. Das Produktionsvolumen war entsprechend. Bis 1929 sollen 8–9000 Wohnungen errichtet worden sein. Paul Kossel hatte sich ein Schüttbetonverfahren patentieren lassen, bei dem ähnlich dem System Zollingers und vielleicht unter dessen Einfluß verlorene Holzkästen in die Schalung eingestellt und einbetoniert wurden. Nach diesem Verfahren wurden unter anderem 1923 in Hamburg-Langenhorn einige Häuser gebaut; sie brachten allerdings keine Kostensenkung.[14] Kossel ging sehr bald zu porenhaltigen Betonzuschlägen wie Bims und Schlacke über. Für den Rohbau eines erdgeschossigen Hauses gab er eine Bauzeit von 14 Tagen an.[15] Die Siedlung in Dortmund-Bövinghausen, Uranusstraße, wurde 1921 auf diese Weise gebaut, ebenso die Kleinhausreihe von J. P. Oud in der Weißenhofsiedlung. Kossel-Bauten gibt es in Leipzig, Bremen, Hamburg, Dortmund, aber auch in Rotterdam und anderen Städten. Leider fehlen nähere Angaben über die Wirtschaftlichkeit der Bauweise.[16]

Einen besonderen Auftrieb erhielt die Schüttbauweise im Lauf der zwanziger Jahre durch die Erfindung des Gasbetons und der verschiedenen Arten des Porenbetons. In dieser Reihe bildete der Porositbeton eine gewisse Ausnahme. Seine Porosität ging nicht auf besondere chemische Zusätze zurück, sondern auf zwei im Baugewerbe sehr alltägliche Materialien: auf ein Zement/Sandgemisch 1 : 8 und eine Mischung von gebranntem Kalk und Sand 1 : 6 bis 1 : 8. Beide Komponenten wurden erst vor der Verarbeitung zusammengebracht. Der Erfinder war der Architekt W. O. Zimmermann in Stettin. Er hatte gleichzeitig ein besonderes Schalungssystem mit nur halbgeschoßhohen Tafeln entwickelt und ließ auch nur in jeweils halber Geschoßhöhe schütten. Seit 1926 wurden damit Kleinwohnungen vorzugsweise in Stettin gebaut, anfangs zweigeschossig, später auch mit drei Geschossen. Der Betontransport zur Schüttstelle erfolgte durch

164 Großsiedlung Bad Dürrenberg, Arch. Alexander Klein, Wohnzeile, 1929, Zustand 1991

14 DVW 2 (1920), H. 10, S. 135
15 Der dt. Wohnungsbau, S. 513–516
16 W. Petry: Beton im Wohnungsbau, DBZ 63 (1929), H. 5, Beil. Modernes Wohnungswesen, S. 49–58; R. Stegemann: Neuz. Mauerkonstruktionen im Bauwesen, Schr.reihe der Dt. Gesellschaft für Bauingenieurwesen Nr. 26, Berlin 1925, S. 134; F. Bollerey/K. Hartmann: Wohnen im Revier, München o. J., Objekt 76 (Dortmund-Bövinghausen); H. Ritter: Wohnung, Wirtschaft, Gestaltung, Berlin 1928, S. 57

165–167 Kossel Schnellbau, Bremen: Siedlung Dortmund-Bövinghausen, Uranusstraße, 1921

165 Einfamilienhaus, Zustand 1974

166/167 Wohnblocks Leipzig, Stöckelstraße/Stammstraße, Arch. Hubert Ritter, 1925, Straßen- und Hofansicht, Zustand 1992

einen Förderturm und weitreichende, an einem Turmdrehkran hängende Förderbänder.¹⁷

Es war offensichtlich geworden, daß die Wirtschaftlichkeit der Schüttbetonbauweisen in erster Linie von zwei Faktoren abhängt: einerseits vom Mechanisierungsgrad der Arbeitsprozesse und andererseits vom System der Schalung. Die Tendenz ging vom schwerfälligen Portalkran und vom Bauschiff zu leichter beweglichen Aufzugs- und Verteilermechanismen hin. Die Rapid-Gesellschaft in Köln verwandte nur noch hohe, leicht aufzurichtende und durch Pardunen abgespannte Gießmasten mit angehängten weitreichenden Schüttrinnen.¹⁸ Auch die Schalungen waren ein wichtiger Kostenfaktor, weil die Montage und die Demontage stets einen hohen Anteil an der Gesamtarbeitszeit erforderten. Durch die Verwendung genormter vorgefertigter Schalungen konnten die Kosten auf die Hälfte des Aufwandes für am Ort gefertigte Schalungen gesenkt werden. Von Einfluß war auch die Häufigkeit der Wiederverwendung der einzelnen Tafeln; zwölf- bis fünfzehnmal ohne Reparatur galt als ein gutes Ergebnis. Zollingers Tafeln konnten nach seinen Angaben bis zu dreißigmal verwendet werden, nach der ersten Reparatur noch fünfundzwanzigmal. Schließlich waren die volle Nutzung der eingesetzten Technik und zügiges Schütten nur möglich, wenn ausreichend Schalungstafeln zur Verfügung standen; diese Bedingung konnte durchaus nicht immer erfüllt werden. Bei breiiger Schüttmasse füllten sich die Poren der Zuschlagstoffe häufig mit Wasser, was die Wärmedämmung herabsetzte und lange Trockenzeiten erforderlich machte.¹⁹

Als eine konsequente Fortentwicklung aller dieser Erfahrungen kann man eine Guß- oder Schüttbauweise betrachten, die vermutlich 1928 oder 1929 von dem Direktor der Berliner Filiale der Philipp Holzmann AG, Otto Müller, ausgearbeitet worden ist. Sie war speziell für den Bau von Kleinwohnungen in mehrgeschossigen Reihenhäusern gedacht. Das System beruhte auf einer Querwandbauweise,

17 E. Straßberg: Porosit-Schüttbauverfahren, DBZ 63 (1929), H. 68/69, S. 594–596 und H. 5, Beil. Modernes Wohnungswesen, S. 53–55, Abb. 13–16; BW 11 (1920), H. 27, S. 624; Untersuchung einer Schüttbetonbauweise, RFG Mitt.blatt Nr. 2, Aug. 1930, S. 5f.
18 Siedler, Abb. S. 37
19 WLB Bd. I, S. 490; Siedler, S. 37; Triebel, S. 137

114

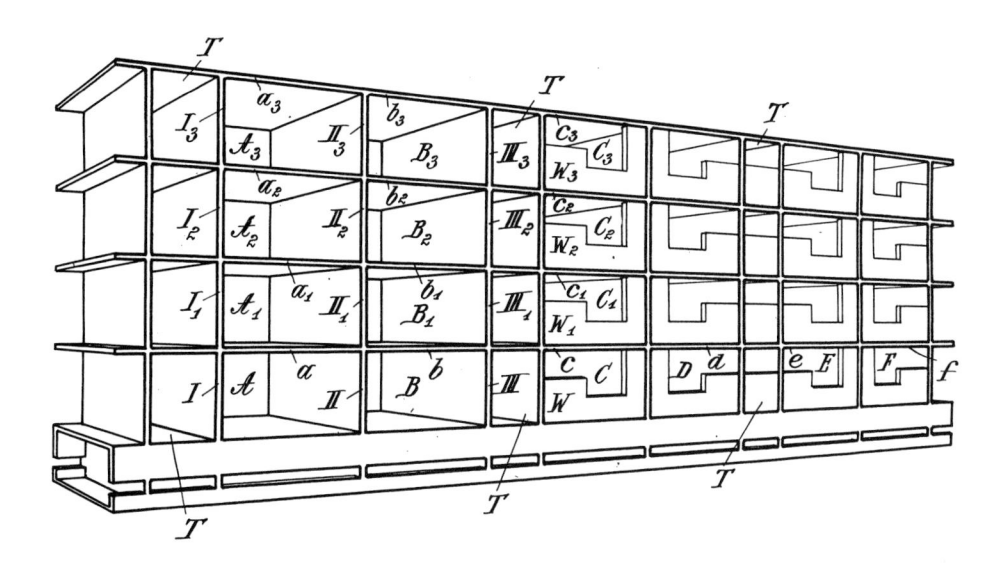

168–170 Querwandbauweise Philipp Holzmann AG, Berlin
168 Zeichnung der Patentschrift
169/170 Projekt Kleinwohnungen, Arch. Luckhardt & Anker, 1930, Modell und Grundrisse

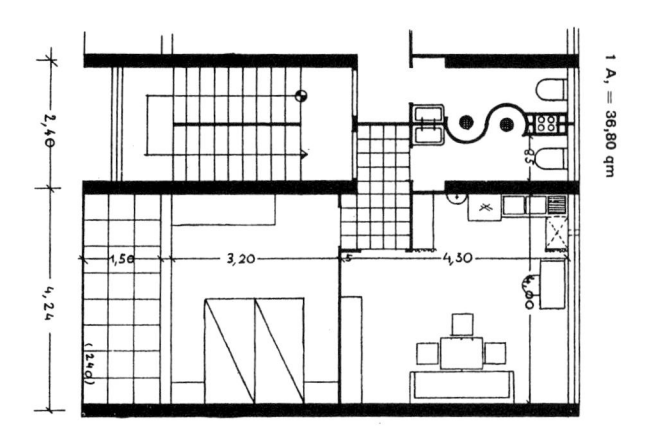

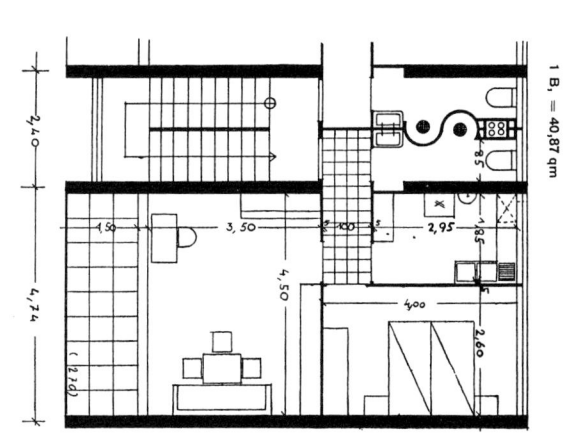

wobei die einzelnen Gefache die Größe einer ganzen Wohnung haben sollten. Zwischen ihnen waren schmalere Gefache für die Treppenhäuser vorgesehen. Die übliche Mittelmauer konnte entfallen. Durch maßgerecht vorgefertigte Schalungen und die Beschränkung des Rohbaus auf glatte Querwände und Decken wurde der Bauprozeß denkbar vereinfacht; für die Förderung des Betons war die eben erst in die Praxis eingeführte Betonpumpe vorgesehen. Es bedurfte nur noch einer gut isolierenden Ausfachung mit den Fensteröffnungen und leichter Trennwände für die innere Raumaufteilung. Die Wohnungsgröße ging hier in erster Linie von der wirtschaftlich vertretbaren Spannweite der Decken ab. Diese vielversprechende Bauweise ließ sich die Firma patentieren (DRP Nr. 574029 von 1933). Damit war ein Weg beschritten, der letztlich nach 1945 zum Tunnelschalverfahren geführt hat. Ob nach dem Patent auch gebaut worden ist, erscheint in Anbetracht der Zeitumstände mehr als fraglich. Leider ist darüber nichts zu erfahren.

Bekannt ist nur ein Projekt, das auf die enge Zusammenarbeit der Architekten Brüder Luckhardt & Anker mit der Philipp Holzmann AG und ihrem Direktor Müller zurückgeht, und das in der Fachpresse lebhaft diskutiert worden ist. Als der Wohnungsbau 1930 durch die Weltwirtschaftskrise fast zum Erliegen kam und die Reichsregierung die Vergabe billiger staatlicher Hypotheken auf Kleinstwohnungen beschränkte, veröffentlichten die Luckhardts einen Vorschlag für Reihenhäuser mit Wohnungen von nur 37 m² Wohnfläche in der Holzmann/Müller-Querwandbauweise. Der sorgfältig ausgearbeitete und architektonisch bestechende Entwurf fand jedoch nur eine sehr geteilte Aufnahme, denn es gab heftige Einwände gegen die vorgeschriebene Wohnungsverkleinerung. Auch die Querwandbauweise half darüber nicht hinweg. So bleibt das Projekt ein weiteres Beispiel für die Intensität, mit der in jenen Jahren an der Entwicklung des Kleinwohnungsbaues gearbeitet worden ist.[20]

Trotz jahrzehntelanger und wiederholt sehr intensiver Versuche konnte der Guß- und Schüttbeton das Ziegelmauerwerk im Wohnungsbau nicht verdrängen. Dennoch war seine Verwendung eine wichtige Vorstufe für den Wohnungsbau mit vorgefertigten Betonelementen. Walter Gropius ging davon aus, als er sich nach dem ersten Weltkrieg den Problemen der Vorfertigung wieder zuwandte, und Ernst May hat seine Großblockbauweise ausdrücklich mit dem Blick auf die Mängel des Schüttbetons entwickelt.

Der Baukasten im Großen

Es war im Siedlungsbau der Nachkriegsjahre üblich geworden, im Interesse der wirtschaftlichen Nutzung der neuen Technik die Hausgrundrisse durch Typung weitgehend zu vereinheitlichen. Gropius setzte dieser Praxis Vorstellungen entgegen, die schon die Grundlage seines Hausbauprogramms von 1910 gewesen waren: „Nicht Typisierung der Grundrisse mit der schablonenhaften Einseitigkeit der üblichen Siedlungsbauten", hatte er geschrieben, sondern Typisierung der einzelnen Bauelemente, um die größtmögliche Variabilität der Grundrisse zu gewährleisten.[21] Anlaß für diese Erklärung war das Projekt einer Siedlung für die Bauhausgemeinschaft, das Gropius seit der Gründung des Bauhauses betrieb. Als 1920 nach langen Verhandlungen ein Gelände an der Straße Am Horn in Weimar freigegeben worden war, ließ er durch Fred Forbát, einen emigrierten ungarischen Architekten, ein neuartiges Hausbausystem ausarbeiten, das Wabenbau genannt wurde. Ähnlich dem Maschinenbau mit genormten Baugruppen sollten „Wohnmaschinen" aus unterschiedlichen „Einzelraumkörpern" zusammengesetzt werden. Ein großer und hoher Wohnraum bildete den Kern des Hauses, an den Eingangsraum, Küche, Bad, Schlafzimmer und Nebengelaß in der Form kleinerer Raumzellen angelagert werden sollten. Für die Ausführung war Guß- oder Schüttbeton vorgesehen, nachdem Gropius sich in Merseburg von der Effektivität der Zollbauweise überzeugt hatte.[22] Jedem Wabentyp entsprach eine speziell vorgefertigte Schalung. Nach dem Zusammensetzen der Wabenschalungen gemäß dem vorgegebenen Raumprogramm konnte das Betonieren des Hauses beginnen. Im Grunde nahm diese Technologie ähnlich der Querwandbauweise Holzmann/Müller Elemente des Tunnelschalverfahrens vorweg, ebenso die Raumzellenbauweise. Es wurden kleine Hausmodelle angefertigt, die die verschiedenen Kombinationsmöglichkeiten des Wabenbaues demonstrierten. Gropius zeigte sie erstmals 1922 auf einer Ausstellung seiner Bauten und Entwürfe. Gleichzeitig arbeitete Forbát für die Bauhaussiedlung einen Bebauungsplan mit solchen Wabenhäusern aus. Jeder Siedler sollte auf diese Bauweise verpflichtet werden.[23]

Allerdings war die Zahl der Siedlerstellen zu gering, um die Herstellung der kostspieligen Schalungen zu rechtfertigen. Forbát zeichnete deshalb vier Haustypen für eine Ausführung in Mauerwerk, darunter ein Einfamilienhaus mit einer Einliegerwohnung im Obergeschoß, das in Grundriß und Baugestalt dem Wabensystem entsprach.[24] Aber die flachgedeckten Kuben wirkten so sachlich nüchtern, daß das Stadtbauamt Weimar traditionellere Formen und ein steiles

Dach forderte. Gropius lehnte dieses Ansinnen jedoch aus grundsätzlichen Erwägungen ab, so daß das Siedlungsunternehmen ins Stocken geriet. Die Arbeiten am Wabenbau gingen jedoch weiter. Forbát fiel durch eine längere Krankheit aus, so daß Gropius die Projektierung mit Adolf Meyer fortführte. Die Zahl der erforderlichen Raumkörper konnte auf sechs vermindert werden. Die Architektur der Häuser entsprach bereits dem neuen Geist, der sich unter dem Einfluß der holländischen De-Styl-Bewegung und Le Corbusiers Idee der „Wohnmaschine" am Bauhaus entwickelte. Diese neue Fassung nannte Gropius „Baukasten im Großen" und stellte sie auf der berühmt gewordenen ersten Leistungsschau des Bauhauses 1923 aus. Der kleinste Haustyp beschränkte sich auf nur zwei Raumzellen, ein Vierzellentyp war im Modell zu sehen.[25]

Wie der Wabenbau blieb auch der Baukasten im Großen Projekt, die damit angestrebte Vereinfachung des Bauvorganges wurde offensichtlich nicht erreicht. Für den Kleinhausbau war das System zu wenig flexibel und durch die kostspieligen Schalungen, selbst unter besseren technischen Voraussetzungen, zu teuer. Aber es war das einzige Raumzellensystem, das die zwanziger Jahre hervorgebracht haben. Auch später konnte sich die Raumzellenbauweise im Wohnungsbau nicht durchsetzen. Zellen aus Beton sind zu schwer und stets durch Verkanten gefährdet, ihr Transport ist kostspielig. Nur als sogenannte Sanitärzelle mit eingebauter Installation haben sie sich bewährt.

Nachdem der Siedlungsplan gescheitert war, sollte für die Ausstellung von 1923 wenigstens ein Einfamilienhaus gebaut und mit Produkten der Bauhauswerkstätten ausgestattet werden. Hier aber erlebte Gropius eine neue Enttäuschung. Die Studenten lehnten die „nüchternen Pläne und Beispiele des Architekturbüros" ab und gaben nach langen Diskussionen dem Entwurf des jüngsten Baumeisters Georg Muche ihre Zustimmung. Das Haus wurde an der Straße

171–173 Wabenbau, Walter Gropius/Fred Forbát, 1922
171 Grundkörper mit Raumkörpern 1–7
172 Erd- und Obergeschoß eines Haustyps
173 Hausmodelle

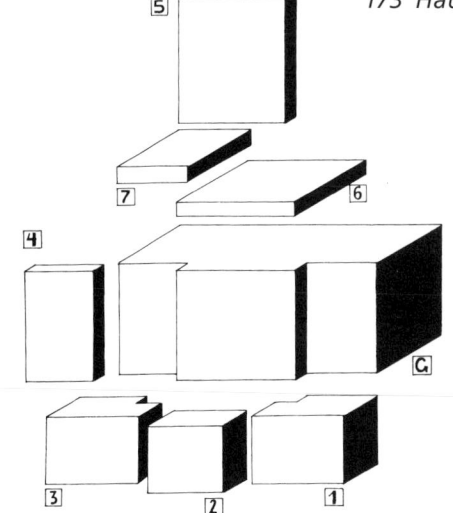

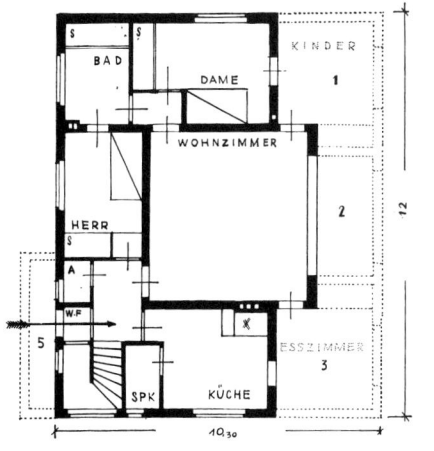

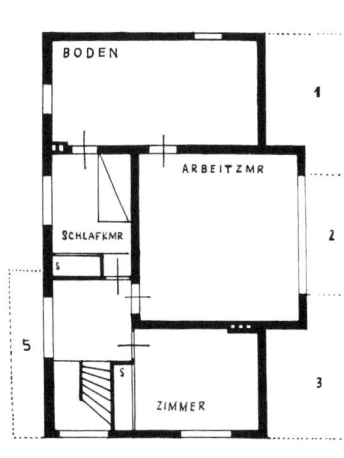

20 Luckhardt & Anker: Zur neuen Wohnform, Berlin 1930, S. 55, 63; Brüder Luckhardt und Alfons Anker: Berliner Architekten der Moderne, Schriften der Akad. der Künste Berlin, Bd. 21, Berlin 1990, S. 96, 233, Werkverz. Nr. 66
21 Staatliches Bauhaus Weimar 1919–1923, Weimar/München 1923, S. 5, 16
22 Nerdinger, Gropius, S. 58; Probst/Schädlich, Bd. I, S. 91–94; Gropius' Gutachten im Staatsarchiv Weimar, Sign. BH 201, Bl. 63 (nach Ch. Kutschke: Bauhausbauten der Dessauer Zeit, Diss. HAB Weimar 1981, Bd. II, Anm. 61)
23 W. Scheidig: Die Bauhaus-Siedlungsgenossenschaft in Weimar 1920–1925, Dezennium 2, Dresden 1972, S. 249–262
24 Probst/Schädlich, Bd. I, S. 92/93, 211–213; Nerdinger, Gropius, S. 58–60
25 Ebd., S. 58–60, Blick in die Ausstellung, S. 61

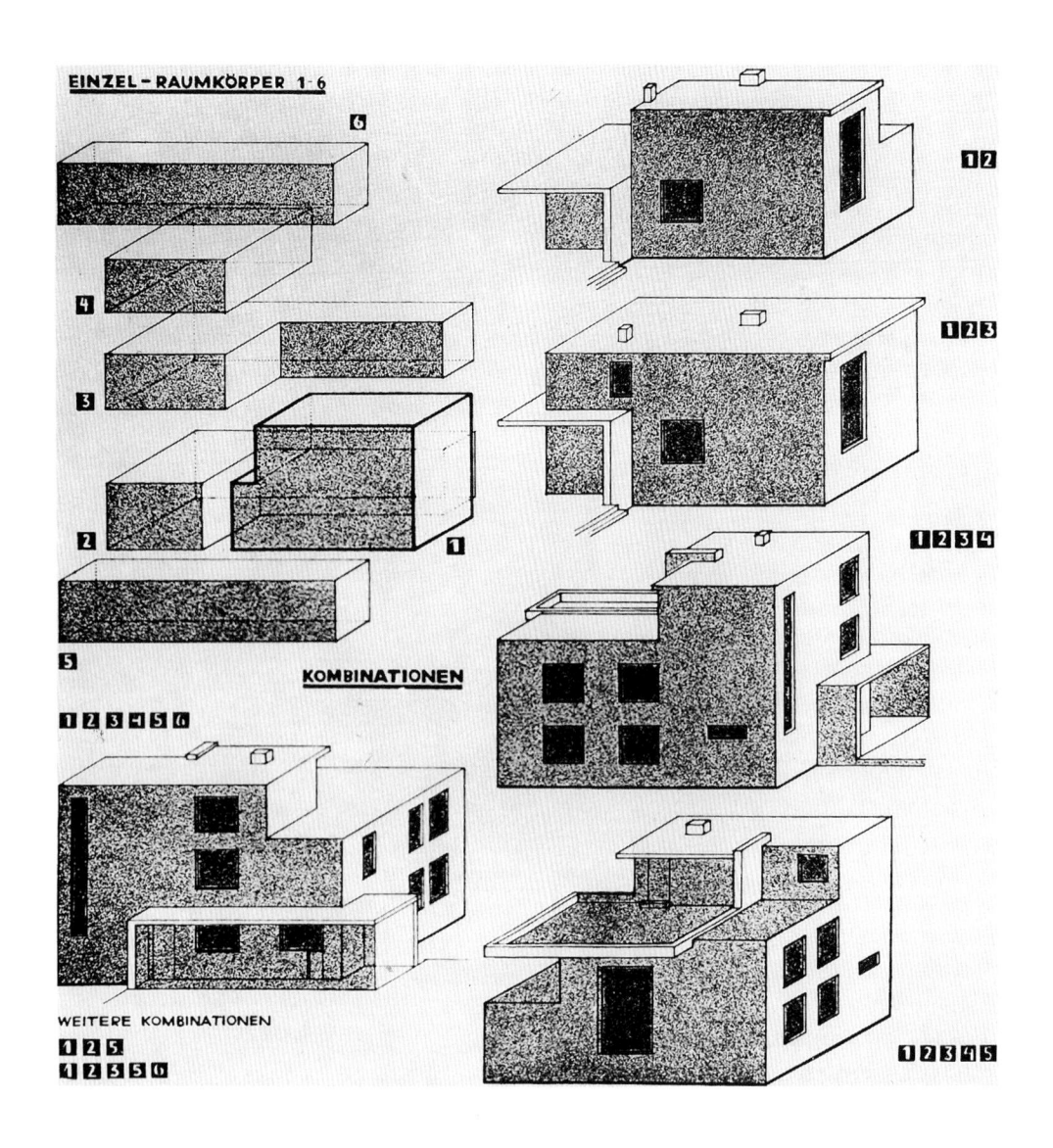

174 Baukasten im Großen, Walter Gropius/Adolf Meyer, 1923, Raumkörper 1–6 mit Kompositionsvarianten

175 Georg Muche/Walter Gropius, Haus Am Horn, Berlin, 1923, Ansicht

Am Horn gebaut. Technische Experimente waren unmöglich, gewählt wurde ein rationalisiertes wärmedämmendes Mauerwerk mit patentierten Jurko-Platten. Muche hatte dem Entwurf sein ganz persönliches Wohnideal zugrunde gelegt. Letztlich war die Anlage dem Baukasten im Großen sehr verwandt: ein großer Wohnraum mit angesetzten niedrigen Schlaf- und Wirtschaftsräumen. Nur war die Bedeutung des Wohnraumes als Zentrum des Familienlebens und damit als abgeschirmter Mittelpunkt des Hauses stärker betont, vor allem durch die Beschränkung der Fenster auf ein umlaufendes Oberlicht. So lebte die Raumidee des Baukastens im Haus Am Horn fort.[26] Das Echo in der Fachwelt, in illustrierten Zeitungen und selbst in der Tagespresse war anerkennend. Der überhöhte große Wohnraum fand sich in der Folgezeit in mancherlei Entwürfen von Hans Scharoun, Bruno Paul, Adolf Meyer und anderen wieder. Noch 1926 schrieb die „Wohnungswirtschaft" mit Blick auf das Haus Am Horn: „Wenn alle Versuche mit der gleichen Kühnheit und Liebe zur Sache gemacht würden, stünde Deutschland in der Förderung des Massenwohnens nicht mehr hinter Holland und anderen Ländern zurück."[27]

Martin Wagners Industrialisierungspläne

Mit dem Bau des Hauses Am Horn hatte das Ringen um eine neue Betontechnik für den Hausbau am Bauhaus Weimar einen gewissen Abschluß erreicht. Der Schwerpunkt der Entwicklung verlagerte sich durch die Gründung der Dewog eindeutig nach Berlin. Die Berufung Martin Wagners zum Direktor dieser neuartigen Organisation bewies die Absicht der Gewerkschaften, den Wohnungsbau in jeder Hinsicht zu fördern. Wagner begann sofort mit großer Intensität zu arbeiten. Um voll wirksam zu werden, gründete er die Zeitschrift „Wohnungswirtschaft", denn die Bereitschaft zum Eintritt in die Dewog war zunächst sehr unterschiedlich. Vor allem sträubten sich kleine Baugenossenschaften, weil sie den Verlust ihrer Selbständigkeit und eine Störung ihrer teils politischen, teils religiösen und weltanschaulichen Bindungen fürchteten. Die Dewog jedoch setzte sich durch und wurde ein bedeutender Faktor des deutschen Wohnungs- und Städtebaus.[28]

Bereits im September 1924 reiste Wagner im Auftrag der Gewerkschaften in die Vereinigten Staaten, um die amerikanische Bautechnik und Bauwirtschaft zu studieren. Er war tief beeindruckt vom Geist der Rationalisierung in der Industrie, vom Taylorsystem und vom Fließband. Aber er bemerkte auch, daß die Rationalisierung des traditionellen Mauerbaus durch den Taylorschüler Gilbreth unbeachtet ge-

176–183 Die Dewog-Kopfgemeinschaft
176 Martin Wagner, um 1930

blieben war und die amerikanische Bauindustrie den Fortschritt in erster Linie in einer Vorfertigung sah, die Rohbau und Ausbau gleichermaßen erfaßte. Beim Besuch der Baustelle Atterburys kam er zu der Überzeugung, daß der allein erfolgversprechende Weg in die Zukunft in der Großplattenbauweise zu suchen sei. Sie erschien ihm als der einzige Garant für die wirtschaftlich wichtige Ausschaltung der Saisonarbeit, für spürbare Kostensenkung und die Erleichterung der Arbeit auf der Baustelle durch Mechanisierung. Als ein Ergebnis seiner Studien schlug er nach seiner Rückkehr der Dewog vor, „Volkswohnungen in höchster Qualität" in großen Serien zu fertigen. Die Lage in Deutschland schien ihm durch die Bauorganisationen der Dewog als Großabnehmer und durch die aufblühenden Bauhütten als künftige Produzenten von Fertigteilen und Montagebetriebe günstig zu sein. Denn viele Bauhütten hatten sich inzwischen Baustoffbetriebe angegliedert und waren in der Lage, selbst Großbauten in Stahlbeton auszuführen. Nicht zuletzt bestärkte ihn die 1924 weit verbreitete Meinung, daß der Hausbau unmittelbar vor seiner Industrialisierung stehe.

Voller Optimismus schuf sich Wagner ein Leitgremium zur Verwirklichung seines Vorhabens, die „Dewog-Kopfgemeinschaft". Bezeichnend für die damalige Verbreitung des Industrialisierungsgedankens war der dafür ausgesuchte Perso-

---

[26] G. Muche: Bauhaus-Epitaph, in: E. Neumann: Bauhaus und Bauhäusler, Berlin/Stuttgart 1971, S. 167; A. Meyer (Hrsg.): Ein Versuchshaus des Bauhauses in Weimar, München 1925
[27] WW 3 (1926), H. 6, S. 44
[28] Novy, Illustrierte Geschichte, S. 118–131 „Durch seine Initiative ist ein Stück Reformutopie Realität und zum wichtigsten Ergebnis der gesamten Sozialisierungsbewegung in Deutschland geworden." Günter Uhlig in Arch + H. 45, Juli 1979, S. 5

nenkreis: Walter Gropius, Bruno Taut und – erstmals in einem zentralen Gremium – Ernst May.²⁹

Mit Taut war Wagner befreundet. In dessen Berliner Büro war das Sekretariat des Verbandes Sozialer Baubetriebe in den ersten Jahren untergebracht. Taut hatte seine Tätigkeit als Stadtbaurat in Magdeburg bereits aufgegeben und baute die Siedlung am Schillerpark in Berlin-Reinickendorf. Die ersten Gespräche über ein großes Siedlungsvorhaben in Britz liefen an. Taut war 1919 und 1923 in Holland gewesen, dem architektonisch am weitesten fortgeschrittenen Land Europas, er hatte enge Beziehungen zu J. P. Oud und kannte die neuesten Bauweisen auf Betonbasis. In diese Zeit fällt seine intensive Beschäftigung mit dem Industrialisierungsproblem, die ausführliche Darstellung seiner Gedanken in „Die neue Wohnung" und ein Appell an die Industrie im Frühjahr 1924.³⁰ Gropius hatte sich durch den Baukasten im Großen als ein Verfechter der schweren Vorfertigung ausgewiesen und stimmte mit Wagner in der Auffassung überein, daß das handwerkliche Bauen durch Rationalisierung nicht genügend verbilligt werden könne. „Das neue Ziel dagegen", schrieb er 1923, „wäre die fabrikmäßige Herstellung von Wohnhäusern im Großbetrieb auf Vorrat" durch die Produktion „montagefähiger Einzelteile".³¹ May hatte sich durch seine ausgedehnte Siedlungstätigkeit in Schlesien einen Namen gemacht. Er verfocht ein städtebauliches Programm, das stark von der englischen Gartenstadtidee beeinflußt war und gab das „Schlesische Heim" heraus, eine Zeitschrift mit betont sozialer Orientierung, in der er auch für die Industrialisierung des Hausbaues eintrat.

Wagner übernahm die Organisation der Gemeinschaft und die Aufstellung des Arbeitsprogramms.³² Als großes soziales Ziel stellte er die Aufgabe, unter Ausnutzung aller nur denkbaren Möglichkeiten die Baukosten so weit zu senken, daß die Miete für eine Volkswohnung von etwa 60 m² ein Fünftel des Durchschnittseinkommens der Werktätigen nicht überstieg. Der Zeitpunkt war günstig für eine so radikale Forderung, da die Baulandpreise nach 1918 stark gefallen waren, in Berlin etwa auf die Hälfte des Vorkriegsstandes,

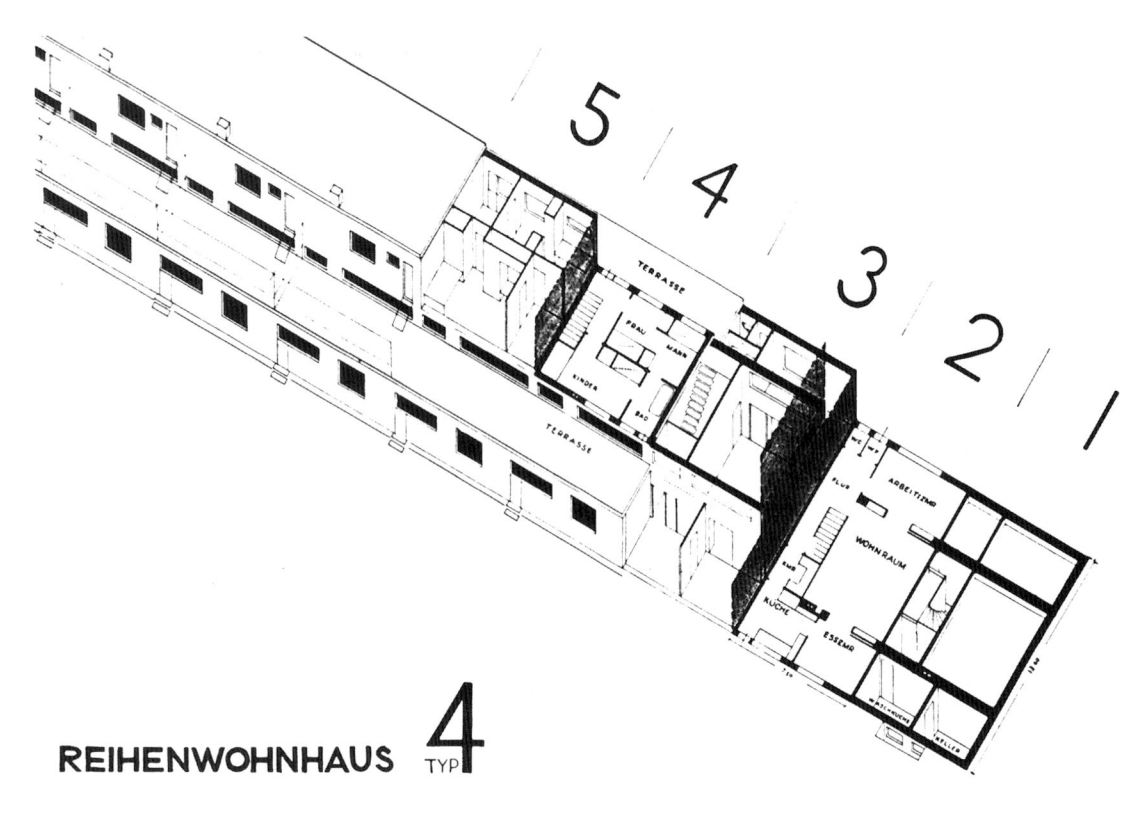

177 Haustyp für das Volkswohnungsbauprogramm, Arch. Walter Gropius/Farkas Molnár, 1924/25

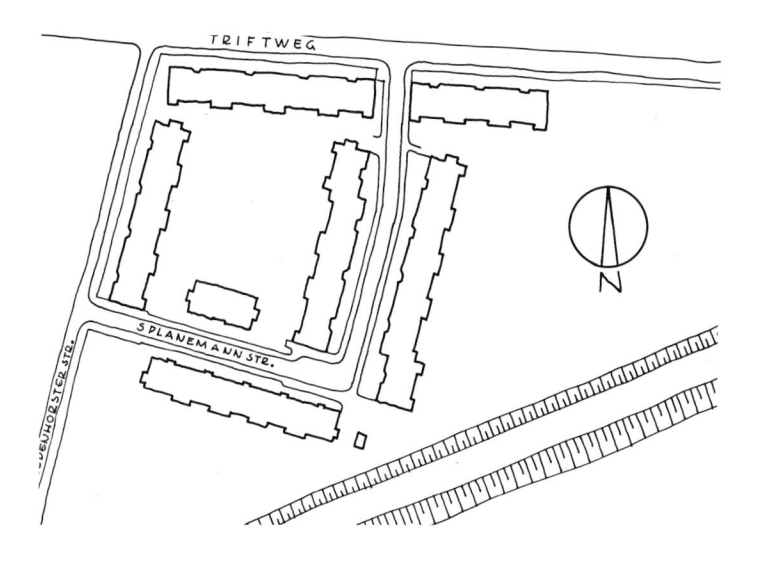

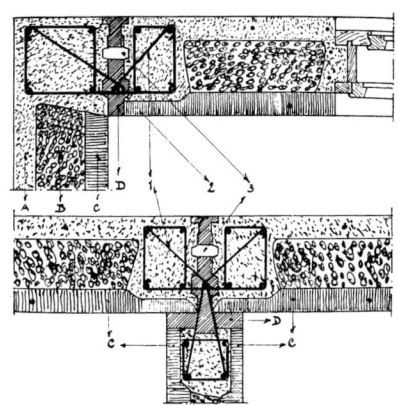

Versuchssiedlung Berlin-Friedrichsfelde, Sewanstraße/Splanemannstraße, Großplattenbauweise System Occident, 1924/25
178 Bebauungsplan
179 Fertigungsstrecke
180 Wandaufbau,
A bewehrter Kiesbeton,
B Schlackenfüllung,
C Schlackenbeton,
D Plattenverankerung
181 Plattenversetzplan

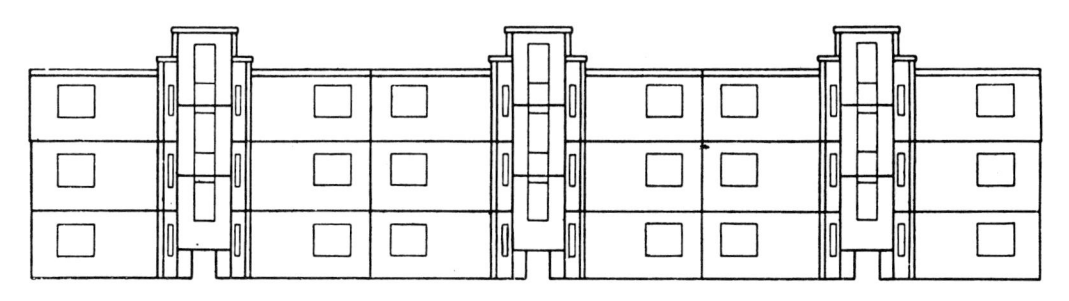

29 A. Jaeggi: Das Großlaboratorium für die Volkswohnung. Wagner, Taut, May, Gropius 1924/25, in: Siedlungen der zwanziger Jahre – heute, Ausstell.kat. Berlin 1985, S. 27–32
30 B. Taut: Die industrielle Herstellung von Wohnungen, WW 1 (1924), H. 16, S. 157/158; ders.: Neue Wohnung, S. 100–102
31 W. Gropius: Wohnhaus-Industrie, in: Meyer, Ein Versuchshaus, S. 5–14
32 Wortlaut in Jaeggi, S. 29f.

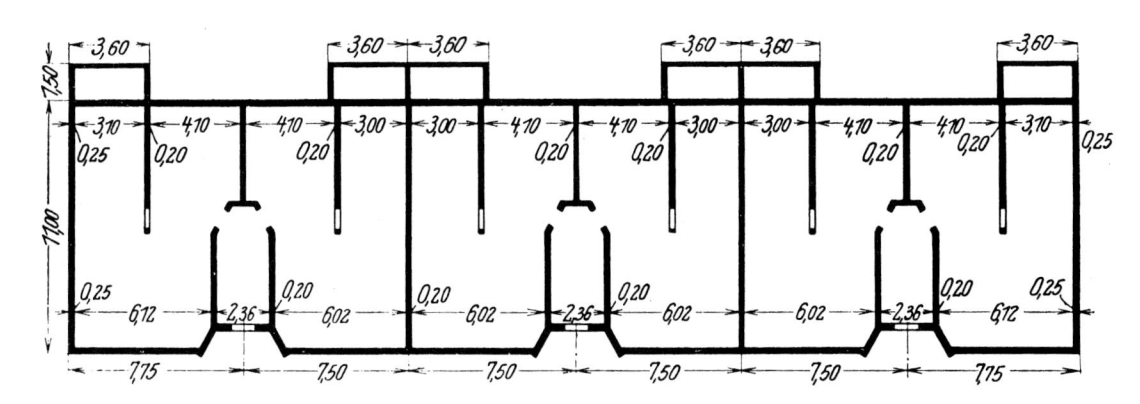

vereinzelt sogar auf ein Drittel.[33] Der Bau der Wohnungen durch die Dewog und ihre gemeinnützig arbeitenden Tochtergesellschaften galt als eine Garantie dafür, daß die angestrebte Verbilligung des Hausbaus den Werktätigen auch voll und ganz zugute kam. Die Kopfgemeinschaft sollte die Typen für solche Volkswohnungen und die Konstruktion bis in alle Einzelheiten ausarbeiten. Wagner empfahl ihr die Großplattenbauweise. Gleichzeitig begann er eine lebhafte Werbung für seine Gedanken in der gewerkschaftlichen Presse.

In seinem grenzenlosen Optimismus hoffte Wagner, auf diese Weise eine Senkung der Baukosten im gesamten Wohnungsbau einleiten zu können. Für die Erprobung der von der Kopfgemeinschaft erarbeiteten Haustypen und des konstruktiven Systems schlug er den Bau einer Versuchssiedlung vor und wandte sich an den Gewerkschaftsbund um eine Beihilfe von einer halben Million Mark. Mit dem Hinweis auf den Autofabrikanten Henry Ford, der durch strengste Rationalisierung die Gestehungskosten senken und die Löhne seiner Arbeiter erhöhen konnte, stellte er bei konsequenter Häuserfabrikation niedrige Baukosten und für die Bauarbeiter höhere Löhne in Aussicht. Anstatt gegen die Unternehmer um Lohnerhöhungen zu kämpfen, sollten die Gewerkschaften sie durch ihr Beispiel zur Industrialisierung und damit zu Lohnerhöhungen veranlassen. Aber die Gewerkschaften ließen sich auf solche Illusionen nicht ein. Sie lehnten in der Mehrheit die finanzielle Unterstützung ab und brachten das groß gedachte Industrialisierungsprojekt zu Fall. Wagner löste die Dewog-Kopfgemeinschaft im Mai 1925 auf.

182 Straßenbild
183 Hausansicht

Wagners Plan offenbarte einen bewunderswerten Pioniergeist und starkes soziales Engagement. Für die Beteiligten schienen die gesellschaftlichen Bedingungen gegeben, mit Hilfe der Industrialisierung des Wohnungsbaus einen Generalangriff auf die Wohnungsnot der Werktätigen zu beginnen. Ohne die Bewilligung der erforderlichen Mittel abzuwarten, war die Kopfgemeinschaft an die Arbeit gegangen. Gropius veröffentlichte damals seinen Artikel „Wohnhaus-Industrie", den er bereits 1923 verfaßt hatte und mit dem er Wagners Vorhaben unterstützte. Darin forderte er große „Verbraucherorganisationen" zur Finanzierung von Versuchsbauhöfen, wo nach „einheitlichen Führungsgedanken" geforscht und geprobt werden könne. „Handeln wir schnell", schrieb er an anderer Stelle, „die Idee zur Industrialisierung des Hausbaues marschiert und ist unaufhaltsam".[34] Erhalten hat sich sein Typenvorschlag für ein Einfamilienreihenhaus, den Farkas Molnár nach dem Vorbild des Hauses Am Horn ausgearbeitet hat. Es zeigt den eingebauten großen Wohnraum mit Oberlicht und angesetzten niedrigen Funktionsräumen, deren Decke nach der Straße wie auf der Gartenseite zu Terrassen ausgebaut werden sollten. Dachterrassen für Sonnenbäder galten als ein wirksames Mittel gegen die Tuberkulose, die durch Krieg und

33 J. Schallenberger/H. Kraffert: Berliner Wohnungsbauten aus öffentlichen Mitteln, Berlin 1926, S. 9

34 Probst/Schädlich, Bd. III, S. 113

Unterernährung zu einer schweren Last vor allem für die ärmere Bevölkerung geworden war. Taut und May stellten eingehende Überlegungen über die Wärmedämmung bei Außenwänden und Fenstern und über den gesamten Wärmehaushalt der Volkswohnungen an, um deren Betriebskosten niedrig zu halten.[35] Überzeugt von der Größe der Aufgabe sprach Taut im Dezember 1924 bei der Grundsteinlegung der Siedlung am Schillerpark die stolzen Worte: „Für die neue Volkswohnung, für die neue Baukunst Berlins!".[36] Wagner hatte unterdessen die Einführung der Großplattenbauweise vorbereitet. Von einer holländischen Firma übernahm er das System Atterburys, paßte es den deutschen Verhältnissen an und gründete für die Ausführung die Occident Deutsche Baugesellschaft mbH. Beteiligt war auch holländisches Kapital. Da das Dewog-Projekt gescheitert war, versuchte er, die neue Bauweise in der Berliner Hufeisensiedlung zu erproben, aber die Gehag lehnte das technisch und wirtschaftlich waghalsige Unternehmen ab.[37] Er gab jedoch nicht auf.

Das große Vertrauen Wagners zur Occidentbauweise hatte einen sehr realen Grund. Er hatte in Amsterdam eine Siedlung mit zweigeschossigen Reihenhäusern besichtigen können, bei der durch diese Bauweise eine Senkung der Rohbaukosten von 30 bis 40 Prozent, bei den Gesamtbaukosten von etwa 10 Prozent im Vergleich zum Mauerbau erzielt worden war. Im Verlauf von fünf Jahren hatte es keine Beanstandungen gegeben. Unter dieser Perspektive gewann Wagner den Reichsverband der Kriegsbeschädigten als Bauherrn für eine Erprobung der neuen Bauweise. Ein ausgearbeitetes Wohnprojekt für ein Gelände an der Sewanstraße (früher Triftweg) in Berlin-Friedrichsfelde lag bereits vor, allerdings in der üblichen Ziegelbauweise mit Holzbalkendecken und hölzernem Dachstuhl. So begann das Unternehmen unter recht ungünstigen Verhältnissen. Die Plattengröße mußte den jeweils gegebenen Raummaßen angepaßt werden. Die größte Platte, die als Brandmauer diente, erstreckte sich über die gesamte Gebäudetiefe. Sie war 11,00 m lang, wog 7,5 Tonnen und erforderte eine besonders starke Bewehrung, um ein Auseinanderbrechen beim Versetzen zu verhindern. Auch bei dem Vorbild in Amsterdam gab es derart große und schwere Elemente. Nicht alle Innenwände waren vorgefertigt, ein Teil wurde in üblicher Weise gemauert. Auch Decken und Dächer blieben wie ursprünglich geplant. Ohnehin kamen Massivdecken aus vorgefertigten Elementen teurer als Holzbalkendecken.

Zur Einsparung von Transportkosten und nach dem amerikanischen Vorbild wurden die Platten unmittelbar neben der Baustelle in Holzformen unter freiem Himmel gestampft. Die Außenwände waren zweischalig: außen eine Kiesbetonschicht, innen Schlackenbeton, dazwischen eine lockere Schlackenfüllung. Die Verbindung der Platten untereinander wurde durch kleine Ösen gesichert, in die vor dem Ausspritzen der Fugen mit der Betonkanone ein Rundeisen eingeführt wurde. Eine Luftmine, die im zweiten Weltkrieg neben der Siedlung niederging, oder eine Gasexplosion, die das Dach eines Hauses zur Hälfte abhob, konnten den Verbund nicht zerstören. 1962 ergaben Gespräche mit den ältesten Mietern, daß die Wohnungen im Winter warm sind, nur die Außenwände gegen Westen waren zeitweilig feucht. Die Platten sind mit einem Portalkran versetzt worden. Ein sehr schwieriges Problem war die Abstimmung zwischen Kraneinsatz und Plattenfertigung. Durch eine Abbindezeit von zehn Tagen ergab sich eine volle Kranauslastung erst bei einer geschlossenen Reihe von zehn Häusern. Durch den gegebenen Lageplan jedoch war eine Reihe von sieben Häusern bereits das Maximum, die anderen hatten fünf und noch weniger, so daß Stillstandzeiten des Kranes und häufiges Umsetzen den Bau verteuerten. Die Qualität der Platten wechselte, es gab Maßungenauigkeiten. Der Zeitplan wurde um neunzig Tage überzogen. Diese Bilanz war enttäuschend, und Wagner blies einen zweiten geplanten Versuch ab. Die Occident-Gesellschaft wurde schließlich 1928 wieder aufgelöst.[38]

Wagner übernahm 1926 das Amt des Stadtbaurates von Groß-Berlin. Er hoffte, in dieser Funktion einigen seiner Ziele näher kommen zu können. In seinen Aufgabenbereich fielen die Hochbauten des Magistrats und die Stadtplanung einschließlich der Verkehrs- und der Grünflächenplanung. Das Ressort „Siedlungsbau- und Wohnungswesen" wurde ihm vorenthalten, da die meisten Magistratsmitglieder seine Absicht ablehnten, den bisher zersplitterten planlosen Wohnungsbau durch Siedlungsbau zu konzentrieren und für die Rationalisierung des Städtebaus zu nutzen. Sie fürchteten offensichtlich den Widerstand der Bauwirtschaft und vor allem der Berliner Grund- und Hausbesitzer, die eine Einschränkung ihrer Freizügigkeit nicht kampflos hingenommen hätten. Wagners Versuch, im Interesse einer einheitlichen Stadtplanung und Baupolitik das gesamte städtische Bauwesen in einer Hand zusammenzufassen, blieb daher ohne Erfolg. Er hatte damit keinen unmittelbaren Einfluß mehr auf den Wohnungsbau. Vergeblich kämpfte er für die Ausführung des sogenannten Chapman-Projektes, das den Bau von 15 000 Wohnungen auf dem Schöneberger Südgelände ermöglicht hätte. Seine Haupttätigkeit richtete sich auf die Modernisierung der Berliner City, die er durch große Wettbewerbe und Projekte eingeleitet hat. Am bekanntesten wurden die Wettbewerbe für ein neues Regierungsforum am Platz der Republik und für die Umgestaltung des

Potsdamer Platzes und des Alexanderplatzes als den wichtigsten Verkehrsplätzen der City, weiterhin ein Projekt – gemeinsam mit Hans Poelzig – für ein großes Ausstellungszentrum am Funkturm und der Bau eines ausgedehnten Strandbades am Wannsee.[39] Ganz unbekannt geblieben ist seine Förderung des neuen Bauens durch beschränkte Wettbewerbe, in deren Teilnehmerkreis er stets Repräsentanten des Funktionalismus einbezog. Wagner hat wesentlich dazu beigetragen, daß Berlin während seiner Amtszeit als Stadtbaurat zu einem führenden Zentrum der Architektur und des Städtebaus geworden ist. Als unter seiner Leitung die Bauhütten sich formierten und die Dewog ihre Arbeit begann, als man in Friedrichsfelde die Großplattenbauweise und in Britz die Baumechanisierung erprobte, war er die führende Kraft auf dem Weg zu einer neuen Hausbautechnik. Es ist bezeichnend für jene experimentierfreudige Zeit, daß die Impulse, die er damals gab, trotz mancher Fehlschläge weitergetragen wurden und zu neuen weltbekannten Versuchen führten.

Die großen Versuchssiedlungen

Die Dewog-Kopfgemeinschaft, Wagners ureigenste Schöpfung, war zerfallen, aber jedes ihrer Mitglieder führte ihre Aufgabe auf seine Weise fort. Ernst May vor allem nutzte die gewonnenen Erfahrungen, als er 1925 aufgrund seiner bisherigen Siedlungstätigkeit zum Stadtbaurat von Frankfurt am Main berufen wurde. Im Gegensatz zu Wagner galt er als ein ausgesprochener Realist. Gropius meinte, während er selbst und die CIAM theoretisiert hätten, habe May Theorien verwirklicht.[40] Die Erfahrungen als Leiter der Siedlungsgesellschaft „Schlesisches Heim", vor allem aber die vielen technischen, wirtschaftlichen und bürokratischen Hemmnisse für einen planmäßigen sozialen Wohnungsbau veranlaßten ihn, sich bei seiner Berufung bestimmte Funktionen in der Stadtverwaltung zu sichern, die ihm bessere Möglichkeiten in die Hand geben sollten als sie Wagner trotz Dewog und Bauhütten jemals besaß. Er hatte das Glück, in Ludwig Landmann einen Oberbürgermeister zu finden, der seit Jahren an der Vorbereitung eines großen sozialen Wohnungsbauprogramms arbeitete und entschlossen war, dafür eine zentrale Stelle mit entsprechenden Kompetenzen in der Stadtverwaltung zu schaffen.[41] May wurde nicht nur Leiter des Hochbauamtes und der meist fortschrittshemmenden Baupolizei, sondern auch des Siedlungsamtes, der Grundstücksverwaltung und des Hypothekendienstes. Als Direktor des Siedlungsamtes unterstanden ihm die Abteilungen für Stadt- und Regionalplanung. Außerdem hatte Landmann die finanziellen Schwierigkeiten zweier Frankfurter Bauvereine während der Inflation genutzt und sie durch Übernahme der Aktienmehrheit in städtische Organe verwandelt. May konnte dadurch eine führende Position in den Aufsichtsräten der Aktiengesellschaft für kleine Wohnungen und in der Mietheim AG (später Gartenstadt AG) einnehmen. Böse Zungen sprachen von Machtfülle. Aber während Taut und Wagner über den langen Instanzenweg jedes Bauvorhabens in Berlin stöhnten und das unerläßliche „Bekehren" der zuständigen Behörden Kraft und Zeit kostete, hatte May in dieser Hinsicht freie Bahn.[42] Seine Stellung in den Kleinwohnungsbaugesellschaften konnte er als ein Mittel zu planmäßiger Auftragserteilung nutzen, mit ihrer Hilfe wurden die bekannten Frankfurter Siedlungen mit Tausenden von Wohnungen gebaut wie Römerstadt, Westhausen, Bornheimer Hang oder »Zickzackhausen" in Niederrad. Dadurch konnte eine planmäßige Stadterweiterung durchgeführt werden, die internationale Beachtung gefunden hat. Frankfurt wurde das einzige Beispiel für die Bildung von grünumschlossenen „Vorstadttrabanten".[43] Hamburg und Dresden haben in dieser Zeit auf tausend Einwohner bezo-

35 Jaeggi, S. 31 f.
36 WW 2 (1925), H. 1, S. 1
37 W. Brenne: Wie die Siedlungen gebaut wurden, in: Siedlungen der zwanziger Jahre, S. 47
38 Wagner, Großsiedlungen, S. 109 ff.; F. Paulsen: Industrieller Hausbau, BW 17 (1926), H. 12, S. 273–276; über die Mängel: E. May: Mechanisierung des Wohnungsbaues, Das Neue Frankfurt 1 (1926/1927), H. 2, S. 35
39 B. Wagner: Martin Wagner 1885–1957. Leben und Werk, Hamburg 1985; L. Scarpa: Martin Wagner und Berlin, Braunschweig/Wiesbaden 1986; K.-H. Hüter: Architektur in Berlin 1900–1933, Dresden 1987
40 J. Bueckschmitt: Ernst May, Stuttgart 1963, S. 9
41 L. Landmann: Das Siedlungsamt der Großstadt, in: Dt. Ver. für Wohnungsreform (Hrsg.): Kommunale Wohnungs- und Siedlungsämter, Stuttgart 1919; Ch. Mohr/M. Müller: Funktionalität und Moderne, in: Das Neue Frankfurt und seine Bauten 1923–1933, Frankfurt/Köln 1984, S. 28–31
42 R. Diehl: Die Tätigkeit Ernst Mays in Frankfurt/M. in den Jahren 1925–1930, Phil. Diss. Frankfurt/M. 1976, S. 21 f.; Ernst May und das neue Frankfurt 1925–1930, Ausstell.kat. Frankfurt 1987, S. 43–45
43 E. May: Fünf Jahre Wohnungsbautätigkeit in Frankfurt/M., Das Neue Frankfurt 4 (1930), H. 2/3, 4/5; Diehl, S. 61; WW 8 (1931), H. 5, S. 90

*184–194 Großblock-
bauweise System Stadtrat
Ernst May, Frankfurt/M.*

*184 Fertigungshalle, 1926
185 Deckenplatten*

186–189 Aufbau Haustyp 6

186 Montage von Einfamilienreihenhäusern, Aufbau Haustyp 6

187 Keller- und Erdgeschoßgrundriß

188/189 Ansicht der Straßenfront und Versatzplan

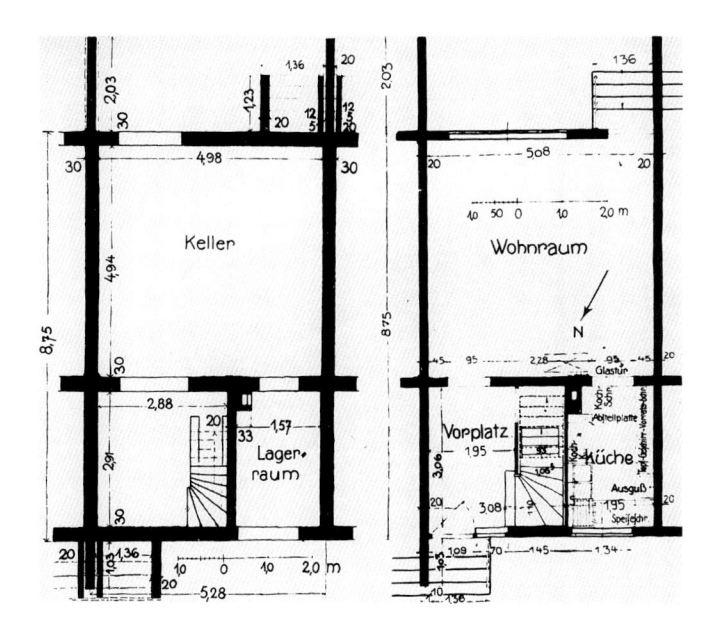

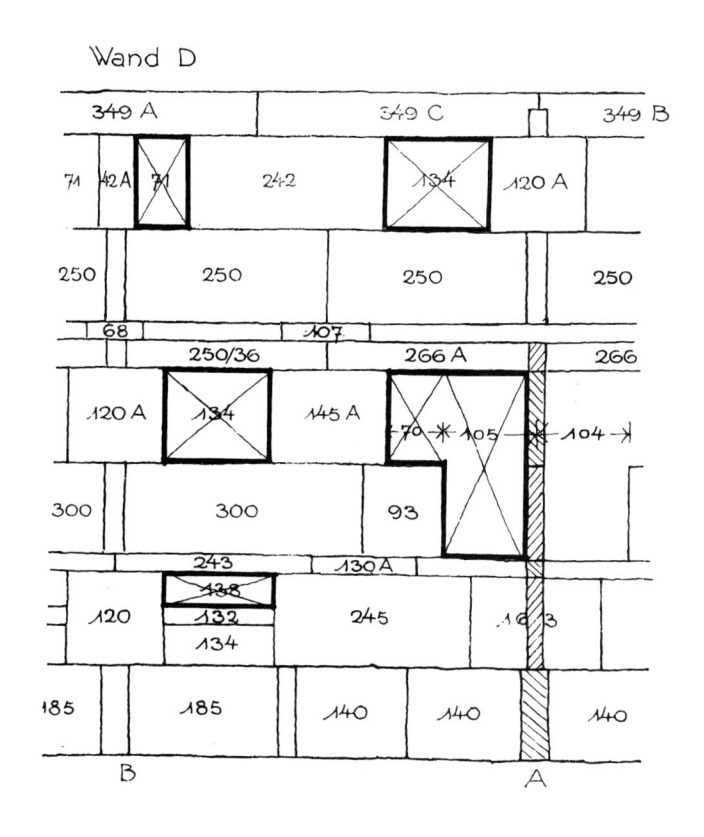

190–192 Eingebaute „Frankfurter Küche", Arch. Margarete Schütte-Lihotzky, 1927

190 Grundriß und Schrankwand

191/192 Versuchsprojekt 1922: Einbauelement für Siedlerküchen, Grundriß und Ansicht (Waschkessel, Badewanne und Spüle)

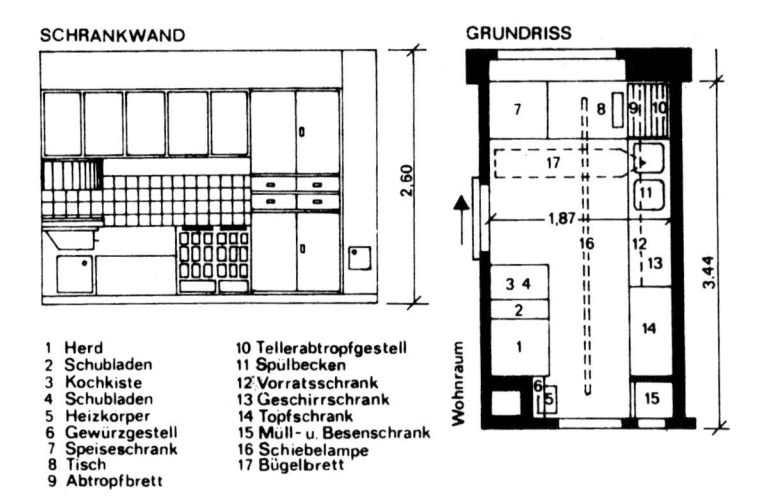

SCHRANKWAND / **GRUNDRISS**

1 Herd
2 Schubladen
3 Kochkiste
4 Schubladen
5 Heizkörper
6 Gewürzgestell
7 Speiseschrank
8 Tisch
9 Abtropfbrett
10 Tellerabtropfgestell
11 Spülbecken
12 Vorratsschrank
13 Geschirrschrank
14 Topfschrank
15 Müll- u. Besenschrank
16 Schiebelampe
17 Bügelbrett

gen mehr Wohnungen gebaut als Frankfurt, aber nicht entfernt etwas Ähnliches geschaffen. May war sich seiner einzigartigen Position durchaus bewußt und appellierte an das Verantwortungsbewußtsein aller Beteiligten: „Lassen wir den historischen Augenblick nicht ungenutzt verstreichen".[44]

Das Vorgehen Mays entsprach in vieler Hinsicht den Plänen der Dewog-Kopfgemeinschaft. Wie Wagner sprach er von Volkswohnungen und Volkswohnungsbau, er zog geeignete Mitarbeiter heran wie Gustav Hassenpflug für die Ausarbeitung der Haustypen oder Margarete Schütte-Lihotzky, die sich schon im Wiener Siedlerverband mit der Rationalisierung der Hausarbeit beschäftigt und 1922 ein Einbauelement aus Beton für kleine Siedlerküchen entwickelt hatte, das Spüle, Badewanne und Waschkessel umfaßte. Eine intensive Normungsarbeit für den Kleinwohnungsbau begann. Die „Frankfurter Normen" erfaßten Fenster und Türen verschiedenster Art, Beschläge, Flachdachkonstruktionen, Kleingartenlauben und die rationelle „Frankfurter Küche" von Grete Schütte-Lihotzky.[45] May wandte sich an wissenschaftliche Institute und veranlaßte die bauphysikalische Untersuchung der gewählten Wand- und Fensterkonstruktionen. Wie der Dewog-Kopfgemeinschaft von Wagner vorgeschlagen worden war, ließ May vor allem Wohnungen von 60 m² Fläche bauen, bis sich herausstellte, daß die Mieten trotz Typisierung und Normung selbst für Facharbeiter unerschwinglich waren. Daraufhin wurden in Westhausen und Hellerhof Wohnungen von 46 m² und darunter gebaut, die tatsächlich zum großen Teil von Arbeitern bezogen worden sind. Eine einseitige Bin-

44 E. May: Praktische Rationalisierung im Wohnungsbau, BW 17 (1926), H. 34, S. 826
45 M. Lihotzky: Rationalisierung im Haushalt, Das Neue Frankfurt 1 (1926/1927), H. 5, S. 120–123; Frankfurter Normen, ebd. 2 (1928), H. 7/8

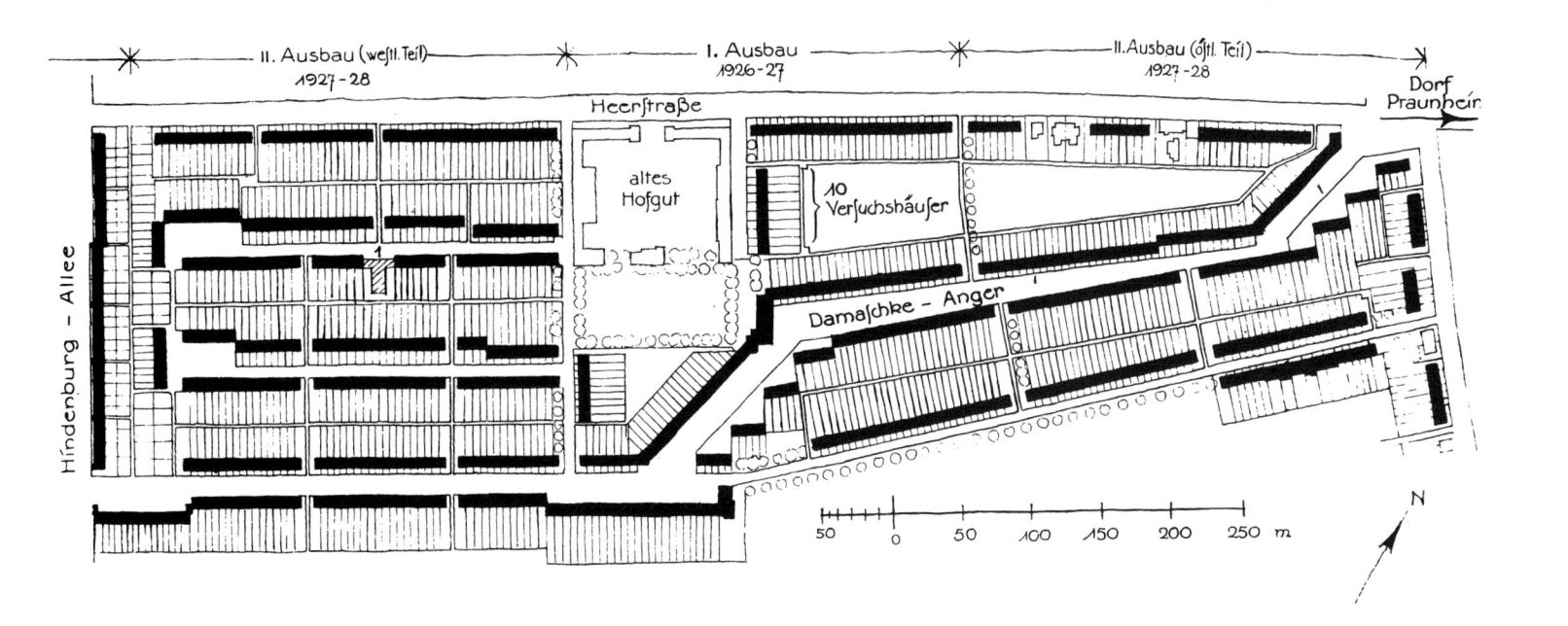

193/194 Siedlung Praunheim, 2. Bauabschnitt, 1927/28
193 Bebauungsplan
194 Straßenbild

dung an die Bauhütten als bauausführende Organe lehnte May allerdings ab, von Anbeginn suchte er das Frankfurter Baugewerbe einzubeziehen, offensichtlich um seine Ziele nicht politisch zu gefährden. So war die Philipp Holzmann AG an den Ausführungen mehrerer Siedlungen beteiligt, darunter Westhausen und Hellerhof. Für die Praxis der Vorfertigung jedoch war wesentlich, daß May das Experiment von Friedrichsfelde unter neuen Gesichtspunkten fortführte.

Die aktive Wohnungspolitik Landmanns ermöglichte es, mit den Mitteln der Stadt eine verbesserte Montagebauweise „System Stadtrat Ernst May" zu entwickeln und sie in einigen Siedlungen zu erproben, die die Stadt als Bauherr in eigener Regie errichtete. Praktisch war es nur dieser relativ kleine Sektor des kommunalen Wohnungsbaus innerhalb der Frankfurter Bauwirtschaft, der die Grundlage der technischen Experimente bildete.

May ging unmittelbar von den bei der Occidentbauweise gesammelten Erfahrungen aus, er unterteilte die raumgroßen unhandlichen Platten in kleinere Brüstungs-, Fenster- und Sturzblöcke, um kostspielige Bewehrungen einzusparen und den schweren Portalkran durch einen beweglichen Turmdrehkran ersetzen zu können. Er nahm Bimskies als Zuschlagstoff und ersparte damit den mehrschaligen Aufbau der Außenwände. Außerdem wurden die Bauelemente leichter als mit Schlackezusatz. Der größte Wandblock von 3,00 × 1,10 × 0,20 m wog nur 726 kg und entsprach hinsichtlich der Wärmedämmung einer 46 cm starken Ziegelmauer. Die Decken bestanden aus hohlen Bimsbetonbalken. Um exaktes Versetzen zu gewährleisten, wurden die Wandblöcke auf 4 cm hohe Betonklötzchen gesetzt und die Fugen mit Bimsbeton verfüllt. Gewicht und handliche Größe der Bauelemente gestatteten, die Produktion in eine geschlossene Halle zu verlegen, so daß Arbeitsunterbrechungen durch die Witterung wie in Friedrichsfelde vermieden werden konnten. Die Produktion wurde 1926 im „Haus der Technik" im Messegelände aufgenommen und 1927 mit dem Aufschwung des Wohnungsbaus in den Osthafen verlegt, wo Zement und Bims vom Schiff direkt in die Hausfabrik gelangten. Ermöglicht wurde diese Verbesserung durch einen Zuschuß der Reichsforschungsgesellschaft und durch die finanzielle Beteiligung der Philipp Holzmann AG. Alle Bauelemente wurden auf der Baustelle vom Transporter abgehoben und ohne Zwischenlagerung versetzt.[46]

Die Erprobung begann mit zehn Versuchshäusern in Praunheim. Es folgte eine Jugendherberge und 1927 ein Teil der Siedlung für Obdachlose Mammolshainer Straße mit 196 Wohnungen in zweigeschossigen Häusern. Im gleichen Sommer begann in Praunheim der zweite Bauabschnitt mit 204 Einfamilienreihenhäuser. Im dritten Abschnitt wurden 1928/29 westlich der Hindenburgallee 210 von 703 Häusern montiert. Die letzten 210 Großblockhäuser entstanden 1929/30 im südlichen Teil von Westhausen. Insgesamt lieferte die Häuserfabrik die Wandblöcke und Deckenelemente für etwa 1000 Wohnungen.[47] Für ein zweigeschossiges Wohnhaus mit 65–70 m² Wohnfläche war bei einer Belegschaft von 18 Arbeitern eine durchschnittliche Montagezeit von 1,5 Arbeitstagen erforderlich. 1 m² fertig versetzte 20 cm dicke Außenwand stellte sich etwa 14 Prozent billiger als 1 m² Ziegelmauer von 38 cm Stärke. Bei den Gesamtkosten war der Unterschied allerdings nur gering, die Beurteilung schwankte schließlich zwischen etwas billiger und etwas teurer als Mauerbau.

Obwohl jede Einzelheit der Bauweise, der Produktion und des Montagevorganges gut durchdacht war, blieben Mängel nicht aus. Eine Hauptursache war das Verhalten des Bimses im Beton. Er hielt die Baufeuchtigkeit länger als erwartet zurück, so daß der Schwindprozeß in den Blöcken beim Versetzen noch nicht abgeschlossen war. Dadurch entstanden Haarrisse in den Fugen, die zu erneuter Durchfeuchtung der Außenwände, verstärkter Abkühlung im Winter bis zu Schwitzwasserbildung in den Wohnräumen führen konnten. Abgestoßene Kanten erforderten zusätzliche Arbeiten, vor allem aber konnten trotz geschickter Regie Stillstandzeiten durch schleppenden Auftragseingang nicht vermieden werden. Verteuernd wirkte auch, daß aus sozialen Gründen das Stampfen der Wandblöcke ohne Maschineneinsatz von Hand durch Erwerbslose durchgeführt werden mußte.[48]

Die Einführung der Montagebauweise verlief nicht reibungslos, das Frankfurter Bauhandwerk fürchtete Auftragsverluste und gründete eine gemeinnützige Wohnungsgesellschaft als Kampforgan für die Sicherung der Vergabe von Bauaufträgen im freien Wettbewerb. Während die Fachzeitschriften zunehmend mit Anerkennung berichteten und der Besucherstrom aus dem In- und Ausland nicht abriß, versuchten die Frankfurter Rechtsparteien, allen voran die Deutschnationalen und die Nationalsozialisten, die neue Bauweise zum Scheitern zu bringen. Bereits nach dem Bau der ersten Versuchshäuser wurde im Ratssaal eine Probefrist und die Einstellung der Produktion während dieser Zeit gefordert. Der Antrag für den Bau der ersten 200 Häuser im Januar 1927 führte zu einem Höhepunkt der Auseinandersetzungen. Abgelehnt wurden nicht nur die Bauweise, sondern auch die Grundrisse, die Typung und Normung überhaupt, der Einbau der unterdessen berühmt gewordenen „Frankfurter Küche" und die „schlechte" Architektur. May konnte dem Druck nur ausweichen, indem er der Opposition versprach, die Häuserfabrik, die ein kommunales Unternehmen war, zu privatisieren.

Als im Februar das Bauprogramm erweitert werden sollte, wurde die Einschaltung von Privatarchitekten verlangt, die der gefürchteten Monotonie entgegenwirken sollten. Um in diesen Kämpfen Bundesgenossen zu finden, wandte sich May auf einer Tagung des Reichskuratoriums für Wirtschaftlichkeit an die Industrie mit dem Versprechen, die Baurationalisierung werde durch Kostensenkung und niedrige Mieten niedrige Löhne ermöglichen und die Konkurrenzfähigkeit auf den Weltmärkten erhöhen. Auch die Unterstützung der Häuserfabrik und eines Siedlungsvorhabens durch die Reichsforschungsgesellschaft löste im Januar 1928 neue Angriffe aus bis zur Warnung vor dem völligen Scheitern der Bauweise. Als eine Art Sicherheit wurde die Übergabe der Häuserfabrik an die Philipp Holzmann AG gefordert. May verteidigte seine Großblockbauweise und bezeichnete sich ausdrücklich als ihren Erfinder. Daraufhin wurde der Hochbauausschuß des Magistrats zum Studium des Wohnungsbaus mit vorgefertigten Elementen nach Holland entsandt. Neben den Konservativen drängten schließlich das Zentrum und selbst die Deutsche Demokratische Partei, die Partei Landmanns, auf Schließung der Häuserfabrik. Daraufhin ging May im Januar 1929 zur Produktion „auf offenem Werkplatz" über. Doch durch die Kürzung der Baukredite im Zug der Wirtschaftskrise war die improvisierte Anlage trotz geringerer Kapazität nicht mehr voll ausgelastet. Im Herbst 1930 wurde der Betrieb, der unterdessen vollständig privatisiert worden war, ohne Zeichen des Bedauerns aufgelöst. May hatte um diese Zeit angesichts der zusammenbrechenden Wirtschaft seine Stellung als Stadtbaurat bereits aufgegeben und arbeitete mit einem Teil seiner Frankfurter Mitarbeiter in der Sowjetunion. Er wurde in der konservativen Presse als „Lenin des deutschen Bauens" verketzert und durch Karikaturen verhöhnt. Die „Deutsche Bauhütte" schrieb im Jargon des Dritten Reiches von »Plattenpleite".[49] Offen für die Vorfertigung einzutreten, war in Deutschland noch immer ein Opfergang.

Als die Häuserfabrik den Höhepunkt ihres Ausstoßes erreicht hatte, gab es in Frankfurt zwei bemerkenswerte Varianten der Großblockbauweise durch eine Kombination mit einem Skelettsystem. Der erste Versuch ging auf Adolf Meyer zurück, den langjährigen engsten Mitarbeiter von Gropius, der seit 1926 als Stadtbaurat für die Frankfurter Städtischen Betriebe tätig war und einige schöne Industrieanlagen geschaffen hat. Er entwarf ein erdgeschossiges Einfamilienhaus über einem Systemraster von etwas über 3,00 m Abstand mit schlanken Stahlbetonpfosten, die mit Mays Großblöcken ausgefacht werden sollten. Für den Wohnraum hatte Meyer verlängerte Pfosten vorgesehen, um ihn in alter Bauhaustradition durch größere Raumhöhe als Hauptraum herauszuheben.[50] Man hätte mit diesem System vielleicht auch Stockwerksbauten zusammensetzen können; es scheint jedoch Projekt geblieben zu sein. Der unerläßliche Kraneinsatz hätte bei verstreuten Baustellen jedes Haus enorm verteuert.

Der zweite Versuch galt einer Skelettbauweise für mehrgeschossige Häuser, deren Ausfachung ebenfalls aus Wandblöcken der Häuserfabrik bestehen sollte. Geplant war allerdings, das Skelett nicht vorzufertigen, sondern zwischen besonderen Formsteinen fortschreitend mit dem Versetzen der Großblöcke am Ort zu betonieren. Die Formsteine für die Sturzbalken sollten 70 cm hoch sein und auf die Großblockschicht der Fensterzone aufgesetzt werden. Die Bauwelt berichtete von einem geplanten dreigeschossigen Wohnblock mit fünf Sektionen am Nußbaumplatz in Frankfurt, der jedoch nicht ausgeführt worden ist. Obwohl eine Senkung der Rohbaukosten um 10 Prozent in Aussicht gestellt war, fehlt jede Nachricht über weitere Projekte.[51]

Aus dem Mißerfolg Wagners mit der Großplattenbauweise zog auch Gropius seine Konsequenzen. Wie May gab er das Ringen um Vorfertigung und billige Massenproduktion nicht auf und suchte den Weg ebenfalls in einer Verkleinerung der Bauelemente. Als die Kopfgemeinschaft zerfiel, durchlebte Gropius eine kritische Zeit. Das Bauhaus wurde aus Weimar vertrieben und fand erst nach wochenlanger Ungewißheit in Dessau seine zweite Heimat. Zu dem Beschluß der Stadt, die Schule in ihren Mauern aufzunehmen, hat ganz wesentlich der Einfluß von Hugo Junkers beigetragen, des Leiters der damals schon weltberühmten Flugzeugwerke. In diesem Zusammenhang führten Gropius und Junkers ein Gespräch über die Möglichkeiten einer industriellen

46 May, Mechanisierung, S. 33–39; Besuch in der Frankfurter Bauplattenfabrik, Stein/Holz/Eisen 42 (1928), H. 37, S. 678–680; RFG: Sonderheft Nr. 4, 1929; Kleinlogel, Fertigk./Stahlbeton, S. 45ff.
47 Ber. über die Verh. der Stadtverordnetenvers. der Stadt Frankfurt/M., Bd. 63 (1930), S. 664
48 RFG: Sonderheft Nr. 4; Burchard, Betonfertigteile, S. 26; U. Weis: Rationalisierung des Bauwesens als Instrument der Stadtplanung, in: The Production of the Built Environment. 8. Burlett International Summer School, Dessau 1986, S. 109–115
49 H. Hirdina: Neues Bauen, Neues Gestalten. Das Neue Frankfurt, Dresden 1984, S. 16–19; May, Ausstell.kat. S. 54f.; BW 17 (1926), H. 35, S. 845f.; Die Deutsche Bauhütte 35 (1931), H. 1, S. 23; P. Sulzer: Die Plattenbauweise „System Stadtbaurat Ernst May" – Versuch einer technikgeschichtlichen Einordnung. BW 77 (1986), H. 28, S. 1062
50 G. und W. Dexel: Das Wohnhaus von heute, Leipzig 1928, S. 103
51 BW 20 (1929), H. 27, S. 623/624

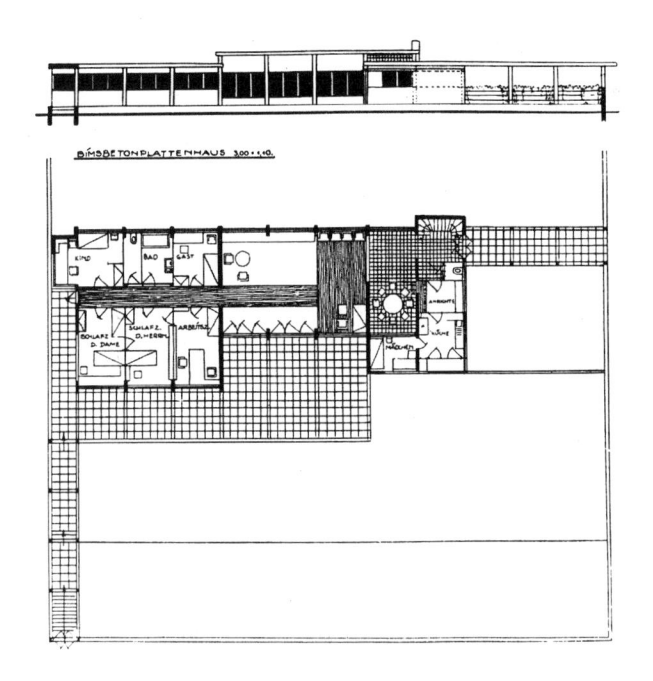

Hausproduktion. Junkers notierte daraufhin erste Gedanken über die Fertigung leichter Metallhäuser, während Gropius sich um diese Zeit entschloß, die Eröffnung der Dessauer Bauhausgebäude mit der Vorführung einer neuen Bauweise für Kleinhäuser zu verbinden. Trotz seiner hohen Arbeitsbelastung begann er entsprechende Vorarbeiten und bot Junkers die Bauausführung an. Er erhielt eine Ablehnung, da eine Orientierung auf Beton den Plänen Junkers' nicht entsprach.[52] Damit scheiterte aber auch Gropius' Versuch, ein großes leistungsfähiges Industrieunternehmen für seine Ziele zu gewinnen.

Bei seinem Siedlugsprojekt ging Gropius offensichtlich von den Ergebnissen in Friedrichsfelde aus. Den Baukosten im Großen mit seinem technisch komplizierten Schalungssystem gab er auf. Größtmögliche Typisierung bei größtmöglicher Variabilität stand nicht mehr im Vordergrund, sondern – wie im Arbeitsprogramm der Kopfgemeinschaft – die Aufgabe, „die Mieten der Häuser unter Zusammenfassung aller Rationalisierungsmöglichkeiten herabzudrük-

195–197 Betonskelett mit Großblockausfachung
195 Entwurf Einfamilienhaus, Arch. Adolf Meyer, Grundriß und Aufriß
196/197 Projekt Wohnhausgruppe Frankfurt/M., Nußbaumplatz, Arch. Gustav Platz, 1929, Grundriß und Aufriß (nicht ausgeführt)

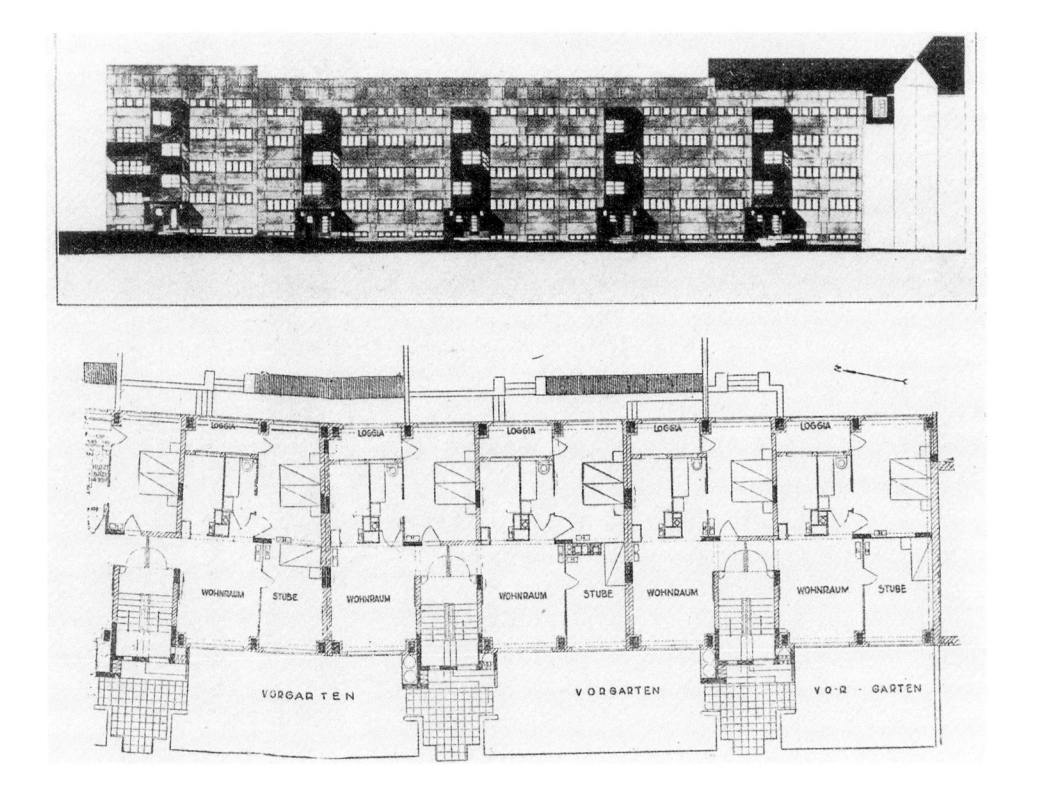

ken". Dieses Ziel sollte „durch ökonomische Komposition der Pläne, rechtzeitige Arbeitsvorbereitung, sorgfältige Vergabe (der Arbeiten) und Ökonomie des gewählten Konstruktionsprinzips" erreicht werden.[53] Damit verband Gropius anscheinend die Erwartung eines endgültigen Erfolges in der leidigen Kostenfrage, denn er setzte die Wohnfläche bei den ersten sechzig Häusern mit 74 m² relativ hoch an. Die Wirklichkeit korrigierte jedoch seine Annahmen, bis 1928 mußte das Maß auf 57 m² herabgesetzt werden, um allein die inzwischen hochgetriebenen Kapitalzinsen und Materialpreise zu kompensieren. Damals verbreitete sich im Bauhaus die Überzeugung, daß alles Ringen um Baukostensenkung der Arbeiterbevölkerung letztlich in keinem Fall hilft.

Der Bebauungsplan wurde am 25. Juni 1926 genehmigt. Gropius konnte mit seinem Architekturbüro in intensiver Arbeit den notwendigen Projektierungsvorlauf sichern. Detailzeichnungen 1 : 20 für alle Gewerke einschließlich der Installateure, ein Plan der Baustellenorganisation und ein Zeitplan des Bauablaufes ähnlich den Arbeitsgraphiken der Bauhütten lagen rechtzeitig vor. Bei der Einweihung des Bauhauses konnten bereits zwei vollständig eingerichtete Häuser besichtigt werden.

Für den neuen Baukasten im Großen suchte Gropius zunächst ein System kompletter Vorfertigung zu entwickeln. Die hohen Kosten der dafür erforderlichen Hebetechnik führten schließlich zu einer Beschränkung auf eine Teilvorfertigung mit relativ leichten Bauelementen, ergänzt durch Großblockmauerwerk. Diese Lösung war zweifellos ein Kompromiß; in der Baubeschreibung vermied Gropius Begriffe wie Mauer oder Mauerwerk, die an das handwerkliche Bauen erinnerten: „Tragende Brandwände aus Schlackenbetonhohlkörpern 22,5 × 25 × 50 cm, also von einer Größe, die ein Mann versetzen kann. Decken frei gespannt von Brandwand zu Brandwand aus Betonrapidbalken, die ohne Zwischenfüllung Balken neben Balken, trocken verlegt werden. Die Frontwände werden durch isolierende, nichttragende Füllwände aus Schlackenbetonhohlsteinen gebildet, die auf armierten freitragenden Betonbalken mit direkter Lastübermittlung auf die Brandwände ruhen."[54] Da auf der Baustelle bester Sand und Kies gefunden wurden, ließ Gropius die Betonbalken und Hohlsteine mit Maschinen unmittelbar neben der Baugrube unter freien Himmel herstellen. Alle Arbeiten waren streng nach dem Prinzip der Takt- und Fließfertigung organisiert, jeder Arbeiter sollte stets die gleichen Arbeiten verrichten. Die sorgfältig ausgearbeiteten Baustellen- und Zeitpläne sicherten einen rationellen Bauablauf. Gebaut wurde von 1926 bis 1928 in drei Abschnitten mit jeweils verschiedenen Haustypen, alle in der technisch vorteilhaften Querwandbauweise. Diese Bauart war im holländischen Reihenhausbau längst üblich. Adolf Loos hatte sie 1921 in der Heubergsiedlung in Wien angewandt und seine Sonderform als „Haus mit einer Mauer" patentieren lassen. In Deutschland war sie bisher an dem Verbot gescheitert, die Balken der traditionellen Holzdecken auf den Brandmauern aufzulagern, nur bei Massivdecken war es zulässig. Die Ausfachung der Außenwände bestand aus Schlackenbetonhohlsteinen, wobei die Fensterrahmen nach holländischem Vorbild zuerst eingebaut und danach die Ausfachungen begonnen wurden. So sind in Dessau-Törten viele anderwärts erarbeitete technische und organisatorische Erfahrungen verwertet worden, so daß 1928 im letzten Bauabschnitt 130 Häuser bereits nach 88 Tagen rohbaufertig und verputzt waren. Auf eine Hauseinheit einschließlich der Vorfertigung aller Bauelemente entfielen rund ²/₃ eines Arbeitstages. Aufgrund der Ergebnisse des ersten Bauabschnittes unterstützte die Reichsforschungsgesellschaft das Unternehmen mit 44 800 Mark für bautechnische Versuche, 50 000 Mark für Ankäufe von Maschinen und Geräten und je 1 000 Mark für 250 Häuser des zweiten und dritten Bauabschnittes als niedrig verzinsliche Darlehen, insgesamt also mit 350 000 Mark. Mit diesen Mitteln konnten verschiedene Füllstoffe, vor allem Leichtbetone, getestet und das Bausystem im Ganzen exakt beurteilt werden.[55]

Der große Erfolg, den Gropius sich erhofft hatte, blieb jedoch aus. Vor allem stießen die trotz Reduzierung der Raumzahl erhöhten Baukosten des dritten Bauabschnittes auf heftige Kritik, obwohl steigende Baustoffpreise und höhere Straßenbaukosten die Hauptursache der Verteuerung waren. Trotzdem waren Zinsendienst und Tilgung, also praktisch die Mieten, in allen Törtener Häusern niedriger als in anderen vergleichbaren Dessauer Siedlungen.[56]

Von Anbeginn gab es Unzufriedenheit über die extrem technisch geprägte Architektur. Gropius forderte immer wieder nicht nur die Widerspiegelung der verschiedenen Wohnfunktionen in der architektonischen Erscheinung eines Hauses, sondern auch die der neuen Bautechnik. Im ersten Bauabschnitt der Siedlung Törten hatte er dieses Bekennen bis zur äußersten Konsequenz getrieben. Brandmauern und Sturzbalken erschienen wie ein Rahmenwerk in der Fassade und waren anfangs auch farbig gegen die hellen Wand-

---

52 Briefwechsel Gropius/Junkers April/Mai 1926, Sammlung Erfurth, Dessau
53 Gropius, Bauhausbauten, S. 153
54 Ebd., S. 154
55 Ebd. S. 155; RFG: Sonderheft Nr. 7, 1929
56 Kutschke, Bd. I, S. 49/50; Siedlersorgen in Törten, Volksblatt für Anhalt 26. 11. 1927

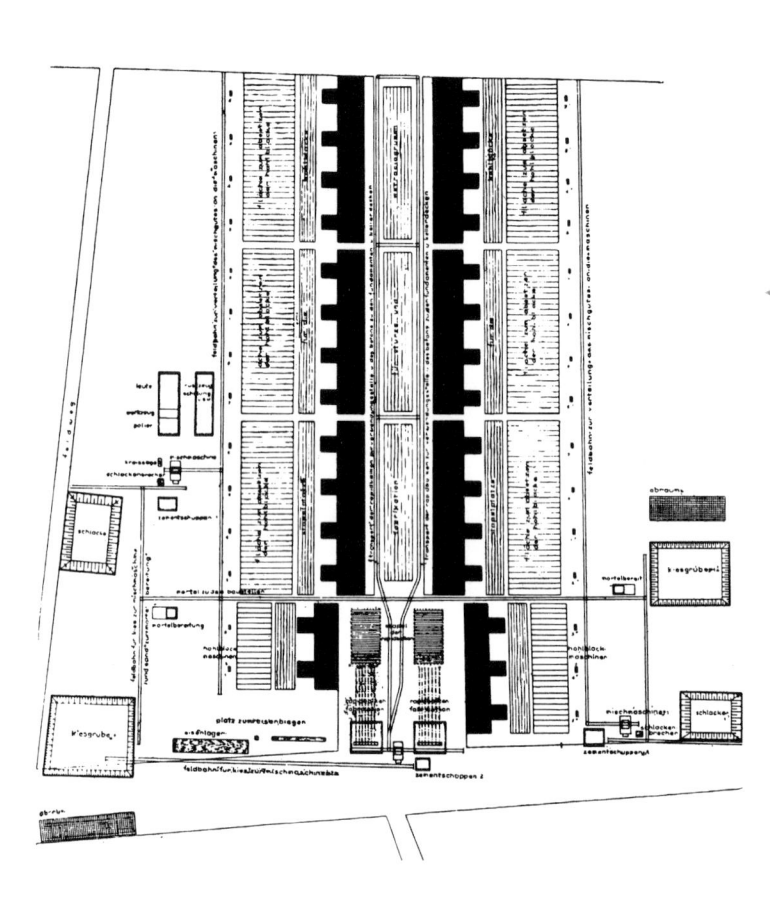

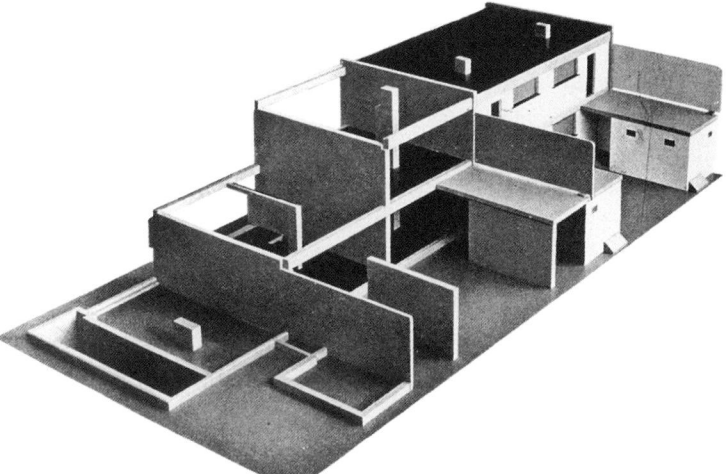

198–202 Montagebau mit kleinteiligen Elementen, Arch. Walter Gropius, 1926–1928: Siedlung Dessau-Törten, 1. Bauabschnitt, 1926

198 Bebauungsplan mit Baustelleneinrichtung
199 Konstruktionsmodell
200 Straßenfront

flächen abgesetzt. Auch gab es beim ersten Haustyp noch erhebliche Mängel, vor allem durch die Lage der Treppe quer zur Balkenlage. Schon in den dreißiger Jahren begannen die Bewohner, die Brüstungen hochliegender Fenster tiefer zu legen. Die Vorbehalte gegenüber diesen Bauten und die Ablehnung ihrer Architektur waren so verbreitet, daß die Rechtsparteien das Bauhaus und die Siedlung Törten im Wahlkampf gegen die Partei des Bürgermeisters Hesse und die Sozialdemokratie benutzt haben, die das Experiment Törten unterstützten.[57]

Wie May verließ auch Gropius die Stätte seiner Versuche. Zur Rechtfertigung des noch unbefriedigenden Ergebnisses erklärte er in seinem Bericht ‚Bauhausbauten Dessau': „Die Tatsache, daß die neueren Bauweisen mit neuen Materialien, neuen Konstruktions- und neuen Betriebsmethoden sich wirtschaftlich bisher erst langsam gegenüber der alten handwerklichen Ziegelbaumethode durchzusetzen beginnen, zeugt nicht gegen diese Entwicklung. Wegen des ungeheuren Umfanges der baulichen Arbeitsgebiete wird erst mühsam der Boden für eine rationelle Erzeugung auf der neuen Basis vorbereitet."[58]

Um die Industrialisierung des Wohnungsbaues voranzutreiben, wandte sich Gropius mit sieben Forderungen an die Industrie: 1. Entwicklung eines Leichtbaustoffes, der dem Ziegel überlegen ist; 2. Vervollkommnung der Leichtbauplatten; 3. Herstellung veränderbarer Leichtwände im Interesse der Grundrißflexibilität; 4. Verbesserung der Fensterkonstruktionen hinsichtlich Wärme- und Schalldämmung;

2. Bauabschnitt 1927: 201/202 Einfamilienreihenhäuser im Rohbau und im Straßenbild

5. eine neue Wetterhaut; 6. Wärmemesser für zentral beheizte Wohnungen und 7. Anlagen für die mechanische Belüftung von Kleinwohnungen.[59] Es ist bezeichnend, daß in dieser Zusammenstellung der schwere Beton nicht mehr genannt wird. Gropius hat in seiner Praxis nie wieder auf das Törtener System zurückgegriffen, obwohl er anschließend in Berlin mit großen Siedlungs- und Industrialisierungsprojekten beschäftigt war. Es hat den Anschein, daß er in Leichtbauweisen, ganz besonders im Trockenbau, für den er mit seinem Haus in der Weißenhofsiedlung ein Beispiel geschaffen hatte, die größten Erfolgsaussichten sah.

Bruno Taut schließlich widmete den größten Teil seiner schöpferischen Kraft dem Dewog-Gedanken. Als beratender Architekt der Gehag hat er in den folgenden Jahren Tausende von Kleinwohnungen gebaut und damit architektonisch und städtebaulich hervorragende Beispiele für das Bauen mit typisierten Häusern und genormten Bauelementen geschaffen, so daß man bald vom Gehag-Stil sprach. Viele seiner Siedlungen erkennt man an den einheitlichen Treppenhäusern und den gleichen Haustüren. Vor allem hat er durch eine lebhafte Farbgebung städtebaulich-räumliche

57 Gegen Hesse und das Bauhaus, in: C. Schnaidt: Hannes Meyer und das Bauhaus, Form + Zweck 8 (1976), H. 6, S. 35; F. Hesse: Von der Residenz zur Bauhausstadt, Bad Pyrmont o. J., S. 195
58 Gropius, Bauhausbauten, S. 158
59 Gropius, Der Architekt, S. 208–214

203/204 Genormte Bauelemente der Gehag, Arch. Bruno Taut, Haustür und Innentreppe

205 Versuchswohnungsbau München, Arnulfstraße, 1928, Bebauungsplan mit getesteten Bauweisen

Zusammenhänge sinnfällig werden lassen und damit einen Weg gewiesen, auch bei äußerster Rationalisierung der Gefahr der Monotonie entgegenzuwirken. Allerdings war er dem strengen Sparsamkeitsregime der Gehag unterworfen, für kühne bautechnische Experimente war kein Raum. Die ausführenden Bauhütten bemühten sich zwar um eine Rationalisierung der üblichen Bautechnik, scheuten aber das erhebliche Lehrgeld für Vorfertigungsversuche. Lediglich bei der Friedrich.Ebert-Siedlung in Berlin-Reinickendorf konnte Taut vorgefertigte Treppen und Decken einbauen.[60] In einem Brief an J. P. Oud vom März 1926 beklagte er sich über den Konservatismus der deutschen Baupolizei und über das Kleben der Baubetriebe am „bewährten Alten". So waren seine Siedlungen nach einer kritischen Bemerkung seines Bruders Max zwangsläufig „Klamottenbau".

Das Ziel Wagners, die Wohnungsmieten mit dem Einkommen der Werktätigen in Einklang zu bringen, hielt Taut sehr bald für eine Illusion. Auch er beobachtete das Hochtreiben der Baugeldzinsen und der Baustoffpreise und wandte sich gegen alle Versuche, dieser Tendenz durch die Reduzierung der Wohnfläche auf ein „Existenzminimum" auszuweichen.[61] Er war einer der ersten Architekten, der seine Blicke von den technischen Leistungen Amerikas und dem äußerst rationalisierten Wohnungsbau Hollands auf die Wohnungs- und Baupolitik der Sowjetunion richtete; seit 1925 schrieb er darüber. Bereits unter den ersten bescheidenen Wohnbauten der jungen Sowjetmacht gab es vorgefertigte Holzhäuser in einer Paneelbauweise. Vor allem aber informierte Taut über die Großblockbauweise des Ingenieurs Krassin mit vorgefertigten Innenstützen und Deckenträgern.[62] Damit konnte ein siebengeschossiges Wohnhaus errichtet werden. Es stand am Beginn einer kontinuierlichen langjährigen Entwicklung der Vorfertigung im Hausbau der Sowjetunion.[63]

Als Emigrant in Japan und in der Türkei fand Taut keine Gelegenheit mehr, sich mit der Vorfertigung zu beschäftigen. Von dieser Aufgabe hatte er sich inzwischen weit entfernt. Ihre damals durchweg noch unbefriedigenden Ergebnisse nahm er als eine nachträgliche Rechtfertigung seiner vorsichtigen Haltung gegenüber technischen Experimenten. Entgegen dem Konzept Wagners stellte er in seinen „Siedlungsmemoiren" von 1936 fest, daß die „Mechanisierung der Konstruktion" keine Sache der Baugenossenschaft sein kann, sondern von der Wissenschaft und der Bauwirtschaft zu lösen ist. Und mit einer gewissen Genugtuung vermerkte er: „Die Gehag war gut beraten, als sie beim Ziegelbau blieb".[64] Sowohl in Japan als auch in der Türkei sah er seine Hauptaufgabe darin, ein altes traditionsreiches Bauhandwerk an die Grundsätze des neuen Bauens heranzuführen.

Die Versuchssiedlungen für Betonelemente in Praunheim

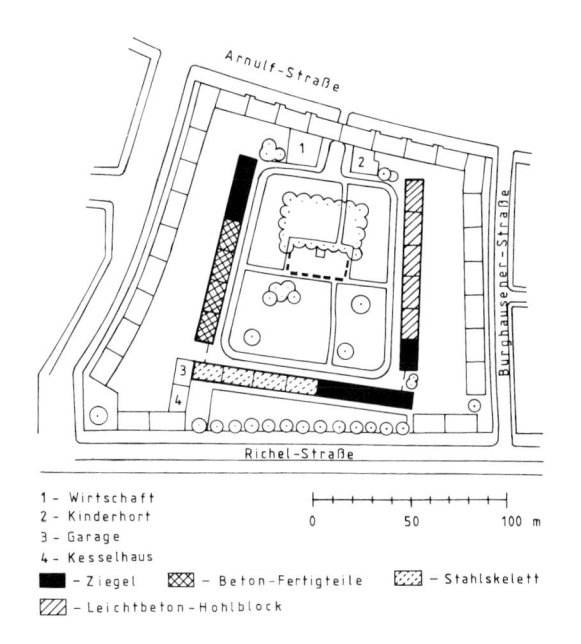

und Törten waren nicht die einzigen, wohl aber die bedeutendsten, von denen man noch heute spricht. So wurde 1928 in München, Arnulfstraße, eine Siedlung mit Vergleichsbauten in verschiedenen Bauweisen gebaut und wissenschaftlich ausgewertet, wobei auch geschoßhohe Betonplatten getestet worden sind. Das Unternehmen ging auf einen Beschluß des Reichspostministeriums zurück und wurde von der Reichsforschungsgesellschaft unterstützt; Träger war die Baugenossenschaft der Postarbeiter. Verglichen wurden die Ausführungen in normalem Ziegelmauerwerk, in Leichtbetonhohlsteinen, in einer Stahlskelettbauweise mit Schüttbetonausfachung, über die an entsprechender Stelle zu berichten ist, und das Betonplattensystem Katzenberger. Bei dem System Katzenberger waren die Platten 3,00 m hoch und 0,70 m breit mit Abweichungen bei den Fensterplatten. Anders als bei den bisherigen Konstruktionen bestanden die Außenwandpaneele aus zwei verschiedenen Platten, die getrennt versetzt und miteinander verklammert wurden. Eine leichte Stahlhilfskonstruktion diente der Stabilisierung. Der Raum zwischen den Platten wurde mit Schlackenbeton 1 : 12 verfüllt. Die Wandstärke betrug 25 cm, die Häuser waren dreigeschossig. Ein entsprechend hoher Portalkran wurde beschafft. Das System erwies sich als sehr umständlich. Die Vergleichsbauten aus Voll- beziehungsweise mit Hohlziegelmauerwerk waren erheblich billiger. Auch war die Wärmedämmung ungenügend, so daß nachträglich noch Isolierplatten angebracht werden mußten.[65] Das letzte Versuchsobjekt in Hamburg, Jarrestraße/Alsterkrugchaussee sei hier nur erwähnt.

In den Versuchssiedlungen waren letztlich alle grundsätzlich denkbaren Systeme der schweren Vorfertigung erprobt worden: Montage mit raumgroßen Platten, mit kleineren Teilblöcken, mit Skelett und geschoßhohen Paneelen, die Teilvorfertigung kombiniert mit Elementen des rationalisierten Mauerbaues und schließlich in Hamburg eine besonders rationelle Ausführung des Schüttbetonbaus. Keines der Ergebnisse war so überzeugend, daß eine kontinuierliche Entwicklung sich angebahnt hätte. Selbst die Reichsforschungsgesellschaft verzichtete in ihrer Versuchssiedlung Spandau-Haselhorst auf die Fortführung der Experimente. Die schwere Vorfertigung blieb wieder dem freien Spiel der Kräfte überlassen.

Angebote auf dem Baumarkt

Die Versuchssiedlungen hatten die Erfahrung gebracht, daß die Vorfertigung mit großen Betonelementen gegenüber dem traditionellen Mauerbau nur bei kontinuierlichem Auftragseingang und großen Baulosen wirtschaftlich bestehen kann. Für den Bau des Einzelhauses und das weite Feld des privaten Eigenheimes war sie nicht geeignet. Der einzige gewinnversprechende Weg lag in der Verminderung der Lasten und des Aufwandes für die Hebetechnik durch Verkleinerung der Bauelemente und durch verstärkten Einsatz leichter Baustoffe. Es waren zunächst kleine Firmen, die auf diese Weise ihr Glück versuchten. Aus Werbegründen gaben manche ihren Systemen Markennamen wie „Mathmah", das der Architekt Hans Fritz ausgedacht hat, oder „Perschunet", das aus den Namen der drei an der Erfindung beteiligten Architekten gebildet worden ist.

Die Mathmah-Gesellschaft in Wiesbaden produzierte seit 1927 Betonhohlkörper mit einem leichten Kern von chemisch gebundener Holzwolle. Das Elementesortiment war ziemlich groß, es bestand vor allem aus Wandplatten von 50 cm Breite und 14,50 cm Dicke, Dach- und schmale Deckenplatten hatten bis zu 5,00 m Spannweite. Als Verbindungsmittel bei

60 B. Taut: Siedlungsmemoiren, Architektur der DDR 24 (1975), H. 12, S. 764
61 Taut, Gegen den Strom, S. 320
62 B. Taut: Der Weg der russischen Architektur, WW 6 (1929), H. 16/17, S. 258–262
63 Ch. Schädlich: Die industriellen Montagebauweisen im Wohnungsbau der Sowjetunion, Wiss. Ztschr. HAB Weimar 9 (1962), H. 1, S. 25–46
64 Taut, Siedlungsmemoiren, S. 764
65 RFG: Sonderheft Nr. 5, 1929, S. 39, 47; DBZ 63 (1929), H. 5, Beil. S. 54; Triebel, S. 78f.

der Montage diente anscheinend nur einfacher Mörtel. Mit diesem Baukasten ließen sich die verschiedenartigsten Häuser zusammensetzen. Man gab ihm große Chancen; in Wasmuths Lexikon der Baukunst wurde ihm ein besonderes Stichwort gewidmet. Erfolgreiche Bauausführungen sind jedoch nicht bekannt geworden.[66]

Perschunet war ein Skelettmontagesystem. Es bestand aus Stahlbetonschwellen, -stützen und -trägern, die durch Stahlzapfen miteinander verbunden wurden, und aus maßgerechten Platten zur Ausfachung. Die Außenwände setzten sich aus drei Schichten zusammen: außen Betonplatten, etwa 1,00 × 0,50 m groß, in Zementmörtel versetzt und mit einem schmalen Falz versehen, der die Stoßfugen an den Stützen knapp überdeckte; die Mittel- und die Innenschicht bestanden aus miteinander verklammerten porösen Bauplatten. Die Zwischenräume wurden mit wärmedämmendem Material ausgefüllt. Das Fugennetz und die Stützen blieben in der Fassade sichtbar, die Dachkonstruktion war traditionell. Mit diesem System wurden zweigeschossige Einfamilienhäuser in sechs bis acht Wochen gebaut.[67] Wahrscheinlich war der wirtschaftliche Nutzen zu gering, denn Perschunet verschwand, bevor es in breiten Kreisen bekannt geworden ist.

Ähnlich erging es der Phoenix-Bauweise. Das Hauptelement waren hier die „Phönix-Baukörper", die zur Ausfachung beliebiger Skelettkonstruktionen benutzt werden konnten. Das größte Element, eine Platte von 1,00 × 0,50 - × 0,23 m, war für die Außenwände von Wohnhäusern vorgesehen. Für Wochenendhütten gab es Elemente von 1,00 × 0,32 × 0,13 m Größe. Sie wurden aus einem porenreichen Gemisch von Holz und Stein gefertigt und stumpf vermauert. Durch die Poren der Oberfläche haftete Putz besonders gut; die Wärmeleitzahl war niedrig. Ein erdgeschossiges Wochenendhaus mit vorgefertigten Betonpfosten zeigte die Phoenix-Gesellschaft 1927 auf der Wochenendausstellung in Berlin. Es gab auch Ausführungen mit einem Stahlskelett.[68]

In Mannheim hatte der Fabrikant Wilhelm Schäfer eine besonders leichte Betonbauweise herausgebracht. Die Wand- und Deckenplatten bestanden gleichermaßen aus zwei dünnen Betontafeln, die an den Längsseiten durch

206–211 Angebote von Baufirmen
206 Mathmah-Bauweise, Werbephoto
207 Perschunet-Bauweise, Konstruktion der Außenwand

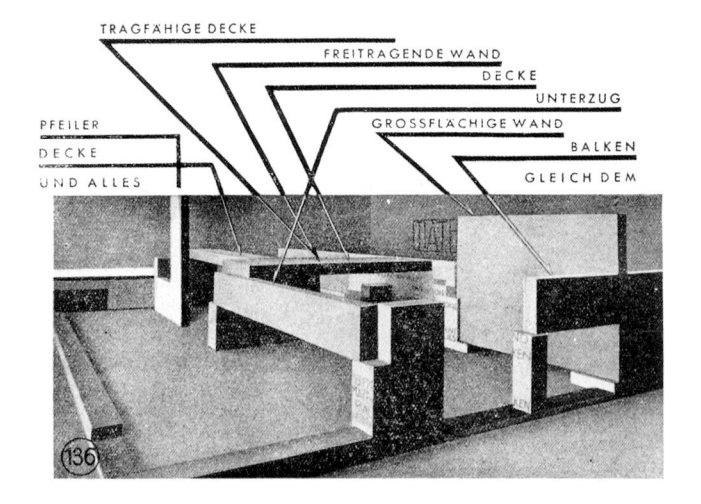

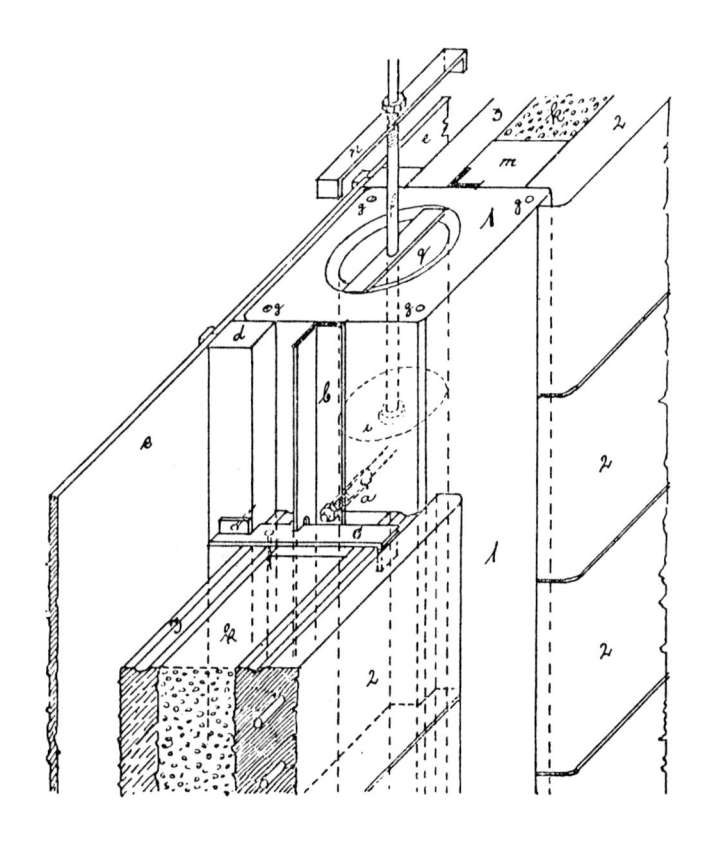

66 Rasch, S. 116f.; Stein/Holz/Eisen 41 (1927), H. 30, S. 667 bis 670; WLB Bd. III, S. 590
67 E. G. Friedrich: Eine neue rationelle Bauweise, ZBV 47 (1927), H. 44, S. 564–566 (mit Abb.)
68 J. Bartschat: Sommer- und Ferienhäuser, Wochenendhäuser, Berlin 1927, S. 18; Baugilde 9 (1927), H. 11, S. 603f.; ZBV 45 (1925), S. 390; die Maßangaben schwanken.

208 Phönix-Bauweise, Wandkonstruktion
209 Bauweise Schäfer, Mannheim, Konstruktionssystem
210 Bauweise Richter & Schädel, Berlin, Außenwandkonstruktion
211 Paneelbauweise, Gehlhaar Oschatz (Sa.)

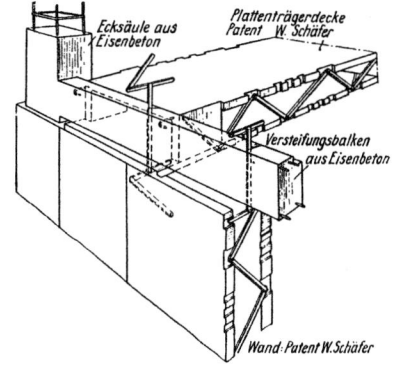

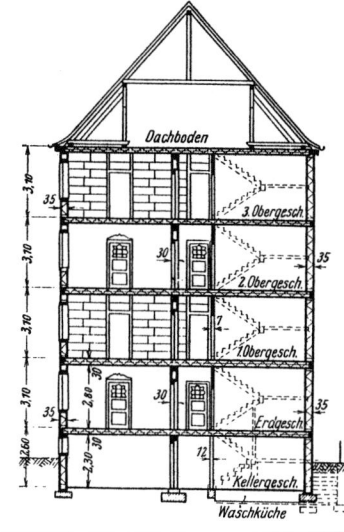

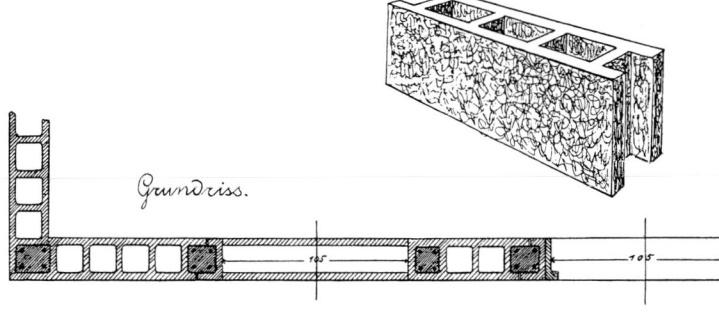

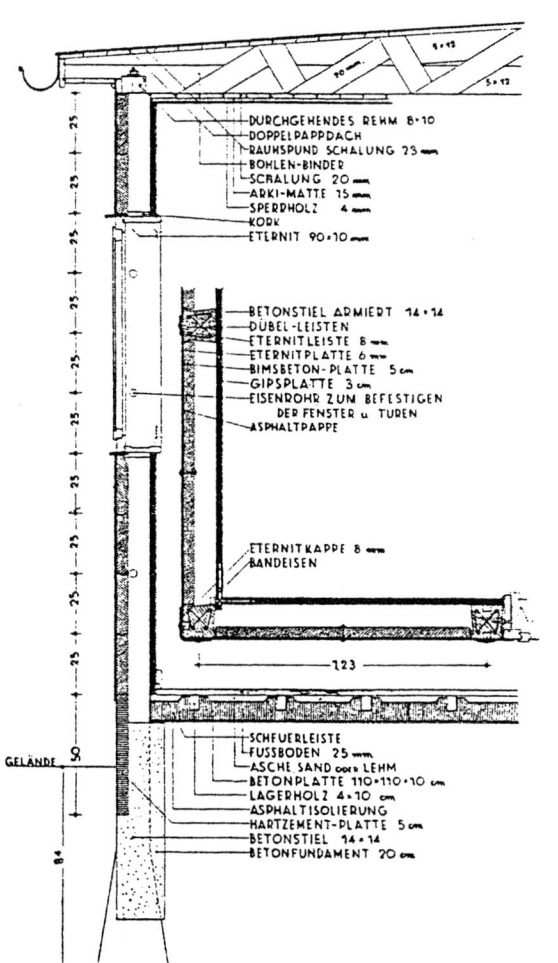

zwei schmale Gitterstäbe aus Stahl in festem Abstand gehalten wurden. Für die Lastaufnahme und als Auflager der Deckenplatten war ein Stahlbetonskelett erforderlich, das nur zum Teil vorgefertigt worden ist.[69] Das System als Ganzes hat dem Anschein nach wenig Verbreitung gefunden, während die Deckenplatte sich als sogenannte Schäferplatte bis in die dreißiger Jahre gehalten hat.

In Berlin bot Richter & Schädel um 1930 ein Betonmontagesystem für erdgeschossige Bauten an. Es bestand aus Betonstielen und einer Ausfachung mit 5 cm dicken Bimsbetonplatten. Diese Platten wurden außen bündig versetzt und erhielten in der besseren Ausführung eine Schutzschicht von geschoßhohen Eternittafeln. Innen wurden Gipsdielen angebracht, die die Betonstützen abdeckten und isolierten. So entstand ein Luftpolster von etwa 8 cm Stärke. In den Stützen befanden sich waagerecht durchgehende Rohrstücke in verschiedener Höhe zur Befestigung von Tür- und Fensterrahmen. Bekannt geworden ist nur ein Musterhaus nach dem Entwurf von Paul Mebes, das auf der Ausstellung „Licht, Luft und Haus für alle" von 1932 in Berlin zu sehen war.[70]

Es mag noch viele ähnliche Systeme gegeben haben. Selbst ein kleines Baugeschäft in der Kreisstadt Oschatz in Sachsen hatte sich im Sog der Neuerungsbewegung eine Betonpaneelbauweise zugelegt. Sie fand keine Beachtung, wurde nirgends registriert und steht für alle jene Versuche, die im Dunkel der Geschichte geblieben sind.

Die Großbauunternehmen verhielten sich abwartend, für sie lag es näher, sich auf die Vorfertigung großräumiger Industriebauten zu spezialisieren, weil die erforderliche Anzahl der Bauelemente groß, das Elementesortiment aber klein ist und in großen Serien gefertigt werden kann. Der Wohnungsbau wurde erst durch den Siedlungsbau mit seinen großen Baulosen zum lohnenden Objekt. So hatte sich die Philipp Holzmann AG an der Häuserfabrik in Frankfurt beteiligt; ihr rühriger Filialleiter in Berlin arbeitete an Bauweisen mit Teilvorfertigung für den mehrgeschossigen Wohnungsbau. Dyckerhoff & Widman, die vor allem durch die ersten dünnschaligen Betonkuppeln und Schalendächer sich als ein Unternehmen mit hoher Technik ausgewiesen hatten, brachten um 1930 eine relativ leichte Paneelbauweise für erdgeschossige Wohn- und Wochenendhäuser heraus. Die Betonplatte der Paneele war dünn, jedoch durch kasettenartige Rippen auf der Innenseite ausgesteift. Die Tafeln wurden in eine Schwelle eingenutet und miteinander verschraubt. Der Tafelrand hatte ein Polster von nagelbarem Beton zur Befestigung einer Innenschale von Bimsbetondielen. Die Decken waren von Holz mit einer Isoliermatte und Gipsdielen als Untersicht. Es war eine sehr einfache Bauweise, vielleicht angeregt durch die wachsende Tendenz zur Stadtrandsiedlung und zur Selbsthilfe.[71]

Wayss & Freitag, die 1918 den IBUS-Stein produziert hatten, kamen mit einem Paneelbauverfahren auf den Markt, das eine Synthese von Platten- und Skelettbauweise darstellte. Man konnte damit zweigeschossige Häuser bauen. Die Paneele waren geschoßhoch, aber nur 65 bis 70 cm breit. Sie hatten konkave Stoßfugen, in die eine Bewehrung eingestellt und mit Beton vergossen wurde. Die Enden der Bewehrung griffen in einen aufbetonierten Ringaker ein, der gleichzeitig auch die Tür- und Fensterstürze bildete.[72] Letztendlich hatten diese Angebote jedoch keine Auswirkungen auf die Baupraxis.

Versuche einzelner Architekten

Martin Wagner, May und Gropius waren durchaus nicht die einzigen unter den bekannten Architekten, die nach Wegen zur Vorfertigung mit Beton und zur Ausbildung entsprechender Konstruktionen suchten. Hier ist vor allem auch Hans Schmidt-Basel zu nennen, der, als Wagner in Friedrichsfelde experimentierte, ein ganz eigenes Betonplattensystem erprobte. Er war einer der Pioniere des neuen Bauens in der Schweiz. Gemeinsam mit Mart Stam und Alfred Roth gab er die Zeitschrift „ABC" heraus, die kompromißlos für die Anwendung der neuesten Technik und für konsequente funktionelle Gestaltung eintrat. Hier schrieb er über die rationellsten Formen des Stahlbetonskeletts im Hinblick auf die Vorfertigung und die Ablösung der massiven Mauer durch die nichttragende leichte Wand mit tragender Stütze. Ein erster praktischer Schritt war sein Vorschlag von 1924, bei Fenstern anstelle von Sohlbank, Gewände und Sturz eine vorgefertigte Stahlbetonzarge zu verwenden. Die Idee wurde von einer Basler Baufirma übernommen, ihre Zargen brachten eine wesentliche Einsparung an Gewicht, Arbeitszeit und Kosten.[73] Diese Erfahrung sowie die Kenntnis schwedischer Holzpaneelhäuser und der präzisen holländischen Mauertechnik veranlaßten Schmidt, das übliche Mauerwerk überhaupt durch rahmenartige geschoßhohe

---

[69] A. Kleinlogel: Fertigkonstruktionen im Beton- und Eisenbetonbau, Berlin 1928, S. 8–12
[70] J. Grobler: Das Eigenheim, Berlin/Leipzig 1932, S. 243–247; M. Wagner: Das Wachsende Haus, Berlin/Leipzig 1932, S. 76–79
[71] Ebd., S. 84
[72] G. Kistenmacher: Fertighäuser, Tübingen 1950, S. 60
[73] Betonfensterrahmen, ABC Beiträge zum Bauen 1 (1925), H. 3/4, S. 6

212/213 Hans Schmidt-Basel, Paneelbauweise, 1925
212 Garage mit Gartenzimmer (abgebrochen)
213 Konstruktionssystem

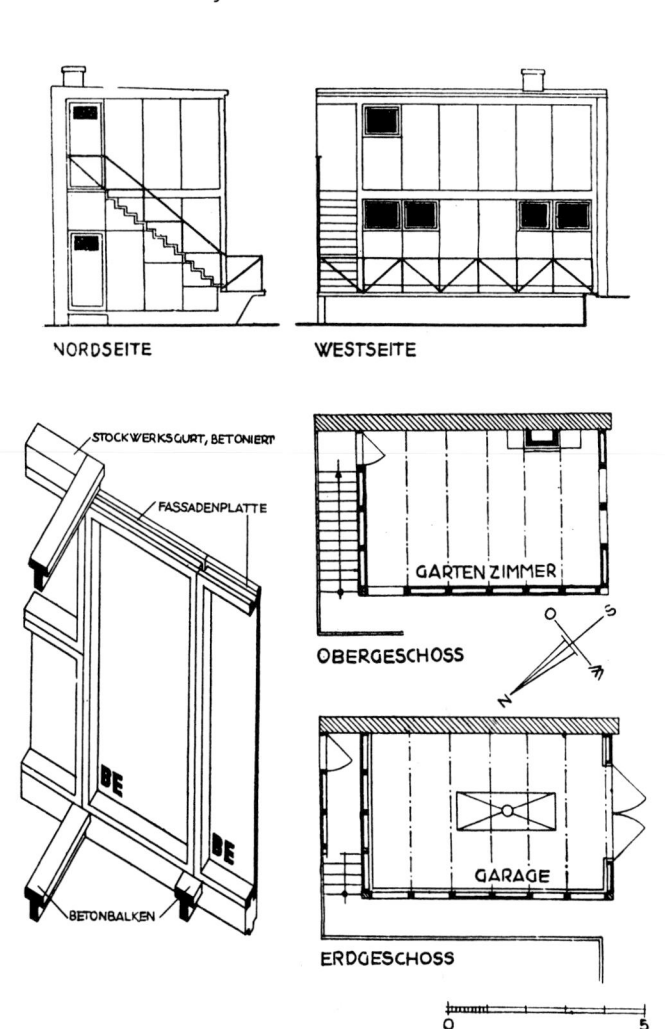

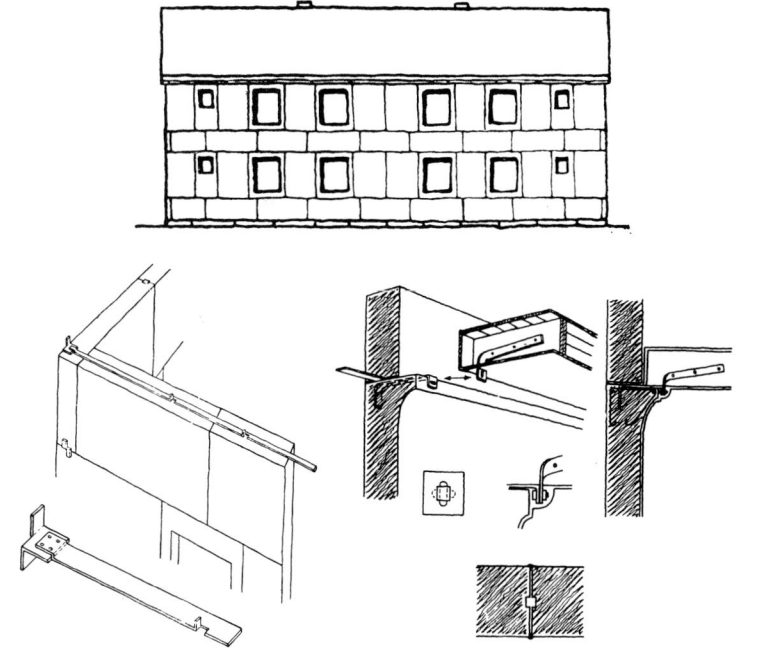

214 Robert Niggemeyer, Einheitsbau Großblocksystem, 1925/26, Fassadenstruktur und Konstruktionsdetails

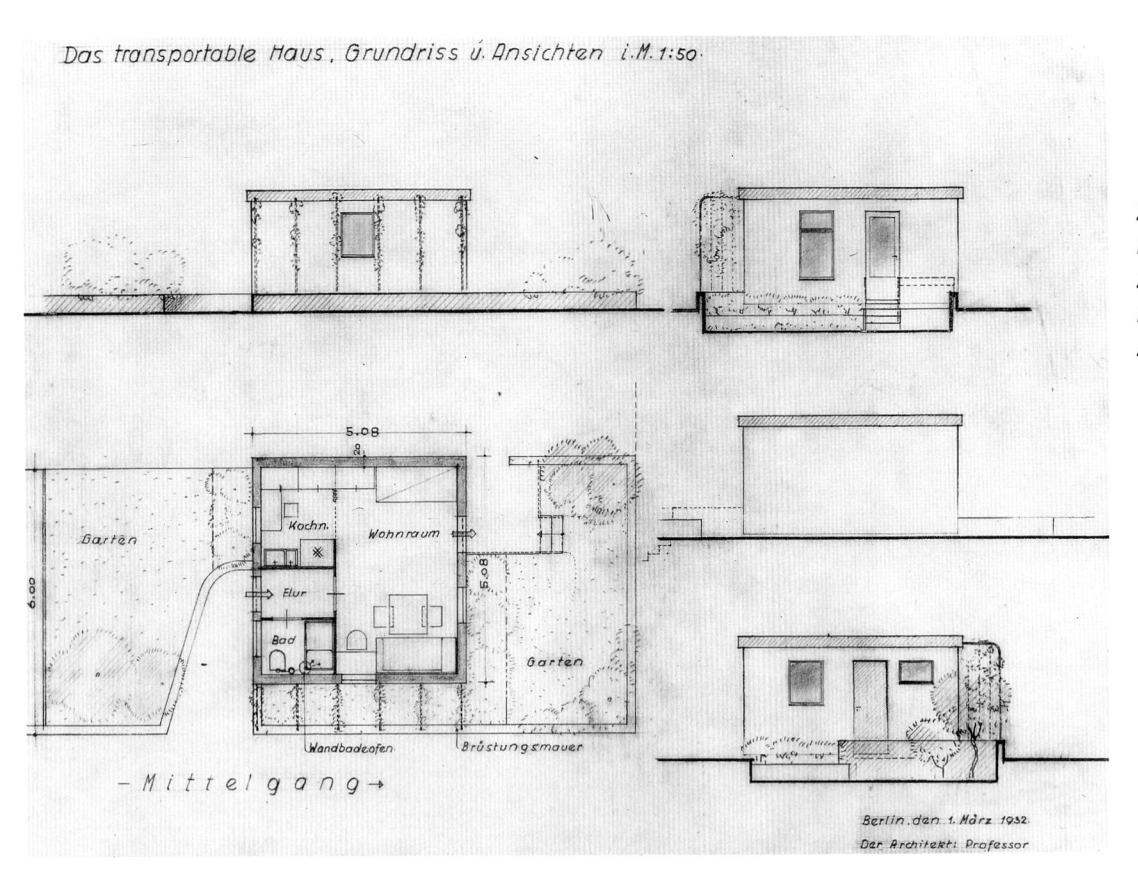

215/216 Hans Scharoun,
Das transportable Haus, 1932
215 Entwurf eines Kleinhauses
216 Konstruktionsschema

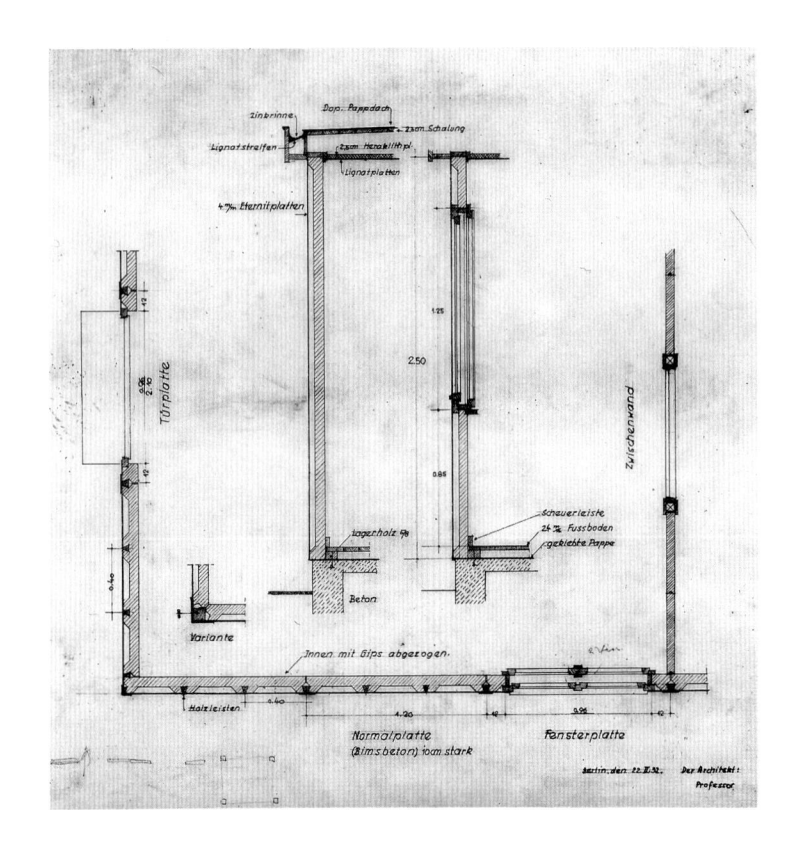

Zargen mit einer leicht bewehrten Betonplatte außen und einer Dämmschicht innen zu ersetzen. Die Zargen erhielten eine Nut zum Vergießen der Stoßfugen. Für die Decken gedachte er die handelsüblichen bewährten Betonbalken in T-Form zu nehmen. 1925 wagte er auf eigenes Risiko einen Versuchsbau, eine Garage mit einem Wohnraum im Obergeschoß. Allerdings forderte die Basler Baupolizei die Ausführung der Brandmauer zum Nachbargrundstück nach alter Vorschrift in Mauerwerk, so daß der experimentelle Wert wesentlich gemindert wurde. Die Klippe, an der das System schließlich scheiterte, war der bei Geschoßbauten unerläßliche Ringanker, der am Ort betoniert werden mußte und den Bau so verteuerte, daß ein Kubikmeter umbauter Raum etwa 30 Prozent mehr kostete als bei den Stahlskelett-häusern, die Hans Schmidt anschließend bauen konnte.[74] Der kleine Versuchsbau wurde 1970 abgetragen.

Zeitgleich mit Hans Schmidt arbeitete der Kölner Stadtbaurat Robert Niggemeyer an einem System, das er Einheitsbau nannte. Ihm standen bereits grundlegende Erfahrungen zur Verfügung, da er die Bauweise Mannesmann durch die Häuser in Westhoven genau kannte. Wie Ernst May suchte er den Weg zum Erfolg in einer Verkleinerung der geschoßhohen Platten. Er unterteilte sie in Großblöcke für die Brüstungs- und die Fensterzone. Eine besondere Sturzzone vermied er durch den Einbau vorgefertigter Betonfensterzargen. Er erreichte damit auch höchste Maßhaltigkeit für das Einsetzen der Fenster. Zur Sicherung der Standfestigkeit wollte er an den Gebäudeecken Flacheisen einlegen, die durch Aufbiegungen die Wandblöcke am Ausscheren hindern sollten. Außerdem war eine Verankerung der Wandblöcke an der Deckenkonstruktion vorgesehen. Diese Decken dachte sich Niggemeyer kastenartig aus Brettbohlen mit Holzverschalung zusammengesetzt. Verschiedene konstruktive Einzelheiten waren unverändert von der Mannesmann-Bauweise übernommen, so der verbreiterte obere Rand der Wandblöcke in Fenstersturzhöhe als Auflager für die Decke, die Nut in den Stoßfugen und die besonderen Wandelemente für den Keller. Niggemeyer war darauf bedacht, eine möglichst billige Bauweise für kleine Wohnungen zu schaffen. Sie sollte den traditionellen Wohnungsbau ergänzen, der in Köln jahrelang unter dem Vorkriegsniveau blieb. Sie war deshalb einfach, damit aber auch wenig wandlungsfähig. Niggemeyer gab sie in einer Werbeschrift zur allgemeinen Benutzung frei. Es scheint jedoch niemand von seinem System Gebrauch gemacht zu haben.[75]

Auch Hans Scharoun beschäftigte sich mit Vorfertigungsproblemen. Er suchte jedoch nicht nur nach dem technisch Machbaren, sondern darüber hinaus nach einer Nutzung der neuen Technik für eine neue höhere Wohnqualität. Sein Hauptinteresse galt allerdings der Vorfertigung mit Holz. Für Beton findet sich nur das Projekt „Das transportable Haus" von 1932, mit dem Scharoun ganz offensichtlich gleich anderen verantwortungsbewußten Architekten beabsichtigte, den hart arbeitenden Stadtrandsiedlern mit einer kostengünstigen und für Selbsthilfe geeigneten Massivbauweise zu Hilfe zu kommen. Gleichzeitig erarbeitete er dafür einige rationale Typengrundrisse, darunter ein Minimalhaus für zwei Personen auf einer Grundfläche von 5,08 × 5,08 m. Dem Zweck entsprechend war die Konstruktion denkbar einfach. Sie gestattete auch spätere Erweiterungen ohne nennenswerte Substanzverluste. Die Außenwand bestand aus Paneelen von Bimsbeton mit einem kräftig verstärkten Rand und zwei Längsrippen. Die Wetterhaut sollte aus dünnen Eternitplatten bestehen, die an Holzdübeln in den Rippen befestigt werden konnten. Die Paneele waren 1,20 m breit und 2,50 m hoch, Tür- und Fensterplatten hatten die gleichen Maße. Die Stabilität der Paneele sollte durch die Deckenplatten und ein vorspringendes Kastengesims, innen durch die anstoßende Deckenschalung gesichert werden. Die Einfachheit der Bauweise war zweifellos für den Bau in Selbsthilfe günstig, aber technisch bedenklich. Scharoun hat das Projekt auch nicht zu Ende geführt.[76]

Auch Hugo Häring hat sich auf vielfältige Weise mit dem Kleinhaus beschäftigt. Für diesen Repräsentanten des „organischen Bauens" war es keineswegs nur ein Notprodukt, sondern eine unerläßliche Alternative zum Stockwerksbau und zu den ersten Vorschlägen für Wohnhochhäuser. Er wollte auch den Schichten mit niedrigem Einkommen das Wohnen im eigenen Haus mit Garten ermöglichen. Auf der Suche nach einer von Natur aus kostengünstigen Hausform griff er 1925 auf das back-to-back-System des traditionellen englischen Arbeiterwohnungsbaus zurück. Hinsichtlich der Belüftung und der Schallisolierung hatte es erhebliche Mängel, bei den Bau-, Unterhalts- und Heizkosten aber entschiedene Vorteile. Härings HH-Haus stellte eine verbesserte Fassung dar, er hielt es für die günstigste „industrialisierte Hausform".[77] Einen Schritt weiter ging er mit dem sogenannten L-Haus von 1928, das durch seine Winkelform auch als Reihenhaus einen vor Einblicken geschützten offenen Sitzplatz am Haus sicherte.[78]

[74] Angaben von H. Schmidt 25. 2. 1963; Werk 14 (1927), H. 5, S. 146; H. Schmidt: Beiträge zur Architektur 1924–1964, Hrsg. B. Flierl, Berlin 1965, Abb. 18, 19, 30–32
[75] Niggemeyer, S. 11–52; ZBV 47 (1927), H. 35, S. 454
[76] Das transportable Haus. Nachlaß Scharoun, Akad. der Künste Berlin
[77] BW 16 (1925), H. 28, S. 653f.
[78] H. Lauterbach/J. Joedicke: Hugo Häring. Schriften, Entwürfe, Bauten, Stuttgart 1965, S. 107, Werkverz. Nr. 38

217–220 Hugo Häring,
Tonnendachhaus, 1930
217 Technischer Vorläufer
(Dyckerhoff & Widmann)
218 Konstruktionsmodell
219 Musterhaus
220 Siedlungsplan

1930 nutzte er die neueste Betontechnik für einen weiteren Vorschlag. Durch Dyckerhoff & Widmann waren damals große Wohnblocks in Berlin-Pankow, Kissingenstraße, mit dünnschaligen gewölbten Betondächern abgedeckt worden. Häring versuchte die Anwendung der Neuerung im Kleinhausbau. Es waren verschiedene Anstöße, die zu dem neuartigen Tonnendachhaus führten. Häring dachte nicht nur an eine besondere Bauweise, sondern auch an städtebauliche Konsequenzen. Er nutzte die Steifigkeit gewölbter Schalen, um die tragende Konstruktion auf vier Betonstützen in den Ecken des Hauses zu beschränken. Außen- und Innenwände waren entlastet und bedurften keiner tiefgegründeten Fundamente. Eingänge und Fensteröffnungen gab es nur auf den Schildseiten der Tonne; die Längsseiten blieben geschlossen, so daß man die Häuser zu Gruppen und Reihen zusammensetzen konnte. Le Corbusier hatte 1919 mit den „Monol-Häusern" ein ähnliches System vorgeschlagen. Häring verbesserte es durch den Einbau eines Oberlichtes, das der Belichtung der im Hausinnern gelegenen Räume wie Küche und Nebengelaß dienen sollte. Schließlich sah er in dem Tonnendachhaus eine Möglichkeit, „Flachbausiedlungen mit treppenlosen Häusern" zu schaffen und damit der Stadtbevölkerung zum Wohnen im Grünen zu verhelfen.[79] Ein Musterhaus war auf der Berliner Bauausstellung 1931 zu besichtigen. Die Schildseiten waren mit einer Prüßwand ausgefacht, die Längsseiten als die Trennwände zum Nachbarhaus mit unverputzten Betondielen. Häring hatte mehrere Haustypen entworfen, das Ganze blieb jedoch ein ideal gedachtes Projekt.

Die Diskrepanz zwischen dem hohen Aufwand an Zeit und Arbeitskraft für die Entwicklung all dieser Systeme und dem geringen wirtschaftlichen Ergebnissen ist augenscheinlich. Um so erstaunlicher ist die Risikobereitschaft der Beteiligten. Zweifellos kommt darin eine gewisse Euphorie zum Ausdruck, die um 1927 ihren Höhepunkt erreichte. In Praunheim und Törten war die schwere Vorfertigung in vollem Gang, überhaupt gab es im Betonbau sensationelle Neuerungen wie die ersten weit gespannten dünnen Schalenkuppeln. Stahlhäuser waren auf dem Baumarkt erschienen, am Weißenhof in Stuttgart triumphierten die neue Architektur und eine neue Bautechnik – die Zeichen der Zeit standen auf Umwälzung. Durch die Betonmontagebauweisen wurde dem handwerklich betriebenen Wohnungsbau erstmals eine ernsthafte Alternative entgegengesetzt. Vier Vorteile gegenüber dem Mauerbau wurden erwartet: die Ablösung manueller Arbeit durch mechanische, die weitgehende Ausschaltung der Saisonarbeit, die Verkürzung der Bauzeiten und die Senkung der Baukosten. Wenn man von den Ausbauarbeiten absieht, so sind die ersten drei Pluspunkte in den zwanziger Jahren mehr oder weniger erfüllt worden. Die Kostenfrage aber blieb ein ungelöstes Problem, hier lag der Hauptgrund dafür, daß die Industrie sich hartnäckig zurückhielt. Die führenden Architekten hingegen sahen im Übergang zur Vorfertigung eine historisch herangereifte Aufgabe und fühlten sich zu kühnem Handeln aufgerufen. Gleichsam in ihrem Namen erklärte Hans Schmidt 1928: „Die Idee des neuen Bauens, soweit es sich nicht um bloße äußerliche Spielereien handelt, die als Schlacken der individualistischen Periode rasch abgestoßen werden, richtet sich bewußt auf die Zukunftsaufgabe des industiellen Bauens. Wir sprechen von Zukunft, da wir heute erst am Beginn der Entwicklung stehen, da es uns noch durchaus an der nötigen Zusammenfassung und klaren Zielsetzung, zum Teil selbst an den einfachsten wirtschaftlichen und psychologischen Voraussetzungen fehlt. So gleicht unsere Arbeit heute einem großen Versuchsgelände, wir sind genötigt, die verschiedensten Möglichkeiten abzutasten, Versuche zu wagen und wieder aufzugeben, alle denkbaren Faktoren gegeneinander abzuwägen. Noch nicht einmal die Grundbedingung für ein industrielles Bauen, die technische Klarheit und Einheitlichkeit des Bauwerkes, ist den heutigen Architekten allgemein zum Bewußtsein gekommen. Daß in einer solchen Periode des Suchens weder von eindeutigen wirtschaftlichen Erfolgen noch von klaren technischen Resultaten gesprochen werden kann, ist eigentlich selbstverständlich. Aber selbst ein heute unwirtschaftlicher Versuch bedeutet für die Entwicklung mehr als das Weiterfuhrwerken in ausgefahrenen Gleisen." [80]

79 Ebd., S. 115, Werkverz. Nr. 46;
Le Corbusier: Vers une Architecture, Paris 1928³, S. 202
80 Schmidt, Beiträge S. 44

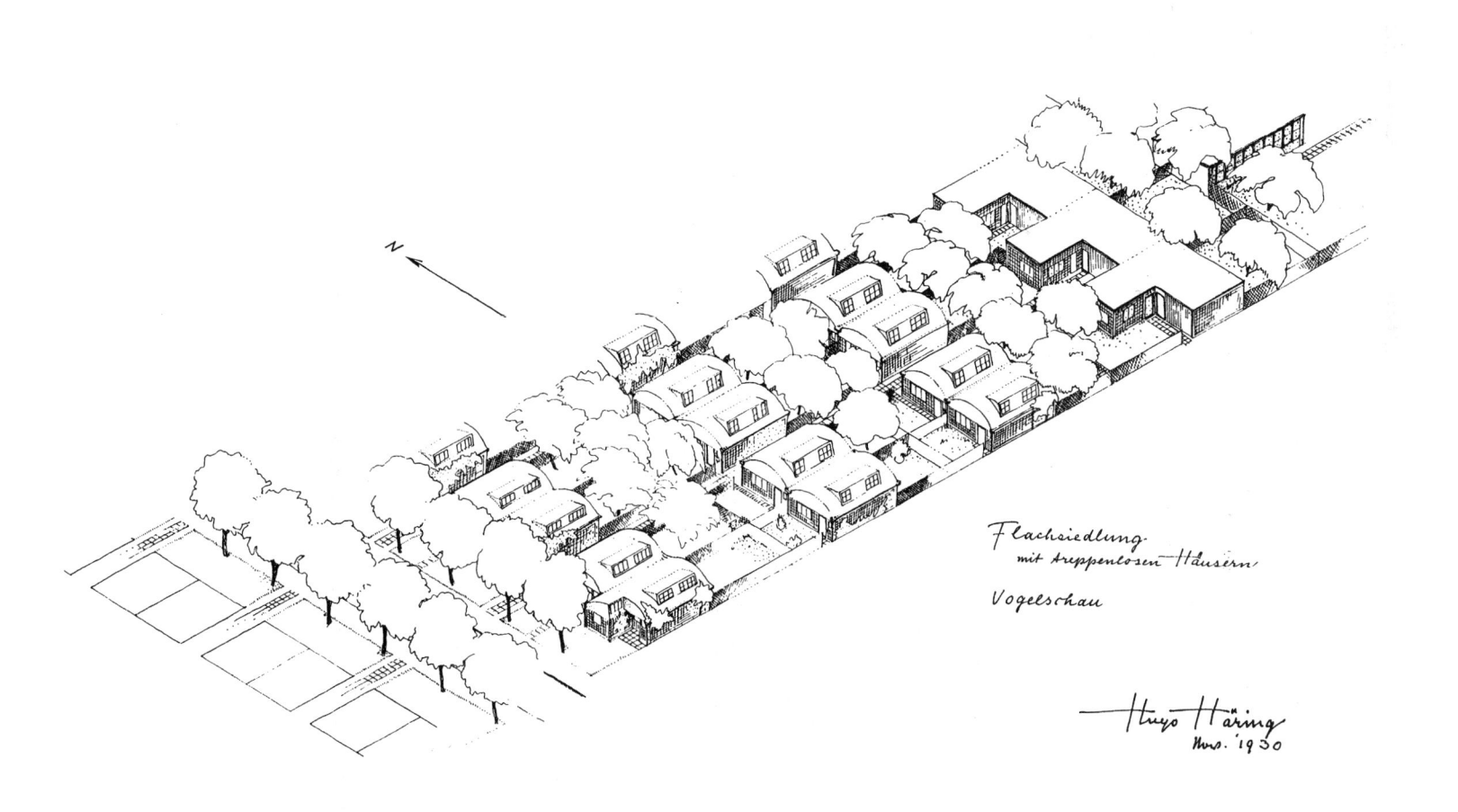

3 Vorgefertigte Holzhäuser

Die Großsiedlung der zwanziger Jahre ist die materielle Basis und der geistige Raum für die Herausbildung der schweren Vorfertigung gewesen. Alle Versuche, auch in den individuellen Eigenheimbau einzudringen, waren vergeblich. Dieser Hausbau wurde zu einer Domäne der leichten Vorfertigung. Auch für sie wurden die Entwicklungsbedingungen günstiger, das Angebot an verbesserten alten und an neuen Baumaterialien führte zu den verschiedensten Bauweisen, und die Verfeinerung der statischen und bauphysikalischen Berechnungsmethoden ermöglichte den rationellsten Materialeinsatz. Aber der von Mies van der Rohe und von Gropius damals geforderte hochfeste und dauerhafte Leichtbaustoff zählt noch immer zu den Aufgaben der Zukunft. Die Hauptbaustoffe der leichten Vorfertigung blieben Holz und Stahl, vereinzelt wurden Kupfer und Aluminium als Außenhaut verwendet.

Baumarkt und Holzhaus

In der Weimarer Republik erlebte das Holzhaus, wie bereits erwähnt, einen Höhepunkt seiner technischen Entwicklung und seiner Verbreitung. Die Produktionsbasis erweiterte sich. Die riesige Wohnungsnot und die anfangs zögernde Haltung des Baugewerbes hatten viele Unternehmen der Holzindustrie veranlaßt, die Herstellung von Häusern aufzunehmen, darunter auch die Deutschen Werkstätten Hellerau/München, die bisher nur durch ihre einfachen gediegenen Möbel und als ein Zentrum der kunstgewerblichen Reform bekannt waren. Andererseits erlebte das Bauen mit Holz durch den Aufschwung des Ingenieurholzbaues geradezu eine Renaissance. Verbesserte Verbindungsmittel ermöglichten eine höhere Ausnutzung der Holzfestigkeit. Eindrucksvolle Brücken, ausladende Bahnsteigüberdachungen, weitgespannte Lager-, Sport- und Ausstellungshallen und interimistische Großkonstruktionen für besondere Feste erhöhten das Ansehen des Holzes und seine Wertschätzung als Baustoff. In seinen besten Leistungen streifte der Holzhausbau die letzten Erinnerungen an seinen Ursprung im Barackenbau ab und paßte sich der einfachen und strengen Formgebung des neuen Bauens an. Noch zu Beginn der zwanziger Jahre wurde das Holzhaus wegen seiner „Hilflosigkeit in der Grundrißbildung, der Konstruktion und Formgebung" von der Fachwelt abgelehnt, am Ende des Jahrzehnts gab es in der Fachpresse nur noch positive Urteile. Von der Reichsforschungsgesellschaft wurde es als vollwertig in die Untersuchungen aufgenommen und in einem Bericht ausdrücklich auf die erhebliche Ersparnis an umbautem Raum gegenüber einem Mauerbau mit gleicher Wohnfläche hingewiesen.[1]

Der Markt für Holzhäuser erweiterte sich. Gropius hatte schon 1910 mit der wachsenden Bedeutung des Eigenheimes gerechnet. Nach dem Weltkrieg wurde das Wohnen im Haus mit Garten zu einer weitverbreiteten Forderung. Sie führte in Städten wie Berlin zur Umwandlung ausgedehnter Zonen für den Stockwerksbau in Flachbaugebiete für Eigenheime. Außerdem entwickelte sich durch das unaufhaltsame Streben nach einer neuen Lebensqualität die Wochenendbewegung. Bis 1914 gab es die Ferien- und Sommerhäuser reicher Leute, die mehr oder weniger nur in der Urlaubszeit benutzt wurden und sich vom städtischen Einfamilienhaus nur wenig unterschieden. Jetzt wurde nach englischem Vorbild das Wochenende im Grünen üblich und zu einer so bedeutenden Erscheinung, daß das Berliner Messeamt 1927 einen Wettbewerb für Wochenendhäuser ausschrieb. Bereits 1911 hatte die Zeitschrift „Die Woche" einen ähnlichen Wettbewerb für Ferien- und Sommerhäuser durchgeführt, der nur Entwürfe unbekannter Architekten in herkömmlichen Bauweisen brachte,[2] 1927 beteiligten sich auch namhafte Architekten wie Hans Poelzig, Richard Riemerschmid und Max Taut. Sie reichten Entwürfe für vorgefertigte Häuser ein. Einer der ersten Preise fiel an Christoph & Unmack, die bereits mit einer Typenserie „Der kleine Christoph" aufwarten konnten.[3] Daran interessiert war unter anderem auch Bert Brecht. Um diese Zeit gab es bereits eine „Baugesellschaft für Wochenendhäuser", für die Max Taut Entwürfe angefertigt hat. Das Wochenendhaus wurde zum typischen Objekt der leichten Vorfertigung mit Holz.

Um das Holzhaus aus dem „Luxusbau" der Vorkriegsjahre in ein konkurrenzfähiges Massenprodukt zu verwandeln, war eine erhebliche Senkung der Baukosten unerläßlich. Bei einer rationalisierten Herstellung in der Fabrik blieben die vergleichbaren Kosten etwa 10 Prozent unter denen des Mauerbaus. Bei einer Serienfertigung gleicher Haustypen waren Ersparnisse bis zu 20 Prozent möglich.[4] Die endgültige Summe jedoch ergab sich erst durch die Aufwendungen für den Transport ab Werk. Obwohl Holz zu den leichten Baustoffen zählt, erreichten die anderthalb- und zwei-

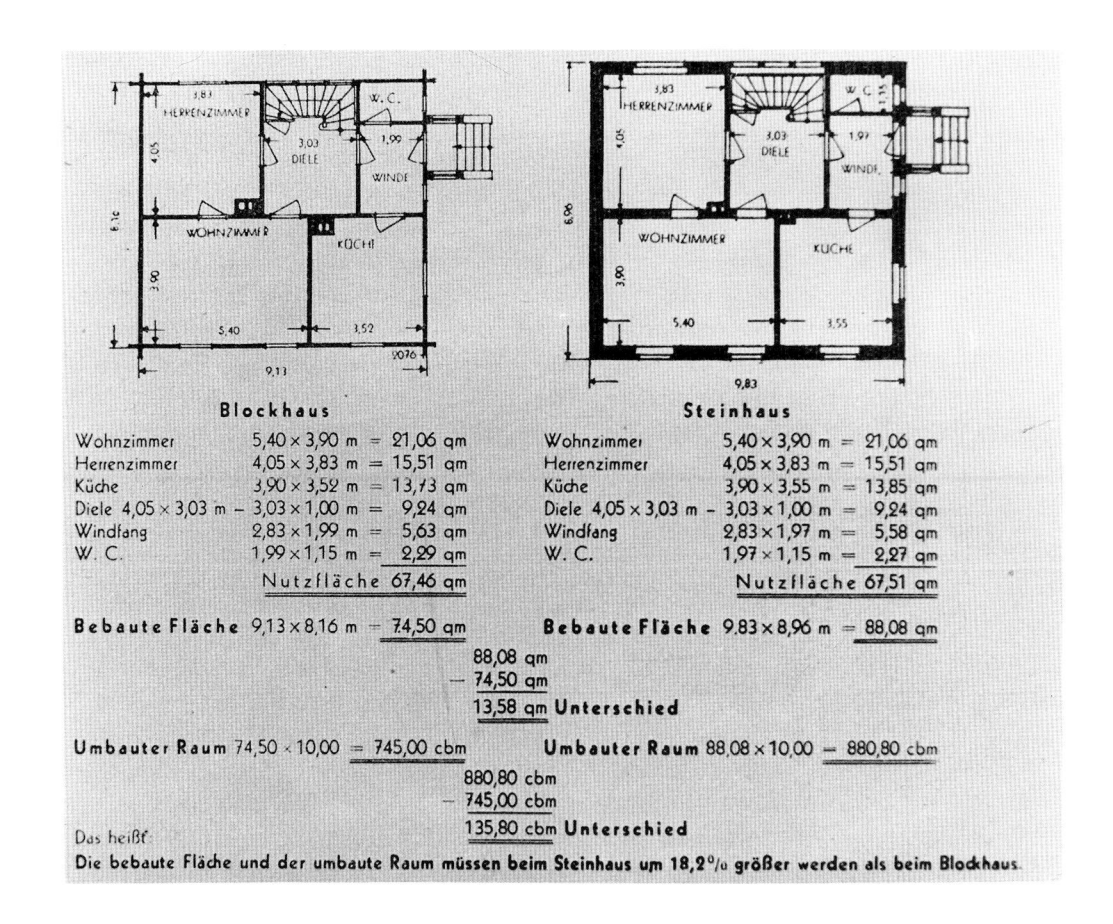

221 Reichsforschungsgesellschaft, Technische Tagung 1929, Vergleich von Holz- und Mauerbau

geschossigen Blockhäuser von Christoph & Unmack ein Verladegewicht von 40 bis 80 Tonnen, die kleinen Wochenendhäuser 20 bis 30 Tonnen. Die niedrigsten Gewichte erzielte eine Holzrahmenbauweise von Richard Riemerschmid zu Beginn der dreißiger Jahre; hier wog das kleinste Wochenendhaus nur 9,0 Tonnen und ein erdgeschossiger Bau mit 130 m² Wohnfläche 23 Tonnen.[5] Bei Transporten über größere Entfernungen ging der wirtschaftliche Vorteil also häufig wieder verloren. Es ist deshalb kein Zufall, daß die meisten Holzhaussiedlungen jener Jahre in Niesky und Dresden zu finden sind, die in der Nähe der bedeutendsten Holzhausproduzenten lagen. Deren Musterhäuser waren regelmäßig auf der Jahresschau Deutscher Arbeit in Dresden zu sehen. Einzelhäuser jedoch, die die Mehrheit der Aufträge bildeten, und die meist auf Liebhaberwünsche zurückgingen, gibt es in allen Teilen Deutschlands, besonders im Berliner Raum und an den bayrischen Alpenseen.

Bei den vorgefertigten Häusern der einzelnen Firmen findet man allgemein eine Normung der Bauteile, aber kaum eine systematische Typisierung der Grundrisse. Was in den Katalogen als Typenhäuser angeboten wurde, waren individuelle Bauten, die bestenfalls als Wiederholungsprojekte gelten könnten. Ein einheitliches Maßsystem läßt sich nirgends erkennen, abgesehen von einigen Vorzugsmaßen bei den Innenräumen. Unter den gegebenen Verhältnissen war weitgehende Variabilität der Grundrisse und der Baugestalt noch immer von größter Bedeutung im Konkurrenzkampf mit dem praktisch unendlich variablen Mauerbau. Um nicht nachzustehen, hatten die Deutschen Werkstätten einen Fragebogen ausgearbeitet, in dem nicht nach einem bevorzugten Typ, sondern nach der geplanten Bausumme, dem gewünschten Termin der Fertigstellung und nach vielen Einzelheiten gefragt wurde wie Höhe und Anzahl der Räume,

1 RFG: Mitt. Nr. 33, April 1929, S. 7
2 Wettbewerb Sommer- und Ferienhäuser, Die Woche, 19. Sonderheft, Berlin 1911
3 ZBV 47 (1927), H. 10, S. 113 bis 201; Der Baumeister 25 (1927), H. 6, S. 166–172
4 A. Franke: Holzbau im Siedlungsbau, DBZ 65 (1931), Beil. Konstr. u. Ausf. Nr. 3, S. 28; R. Riedel: Gemeinwirtschaft und Rationalisierung, Diss. TH Braunschweig 1932
5 Christoph & Unmack: Katalog Nr. 14, Preisliste 1925; R. Riemerschmid: Ri-Holzhaus, Preisliste 33 vom 29. 5. 1933 (Nachlaß Riemerschmid, Architekturmuseum der TU München)

222–230 Holzhaussiedlungen Berlin, 1919/20
222 Grundriß und Schnitt des Haustyps
223 Ansicht (fast unverändert 1992)
224/225 Siedlung Adlershof, Gemeinschaftsstraße, Zustand 1989

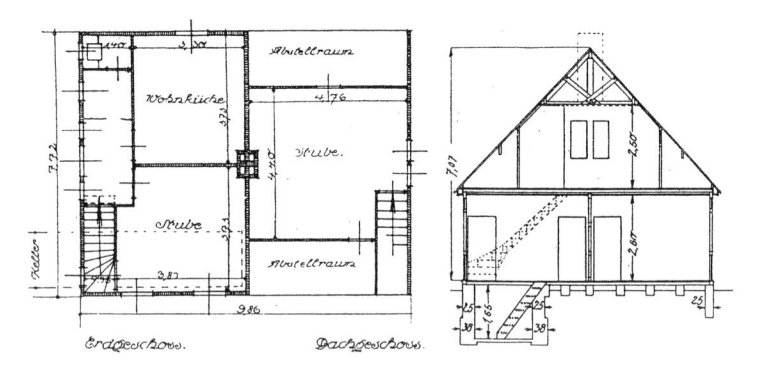

ihre Zweckbestimmung und Größe, nach der Dachform, der Wandverkleidung innen, ob Fensterklappläden, Balkon oder angebaute Veranda gewünscht wurden. Bei der Block- wie bei der Paneelbauweise wäre eine strenge Maßordnung zwar günstig für die Rationalisierung der Herstellung und der Montage gewesen, sie hat sich aber dort, wo sie versucht wurde, nicht durchsetzen können – aus Gründen, die leider im Dunkeln geblieben sind. Kleinteiligkeit der Bauelemente mit abgestimmten Maßen blieb die Grundlage der Vorfertigung mit Holz. Diese Praxis bot ein Maximum an Flexibilität und bestätigte letztlich die Forderung von Gropius, Taut und anderen, nicht die Grundrisse, sondern die Bauelemente zu typisieren.

Am Beginn des Wohnungsbaus im ersten Nachkriegsjahr stand der schon erwähnte Auftrag über den Bau von 300 Wohnungen in 150 vorgefertigten Doppelhäusern, den der Wohnungsverband von Groß-Berlin an den Berliner Holzindustriellenverband vergeben hatte. Angesichts der Wohnungsnot war das Vorhaben nur ein Tropfen auf den heißen Stein. Die Häuser wurden als kleinste Siedlungen auf neun Stadtteile verteilt und mit der Ausführung sechs Firmen nach den Vorschlägen des Industriellenverbandes beauftragt. Es waren die bekanntesten Produzenten der Vorkriegszeit, unter ihnen Christoph & Unmack, die Siebelwerke, G. Hagen in Hamburg und die Deutsche Barackenbaugesellschaft in Köln. Gebaut wurde nur ein Haustyp, ein 1½geschossiges Doppelhaus in der jeweils firmeneigenen Konstruktionsart, jedoch fast durchgängig in einer Paneelbauweise. Die Siedlungen in Adlershof, Gemeinschaftsstraße, mit 18 Doppelhäusern, in Johannisthal, Oststraße, mit 15 und in Britz, Ilgenweg/Zantochweg, mit 18 sind noch erhalten, wenn auch durch An- und Umbauten stark verändert. In Friedrichsfelde, Pankow, Hohenschönhausen, Wittenau und Steglitz sind sie verschwunden. Die größte Anlage mit 37 Doppel-

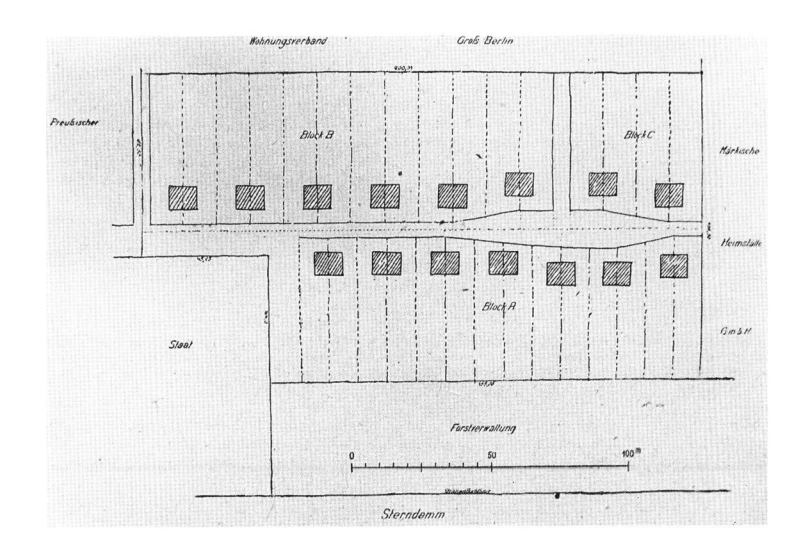

226/227 Siedlung Johannistal, Oststraße, Bebauungsplan und Ansicht, 1920

häusern lag auf dem Gelände des heutigen Ludwig-Jahn-Sportparks. Den Löwenanteil an diesem Auftrag hatte Christoph & Unmack erhalten. Die Montage fiel in den Winter, der sehr streng war und bei allen anderen Baustellen zur Stillegung führte. Bereits im März 1920 konnten die letzten Häuser bezogen werden.[6]

Saisonunabhängig, kurze Bauzeiten und niedrige Kosten, alles sprach für den Holzbau. Spandau folgte dem Berliner Beispiel und plante für seine Notwohnungen ebenfalls Holzhäuser in der offensichtlich bewährten Plattenbauweise.[7] Selbst Gropius trat für den Holzbau ein, das früheste Projekt einer Bauhaussiedlung war für Holz konzipiert. Als er 1920/21 mit der Bauhausmannschaft in Berlin-Steglitz das Holzhaus für Adolf Sommerfeld errichtete, forderte er ausdrücklich die Rückkehr zum alterprobten Holz, allerdings nur als eine vorübergehende Maßnahme, „dem primitiven Anfangszustand unseres sich neu aufbauenden Lebens angemessen".[8] Der Gang der Geschichte korrigierte jedoch diese Vorstellungen. Preistreiberei und eine galoppierende Inflation beendeten eine Phase, in der Holzbauweisen erstmals vollwertig Eingang in den allgemeinen Wohnungsbau gefunden hatten.

6 DBZ 54 (1920), Beil. Der Holzbau Nr. 13, S. 49–51; DVW 2 (1920), H. 5, S. 73/74
7 K. Elkart: Holzbauten, DVW 2 (1920), H. 5, S. 70–73
8 W. Gropius: Neues Bauen, DBZ 54 (1920), Beil. Der Holzbau Nr. 2, S. 5; Nerdinger, Gropius, S. 44, 58

228 Doppelhäuser Pankow, Borkumstraße (1943 kriegszerstört)

229/230 Siedlung Prenzlauer Berg, Schwedter Straße, Bebauungsplan und Teilansicht (abgebrochen)

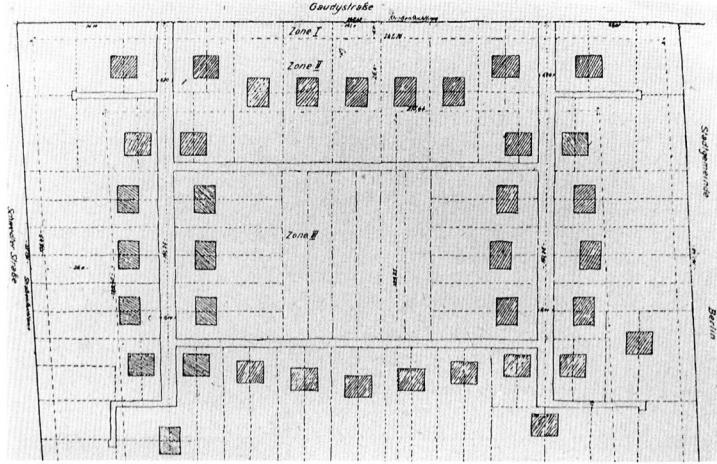

Als das Wirtschaftspendel seit 1924 wieder aufwärts schwang und der Wohnungsbau verstärkt einsetzte, normalisierte sich auch die Baustoffversorgung, und das Holz verlor seine Sonderstellung. Der Holzhausbau war wieder dem vollen Konkurrenzdruck des Mauerbaus ausgesetzt, es bestand kein besonderes Bedürfnis mehr, seine technische Entwicklung zu fördern. Versuchssiedlungen wie für die schwere Vorfertigung kamen auch in den Jahren der Baukonjunktur nicht zustande. Auch in Spandau-Haselhorst wurden Holzbauweisen nicht erprobt. Obwohl die Nachfrage nach Holzhäusern durch die Wirtschaftskonjunktur stetig stieg, reichte sie nicht aus, um selbständig arbeitende Fertigungsunternehmen entstehen zu lassen. Alle Firmen, die Häuser anboten, waren wie schon vor 1914 auch auf anderen Gebieten tätig. Viele besaßen Sägewerke, Abteilungen für Bautischlerei und Zimmerei, für Ingenieurholzbau, Möbelfabrikation und selbst für Waggonbau. Keiner dieser Betriebe hat sich durch besondere Leistungen im Hausbau einen Namen gemacht mit drei Ausnahmen: Christoph & Unmack in Niesky, die Deutschen Werkstätten Hellerau-München und die Allgemeine Häuserbau AG Sommerfeld in Berlin.

Die führenden Unternehmen

Christoph & Unmack setzten zunächst ihre bereits vor dem ersten Weltkrieg eingeschlagene Entwicklung fort. Die Hausbauabteilung wurde erweitert und die Werbung ver-

Projekt einer Holzhaussiedlung, Spandau, 1920, Arch. Stadtbaurat Elkart
231/232 Bebauungsplan und Haustyp I

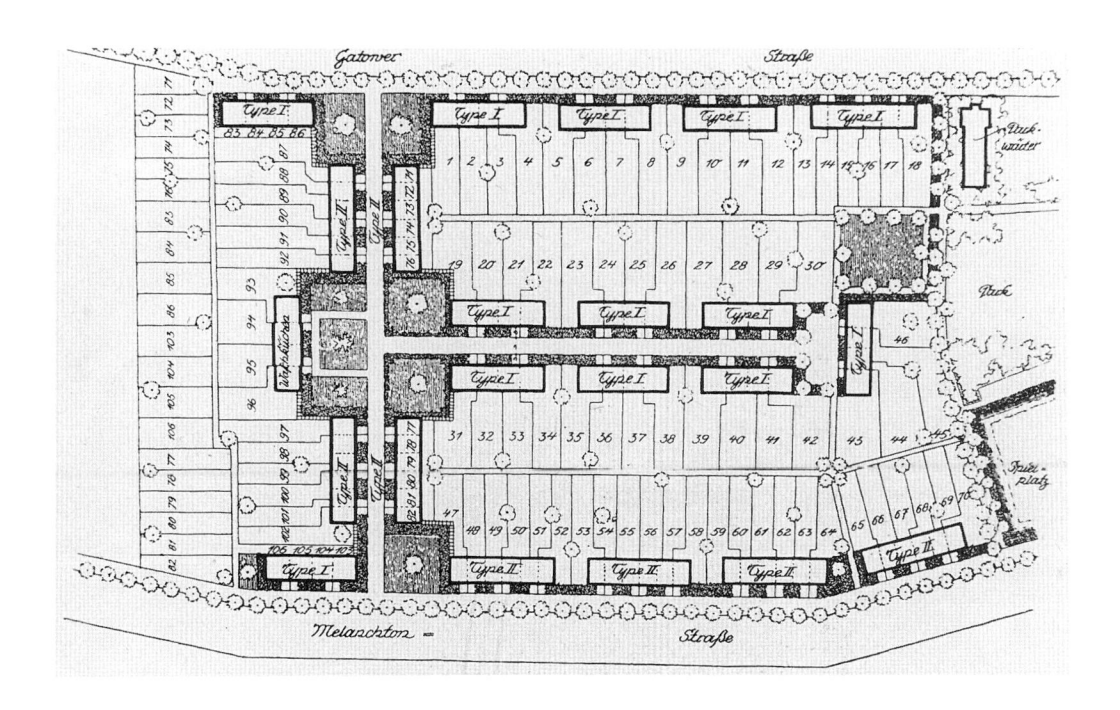

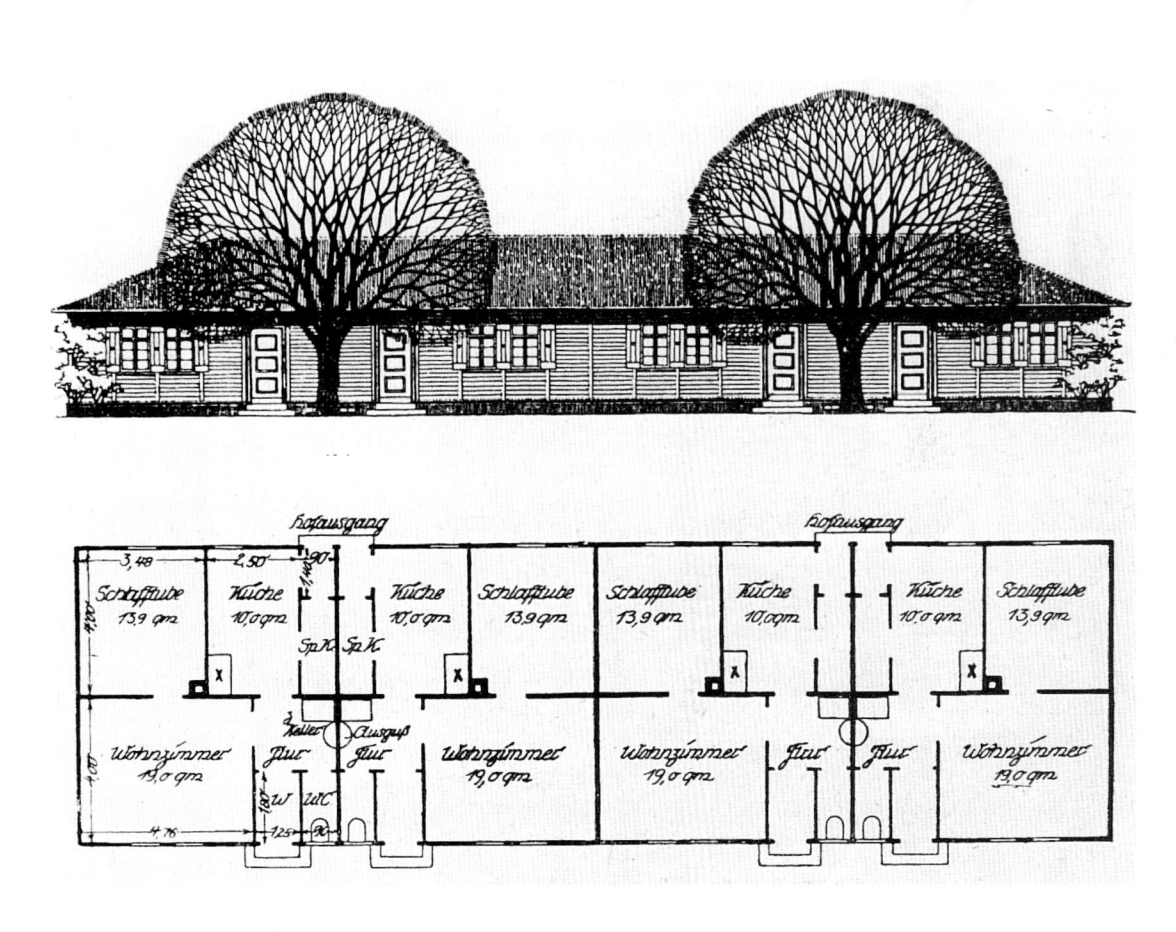

233–260 Christoph & Unmack, Niesky
233 Doppelhaus in Paneelbauweise, Niesky, Konrad-Wachsmann-Straße, 1923
234 Doppelhaus in Blockbauweise, Niesky, Christophstraße, 1921

235 Siedlung Dresden-Gruna, Junghansstraße, in Blockbauweise, 1925/26 (kriegszerstört)

236/237 Siedlung Dresden-Naußlitz, Alfred-Thiele/Bingenstraße, in Blockbauweise, 1927
236 Straßenansicht
237 Einfamiliendoppelhaus

stärkt. Das Werk errichtete in Niesky zahlreiche Musterhäuser, darunter eine kleine Werksiedlung mit acht Doppelhäusern gleichen Typs, aber in verschiedenen Bauweisen.[9] In den folgenden Jahren wurden viele Häuser im Stadtgebiet aufgestellt, überwiegend in einer sehr ausgefeilten Paneelbauweise wie in der Konrad-Wachsmann-Straße. Hier ist die äußere Verbretterung eine sehr dicht wirkende Stülpschalung. Eine senkrechte glatte und gespundete Brettlage bildet die Innenseite. Der Hohlraum dazwischen ist frei und allseitig mit Dachpappe ausgekleidet. Die Stoßfugen sind gespundet und außen durch Leisten so abgedeckt, daß der Plattenrahmen noch sichtbar ist und sich zwischen Leiste und Stülpschalung eine feine Abstufung ergibt. Den solidesten Eindruck machen jedoch die Blockhäuser, mit denen die Firma schon vor 1914 erfolgreich gewesen war. 1925 bot sie 36 Typen an, von der kleinsten Hütte für 3100 Mark bis zu großen Einfamilienhäusern zum zehnfachen Preis, darunter Typen, die schon vor 1914 gebaut worden sind.[10]

Der größte Teil der Produktion ging auf Einzelbestellungen zurück. Sie kamen aus vielen Ländern, selbst aus Übersee. Die französischen Staatsbahnen bestellten Wohnhäuser für ihre Beamten. Niesky lieferte die Winterhäuser für die Polarexpedition Paul Wegeners und die Bauelemente für das Hotel auf der Zugspitze. Das Hauptabsatzgebiet lag jedoch im östlichen Teil Deutschlands, hier hatte das Werk auch die meisten Geschäftsstellen eingerichtet. Für die Entwürfe der Häuser wurden in der Regel Architekten aus Niesky herangezogen, die die in Serien gefertigten Bauteile und die konstruktiven Besonderheiten genau kannten. Von ihnen und dem Architekturbüro des Werkes stammten die meisten Häuser, die in den Katalogen als Typen aufgeführt sind. Aber der Erfolg von 1914 in Darmstadt wirkte nach. Seither wurde die Zusammenarbeit mit Architekten von Rang verstärkt, um vor allem auf Ausstellungen mit Häusern von besonderer funktioneller und ästhetischer Qualität auftreten zu können. So schuf Albin Müller 1922 eine Reihe von Entwürfen für Einfamilienhäuser in der Block- und in der Plattenbauweise, die er im Geist der Zeit mit expressionistischen Details künstlerisch aufzuwerten suchte. Es ging ihm dabei auch um die Anerkennung des künstlerischen Rangs der Holzhäuser als Werke der Architektur. In dieser Absicht gab er seine Entwürfe in Buchform heraus und widmete sie dem Gründer der Darmstädter Künstlerkolonie, dem ehemaligen Großherzog von Hessen-Darmstadt.[11] Allerdings lehnte die Fachwelt seine Gestaltungsweise als eine Verballhornung

238/239 Siedlung Niesky, Uthmannstraße, Skelettbauweise, 1936

238 Einfamiliendoppelhaus
239 Wandkonstruktion

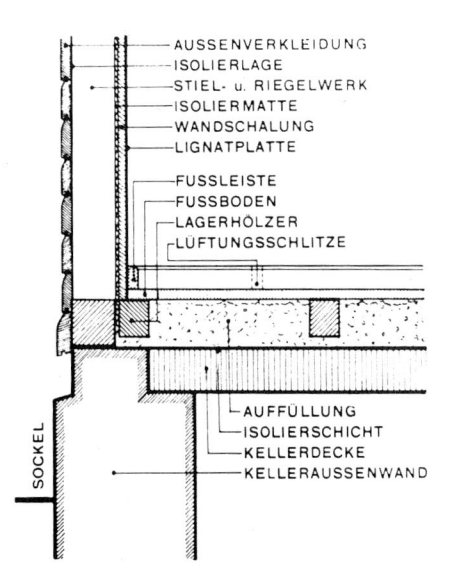

9 Paulsen, Holzhäuser, S. 14f.
10 Christoph & Unmack: Katalog Nr. 14 (1925)
11 A. Müller: Holzhäuser, Stuttgart 1922

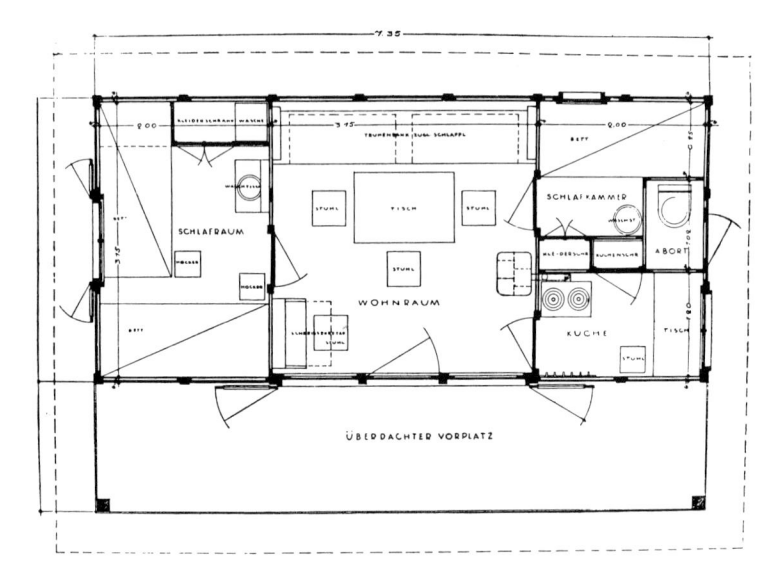

240–242 Wochenend-
häuser, 1925/26
240/241 Typ Allnorm 2 in Paneelbauweise, Modell und Grundriß
242 Katalog „Der kleine Christoph" mit Blockhütten

Wir bauen in Serien das Haus für die Ferien

Wochenendhäuser
in Blockhausbauweise

Entwurf: Architekt Klaus Hoffmann, Hamburg, Jungfernstieg 30

Der kleine Christoph

CHRISTOPH & UNMACK AKTIENGESELLSCHAFT
NIESKY OBERLAUSITZ · NIEDERSCHLESIEN

schlichter Zweckformen und als Modetorheit ab. Es ist ungewiß, ob solche Häuser jemals gebaut worden sind. Ein kurz danach von Albin Müller ausgeführtes anderthalbgeschossiges Doppelhaus in Plattenbauweise zeigt wieder die „schlichte Zweckform" ohne dekorative Beigaben.

Christoph & Unmack suchten den verschiedensten Käuferwünschen gerecht zu werden. Für den Absatz in Bayern zogen sie Münchner Architekten heran, so Franz Zell, der durch sein Buch „Heimische Bauweisen in Oberbayern" bekannt geworden war und Entwürfe mit Anklängen an alte lokale Bautraditionen lieferte.[12] Es gab zweifellos auch Architekten, die das Unternehmen mit der Ausführung von Bauten nach eigenen individuellen Entwürfen beauftragten.

Als 1925 der Ingenieur Friedrich Abel die Leitung der Abteilung Hausbau übernahm, setzte eine sehr progressive Entwicklung ein. Von ihm stammten einige ältere Entwürfe für Blockhäuser, vermutlich war er ein erfahrener langjähriger Mitarbeiter. Jetzt brachten Christoph & Unmack Wochenendhäuser ganz neuen Typs mit äußerst rationellen Grundrissen auf den Markt, unter ihnen der erwähnte „Kleine Christoph", eine Blockhütte von nur $5{,}10 \times 4{,}75$ m^2 nach dem Entwurf des Hamburger Architekten Klaus Hoffmann.[13] Abel zog 1926 Hans Poelzig als Berater heran und nahm damit die Verbindung zu den Ring-Architekten in Berlin auf. Auch Poelzig entwarf ein sehr gründlich durchdachtes Wochenendhäuschen, einen Plattenbau für eine Familie mit drei Kindern, mit einem zentralen Wohnraum und dreiseitig angelagerten Nebenräumen. Als ein kleines Meisterwerk funktioneller Grundrißgestaltung wurde das „Professor-Poelzig-Haus" ein Hauptanziehungspunkt der Wochenendausstellung von 1927 in Berlin.[14]

Mit den Kontakten Abels zu den Ring-Architekten steht zweifellos auch das „Mittelstandshaus" in Zusammenhang, das Hans Scharoun im gleichen Jahr im Auftrag des Deutschen Werkbundes auf der Garten- und Gewerbeschau in Liegnitz aus Plattenelementen von Christoph & Unmack errichtet hat. Mit diesem Haus durchbrach Scharoun die im Holzbau bislang herrschende Tradition des geschlossenen Baukörpers. Er gliederte ihn auf in Wirtschafts-, Schlaf- und erhöhten Wohnteil und demonstrierte damit die vielfältigen Gestaltungsmöglichkeiten, die in der Plattenbauweise noch schlummerten. Außerdem sollte auf den besonderen Vorteil der Montagebauweisen für den Um- oder Erweiterungsbau

243–253 Zusammenarbeit mit Architekten:

Albin Müller, Darmstadt 243/244 Entwürfe für Einfamilienhäuser in Blockbauweise, 1922

12 J. Kempf: Das Einfamilienhaus des Mittelstandes, München 1926, S. 60f.
13 Firmenkatalog ‚Der Kleine Christoph', o. J., mit 9 Typen; Die Baugilde 9 (1927), H. 10, S. 541–543
14 Ebd., H. 13, S. 724f.

245–247 Einfamiliendoppelhaus in Paneelbauweise, 1923, Ansicht, Grundriß und Schlafzimmer

Hans Poelzig, Berlin
248/249 Wochenendhaus in Paneelbauweise, 1927, Ansicht und Grundriß

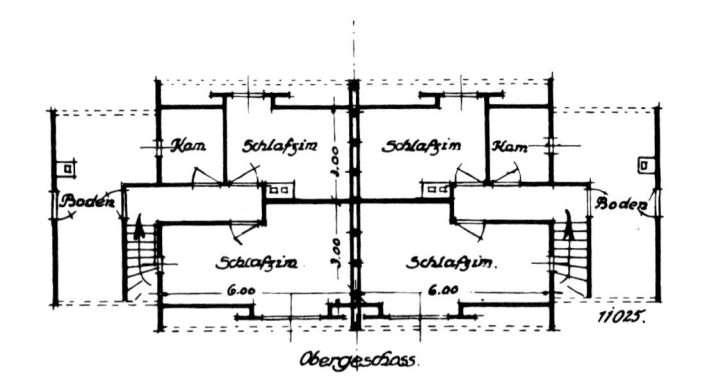

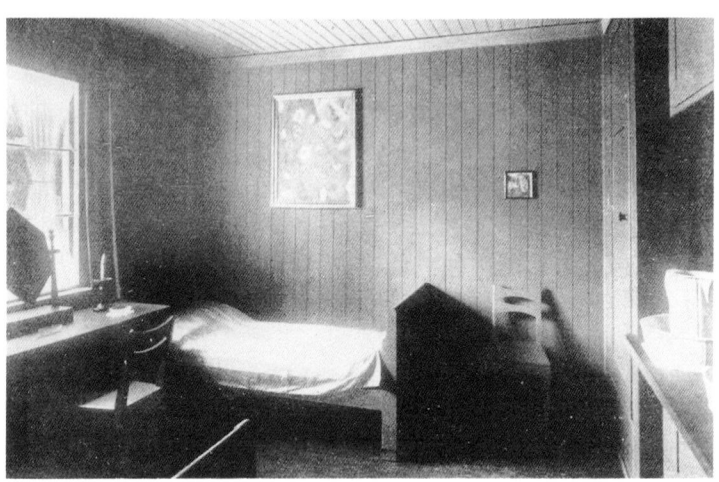

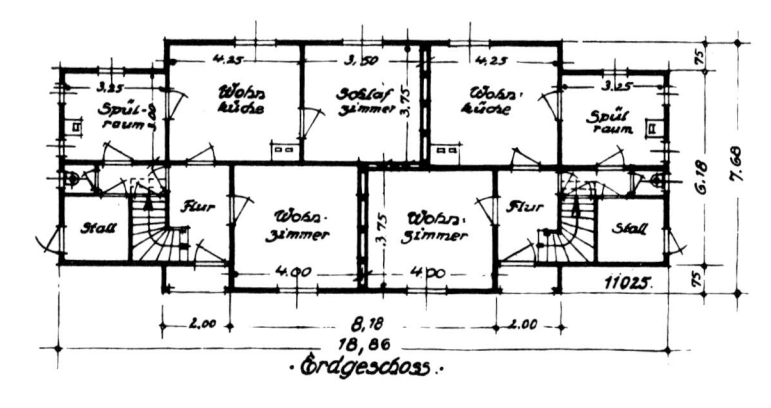

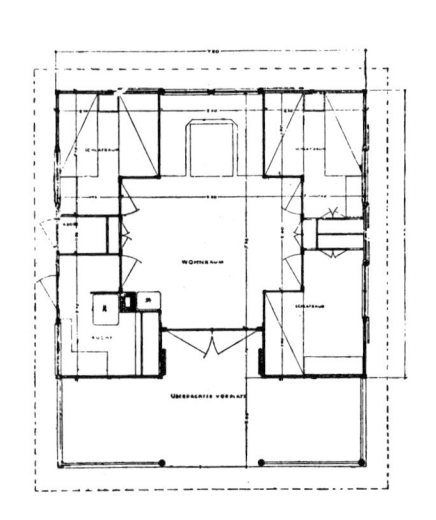

Hans Scharoun, Berlin
250–253 Einfamilienhaus in Paneelbauweise, (Liegnitzhaus), 1927
250 Grundriß
251 Eingangsseite
252 Wohnraum
253 Gartenseite

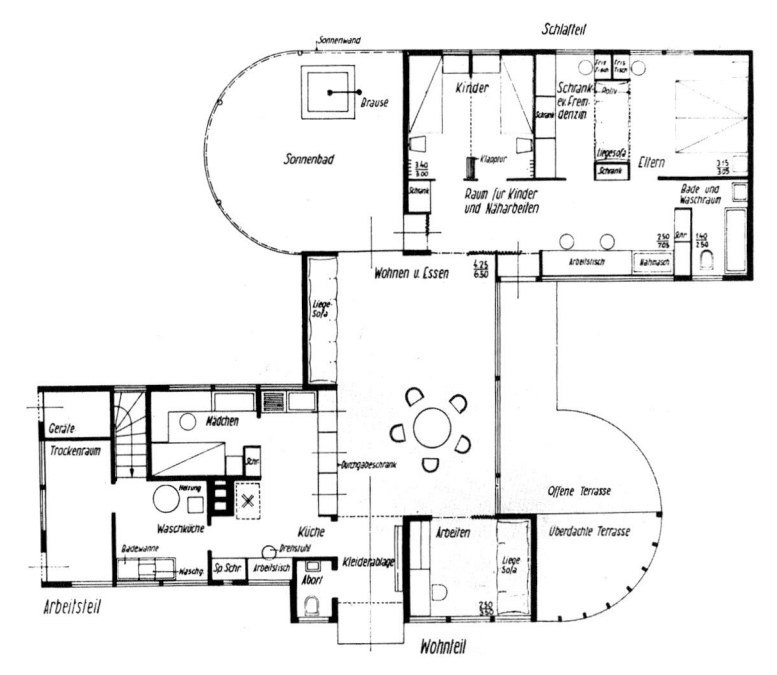

254–260 Konrad Wachsmann, Chefarchitekt, 1926–1929: Verbesserte Paneelbauweise

254 Konstruktionsschema
255 Schulbaracke

256 Bürogebäude der BVG, Berlin

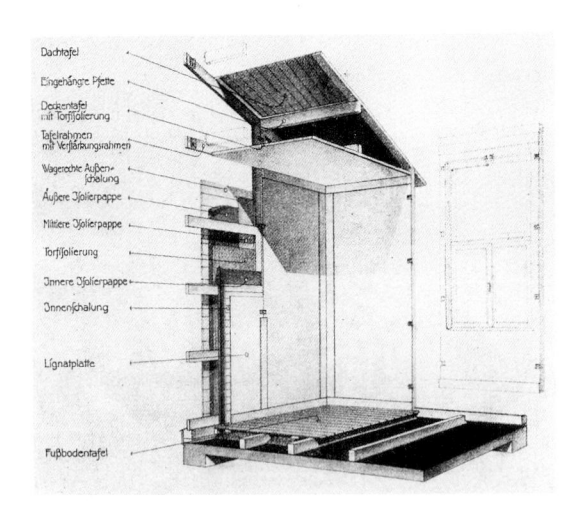

verwiesen werden. „Der Besitzer des Hauses", schrieb Scharoun im Werbeprospekt, „soll daran gewöhnt werden, nicht nur auf dem Papier, sondern in Wirklichkeit an der Gestaltung seines Hauses mitzuwirken." Das Liegnitz-Haus war nicht nur ein Schauobjekt, sondern auch ein Experiment, das Scharoun zu vielen neuen Gedanken über die Montagebauweise angeregt hat. Darüber jedoch an späterer Stelle.[15]

Indessen hatten außenstehende Architekten nur wenig Einfluß auf die Entwicklungsarbeiten im Werk. Eine grundlegende Wendung ergab sich erst mit der Berufung von Konrad Wachsmann, der als Chefarchitekt von 1926 bis 1929 der Holzhausfertigung eine neue technische und ästhetische Qualität gegeben hat. Er war von Hans Poelzig, bei dem er einige Zeit als Meisterschüler gearbeitet hatte, in Niesky empfohlen worden.[16] Wachsmann hatte schon als Student ein besonderes Interesse an neuen Technologien; so beschäftigte er sich gemeinsam mit Richard Paulick mit konstruktiven Lösungen für die Fertigung von Stahlhäusern. In Niesky begann er Forschungs- und Versuchsarbeiten zur Rationalisierung und Verfeinerung des Holzbaus.[17] Er nutzte die präzise Arbeit der Maschinen für die exakte Maßhaltigkeit aller Bauelemente und erreichte bei der Tafelbauweise durch neuartige, in die Plattenrahmen eingelassene Hakenverschlüsse und durch Überfalzen der äußeren Verbretterung einen so dichten Fugenverschluß, daß die üblichen Deckleisten entfallen konnten und der Eindruck einer durchgehenden Schalung entstand. Ein schönes Beispiel dafür ist das kleine Bürogebäude der Berliner Verkehrsbetriebe von 1929 oder 1930. Bei zweigeschossigen Häusern wurde diese

257/258 Verbesserter Blockbau: Direktorenhaus, Niesky, Goethestraße, 1929, Rohbau und Straßenansicht, 1993

Schalung auch über die Deckenbalkenlage und das Schwellholz des Obergeschosses hinweggeführt, so daß ein vom Sockel bis zum Sims einheitlicher Baukörper entstand. Damit verschwand der letzte Hinweis auf die Herkunft der Bauweise aus dem Barackenbau.

Bei Blockhäusern schwächte Wachsmann den gewohnten rustikalen Charakter ab, indem er die Bohlen ohne Abfasung scharfkantig aufeinander setzen ließ. Die Bohlen der Innenwände wurden nur noch in eine Nut der Außenwand eingeschoben, nicht mehr durch Überblattung eingebunden, so daß sie sich in der Fassade nicht mehr markierten. Durch die Einführung verstärkter Sturzbohlen ermöglichte er auch die beliebt gewordenen breiten Fenster, und er reduzierte die Neigung der für den Absatz wichtigen steilen Dächer auf maximal 45°, so daß insgesamt ein funktionell durchdachter, knapp bemessener moderner Bau entstand wie das Direktorenhaus in Niesky. Bis in die kleinste Einzelheit sollten „Leichtigkeit und Eleganz der Konstruktion" für das vorgefertigte Holzhaus werben.[18]

Vor allem rationalisierte Wachsmann die Skelettbauweise, die er für die aussichtsreichste Bauart hielt. Denn „die Entwicklung dieser Methode befähigt erst den Holzbau dazu, wirkliches Industrieerzeugnis zu werden".[19] Nicht zuletzt kam sie den aktuellen Forderungen nach Wirtschaftlichkeit, technischer Durchbildung und architektonischer Gestaltung mehr entgegen als alle anderen Holzbauweisen. In Deutschland hatte sich im Lauf der Jahre eine Abart des Balloon-Frame-Systems verbreitet, die Wachsmann durch genaue statische Berechnungen, bauphysikalische Untersuchungen und entsprechend sorgfältige Ausbildung aller konstruktiven Details so effektiv gestaltete, daß Christoph & Unmack im Wohnungsbau auf die Tafelbauweise überhaupt verzichtete. Wachsmann hielt sie ohnehin für nicht stabil genug. Die „Bauart Doecker" wurde in den dreißiger Jahren ausdrücklich als „ortsbeweglich" auf Baracken, provisorische Schul- und Krankenpavillons und Notunterkünfte beschränkt.[20] Bei Wachsmanns sogenannter „Hohlwandbauweise" oder „Spantenbau" hatten die Stiele einen Querschnitt von nur 5×10 cm und standen in einem Abstand von 50 bis 85 cm. Eck-, Tür- und Fensterstiele waren etwas stärker. Alle Holzverbindungen wurden nach amerikanischem Vorbild nur genagelt. Das Skelett erhielt außen eine Abdeckung von teerfreier Dachpappe und eine gespundete Schalung. Die Gefache wurden mit einer 2 cm dicken Torfplatte ausgesetzt und innen mit einer Isolierpappe abgesperrt. Darauf folgte eine Stülp- oder Spundschalung, die ebenso wie die Außenschalung bei der statischen Berech-

15 P. Pfannkuch: Hans Scharoun. Bauten, Entwürfe, Texte, Schriftenreihe der Akad. der Künste Nr. 10., Berlin 1974, S. 62f., Werkverz. Nr. 58
16 M. Grüning: Wachsmann-Report, Berlin 1985, S. 210–225
17 Ebd., S. 221f.
18 K. Wachsmann: Holzhausbau. Technik und Gestaltung, Berlin o. J., S. 12
19 Ebd., S. 13
20 Ebd., S. 28f.; Bauweltkatalog 1939, S. 339
21 Wachsmann, Holzhausbau, S. 20–22; ders.: Kleine und große Bauten in einer neuen Holzbautechnik, BW 22 (1931), H. 50, S. 1560–1565

259 Skelettbauweise: Kinderheim, Spremberg, 1927

nung des Skeletts als tragendes Element mit herangezogen wurde und als Unterlage für eine Verkleidung mit Sperrholz- oder dünnen Lignatplatten diente.[21] Das Lignat stellte die Firma nach eigenen Patenten her. Es bestand aus verkieselten und mit Zement gebundenen Holzfasern. Später wurde statt der Torfplatten eine dämmende Matte aufgezogen. Für die äußere Verschalung nahm Wachsmann exakt bemessene gehobelte Bretter. Sie sollten das Bild einer dicht gefügten homogenen Fläche erzeugen. Sein bekanntestes Werk in dieser Bauweise ist das Einstein-Haus in Caputh. Hier sind die Deckenbalken zur besseren Stabilisierung der Konstruktion teilweise aufgekämmt, so daß die Balkenköpfe in ihrer gleichmäßigen Reihung die Fassade gliedern und die Festigkeit der Konstruktion betonen.[22]

Wachsmann berichtet in seinen Memoiren, daß er in jenen Jahren Schulen, Krankenhäuser, Bürobauten und Pavillons, selbst ein Hotel auf der Insel Curaçao aus standardisierten Elementen komplett mit allen Installationen errichtet habe.[23] Die Einbeziehung des Ausbaus in die Vorfertigung war in Deutschland ein großer Fortschritt – in den Vereinigten Staaten war sie allerdings seit Jahrzehnten üblich. Wachsmann suchte auch den unsystematischen Charakter der bisherigen Entwurfs- und Bauverfahren zu überwinden, indem er eine exakte Maßordnung und ein entsprechendes Grundrißrastersystem einführte. Damit verringerte er nicht nur die Zahl der zusätzlichen Sonderanfertigungen und den Umfang der Anpaßarbeiten, sondern er veränderte auch das Bestellsystem. „Ich entwickelte neue Typen von Katalogen",

260 Wohnhaus Albert Einstein, Caputh bei Potsdam, 1928

schrieb er, „die, wie ich glaubte zum ersten Mal in Europa, nicht fertige Gebäude anboten, sondern alle Komponenten, um sie zu bauen. In solchen Katalogen wurden Systemraster abgedruckt, in die die Kunden ihre eigenen Grundrißvorstellungen näherungsweise eintragen konnten. Diese wurden dann in meinem Büro in fachgerechte Zeichnungen umgesetzt, wobei nur durch Nummern festgelegte Elemente für den Bau des Ganzen verwendet wurden."[24] Es ist schwer zu sagen, inwieweit Wachsmanns Katalogsystem sich in der Praxis bewährt hat. Jedenfalls brachten die späteren Kataloge der Firma wieder die üblichen Typen mit Preis- und Gewichtsangaben.

Trotz seiner großen Erfolge gab Wachsmann seine Tätigkeit in Niesky 1929 wieder auf, nachdem er sich durch das Einstein-Haus einen gesicherten Ruf als Architekt erworben hatte. Mit ihm verloren Christoph & Unmack die künstlerische und zugleich technisch-wissenschaftliche Potenz, die sie

22 Ausführlicher Bericht in Wachsmann, Holzhausbau, S. 68–79
23 Grüning, S. 220; Abb. in Wachsmann, Holzhausbau, S. 45–59, 68–79, 80–91, 108, 120, 121, 131–137
24 Herbert, Dream, S. 93: „I developed new types of catalogs", wrote Wachsmann, „which I believe for the first time in Europe did not offer finished buildings but instead all components to build with. Modular grids had been printed in those catalogs in which clients could draw their own approximate floor plans. Those were then transformed into professional drawings by my office, using only numbered predetermined parts to build the whole."

261–293 Deutsche Werkstätten, Hellerau/München, Paneelbauweise

261–266 Erstes Musterhaus, Hellerau, Heideweg, Arch. Adalbert Niemeyer, 1920
261 Eingang mit Sitzplatz
262 Grundriß mit Plattenaufteilung
263 Wohnraum

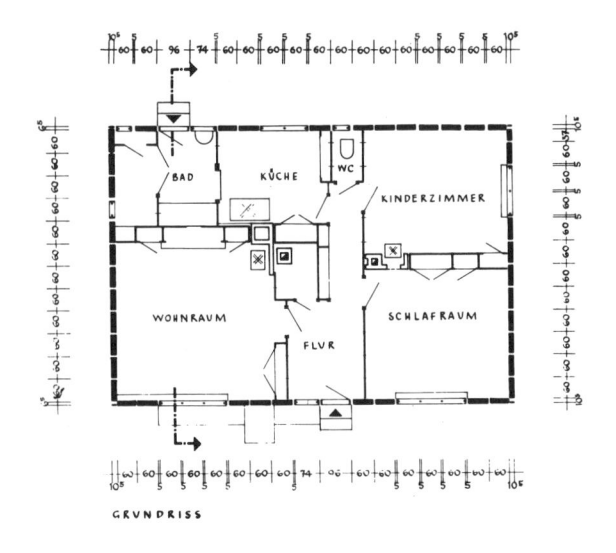

GRUNDRISS

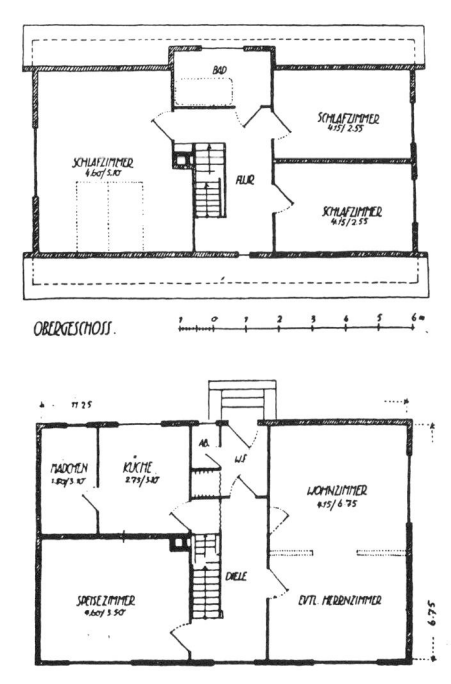

264/265 Einfamilienhaus Hellerau, Auf dem Sand, Arch. Karl Bertsch, 1921
264 Ansicht mit Schindeldach
265 Grundrisse
266 Haus der Bezirkssiedlungsgesellschaft Dresden, Arch. Richard Riemerschmid, 1922

267–269 Ferienhaus bei Herrsching/Ammersee, Arch. Richard Riemerschmid, 1922/23

267 Ansicht
268 Wohnraum
269 Grundriß

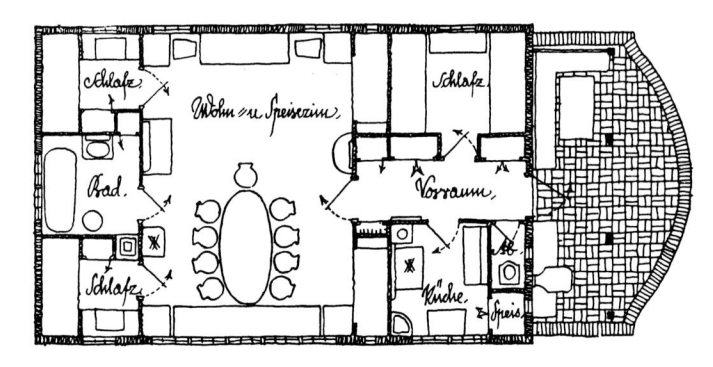

270–272 Haus Icking im Isartal bei München, Arch. Karl Bertsch, 1924

270 Ansicht
271 Schrankwand im Wohnraum
272 Grundriß

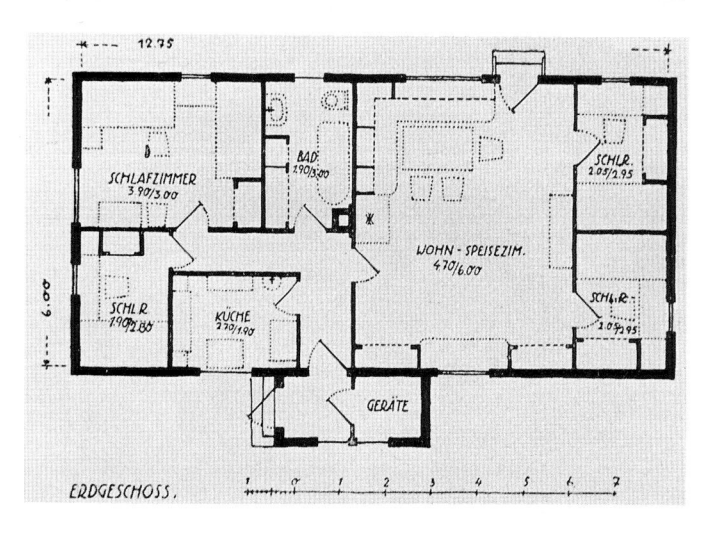

zu ihren besonderen Leistungen befähigt hatte. Wachsmann hatte zwar die alterprobten Bauweisen des Unternehmens selbst als Chefarchitekt nicht ändern können, aber er hat sie doch technisch und ästhetisch verfeinert. Er verwirklichte erstmals Gropius' langgehegte Vorstellung einer strengen Maßordnung im Bereich der industriellen Hausproduktion. Dadurch konnte er das gesamte Bauverfahren vom Entwurf bis zur Montage rationalisieren und den Vorfertigungsgrad insgesamt erhöhen. Er zählt zu jenen, die das neue Bauen in Deutschland durch eine entsprechende Holzbaukunst bereichert haben.

Christoph & Unmack bemühten sich auch weiterhin, die Hausproduktion trotz wachsender wirtschaftlicher Schwierigkeiten aufrecht zu erhalten. 1936 errichteten sie in Niesky noch eine Siedlung mit kleinen Doppelhäusern in der Skelettbauweise, sie waren auch am Hausexport nach Palästina beteiligt. In Haifa steht ein zweigeschossiges Mehrfamilienhaus, das offensichtlich wieder in der Paneelbauweise errichtet worden ist, die durch ihren hohen Vorfertigungsgrad und einfache Montage für Exportzwecke am besten geeignet ist. Das Haus wurde 1937/1938 gebaut.[25] Der schon erwähnte Katalog von 1940 für den Inlandsmarkt führte dagegen nur noch Häuser in der Block- und in der Skelettbauweise auf, aber der extrem leichte Spantenbau Wachsmanns wurde aufgegeben und ein kräftiges Ständerwerk bevorzugt. Damit verlieren sich die Nachrichten über eine der erfolgreichsten deutschen Holzbaufirmen.

In Erinnerung an seine Jahre bei Christoph & Unmack hatte Wachsmann sein Buch über den Holzhausbau, das er 1930 herausgegeben hat, dem Werksdirektor Friedrich Abel gewidmet, dessen Fortschrittsgeist und Verständnis Voraussetzungen seiner eigenen Entwicklung gewesen waren. Auf eine ähnliche Weise, durch die Persönlichkeit ihres Gründers und Direktors Karl Schmidt, wurden auch die Deutschen Werkstätten Hellerau/München zu einem führenden Zentrum des Holzhausbaus, das durch die Mitarbeit namhafter Architekten und Künstler Spitzenleistungen erreichte. Schmidt war seit der Jahrhundertwende ein Pionier der großen kulturellen Reformbewegung und ein Mitbegründer des Deutschen Werkbundes. Er betrachtete die Produktion einfacher, aber gediegener und trotzdem preiswerter Möbel als eine verpflichtende soziale Aufgabe. In wenigen Jahren hatte er seine anfangs kleine Tischlerei zu einem bekannten Möbelwerk entwickelt.[26] Die Einbeziehung bedeutender

25 Abb. in Herbert, Dream, S. 180f.
26 D. Schmidt: Karl Schmidt, in: H. Thiersch (Hrsg.): Wir fingen einfach an, R. Riemerschmid zum 85. Geb., München 1953, S. 68ff.

273–275 Einfamilienhaus, Arch. Bruno Paul, 1925

273 Eingangsseite
274 Grundrisse
275 Gartenseite

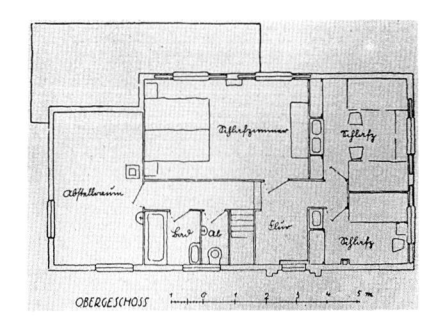

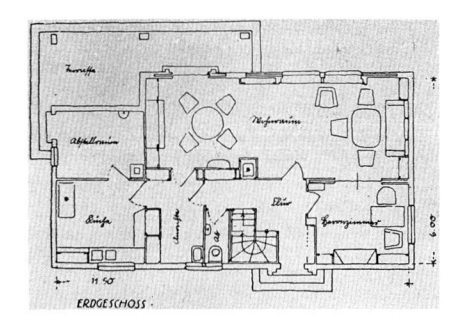

Künstler in die Entwurfsarbeiten lag in der Linie seiner Reformbestrebungen und war selbstverständlich. So gingen die Werksanlagen, der Bebauungsplan für die Gartenstadt Hellerau und die kleine Arbeitersiedlung „Am Grünen Zipfel" auf Entwürfe von Richard Riemerschmid zurück. Dieser Architekt und Designer war seinerseits ein Mitbegründer der „Werkstätten für Kunst im Handwerk München", die sich wesentlich auf sein Betreiben hin 1907 mit dem Unternehmen Schmidts zu den „Deutschen Werkstätten Hellerau/München" zusammengeschlossen haben. Im Kreis der in Hellerau mitwirkenden Künstler vertrat er eine rustikal einfache Gestaltung.[27] Nach seinen Entwürfen waren die sogenannten Maschinenmöbel gefertigt, die auf der Kunstgewerbeausstellung von 1906 in Dresden so großes Aufsehen erregt hatten.

Diese Maschinenmöbel führten damals zu ersten Erörterungen über die Möglichkeit einer Hausproduktion nach den gleichen technologischen Grundsätzen.[28] Schmidt hatte diesen Gedanken offensichtlich weiter verfolgt. Als 1909 der Bau der Gartenstadt im handwerklichen Mauerbau begann, wurde Baillie Scott, der im englischen Landhausbau führend war und sich damals in Deutschland aufhielt, mit dem Bau eines Sommerhauses aus Holz beauftragt. Es war ein Fachwerkbau am Tännichtweg mit einer gehobelten Verbretterung außen und einem abgeflachten Walmdach, der heute aber stark verändert ist.[29] Hinweise aus dem Freundeskreis der Gartenstadt lassen vermuten, daß dieses Haus und wahrscheinlich noch einige andere als individuelle Bauten von den Deutschen Werkstätten ausgeführt worden sind. Es heißt auch, Schmidt hätte die Absicht gehabt, dem Bestreben des Werkbundes entsprechend mit Musterbauten gegen die schlechte technische und ästhetische Qualität der in die Kolonien gelieferten Häuser vorzugehen.[30]

Mit Entwicklungsarbeiten für eine Serienfertigung begann Karl Schmidt erst nach dem Weltkrieg, als durch den drückenden Wohnungsmangel das Holzhaus eine erhöhte wirtschaftliche und soziale Bedeutung erhielt. Er entschloß sich zum Paneelbau, nicht zum Blockbau mit seinem hohen Bedarf an Holz bester Qualität. Maßgebend war der Gedanke, daß beim Paneelbau das unvermeidliche Quellen und Schwinden des Holzes sich innerhalb der Platten ausgleicht und dadurch ein exaktes Bauen ermöglicht wird.[31] Richard Riemerschmid, Adalbert Niemeyer und Karl Bertsch waren die ersten Architekten, die Schmidt für die Ausarbeitung der Haustypen heranzog. Wie Riemerschmid hatten auch Niemeyer und Bertsch vorher beim Möbelbau mitgewirkt. 1920 wurde das erste Musterhaus nach dem Entwurf von Niemeyer im Hellerauer Werksgelände am Heideweg aufgestellt. Es war ein erdgeschossiges Einfamilienhaus in einfachster Form mit einem halbhohen Satteldach. Die Mittelwand diente als Schrankwand. Bertsch entwarf einen sehr ähnlichen Typ, jedoch mit einem hohen ausgebauten Dach, mit größerer Wohnfläche, aber mit weniger Einbauten. Beide Häuser waren sehr gefragt.[32]

Das Grundelement der Bauweise bildete die 60 cm breite geschoßhohe Außenwandplatte, in Hellerau Kassette genannt. Türplatten waren etwas breiter; die Fensterbreite betrug in der Regel ein Vielfaches des Grundmaßes. Angestrebt wurden Grundrisse, die so angelegt waren, daß trotz der nicht ganz einheitlichen Plattenbreiten alle Seiten des Hauses ohne besondere Paßstücke geschlossen werden konnten. Die Kassetten bestanden aus Holzrahmen 4 × 10 cm, mit einer Verbretterung außen und Sperrholzplatten innen. Der Hohlraum war mit einer Lage Dachpappe gegen den Wind abgedichtet und anfangs mit Torfmull gefüllt. Da die Torffüllung sich bei längeren Transporten zusammenrüttelte, wurde sie später weggelassen und der Hohlraum vollständig mit Dachpappe ausgekleidet. Für die Dichtung der Stoßfugen wurden den Stoßflächen schmale Leisten aufgesetzt, die sich bei der Montage ineinander verschränkten und außen einen Spalt freiließen, der mit Teerstrick und einer Deckleiste geschlossen wurde. Die Platten standen wie allgemein üblich auf einer Schwelle und wurden oben von einem Rähm gefaßt, der gleichzeitig als Traufpfette diente. Neu und für die Erscheinung der Häuser charakteristisch war die äußere Verbretterung, die aus gerundeten und sorgfältig gespundeten Schwarten bestand und den Eindruck eines waldursprünglichen warmen Blockhauses erweckte. Bereits

27 W. Nerdinger: (Hrsg.): Richard Riemerschmid, Vom Jugendstil zum Werkbund, Ausst.kat. München 1982, S. 10, 432–434
28 Das Deutsche Kunstgewerbe 1906, Ausst.publikation, München 1906, S. 32f.; K. Junghanns: Der Deutsche Werkbund. Sein erstes Jahrzehnt, Berlin 1982, S. 20, 137–139
29 E. Haenel: Die Gartenstadt Hellerau. Dekorative Kunst Bd. XIX, 14 (1911), S. 320; H. Wichmann: Aufbruch zum Neuen Wohnen, Basel/Stuttgart 1978, S. 395
30 Prof. Oswin Hempel, Brief an den Verfasser vom 7. 5. 1962; Dr.-Ing. Karl Bellmann (ehem. Mitglied des Aufsichtsrates der Gartenstadtgesellschaft Hellerau), Brief an den Verfasser vom 6. 6. 1962; noch 1921 lieferte Riemerschmid 2 Entwürfe für „Orienthäuser"; Nerdinger, Riemerschmid, S. 432
31 G. Schleicher: Die Holzhäuser der Deutschen Werkstätten Hellerau, Moderne Bauformen 29 (1930), H. 6, S. 241
32 Dt. Kunst u. Dekoration Bd. XLIX, 44 (1921), S. 164–172; das erste Niemeyer-Haus erhalten in Hellerau, Heideweg, eine Ausführung von 1923 Auf dem Sand 16; frühes Bertsch-Haus Auf dem Sand 3, ursprünglich mit Holzschindeln gedeckt.

276/277 Einfamilienhaus, Arch. Hans Poelzig, 1923/24

276 Ansicht
277 Grundrisse

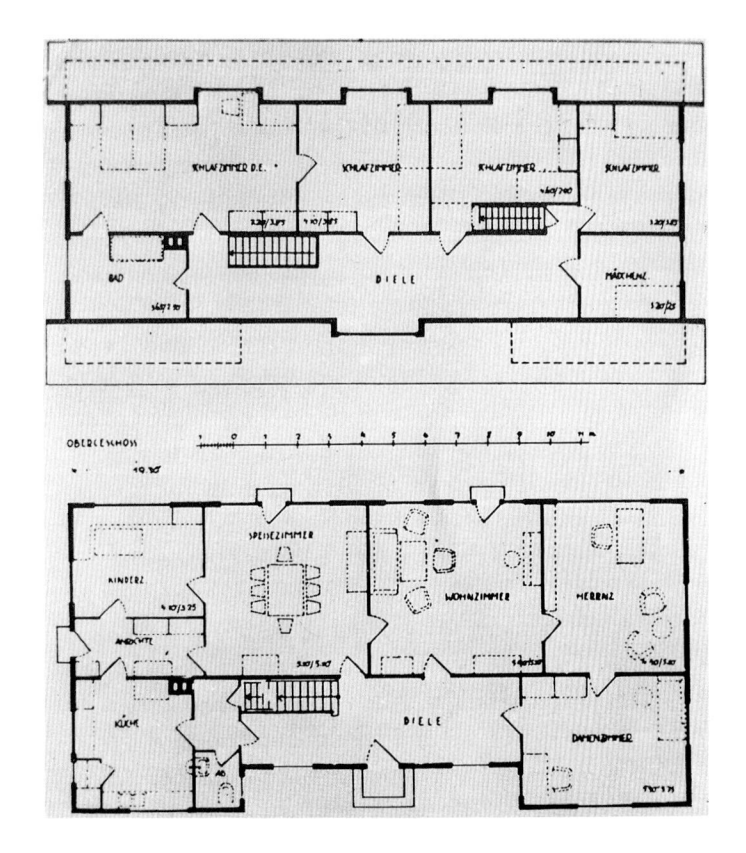

mit den ersten Musterbauten entstand auch der Werbeslogan „DeWe Holzhäuser". Als eine Folge der Stahlknappheit der Nachkriegsjahre waren die Schlösser der Zimmertüren, die Riegel der Fenster und Klappläden, die Scharniere des Klapptisches am Sitzplatz und selbst der Türklopfer bei den ersten Bauten aus Holz. Bei dem Haustyp mit steilem Dach wurden Holzschindeln verwendet, um gebrannte Dachziegel einzusparen.

Die Produktion der beiden Haustypen lief 1921 an. Der Ruf der Deutschen Werkstätten sprach für technische und ästhetische Qualität. Bestellungen liefen aus allen Teilen Deutschlands ein, wobei das Haus von Bertsch bevorzugt wurde. Bereits im ersten Jahr sollen sechzehn Häuser verkauft worden sein, darunter drei Einzelanfertigungen nach Luxemburg, Holland und Frankreich. 1922 scheint sich der Absatz gehalten zu haben.[33] Auf der Deutschen Gewerbeschau in München 1922 erzielten die Werkstätten mit einer Variante des Niemeyer-Hauses und einem „Ferienhaus" von Richard Riemerschmid ihren ersten großen Ausstellungserfolg. Beide Häuser waren mit den einfachen Möbeln der Werkstätten ausgestattet. Inmitten der von Reformideen noch wenig berührten Gewerbeschau wirkte vor allem das Haus Riemerschmids durch Schlichtheit und Natürlichkeit betont programmatisch. Die äußere Erscheinung wie auch seine innere Anlage zeigten das Bemühen, „alles holzgemäß auszunutzen". Die Innenwände waren konsequent als Schrankwände ausgebildet, auch als Bettnischen. „Alle kleinen Einzelheiten", heißt es, „waren gut und sorgfältig angeordnet". Die knapp bemessenen Räume sollten „aufs genaueste bis zur Decke und bis ins letzte Eck ausgenutzt sein". Man sprach deshalb vom Schiffskabinenstil.[34] So wiesen die beiden Häuser weit über die technischen und wirtschaftlichen Probleme der Vorfertigung hinaus. Selbst Kunstzeitschriften brachten eingehende Bildberichte. Was auf der Werkbundausstellung von 1914 in Köln noch nicht möglich war, wurde 1922 durch die Pionierarbeit von Karl Schmidt und seiner befreundeten Architekten erreicht: Beispiele zu schaffen für die Durchdringung der Vorfertigung mit den progressiven Gestaltungsideen jener Jahre.

Die Serienfertigung mit zwei Haustypen wurde 1923 und 1924 trotz der Inflation fast unvermindert fortgesetzt. Riemerschmid konnte sein Münchner Ferienhaus in Herrsching am Ammersee um zwei Platten verlängert endgültig aufstellen. Karl Bertsch baute 1924 ein ähnliches Plattenhaus im

33 Produktionsziffern nach Angaben des technischen Direktors der Deutschen Werkstätten 1962

34 Nerdinger, Riemerschmid, S. 432

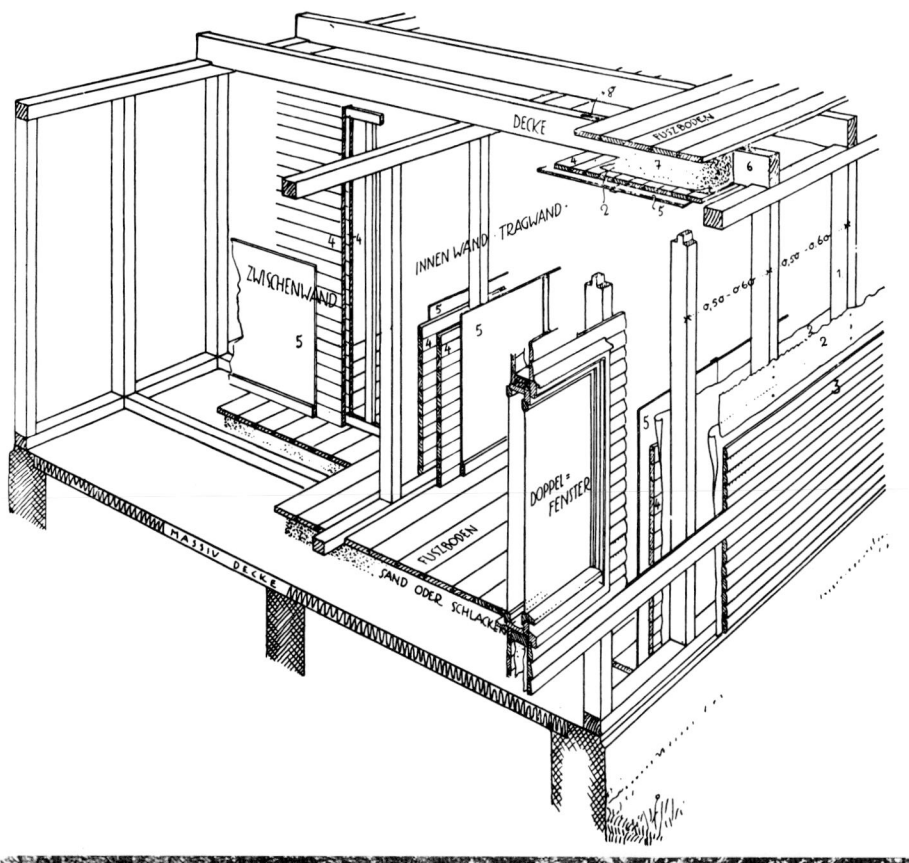

278–283 System Eugen Schwemmle
278 Konstruktionsschema:
Pfosten 6/12 (1)
Bitumenpappeverkleidung (2)
Äußere Jalousie-Brettverkleidung (3)
Rauhspund (4)
Plattenbelag (5)
Tragbalken (6)
Auffüllung (7)
Isolierstreifen gegen Schall (8)

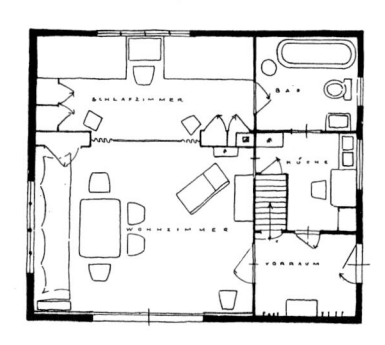

279 Wochenendhaus, Arch. Karl Bertsch, 1925, Ansicht und Grundriß

280 Einfamilienhaus, Berlin, Am Rupenhorn, Arch. Karl Bertsch, 1928 (kriegszerstört?)

281 Wohnhaus, Hellerau, Am Talkenberg, um 1934

Isartal bei München.³⁵ Im gleichen Jahr wurde in Hellerau ein Probehaus ganz neuer Art nach einem Entwurf von Bruno Paul aufgestellt, das auf der Dresdner Jahresschau „Siedlung und Wohnung" 1925 den Werkstätten einen neuen Ausstellungserfolg einbrachte. Auch Paul zählte zu den prominenten Möbelgestaltern der Deutschen Werkstätten und war einer der ersten, die das System der Anbaumöbel entwickelt haben. Im Geist des neuen Bauens gab er dem Haus die Form zweier ineinander verschränkter Kuben mit einem flachen, weit überstehenden Dach. Durch einen glatten Außenputz ließ er die Eigenart des Holzes und der Konstruktion völlig verschwinden. Es war ein bemerkenswerter Versuch, die Plattenbauweise dem neuen ästhetischen Ideal anzupassen und das Holzhaus in den großen Zug des neuen Bauens einzubeziehen, doch die Gestalt eines Massivbaues fand wenig Anklang. Trotz Werbung und Berichten in Fach- und Kunstzeitschriften scheint dieser Typ H 1018 keine nennenswerte Nachfolge gefunden zu haben.³⁶

Indessen nahmen die Typen für Kassettenhäuser seit 1924/25 ständig zu, in erster Linie durch neue Entwürfe von Niemeyer und Bertsch. Auch Hans Poelzig beteiligte sich mit einem rustikalen großen Landhaus. Die Bauabteilung erhielt einen Chefarchitekten, den bis dahin noch unbekannten Eugen Schwemmle. Es scheint, daß Schwemmle – wie Wachsmann in Niesky – vor allem an der Entwicklung einer Skelettbauweise gearbeitet hat. Sein System war ein vereinfachtes Fachwerk mit Loch und Zapfen, mit starken Stützen, Schwelle und Rähm. Beiderseits wurde das Skelett mit einer Lage Bitumenpappe bespannt und außen durch eine gespundete glatte Schalung oder auch durch eine gehobelte Stülpschalung geschützt. Im Werk nannte man es Jalousiebau. Die Innenseiten und alle Trennwände erhielten eine Rauhspundschalung mit einem dünnen Platten- oder Sperrholzbelag.³⁷

Durch den Aufschwung des Wohnungsbaus seit 1925 nahm auch die Hausproduktion zu, sie stieg auf etwa sechzig Häuser jährlich. Der Hauptanteil entfiel auf zwei Siedlungen in Dresden. 1926 konnten in Leubnitz-Neuostra 41 und in Prohlis 45 Häuser in Skelettbauweise errichtet werden. Es waren die größten Holzhaussiedlungen jener Jahre. Die Anlage in Leubnitz-Neuostra bestand im wesentlichen aus freistehenden Einfamilienhäusern Typ H 227 nach dem Entwurf von Schwemmle. Sie gruppierten sich um eine Hauptstraße mit zweigeschossigen Häusern, die Oswin Hempel entworfen hat; von ihm stammte auch der Bebauungsplan.³⁸ Die Häuser waren farbig unterschiedlich gestrichen und gaben der Siedlung trotz der Beschränkung auf wenige Typen eine abwechslungsreiche Erscheinung. Heute ist diese Besonderheit nur noch an wenigen Farbresten erkennbar. Für die Einstellung der Bevölkerung zum Holzhaus ist charakteristisch, daß die Siedlung zu einem bevorzugten Wohnplatz von Anhängern der Lebensreformbewegung wurde. Auch die Anlage in Prohlis mit über hundert Eigenheimen in Einzel- und Reihenhäusern nach Schwemmles Entwürfen gliederte sich beiderseits einer breiten Binnenstraße; eine höhere Bebauung mit Mietwohnungen in gemauerten Wohnblocks bildete den Siedlungsrand. Die Anlage ist im zweiten Weltkrieg bis auf ein Doppelhaus am Zeisigweg abgebrannt.[39]

In engster Verbindung mit den Deutschen Werkstätten entwarf der Hellerauer Architekt Gustav Lüdecke einen Südtyp, der als Einzel- und als Reihenhaus dienen konnte. Damit beteiligte sich Lüdecke 1931 an dem großen Wettbewerb für billige zeitgemäße Eigenheime. Bei diesem Haus war das Holzskelett der Außenwände, abweichend von der Regel, beiderseits mit 4 cm dicken Gipsdielen belegt, die innen verputzt, außen aber durch eine gespundete Schalung gegen das Wetter geschützt wurden. Der schlichte flachgedeckte Bau mit seinen durchgehenden Fensterbändern war ein schöner Beitrag zum neuen Bauen, aber er teilte anscheinend das Schicksal des Bruno-Paul-Hauses und kam über das Stadium eines Musterhauses nicht hinaus.[40]

Das freistehende Einfamilienhaus mit ausgebautem hohen Dach blieb der meistgekaufte Haustyp bis 1938, sowohl in der Kassetten- als auch in der Skelettbauweise. Niemeyer, Bertsch und Schwemmle waren die bevorzugten Entwurfsautoren. Unter den vielen landesweit verstreuten Einzelbauvorhaben verdient ein ansehnlicher Bau eine besondere Würdigung: ein Wohnhaus, das Karl Bertsch 1928 in Berlin, Am Rupenhorn, errichtet hat, eine Spitzenleistung der Hellerauer Holzbautechnik. Dieser Jalousiebau erhielt eine so sorgfältig aufgebrachte Stülpschalung, daß selbst die üblichen Deckleisten an den Hausecken entfielen. Die Innenwände haben eine Sperrholzverkleidung mit derart fein ineinander gearbeiteten Platten, daß eine praktisch fugenlose Oberfläche entstand.[41] Damit erwiesen sich die Deutschen

282/283 Einfamilienhaus, Arch. Gustav Lüdecke

282 Gartenansicht
283 Grundrisse

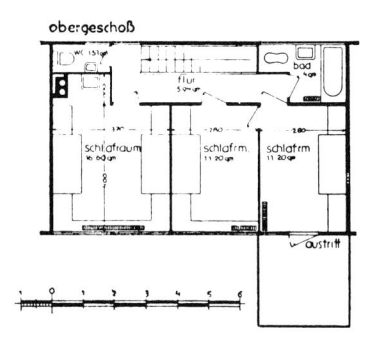

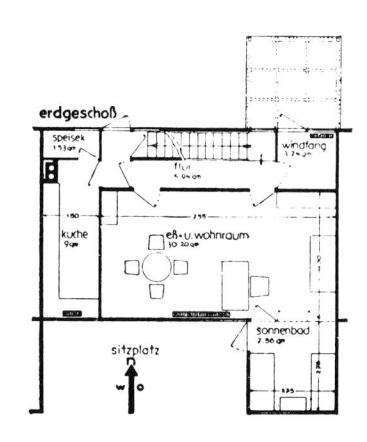

35 Dt. Kunst u. Dekoration Bd. LVI (1925), S. 193–200
36 Innendekoration 36 (1925), S. 197–200, 402–410; M. Schulze Beerhorst: Das Plattenhaus 1018 von Bruno Paul, in: A. Ziffer/Ch. De Rentiis (Hrsg.): Bruno Paul und die Deutschen Werkstätten Hellerau, Ausst.kat. Hellerau 1993, S. 24–32. Für die hier angenommene „2. Generation der Plattenbauweise" fehlt bisher jeder Nachweis.
37 Schleicher, S. 241–243; Wichmann, S. 129; Holzhausbau in Fabrik- und Einzelanfertigung, Der Baumeister 29 (1931), H. 7, S. 285
38 Wachsmann, Holzhausbau, S. 63–67
39 Bebauungsplan von Stadtbaurat Paul Wolf Dresden
40 BW 22 (1931), H. 9, Entwurf Nr. 29; Wachsmann, Holzhausbau, S. 60f.

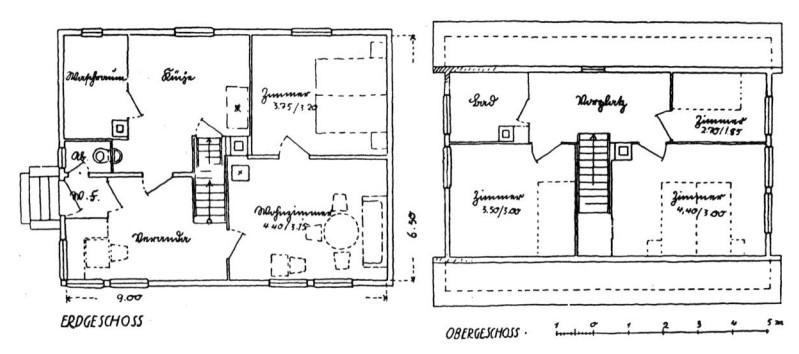

284–287 Siedlung Dresden-Leubnitz/Neuostra, 1928, Zweigeschossige Doppel- und Reihenhäuser, Bärenklauser Straße, Arch. Oswin Hempel
284 Montagebild
285 Doppelhaus, Zustand 1988
286/287 Einfamilienhäuser, Golberoder Straße, Arch. Eugen Schwemmle
286 Grundriß Erd- und Dachgeschoß
287 Straßenbild

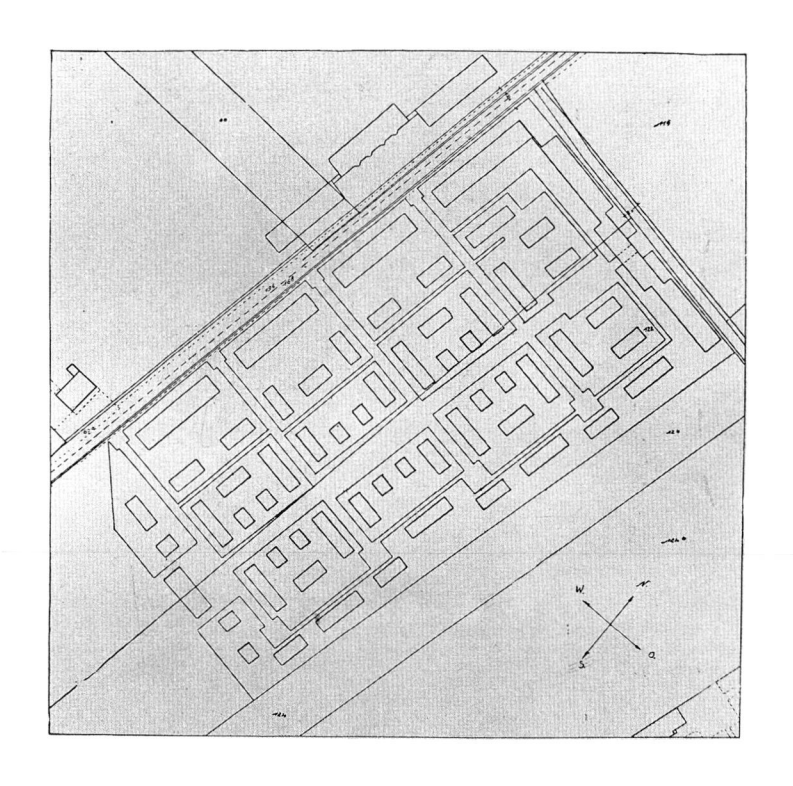

288–290 Siedlung Dresden-Prohlis, 1929 (kriegszerstört)
288 Bebauungsplan, Arch. Stadtbaurat Paul Wolf
289 Einzel- und Reihenhäuser, Arch. Eugen Schwemmle
290 Hauptstraße gegen Norden

Werkstätten im Holzhausbau führend neben ihrem Konkurrenten in Niesky. Von Anbeginn hatten sie großen Wert auf die Innengestaltung gelegt, so daß der Reichskunstwart Erwin Redslob die DeWe-Häuser als organische Gebilde bezeichnete, bei denen „Material, Konstruktion, handwerkliche Durchführung, Raumwirkung und Ausgestaltung sich zu geschlossener Einheit zusammenfügen".[42]

Seit 1933 waren die drei Architekten, auf deren Mitarbeit Karl Schmidt sich vor allem gestützt hatte, nicht mehr wirksam. Riemerschmid hatte sich zurückgezogen, Niemeyer war 1932 gestorben, kurz darauf auch Bertsch. Für die Werkstätten begann ein neuer Entwicklungsabschnitt. Zunächst nutzten sie die staatliche Förderung des Holzbaus und führten 1934 in Hellerau unter dem Motto „Die neue Zeit" eine Ausstellung durch, für die sie „Am Sonnenhang" eine Reihe von Musterhäusern in Tafel- und Skelettbauweise errichteten. Sie hatten dafür bekannte nationalsozialistisch eingestellte Architekten herangezogen wie Wilhelm Kreis, der später große Staatsbauten für Hitler entwarf, und Wilhelm Jost, Professor an der Technischen Hochschule in Dresden. Beide waren im Holzhausbau wenig erfahren, es gab Mängel in der Anlage der Häuser. Im Sinne der neuen Romantik erhielten sämtliche Häuser nur eiserne Türklopfer, keine elektrischen Hausklingeln. Andererseits stand die Ausstattung vorzugsweise mit teuren Möbeln von Bruno Paul und August Breuhaus im Widerspruch zum Kleinhausgedanken der faschistischen Propaganda und löste heftige Kritik aus.[43]

Die Werkstätten setzten zwar ihre bisherige Hausproduktion unbeirrt fort und boten in ihrem Katalog von 1936/37 die beliebtesten Haustypen der zwanziger Jahre wieder an, aber sie entwickelten seit 1936 auch Haustypen für das angelaufene staatliche Kleinsiedlungsprogramm. Erhalten haben sich einfache Musterblätter, die anscheinend für den Gebrauch der Landessiedlungsgesellschaften gedacht waren, in deren Händen die Durchführung des Siedlungsbaus in erster Linie lag. Angaben zur Bauweise fehlen. Die Annäherung an die neue LTI (Lingua tertii imperii) fällt auf, sie reichte bis zur euphemistischen Aufwertung eines bescheidenen offenen

Ausstellung „Die Neue Zeit", Hellerau, Am Sonnenhang, 1934
291 Skelett- und Paneelbauten, Zustand 1990

Seite 177:
292/293 Musterblätter für das staatliche Siedlungsprogramm
292 Haustyp H 2/1937
293 Haustyp H 6/1938

Sitzplatzes zur Veranda, des Gartens zur grünen Stube und des Geräteschuppens in einer Gartenecke zum Kavaliershäuschen. Die Hausproduktion endet schließlich in den Kriegsjahren mit Behelfsheimen für Bombengeschädigte.[43a]

Das dritte bemerkenswerte Unternehmen, die Allgemeine Häuserbau AG (Ahag) in Berlin mit ihrem Direktor Adolf Sommerfeld, wurde durch vielerlei Aktivitäten im Wohnungsbau bekannt, nicht nur durch Guß- oder Schüttbetonbauten. Die Ahag war ursprünglich ein reiner Holzbaubetrieb, gegründet 1872, der zur Zeit des ersten Weltkrieges recht leistungsfähig war. Von ihm stammte eine große Halle für Marineflugzeuge mit einer weitgespannten Holzkonstruktion.[44] Nach 1918 bot er kleine typisierte Doppelhäuser in einer Blockbauweise an, bei der zur Holzersparnis und Kostensenkung als eine Besonderheit Lehmdielen anstelle der üblichen Vertäfelung im Innern verwendet wurden. Die Lehmdielen waren mit Holzstäben ausgesteift. Durch entsprechende konstruktive Maßnahmen war eine Rissebildung in den Lehmtafeln durch das Arbeiten der Holzbohlen vermieden. Die Fachpresse berichtete darüber ausführlich.[45] 1920/21 ließ sich Sommerfeld sein eigenes Wohnhaus ebenfalls in einer Blockbauweise errichten. Es war ein individueller Bau aus besonders hartem Holz. Als ein Werk des Bauhauses wurde es der berühmteste Blockbau der zwanziger Jahre, hat aber den Bombenkrieg nicht überdauert.

Den Blockbau gab Sommerfeld bald wieder auf. Eine kleine Siedlung von 1922 in Zehlendorf, Im Kieferngrund, zeigt Einfamilienhäuser, die außen verschindelt sind. Dahinter verbirgt sich vermutlich eine Brettlage mit einem Skelett. Die Innenseite bilden auch nicht mehr Lehmdielen, sondern Schlackenbetonplatten. Die Hohlräume sind mit Torf verfüllt, die Häuser gelten als sehr warm. Eigenartigerweise ist die Baugestalt der frühen Blockhäuser bis in die Einzelheiten beibehalten worden, nur sind die Doppelhäuser durch geringfügige Grundrißänderungen in Einfamilienhäuser und die angebauten Geräteschuppen in kleine Veranden verwandelt worden. Vielleicht waren überfüllte Lager mit Fenstern, Türen, Klappläden und anderen vorgefertigten

41 Innenansichten ebenda S. 83–85
42 Wichmann, S. 127
43 H. Müller: Die Neue Zeit, DBZ 68 (1934), H. 36, S. 701–703
43a Ch. De Rentiis: Bruno Paul und die Deutschen Werkstätten Hellerau, in: Ziffer/Ch. De Rentiis, S. 10f.
44 DBZ 54 (1920), Beil.: Der Holzbau 1 (1920), H. 1, S. 2
45 Ebd., H. 6, S. 21–23; H. 21, S. 81–84

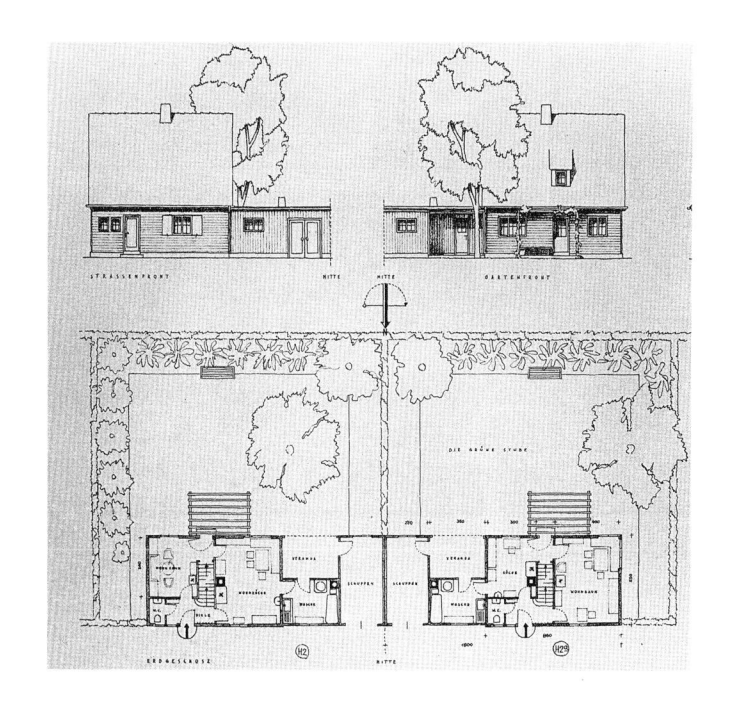

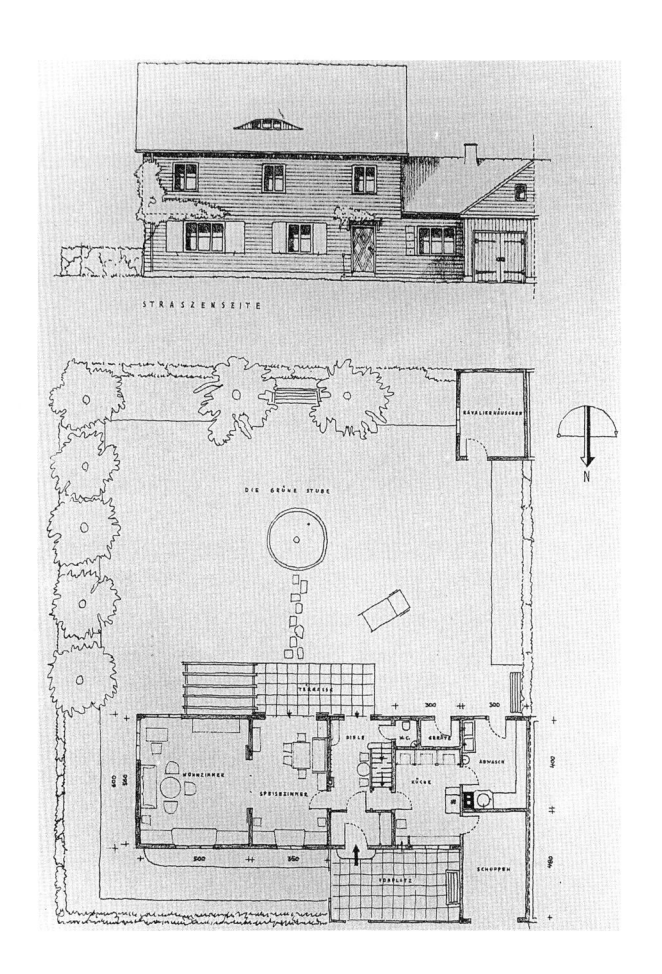

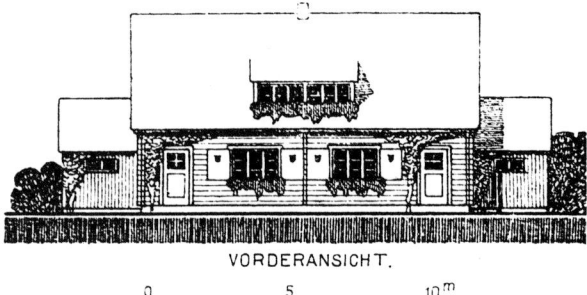

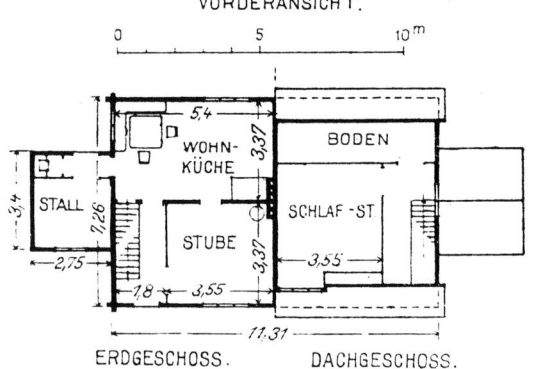

294–298 Allgemeine Häuserbau AG Adolf Sommerfeld Berlin (Ahag)
294–296 Blockbauweise: Arbeiterdoppelhaus, um 1919
294 Musterhaus
295 Aufriß und Grundriß
296 Einfamilienhaus, Berlin-Zehlendorf, Siedlung Im Kieferngrund, 1922

297/298 Paneelbauweise: Ahag-Haus Typ Salvisberg, Arch. Rudolf Salvisberg, 1923
297 Werbeblatt
298 Erd- und Dachgeschoßgrundriß

Bauelementen die Ursache dieser äußerlichen Übereinstimmung. Kurz darauf brachte Sommerfeld ein neues Serienhaus auf den Markt, das „Ahag-Haus Typ Salvisberg". Rudolf Salvisberg, ein Schweizer Architekt in Berlin, hatte sich durch eine sehr schöne Kleinhaussiedlung am Stellingdamm in Berlin-Köpenick als ein Meister auf diesem Gebiet erwiesen. Sommerfeld zog ihn zur Mitarbeit heran. Leider finden sich im Nachlaß Salvisbergs keine Unterlagen, die über seine Arbeit Auskunft geben könnten, bis auf einen Werbeprospekt mit Abbildungen des Hauses ohne weitere technische Angaben. Die schwer erkennbaren Einzelheiten deuten auf eine Paneelbauweise hin. Auffallend ist, daß das Haus alle äußerlichen Merkmale aufweist, die für das in der Bevölkerung verbreitete Kleinhausideal charakteristisch waren: das steile Dach mit freundlichem Dachfenster, den gedeckten Sitzplatz mit einem Balkon darüber und einen straßenseitig geschönten Giebel. Das Ganze wirkt wie ein Werbeschlager und sollte wohl in der sich überstürzenden Inflation den Drang nach einer wertbeständigen Geldanlage für die Hausproduktion ausnutzen. Der rasche Verfall der Mark vereitelte solche Versuche, so daß wohl kaum ein Haus Typ Salvisberg gebaut worden ist.

Es ist nicht mehr möglich, die Tätigkeit der Ahag und den Beitrag Sommerfelds zur Entwicklung der Bautechnik in den ersten Jahren der Weimarer Republik voll zu erfassen. Die nachweisbaren Erfolge im Holzhausbau wirken neben den Leistungen in der Gußbetontechnik recht bescheiden. Ungeachtet dessen stand Sommerfeld bei progressiv eingestellten

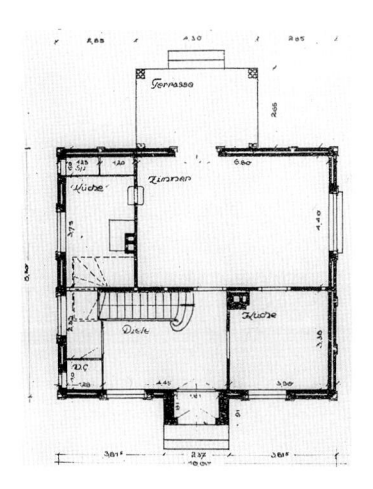

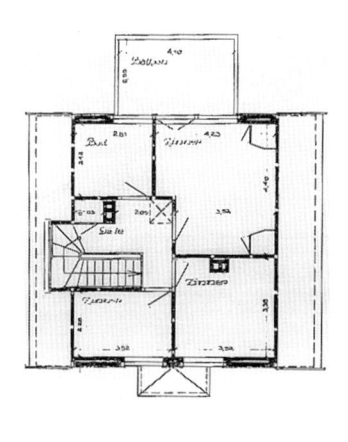

Architekten in hohem Ansehen, so daß die „G Zeitschrift für elementare Gestaltung", an deren Redaktion Mies van der Rohe beteiligt war, 1924 einen anerkennenden Bericht über seine „Bauelementefabrik" brachte.[46]

Neben den beiden wichtigsten deutschen Hausproduzenten und der Ahag Berlin erschienen alle anderen Unternehmen trotz mancher guten Leistung als weniger bedeutend. Selbst das älteste unter ihnen, die Wolgaster Häuserbaugesellschaft, war im Konkurrenzkampf zurückgefallen. Wegen wirtschaftlicher Schwierigkeiten mußte die Hausbauabteilung 1918 vorübergehend geschlossen werden. Die Gesellschaft suchte sich daraufhin durch ein Angebot billiger „Siedlungsbauten" der allgemeinen Notlage anzupassen. Sie hatte dafür eine eigene Plattenbauweise entwickelt, die „Wolgaster Schottenwand". Die Grundrisse der Typen waren jedoch recht dilettantisch, selbst bei kleinsten Häusern war auf Kosten der Wohnfläche eine überdachte einspringende Ecke als offene Laube vorgesehen. Ausgeführte Bauten dieser Art sind auch nicht bekannt geworden.[47] Mit dem Aufschwung des Wohnungsbaus griff die Gesellschaft schließlich wieder auf ihre Vorkriegstraditionen zurück und konnte noch einige Einfamilienhäuser errichten. Soweit sie auffindbar waren, sind sie bis heute in bestem Zustand, darunter ein Kleinhaus in Berlin-Frohnau von 1927, Zerndorfer Weg, ein Bau in Wolgast, August-Dähn-Straße, und ein ansehnliches Haus von 1926/27 in Berlin-Zehlendorf, Milinowskystraße, alle in der bereits bewährten Skelettbauweise. Bei dem Zehlendorfer Haus hat sich auch das ursprüngliche Angebotsprojekt erhalten. Andere als Skizzen vorliegende Entwürfe sind anscheinend nicht mehr zur Ausführung gekommen. Aus unbekannten Gründen wurde die Hausproduktion noch vor Ausbruch der großen Weltkrise eingestellt.

Zu den Hausbaufirmen, die sich wie die führenden Unternehmen durch Musterbauten auf den großen Ausstellungen der öffentlichen Kritik stellten, zählte auch Höntsch & Co in Niedersedlitz bei Dresden. Es scheint, daß das Werk erst nach 1918 den Hausbau aufgenommen hat. Die anfangs gewählte Wandkonstruktion war ungewöhnlich. Sie ähnelte der Bauweise der Schwedenhäuser und bestand aus Pfosten mit je zwei Längsnuten, in die die Außen- und die Innenschalung Brett für Brett ohne Nagelung eingeschoben wurden. Man nannte sie Nutensäulenbau. Die Bretter waren gespundet und leicht abgefast, so daß der Eindruck einer Paneelbauweise mit sehr breiten Deckenleisten entstand. Zur Abdichtung gegen Wind und Feuchtigkeit wurde die Rückseite der Außenschalung mit einer getränkten Wollfilzpappe belegt. Der verbleibende Hohlraum erhielt nur ausnahmsweise eine Torffüllung. Die Decken- und Dachkonstruktionen waren unverändert traditionell. Die Bauakten eines Hauses von 1924 in Berlin-Waidmannslust lassen erkennen, daß ein solches Holzhaus nicht ohne Dispens von den geltenden Baubestimmungen genehmigt wurde. In diesem Fall forderte die Baupolizei aus Feuerschutzgründen eine zusätzliche Abdeckung der Innenwände und Decken mit Asbestplatten.[48]

In breiteren Kreisen bekannt wurde Höntsch & Co durch ein Musterhaus auf der Jahresschau von 1925 in Dresden.

46 Bauelementefabrik, G Zeitschr. für elementare Gestaltung, H. 3, Juni 1924
47 Wolgaster Holzhäuser. Siedlungsbauten. 1868–1918 Fünfzig Jahre Holzhausbau, Wolgast o. J.
48 Bauaufsichtsamt Berlin-Reinickendorf, Bauakte Nimrodstraße 54

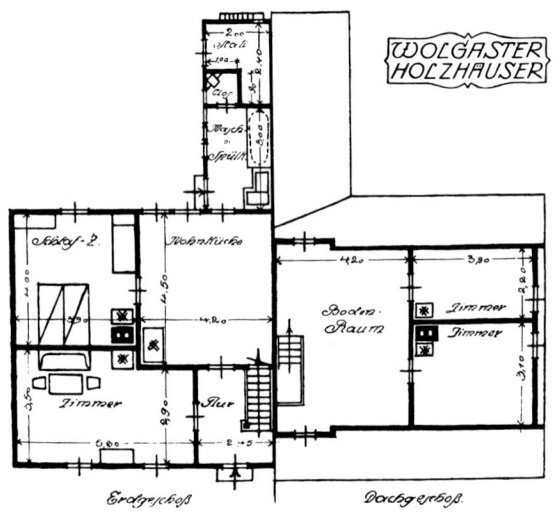

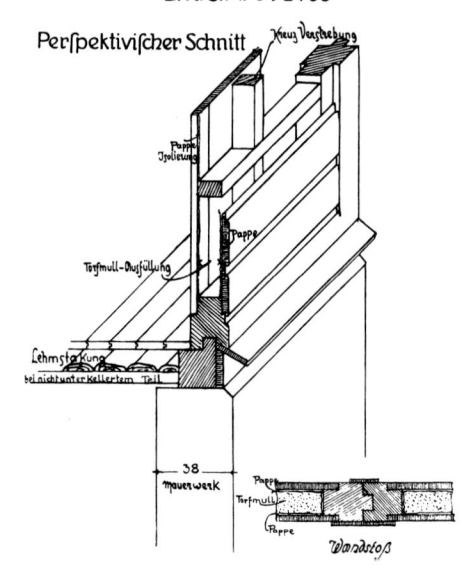

299–304 Wolgaster Holzhäuser-Gesellschaft, Wolgast, Katalog Siedlungsbauten, 1919
299 Einfamiliendoppelhaus
300 Wandkonstruktion Skelettbauten

301 Wohnhaus, Wolgast, August-Dähn-Straße, um 1925

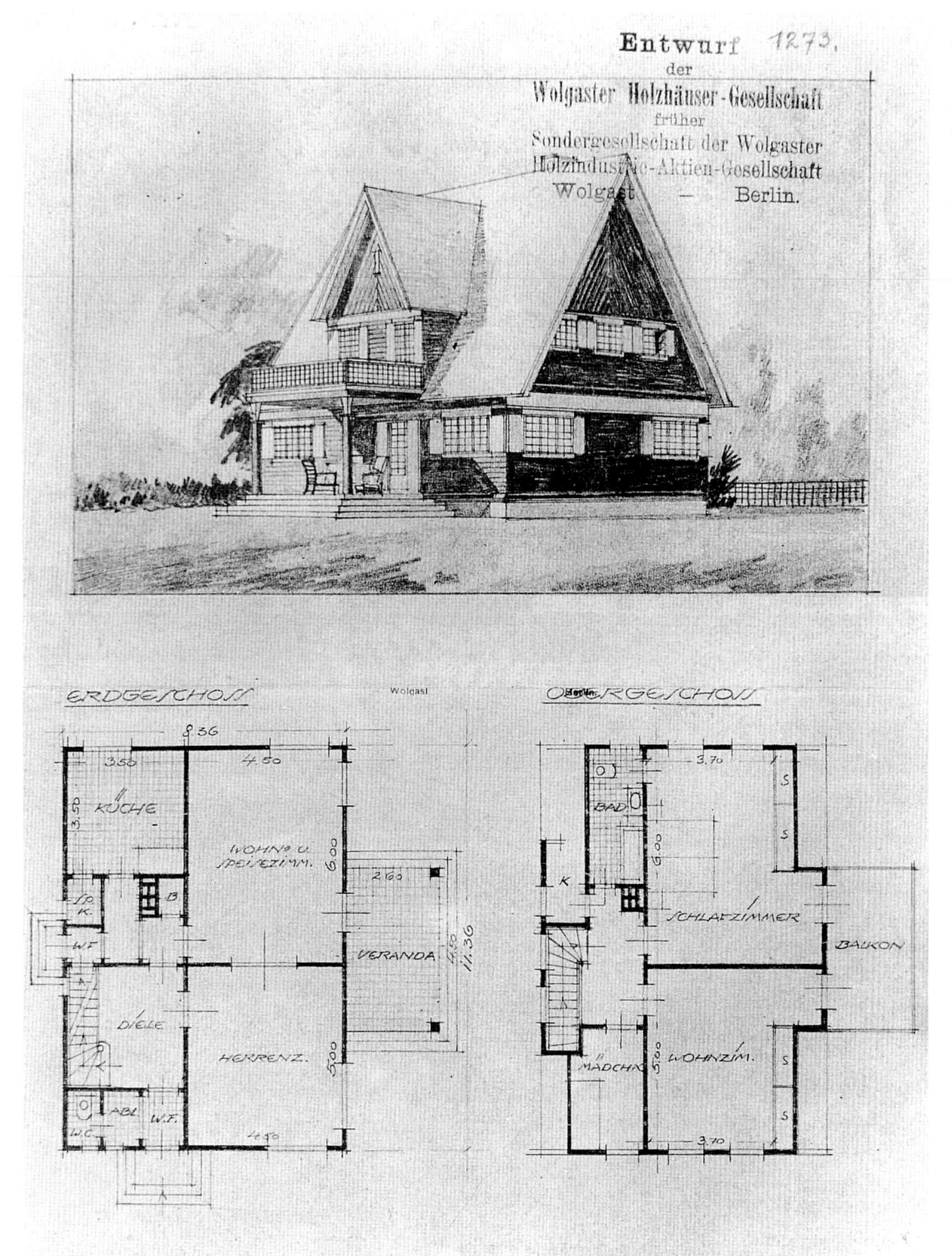

302/303 Einfamilienhaus, Berlin-Zehlendorf, Milinowskystraße, 1926/27
302 Projektangebot

303 Ausgeführter Bau, Zustand 1989
304 Vorprojekt Zweifamilienhaus, um 1926

Der Bau war ein Einfamilienhaus üblicher Art, das später nach Dresden-Stetzsch versetzt wurde und als Kindergarten diente.[49] Leider ist es inzwischen allseitig verschindelt worden. Es verrät wie die meisten Höntsch-Häuser eine ausgesprochene Abhängigkeit vom Villenbau der Vorkriegszeit durch hohe Räume – 3,00 m im Lichten war die Regel, durch hohe schmale Fenster, die beliebten Erker, besonders den kostspieligen Eckerker, das behaglich wirkende Mansardendach und durch die geräumige „Diele" selbst in kleinen Häusern. Bauten dieser Art bildeten anscheinend die Mehrheit der Aufträge.

Mit dem Auftrieb des Wohnungsbaus um die Mitte der zwanziger Jahre ging auch Höntsch & Co zum vereinfachten Fachwerkbau über. Die äußere genagelte Verbretterung war „jalousieartig geformt", die Innenseite bildeten Sperrholzplatten auf einer Rauhspundschalung. Die Abdichtung war wieder durch eine Wollfilzpappe gesichert. Die Konstruktion unterschied sich also nur geringfügig vom Jalousiebau der Deutschen Werkstätten. Am Bau der Siedlung Prohlis war Höntsch mit 20 Reihen- und 8 Einfamilienhäusern in der Skelettbauweise beteiligt. Der Fachwerkbau scheint jedoch häufiger bei den Bauten für die Industrie und den Verkehr angewandt worden zu sein, so bei dem ersten Empfangs- und Verwaltungsgebäude für den Flughafen Halle-Leipzig (heute Leipzig-Schkeuditz). Um diese Zeit wurde auch die Blockbauweise in das Fertigungsprogramm aufgenommen. Die gespundeten Bohlen waren nur 7 cm stark und lagen scharfkantig aufeinander wie bei den Bauten Wachs-

Zweifamilienhaus

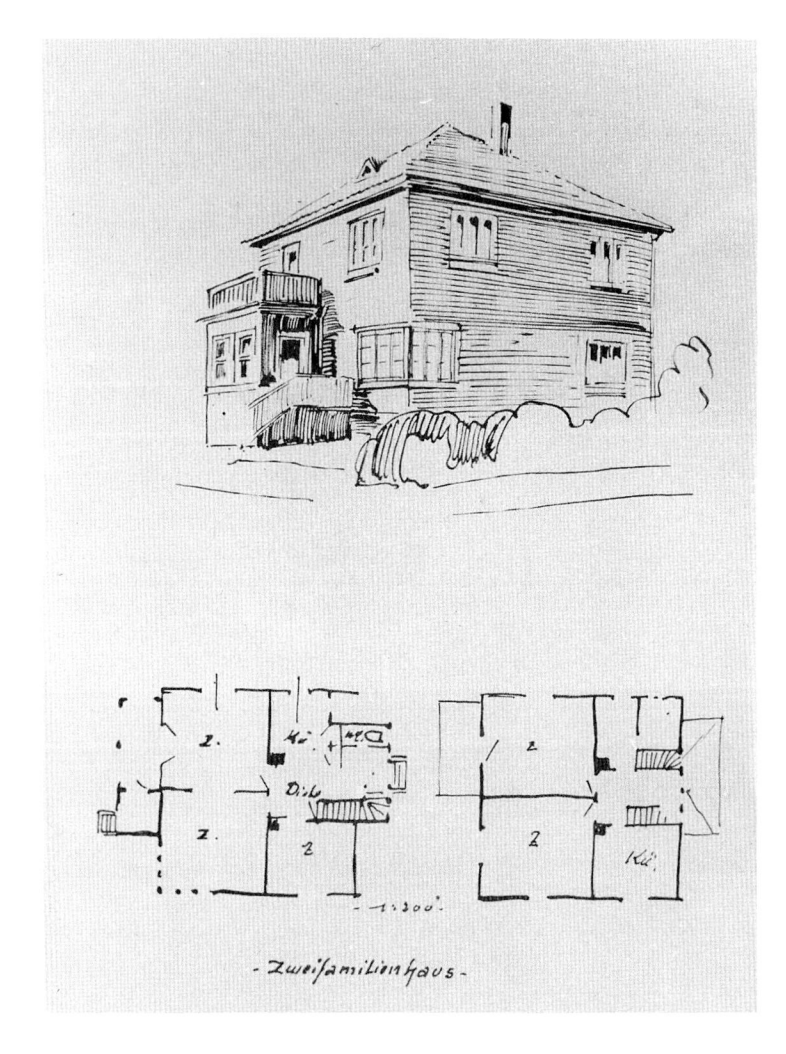

manns. Eine kleine Siedlung des Sächsischen Siedlerverbandes von 1926/27 in Dreden-Stetzsch zeigt diese neue straffe Holzarchitektur, leider beeinträchtigt durch eine weitgehende Zerstückelung der Dachflächen und ein willkürliches Spiel mit vorstehenden Überblattungen und Balkenköpfen.[50] Fast alle Häuser sind durch spätere Anbauten in ihrer Erscheinung beeinträchtigt. Der Erhaltungszustand ist durchgängig gut. Die Höntsch-Werke hatten jedoch nur lokale Bedeutung: ihr Absatz beschränkte sich im wesentlichen auf den östlichen Teil Deutschlands.

In Güsten gab es die Holzwerke Friedrich W. Lohmüller, die anscheinend schon seit 1905 Wohnhäuser und andere Gebäude in einer Paneelbauweise errichteten, darunter um 1920 einen Betsaal für die Bergleute in Staßfurt. In den Ratswiesen in Güsten sind fünf Wohnhäuser von 1924 erhalten geblieben. Das Besondere an deren Bauweise ist, daß die gespundete Außenschalung erst nach dem Aufstellen der Platten so angebracht wurde, daß ihre Stoßfugen und die der Platten gegeneinander versetzt waren. Man versprach sich davon eine erhöhte Abdichtung gegen den Windanfall, außerdem konnten die Fugendeckleisten entfallen.[51]

Die bekanntesten österreichischen Holzbaufirmen waren Wenzel Hartl in Wien, der erst vor einigen Jahren den Betrieb eingestellt hat, und die Holzwerke Grein in St. Nikola an der Donau. Die Firma Grein arbeitete um 1934 nach der Bauweise Schäffer, einer von den üblichen Systemen abweichenden Skelettbauweise. Die Außenwände bestanden aus 7 × 7 cm starken Stützen und einer äußeren und inneren Brettlage von jeweils 30 mm Dicke. Die Bretter waren einheitlich 20 cm breit und hatten auf der Innenseite eine hochkant aufgenagelte Leiste, so daß der Wandhohlraum in viele waagerechte Luftkammern aufgeteilt wurde und eine hohe Dämmwirkung entstand. Die Bretter kamen exakt zugeschnitten und mit Leisten versehen auf die Baustelle. Eine solche Außenwand war nur 13 cm stark, soll aber ohne zusätzliche Dämmstoffe eine ausgezeichnete Wärmeisolierung erreicht haben.[52]

Man kann annehmen, daß es in einigen deutschen Großstädten mehrere Unternehmen für vorgefertigte Holzhäuser gab. Eine beträchtliche Anzahl verteilte sich auf kleinere Orte wie Ingolstadt, Frankenhausen, Klingenthal (Sachsen), Bruel bei Sternberg (Mecklenburg), Zittau oder Bernsdorf (Oberlausitz). Die Bauweltkataloge geben einen guten Überblick, obwohl sie nur eine beschränkte Auswahl brachten. Selbst unter den ungünstigen Bedingungen von 1939 inserierten noch über zwanzig Unternehmen, von denen sechzehn auch Wohnhäuser anboten.

An dieser Stelle sind auch die Betriebe der Baustoffindustrie zu erwähnen, die Bauplatten produzierten und sich von namhaften Architekten Typenentwürfe für Wochenend- und Wohnhäuser in entsprechender Bauweise anfertigen ließen. Meistens handelte es sich dabei um Holzskelettbauten. Die Fonitram-Gesellschaft in Rostock beauftragte Max Taut mit Entwürfen für Wochenendhäuser und gründete die „Bau-
Fortsetzung auf Seite 188

[49] W. Höntsch: Das Deutsche Holzhaus, Bauart Höntsch, Niedersedlitz 1928³, S. 13
[50] Ebd., S. 9–12, 64, 42–45; weitere Werbeschriften: A. Clausnitzer: Holzwohnhäuser, o. O., o. J.; A. Schmidt: Das Holzhaus, o. O., o. J.
[51] E. Neufert: Der Holzbau, ZBV 52 (1932), H. 2, S. 22f.; Bauwelt-Katalog 1939, Berlin 1939, S. 327 und 1942 S. 227
[52] Holzbauweise Schäffer, DBZ 68 (1934), H. 47, S. 930

305–315 Höntsch & Co, Niedersedlitz bei Dresden
305–308 Nutensäulenbau

305 Konstruktionssystem: Einfamilienhaus, Berlin-Reinickendorf, Nimrodstraße, 1924/25

306 Aufriß der Straßenfront
307 Erdgeschoßgrundriß

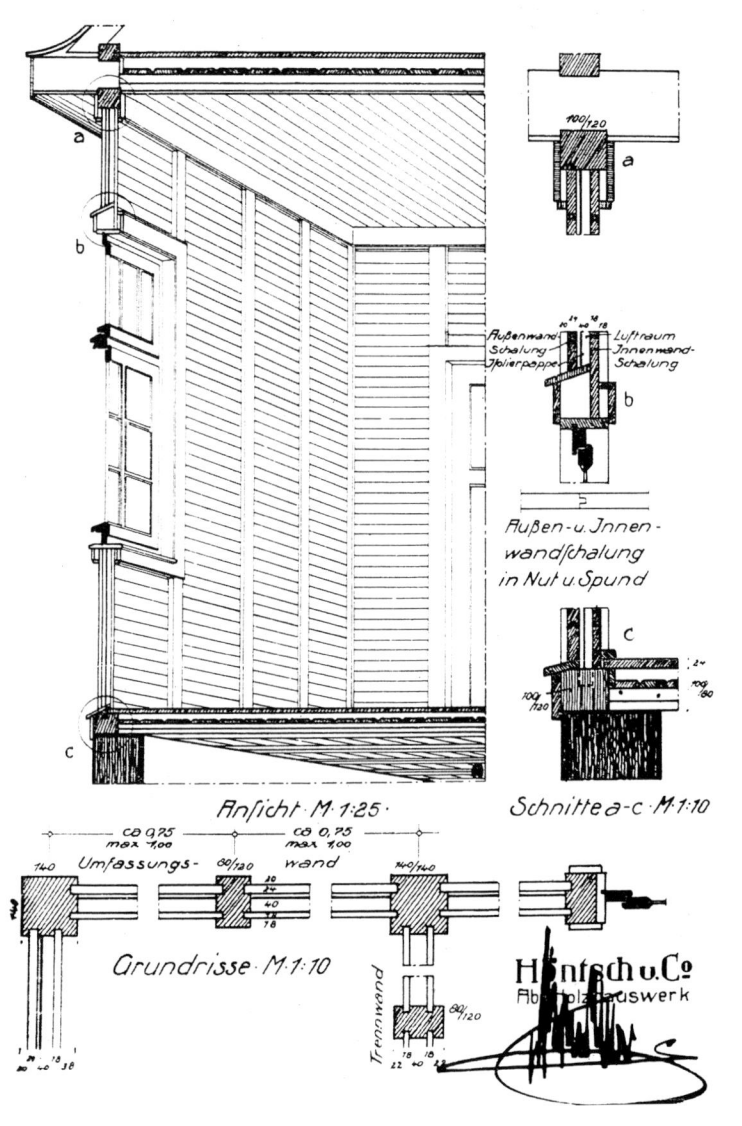

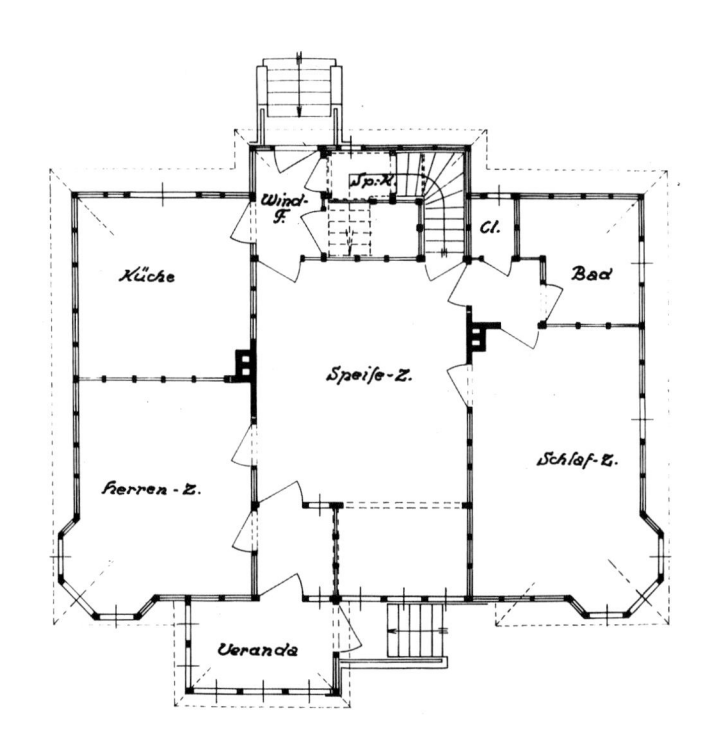

308 *Ansicht, 1989*
309 *Bausysteme seit 1925*

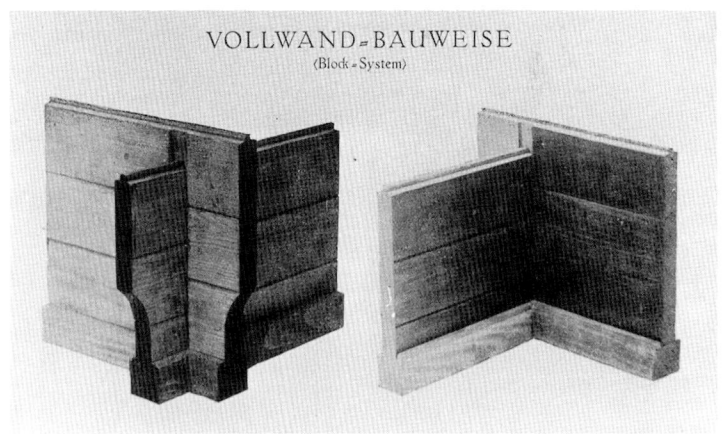

310/311 Hohlwandbauweise: Katalogblatt mit Musterhaus, 1925

WOHNHÄUSER

Haus Jahresschau Dresden

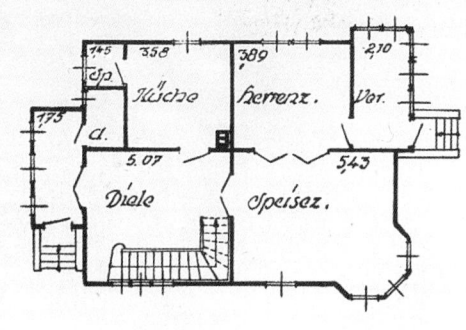

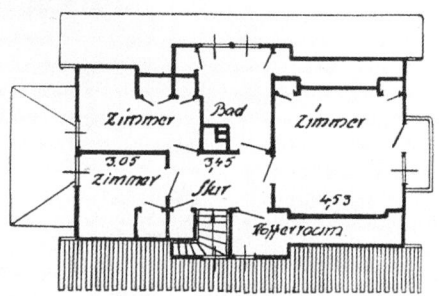

Erdgeschoß, lichte Zimmerhöhe 3,00 m

Berechnungsgrundzahl . . . . . . 1785 qm
Unterkellerungsbalkenlage . . . . 26 „
Doppelfenster . . . . 82 „
Insgesamt . . . . 1893 qm

Obergeschoß, lichte Zimmerhöhe 2,80 m

Bebaute Fläche . . . . 95 qm
Umbauter Raum . . . . 610 cbm
Dachfläche . . . . 186 qm
Gewicht . . . . etwa 32 200 kg

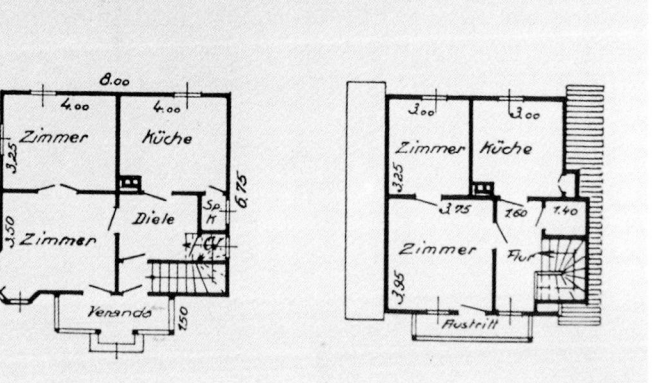

311 Einfamilienhaus Typ Niederlößnitz, Ansicht, Erd- und Dachgeschoßgrundriß

312–315 Blockbauweise: Eigenheimsiedlung, Dresden-Stetzsch, Brabschützer Straße, 1926/27
312 Bebauungsplan
313 Hauseingang

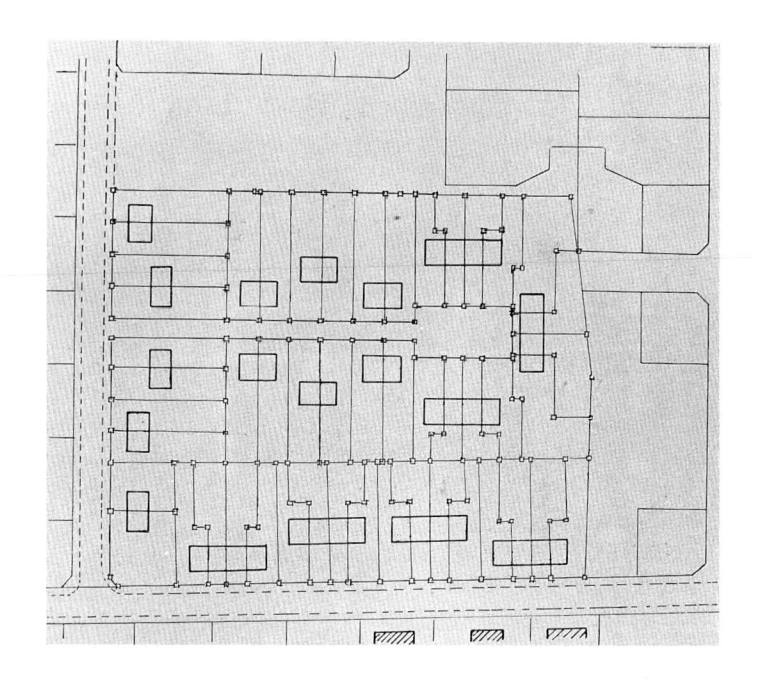

Fortsetzung von Seite 183
gesellschaft für Wochenendhäuser" als Vertriebsorganisation.[53] Die Eternit-Gesellschaft bot ein Siedlungshaus an, das Adolf Rading projektiert hat. Ein Muster wurde in Stahnsdorf bei Berlin aufgestellt. Leider sind keine Zeichnungen erhalten, auch ist das Haus nicht mehr auffindbar. Ein „Haus am See", das die Eternit-Gesellschaft auf der Berliner Sommerschau 1932 ausgestellt hat, ging ebenfalls auf einen Entwurf von Rading gemeinsam mit Erwin Gutkind zurück.[54]
Ein recht eigenartiges Gebilde war das Luckhardt-Ludovici-Haus, das 1931 auf der Bauweltmusterschau als ein „Haus zum festen Preis" gezeigt wurde. Die Ludovici-Werke waren bekannt als Hersteller hochwertiger Ziegeleiprodukte, insbesondere auch durch dicht schließende Falzziegel und Dachpfannen. Bei den Brüdern Luckhardt andererseits bestand eine ausgesprochene Neigung zur vorurteilslosen Anwendung neuester Technik. Für die Ludovici-Werke entwarfen sie ein „Ziegel-Holz-Haus", das deren Dachfalzziegel auf eine ungewöhnliche Weise nutzte. Das Dach war wie bei

314 Doppelhaus
315 Vierergruppe, 1989

316/317 Friedrich W. Lohmüller, Güsten
316 Bethaus für Bergmänner, vor 1920
317 Einfamilienhaus, Güsten, Ratswiesen

unten:
318 Bauweise Schäffer, Varianten der Außenwandkonstruktion

den Finnhütten bis zum Sockel herabgezogen. Ernst May hatte ein solches Dachhaus schon 1922 für Siedler entworfen, weil es konstruktiv am einfachsten und für den Bau in Selbsthilfe besonders geeignet war.[55] Das Luckhardt-Ludovici-Haus bestand aus einem vorgefertigten Holzskelett mit schrägen Außenwänden, die innen durch eine Matte abgedämmt und verbrettert, außen aber bis zum Sockel mit Ludovici-Dachpfannen eingedeckt waren. Die schwach geneigte abschließende Dachfläche erhielt die gleiche Deckung. Das Haus konnte weitgehend in Selbsthilfe gebaut werden und war auch erweiterungsfähig. Geliefert wurde es in drei Typen von der „Baugesellschaft für neue Bauweisen" (Geneba) in Berlin.[56] Es war bei weitem das billigste Kleinhaus, aber so offensichtlich ein Kind der Not, daß es wohl kaum Eingang in die Praxis gefunden hat.

53 Baugilde 9 (1927), H. 11, S. 602f.; Das Ideale Heim 1 (1927), H. 5, S. 264f.
54 P. Pfannkuch: Adolf Rading. Bauten, Entwürfe und Erläuterungen, Schriftenreihe der Akad. der Künste Nr. 3, Berlin 1970, Werkverz. Nr. 93 (keine Zeichnungen erhalten); Eternit-Wochenendhaus von Rading und Gutkind, ZBV 52 (1932), H. 32, S. 381
55 DVW 4 (1922), H. 17, S. 239–242
56 Brüder Luckhardt, S. 159, 235, Werkverz. Nr. 68–70

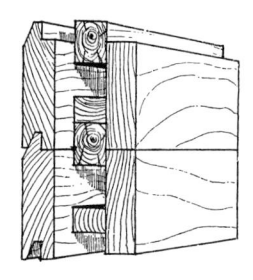

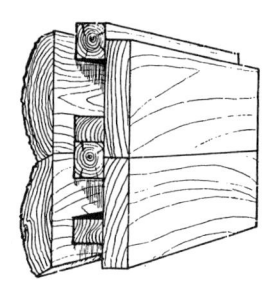

WOCHENENDHAUS

ENTWURF VON **MAX TAUT & HOFFMANN**, BERLIN

GEBAUT NACH **FONITRAM=BAUWEISE**

DER FONITRAM-GESELLSCHAFT, ROSTOCK

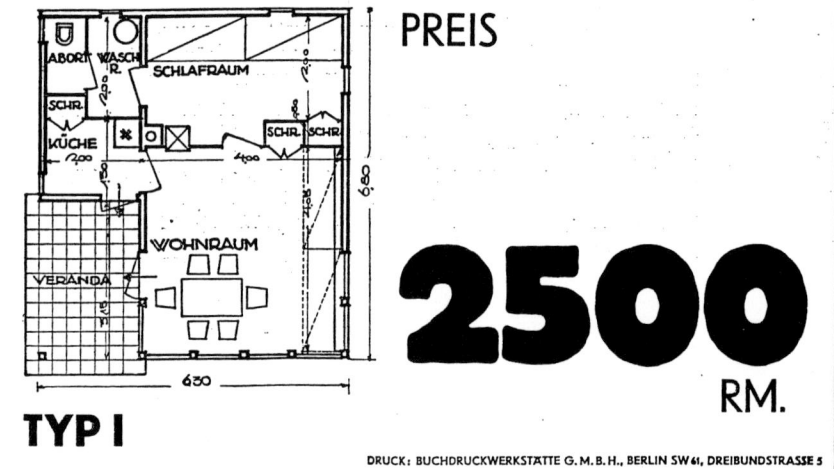

PREIS **2500 RM.**

TYP I

DRUCK: BUCHDRUCKWERKSTÄTTE G.M.B.H., BERLIN SW 61, DREIBUNDSTRASSE 5

319/320 Fonitram-Gesellschaft Rostock, Wochenendhäuser, Arch. Max Taut, 1927
319 Prospekt mit Typ I

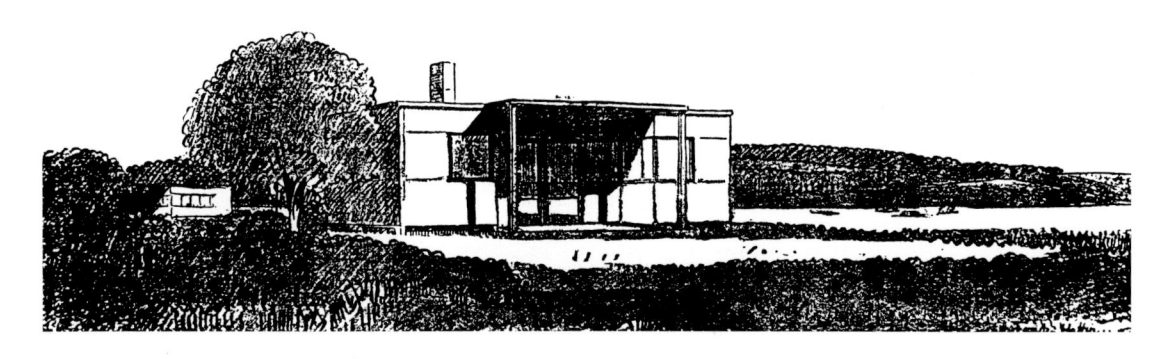

320 Typ II, Ansicht und Grundriß

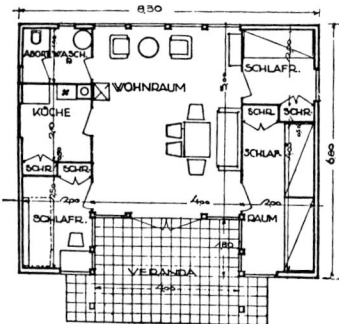

KEINE UNTERHALTUNGSKOSTEN

erfordert das Haus, dessen Dach und Wände aus unverwitterbarem

Eternit

hergestellt sind.

ETERNIT-Dachplatten und Welleternit zur Bedachung und Wandverkleidung. Ebene ETERNIT-Tafeln zur Wandverkleidung innen und außen. ETERNIT-Rohre für Brunnen-, Kanalisations- und Kaminanlagen. ETERNIT ist feuersicher und wetterbeständig, nässeundurchlässig und frostsicher. ETERNIT läßt sich mit den für Holz gebräuchlichen Werkzeugen leicht bearbeiten. ETERNIT verlangt keine Wartung oder verteuernden Schutzanstrich. ETERNIT-Häuser können zu jeder Jahreszeit im Trockenmontagebau errichtet, jederzeit vergrößert oder versetzt werden.

ETERNIT-SIEDLUNGSHAUS in Stahnsdorf bei Berlin

So ist Eternit der ideale Baustoff für das

SIEDLUNGSHAUS

DUR ASBEST

DEUTSCHE ASBESTZEMENT-AKTIENGESELLSCHAFT BERLIN-RUDOW

321/322 Deutsche Asbestzement AG, Berlin-Rudow, Eternit-Siedlungshaus, Arch. Adolf Rading, 1931
321 Annonce in Baugilde, 1932
322 Eternitmaterial für Außenhaut, Dach, Schornstein und Brunnen eines Hauses

323–325 Gesellschaft für neue Bauweisen GmbH, Berlin (Geneba)

323 Ziegel-Holzhaus System Luckhardt-Ludovici, Arch. Luckhardt & Anker, 1931

324 Kernbau
325 Erweiterungen

Montagesysteme einzelner Architekten

In den zwanziger Jahren haben viele Architekten Holzhäuser gebaut, in der Regel individuelle Bauten in herkömmlichen Bauweisen. Einige bemühten sich um mehr oder weniger wirksame konstruktive Verbesserungen, das Suchen nach weitergehenden fabrikmäßigen Fertigungsverfahren blieb jedoch eine große Ausnahme. In solchem Fall verband sich der Autor zur Realisierung seiner Ideen mit einem Baubetrieb oder einem Unternehmen der Holzindustrie, oder er gründete dafür ein eigenes Produktionsunternehmen. Hier ist zuerst Konrad Wachsmann zu nennen.

Nach seinem Ausscheiden bei Christoph & Unmack eröffnete Wachsmann ein eigenes, übrigens sehr bescheidenes Architekturbüro in Berlin, arbeitete aber auch weiterhin mit der Firma zusammen. Der Zeitpunkt seines Neuanfangs war ungünstig, denn er fiel mit dem Ende der Baukonjunktur zusammen. Wachsmann erhielt zunächst einige kleine Aufträge, baute wissenschaftliche Institute und Wohnhäuser, alles aus Holz, und erzielte 1930 den ersten Preis bei dem Wettbewerb für eine große Jugendherberge im Riesengebirge. Mit einem Einfamilienreihenhaus in seiner leichten Spantenbauweise beteiligte er sich an dem Wettbewerb „Das billige zeitgemäße Eigenheim". Durch die Wirtschaftskrise blieben Aufträge jedoch aus. Er nutzte die Flaute und schrieb ein Buch über den Holzhausbau, das ganz dem Gedanken der Vorfertigung gewidmet war und in dem er vor allem durch die Abbildung eigener Bauten für die Anerken-

326–331 Konrad Wachsmann, 1929–1932
326 Wettbewerbsentwurf, Jugendherberge im Riesengebirge, 1930

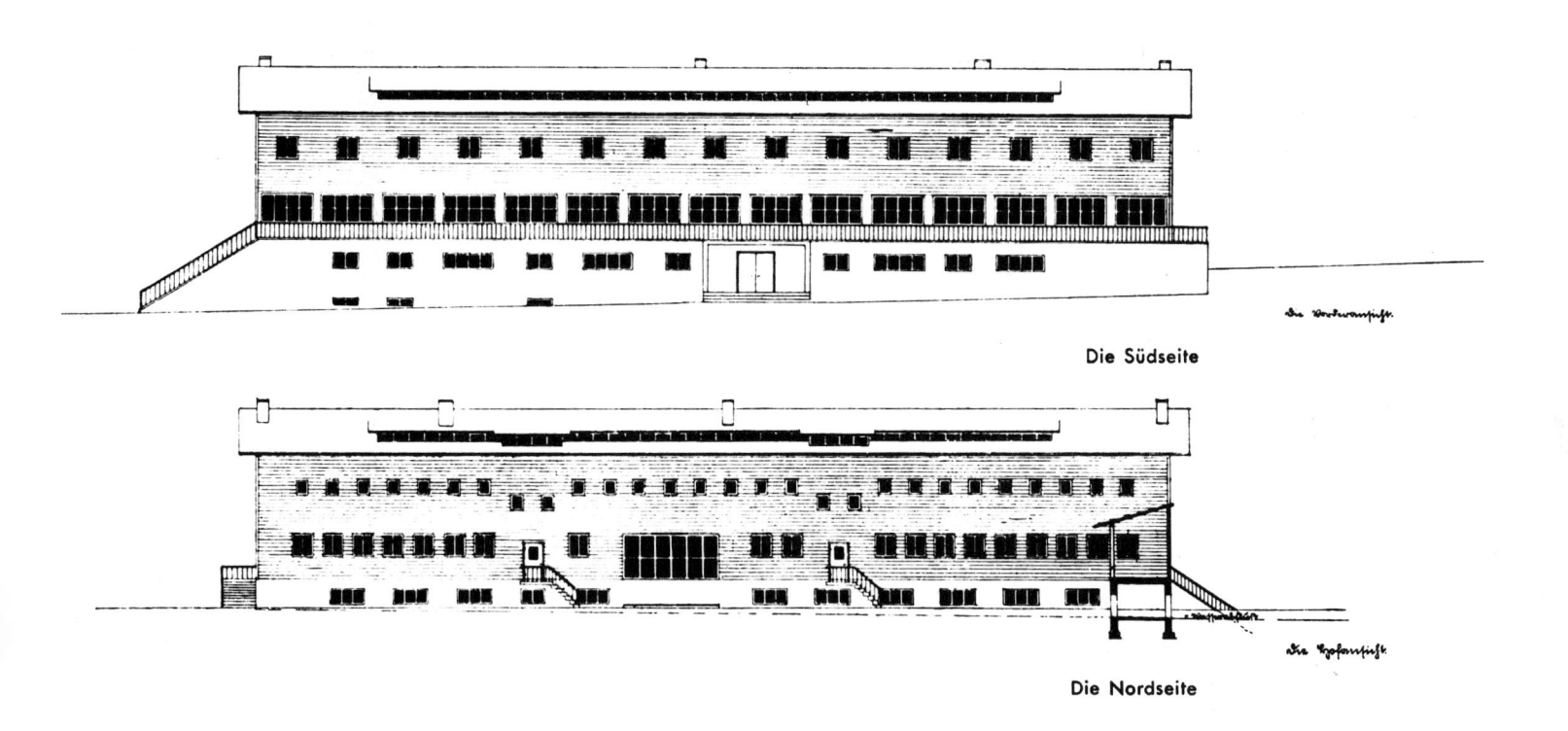

Die Südseite

Die Nordseite

nung des Holzbaues und seiner besonderen Schönheit warb. In der „Bauwelt" berichtete er über die technischen Einzelheiten seiner Holzbauten und veröffentlichte den Entwurf eines „Erwerbslosenhauses" als ein Beispiel seines materialsparenden und für das Bauen in Selbsthilfe geeigneten „Spantenbaus". Der Grundriß war aus einem Quadratraster mit einem Systemmaß entwickelt, das aus der Tür- und Fensterbreite abgeleitet war. Der Stützenabstand betrug 0,85 m. Von diesem Entwurf scheint in der Siedlerpraxis häufig Gebrauch gemacht worden zu sein.[57] Ein staatlicher Rompreis, der mit einem längeren Aufenthalt in Italien verbunden war, befreite ihn schließlich aus der finanziellen Bedrängnis. In das kurz darauf faschistisch gewordene Deutschland kehrte er aber nicht mehr zurück.

Als Wachsmann sich zur Emigration entschloß, verfügte er nicht nur über reiche Erfahrungen in der Holzhausproduktion, sondern hatte auch bestimmte Vorstellungen über ihre Weiterentwicklung. Aus einem noch unbekannten Grund konzentrierte er sich wieder auf die Paneelbauweise, die er bereits in Niesky durch eine neue Verbindungsmechanik verbessert hatte. In Paris erarbeitete er ein für den Hausbau besonders effektives Modularsystem und eine neue Plattenverriegelung, mußte aber wegen der Okkupation Frankreichs erneut flüchten. In den Vereinigten Staaten, die-

[57] Wachsmann, Kleine u. große Bauten in neuer Holzbautechnik, BW 22 (1931), H. 50, S. 1559–1574; Grüning, S. 228–231

327 Wettbewerbsentwurf, „Das billige zeitgemäße Eigenheim", 1932, Ansichten

328 Längsschnitt und Grundrisse

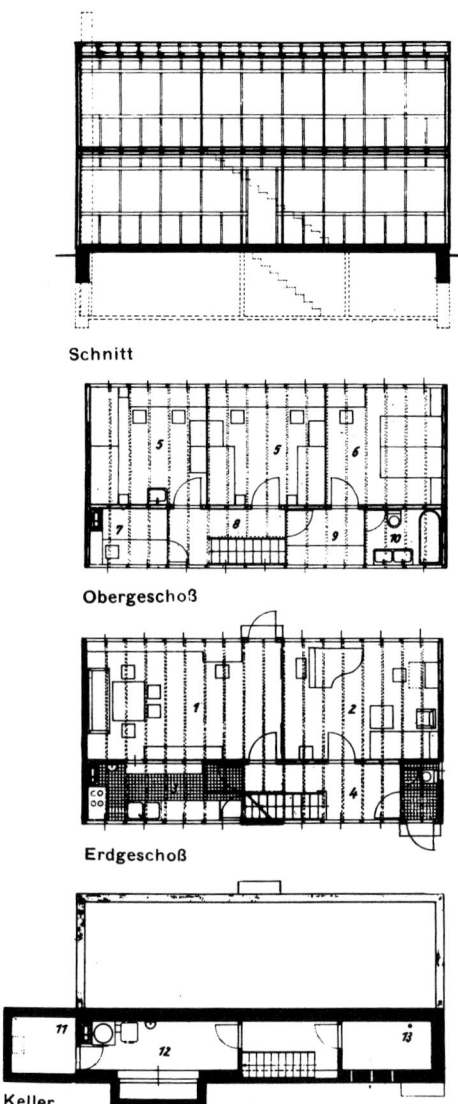

Speisezimmer (1)
Wohnzimmer (2)
Küche (3)
Diele (4)
Kinderschlafzimmer (5)
Elternschlafzimmer (6)
Kammer (7)
Obere Diele (8)
Schrankraum (9)
Bad (10)
Kohlen (11)
Heizraum und Waschküche (12)
Vorratsraum (13)

sem Land mit hochentwickelter Holzhausfertigung, unternahm er dann gemeinsam mit Walter Gropius den Versuch, eine technisch überlegene und vom Geist des Neuen Bauens geprägte Paneelbauweise zu schaffen. Das Ergebnis war das durch viele Publikationen bekannt gewordene Packaged-House-System, das beide 1942 patentieren ließen. Es beruhte auf der Nutzung leichter, wetterfester Sperrholzplatten, einer neuartigen Verbindungsmechanik und einer dreidimensionalen Modularkoordination mit dem Grundmaß von 1,06 m. Drei Maßeinheiten ergaben die Geschoßhöhe.[58] Ein solches räumliches Ordnungssystem hatte bisher nur der holländische Architekt Gerrit Rietveld 1927/28 mit einem kleinen Versuchshaus in Utrecht erprobt, einem Stahlskelettbau mit Garage und Fahrerwohnung.[59]

Abgesehen von der äußersten Rationalisierung der Maße war das Packaged-House-System auch in konstruktiver Hinsicht eine Spitzenleistung. Wachsmann fand den notwendigen Geldgeber, um 1943 ein erstes Musterhaus bauen zu können. Die Aufnahme war günstig. Auf einer erweiterten finanziellen Grundlage konnte er spezielle Maschinen entwickeln und ein Werk aufbauen, das auf eine Jahresleistung von tausend Häusern ausgelegt war. Aber unter den harten amerikanischen Marktbedingungen gelang es nicht, den für die Rentabilität erforderlichen Ausstoß zu erreichen. Erschwerend für den Absatz mag die Formgebung gewirkt haben. Die Feinheit der Details und die Schönheit der Proportionen waren zwar in der Holzhausfertigung bisher unerreicht, aber die Gesamtgestalt entsprach nur wenig den

329–331 Entwurf Erwerbslosenhaus, 1932
329 Aufrisse
330 Grundriß mit Rastersystem
331 Einzelheiten der Konstruktion

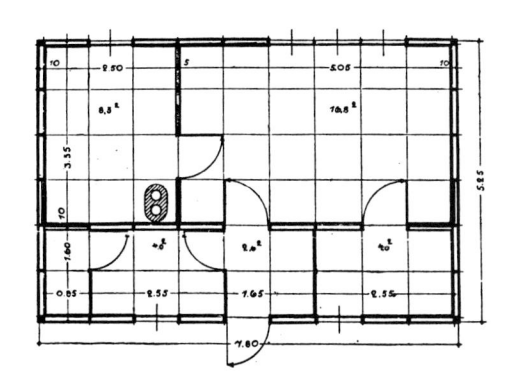

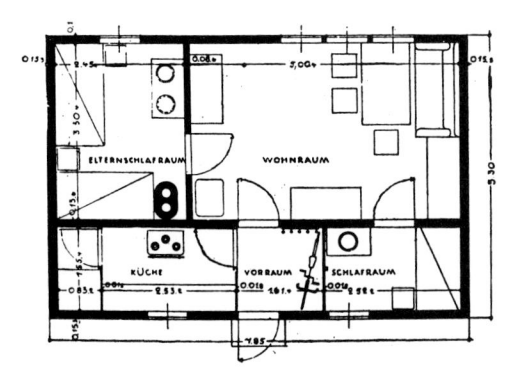

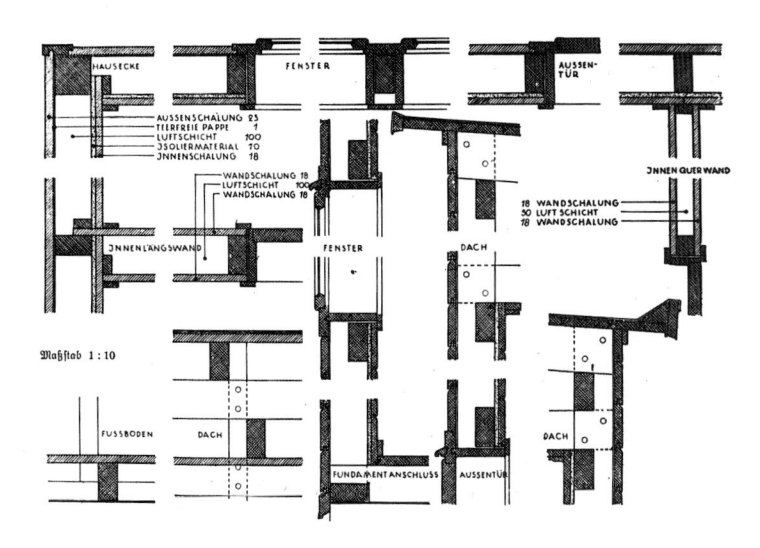

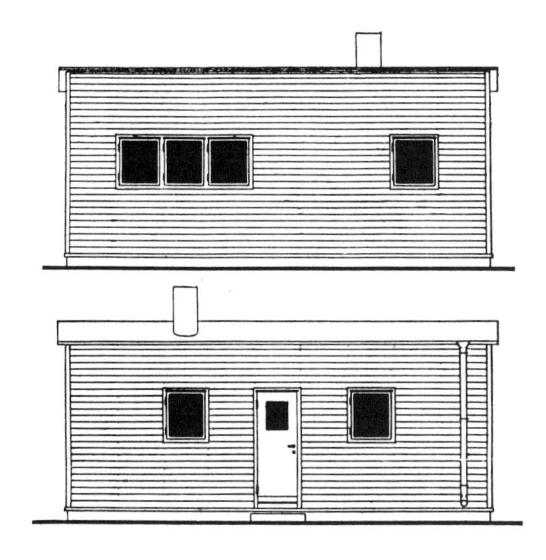

landläufigen amerikanischen Hausvorstellungen. Andere hemmende Umstände kamen hinzu, so daß das Unternehmen nicht zu halten war und in allen seinen Zweigen 1951/52 in Liquidation ging. Gilbert Herbert hat den Weg des Packaged-House-Systems in „The Dream of the Factory-Made House" bis zum bitteren Ende gewissenhaft nachgezeichnet.[60]

Wachsmann wandte sich später dem Leichtbau mit Metallkonstruktionen zu, für den er sich bereits in Deutschland eingesetzt hatte, und schrieb darüber sein berühmtestes Buch „Wendepunkt im Bauen", das 1959 erschienen ist.

Nach Konrad Wachsmann sei an zweiter Stelle auf Richard Riemerschmid verwiesen, der sich ebenfalls dem Holzhausbau verschrieben hatte. In den Deutschen Werkstätten hatte er von Anbeginn eine besondere Stellung inne. Während Schmidt vor allem in der ersten Zeit eine Serienfertigung mit wenigen Typen anstrebte, suchte Riemerschmid mit den gleichen Bauelementen individuelle Bauten zu schaffen. Das Haus am Ammersee war durchaus ein unikaler Bau. Auch ein großes Landhaus, das er 1923/24 in Krummhübel im Riesengebirge errichtet hat, blieb ein Einzelauftrag. Es war der größte Bau der Hellerauer Werkstätten in der Kassettenbau-

58 K. Wachsmann: Wendepunkt im Bauen, Dresden 1989[2], S. 136–159
59 Th. H. Brown: The Work of Gerrit Rietvelt, Utrecht 1958, S. 79
60 Herbert, Dream, S. 243–313; Grüning, S. 454–457; Nerdinger, Gropius, S. 204–207, 276

332–337 Konrad Wachsmann, 1933–1952
332 Neuartiger Schließkopf für Paneelbauweise, Paris 1938; Packaged-House-System (mit Walter Gropius), USA, 1942–1952

333 Dreidimensionale Verriegelung

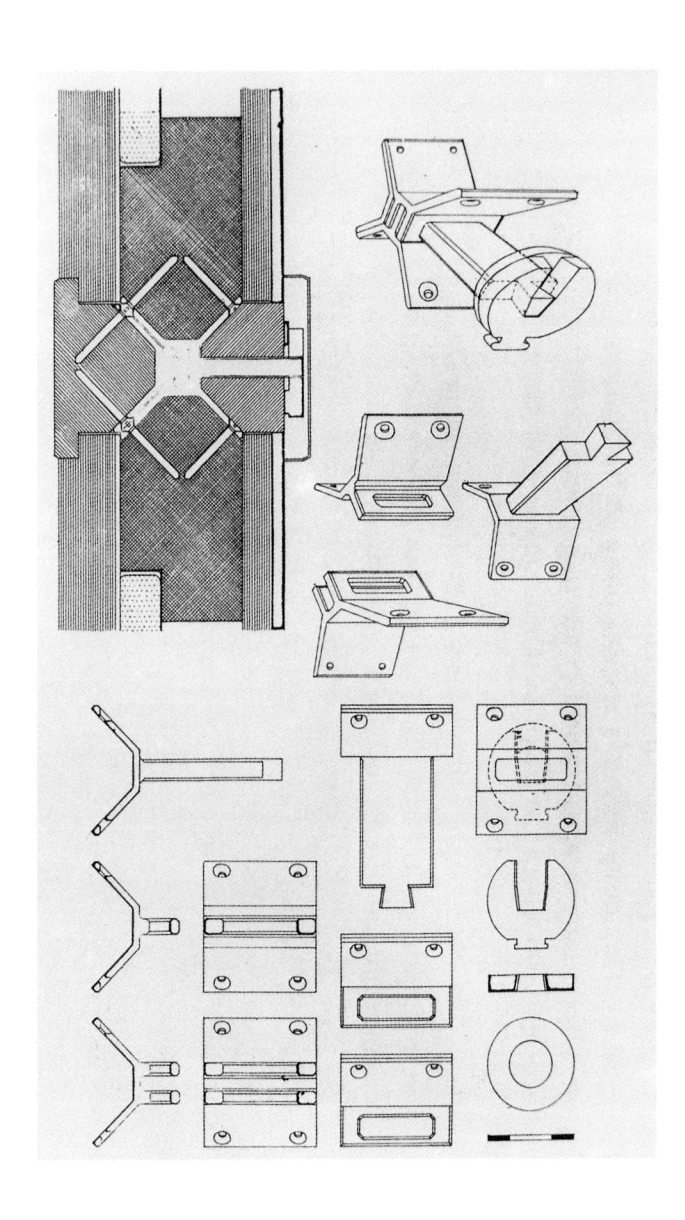

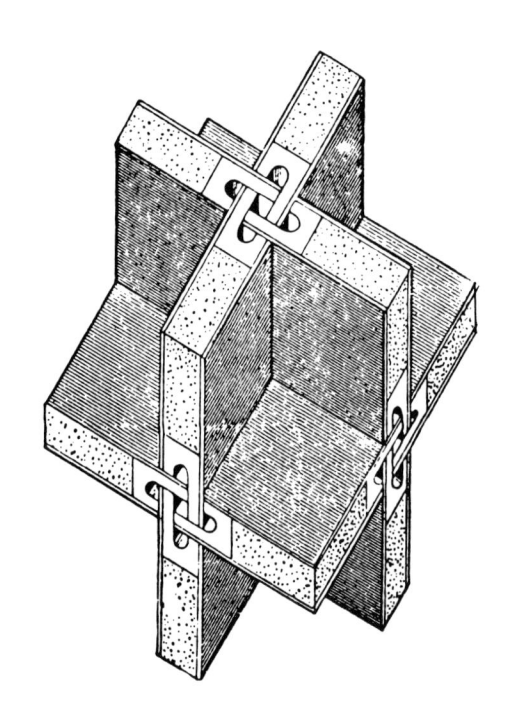

weise, der als Typ Erna oder H 287 bis in die dreißiger Jahre in den Katalogen immer wieder angeboten wurde.[61] Für seine Projekte variierte Riemerschmid die gegebenen Bauelemente. Die Fenster seiner Häuser zeigten stets ein abweichendes Hochformat und eine engere Sprossenteilung. Seit 1925 arbeitete er auch für die Holzhaus- und Hallenbau AG in München. Für dieses Unternehmen zeichnete er eine Serie von 26 sogenannten Z-Häusern in der Plattenbauweise, vom kleinsten Wochenendhaus Typ Augusta mit einer Grundfläche von 6,50 × 3,40 m bis zu großen Einfamilienhäusern. Auf der Berliner Sommerschau für Wochenendhäuser erzielte das Augustahaus einen ersten Preis. Diese Serie und weitere Entwürfe für Ein- bis Zehnzimmerhäuser mit Flach- und Steildächern – insgesamt etwa fünfzig Typen – konnten nach Katalog bestellt werden und fanden viele Käufer.[62] Für die Ausstattung bot der Katalog die in den Deutschen Werkstätten produzierten einfachen Möbel Riemerschmids an.

Seit 1932 ging Riemerschmid auch zu einer abweichenden Bautechnik über. Mit dem Ingenieur J. Kelemen entwickelte er die Ri-Holzrahmenbauweise und arbeitete dafür 18 Haustypen aus, die sogenannten Ri-Häuser. Die Palette reichte wieder von der kleinsten Wohnlaube bis zum zweigeschossigen Eigenheim. Den größten Teil dieser Typen veröffentlichte er im November 1932 in Wasmuths Monatsheften für

61 Haus Mauss in DeWe-Holzhäuser, Kat. um 1930, S. 6f.; Dt. Kunst u. Dekoration Bd. LVI, (1925), S. 185–192

62 Nerdinger, Riemerschmid, S. 432–434; Das Ideale Heim 1 (1927), H. 5, S. 268–273; Der Baumeister 25 (1927), Taf. 66, 67

*334 Montage eines Wohn-
hauses*
*335 Entwurf Wochen-
endhaus*

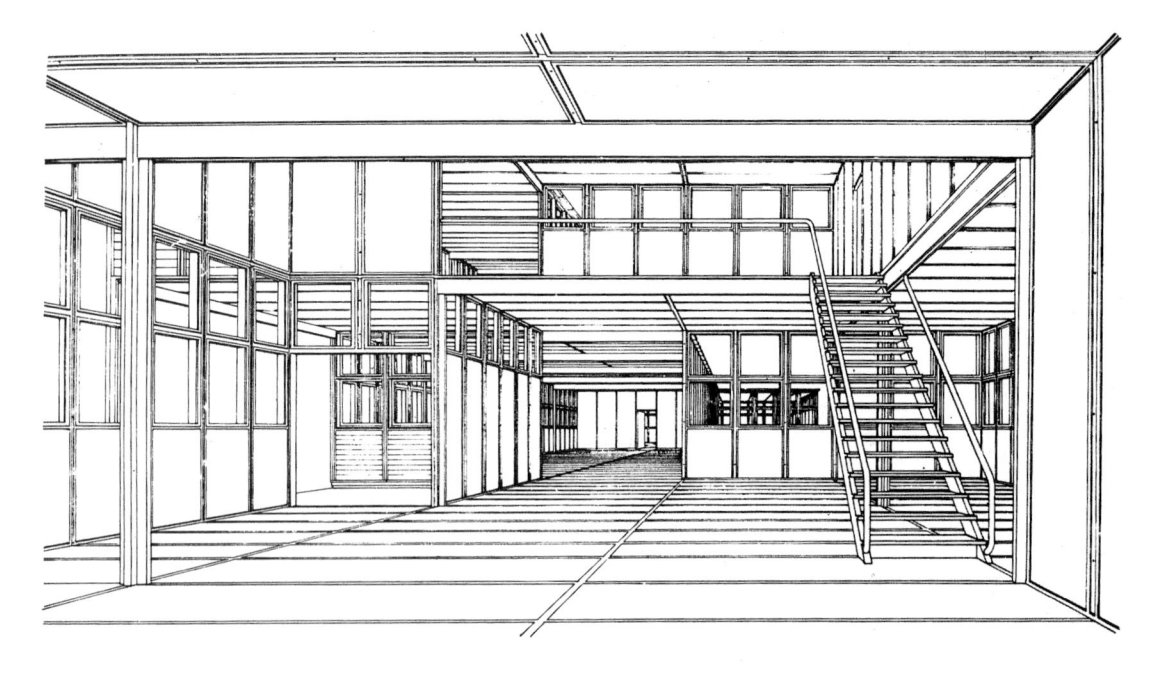

336 Komposition mit erweitertem Plattensortiment
337 Werkhof der General Panel Corporation

Seite 199:
338–340 Richard Riemerschmid, Entwürfe für die Holzhaus- und Hallenbau AG, München
338/339 Typ Augusta, 1927, Ansicht und Grundriß
340 Grundrisse der Typen Arne 2 und Frohsinn

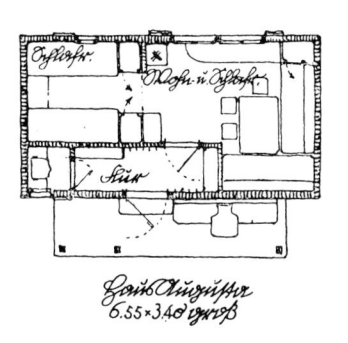

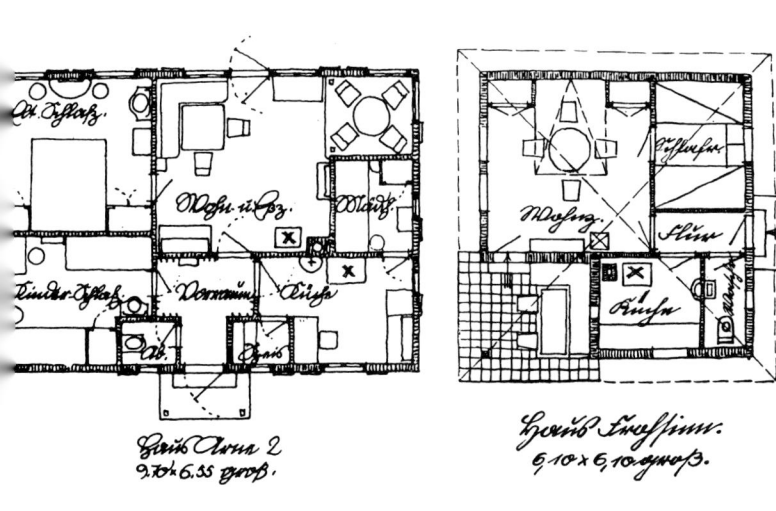

Baukunst in Verbindung mit einem warmherzigen Bekenntnis zur Schönheit des Holzhauses.[63] Das System stellte eine konstruktiv sehr eigenartige Synthese der Platten- und Skelettbauweise dar, bei der „nichts gezapft, gedübelt, am meisten genagelt, am wenigsten geschraubt wird".[64] Das Grundelement bildete ein Rahmen aus zwei sich gegenüberstehenden Pfosten der Außenwände und einem Zangenpaar, das die Pfosten am Kopf- und am Fußende miteinander verband. Die unteren Zangen dienten gleichzeitig als Balkenlage für den Fußboden, die oberen als Deckenbalken und als Sparren. Diese Deckenzangen waren deshalb von der Gebäudemitte bis zur Traufe hin abgeschrägt und nahmen die Dachschalung auf. Die Pfosten standen im Abstand von 65 oder 130 cm. Die äußere und die innere gespundete Schalung der Platten wurden jede für sich auf schmale Leisten genagelt und bei der Montage so zusammengesetzt, daß die Leisten die dünnen Pfosten umschlossen und verstärkten. Der Hohlraum zwischen den Schalungen wurde durch eine Dämmplatte in zwei Luftkammern unterteilt. Die Pfosten der Innenwände konnten an beliebiger Stelle in die Zangen eingestellt und befestigt werden. Die Raumaufteilung war dadurch sehr variabel, gemäß der Absicht Riemerschmids, trotz Typisierung und Normung individuelle Bauten zu ermöglichen. Da die Ri-Holzrahmenbauweise in einer Zeit der tiefsten Wirtschaftsdepression auf dem Baumarkt erschien, bestand wenig Aussicht auf einen wirtschaftlichen Erfolg. Außerdem entsprachen die Ri-Häuser mit ihrer traditionslosen Konstruktion und den abgeflachten Dächern nur wenig dem 1933 heraufziehenden Geist der einfältigen Heimattümelei. Riemerschmid gab die Arbeit für die Vorfertigung nach diesem Mißerfolg 1933 endgültig auf. Er hat eine Fülle von Entwürfen für Holzhäuser hinterlassen, von denen eine unbekannte Anzahl verwirklicht worden ist. So gibt es auch drei nicht ausgeführte Pläne für Holzhaussiedlungen. Konsequent hat er die Idee der progressiven Architekten der zwanziger Jahre verfolgt, nicht die Grundrisse, sondern die Bauelemente zu typisieren. Er zählt neben Konrad Wachsmann und Karl Schmidt zu den bedeutendsten Pionieren der Vorfertigung im Holzhausbau.

Wenig bekannt ist die intensive Arbeit, die Hans Scharoun dem Holzhausbau gewidmet hat. Er suchte vor allem die engen traditionellen Bindungen der Holzhausproduktion zu
Fortsetzung auf Seite 205

63 R. Riemerschmid: Holzhäuser, WMB 16 (1932), H. 11, S. 533–536
64 „Zu den Ri-Häusern", Konstruktionsbeschreibung vom 17. 6. 1932, Architekturmuseum der TU München, Nachlaß Riemerschmid

200

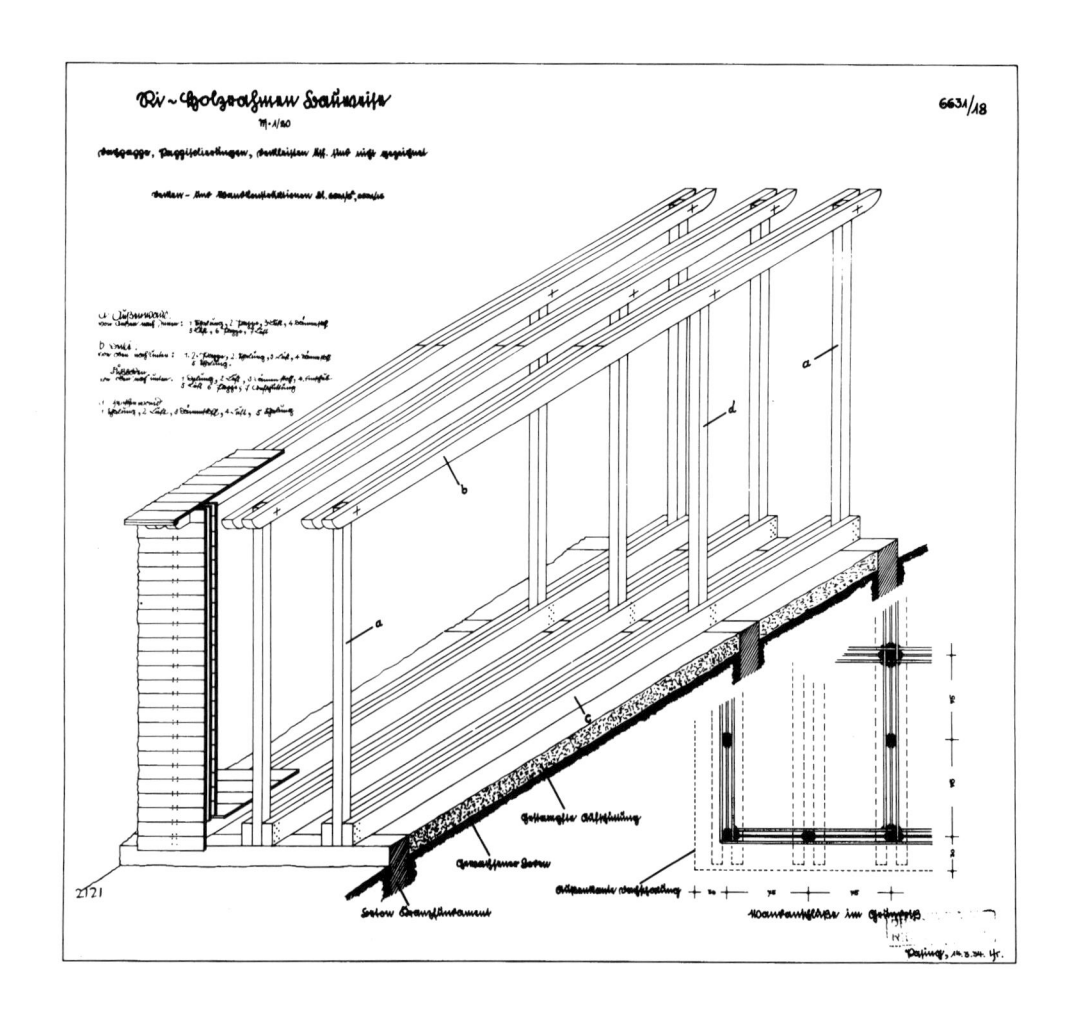

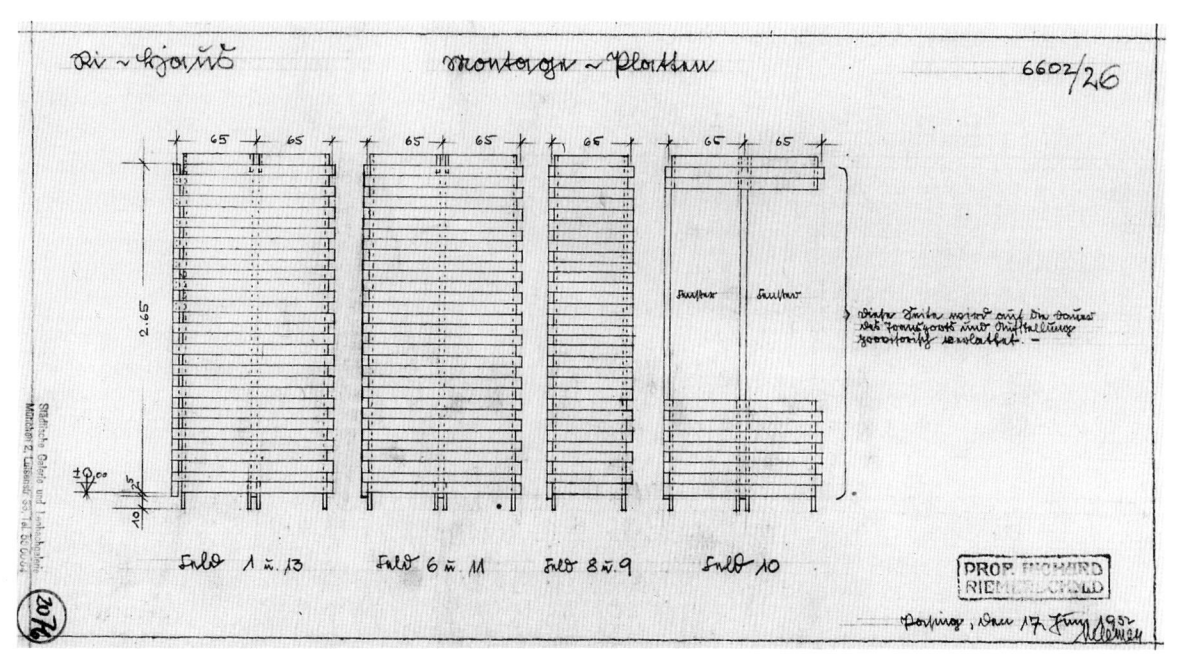

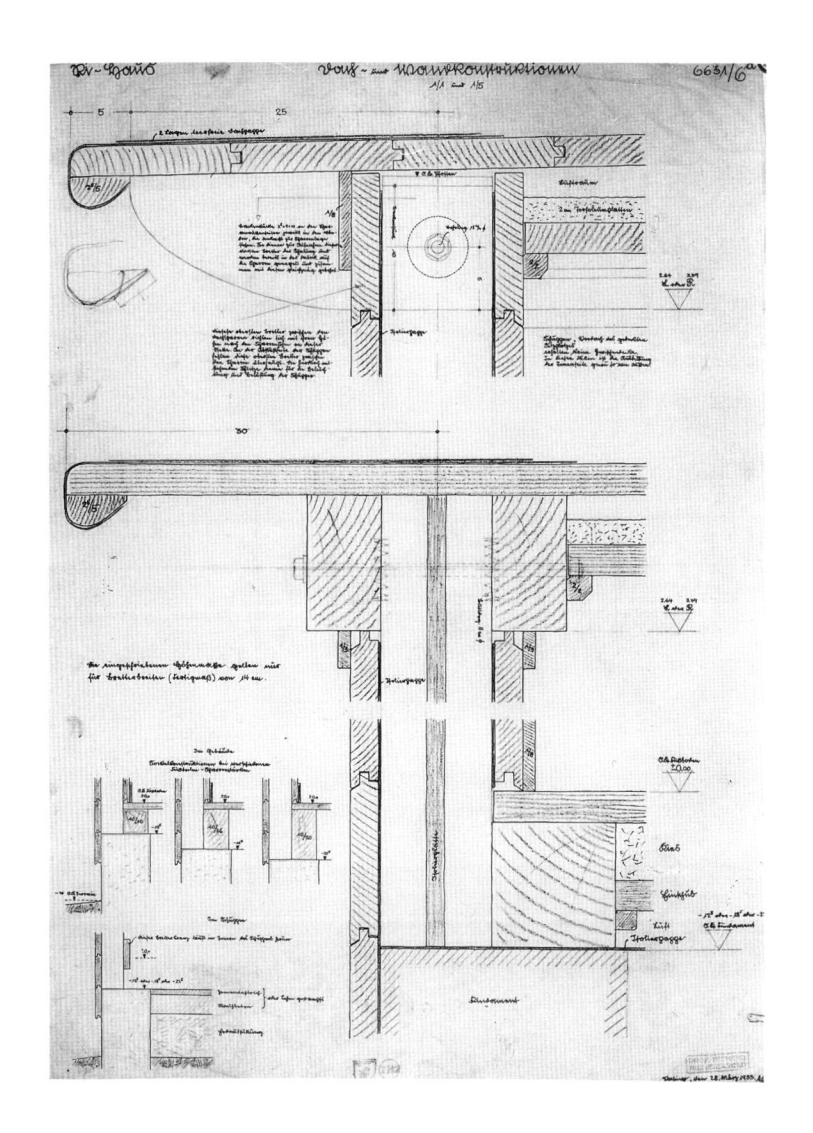

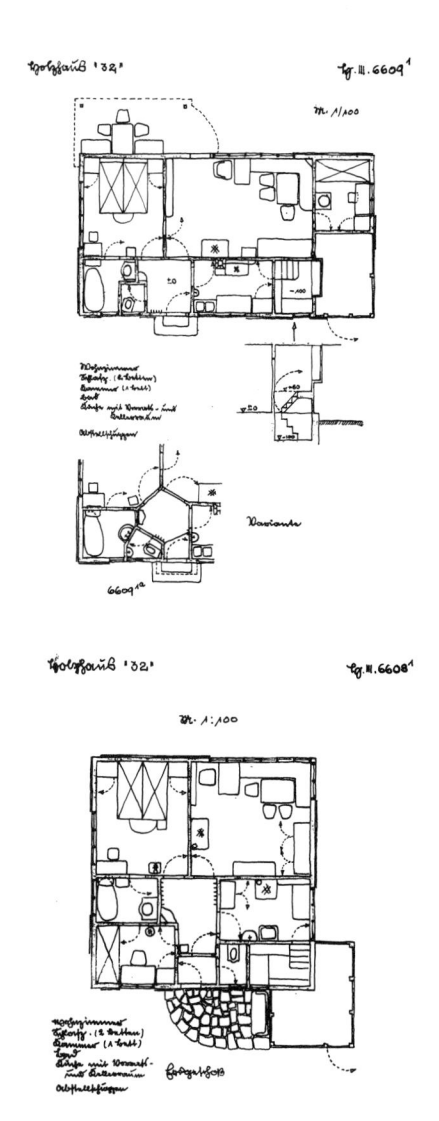

341–345 Riemerschmid/
Kelemen, Ri-Holzrahmen-
bauweise, 1932
341 Konstruktionssystem:
Pfosten (a), Zangen (b, c)
und Zwischen-Pfosten (d)
342 Paneelformen
343 Dach- und Außen-
wandkonstruktion
344 Typengrundrisse (3 Betten)
345 Ansicht 5 Bettentyp mit
Schuppenanbau

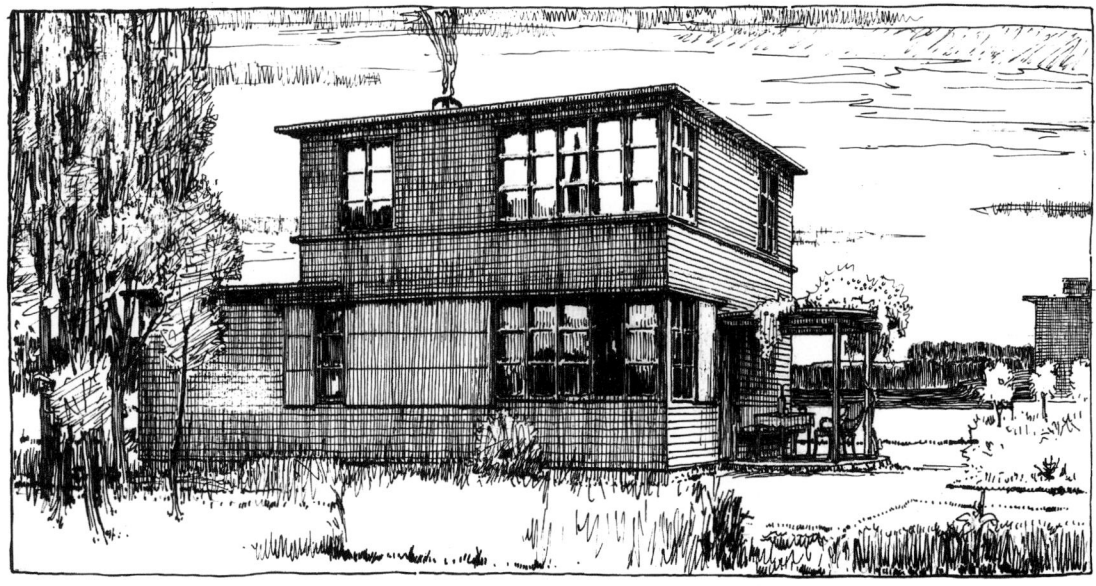

346–352 Hans Scharoun, System Baukaro, um 1931 *346–348 Seiten des Werbefaltblattes*

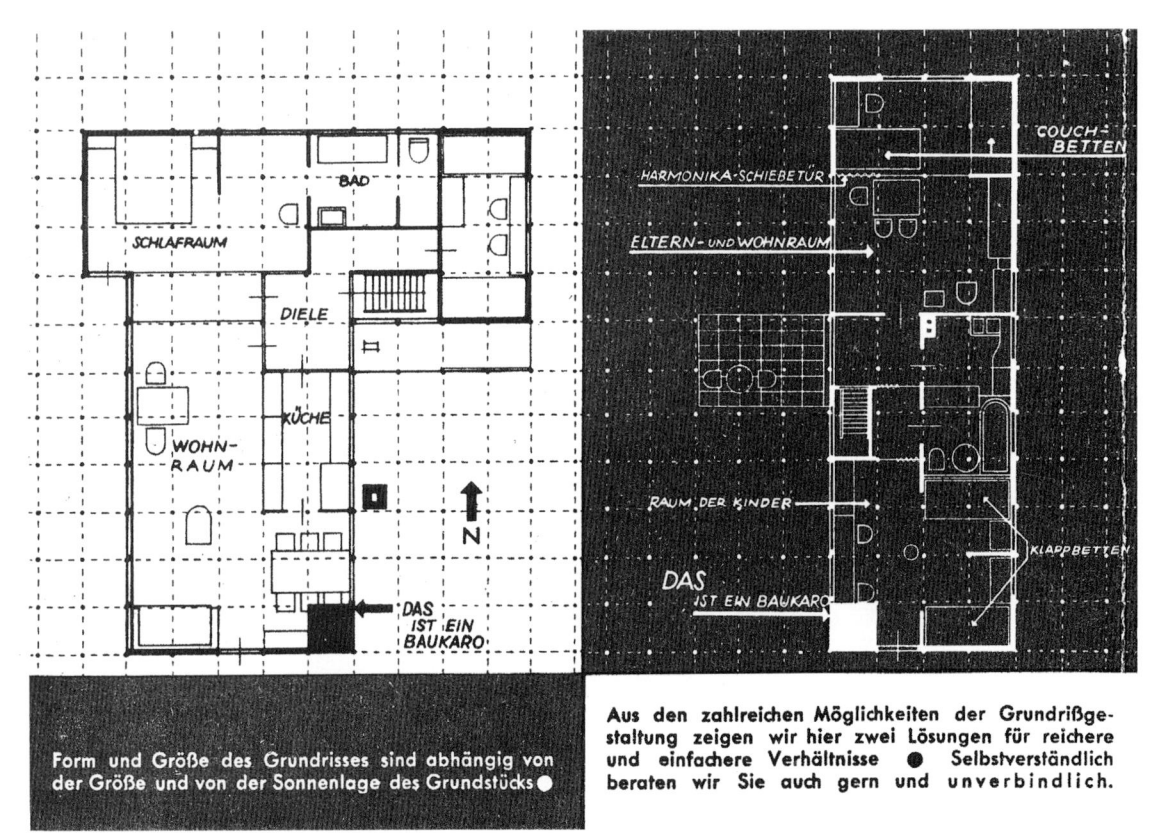

202

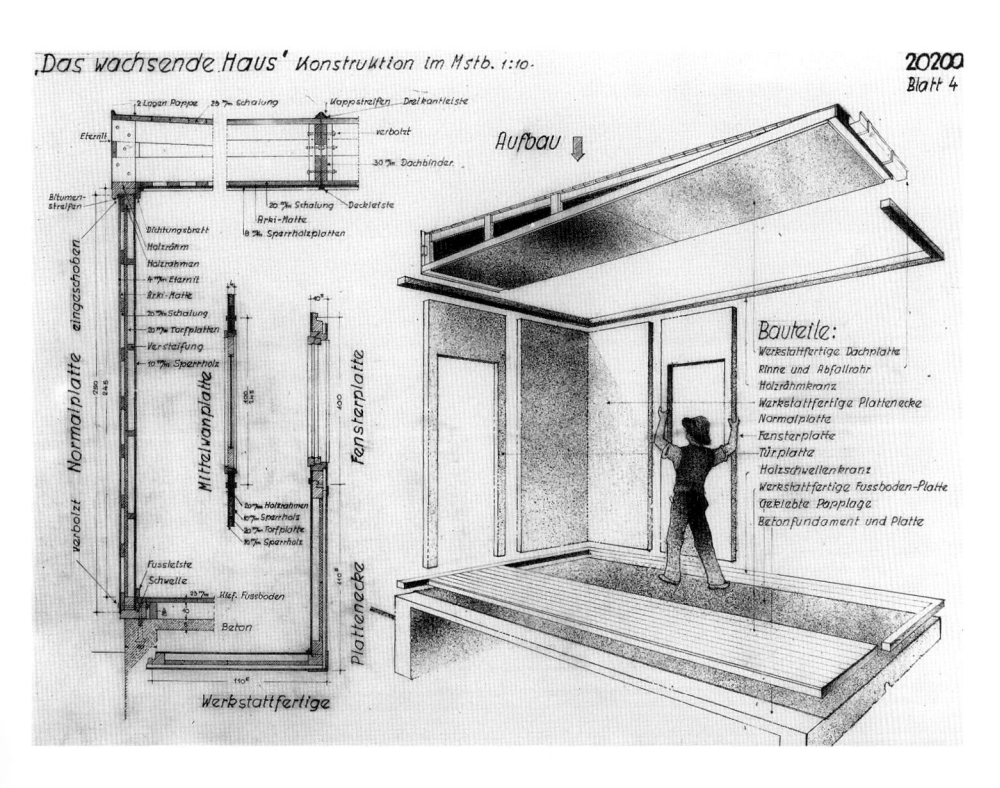

349 Systemdarstellung
350 Konstruktion von Wand und Traufe

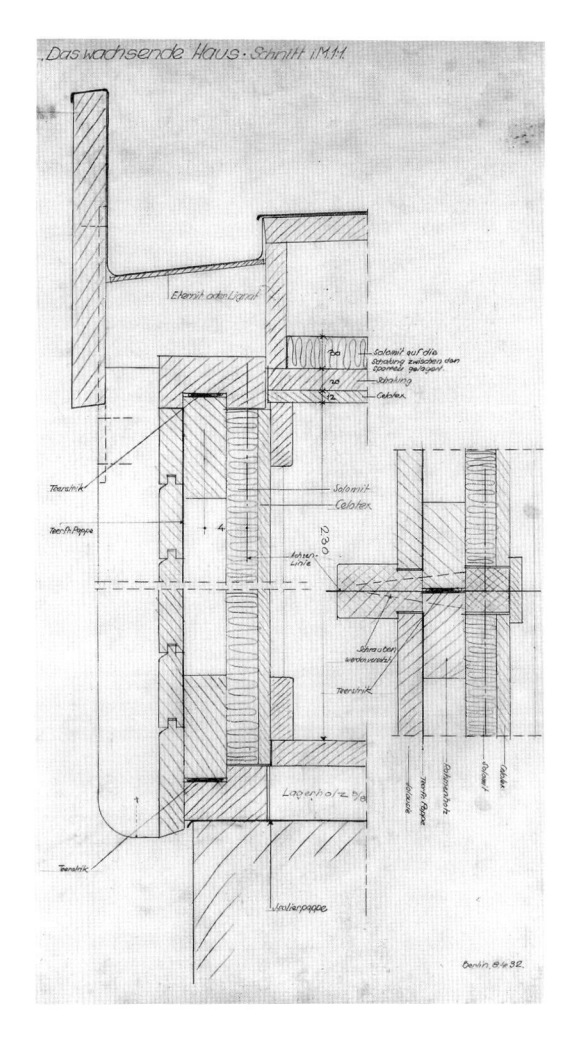

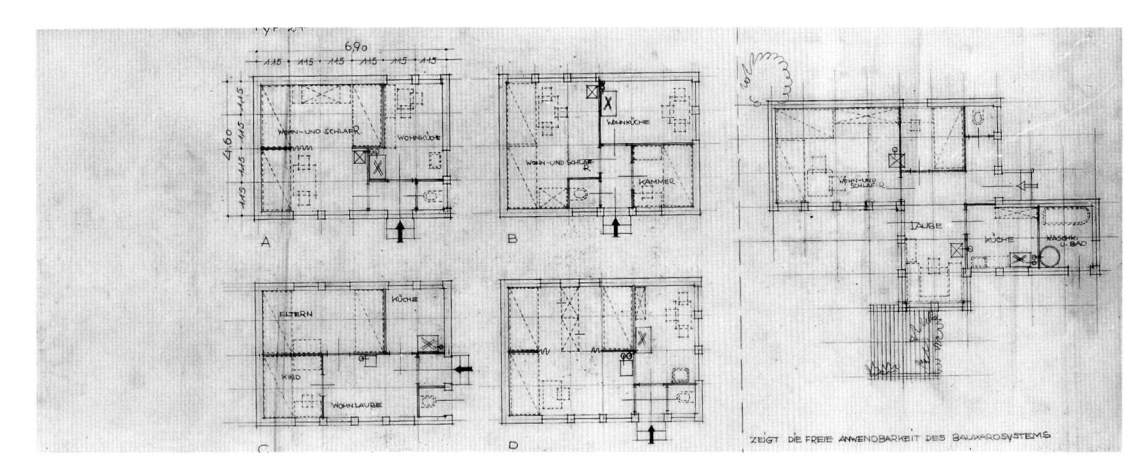

351 Kleinhausgrundrisse
352 Musterhaus, 1932

Seite 205:
353 Plattenbauweise, Arch. Struzyna, um 1931, Wandkonstruktion

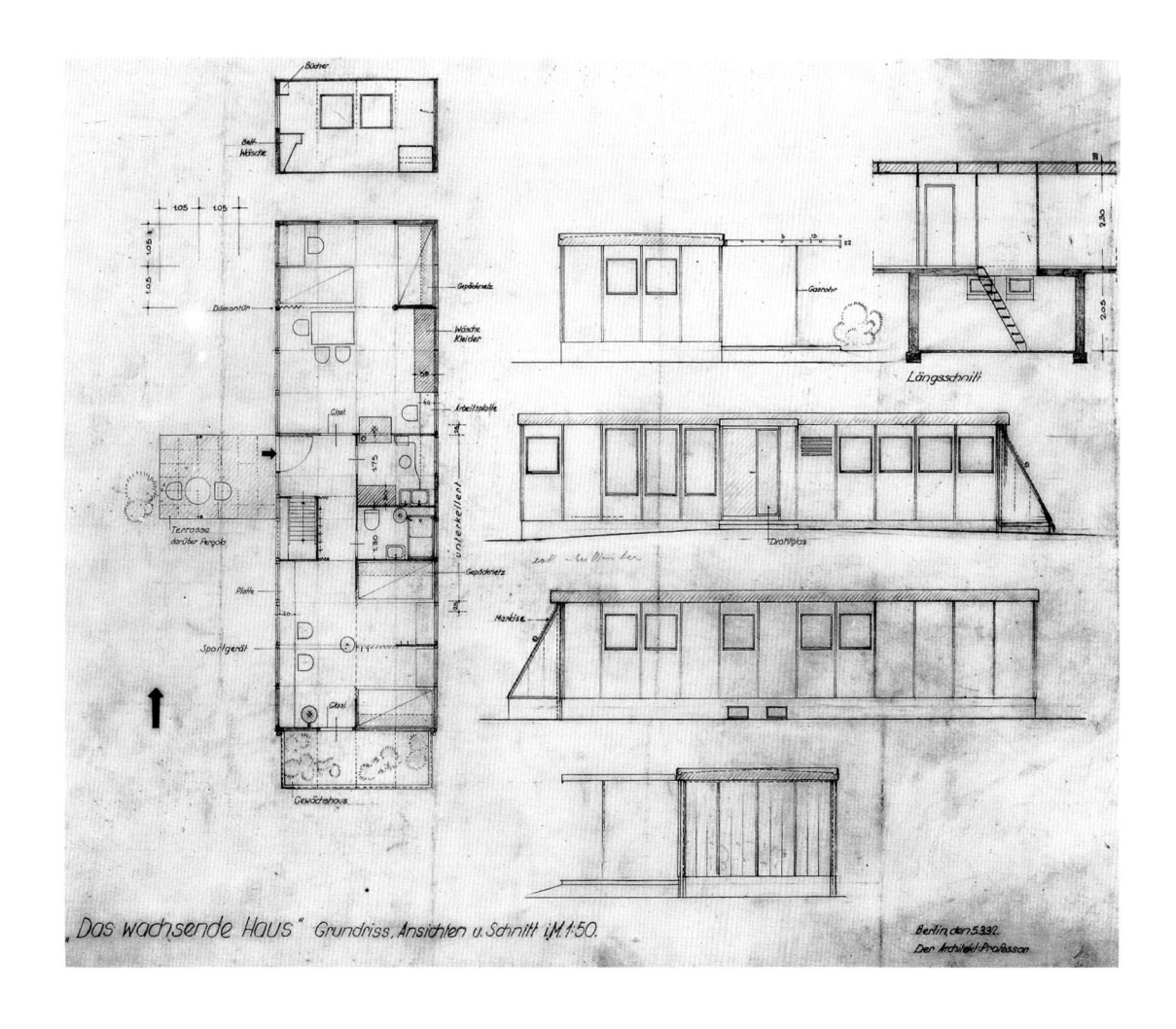

Fortsetzung von Seite 199
sprengen und die neuen funktionellen Gesichtspunkte voll zur Geltung zu bringen. Bei der Arbeit am Liegnitz-Haus war ihm der Gedanke gekommen, den Montagebau als ein großes Zusammensetzspiel zu betrachten und diese Seite künftig stärker für die Einbeziehung des Bauherrn in den Entwurfsprozeß zu nutzen. Er sollte vor allem befähigt werden, seine Wunschvorstellungen und die zur Verfügung stehenden finanziellen Mittel selbst einigermaßen in Einklang zu bringen. Dieses Ziel hat Scharoun über Jahre hinweg beschäftigt. Es gelang ihm schließlich zu Beginn der dreißiger Jahre, eine Lösung für erdgeschossige Häuser zu finden und ein Bauunternehmen für die Ausführung zu gewinnen.

Scharoun ging von einer Holzplattenbauweise aus und berechnete den Durchschnittspreis für die kleinste, durch das Maßsystem gegebene Maßeinheit. Ihre Grundfläche betrug 1,05 × 1,05 m. Sie umschloß den Fußboden und die Deckenkonstruktion mit dem Dach. Scharoun nannte sie „Baukaro". Ein Bauwilliger erhielt ein Blatt mit dem Raster der Baukaros und wurde aufgefordert, den Hausgrundriß nach seinen Wünschen, aber gemäß den Rasterlinien einzutragen. Die Anzahl der belegten Karos, multipliziert mit 100 Mark, ergab dann die zu erwartenden Baukosten. „Sie entwerfen Ihr Haus selbst und wissen sofort, was es kostet", stand als Blickfang auf einem Werbeprospekt, der Grundrißbeispiele enthielt und ein Foto des Liegnitz-Hauses als einen Hinweis auf die mit dem System gegebene Architektur.[65] Ein Bauherr sandte also seine Entwurfsskizze mit einem kleinen ausgefüllten Fragebogen, der vor allem das Baugrundstück und seine Lage betraf, an die Baufirma und erhielt auf dieser Grundlage ein ausführungsreifes Projekt. Wahrscheinlich kannte Scharoun Wachsmanns ähnlich angelegte Kataloge. Sein Verfahren ging einen Schritt weiter, indem es den Entwurf von vornherein in den Grenzen des wirtschaftlich Möglichen hielt.

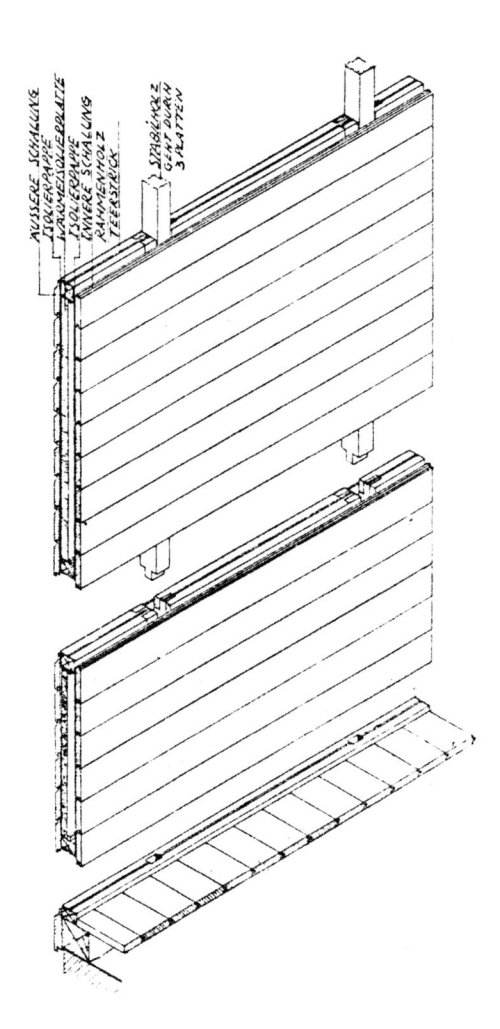

Scharoun selbst entwarf verschiedenste Grundrisse, um „die freie Anwendbarkeit des Baukarosystems" auch bei kleinsten Bauten zu testen, denn auch hier sollte die Freiheit funktionellen Gestaltens gewährleistet sein. Letztlich ging es ihm um die Auflockerung der üblichen kompakten Baukörper zugunsten einer stärkeren Ausprägung der verschiedenen Wohnfunktionen in der Baugestalt und um die engere Einbindung des Hauses in den Garten. Mit dem Haus in Liegnitz hatte er neue Planungsgrundsätze für das vorgefertigte Haus demonstriert, mit dem Baukarosystem wollte er die besten praktischen Voraussetzungen dafür schaffen. Die Erfahrungen, die er beim Liegnitz-Haus mit der Plattenbauweise sammeln konnte, hatte er zu einem eigenen sehr durchdachten System verarbeitet. Die Platten bestanden aus verhältnismäßig schwachen Holzrahmen mit einer Teerpapplage und jalousieartiger Verbretterung außen und mit einer Strohpreßplatte und harter Deckschicht innen. Die Tragfähigkeit der Rahmen wurde an den Stoßfugen durch außen aufgesetzte Deckleisten in der Form kräftiger „Lisenen" verstärkt, die auch durch Farbe von der Wand abgesetzt wurden und mit einem breiten abschließenden Traufbrett den architektonischen Charakter des Hauses bestimmten. Die Hausecken, die bei vielen Montagesystemen eine Schwachstelle bildeten, sollten werkstattfertig angeliefert werden, ebenso Wandschränke und andere Einbaumöbel. Ein Musterhaus konnte Scharoun 1932 auf der Ausstellung

65 Pfannkuch, Scharoun, Werkverz. Nr. 110; H. Scharoun: Das Baukaro, in: Wagner, Wachsendes Haus, S. 92; Werbefaltblatt „Baukarosystem", Akademie der Künste Berlin, Nachlaß Scharoun

354/355 Walter Gropius, Entwurf Kleines Landhaus für Molling & Co, 1926, Eingangs- und Gartenseite

Seite 207:
356/357 Paul Schmitthenner, Fabriziertes Fachwerk (Fafa)
356 Ausfachung der Wandrahmen
357 Ansicht Haustyp

„Das Wachsende Haus" zeigen.[66] Durch die Ungunst der Zeitverhältnisse trug diese sorgfältige Arbeit am Ende leider keine Früchte. Sie ist ein Beleg für den Ideenreichtum, mit dem einzelne Architekten weit über die technischen und wirtschaftlichen Probleme hinaus an der Entwicklung der Vorfertigung gearbeitet haben.

Eine Sonderstellung nimmt die Bauweise des Berliner Architekten Struzyna ein. Hier waren die Außenwände nach dem Vorbild der Frankfurter Großblockbauten in Brüstungs-, Fenster- und Sturzplatten unterteilt, aber nur 95 cm breit. Die Platten bestanden aus Rahmen mit beidseitiger Verbretterung, Isolierpappe und einer Wärmedämmschicht. Gegen das Ausscheren der Platten und zur Stabilisierung des Ganzen wurden geschoßhohe Vierkanthölzer in die Plattenhohlräume eingestellt. Die Abdichtung der Stoßfugen erfolgte durch Einlegen von Teerstrick.[67] Zweifellos war die Kleinteiligkeit der Bauelemente und die dadurch bedingte große Zahl der Fugen ungünstig für den Schutz gegen Wind und Kälte. Das System konnte sich nicht durchsetzen.

Ganz offen bleibt die Frage nach dem konstruktiven System der kleinen Landhäuser, für die Gropius 1926 im Auftrag der Maklerfirma Molling & Co Entwürfe angefertigt hat. Die Häuser sollten unter Verwendung vorgefertigter Elemente errichtet werden und als Gewinne einer Lotterie dienen. Experimente waren daher nicht angesagt. Gropius, der damals intensiv mit den Problemen der schweren Vorfertigung beschäftigt war, arbeitete hier auf eine Holzbauweise hin, für die es genügend bewährte Systeme bereits gab. In der Form erinnerten die Häuser an den Baukasten im Großen von 1923. Aber das Vorhaben zerschlug sich, so daß es zu keiner weiteren Ausarbeitung gekommen ist.

Einen ganz andern Weg als die engagierten Neuerer beschritt Paul Schmitthenner, ein Vertreter der konservativen Stuttgarter Architekturschule. Er ging vom traditionellen Holzfachwerkbau aus, ersetzte aber Schwelle, Stiele und Rähm mit ihren arbeitsaufwenigen Verzapfungen durch einfache rechteckige „Wandrahmen" aus Bohlen, die zu einem Skelett zusammengeschraubt und mit paßgerechten Bimsbetonplatten ausgefacht wurden. Eine Verbretterung auf der Innenseite diente der Stabilisierung des Skeletts und als Unterlage für dünne Gipsplatten oder Wandputz. Die Außenseite wurde mit einer durchgehenden wasserabweisenden Putzschicht überzogen und täuschte einen traditionellen Massivbau vor. Verputztes Fachwerk war in Schwaben seit alters üblich und hat sich anscheinend auch bewährt, denn es wurde von der Baupolizei als technisch einwandfrei anerkannt. Das System war sorgfältig ausgearbeitet, Fenster und Türen wurden schon im Werk in die Wandrahmen eingebaut, selbst der Fußboden in großen Platten vorgefertigt.

Der Blindboden diente bereits während der Montage als Arbeitsbühne. Die Architektur der angebotenen Haustypen glich der eines alten süddeutschen Pfarrhauses mit schönen Proportionen. Schmitthenner kennzeichnete sein System als „Fabriziertes Fachwerk" (Fafa) und nannte als besonderen Vorzug, daß es durch die deckenden Putzschichten die Verwendung von Hölzern minderer Qualität und deren Reduzierung auf die statisch notwendigen Mindestquerschnitte ohne ästhetische Einbuße gestattete. Die Zeit vom Aushub des Kellers bis zur Fertigstellung des Hauses betrug sechs bis acht Wochen, die Montagezeit allein bei dreigeschossigen Häusern nur sechs Tage. Die Baukosten lagen angeblich 10 Prozent niedriger als beim Mauerbau. 1929 wurde das System in den bedeutenden Fachzeitschriften ausführlich besprochen, in späteren Jahren war davon nicht mehr die Rede.[68] Einschlägige Erfahrungen über die Bewährung auf Dauer sind daher nicht bekannt.

Während die Vorfertigung mit Beton trotz vieler Ansätze und bedeutender Großversuche noch weit entfernt von überzeugenden Ergebnissen blieb, konnten beim Holz die bereits bewährten Formen der Block-, Tafel- und Skelettbauweisen in kontinuierlicher Entwicklung zu hoher Vollkommenheit gebracht werden. Es entstanden vielversprechende Werke einer neuen Holzbaukunst. Seither ist der Umfang des Holzhausbaus allerdings wieder zurückgegangen. Angesichts des Waldsterbens in den Industrieländern und des gnadenlosen Abholzens der Regenwälder ist für den schönen Naturbaustoff auch keine große Zukunft absehbar, es sei denn, die drohende Klimaveränderung führte zu einem Waldanbau globalen Ausmaßes, der den laufenden Kohlendioxydausstoß auffangen und in der Konsequenz einen massenhaften ökologisch begründeten Holzhausbau bewirken könnte.

66 Pfannkuch, Scharoun, S. 98f., Werkverz. Nr. 111; Wagner, Wachsendes Haus, S. 92–95
67 DBZ 66 (1932), H. 26, S. 506; Wagner, Wachsendes Haus, S. 109
68 WLB Bd. II, S. 415f.; WMB 13 (1929), H. 9, S. 364–378; Wachsmann, Holzhausbau, S. 99–103; L. Jahn: Konstruktion und Wirtschaftlichkeit der Fafa-Bauweise, DBZ 65 (1931), H. 14, Beil. Konstr. u. Ausführ. Nr. 3, S. 22 bis 26; Ch. Haeckelsberger: Deutschsein als Auftrag und Sendung, Bauwelt 76 (1985), H. 3, S. 79–83

4 Metallhäuser und Stahlskelettsysteme

Metalle und besonders der Stahl haben nicht die schönen natürlichen Eigenschaften des Holzes, sie sind hart und wirken kalt, ihre Einführung in den Hausbau war deshalb ein großes Risiko und ein Erfolg wie beim Holzhausbau von vornherein mehr als fraglich. Die noch immer produzierten häßlichen Unterkunfts- und Wohnbaracken aus Wellblech waren in dieser Hinsicht eine schwere Vorbelastung. Erst 1924 gab es vorbereitende Überlegungen und Versuche in Richtung Metallhausbau, 1926 folgte dann eine ganze Reihe von Musterhäusern in den verschiedensten Konstruktionssystemen. Diese schlagartig erreichte Vielfalt erklärt sich aus den zahlreichen anwendungsreifen Erfahrungen, die anderwärts bereits vorlagen. So hatte sich im Industriebau und bei Büro-, Geschäfts- und Warenhäusern das Stahlskelett weitgehend durchgesetzt, andererseits gab es in England einen bereits blühenden Hausbau mit geschoßhohen Stahlplatten. Beide Entwicklungen bildeten die Basis für den neuen Stahlhausbau. Als in der schöpferischen Unruhe der Nachkriegsjahre Architekten begannen, sich mit der Nutzung des Stahls im Wohnungsbau zu beschäftigen, hielt sich die Stahlindustrie allerdings abseits. Ein Grund mag die durch Kohlenkrise und Reparationsleistungen verursachte Stahlknappheit gewesen sein. Als die Industrie mit zunehmender wirtschaftlicher Stabilisierung ebenfalls zum Stahlhausbau überging, folgte sie in technischer und architektonischer Hinsicht ausländischen Vorbildern und verzichtete auf die Mitwirkung und das künstlerische Potential führender Architekten. Eine Zwischenstellung nahmen einige Unternehmen des Baugewerbes ein, soweit sie eigene, meist patentgeschützte Bauweisen entwickelt hatten und bei größeren Siedlungsvorhaben mit bekannten Architekten zusammenarbeiteten.

Hausproduktion der Stahlindustrie

Von Anbeginn bewegte sich der Stahlhausbau konstruktiv in zwei verschiedenen Bahnen. Das größte Aufsehen erregte das Stahlhaus im eigentlichen Sinn, das aus geschoßhohen Stahlplatten montierte Haus. Die Platten konnten als Außenhaut auf ein leichtes Skelett von Holz oder Stahl montiert sein (damals Tafelbauweise genannt), oder sie waren an den Rändern umgebördelt und miteinander verschraubt, so daß sie eine gewisse Tragfähigkeit besaßen und das Skelett entfallen konnte – sogenannter Lamellenbau. Zur gleichen Zeit begann auch die zweite Form, der Hausbau mit Stahlskelettkonstruktionen entweder als Fachwerk mit bis zum Sims durchlaufenden Stützen oder als Stahlrahmenbau, bei dem das Skelett aus geschoßhohen Wandrahmen zusammengesetzt wurde.[1] Damit konnte mehrgeschossig gebaut werden, man war flexibler als beim Tafel- oder dem Lamellenbau und konnte die Stahlteile besser vor Rost schützen. Deshalb hatten Stahlskelettbauten, obwohl der Vorfertigungsgrad niedriger ist, am Ende den größeren Erfolg.

Entscheidend für die Gesamtentwicklung war in erster Linie das Verhalten der einschlägigen Industrie. Zunächst versuchten kleine Stahlbaufirmen und Tresorfabriken nach der Flaute der Nachkriegsjahre ihr Geschäft durch die Produktion von Fertighäusern aus Stahl zu beleben. Ihre verhältnismäßig beschränkten Mittel erlaubten keine kostspieligen Entwicklungsarbeiten und Versuchsreihen, deshalb übernahmen sie mit wenigen Veränderungen vom englischen Stahlhausbau, was sich bereits als erfolgreich erwiesen hatte, sowohl die Konstruktionssysteme als auch die Tendenz zu einer traditionellen Baugestalt. Das erste deutsche Stahlhaus, das bereits im April 1926 montiert wurde, war eine weitgehende Nachahmung des englischen Weir-Hauses, eines Produkts der Cardonald Housing Corporation in Glasgow. Hergestellt wurde es von dem Eisenwerk Gebrüder Wöhr in Unterkochen (Württemberg). Das englische Vorbild bestand aus einem Holzskelett mit außen aufgeschraubten 3,16 mm dicken Stahltafeln und einer Verkleidung mit Asbestplatten innen. Die Wärmeisolierung übernahmen zwei durch Dachpappe getrennte Luftschichten, ein Verfahren, das selbst für das englische Klima ungenügend war. Gebrüder Wöhr verbesserten vor allem die Wärmedämmung durch eine Torfoleumplatte anstelle der Dachpappe und eine gespundete Holzschalung auf der Innenseite. Außerdem schlossen sie die Stoßfugen der Stahltafeln durch eine schmale Aufbördelung und eine aufgesetzte Klemmschiene. In der zweiten Generation erhielten die Weir-Häuser in England und ihr Abkömmling in Württemberg ein leichtes Stahlskelett mit kleinen Veränderungen in der Wandzusammensetzung.[2]

Vier Monate nach dem Wöhr-Haus wurde das zweite deutsche Stahlhaus der zwanziger Jahre in Beucha (Kreis Wurzen), Weidenweg 3, übergeben. Es war das Fertighaus Typ Sonne der Tresorbauanstalt Braune & Roth in Leipzig. Zwei benachbarte kleinere Musterhäuser sind ebenfalls er-

358/359 Englische Stahlhäuser System Weir
358 Einfamilienhäuser
359 Außenwandkonstruktion

1 Spiegel, Stahlhausbau, S. 26f.; BW 23 (1932), H. 46, S. 1160–1163 mit 12 Systemskizzen
2 Eine neue Stahlbauweise in England, BW 16 (1925), H. 9, S. 215; Die neuen Stahlhäuser in England, ebd., H. 34, S. 799; A. Lion: Englische Stahlhäuser der Bauart Weir, ZBV 47 (1927), H. 16, S. 181–183; ders.: Die ersten typisierten und normalisierten Wohnhausbauten in Europa, WW 4 (1927), H. 5, S. 51–53; Strauch, S. 38f.; R. Stegemann: Vom wirtschaftlichen Bauen, 3. Folge, Dresden 1927, S. 93–107, mit Karte der Standorte; Spiegel, Stahlhausbau, S. 49–60

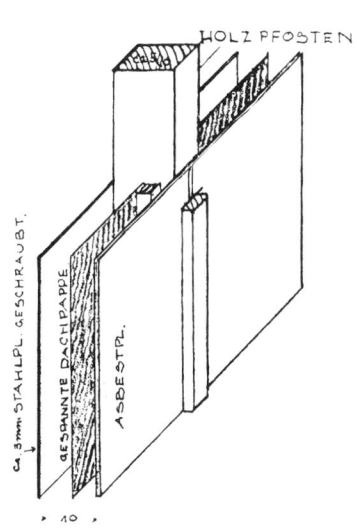

360/361 Gebr. Wöhr, Unterkochen (Württ.)
360 Erster Musterbau, 1926

361 Außenwandkonstruktion

362–366 Braune & Roth, Leipzig, Einfamilienhaus Typ Sonne, Beucha (Kr. Wurzen), Weidenweg, 1926

362 Ansicht, 1989
363 Grundrisse

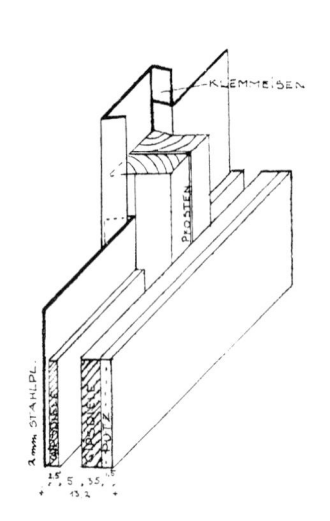

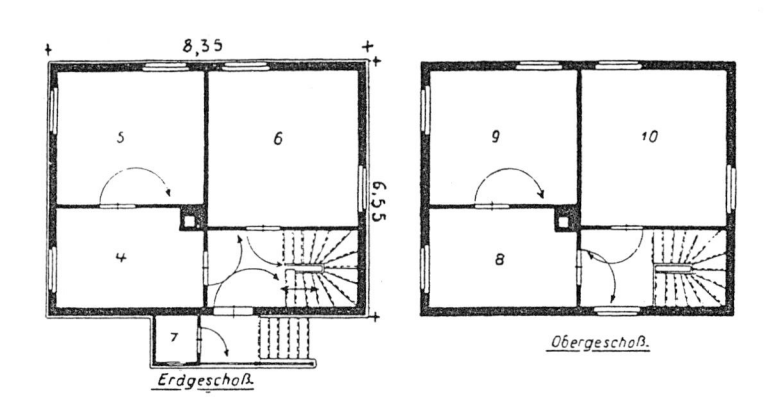

364 Kleines Einfamilienhaus, Beucha, Dahlienweg, 1927, Ansicht 1989

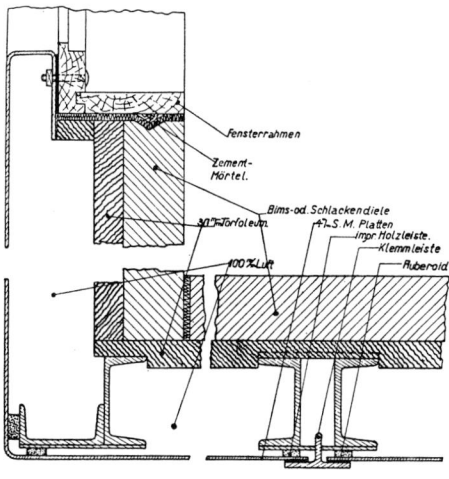

365 Querschnitt der Außenwand
366 Musterhaus, Baumesse Leipzig, 1927

367–369 Carl Kästner AG, Leipzig
367 Musterhaus, 1926
368 Querschnitt der Außenwand
369 Entwurf Vierfamilienhaus

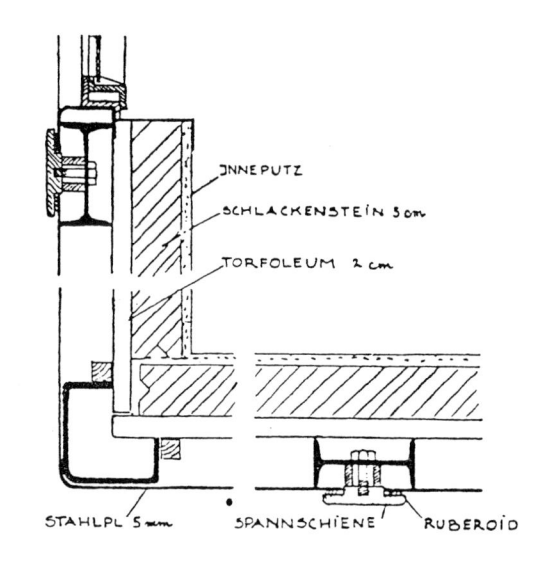

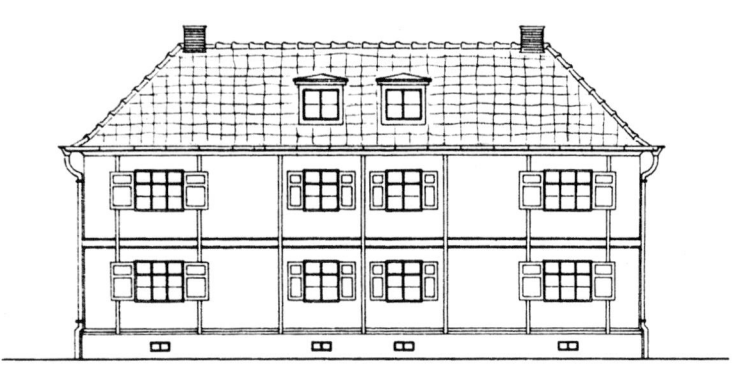

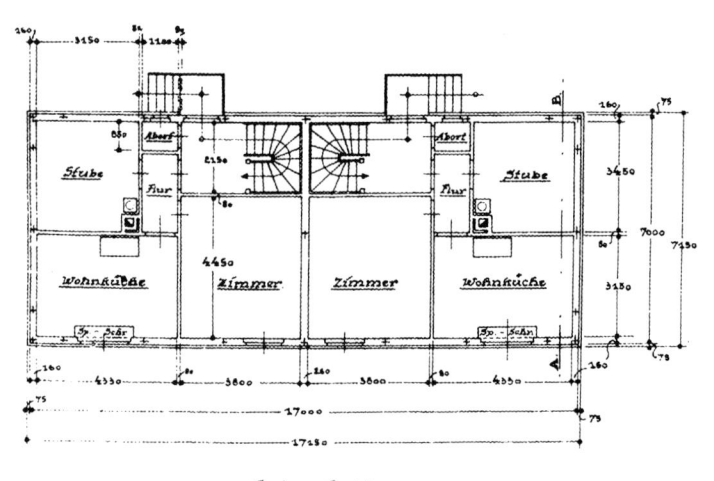

halten geblieben (Dahlienweg 8 und 9). Auch Braune & Roth hatten sich auf eine Tafelbauweise festgelegt. Das Skelett bestand aus U-förmigen Normalprofilen, die paarweise mit einem schmalen Zwischenraum gegeneinander gestellt waren. Die aufwendige Konstruktion wurde kompensiert durch einen ungewöhnlich weiten Stützenabstand von 2,00 m. Die geschoßhohen Tafeln hatten eine entsprechende Breite und waren der erhöhten Anforderungen an die Steifigkeit wegen 4 mm dick. Eine Vollwandplatte wog deshalb etwa 175 kg. Die Befestigung erfolgte nicht mehr durch Anschrauben, sondern nach einem Firmenpatent durch eine T-förmige schmale Klemmleiste, die die Tafeln mit zwischengelegten Isolierstreifen gegen die Flansche der Stützen preßte. Innen wurden 3 cm dicke Torfoleumplatten und eine Schicht Bims- oder Schlackendielen dagegengesetzt. Zwischen der Stahlplatte und der inneren Verkleidung blieben 10 cm Luftraum; insgesamt betrug die Wandstärke mit dem Innenputz 20,4 cm. Die Treppen waren nach amerikanischem Vorbild aus Stahl vorgefertigt und wurden bereits bei der Montage des Skeletts eingebaut. Decken und Dachstuhl waren traditionell von Holz.[3]

Der Wärmehaushalt und der Kohleverbrauch wurden als günstiger angegeben als bei einem gleich großen Ziegelbau. Daß die Häuser heute noch in gutem Zustand sind, spricht für die technische und bauphysikalische Qualität der Konstruktion. Allerdings hatte die Plattenbreite von 2,00 m einen erheblichen Nachteil für die Gestaltung der Grundrisse. Bei den stets bescheidenen Häusern mit kleinen Räumen rückten die Fenster häufig in eine Raumecke und beeinträchtigten dadurch die Belichtung und die Möblierung. Allgemein wurde angenommen, daß das Stahlhaus als ein Dauerwohnhaus anerkannt werden würde und in herkömmlichen Bauformen am besten verkäuflich sei. So zeigten die Häuser der Stahlindustrie von Anbeginn einen traditionellen Charakter und ließen auch später jede architektonische Eigenart vermissen.

Die Übergabe des ersten Hauses in Beucha erfolgte vor geladenen Gästen, unter ihnen ein Hygieniker der Universität Leipzig, ein Bergwerksdirektor als potentieller Großabnehmer für Siedlungshäuser und selbst ein Ministerialrat des Arbeits- und Wohlfahrtsministeriums in Berlin, das für die Wohnungs- und Siedlungspolitik des Reiches zuständig war. Eine solche Teilnahme spricht für die großen Erwartungen, die die ersten Stahlhäuser ausgelöst haben. Braune & Roth versuchten dieses Interesse zu nutzen, sie waren die erste Firma, die Stahlhäuser auf den großen Ausstellungen zeigte – 1926 auf der Leipziger Messe und anschließend auf der Düsseldorfer „Gesolei" (Ausstellung für Gesundheitspflege, soziale Fürsorge und Leibesübungen). Auf der Baumesse in Leipzig 1927 führten sie neben einem traditionellen „Kniestockhaus" ein zweigeschossiges, sich zaghaft modern gebärdendes Wohnhaus vor, allerdings mit einem sehr verwinkelten Grundriß. Trotzdem war das Interesse daran so groß, daß die „Baugilde", das Organ des Architektenverbandes, noch während der Montage einen Bildbericht brachte. Im gleichen Jahr war auf der Wochenendausstellung in Berlin ein kleines Wochenendhaus mit Stahlplatten auf einem Holzskelett zu sehen, das der „Baumeister" mit Grundriß und Aufriß veröffentlichte.[4] Leider ist über den Umfang und die Dauer der Hausproduktion von Braune & Roth und über die Standorte der Häuser nichts mehr zu erfahren. Die Firma hat anscheinend die Weltwirtschaftskrise nicht überstanden, schon 1931 verschwand ihr Name aus dem Leipziger Adreßbuch.

Auch über die Verhältnisse bei der Carl Kästner AG, ebenfalls in Leipzig, ist wenig bekannt. Sie machte sich 1926 einen Namen durch die Ausführung eines Stahlhauses in der Bauhaus-Siedlung Dessau-Törten nach dem Entwurf von Georg Muche und Richard Paulick, über das später noch ausführlich zu berichten ist. Aus Abbildungen ist lediglich ein kleines, anderthalbgeschossiges Musterhaus bekannt. Auch hier handelt es sich um eine Tafelbauweise; abgesehen von kleinen Veränderungen entsprach sie dem System von Braune & Roth.[5] Produktion und Absatz scheinen gering gewesen zu sein, denn die Firma, die nicht mehr existiert, ist weder zu einer Normung der Bauelemente noch zur Entwicklung von Haustypen für eine Serienfertigung gekommen.

Auch die Vulkanwerft in Hamburg suchte brachliegende Kapazitäten für den Hausbau zu nutzen. Bekannt ist allerdings nur eine Gruppe von Versuchshäusern, die sie nach dem Entwurf der Hamburger Architekten Elingius & Schramm 1927 in Fuhlsbüttel errichten ließ. Es handelte sich um zweigeschossige Einfamilienhäuser, die eine einspringende Straßenecke bildeten und die städtebaulichen Gestaltungsmöglichkeiten demonstrierten, die mit dem Vulkansystem gegeben waren. Gleichzeitig dienten sie der Erprobung verschiedener Isoliermaterialien und Dämmplatten. Um die ungewohnte glatte Stahlhaut dem Aussehen eines Putzbaus anzunähern, wurde sie mit einem Gemisch von Ölfarbe und Sand gespritzt.[6]

Das Besondere der Vulkan-Bauweise lag in dem Versuch, einerseits die Variabilität in Grundriß und Fassade durch zwei verschiedene Plattenbreiten und Fensterformen zu erhöhen, andererseits durch die Unterteilung der Außenwände in gleich hohe Brüstungs-, Fenster- und Sturzplatten das Sortiment der Bauelemente möglichst klein zu halten. Zur Variierung der Raumhöhe gab es Brüstungsplatten, die 20 cm höher waren als die Grundelemente. Den Vorteilen standen jedoch auch Nachteile gegenüber. Die Dreiteilung der Geschoßhöhe hatte niedrige Fenster zur Folge, die sehr traditionell wirkten und die Gestaltungsmöglichkeiten in engen Grenzen hielten. Ob sich die Unterteilung der Platten bewährt hat, muß dahingestellt bleiben; das Experiment ist anscheinend ohne Nachfolge geblieben.

Es gab auch kleine Eisenwerkstätten, die den Hausbau aufgenommen haben, unter ihnen eine Firma Gustav Kunze in Berlin-Tempelhof, die Wochenendhäuser mit einer 2 mm dicken Stahlhaut anbot, oder die Transform-Klezin GmbH, die 1933 Stahlhäuser im Bungalowstil nach Palästina exportieren wollte.[7] Ihre Spuren sind längst verweht.

Ganz anders steht es mit dem Hausbau der großen Stahlwerke, der mit hohem Einsatz in Gang gesetzt wurde. Die führenden deutschen Stahlfirmen orientierten sich vorzugsweise an dem materialintensiven englischen und weniger an dem materialsparenden amerikanischen Stahlhausbau. Die Abhängigkeit war so offensichtlich, daß sie in der Fachpresse kritisiert wurde.[8] Zwei Produktionsschwerpunkte bildeten sich heraus. Zuerst verbanden sich die oberschlesischen Hüt-

---

3 Das erste Stahlhaus in Deutschland rohbaufertig, BW 17 (1926), H. 35, S. 851f.; Spiegel, Stahlhausbau, S. 84–90
4 Baugilde 9 (1927), H. 4, S. 185–187; H. 13, S. 726; Der Baumeister 25 (1927), H. 6, S. 169
5 WMB 11 (1927), H. 9, S. 220f.; Spiegel, Stahlhausbau, S. 91f.
6 A. Lion: Das Stahlhaus der Vulkanwerft Hamburg, Der Baumeister 26 (1928), H. 11, Beil. S. B 228; Spiegel, Stahlhausbau, S. 95
7 Grobler, S. 224; Herbert, Dream, S. 180

tenwerke mit Braune & Roth und gründeten 1927 die Deutsche Stahlhaus AG mit Sitz in Leipzig, später in Gleiwitz. Eine Beschränkung der Tätigkeit auf das schlesische Industriegebiet scheint geplant gewesen zu sein. Bereits 1927 erschienen die ersten „Oberhüttenhäuser", zweigeschossige Kleinhäuser in einer Tafelbauweise, die auf das System von Braune & Roth zurückging. Die Stahltafeln waren ebenfalls 2,00 × 3,00 m groß und 4 mm dick. Es wird berichtet, daß ein zweigeschossiges Vierfamilienhaus von einem Monteur und drei Arbeitern in zehn Tagen montiert worden ist, die Gesamtbauzeit einschließlich des Innenausbaus betrug drei bis vier Wochen. Es gibt nur wenige einschlägige Nachrichten, verbürgt ist nur eine größere Siedlung in Breslau-Pöpelwitz.[9]

Im Ruhrgebiet, dem zweiten Zentrum, begannen die Vereinigten Stahlwerke 1925 mit Studien und Experimenten. Sie errichteten 1926 das erste Probehaus und konnten im Februar 1927 in Duisburg-Ruhrort das erste Musterhaus übergeben. Noch im November des gleichen Jahres wurde in Duisburg-Laar, Rolandstraße, eine ganze Reihe von ein- und zweigeschossigen Versuchshäusern gebaut. Um ein einheitliches Vorgehen auf dem Markt zu sichern, folgte 1928 die Gründung der Stahlhaus AG Duisburg, an der die Vereinigten Stahlwerke, die Mitteldeutschen Stahlwerke, die Hoesch AG und andere große Unternehmen beteiligt waren. Baurat Heinrich Blecken von den Vereinigten Stahlwerken wurde der Leiter der neuen Gesellschaft.[10]

Blecken gab die Tafelbauweise mit Skelett auf, obwohl sie sich im deutschen Stahlbau bereits eingebürgert hatte, und ging von der englischen Lamellenbauweise Braithwaite aus, bei der die Tafeln zur Aussteifung eine Umbördelung erhielten. Allerdings übernahm er nicht die vorteilhafte Abkantung nach innen, die beim Zusammensetzen ein tragfähiges T-Profil ergab, sondern ließ die Bleche schräg nach außen aufbiegen und den Stoß durch einen Holzpfosten verstärken, der gleichzeitig der Befestigung der inneren Verkleidung diente. Bereits gegen Ende des Jahres 1927 wurde diese ungünstige Stoßausbildung von der besseren rechtwinkligen Umbördelung abgelöst. Die Lamellen waren 1,15 m breit und 2,80 m hoch. Für die Hausecken gab es abgewinkelte Lamellen mit einer Schenkellänge von 57,5 cm. Die innere Beplankung bestand in der Regel aus Tektondielen. Die Außenwandstärke betrug nur 13,5 cm, dennoch war die Wärmedämmung besser als bei einer 38 cm dicken Ziegelmauer. Die Dächer erhielten vorübergehend die übliche harte Deckung, dann ging Blecken zur „modernen Eindeckung" mit Blechtafeln über. Damit sparte man zwar erheblich an Holz, aber sie bewährte sich nicht, da sie zu starker Schwitzwasserbildung im Dachraum führte. Seit 1928

370/371 Vulkan-Werft Hamburg, Wohnhausgruppe, Hamburg-Fuhlsbüttel, Arch. Elingius & Schramm
370 Grundrisse

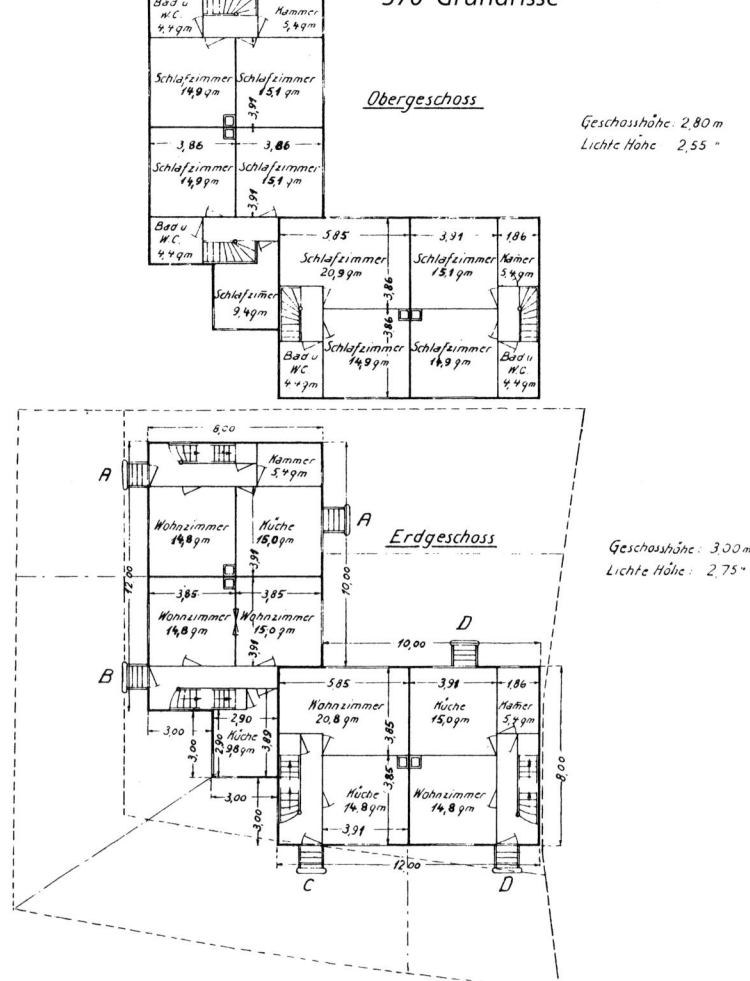

wurden die Dächer wieder traditionell gedeckt. Ohnehin waren Decken und Dachstuhl aus Holz, da sie sich billiger stellten als jede Ausführung in Stahl. Auch von der konsequenten Trockenbauweise englischer Häuser wich Blecken ab. Die tragende Mittelwand ließ er in Betonformsteinen mauern und alle Räume verputzen. Später führte er vorgefertigte Innenwände nach dem System Beer ein. So gab es laufend Verbesserungen. Maßnahmen, um zweigeschossiges Bauen zu ermöglichen, und Vorschläge zur Erhöhung des Korrosionsschutzes wurden durch den Einbruch der Wirtschaftskrise nicht mehr produktionswirksam.[11]

Macht und Einfluß der Stahlindustrie begünstigten den Vertrieb der Häuser. Die Werbung versprach „Schlüsselfertige Eigenheime in zwei Monaten Bauzeit überall im In- und

371 Straßenansicht

Ausland". Die Kostenersparnis gegenüber dem traditionellen Hausbau soll 15–20 % betragen haben. Anfangs bot man sechs Haustypen an. Um die Erscheinung der einfachen, mit Ölfarbe gestrichenen Häuschen aufzuwerten, hatte Blecken die Giebel mit einem Phantasiefachwerk verzieren und die Giebelkante gegen den First hin schräg vorziehen lassen. Der aufgebogene Rand der Paneele wirkte wie eine aufgesetzte Leiste beim Holzhaus. Diese Werbemaßnahmen stießen in der Fachwelt auf Ablehnung und wurden bald wieder aufgegeben.

Viele Siedlungsgesellschaften des Ruhrgebietes bezogen die Blecken-Häuser in ihre Bauvorhaben ein. Die Stadt Düsseldorf errichtete zwei Siedlungen mit je 246 Wohnungen in erdgeschossigen Reihenhäusern in den Stadtteilen Rath und

8 ZBV 46 (1926), H. 5, S. 60; Kritik an englischen Stahlhäusern, WW 2 (1925), S. 143; Das Ideale Heim 2 (1928), H. 7, S. 322
9 R. Brackmeyer: Das Stahlhaus, Stuttgart 1928, S. 51–53; Spiegel, Stahlhausbau, S. 90; Strauch, S. 43, 114
10 Strauch, S. 42f.; WW 4 (1927), H. 3/4, S. 24; BW 19 (1928), H. 14, S. 356; ZBV 47 (1927), H. 37, S. 470, 472
11 H. Blecken: Stahlhäuser, DBZ 60 (1926), H. 20, Beil. Konstruktion u. Ausführung, S. 149–151; ders.: Der heutige Stand des Stahlhausbaues, Stein/Holz/Eisen 42 (1928), H. 36, S. 657 bis 662; ders.: Das Lamellenhaus System Blecken, Stahlhauskorrespondenz Nr. 3, Jan. 1928; ders.: Neuzeitlicher Stahlhausbau, DBZ 63 (1929), H. 2, Beil. Moderner Wohnungsbau, S. 31–36; ders.: Das Stahlhaus der Vereinigten Stahlwerke Düsseldorf, Reichsforschungsgesellschaft, Mitt. Nr. 10 (1928), S. 14; Kistenmacher, S. 72; Spiegel, Stahlhausbau, S. 67–78

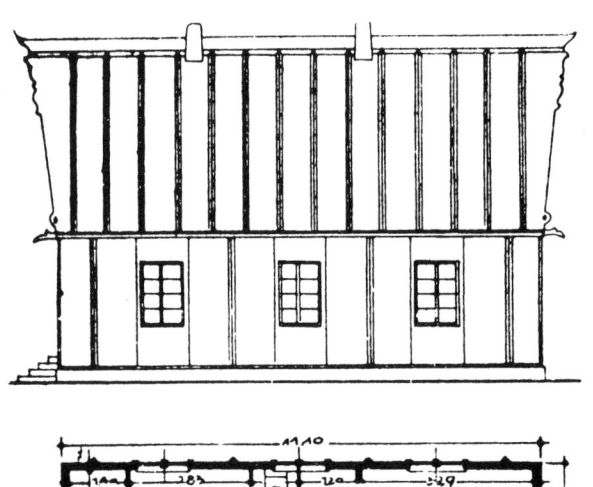

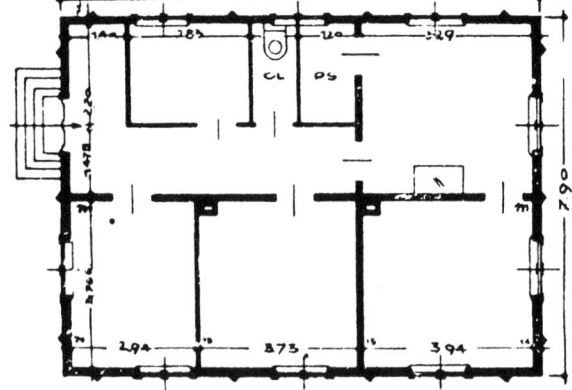

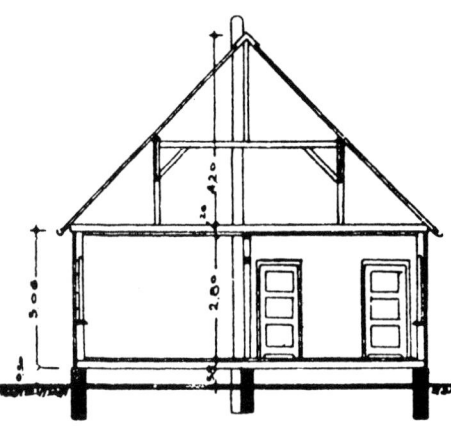

372–381 Stahlhaus GmbH, Duisburg, System Blecken, Versuchshaus Duisburg, Am Kaiserberg, 1927
372 Erste Fassung
373 Ausgeführter Bau
374 Querschnitte der Aufbördelung

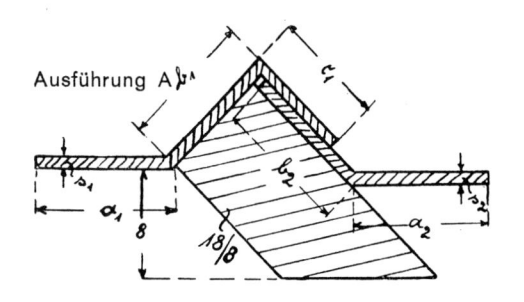

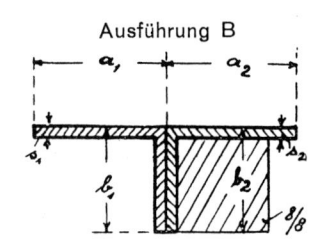

Ausführung A

Ausführung B

375 Siedlung mit Notwohnungen, Düsseldorf-Wersten, 1928 (abgebrochen)
376 Siedlung Dortmund-Westrich, Finkenweg, 1927, Ansicht Vierergruppe 1991 (Eckhaus mit Strukturfolie beklebt)

377–381 Reihenhäuser, Castrop-Rauxel, An der Heide, 1928/29
377 Straßenfront
378 Gartenfront, 1991
379 Siedlung Essen-Katernberg, Dirschaustraße, 1930/31, Straßenbild 1991

380 Wohnlaube
381 Haustyp für Holland

382 Werbung für Bauen in Selbsthilfe, 1932

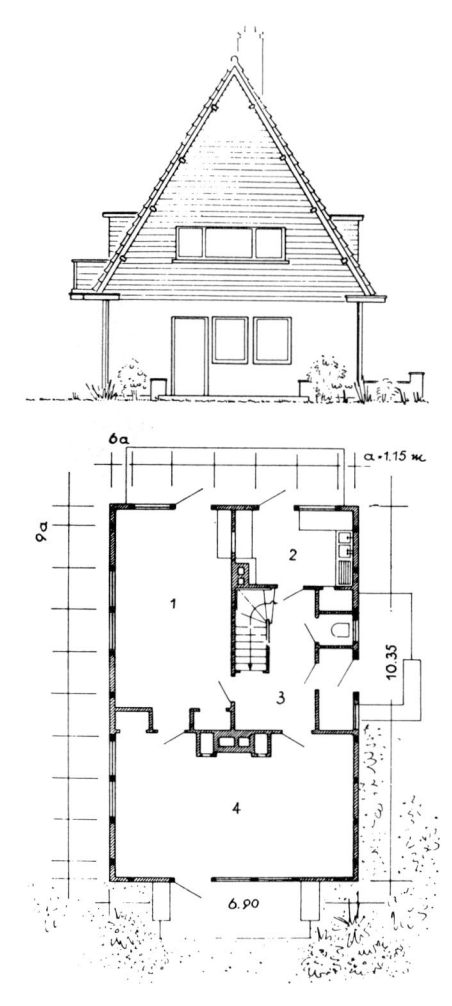

Wersten als Notunterkünfte.[12] Eine beträchtliche Anzahl kleiner Stahlhaussiedlungen hat sich erhalten und wird noch bewohnt, unter anderem in Dortmund-Westrich, Zeisigweg, Lerchenweg und Finkenweg, insgesamt 108 Reihenhäuser Baujahr 1927; in Castrop-Rauxel, Stadtteil Habingshorst, An der Heide und Am Tweböhmer, 36 Reihenhäuser Baujahr 1928/29, und ein größerer Komplex in Essen-Katernberg, Dirschaustraße, Baujahr 1930/31. Auch in Bochum und Kettwig gab es Stahlhäuser. Es fällt auf, daß anscheinend überall der gleiche Haustyp gewählt worden ist. In Hattingen wurden außer einer Siedlung auch eine Jugendherberge und ein Diakonissenheim in der Blecken-Bauweise errichtet. Auch Wochenendhäuser wurden angeboten.[13] Für den Export nach Holland stand ein besonderer Haustyp zur Verfügung mit dem dort üblichen Kastengesims, das stets weiß gestrichen wird. Die Reichsforschungsgesellschaft hat die Bauweise als eine der entwicklungsfähigsten eingestuft und besonders die Verwendung von stark gekupfertem Stahl als eine gewisse Sicherheit gegen das Rosten hervorgehoben.[14]

12 R. Batz: Stahlhäuser und Stahlhaussiedlungen bei Düsseldorf, ZBV 49 (1929), H. 26, S. 415–417
13 F. Bollerey/K. Hartmann: Wohnen im Revier, München 1975, Objekt Nr. 86; dies.: Siedlungen aus dem Reg.Bez. Arnsberg und Münster, Dortmund 1977, Objekt Cas 7; dies.: Siedlungen aus dem Reg.Bez. Düsseldorf, Essen 1978, Objekt E 14, Dü 3; Stein/Holz/Eisen 42 (1928), H. 36, S. 660f.; DBZ 63 (1929), H. 3, Beil. Stadt und Siedlung, S. 31; Grobler, S. 225
14 RFG: Techn. Tagung, Gruppe 2, Mitt. Nr. 34, S. 4

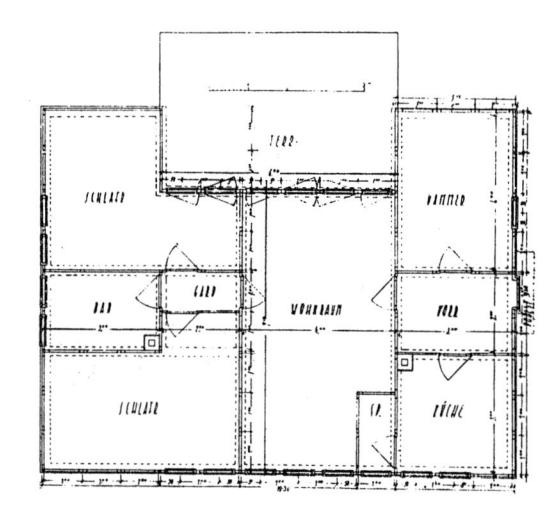

383 Gutehoffnungshütte Oberhausen, GHH-Haus, 1927/28

384/385 Vogel & Noot, Wartberg (Steiermark), Einfamilienhaus, Arch. Josef Hoffmann, 1928, Grundriß und Ansicht

386/387 Gustav Kunze, Eisenwerkstätten Berlin-Tempelhof, Kleinsthaus, Arch. Carl Fieger, 1931

386 Aufriß und Grundriß
387 Wandquerschnitt

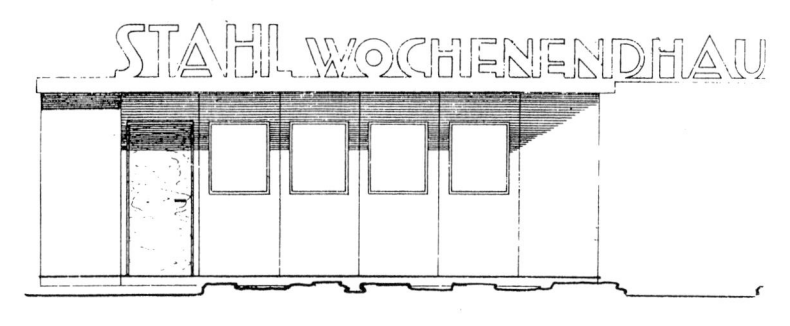

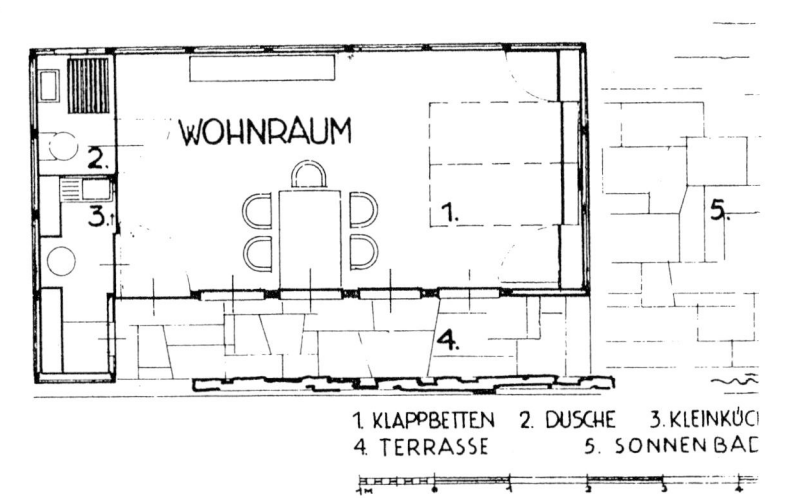

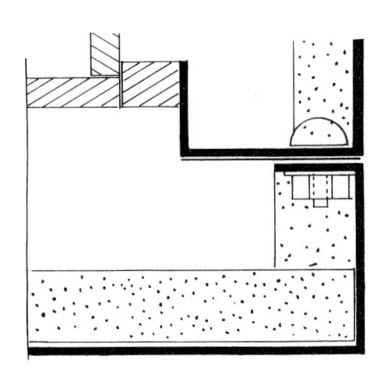

Indessen hilft das Kupfern nur bedingt. Wo Schwitzwaser aufgetreten ist, zeigen die alten Häuser auch Roststellen. Gefährdet ist vor allem das untere Drittel der Platten.

Auch die Gutehoffnungshütte in Oberhausen nahm die Hausproduktion auf. Sie hatte eine leistungsfähige Hochbauabteilung, die Stahlskelettbauten für Industrie und Handel ausführte und gelegentlich auch Wohnbauten übernahm, z. B. 1931 einen vielgeschossigen Wohnblock in Köln, das Bahnhofshotel in Oberhausen und ein achtgeschossiges Mietshaus in Paris.[15] Als der Trend zum Stahlhaus seinen Höhepunkt erreichte, begann die Hochbauabteilung auch Entwicklungsarbeiten für ein GHH-Haus. Sie griff das System Blecken auf und variierte vor allem die innere Beplankung der Außenwände. Die Umbördelung der Stahlplatten erhielt eine zusätzliche Abkantung, so daß an den Stoßfugen der Lamellen ein Doppel-T-Querschnitt entstand. Die abgekanteten Umbördelungen dienten gleichzeitig der Halterung eingeschobener Holzriegel einschließlich einer Verbretterung oder einer Tektondämmschicht. Es war auch eine Füllung mit Leichtbetonplatten vorgesehen, die zur Vermeidung eines Luftraumes und der Schwitzwasserbildung dicht an den Stahlplatten anliegen sollten. Als Dachdeckung waren parallel zu First und Traufe liegende Stahlbleche geplant. Die Plattenbreite betrug wie bei den Blecken-Häusern 1,15 m. Vermutlich sind nur einige Versuchshäuser gebaut worden, die auch von der Reichsforschungsgesellschaft untersucht worden sind. Von einem größeren Absatz oder gar von Siedlungen ist bisher nichts bekannt geworden und auch archivalisch nicht mehr zu erschließen.[16] Die Arbeit an dem System wurde jedoch nie ganz aufgegeben und nach 1945 in Verbindung mit dem MAN-Werk Gustavsburg erneut aufgenommen. Das Ergebnis war das MAN-Haus, das in den Nachkriegsjahren auf den Markt gekommen ist.

Nur ausnahmsweise hat ein führender Architekt wie beim Holzhausbau ein System der Industrie übernommen und dafür Entwürfe geliefert. Bekannt wurde ein Stahlhaus, das Josef Hoffmann, damals Leiter der berühmten Wiener Werkstätten und schon vor 1914 ein Repräsentant der neuen österreichischen Architektur, für die Stahlwerke Vogel & Noot in Wartberg in der Steiermark entworfen hat. Es war ein flach gedeckter, erdgeschossiger Bau, der 1928 in Wien gezeigt und in den Fachzeitschriften anerkennend besprochen worden ist. Bruno Taut bildete ihn in seinem Buch „Die

15 Der Stahlbau 4 (1931), H. 26, S. 302, 305; Haniel-Archiv Duisburg Akte 404 125/15
16 Spiegel, Stahlhausbau, S. 78–80; Fortsetzung der Entwicklungsarbeiten nach 1945 Haniel-Archiv Duisburg Akte 404 125/27

neue Baukunst" ab. Das Haus soll in vielen Exemplaren geliefert worden sein, insbesondere nach Italien. Es handelte sich um eine Paneelbauweise, deren Platten aus Holzrahmen mit einer äußeren und einer inneren Stahlhaut bestanden. Der Hohlraum zwischen den Blechen wurde erst nach dem Versetzen der Platten mit einer Isoliermasse gefüllt. Hoffmann erklärte zu seinem Entwurf, daß er sich stets für neue Bautechniken interessiert habe und die Einführung des Stahlhausbaus in Österreich mit seinem Projekt unterstützen wollte. Erhalten hat sich die Bauweise anscheinend nur noch in einem Kindergarten in Thörl bei Wartberg, allerdings in traditioneller Baugestalt.[17]

Auch Carl Fieger, engster Mitarbeiter von Walter Gropius, entwarf ein Stahlhaus nach einem vorgegebenen System – ein Wochenendhaus der Eisenwerkstätten Gustav Kunze Berlin-Tempelhof für die Bauausstellung in Berlin 1931; es war von Fieger als ein „wandlungsfähiges Kleinsthaus" angelegt. Die Firma hatte offensichtlich die inzwischen bekannt gewordenen konstruktiven Ideen anderer Unternehmen aufgegriffen und damit eine eigene sehr leichte Bauweise mit nur 7,5 cm starken Außenwänden entwickelt. Die Blechtafeln waren nur 2 mm dick, umgebördelt und miteinander verschraubt. Die Innenseite erhielt einen Belag von Torfoleum. Mit der Verschraubung wurden gleichzeitig Holzleisten eingesetzt für die Befestigung einer Sperrholzinnenschicht. Dabei verblieb in der Wand noch eine dünne wärmedämmende Luftschicht.[18]

Von Anbeginn führte die Rostgefahr bei den Stahlhautbauten zu Versuchen, die Stahlplatten rostsicher einzubauen. Führend wurde ein österreichisches Unternehmen, die Gebr. Böhler AG in Wien, die auch eine Filiale in Berlin unterhielt. Sie ließ durch ihren Architekten Alfred Schmid ein System ausarbeiten, bei dem die Stahlplatte auf der Innenseite der Außenwand und die Dämmschicht mit einem wasserabweisenden Putz auf der Außenseite angeordnet war. Auf diese Weise war die Stahlplatte vor Schwitzwasser geschützt. Sie diente nur noch als Abdichtung gegen Wind und als Tapetengrund. Ein sehr einfaches Stahlskelett aus

388–393 Gebr. Böhler & Co, Wien
388 Montage mit geschoßhohen Paneelen

17 Moderne Bauformen 28 (1929), H. 2, S. 72–78, Mitt. aus der Fachwelt, S. 39; E. Sekler: Josef Hoffmann. Das architektonische Werk, Salzburg/Wien 1982, S. 412; F. Achleitner: Österr. Architektur im 20. Jahrhundert, Bd. II, Wien 1983, S. 310, 323
18 Der Baumeister 29 (1931), H. 9, Taf. 100, S. 376; Grobler, S. 224

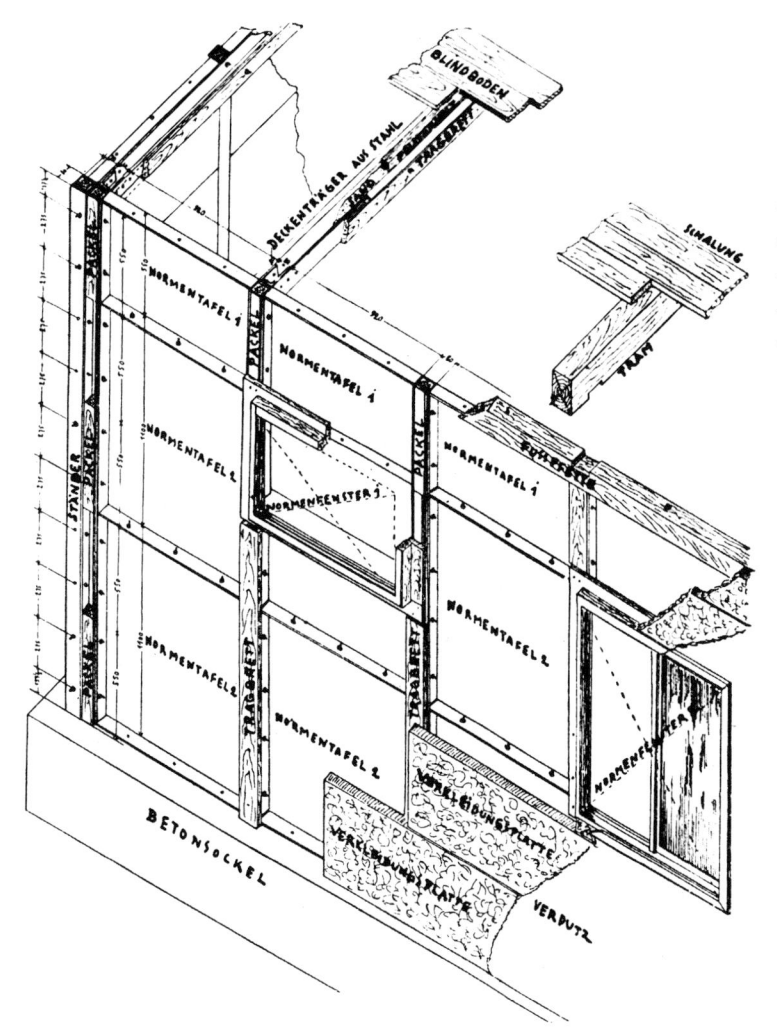

389 Wandaufbau mit Pfannenblechen
390/391 Heraklith-Haus, Linz, Arch. Josef Frank, 1929, Montagebild und Ansicht

392/393 Wandaufbau mit Metallfolie: Landhaus in Velten-Bötzow (Mark), Arch. Gebr. Luckhardt & Anker, 1932
392 Gartenseite

393 Eingangsseite, (Metallfolie nach Abnahme der Verblenderdeckschicht), Zustand 1989

U-förmigen Leichtprofilen übernahm Decken- und Dachlast und die Halterung der Platten, während die Patten das Skelett stabilisierten. Sie waren umgebördelt, ursprünglich geschoßhoch und 3 mm stark, später wurden sie in der Höhe unterteilt. Diese kleineren Pfannenbleche waren ebenfalls umgebördelt; sie wurden untereinander verschraubt und erhöhten die Steifigkeit der Wände, so daß die Blechstärke auf 1,5 mm verringert werden konnte. Das verbesserte System war in der Anwendung sehr variabel und ermöglichte unterschiedlichste Ausführungen. Die Untersuchungen der Reichsforschungsgesellschaft ergaben, daß die Außenwand des Böhler-Hauses einschließlich des Skeletts mit 20 kg pro Wandeinheit weitaus die leichteste war. Ihr folgte das Blecken-Haus mit etwa 30 kg. Noch schwerer waren die Wände beim Haus der Gutehoffnungshütte und beim Oberhüttenhaus.[19] Die Wärmedämmung der 16,8 cm dicken Außenwand war besser als die einer 51 cm dicken Vollziegelmauer; sie wurde noch günstiger, wenn der Hohlraum mit Holz- oder Schlackenwolle ausgefüllt wurde.

Die Böhler AG baute ein- und zweigeschossige Wohnhäuser mit Steil- oder Flachdach, kleine Wochenendhäuser und einfache Garagen. Der Absatz scheint insgesamt nicht schlecht gewesen zu sein. Böhler-Häuser zählten neben den Blecken-Häusern zu den erfolgreichsten Bausystemen. Es hat den Anschein, daß Josef Frank, der vor Jahren für einen Wohnungsbau mit Gußbeton eingetreten war, unter diesem Eindruck dem Böhler-Bau ein besonderes Interesse entgegenbrachte. Gemeinsam mit dem Architekten A. Schmid entwarf er ein kleines Reihenhaus, das auf die Bauweise mit Pfannenblechen zurückging, aber außen und innen mit Heraklith beplankt und verputzt war. Es hatte Massivdecken zwischen Stahlträgern und ein flaches Dach. Dieser Halbtrockenbau wurde auf der Ausstellung „Wohnung und Siedlung" 1929 in Linz als „Heraklithhaus" gezeigt und sollte in Serien gefertigt werden. Es war billiger als der kleinste ausgestellte Reihenhaustyp in einer Mauerbauweise und um eine Schlafkammer geräumiger.[20] Trotzdem scheint es wenig Anklang

19 Spiegel, Stahlhausbau, S. 97 bis 104; A. Hawranek: Der Stahlskelettbau, Berlin/Wien 1931, S. 169; Siedler, S. 80; DBZ 66 (1932), H. 7, S. 397; 67 (1933), H. 29, S. 559; WLB Bd. IV, S. 443; RGW: Techn. Tagung, Gruppe 2, Mitt. Nr. 34, S. 6
20 Der Baumeister 27 (1929), H. 12, S. 410f.

gefunden zu haben, denn Frank hielt seither einen rationalisierten Mauerbau für die günstigste Technik beim Kleinhausbau. Auf sein Betreiben vor allem wurde die Werkbundsiedlung in Wien-Lainz in einer solchen rationalisierten Bauweise ausgeführt und bewußt auf technische Experimente verzichtet.

Indessen brachte das Heraklithhaus eine Neuerung insofern, als die Pfannenbleche nicht mehr auf der Innenseite, sondern im Hohlraum der Außenwände angeordnet waren. In der Folgezeit bot Böhler eine Variante mit Bims- und Schlackendielen anstelle der Heraklithplatten an. Erich Mendelsohn und Alfred Gellhorn haben 1932 diese Bauweise für Ausstellungsmusterhäuser in Berlin benutzt. Um die Wärmespeicherung zu erhöhen, konnten zusätzliche Betonplatten in die Pfannenbleche eingesetzt werden. Ein letzter Schritt war die Ablösung der Pfannenbleche durch Zinkfolie. Sie lag zwischen den beiden Schalen der Ausfachung. Diese Form wählten Luckhardt & Anker 1932 für ein Landhaus in Velten-Bötzow (Mark). Allerdings ersetzten sie die übliche Außenschale durch weißglasierte Verblendsteine. Der Bau öffnete sich mit zwei Geschossen weit zum Garten und zur Landschaft gemäß den Vorstellungen der Architekten über ein neues naturverbundenes Wohnen.[21] Leider ist er durch Umbauten entstellt und durch mangelnde Pflege verkommen. Letzte Nachrichten besagen, daß die Böhlerbau AG 1933/34 Häuser mit Zinkfolie nach Palästina exportiert hat, jedoch nur in geringem Umfang. Böhler kann als ein besonders ausgeprägtes Beispiel für die Flexibilität gelten, mit der die meisten Unternehmen ihre Bauweise im Lauf der Jahre zu verbessern suchten und Veränderungen vornahmen, die oft nur noch schwer nachvollziehbar sind.

Die Metallarchitektur der Junkerswerke Dessau

Erst in jüngster Zeit ist die intensive Forschungs- und Entwicklungsarbeit bekannt geworden, die die Junkerswerke in Dessau für eine Metallarchitektur geleistet haben. Sie ging auf die persönliche Initiative Hugo Junkers, des Gründers und Leiters der Werke, zurück. Er war längst ein weltweit anerkannter Pionier des Flugzeugbaus, als er 1926 insgeheim die Arbeit an einem Hausbausystem aufgenommen hat. Junkers war weniger ein rechnender Unternehmer als vielmehr ein ideenreicher, progressiv eingestellter und politisch liberaler Ingenieur und Wissenschaftler. Die Produkte seiner Werke sollten hohen praktischen und ästhetischen Ansprüchen genügen; er zählte zum Kreis der Freunde des Bauhauses. Die ersten Stahlmöbel von Walter Gropius, Marcel Breuer und Max Krajewski wurden in den Werkstätten der Junkerswerke im gegenseitigen Erfahrungsaustausch angefertigt. Seit 1923 beschäftigte Junkers Bauhäusler, zuerst Peter Drömmer in der Werbeabteilung, von 1925 bis 1928 Siegfried Ebeling in der Hochbauabteilung. Drömmer war der Schöpfer des bekannten Markenzeichens der Junkerswerke, des stilisierten fliegenden Menschen. Seit Ende 1930 war der Maler Heinrich Ehmsen Freund und künstlerischer Berater.[22] Diese Zusammenarbeit blieb nicht ohne Einfluß auf die Gestaltung der Junkers-Produkte und besonders auf die Form und Ausstattung der Flugzeuge. Sie sollte den neuen Maßstäben der Produktgestaltung entsprechen. „Die neue Zeit", hieß es 1930 in einer Denkschrift von Hugo Junkers, „hat die Form der Gebrauchsgegenstände stark gewandelt. Bei aller Gärung ist bereits erkennbar das Verlangen nach Klarheit, Sachlichkeit und Verzicht auf komplizierte Zierformen."[23] Die knappe Zweckform der Junkers-Stahltüren mit ihrer leicht gewellten Füllung ist ein Beispiel dieses konsequenten Neuerergeistes, der auch die Arbeiten für den neuen Metallhausbau kennzeichnete.

In den Junkerswerken gab es bereits Hochbauerfahrungen. Die Bauabteilung lieferte Stahlskelettkonstruktionen und vor allem eine besondere Form des Lamellendaches. Die ursprüngliche Konstruktionsidee ging auf das Patent Friedrich Zollingers von 1906 zurück, der solche Dächer nur in Holz ausführte. Junkers entwickelte eine Variante für Stahl, die größere Spannweiten zuließ und vor allem für Flugzeughangars gedacht war. Sie war ebenfalls stützenlos, tonnenförmig und aus nur drei Bauelementen zusammengesetzt, dem Lamellenblech, dem Knotenblech und der Pfette. Auch für den Hausbau suchte Junkers die effektivste Lösung im Metalleichtbau. Seine Häuser sollten außerdem den neuen Wohngewohnheiten und den Ansprüchen auf Komfort bestens entsprechen und natürlich schneller und billiger zu bauen sein als die Häuser üblicher Bauart.

Die ersten Gedanken über die Möglichkeit des Metallbaus notierte Junkers im November 1925. Einige Tage später folgten Gespräche in der Bauabteilung. Sie scheinen sehr breit gefächert und zukunftsorientiert gewesen zu sein, denn sie regten den Bauhausstudenten Siegfried Ebeling, damals bereits Mitarbeiter der Bauabteilung, zur Idee eines „Kugelhauses im Meer" an, das der Beobachtung der Luftfahrt, des Schiffsverkehrs und des Wetters dienen sollte. Eine flüchtige Skizze für einen solchen „Industrie-Zukunftsbau" hat sich erhalten. Bereits im Mai entstand – wahrscheinlich auf dem Reißbrett Ebelings – ein „Einraum-Haus" mit einer Metallhaut und neuartigen prismatischen Fenstern in waagerechter und senkrechter Anordnung. Die anscheinend wild wuchernden Ideen verdichteten sich schließlich zur Vorstellung eines „Reformhauses". Im November 1926 forderte Jun-

394–397 Junkerswerke Dessau, Vorarbeiten für den Metallhausbau
394 Hallenbau mit Lamellendach
395 Ideenskizze „Kugelhaus im Meer", 1926

kers seine Bauabteilung auf, alle Anforderungen an ein solches Haus zusammenzutragen, um von dieser Grundlage aus alle Forschungen und Entwicklungsarbeiten lenken zu können. Gleichzeitig ließ er eine Übersicht über die bis dahin bekannt gewordenen Metallhaussysteme anfertigen.[24] Kurz darauf verhandelte er mit dem Ingenieur Urban aus Ludwigshafen, der ein Patent für eine sehr leichte Skelettbauweise mit Vierkantrohren besaß. Das Skelett wurde auf dem Werkhof getestet und Junkers empfahl Gropius diese Bauweise für seine Häuser in der Stuttgarter Weißenhofsiedlung.[25] Zur Nutzung der Patente Urbans ist es jedoch nicht

21 Herbert, Dream, S. 77, Abb. 3,6; DBZ 67 (1933), H. 19, S. 379, 380, 386, 390; Brüder Luckhardt, S. 238f., Werkverz. Nr. 74
22 O. Groehler/H. Erfurth: Hugo Junkers, Berlin 1989, S. 16f.; 46f.; H. Erfurth: Hugo Junkers und das Bauhaus, BW 82 (1991), H. 1/2, S. 34–43; Nerdinger; Gropius, S. 124
23 Groehler/Erfurth, S. 48
24 Aktennotiz betr. Reformhaus vom 10. 12. 1926. Sammlung Erfurth, Dessau
25 Aktnnotiz Bespr. Junkers/Urban vom 25. 1. 1927, ebd.; Kirsch, S. 132

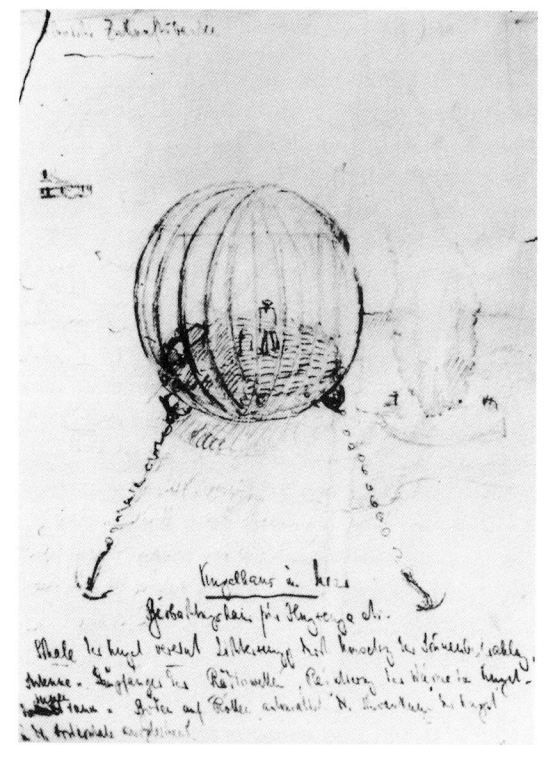

396 Skizze „Einraumhaus", 1926

gekommen. Die praktischen Vierkantrohre aber benutzte Junkers bei den Metallmöbeln, die er um 1928 in das Produktionsprogramm seiner Werke aufgenommen hat.

Nach der ersten Orientierungsphase begannen die technischen Entwicklungsarbeiten für das geplante Bausystem. Ausgangspunkt waren die Erfahrungen im Flugzeugbau. Junkers war der erste, der Ganzmetallflugzeuge mit geschlossenen Kabinen geschaffen hat. Um die Metallhaut so dünn wie möglich zu halten, hatte er auf das bekannte Wellblech mit seiner hohen Steifigkeit zurückgegriffen. Eines seiner frühen Patente betraf die Erhöhung dieser Steifigkeit durch Überlagerung der Wellen mit einem System kleinerer Wellenlänge (DRP 314 559 vom 4. 11. 1921). Seine Gedanken über den Metallhausbau waren daher von vornherein auf die Entwicklung von Bautafeln mit einer möglichst dünnen materialsparenden Metallhaut gerichtet, die durch ihre Formgebung ein Höchstmaß an Einbeulsicherheit, Steifigkeit und damit an Tragfähigkeit erreichen sollten. Konsequenter als die Ingenieure der Stahlindustrie strebte er nach effektivster Ausnutzung des Metalls.

397 Erprobung des Urban-Stahlskeletts, 1927

398–400 Junkers-Patente
398 Wellblechhaut der Flugzeuge
399 Hauptpatent DRP Nr. 525 015 von 1931, Ausschnitt
400, voll entwickelte Bauweise, DRP Nr. 642 346 von 1937, Wandquerschnitte und Dachkonstruktion

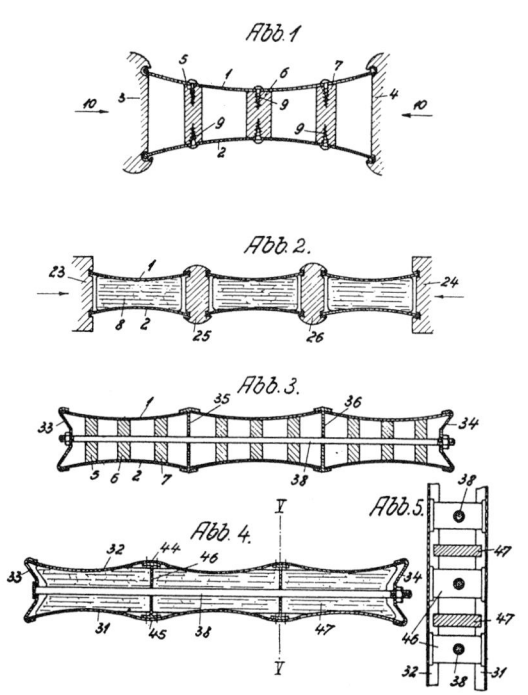

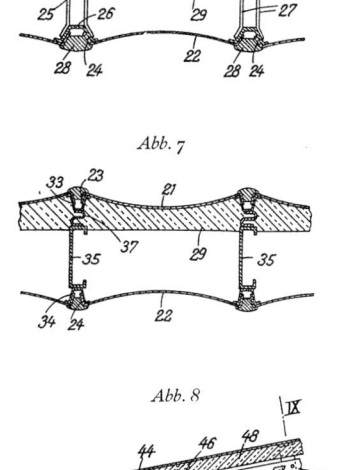

In seinem Hauptpatent DRP Nr. 525015 vom 30. 4. 1931, gültig ab 8. 3. 1928, hat Junkers die konstruktiven Grundsätze seiner Bauweise dargelegt und einige Anwendungsvarianten für Blechwände zusammengestellt. Alle Wände haben beiderseits eine Blechhaut, die stets leicht muldenförmig nach innen gewölbt ist. Unterschiedlich sind die Mittel der Aussteifung, die einer Verformung bei Belastungen entgegenwirken sollten. Die Palette reicht von waagerechten Spannschlössern und eingelegten Stegen als Widerlager bis zu Füllmassen, die erhärten und durch Blechhaften mit der Außenhaut fest verbunden sind. Durch senkrecht eingestellte Rohre konnte die Tragfähigkeit zusätzlich erhöht werden. Dem Hauptpatent folgten im Lauf der Jahre mehrere Zusatzpatente. Junkers betrachtete offensichtlich die Arbeiten an seiner Bauweise noch jahrelang nicht als abgeschlossen, denn es gibt keine offiziellen Mitteilungen oder Presseberichte darüber, er legte auf Geheimhaltung größten Wert. Nur der Engländer B. Kelly brachte in seinem Buch über die Vorfertigung einen Hinweis auf Junkers' Experimente für den Hausbau.[26] Erst das Patent DRP Nr. 642 346 von 1937 zeigt das Bausystem mit seinen Varianten als Ganzes. Es war eine Skelettbauweise mit geschoßhohen Paneelen, die auch mehrgeschossige Bauten gestattete. Die Paneele hatten beiderseits eine dünne Metallhaut und waren hohl. Die Wärmedämmschicht war fugenlos an das Außenblech angelagert. Auf der Innenseite der Paneele

26 Kelly, S. 17

401–408 Ausgeführte Bauten
401 Farbspritzhalle, 1929 (abgebrochen)

befanden sich Öffnungen, durch die die Luft im Hohlraum mit der im Haus kommunizieren konnte. Durch diesen Wandaufbau wurden Innen- wie Außenbleche vor dem gefährlichen Schwitzwasser geschützt.

Die durchgearbeitete Form der Paneele erscheint zuerst 1929 bei einer Farbspritzhalle im Werksgelände und einem kleinen Klubhaus mit Dachterrasse auf dem Tennisplatz der Familie Junkers. Hier sah man auch die der Paneelform entsprechenden hohen, schmalen Fenster. Die Farbspritzhalle ist verschwunden und das Klubhaus 1953 in verfallenem Zustand abgetragen worden.[27] Es gibt nur zwei erhaltene Bauten, zunächst ein erdgeschossiges Einfamilienhaus von 1931, ein Versuchshaus, das 1935 nach München-Allach versetzt wurde und nach 60 Jahren in gutem Zustand als Pförtnerhaus benutzt wird. Hier haben Außen- wie Innenwände eine Metallhaut, und das Dach ist ein freitragender Metallhohlkörper mit Gitterträgern wie in den Tragflächen der Flugzeuge. Ungewöhnlich sind auch die Fenster der Rückseite, in denen das Waagerecht-Senkrecht-Prinzip des frühen Einraumhauses noch anklingt. Junkers, der bei seiner Konzeption des Metallhauses alle Traditionen in Frage stellte, suchte selbt die Auslichtung der Innenräume durch neue Fensterformen zu verbessern. Der Erfolg scheint fraglich gewesen zu sein, denn in Allach wurden fast ausnahmslos normale Fenster eingesetzt. Zu diesem Versuchshaus gab es das Projekt einer Variante mit einem seitlichen gedeckten Sitzplatz. Auch eine Siedlung in Dessau-Ziebigk war geplant. Der zweite Bau ist ein dreigeschossiges Verwaltungsgebäude auf dem Gelände des Kaloriferwerkes in Dessau,

Altener Straße. Beabsichtigt war ein Metallhaus mit Stahlskelett, aber die faschistische Baupolizei lehnte die Stahlhaut ab, so daß der Bau 1934 mit einer Klinkerfassade errichtet werden mußte und nichts mehr von der ursprünglichen Idee erkennen läßt.[28] Erhalten hat sich lediglich die gleichzeitige Entwurfsskizze für ein Bürohaus mit Werkhalle, das in der unmittelbaren Nachbarschaft des Verwaltungsgebäudes errichtet werden sollte und ahnen läßt, was Junkers mit dem Hauptbau ursprünglich schaffen wollte.

Die strukturbetonte Architektur der Junkers-Bauweise ist so bemerkenswert, weil sie letztlich nicht auf eine künstlerische Intuition, sondern auf die intensive wissenschaftliche Arbeit eines Ingenieurs zurückgeht. Die muldenförmigen Paneele wurden mit sehr scharfem Grat aneinander gesetzt. Ihr Relief hatte angenehme Proportionen und belebte die Fassade durch das wechselnde Spiel von Licht und Schatten wie die Kannelierung den Schaft der dorischen Säule. Ein schlichtes Band an der Stelle des Hauptgesimses und ein schmaler Sockelstreifen vollendeten diese einzigartige Metallarchitektur. Im Grunde nahmen Junkers und die mit ihm befreundeten Künstler damit die Strukturfassaden späterer Jahrzehnte vorweg. Vielleicht ist die Feinheit des Details dem begabten Peter Drömmer zu verdanken, der seit Beginn an den Entwicklungsarbeiten beteiligt war. Der Einfluß

27 Mitt. von H. Erfurth
28 H. Erfurth: Das letzte Bauwerk Prof. Hugo Junkers, Liberaldemokratische Ztg. Dessau vom 12. 7. 1984

*402/403 Tennisklubhaus,
1929 (abgebrochen)*

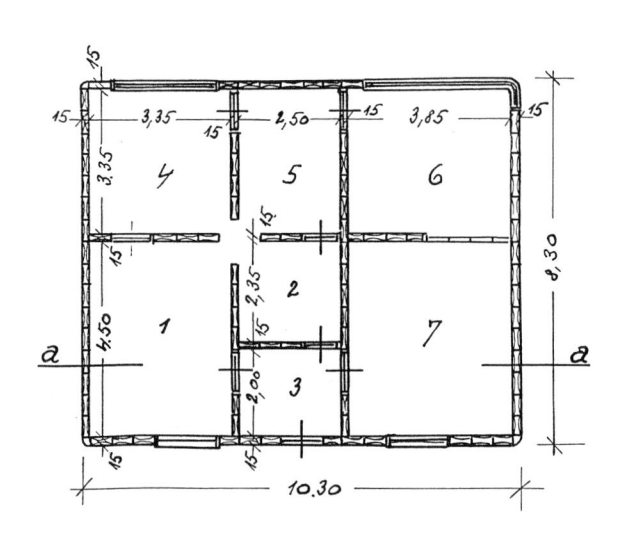

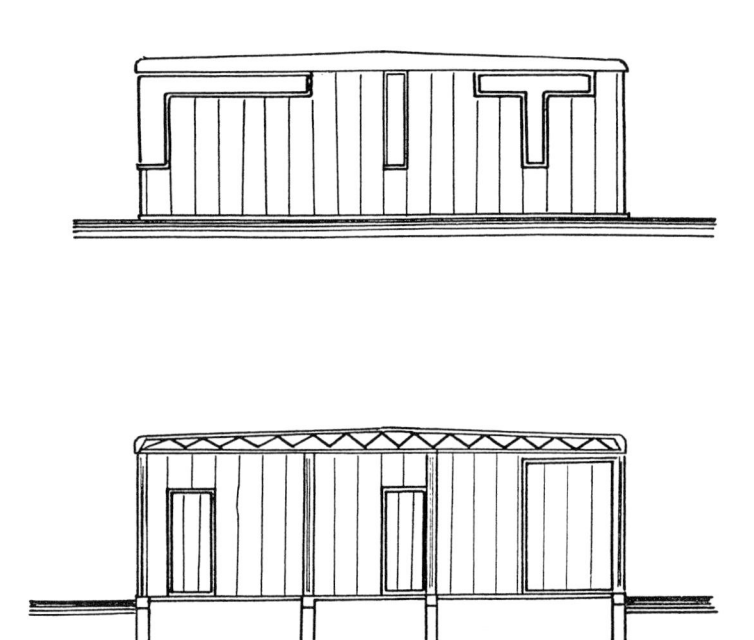

404–408 Einfamilienhaus, Dessau, 1931
404 Grundriß
405 Rückansicht
406 Schnitt
407 Eingangsseite

408 Nach München versetzter Bau, 1990

409–413 Metallhausprojekte
409 Einfamilienhaus 
410 Tropenhaus

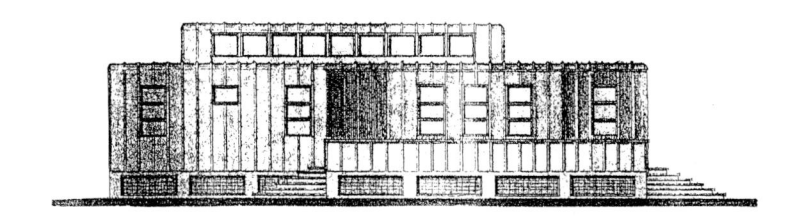

Heinrich Ehmsens begann erst gegen Ende 1930 und war wohl mehr allgemein beratender Natur.

Eine Reihe von Entwürfen belegt die Absicht, die neue Bauweise universell anzuwenden. Neben Wohnhäusern verschiedener Art und Tropenhäusern sind es Klubhäuser mit breiten Terrasen und große Bauten ohne nähere Bestimmung, die man als repräsentative Bürohäuser deuten kann. Entsprechende Skelettkonstruktionen konnte die Bauabteilung liefern. So hatte die Philipp Holzmann AG das Skelett für das Doppelhaus an der Schorlemer Allee in Berlin sich von den Junkerswerken herstellen lassen, und die Brüder Luckhardt beauftragten sie 1930 mit dem Entwurf des Stahlskeletts für ihr Wettbewerbsprojekt eines Hochhauses am Potsdamer Platz in Berlin.[29] Leider wurde es nicht verwirklicht. Es ist charakteristisch für das Verhältnis des Chefs zu seinen Mitarbeitern und zugleich für dessen Interesse an neuen Ideen, daß Siegfried Ebeling, nachdem er längst ausgeschieden war, seinen Idealentwurf eines „Metallhauses über dem Kreis" an Junkers schickte.

Aufgrund der wirtschaftlichen und politischen Verhältnisse in Deutschland war es Hugo Junkers nicht vergönnt, die Früchte seiner jahrelangen Arbeit auch zu ernten. Mit seinen Verkehrsflugzeugen hatte er Weltruf erlangt und damit seinem Grundanliegen Ausdruck verliehen, daß die Luftfahrt der Völkerverständigung dienen sollte, nicht dem Kampf gegeneinander. Als die Weimarer Republik am Ende der zwanziger Jahre mit der Wiederaufrüstung begann, wies er das Ansinnen zurück, Kriegsflugzeuge zu bauen. Er blieb auch bei dieser Haltung, als die Flugzeugwerke durch die allgemeine Wirtschaftskrise in Absatzschwierigkeiten gerieten und die Reichsregierung jede Hilfe verweigerte, um die Werke in den Konkurs zu treiben. Damals rettete ihn die Unterstützung durch den Industriellen Bosch – in seinen Kreisen der rote Bosch genannt. 1933 aber wurde Junkers mit massiven Drohungen aus der Leitung der Flugzeugwerke verdrängt und nach München verbannt. Ihm blieb nur das Kalorifenwerk mit der Hochbauabteilung und das Kalorimeterwerk. Dessau durfte er nicht mehr betreten.[30]

Auch den Stahlhausbau verband Junkers mit humanitären Gedanken. In München beschäftigte er sich mit Sied-

29 Mitt. von H. Erfurth; Brüder Luckhardt, S. 230f.

30 Groehler/Erfurth, S. 48–57

411 Klubhaus
412 Bürohaus mit angebauter Werkhalle, 1934 (nicht ausgeführt)
413 Verwaltungsgebäude mit Klinkerfassade, Dessau, 1934/35
414 Siegfried Ebeling, Haus über dem Kreis, 1931, Grundriß und Aufriß

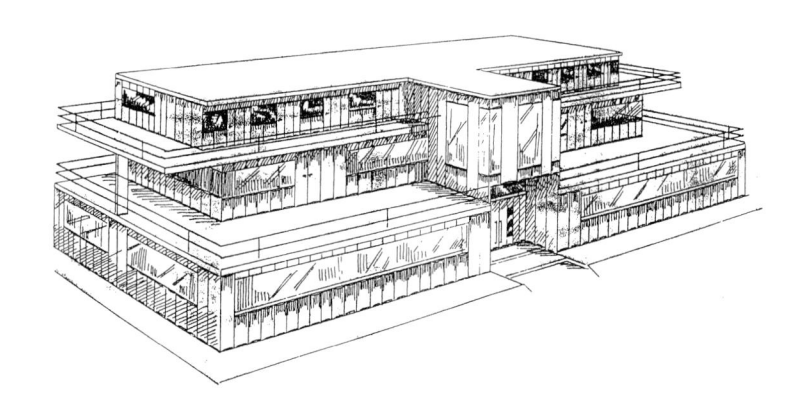

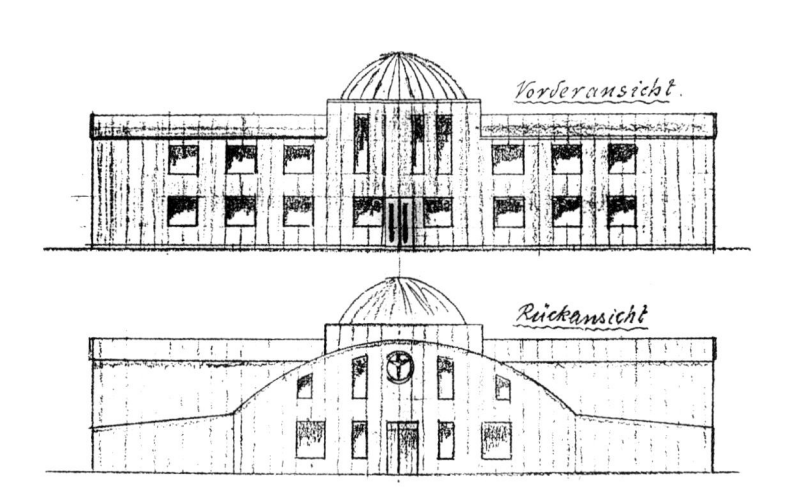

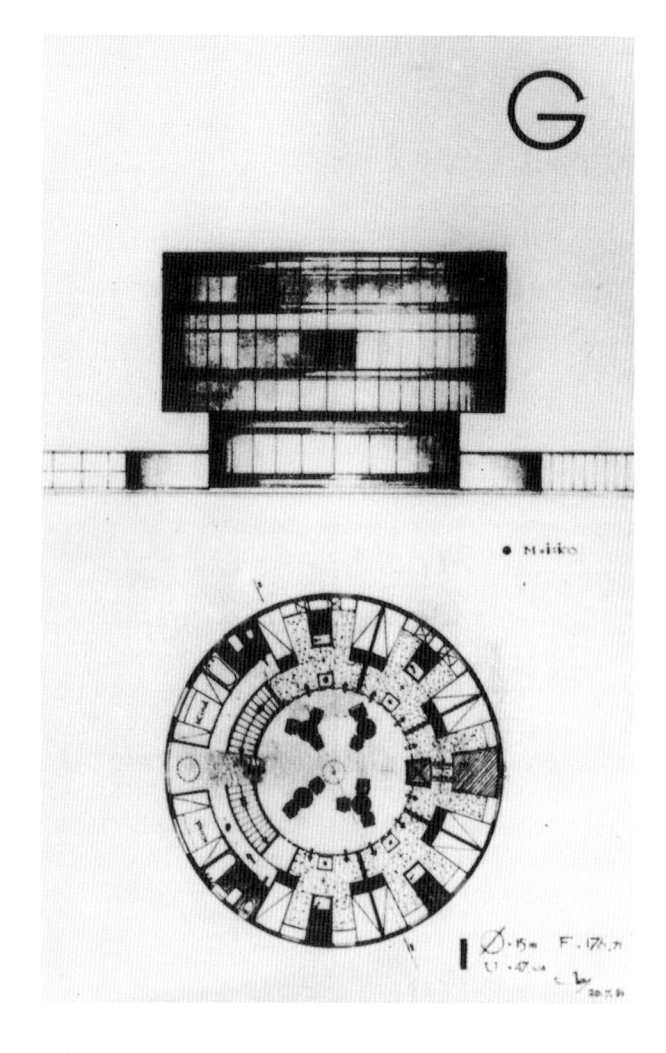

lungsplänen für Länder mit chronischem Mangel an guten und billigen Wohnungen wie in Afrika und Südamerika. Vor allem dachte er an den Aufbau in der Sowjetunion und in Palästina.[31] Es zeugt von Charakterstärke und besonderem Mut, in seiner Lage, unter den Augen der Gestapo, solche Pläne zu hegen und zu Papier zu bringen.

Junkers starb am 3. Februar 1935. Die „Forschungsgesellschaft Prof. Junkers mbH" in München-Allach führte seine Arbeiten fort und erwarb noch bis 1941 neue Patente für „aus Stützpfosten und Bekleidungsblechtafeln gebildete Metallwände" (DRP Nr. 702818). Sie bot noch 1939 Lamellendächer und Stahlkonstruktionen an, aber keine Wohnhäuser.[32] So fand die Metallarchitektur Junkers ein Ende, bevor sie einem größeren Kreis bekannt geworden war und einen

415–422 Hirsch Kupfer- und Messingwerke, Finow

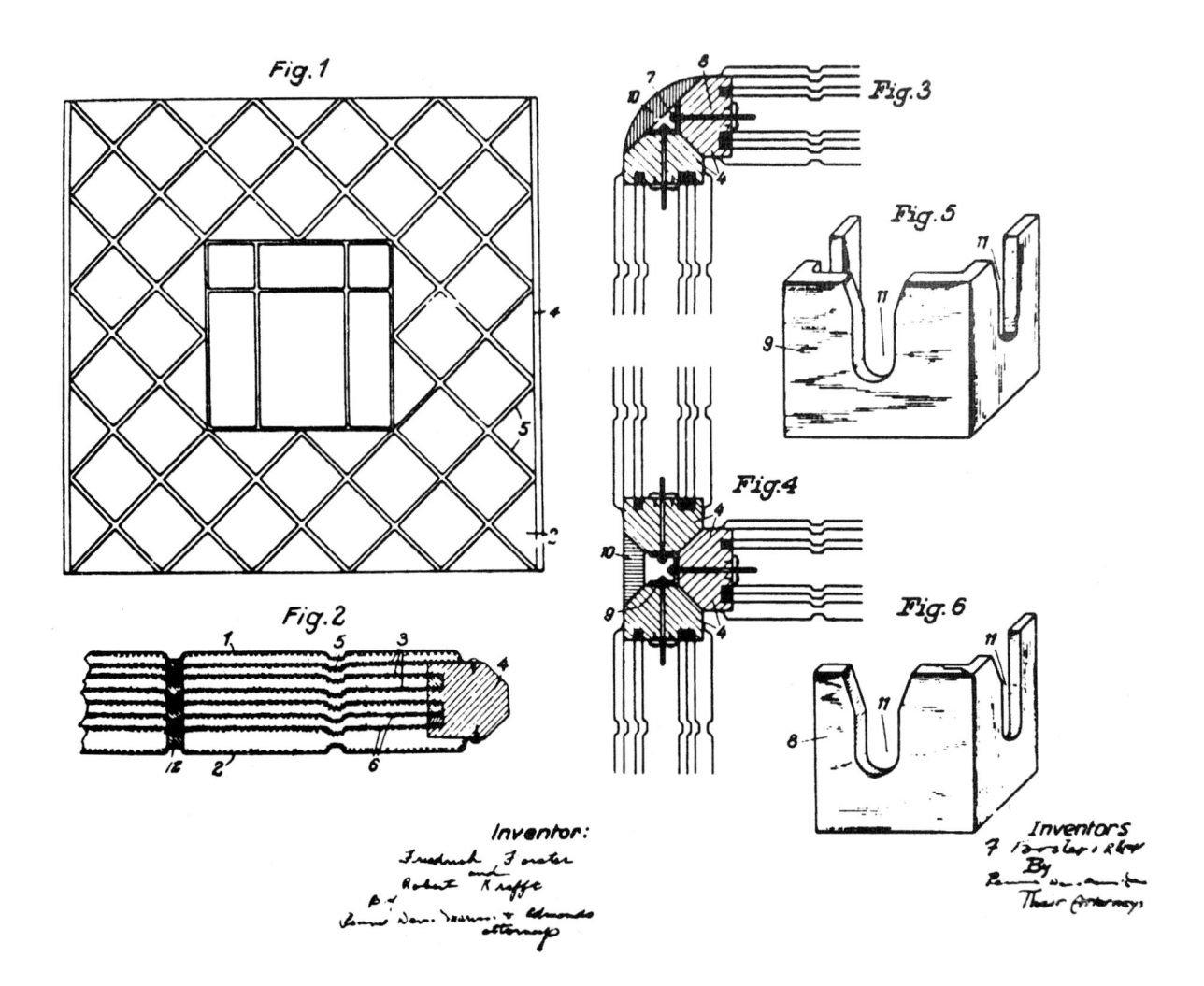

415 Förster/Krafft, Patentschrift, 1930, Wandkonstruktion und Schließkopf

Einfluß auf den Hausbau ausüben konnte. Junkers war eine der großen Persönlichkeiten der Zwischenkriegszeit und der Untergang seines Werkes ein schwerer moralischer und kultureller Verlust.

Kupfer- und Aluminiumhäuser

Neben dem Stahl gab es noch zwei Metalle, die sich als Wetterschutz seit Jahrhunderten bewährt hatten: Blei und Kupfer. Als Dachdeckung hatten sie sich praktisch als unverwüstlich erwiesen. Bleiblech allerdings war dick und schwer und erhielt durch Oxydation eine unansehnlich stumpfe graue Farbe; Kupferblech dagegen war dünn und leicht und nahm unter atmosphärischen Einflüssen durch Grünspan eine helle Färbung an. Aber es war teuer, so daß nur ein Unternehmen bekannt geworden ist, das Kupferblech als Außenhaut verwendete: die Hirsch Kupfer- und Messingwerke in Finow bei Eberswalde. Der Grundgedanke ging auf den Ingenieur Frigyes Förster zurück, der sich schon 1924 eine Paneelbauweise hatte patentieren lassen, bei der die Außenhaut aus Kupferblech, die Beplankung innen aus dünnem Stahlblech bestehen sollte. Der Luftraum dazwischen konnte mit einem der üblichen Dämmstoffe gefüllt werden. Die tragenden Rahmen hatte sich Förster aus Holz gedacht. Er fand zunächst keinen Interessenten, arbeitete jedoch wei-

31 Groehler/Erfurth, S. 57   **32** Bauweltkat. 1939, S. 373

ter, verband sich mit dem Architekten Robert Krafft und vermochte sein System wesentlich zu verbessern. Statt der Füllstoffe nahm er leichte isolierende Platten zur Bildung schmaler Luftkammern, er gab den Wandblechen eine strukturbildende Prägung, die deren Steifigkeit und Einbeulsicherheit erhöhte, vor allem aber erfand er eine neuartige Plattenverbindung. Mittels kleiner U-förmiger Schließköpfe konnten die Platten fest und dicht miteinander verschraubt werden. Auch die Trennwände ließen sich damit exakter einbinden und besser für die Stabilisierung nutzen. 1930 nahmen Förster und Krafft darauf ein Patent (DRP 548 532, ergänzt durch DRP 595 292). Um diese Zeit begannen Verhandlungen mit den Hirsch Kupfer- und Messingwerken zur Nutzung der Patente. Ende 1930 waren die Erfinder bereits in Finow mit Experimenten und mit der Einführung ihres Systems in die Produktion beschäftigt.[33]

Das Hirsch-Unternehmen zählte zu den Großen der deutschen Buntmetallindustrie. Die Motive für die Herstellung von Kupferhäusern ausgerechnet im Schatten der beginnenden Wirtschaftskrise sind unbekannt. Immerhin war 1930 noch ein Jahr sehr lebhaften Wohnungsbaus, da viele Bauvorhaben des Vorjahres jetzt erst zum Abschluß kamen. Die Vorstudien, Entwurfsarbeiten und Testversuche wurden so energisch vorangetrieben, daß schon im Frühjahr 1931 die ersten Musterhäuser gezeigt und verschiedene Haustypen angeboten werden konnten. Auf der Kolonialausstellung in Paris 1931 erhielt die Bauweise einen Grand Prix, auf der Bauausstellung in Berlin im gleichen Jahr war die Aufnahme gedämpfter. Aufgebaut waren die Häuser Typ Kupferkastell und Frühlingstraum; Kupferkastell wurde wegen des unpassend rundbogigen Anbaus kritisiert.[34] Im Publikum aber fand gerade dieses Haus große Zustimmung, Bestellungen gingen ein, so daß mit der Serienfertigung von etwa zwanzig Häusern, überwiegend Typ Kupferkastell, begonnen werden konnte. Sie wurden vor allem im Raum Berlin errichtet. Der erste Angebotskatalog enthielt neben einer Aufzählung der Vorzüge des Kupferhauses neun Haustypen mit durchweg poetischen Namen wie Frühlingstraum, Lebens-

416 Fassadendetail
417 Katalogseite mit kleinstem Haustyp, 1932

Seite 237:
418–422 Haustypen
418/419 Lebensquell, Finow, Altenhofer Straße, Grundriß und Ansicht 1988

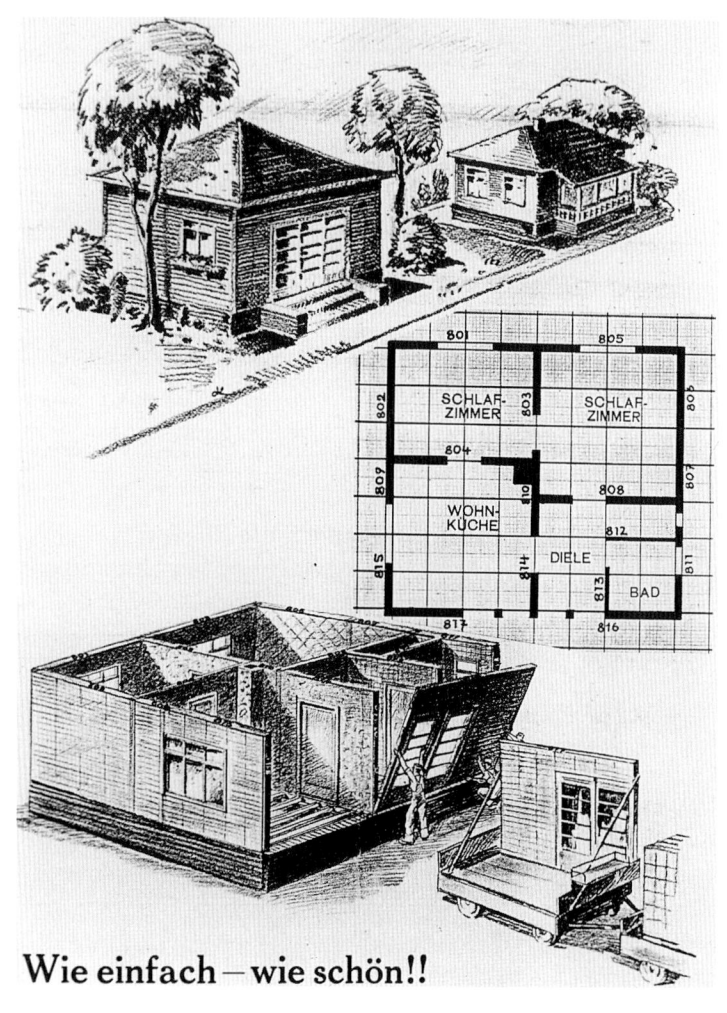

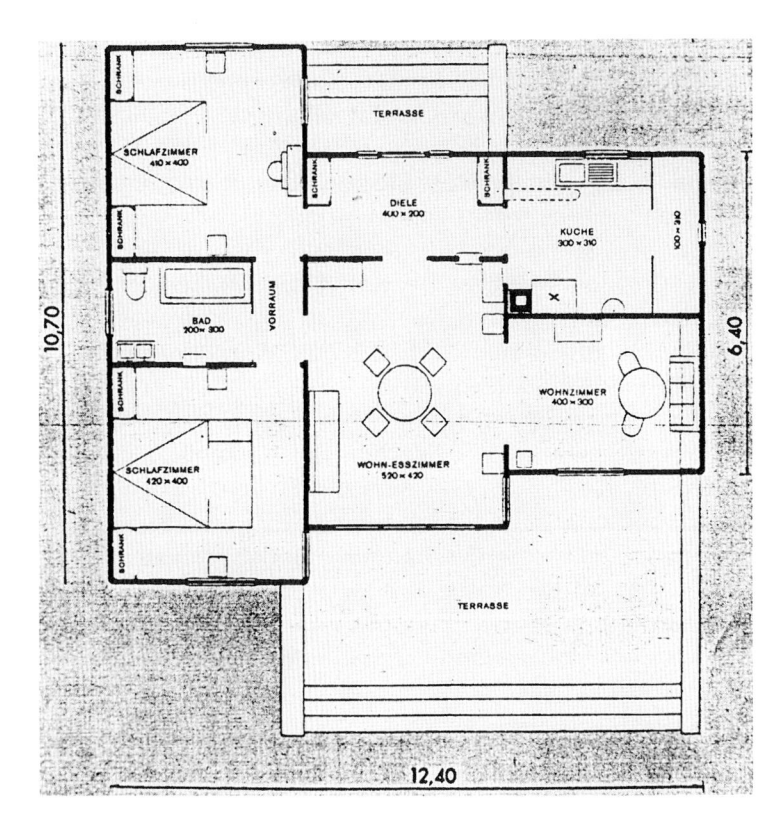

quell, Kupfermärchen oder Juwel. Es waren ein- und zweigeschossige Einfamilienhäuser. Mit dem Absatz von Mehrfamilienhäusern war damals kaum zu rechnen.

Das Grundelement der Bauweise war eine Wandplatte von 1 m Breite und 2,80 m Höhe für das Erdgeschoß und 2,53 m für das Obergeschoß. Angestrebt wurden raumgroße Platten mit einem Vielfachen der Grundbreite bis zu maximal 4,00 m. Die Kupferhaut hatte eine Prägung, die entfernt an eine Vertäfelung erinnerte. Ihre Oberfläche war oxydiert und erhielt dadurch eine graphitschwarz schimmernde Farbe. Dieser Belag hat sich als sehr dauerhaft erwiesen. Er ist selbst ohne besondere Pflege nach einem halben Jahrhundert noch unverändert. Auswaschungen sind selten und

33 Nerdinger, Gropius, S. 170 bis 173; Herbert, Dream, S. 105 bis 108, S. 345, Anm. 6
34 WMB 15 (1931), H. 6, S. 246; DBZ 65 (1931), H. 28, S. 347; BW 22 (1931), H. 20, S. 672; Das schöne Heim 34 (1931), H. 9, S. 322/323

beschränken sich auf exponierte Stellen, wo sich dann Grünspan bemerkbar macht. Die Innenseite war ebenso wie die Trennwände und die Decken mit strukturiertem Stahlblech belegt und mit Ölfarbe gestrichen. Für Wohnräume, Küche und Bad gab es verschiedene Blechstrukturen. Deckenbalken und Dachstuhl waren wie üblich von Holz. Das Dach erhielt bei teuren Ausführungen eine Kupferdeckung, die heute in hellem Grünspan leuchtet. Der Hohlraum zwischen den Blechen der Außenwände war durch dünne isolierende Scheiben in Luftkammern geteilt, so daß eine ausgezeichnete Wärmedämmung entstand.

An der Verbesserung der Häuser wurde laufend gearbeitet. Erhalten haben sich in der Nähe des Werkes in Finow, Altenhofer Straße, acht Musterhäuser der verschiedenen Typen von 1931/32, die zur Erprobung der Grundrisse und ihres bauphysikalischen Verhaltens im Sommer und im Winter errichtet worden waren. Auch Versuche mit neuen Dämmstoffen wurden durchgeführt. Die Zahl der angebotenen Typen nahm bis Ende 1932 zu. Das System erwies sich als

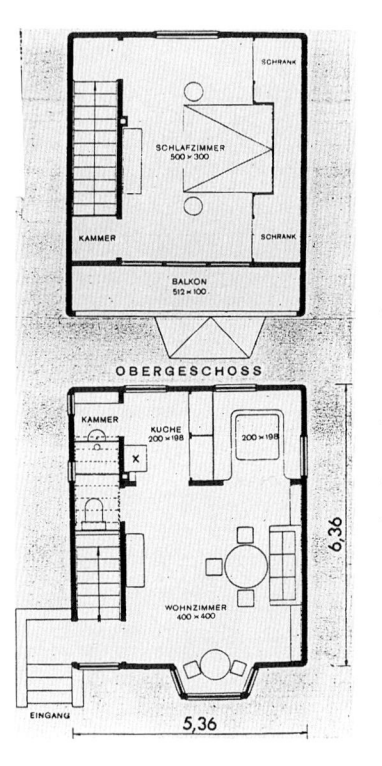

420 Kupferkastell, Berlin-Frohnau, Alemannenstraße, 1931 (mit Kupferdach, Sitzplatz im Erdgeschoß verändert, Zustand 1991)
421/422 Maimorgen, Finow, Altenhofer Straße, Ansicht 1991 und Grundrisse

423–425 Deutsche Kupferhaus Gesellschaft, Berlin: Haustypen für Palestina
423 Haus Tuchler, Haifa-Achiza, 1934, Ansicht 1989

sehr flexibel, kaum ein Typ wurde ohne Abweichungen von seiner Originalform gebaut. Schließlich wurde aufgrund der schwindenden Kaufkraft mit dem Typ Neues Leben ein „wachsendes Haus" entwickelt mit einem Kernbau von 26 m² Wohnfläche und zwei Ausbaustufen bis 80 m².[35] Um allen Wünschen gerecht zu werden, gab das Werk sämtliche Bauelemente auch einzeln ab. Die Entwicklung der Typen zeigt eine zunehmende Anpassung an landläufige Hausvorstellungen. Die anfangs flachen Walmdächer wurden steiler, die Häuser erhielten Giebel, bis mit dem offensichtlich letzten und kleinsten Typ Maimorgen auch das allgemein geschätzte hohe ausgebaute Dach im Sortiment vertreten war. Die Kataloge versprachen eine Montagezeit von 24 Stunden und eine Gesamtbauzeit bis zur Schlüsselübergabe von acht Tagen. 1931 gingen die Geschäfte gut, der Einstieg in den Baumarkt war geglückt. Die Direktion war offensichtlich optimistisch. Als W. Gropius auf die Kupferhäuser aufmerksam wurde und sich mit kritischen Hinweisen auf noch vorhandene technische Mängel und mit einigen Verbesserungsvorschlägen meldete, nahm sie das Angebot zur Mitarbeit an. Die jetzt beginnende Zusammenarbeit hatte sowohl technische Veränderungen als auch den Entwurf neuer Haustypen zum Ziel, blieb aber letztlich ohne Einfluß auf die Hausproduktion im Werk und brach vollends ab, als die Wirtschaftskrise das Hirsch-Unternehmen in Schwierigkeiten brachte, so daß es nach Millionenverlusten 1932 in Liquidation ging.[36]

Einer der Werksdirektoren, René Schwartz, rettete die Hausbauabteilung aus der Konkursmasse und verwandelte sie in die selbständige Deutsche Kupferhausgesellschaft Berlin. Man hoffte weiterhin auf Kunden im Berliner Raum und brachte einen neuen Katalog heraus.[37]

Nach dem 30. Januar 1933 wäre jedoch mit einem Überleben kaum noch zu rechnen gewesen, wenn sich nicht eine unerwartete Exportmöglichkeit ergeben hätte. Damals verließen viele jüdische Familien Deutschland und suchten ihr Hab und Gut ins Ausland zu retten. Die Möglichkeiten waren jedoch beschränkt, Geldtransfer war schon unter der Regierung Brüning verboten worden. Der Export von Sachwerten blieb jedoch erlaubt, so daß es vor allem für Auswanderer nach Palästina, wo große Wohnungsnot herrschte, günstig war, ein vorgefertigtes Haus als Umzugsgut auszuführen. Darüber wurde zwischen deutschen und jüdischen Behörden ein Abkommen geschlossen. Die Kupferhausgesellschaft erhielt Mitte 1933 eine entsprechende Ausfuhrerlaubnis.[38] Sie stellte sich rasch darauf ein und bot seit August 1933 sechs auf das Kima und die Lebensgewohnheiten in Palästina abgestimmte Haustypen an: mit gedeckten Terrassen und Balkonen, mit jalousieartigen Klappläden gegen die Sonneneinstrahlung und Metallrahmen mit Gaze in den Fenstern gegen eindringendes Ungeziefer. Auf die pflegeleichte Außenhaut und das dauerhafte Kupferdach wurden besonders hingewiesen. Von den sechs Typen hatten vier zwei

[35] Typ Neues Leben, Kat. der Deutschen Kupferhausgesellschaft, Berlin 1933
[36] Herbert, Dream, S. 152–155
[37] Ebd., S. 156
[38] Ebd., S. 163–190; G. Herbert: The Berlin Connection. The „Palestine Prefabs" on the 1930s, Haifa 1979, S. 7–10, 15–17

bzw. vier Wohnungen, da der Hausbesitzer gegebenenfalls seine Existenz in der neuen Heimat mit den Mieteinnahmen absichern konnte.[39] Im November 1933 kam die erste Schiffsladung in Haifa an. Jedes Haus war in mehr als dreißig Kisten verpackt mit einem Gesamtgewicht von 15,5 Tonnen. Die Kupferhäuser hatten also ein weit geringeres Gewicht als etwa die vorgefertigten Holzhäuser gleicher Größe. Der Aufbau der Häuser stieß allerdings auf einige Schwierigkeiten. Die englische Mandatsverwaltung erhob einen Einfuhrzoll und erteilte die Baugenehmigungen nur befristet, weil die Häuser nicht ganz den herrschenden Bauvorschriften entsprachen. Die Bauarbeitergewerkschaft protestierte, weil nur ungelernte Arbeitskräfte beschäftigt wurden. Schließlich gab es Nacharbeiten an Bauelementen, die auf dem Transport beschädigt worden waren.[40] Diese Exportproduktion dauerte allerdings nur kurze Zeit bis 1934 – elf Häuser wurden nachweisbar in Haifa aufgebaut, in ganz Palästina vermutlich nur vierzehn. Damit war auch die Geschichte der Häuser aus Finow endgültig abgeschlossen. Denn Kupfer war zu einem wichtigen Rohstoff für die beginnende Aufrüstung geworden.[41] Nur vereinzelt wurden auch Holzhäuser und Böhlerhäuser ausgeführt. Der Absatz insgesamt war zu gering und verlor zu rasch an Bedeutung, um irgendeinen Einfluß auf die Entwicklung der Vorfertigung in Deutschland ausüben zu können.

Die Kupferhäuser aus Finow blieben eine einmalige Erscheinung auf dem deutschen Baumarkt. Es gab auch Firmen, die Häuser mit einer Aluminiumhaut anboten. So produzierte das Unternehmen Leo Szalet Berlin „Grundrißlose Metallhäuser" um 1932/33 und versuchte, sie nach Palästina zu exportieren – allerdings ohne Erfolg.[42] Ein Nachzügler war die Fürstenberg Häuserbau AG Berlin-Oberschöneweide, die nach 1939 Aluminium-Zellstoff-Häuser herstellte.[43] In beiden Fällen handelt es sich um kleine unbeachtete Unternehmen ohne irgendwelche Ausstrahlung.

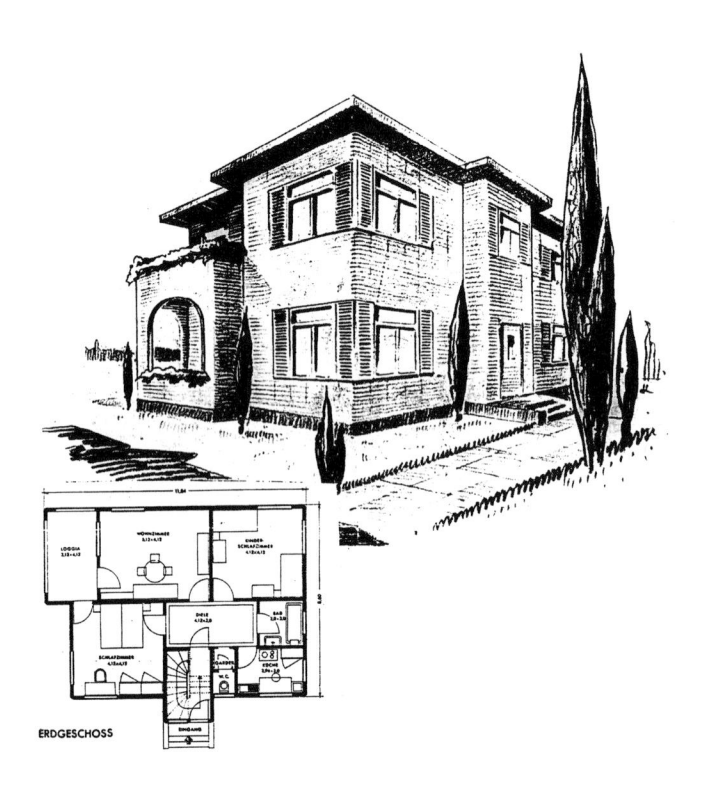

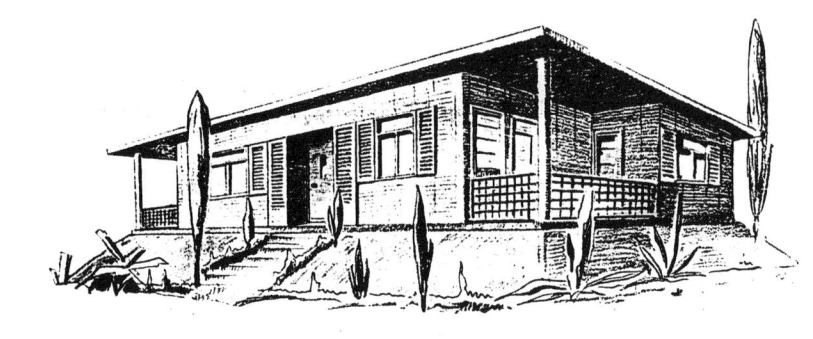

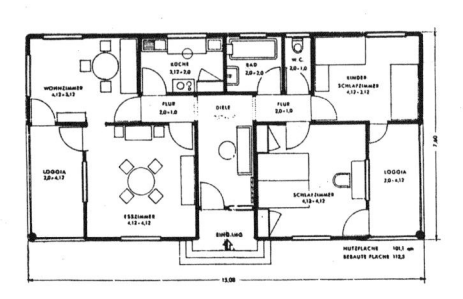

424 Zweifamilienhaus, Ansicht und Grundriß

425 Einfamilienhaus, Ansicht und Grundriß

Skelettbauten des Baugewerbes

Die weit verbreiteten Bedenken gegenüber dem Stahlhaus hinsichtlich Rostgefahr und erhöhten Unterhaltskosten konnten trotz anfänglicher Werbeerfolge auf die Dauer nicht zerstreut werden. Um so näher lag es, zum Stahlskelett überzugehen, weil das Metall dann vor dem Wetter besser geschützt werden konnte. Ohnehin hatte der Skelettbau sich im allgemeinen Hochbau längst bewährt. Der Vorfertigungsgrad ist in der Regel zwar niedrig, bei guter Baustellenorganisation ergeben sich jedoch Vorteile durch kurze Bauzeiten und vor allem auch durch eine erhebliche Senkung der erforderlichen Materialmengen und Transportleistungen. Das Bauen auf schlechtem Untergrund wurde erleichtert. Bei einer viergeschossigen Wohnhausgruppe in Berlin-Moabit, Agricolastraße, mit 132 Wohnungen wurde ein Gesamtgewicht von 12 000 Tonnen errechnet gegenüber etwa 20 000 Tonnen bei einer Ausführung in Mauerwerk. Die vergleichbare Wohnfläche war größer, der Aufwand für Rüstungen geringer. Durch eine Ausfachung mit Bimsbeton konnten die Heizkosten um 20 Prozent gesenkt werden.[44] Mit großen Wohnbauten konkurrierten die deutschen Stahlwerke wie die Gutehoffnungshütte selbst im Ausland.

Es gab damals viele Beweggründe für die Einführung des Stahlskeletts in den Wohnungsbau. Eine wichtige Rolle spielten dabei die großen Firmen des Baugewerbes: Der Siedlungsbau der zwanziger Jahre führte mit der Vergabe der Arbeiten in umfangreichen Baulosen zu einer Veränderung in der Wohnungsproduktion. Erstmals wandten sich die großen Bauunternehmen dem Wohnungsbau zu, der bisher überwiegend in den Händen der Mittel- und Kleinbetriebe gelegen hatte. Manche gründeten spezielle Tochtergesellschaften für den Wohnungsbau. Diese gutausgerüsteten Unternehmen waren an Rationalisierung, Mechanisierung und neuen Technologien stärker interessiert als die traditionellen Baubetriebe. Sie in erster Linie versuchten die Einführung des Stahlskeletts in den Wohnungsbau.

426/427 Anwendung des Stahlskelettbaus
426 auf schlechtem Baugrund (Berlin-Moabit, Agricolastraße, kriegszerstört)

39 Deutsche Kupferhausgesellschaft: Warum Kupferhäuser für Palästina?, Kat. 1933
40 Herbert, Dream, S. 170–175
41 Ebd., S. 182–190
42 Ebd., S. 179, 182
43 Bauweltkat. 1939, S. 358; 1941, S. 209
44 R. Stegemann (Hrsg.): Vom wirtschaftlichen Bauen, 7. Folge, Dresden 1929, S. 47; Der Stahlbau 3 (1930), S. 212; nach Kriegszerstörung abgebrochen.

427 bei Stockwerkshäufung (Paris, Rue Emile Allez, Ausführung Gutehoffnungshütte, Oberhausen, 1931)

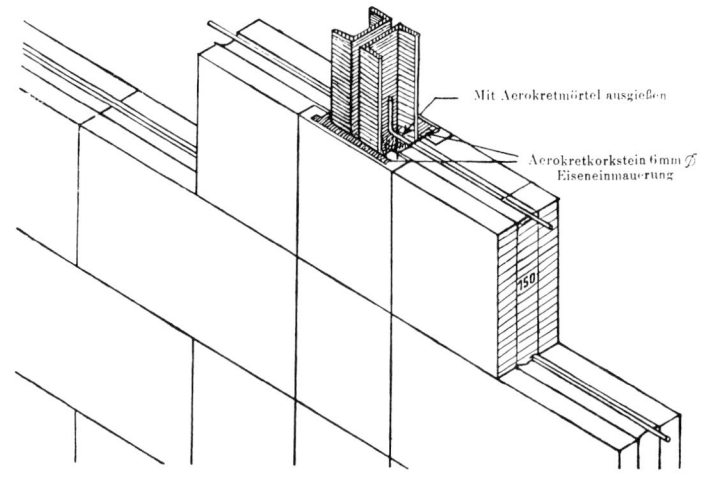

Berichte über ausgearbeitete Stahlskelettsysteme und erste Wohnbauten gibt es seit 1926; als erstes wurden eine Bauweise der Torkret-Gesellschaft Berlin genannt, daneben die Heka-Bauweise und das System Holzmann-Müller. Es ist bezeichnend für die Vielfalt der Ansätze, daß damit auch die drei grundsätzlich verschiedenen Methoden der Ausfachung in die Praxis eingeführt worden sind. Das erste deutsche Stahlskeletthaus, das Aufsehen erregte und in ausführlichen Bildberichten von der Fachpresse gewürdigt wurde, war ein Ateliergebäude, das die Architekten Gebrüder Luckhardt & Anker nach eigenem Entwurf im Torkretsystem in Berlin, Schorlemer Allee, von der Philipp Holzmann AG errichten ließen. Die Gesellschaft bot eine Bauweise an, bei der die Stützen aus je zwei U-Profilen bestanden und die Ausfachung aus paßgerechten Bimsbetonblöcken. Die Blöcke griffen in die U-Profile ein; ihr Verbund wurde durch Rundeisen in den Lagerfugen verstärkt. Eine Besonderheit war das Ausspritzen aller Fugen und der offenen vierten Seite der Stützen mit der Betonkanone. Das Skelett wurde damit rostsicher in Beton eingebettet. Auch der Außenputz wurde aufgespritzt und bildete eine dichte Wetterhaut. Die Decken bestanden aus vorgefertigten Platten zwischen Stahlprofilen.[45]

Betonkanone und Spritzbeton waren in den Vereinigten Staaten schon früher üblich geworden. In Deutschland wurden sie besonders durch Le Corbusier bekannt, der 1925 die Siedlung Pessac bei Bordeaux unter ausgiebiger Verwendung des Spritzbetons gebaut hat. Spritzbeton wurde auch bei den ersten dünnschaligen Kuppeln verwendet, er ver-

242

428–430 Torkret-Gesellschaft, Berlin, Atelierhaus Berlin-Dahlem, Schorlemerallee, Arch. Gebr. Luckhardt & Anker, 1926

Seite 242:
428 Außenwandkonstruktion
429 Ausfachung

430 Eingangsseite

körperte modernste Technik. Im weiteren Verlauf ging die Torkret-Gesellschaft nach einem schwedischen Patent zum Aerokretverfahren mit Gasbeton über, der billiger war als Bimsbeton und durch seine Blähwirkung die Betonkanone erübrigte. Anstelle der Bimsbetonblöcke wurden Gasbetonblöcke verwendet und das Skelettsystem dafür geringfügig abgeändert. Leichtbetone neigen jedoch zum starken Schwinden und zur Bildung von Rissen.[46] Außer dem Atelierhaus in Berlin-Dahlem ist kein weiteres bedeutendes Beispiel der Torkretbauweise bekannt.

Aussichtsreicher erschien die Heka-Bauweise, die das Großbauunternehmen Wayss & Freytag Frankfurt anwandte. Hier bestand die Ausfachung aus einer äußeren und einer inneren Schale. Das System ging auf zwei Mitarbeiter der IG Farben in Ludwigshafen zurück, auf den Architekten Herberger und den Ingenieur Kaiser, und war ursprünglich für den eigenen Werkswohnungsbau gedacht. Das Skelett bestand aus einfachen Doppel-T-Profilen, die Ausfachung aus 12 cm dicken Bimsbetonplatten in der Breite eines Stützen-

45 Spiegel, Stahlhausbau, S. 115–117; RFG: Techn. Tagung, Gruppe 2, Mitt. Nr. 34, S. 4f.; Beton und Eisen 2 (1922), H. 20, S. 273; WLB Bd. IV, S. 545; Brüder Luckhardt, S. 200, Werkverz. Nr. 52

46 Spiegel, Stahlhausbau, S. 118–120; Der Bauingenieur 10 (1929), H. 12, S. 210; WLB Bd. I, S. 49

431/432 Wayß & Freytag, Frankfurt: Heka-Bauweise, Werksiedlung, Bad Dürrenberg, 1927
431 Querschnitt der Außenwand
432 Abschluß der Ausfachung

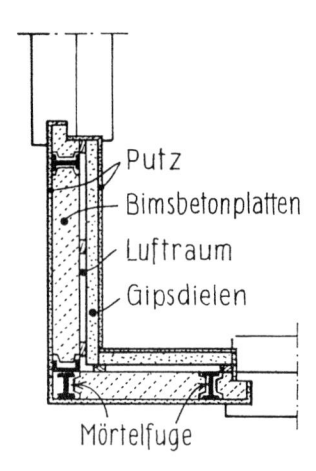

433–436 Philipp Holzmann AG, Berlin/Frankfurt: Bauweise Holzmann-Müller
433 Wohnhausgruppe, Berlin-Britz, Fritz-Reuter-Allee, Arch. Mebes & Emmerich, 1926, Ansicht 1989

434–436 Friedrich-Ebert-Siedlung, Berlin-Reinickendorf, Bauteil Togostraße/Müllerstraße, Arch. Mebes & Emmerich, 1929
434 Bebauungsplan
435 Modell der Baustelleneinrichtung
436 Ansicht einer Wohnzeile 1990

abstandes bei 35 cm Höhe. Die Platten standen außen etwas über, so daß die Flansche der Stützen mit einer Isolierschicht abgedeckt werden konnten. Die Innenseite wurde mit geglätteten dünnen Gipsdielen belegt, mit und auch ohne Hohlraum in der Wand. Für die Abdichtung gegen Wind und Wetter diente allein ein normaler, wenn auch wasserabweisender Außenputz. Die Decken waren zunächst von Holz, später von Stahlbeton mit Hohlkörpern. Das Dach blieb eine traditionelle Holzkonstruktion mit harter Deckung. Wayss & Freytag errichteten 1926 als erstes ein kleines Doppelhaus in Ludwigshafen. Es war in fünf Wochen Bauzeit schlüsselfertig. 1927 folgte eine Gruppe zweieinhalbgeschossiger Wohnblocks für eine Werksiedlung in Bad Dürrenberg.[47] Es scheint jedoch, daß die Heka-Bauweise nicht weiterentwickelt wurde. Vielleicht spielte dabei eine Rolle, daß solche dünnschaligen Außenwandkonstruktionen selbst bei ausreichender Wärmedämmung eine für behagliches Wohnen nur ungenügende Wärmespeicherung aufweisen. Aus diesem Grund lehnte auch die Reichsforschungsgesellschaft die Berücksichtigung solcher Systeme bei ihren Untersuchungen und Begutachtungen von vornherein ab.[48]

Das dritte der 1926 genannten baureifen Systeme war ein Produkt der Philipp Holzmann AG. Das Unternehmen war an der technischen Modernisierung des Hausbaus besonders interessiert. Es hatte sich an der Frankfurter Häuserfabrik finanziell beteiligt und die ersten Versuchsbauten in Praunheim ausgeführt. Die neue Stahlskelettbauweise wurde von dem Leiter der Berliner Niederlassung, Otto Müller, ausgearbeitet. Hier bestand die Ausfachung aus Guß- oder Schüttbeton zwischen vorgefertigten Schalungen. Ausreichende Wärmedämmung war gewährleistet. Der erste Bau, eine dreigeschossige Wohnhausgruppe in Berlin-Britz, Fritz-Reuter-Allee, entstand 1926 nach einem Entwurf von Mebes & Emmerich. Die Architekten zählten zu den Pionieren des reformierten Wohnungsbaus. Allerdings paßten sie ihre Architektur dem traditionellen Charakter der umgebenden Siedlung an, so daß der Bau nichts mehr von seiner neuen technischen Qualität verrät.

Bei diesem Versuchsbau bestanden die Stützen aus leichten, bis zum Hauptgesims durchlaufenden Gitterstäben und die Außenwände aus Ziegelsplittbeton. Für Montage und Materialtransport wurde ein haushohes portalartiges Fahrgestell mit Aufzügen benutzt. Die Decken waren massiv, das hohe Dach hatte eiserne Binder und ein Holzgespärre.[49] Später wurde das System stark vereinfacht. Das haushohe Auf-

47 Spiegel, Stahlhausbau, S. 134–137; WW 4 (1927), H. 3/4, S. 24

48 RFG: Techn. Tagung 1929, S. 3

245

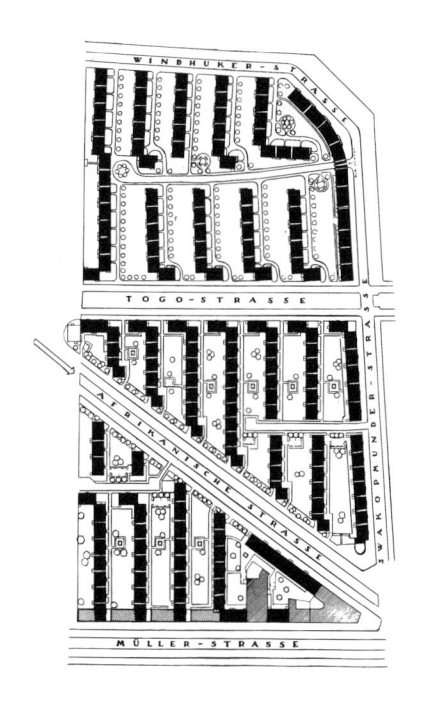

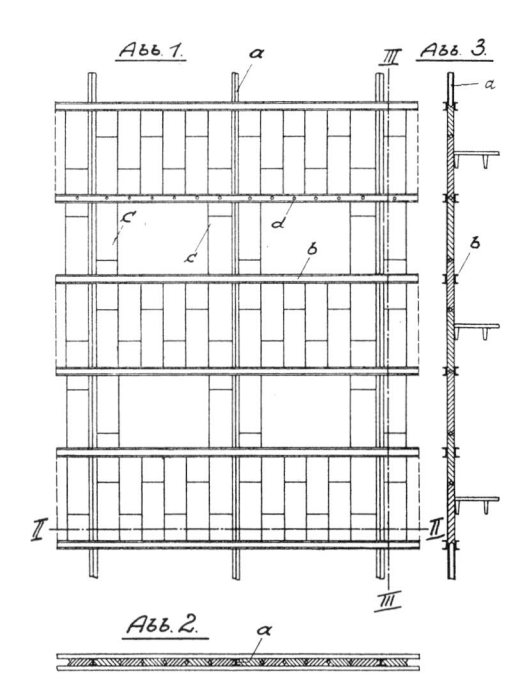

zugsgerüst wurde durch zwei einfache Aufzugsschienen ersetzt, die man an das Stahlskelett anklemmen konnte. Die Schalungstafeln waren teilweise raumgroß. Nach diesem Verfahren errichtete die Philipp Holzmann AG in Zusammenarbeit mit Mebes & Emmerich seit 1929 den größten Teil der Friedrich-Ebert-Siedlung in Berlin-Reinickendorf.[50] Ein zweiter Bauabschnitt wurde von Bruno Taut in herkömmlichem Mauerwerk gebaut, nur einige Bauelemente wie Treppenläufe und Deckenplatten waren vorgefertigt. Die Siedlung gilt als das erste Beispiel der Zeilenbauweise in Berlin. Im Vergleich zum Abschnitt Tauts zeigt auch der Bebauungsplan von Mebes & Emmerich die Züge der Starrheit, die beim Einsatz schienengebundener Aufzüge und Montagegerüste unausbleiblich sind.

Mit Wirkung ab 14. Oktober 1928 ließ sich die Firma eine veränderte Skelettbauweise patentieren, die speziell für den Eigenheimbau vorgesehen war. Allem Anschein nach haben die Brüder Luckhardt an der Ausarbeitung mitgewirkt, sie waren auch die Architekten der ersten Häuser. Das neue

437–439 Skelettbauweise nach DRP Nr. 511 673 von 1930
437 Systemdarstellung der Patentschrift, Einfamiliendoppelhaus, Berlin-Dahlem, Schorlemerallee, Arch. Gebr. Luckhardt & Anker, 1928/30
438 Rohbau

439 Ansicht, Doppelhaus rechts

System sollte den veränderten Wohnansprüchen entgegenkommen: statt Vielräumigkeit flexible Großräumigkeit, lichtdurchflutete Wohnungen durch große Fensterflächen und ein Minimum an Feuchtigkeit im Bau. Der Schüttbeton wurde durch große Bimsbetonplatten ersetzt, die bei aufgehenden Wänden von Querriegeln des Skeletts nicht getragen, sondern nur abgestützt wurden, so daß ihre Last auf den Fundamenten ruhte. Skelett und Platten wurden beiderseits mit einem Rabitzgewebe überzogen und verputzt. Die dünnen Luftschichten zwischen Putzträger und Skelett erhöhten die Wärmedämmung, gleichzeitig hatten alle Glieder der Konstruktion freien Spielraum für das Reagieren auf Außen- und Innentemperatur, Rissebildung war so gut wie ausgeschlossen. Die Decken bestanden aus vorgefertigten Betontrogbalken zwischen Stahlträgern. Es war eine Fast-Trockenbauweise.

Zunächst wurde 1928/29 ein Einfamiliendoppelhaus in Berlin-Dahlem, Schorlemer Allee, nach dem Entwurf von Luckhardt & Anker gebaut. Der Außenputz erhielt einen weißen Ölfarbanstrich und war abwaschbar. Die Grundrisse entsprachen der Forderung nach flexibler Weiträumigkeit. Durch das Zusammenwirken von Konstrukteur und Architekt entstand ein in bautechnischer, kultureller und architektonischer Hinsicht programmatischer Bau. Er steht heute unter Denkmalschutz. Auch die Baukosten scheinen im Endergebnis zufriedenstellend gewesen zu sein, denn die Architekten gaben 1929 zwei weitere Einfamilienhäuser in unmittelbarer Nachbarschaft in Auftrag. Die Bauten gediehen jedoch nur bis zur Montage des Skeletts und konnten wegen der Wirtschaftskrise erst 1936 fertiggestellt werden.[51] Von anderen Bauten in der gleichen Bauweise ist bisher nichts bekannt.

Auch mittlere Bauunternehmen haben es mit dem Stahlskelettbau versucht. In dem ereignisreichen Jahr 1926 errichtete die Firma Albert Wagner Ludwigshafen bereits eine kleine Siedlung in Landau (Rheinpfalz); sie baute 1927 in Stuttgart. Damals erschienen die ersten Notizen über ihre Bauweise in der Fachpresse, leider ohne nähere konstruktive Angaben. Es handelte sich um eine Bauweise mit Bimsbetonhohlblöcken als Ausfachung, die die Stahlstützen allseitig umschlossen.[52]

Zu den frühen, gleichzeitig aber auch sehr durchdachten Systemen zählt die Bauweise des Unternehmers Frank in Stuttgart. 1927/1928 errichtete er in Stuttgart eine Siedlung und in Ulm und München große Wohnblocks. Ähnlich der frühen Form des Holzmann-Müller-Systems wurde die Ausfachung mit Hilfe einer Wanderschalung betoniert. Verwendet wurde Bims- und Schlackenbeton; bei Kiesbeton mußten zusätzlich Isolierplatten auf der Innenseite angebracht wer-

49 H. Meyer-Heinrich: Philipp Holzmann AG im Wandel von 100 Jahren, Frankfurt/Main 1949, S. 188; J. Jansen: Bauproduktion 1919–1933 in Deutschland, Dortmund 1987, S. 35; Spiegel, Stahlhausbau, S. 121 bis 123; J. Burchard: Stahlhausbau, WMB 11 (1927), H. 5, S. 217

50 Meyer-Heinrich, S. 118; O. Müller: Rationelle Mauerwerkskonstruktionen, Vom wirtsch. Bauen, 4. Folge, S. 44f.
51 DRP Nr. 511673 vom 23. 10. 1930; Brüder Luckhardt, S. 96, 151, 216f., Werkverz. Nr. 52; Luckhardt, Wohnform, S. 3–13, 52–57

440/441 Bauunternehmen Frank Stuttgart

440 Wandquerschnitte und Skelettkonstruktion
441 Bauvorgang

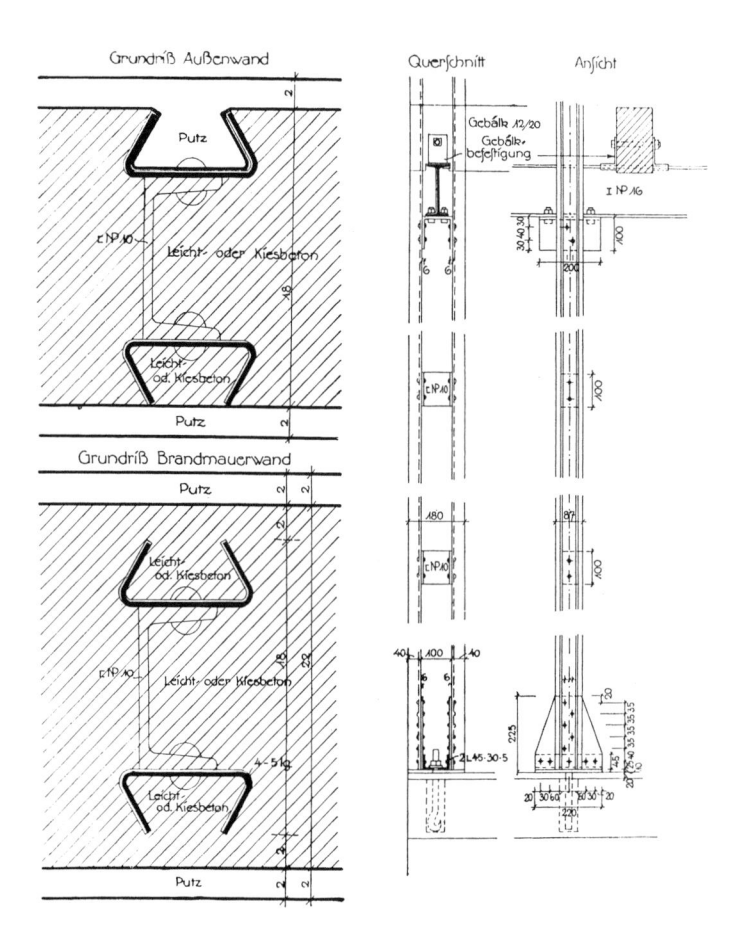

den. Die Bauweise hatte einige vorteilhafte technische Eigenschaften. Die stützen bestanden aus je zwei leichten U-förmigen Profilstäben, deren Flansche schwalbenschwanzförmig nach innen abgewinkelt waren und dadurch ein einfaches und sicheres Anklemmen der Schalung und der Arbeitsbühnen und ein leichtes Befestigen von Wandplatten ermöglichten. Durch die Einbettung der Stützen in den Wandbeton konnte die Ausfachung zur Lastaufnahme mit herangezogen werden; sie diente andererseits der Verspannung der Stützen. Der Außenputz wurde aufgespritzt und fand im Hohlraum der Außenstütze eine zusätzliche Verankerung. Die Stützen gingen bis zur Traufe durch. Sie hatten durchgängig die gleichen Abmessungen. Bei höherem Lastanfall wurden sie nicht verstärkt, sondern verdoppelt.[53] Serienfertigung der Stützen und einfache Montage der genormten Wandschalung waren wesentliche Vorzüge der Bauweise. Trotzdem konnte sie mit einem rationalisierten Mauerbau nicht konkurrieren. In der Versuchssiedlung München, Arnulfstraße, war sie eine der teuersten Ausführungen.[54]

Um 1929 erreichte der Wohnungsbau mit Stahlskelettkonstruktonen seine größte Verbreitung. Richter & Schädel bauten den schon genannten großen Wohnblock in Berlin-Moabit, Agricolastraße, mit einer Bimsbetonausfachung und 1930 eine 142 m lange Wohnzeile in Berlin-Schmargendorf, Ruhlaer Straße, mit Schlackenbetonblöcken. Die Montage dauerte nur einen Monat. Die Konstruktion hat sich jedoch nicht bewährt, an den Stützen und Riegeln zeigen sich Putzrisse. Allerdings wurde der Bau im Krieg durch Bombentref-

Seite 248:
442 Richter & Schädel, Berlin, Wohnblock, Berlin-Schmargendorf, Ruhlaer Straße, 1930, Ansicht 1992

443 Boswau & Knaur, Berlin, Wohnhausgruppe, Berlin-Adlershof, Zinsgutstraße, um 1929, Ansicht 1989

444 Bauweise Schmückler, Konstruktionszeichnungen der Patentschrift DRP Nr. 535 106 von 1931

fer schwer beschädigt.[55] Aerocret-Beton verwandte Boswau & Knaur bei einer Häusergruppe in Berlin-Adlershof, Zinsgutstraße.[56] Die Außenwände dort sind 20 cm stark, alle Trennwände bestehen aus 7–8 cm dicken Schlackenbetondielen. Die Wohnungen gelten als angenehm warm. Die Fassaden täuschen leider durch angetragene Putzgliederungen einen traditionellen Mauerbau vor. Solange es den Anschein hatte, daß das Stahlskelett dem Baugewerbe im Wohnungsbau wirtschaftliche Erfolge bringen könnte, hat es wohl in vielen Städten entsprechende Versuche gegeben, sie sind allerdings nicht dokumentiert.

Mit gewissen Erwartungen wurde wiederholt auf die Bauweise Schmückler verwiesen.[57] Sie ging auf den Direktor einer Berliner Stahlbaufirma zurück, der als Experte auch in der Reichsforschungsgesellschaft tätig war. Nach DRP Nr. 535106 vom 11. 9. 1931 zählte sie zu den zweischaligen Wandsystemen. Das Skelett aus Normalprofilen stand im Hohlraum zwischen den Schalen. Die Stabilität des Wandgefüges wurde durch schmale liegende Betondielen gesichert,

52 E. G. Friedrich: Das Stahlhaus und der Wohnungsbau, ZBV 48 (1928), H. 12, S. 189–193; Spiegel, Stahlhausbau, S. 125; BW 17 (1926), H. 8, S. 201–205
53 Spiegel, Stahlhausbau, S. 126–129; RFG: Techn. Tagung 1929, S. 7/8; es gab auch eine Variante mit Betonskelett.
54 Triebel, S. 79
55 Stegemann, Vom wirtsch. Bauen, 7. Folge, 1929, S. 46f.; Der Stahlbau 4 (1931), S. 273 bis 275
56 Stein/Holz/Eisen 43 (1929), H. 29, S. 457
57 DBZ 65 (1931), Beil. Konstr. u. Ausführ. Nr. 18, S. 143

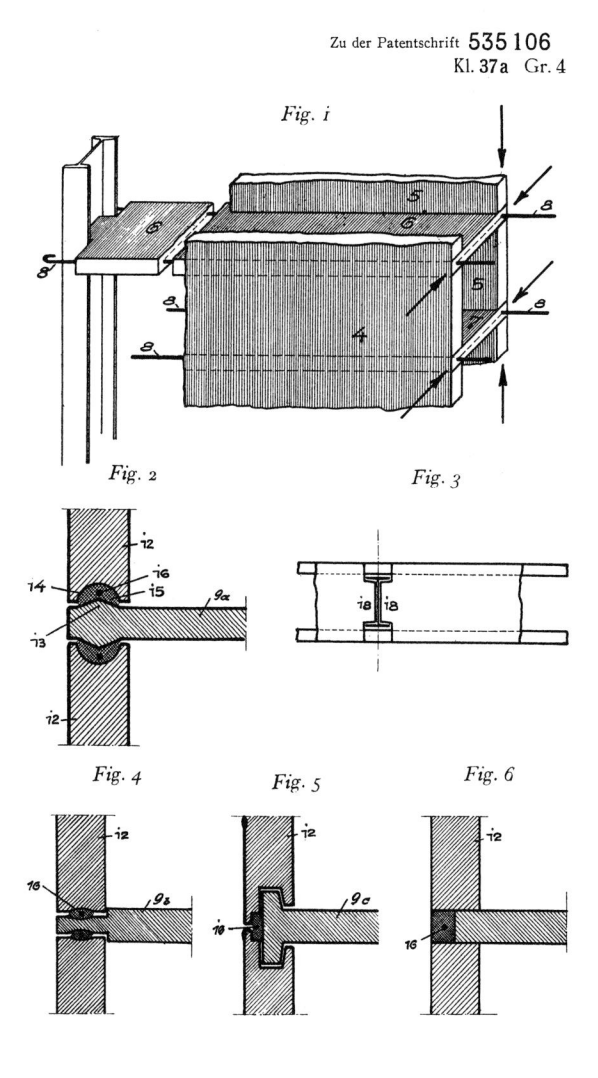

die in die Setzfugen der Wandplatten eingriffen und mit ihrer Längsbewehrung die Stahlstützen umfaßten. Sie teilten gleichzeitig den Wandhohlraum in zahlreiche liegende Luftkammern auf. Schmücklers Wandaufbau glich dem sogenannten Kästelmauerwerk mit senkrecht und waagrecht versetzten kleinen Platten, er erforderte sehr sorgfältige Arbeit auf der Baustelle, um undichte Fugen und Durchfeuchtungen zu vermeiden. Hinweise auf eine spürbare Baukostensenkung gibt es nicht, über einige Probebauten scheint die Bauweise nicht hinausgekommen zu sein. Da das Baugewerbe sich nur ausnahmsweise mit Architekten von Rang verband, hat es im Hausbau mit Stahlskelett auch nur wenig architektonisch Bemerkenswertes hervorgebracht.

Metallhausprojekte am Bauhaus

Während Industrie und Baugewerbe den Hausbau mit Stahl mehr oder weniger nur unter dem Aspekt der Wettbewerbsfähigkeit in Angriff nahmen, löste er vor allem bei den Verfechtern des neuen Bauens viele weitergehende Impulse aus. Stahl war ohnehin ein sinnfälliges Element neuester Technik, im Bauwesen hatte er bereits viel Neues bewirkt: weitgespannte Hallen, Hochhäuser und verglaste Fassaden. Es lag nahe, wie die Brüder Luckhardt auch im Wohnungsbau neue Wege zu suchen, die über die bloße Ablösung des schweren handwerklichen Mauerbaus hinausführten. Früher als in den Stahlwerken und Bauunternehmen setzte das Interesse am Hausbau mit Stahl in den Kreisen der Architekten ein, und es ist bezeichnend, daß die ersten Vorstöße ins Neuland auch nicht an den noch sehr traditionsgebundenen Architekturfakultäten der Hochschulen unternommen wurden, sondern am Bauhaus, der einzigen staatlich finanzierten Hochschule, wo das Erfassen des Neuen im Geist der Zeit und entsprechende Innovationen gefordert und gepflegt wurden. Das Jahr 1923 war, wie bereits erwähnt, ein Wendepunkt in der Bauhausarbeit gewesen, eine Wende vom Handwerk zur Industrie, von alter zu neuer Technik mit ihren neuen Gestaltungsmöglichkeiten und ihren besonderen künstlerischen Problemen. Lászlo Moholy-Nagy löste Johannes Itten ab; dessen impulsiv künstlerische Gestaltungsmethode verband er mit einem neuen technisch-analytischen Denken. Fragen der Struktur traten in den Vordergrund, Systemdenken und radikale Einbeziehung neuester Technik. Carl Fieger, Gropius' engster Mitarbeiter im Architekturbüro, veröffentlichte 1923 den Entwurf für ein „schlüsselfertiges, nur vom Monteur zu errichtendes Kleinhaus …, das für den Großteil der Wohnbedürftigen erschwinglich ist".[58] Es war ein Rundbau, – weil damit der Umfang der Außen-

445 Carl Fieger, Projekt Einfamilien-Rundhaus, 1923, Schnitt, Grundriß und Ansicht

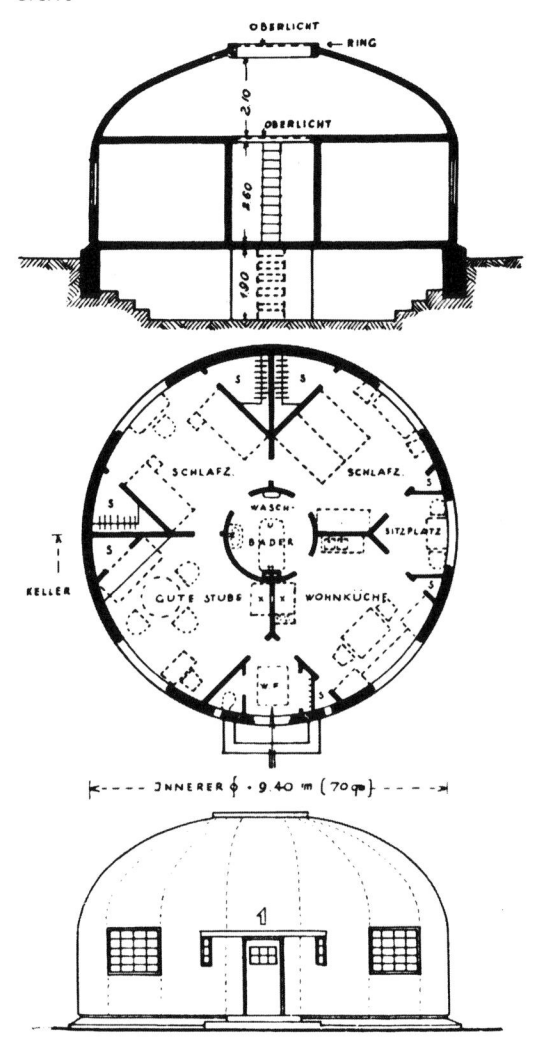

wände bei gegebener Wohnfläche am geringsten ist, und es sollte aus nur einem Baustoff bestehen, um die Vielzahl der Handwerker wie Maurer, Zimmerleute, Dachdecker usw. einzuschränken. Fieger stellte sich „freitragende Leichtplatten" vor, die ein igluförmiges Haus ergaben und im Scheitel der flachen Kuppel durch einen Oberlichtring zusammengehalten wurden, ohne Gesims, ohne Dachrinne. Das Haus war ein extremes Beispiel des neuen Denkens, das sich über alle Traditionen hinwegsetzte. Es ist bezeichnend für das Suchen und die Erwartungshaltung in jenen Jahren, daß dieser technisch noch unausgereifte und architektonisch befremdliche Vorschlag in die Spalten der „Baugilde", des Organs des überwiegend konservativen Architektenverbandes, aufgenommen wurde. Neben Fieger arbeitete auch Farkas Molnár

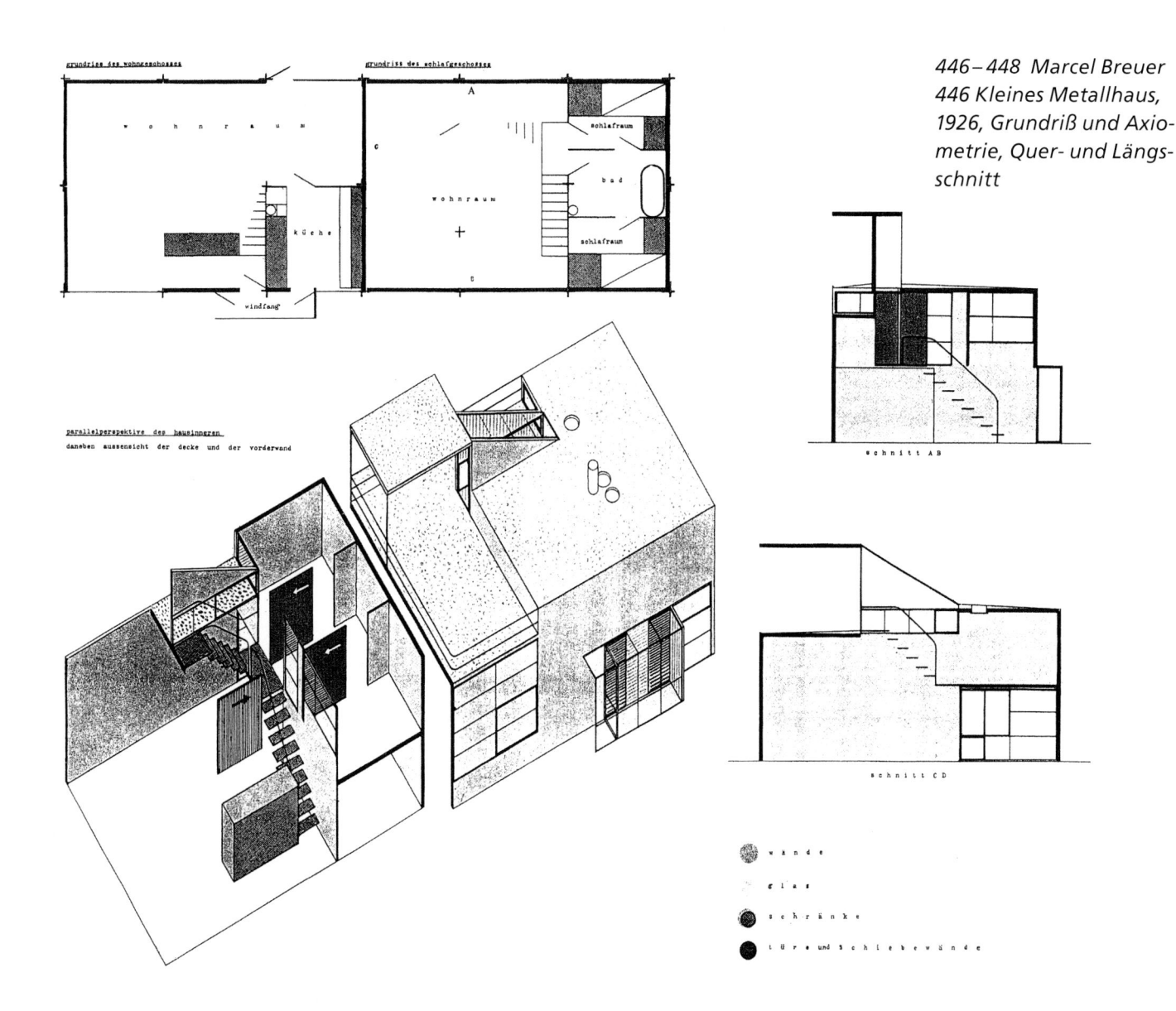

*446–448 Marcel Breuer
446 Kleines Metallhaus,
1926, Grundriß und Axiometrie, Quer- und Längsschnitt*

an Skelettstrukturen. Sein Ziel waren mehrgeschossige Reihenhäuser für Kleinwohnungen im Maisonettesystem.[59] Der Haustyp, den Gropius 1924 zur geplanten Dewog-Versuchssiedlung beisteuerte, ging auf ihn zurück.

Auch der junge Bauhausmeister Marcel Breuer beschäftigte sich seit 1924 mit architektonischen Strukturstudien und Vorfertigungsproblemen. 1925 entwarf er seinen ersten Stahlrohrsessel, der bis heute ein begehrtes Zeugnis der Bauhausarbeit jener Zeit geblieben ist. Im gleichen Jahr entstand der Entwurf für ein aus größeren „plattenähnlichen Elementen" zusammengesetztes Reihenhaus.[60] Bald danach begann Breuer eine Serie von Metallhausprojekten, zuerst das „Kleinmetallhaus Typ 1926" mit einem Stahlskelett und einer Metallaußenhaut. Auf konstruktive Einzelheiten legte er sich allerdings noch nicht fest.[61] Aus diesem Urtyp entwickelte er 1927 ein Kleinhaus in mehreren Varianten aus genormten Bauelementen. Ihm ging es dabei vor allem um grundsätzlich neue Entwurfs- und Baumethoden, er suchte nach einer leicht erscheinenden Architektur im Gegensatz zum schwerlastigen Mauerbau. Bei allen Typen sollte das

58 C. Fieger: Das Wohnhaus als Maschine. Baugilde 6 (1923), H. 19, S. 409
59 Hüter, Bauhaus, S. 124/125, Abb. 40 u. 41
60 M. Breuer: Sun and Shadow. The Philosophy of an Architect, London/New York/Toronto 1956, S. 20, Abb. 19
61 M. Breuer: Das Kleinmetallhaus Typ 1926, Offset Buch- und Werbekunst 1926, H. 7, S. 371 bis 374

447 Kleinhaus, 1927, Grundrißvarianten und Axionometrien Typ A–F

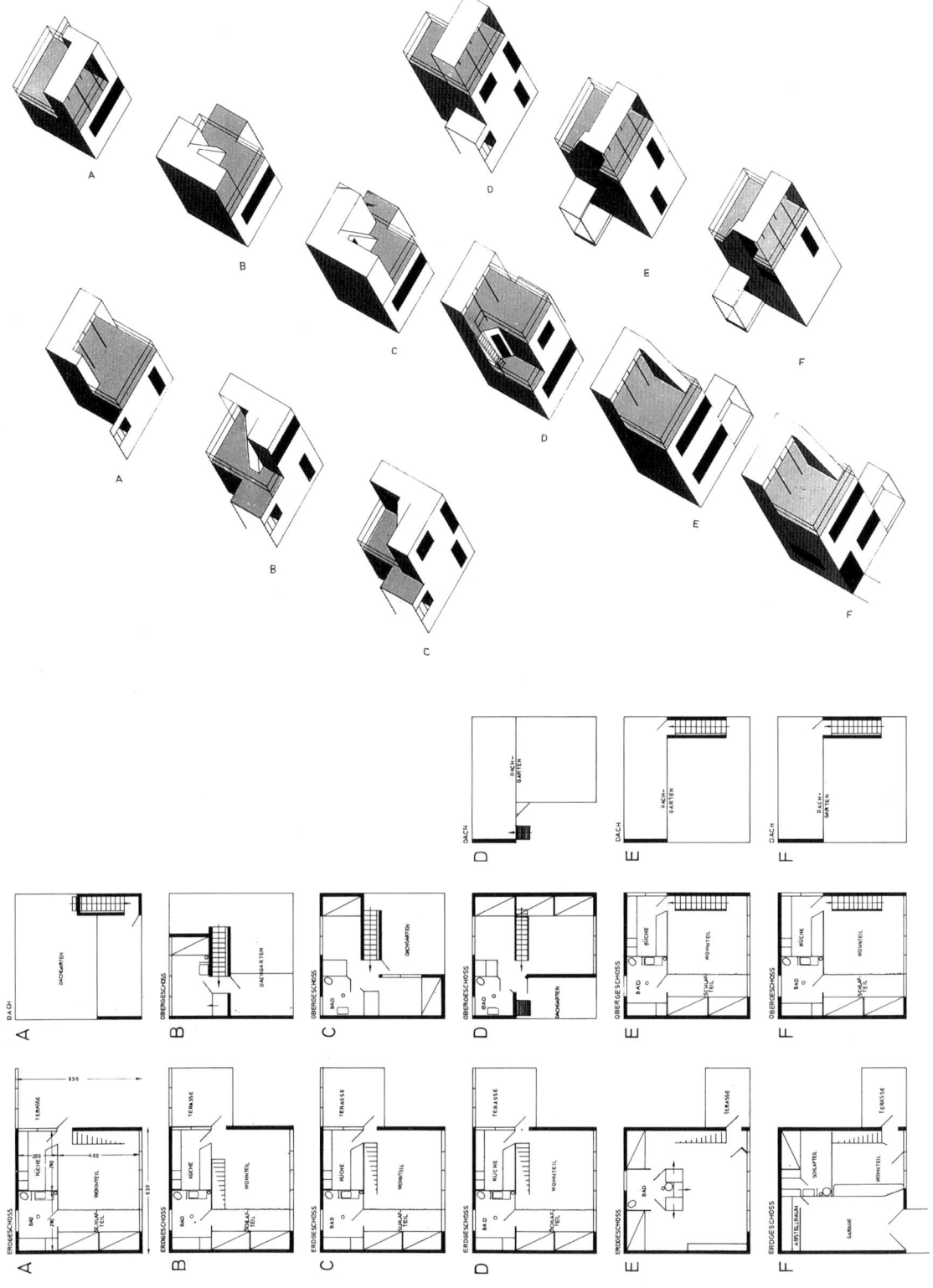

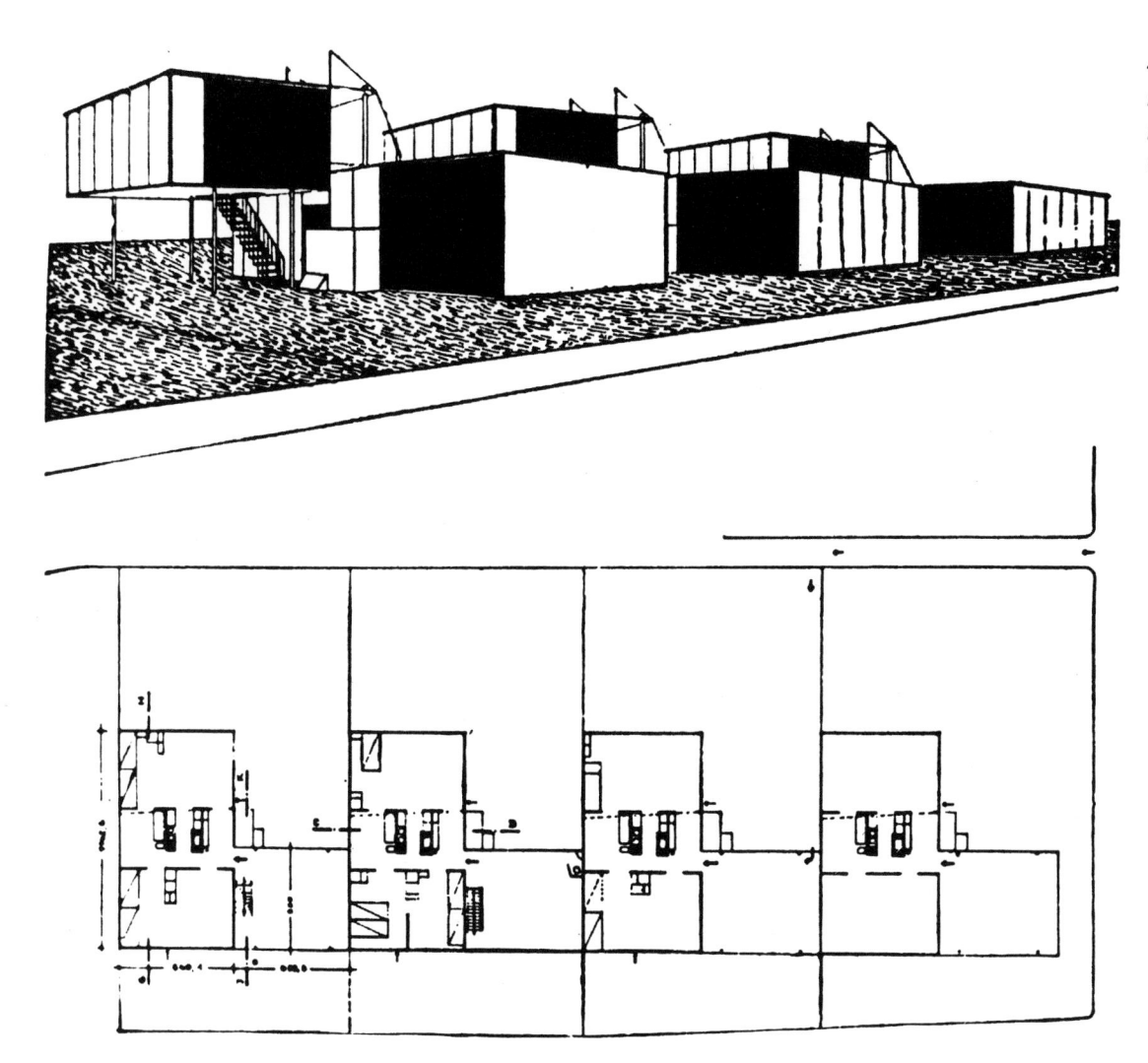

448 Projekt Wohnhäuser für Bauhausmeister (BAMBOS-Häuser), 1927, Ansicht und Grundriß Typ I

Dach als eine Terrasse dem damals hoch geschätzten Sonnenbaden dienen und mit den feinen Linien des Geländers und den dünnen Stützen der Sonnenschutzdächer den oberen Abschluß der Hauskuben bilden. Gleichzeitig griff Breuer einen Gedanken auf, der im Haus Am Horn erstmals verwirklicht worden war: den Wohnraum als das Zentrum des Familienlebens auf Kosten der Funktionsräume möglichst groß zu halten. Die Schlafräume sind durchweg nur kleine Schlafkojen.[62]

Das Streben Breuers, mit seinen Arbeiten in jeder Hinsicht Neues zu schaffen oder anzuregen, beherrschte auch sein Projekt für die sogenannten BAMBOS-Häuser. Als 1927 die Meisterhäuser bezugsfertig wurden, übernahm er ein Ergänzungsprojekt mit sechs Häusern, das den jüngeren Bauhausmeistern Breuer, Albers, Meyer, Bayer, Otte und Scheper geeignete Arbeits- und Wohnbedingungen sichern sollte. (Die Anfangsbuchstaben der Namen ergaben die Bezeichnung BAMBOS.) Auch für diese Häuser war ein Stahlskelett mit geschoßhohen Paneelen vorgesehen. Breuer entwarf dafür Reihenhäuser in drei Varianten. Bei Typ I befanden sich alle Wohnräume im Erdgeschoß, während das Atelier erhöht auf Stützen an den Wohnteil angesetzt werden sollte. Auf diese Weise wäre ein gedeckter Durchgang von der Straße zum

[62] H. Bayer/W. Gropius/I. Gropius: Bauhaus Weimar/Dessau 1919–1928, Stuttgart 1955, S. 111; P. Hahn (Hrsg.): Experiment Bauhaus, Ausstell.kat. 1988, S. 322f.

Garten entstanden, in dem sich der Hauseingang und die Treppe zum Atelier befanden, und der auch als ein gedeckter Sitzplatz hätte genutzt werden können. Bei Typ II lagen umgekehrt die Wohnräume im Obergeschoß. Typ III war ganz ebenerdig, wobei Wohnraum und Atelier eine beliebig unterteilbare Einheit bildeten.[63] Überhaupt dachte Breuer an eine gewisse Flexibilität der Raumaufteilung. Ungewöhnlich ist auch die ausgiebige Verwendung von Sheddächern mit stehenden Fenstern für die Ausleuchtung der Innenräume. Zur Ausführung sind die eigenartigen Entwürfe jedoch nicht gekommen. Im Grunde schuf Breuer mit den BAMBOS-Häusern und dem Kleinmetallhaus Projekte, die höchste Ansprüche an die Technik stellten und nur mit großen Kosten realisierbar waren. Aber sie sind sprechende Zeugnisse des Aufbruchgeistes, der für das Bauhaus charakteristisch war, wie auch das gleichzeitige „Kugelhaus am Meer" Siegfried Ebelings. An neuen Ideen war im Bauhaus kein Mangel.

Breuer verließ Deutschland 1934. In den Vereinigten Staaten griff er den Gedanken der Vorfertigung nochmals auf und entwarf 1942 ein Montagesystem für Holzhäuser aus Sperrholzplatten. Er nannte es Plas-2-Point.[64] Die Häuser wurden auf zwei parallele Streifenfundamente gesetzt und kragten nach allen Seiten aus. Sie wirkten wie schwebend vom Boden abgehoben. Damit gab Breuer das Thema Vorfertigung endgültig auf.

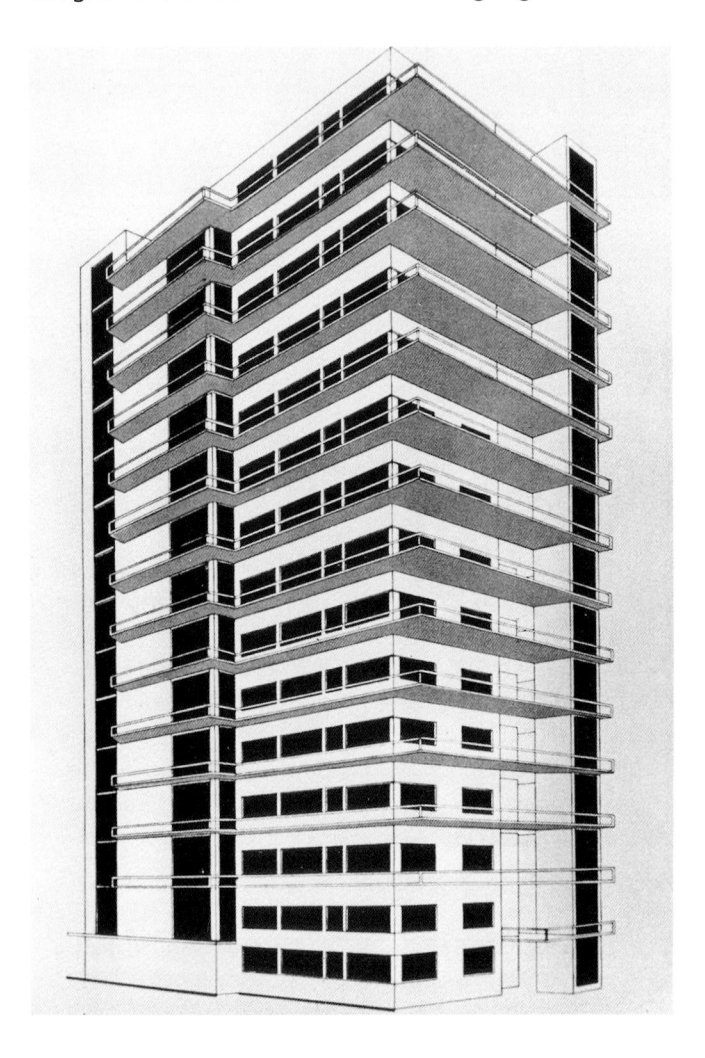

In jener Zeit der kompromißlosen Begeisterung für die neue Technik fühlte sich der junge Bauhausmeister Georg Muche veranlaßt, überhaupt von der Malerei zur Architektur überzugehen und nach neuen technischen Lösungen für den Wohnungsbau zu suchen. 1924 entwarf er ein Wohnhochhaus mit Etagengärten als ein Beispiel „grüner Architektur", das er sich als eine Skelettkonstruktion aus Stahlbeton dachte. Vor allem reiste er in die Vereinigten Staaten, um die amerikanischen Methoden des Stahlskelettbaus vor Ort kennen zu lernen. Ein Strukturschema für ein ebenerdiges Siedlungshaus von 1924 läßt bereits die Leichtigkeit amerikanischer Kleinhauskonstruktionen erkennen. Muche war nach seiner Amerikareise und dem Studium des Stahlhausbaus in England und Frankreich zutiefst überzeugt, daß man nur mit Stahl den Anforderungen der Zukunft genügen und die Industrialisierung des Bauens durchführen könne. Er hoffte sogar auf die Erfindung eines noch besser geeigneten Baustoffes. Vorfertigung mit Betonelementen hielt er für eine „organisatorische Übersteigerung der Steinbauweise".[65] Wie das kleine Siedlungshaus zeigt, wählte Muche eine Skelettbauweise, weil damit die größte Freiheit der Grundrißgestaltung erreicht wird und spätere Veränderungen und Erweiterungen sich am rationellsten durchführen lassen. Im Hinblick auf eine Serienfertigung aller Bauelemente legte er ein einheitliches Rastermaß von 3,24 m in beiden Richtungen mit einer vierfachen Unterteilung fest. Für die Hauptstützen sah er Stahlrohre vor mit kreuzweis aufgeschweißten Laschen zur Halterung der Außenwandplatten und Trennwände. Die Wetterhaut sollte anscheinend aus Aluminium bestehen.

Seit 1925 arbeitete Muche mit dem Architekturstudenten Richard Paulick zusammen, der seine Hochschulferien am Bauhaus in Dessau verbrachte und sich für den Stahlhausbau begeistern ließ. Beide wollten „ein System entwickeln, mit dem sowohl ein- wie vielgeschossige Häuser herstellbar waren", berichtete Paulick, „und zwar nicht nur Wohnhäuser, sondern auch alle anderen Gebäudearten mit zellenartigem Aufbau wie Bürohäuser, Krankenhäuser, Schulen und Kindereinrichtungen. Das war beim damaligen Stand der Technik am leichtesten in Stahl realisierbar."[66] Für ein solches Programm reichten die bis dahin bekanntgewordenen Stahlhaussysteme nicht aus. Für die Stützen des Skeletts erarbeitete Paulick kreuzförmige Leichtprofile, deren hohe

449–451 Georg Muche
449 Entwurf für ein Hochhaus mit Etagengärten, 1924
450 Montagesystem für ein Siedlerhaus, 1924

Knicksicherheit er durch abgewinkelte Lamellen noch verstärkte. Zur Veranschaulichung ihrer Bauweise fertigten sie Idealentwürfe und perspektivische Skizzen an, die die neuen konstruktiven und architektonischen Möglichkeiten belegen sollten. Damals könnte der Entwurf einer Wohngruppe mit einem Hochhaus entstanden sein, den Muche 1927 veröffentlicht hat. Das leider flaue Bild zeigt ein weit in die Zukunft weisendes feingliedriges Gebilde auf dünnen Stützen mit großen, teilweise sogar raumgroßen Fensterflächen. Die Eröffnung der neuen Bauhausgebäude gegen Ende 1926 gab genügend Anlaß, die neue Bauweise erstmals mit einem Musterhaus zu erproben und vorzuführen. Während der Vorarbeiten mußten die Neuerer allerdings feststellen, daß die ausgearbeiteten Stützenprofile zu kompliziert waren; nur ein Werk in Köln hätte sie ausführen können, aber auch dort hätten spezielle Walzen erst angefertigt werden müssen. So waren sie gezwungen, auf gegebene Mittel zurückzugreifen. Zunächst versuchten Muche und Paulick eine Lamellenkonstruktion mit umgebördelten Platten in der Bauweise der englischen Firma Braithwaite, aber es fehlte an entsprechenden Pressen. Sie wandten sich schließlich an die Leipziger Carl Kästner AG und übernahmen deren System einer Ta-

63 Das Bauhaus 3 (1928), H. 1, S. 12/13; Breuer, Sun, S. 22, Abb. 28
64 Breuer, Sun, S. 165, 168, 169
65 G. Muche: Stahlhausbau, Das Bauhaus 2 (1927), H. 2, S. 3/4; Kutschke, S. 82
66 R. Paulick: Das Stahlhaus in Dessau, Form + Zweck 8 (1976), H. 6, S. 30

451 Idealprojekt Häusergruppe, 1925/26

452–455 Georg Muche/ Richard Paulick, Stahlhaus, Dessau, Südstraße, 1926
452 Montage
453 Grundriß

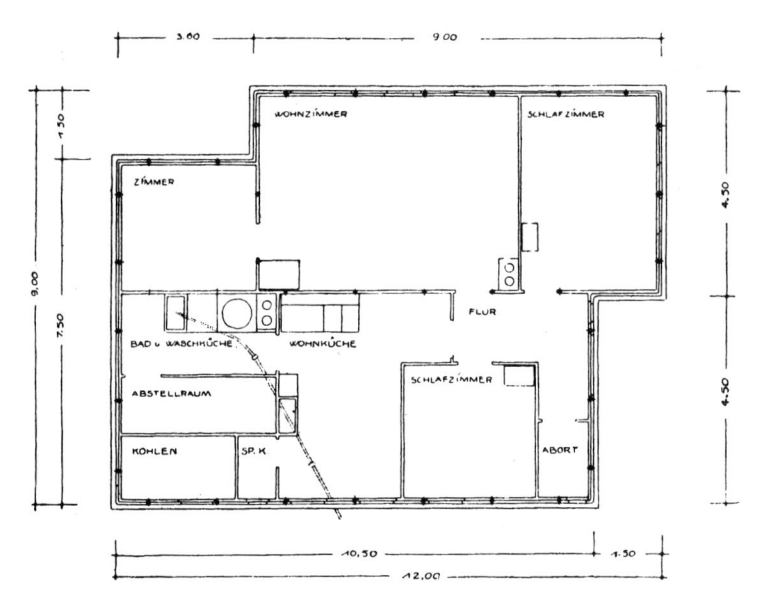

felbauweise mit Skelett, deren Bauelemente sie lediglich dem Musterhaus anpaßten. So wurden Verlängerungsstücke für die Stahltafeln hergestellt, um den überhöhten Wohnraum wie beim Haus Am Horn beibehalten zu können, die Fensterformen geändert und für das beabsichtigte flache Dach eine besondere Konstruktion geschaffen. Die 3 mm dicken Tafeln aus Siemens-Martin-Stahl wurden flach durch aufgeschraubte Klemmleisten an die Stahlstützen gepreßt. Hinter den Tafeln befanden sich, abweichend vom System Kästner, dicht angelegte Torfpreßplatten; es folgte eine Luftschicht und statt der rauhen Gipsdielen, die man hätte putzen müssen, ein Belag mit glattem Gipskarton für Anstrich oder Tapete, denn das Ziel war ein reiner Trockenbau. Allerdings hat sich der Wandaufbau als verfehlt erwiesen, er führte zu Schwitzwasser- und Rostbildung und machte nachträgliche Isolierungsmaßnahmen notwendig.[67]

Der Musterbau war das erste Stahlhaus in der neuen funktionellen Architektur und fand deshalb großes Interesse. Wiederholt wurde darüber berichtet, und Muche fertigte mit Paulick Beispielentwürfe auch für die veränderte Bauweise an, darunter das Haus für einen Künstler. Bei diesem ebenerdigen Bau liegen alle Räume an einem langen Mittelflur mit Oberlicht, Wohnraum und Atelier sind überhöht, auch andere erkennbare Einzelheiten entsprechen dem Törten-Haus. Eine Reihe ihrer Skizzen und Entwürfe zeigten sie 1927 auf der juryfreien Kunstausstellung in Berlin im Glaspalast am Lehrter Bahnhof und auf der Triennale in Mailand. Sie lösten damit lebhafte Debatten

454 Rohbau
455 Entwurf Künstlerhaus, 1926

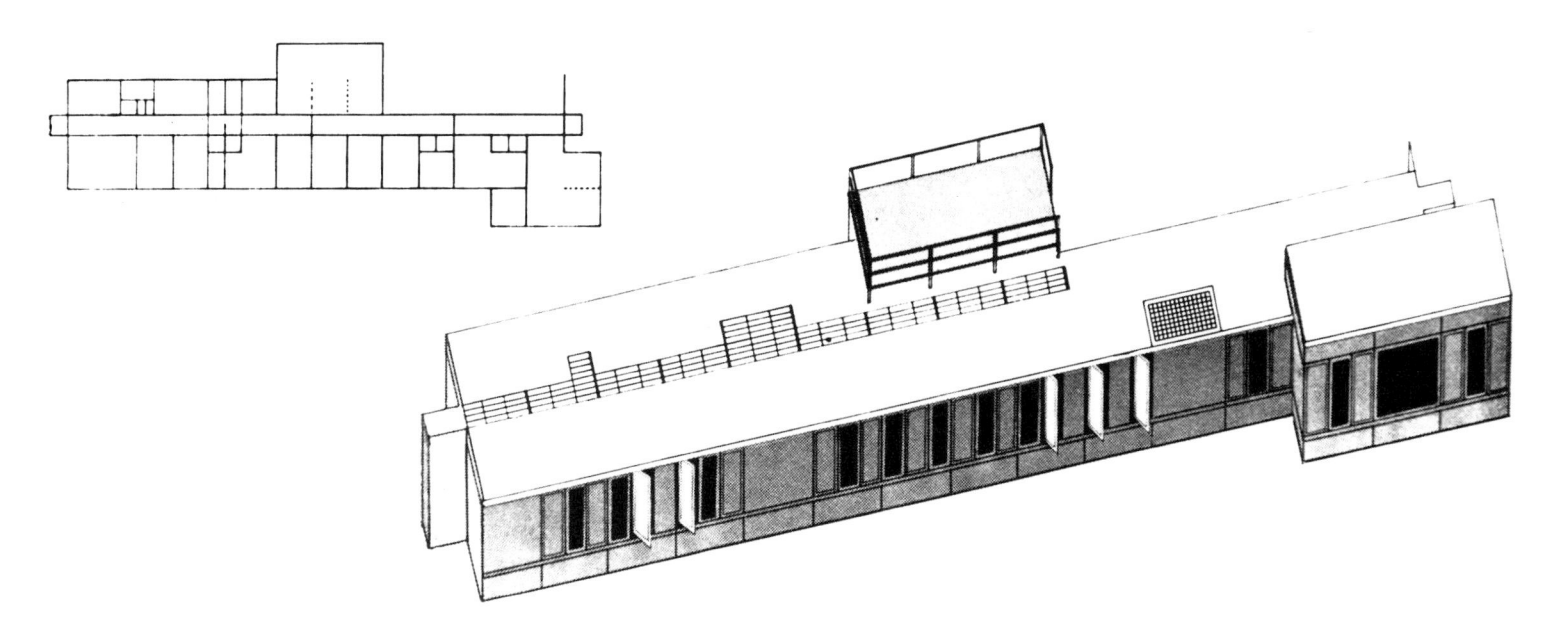

aus, denn es waren erste Ausblicke auf ein voll industrialisiertes Bauwesen und seine Auswirkungen auf Architektur und Städtebau. Leider ist das gesamte Material, die Konstruktionszeichnungen, Hausentwürfe und Ideenskizzen im Elternhaus Paulicks den Bomben zum Opfer gefallen.[68]

Der Ausflug Georg Muches in die Welt der Vorfertigung endete mit zwei Entwürfen für ein Einfamilienhaus in Greiz. Es sollte ein Stahlhaus werden; ein Projekt von Braune & Roth lag bereits vor. Muche zeichnete ein zweistöckiges Haus mit allen Merkmalen des Hauses in Törten: Stahlplatten mit Deckleisten, hohe schmale und runde Fenster, ein gesimsloses flaches Dach. Als die Baupolizei das Projekt ablehnte, folgte ein zweiter Entwurf mit Bauelementen der Kästner AG, mit den üblichen Fenstern und einem stark abgeflachten Walmdach. Dieser Bau wurde genehmigt, aber aus unbekannten Gründen in Mauerwerk ausgeführt.[69]

Muche hat mit großer Begeisterung und vollem Einsatz an seiner Stahlbauweise gearbeitet und der Student Paulick seine Ferien benutzt, um „mitzutoben". Sie teilten damals ihr Atelier mit Marcel Breuer und bestärkten sich gegenseitig in ihren Ideen und Plänen. Eine wesentliche Triebkraft

67 G. Muche: Blickpunkt Sturm, Dada, Bauhaus, Gegenwart, München 1961, S. 129f., 153f.; ders.: Stahlhaus in Dessau-Törten, Stein/Holz/Eisen 41 (1927), H. 7, S. 5; Paulick, S. 28–30; Ch. Engelmann/Ch. Schädlich: Die Bauhausbauten in Dessau, Berlin 1991, S. 69–79
68 Mitt. von R. Paulick
69 Engelmann, S. 79f.

456–458 Georg Muche, Haus Ackermann, Greiz, 1927

456/457 1. Entwurf, Aufriß und Grundriß
458 2. Entwurf, Aufriß

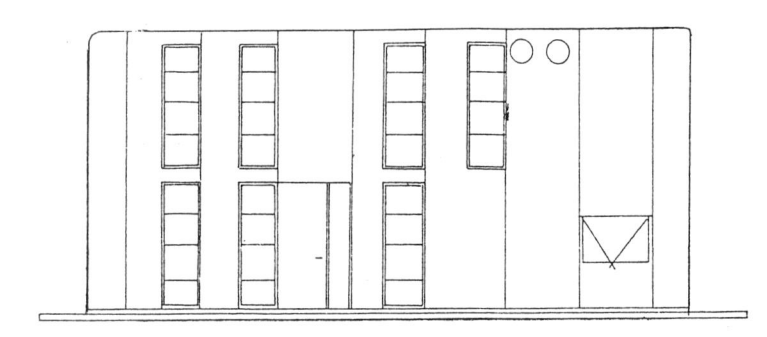

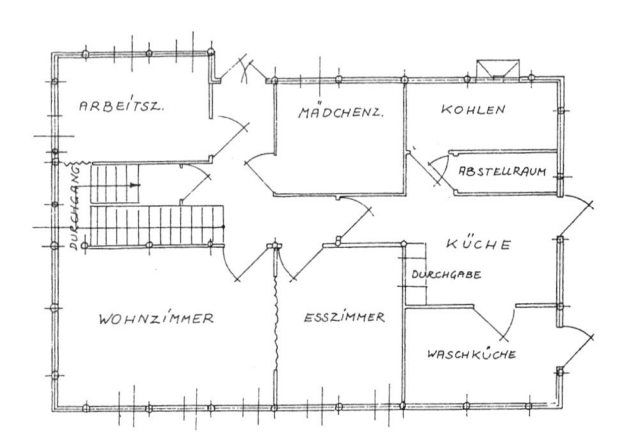

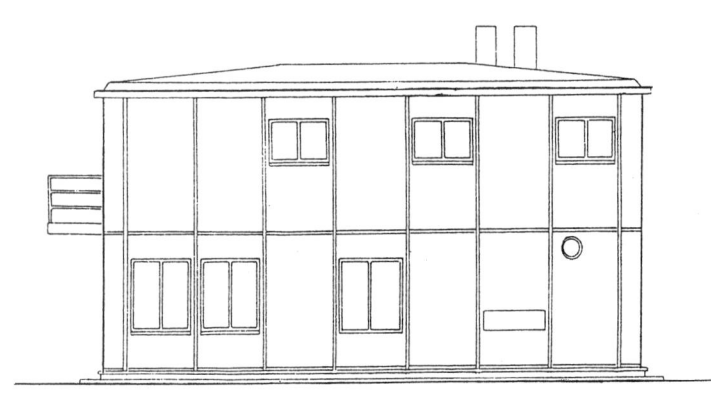

war die Überzeugung Muches, mit dem Stahlhaus 1926 ähnlich bahnbrechend zu wirken wie 1923 mit dem Haus Am Horn. Aber die Stahlindustrie hielt sich zurück und machte keine Angebote. Im Bauhaus wurde seine ausschließliche Orientierung auf den Stahlbau offensichtlich nicht geteilt. Sein konsequenter Einstieg in die Technik und seine rigorose Ablehnung des individuellen künstlerischen Elements zugunsten einer neuen, aus der Technik geborenen Schönheit stieß auch in der Bauhausjugend auf Ablehnung, so daß er im Sommer 1927 das Bauhaus verließ.

Während die Projekte von Breuer, Muche und anderen mehr oder weniger von künstlerischen Intentionen geprägt waren und ihre Realisierbarkeit im ungewissen blieb, suchte Gropius die Lösung der Probleme nach den verschiedenen Baukästen im Großen in einer immer intensiveren Auseinandersetzung mit der Baupraxis. Das Experiment von Törten war unmittelbar aus konkreten Erfahrungen abgeleitet und brachte neue Einsichten. Die Orientierung auf die schwere Vorfertigung als einzigen Lösungsweg hatte sich als nicht ausreichend erwiesen. Der kostspielige Einsatz schwerer Hebetechnik schränkte die Anwendung auf große Wohnbauten und Siedlungen mit typisierten Häusern ein. „Die Benutzung dieser Verfahren für die Errichtung von Einzelwohnhäusern", schrieb Gropius, „wäre dagegen infolge der teuren Montagemaschinen unrationell. Für die Erfüllung des starken Bedürfnisses nach serienmäßig hergestellten billigen, aber einzeln lieferbaren Einfamilienhäusern sollte … durch neue Verfahren eine Lösung gefunden werden."[70] Schon 1926 hatte Gropius einen Auftrag der Immobilienfirma Molling & Co Berlin für einige kleine Landhaustypen angenommen und Projekte geliefert, die weitgehend mit vorgefertigten Elementen in einer Holzbauweise ausgeführt werden sollten. In der Form erinnerten sie an den Baukasten im Großen von 1923. Zur Ausführung der Bauten ist es jedoch nicht gekommen, anscheinend fand sich kein Interessent. Den Bau seiner Musterhäuser in der Weißenhofsiedlung von 1927 aber benutzte er, um das Problem der Leichtbauweisen in voller Breite anzugehen.

Entwurf und Konstruktion seiner Ausstellungshäuser verband Gropius mit einigen grundsätzlichen Forderungen. Umfang und Gewicht aller Bauteile sollten so bemessen sein, daß sie auf den gebräuchlichen Lastkraftwagen transportiert und ohne besonderen Maschineneinsatz montiert werden konnten. Das Ziel sollte ein Trockenbau sein, um das lästige Trockenwohnen zu vermeiden, oder wenigstens ein Halbtrockenbau. Von der Industrie erwartete Gropius die Unterstützung der Vorfertigung durch die Einführung einheitlicher Standardmaße für alle im Wohnungsbau verwendeten Baumaterialien, damit sie bei Montagehäusern ohne

459–462 Walter Gropius, Einfamilienhaus, Ausstellung „Bau und Wohnung", Stuttgart-Weißenhof, 1927
459 Montage
460 Ausfachung

Nacharbeit eingesetzt werden könnten. Mit seinen beiden Musterhäusern wollte er diesen Forderungen besonderen Nachdruck verleihen. Der Trockenbau war eine Skelettkonstruktion mit leichten Z-förmigen Stahlstützen, mit dicken Korkplatten als Dämmschicht und einer Wetterhaut aus dünnen Asbestschieferplatten. Innen hatten Wände und Decken einen Belag von Lignatplatten, in den Naßräumen von Asbestschiefer. Die erzielte Wärmedämmung entsprach der einer 1,50 m dicken Ziegelmauer. Das Haus konnte nach der Fertigstellung sofort bezogen werden. Der Grundriß war aus einem quadratischen Raster von 1,06 m Systemmaß entwickelt als Voraussetzung einer massenhaften Produktion genormter Bauteile durch die Industrie. Gropius ließ alle Bauteile einschließlich der Installationen vorgefertigt und paßgerecht auf die Baustelle bringen, so daß dort nur noch montiert wurde. Schließlich umriß er in einer Erklärung zu seinem Haus auch die neue Rolle des Architekten im Prozeß der Industrialisierung: „Seine Hauptaufgabe ist heute die eines Organisators, der alle biologischen, sozialen, technischen und gesellschaftlichen Probleme zu sammeln und zu einer selbständigen Einheit zu verschmelzen hat".[71]

70 Bau und Wohnung, S. 59   **71** Ebd., S. 65

461 Eingangsseite
462 Grundrisse

Seite 261:
463 Gustav Lüdecke,
Haus des Geistesarbeiters,
Jahresschau Deutscher
Arbeit, 1925

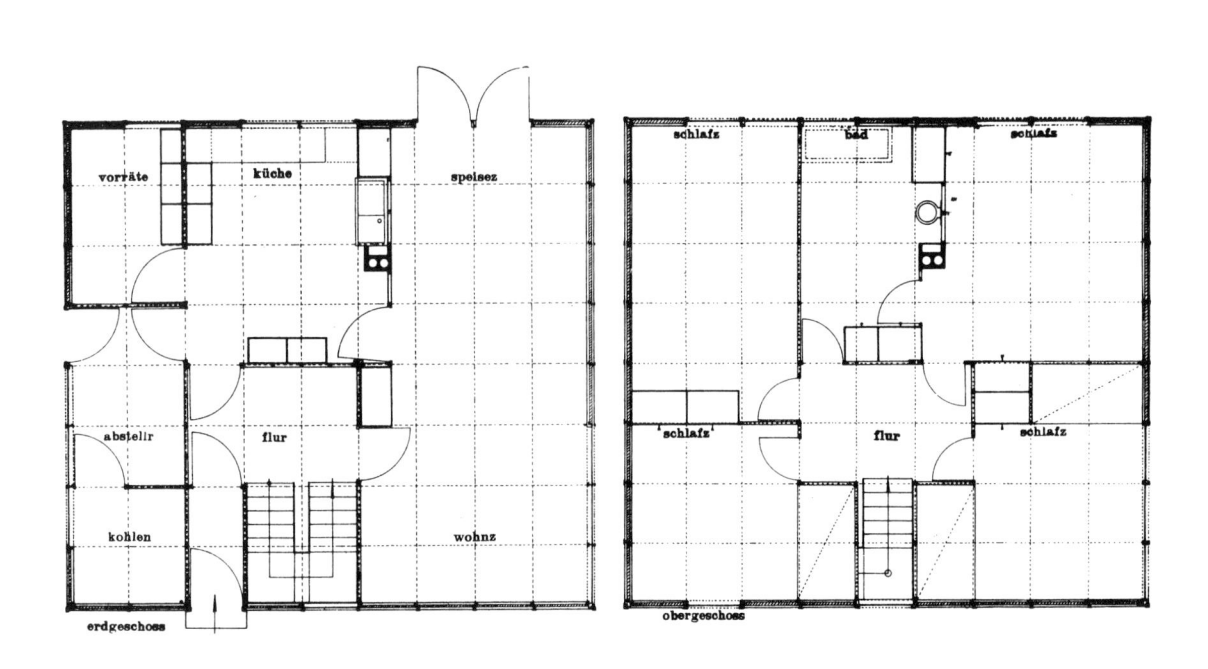

Das Trockenmontagehaus wurde im Weltkrieg zerstört und abgerissen, ohne die erhofften Auswirkungen auf die Industrie gehabt zu haben. Es war ein Versuchsbau und hatte verständlicherweise noch viele Mängel. Ein kritischer Punkt war die Abdichtung der vielen Fugen, die nur bei sehr sorgfältiger Arbeit gesichert war. Auch gab es Kältebrücken an den Eckstützen. Leider war der Bau auch einer der teuersten in der Siedlung.[72]

Das zweite Haus, ein Halbtrockenbau, hatte ebenfalls grundsätzliche Bedeutung. Es war ein rationalisierter Mauerbau mit Außenwänden aus Bimshohlblöcken, mit vorgefertigten Fenster- und Türstürzen, die Innenwände und Decken mit dünnen Bauplatten belegt, mit doppelt überfalzten Stahlfenstern, eingebauten Schränken und anderem mehr. Gropius appellierte damit an die Baustoffindustrie, sich auf die Erfindung eines neuen leichten Massenbaustoffes zu konzentrieren, aus dem handliche Bauelemente für den Bau des ganzen Hauses hergestellt werden könnten. Eine solche Bauweise war schon 1910 sein Traum gewesen. Auch das zweite Haus blieb ohne Auswirkungen, die Industrie ging ihren eigenen Weg.

Als Gropius ein Jahr später das Bauhaus verließ, schied eine Kraft aus, die von Anbeginn praktisch und theoretisch an der Entwicklung der Vorfertigung gearbeitet und in dieser Hinsicht vielfältig anregend auf ihre Umgebung gewirkt hat. In den folgenden Jahren spielten diese Probleme am Bauhaus keine besondere Rolle mehr.

Ideen und Versuche einzelner Architekten

Der Gedanke, in einer Zeit großer gesellschaftlicher Veränderungen und vor allem technischer Fortschritte zu leben, hat viele freischaffende Architekten bewegt. Eine große Anzahl hat sich ungeachtet der geringen Erfolgsaussichten eingehend mit dem Problem des Hausbaus auf einer Stahlbasis beschäftigt, eigene Bauweisen ausgearbeitet und zum Teil auch erprobt. Einer der ersten war Gustav Lüdecke in Hellerau. Er kannte die Hausproduktion der Deutschen Werkstätten und begann schon 1924 die amerikanischen Leichtbauweisen zu studieren. Auf dieser Grundlage entwarf er für die Jahresschau von 1925 in Dresden ein „Haus des Geistesarbeiters" mit einem Skelett von punktgeschweißten leichten Gitterstäben. Er verfolgte damit zwei Ziele: einerseits wollte er für eine neue Hausbautechnik werben, andererseits ein Beispiel der damals noch wenig bekannten neuen funktionellen Architektur schaffen. Das erste Ziel erwies sich als unerreichbar, da die deutsche Industrie die erforderlichen Gitterstäbe noch nicht produzierte und eine Sonderanfertigung an den hohen Kosten scheiterte. Das Haus mußte mit Hohlsteinen gemauert werden. Es hatte eine strenge kubische Form mit einem begehbaren Dach und wirkte inmitten der ausgestellten Holzhäuser, selbst neben dem Plattenhaus von Bruno Paul, wie eine ernste Kampfansage. El Lissitsky, der den sowjetischen Pavillon der Ausstellung eingerichtet hatte, sah in dem Bau einen kühnen Griff in die Zukunft und nahm Verbindung mit seinem Schöpfer auf. Das Haus war als ein Serienprodukt gedacht, Lüdecke hatte dafür besondere Bebauungspläne entworfen,[73] aber vorerst blieb es ein reines Idealprojekt, dem alle Voraussetzungen zur Verwirklichung noch fehlten.

Weitab von den Zentren des neuen Wohnungsbaus und der technischen Experimente, in Greiz bei Gera, erfand der Architekt Martin Körber ein leichtes Skelettsystem und errichtete damit im Frühjahr 1925 am Gommlaer Weg ein Musterhaus, das er auch selbst bewohnte. Das Haus ist ein erdgeschossiger Rundbau über einem Zweiundzwanzigeck von 8,50 m Durchmesser mit einem ausgebauten kuppelförmigen Dach und einer flachen, rundum verglasten Laterne. Die Idee ging auf den Entwurf eines runden Wohnhauses zurück, den Bruno Taut 1921 angefertigt und in seinem Buch

---

[72] Spiegel, Stahlhausbau, S. 133; Joedicke/Plath, S. 56–59
[73] G. Lüdecke: Industrieform – Wohnbauform, BW 16 (1925), H. 13, S. 305–308; H. 33, S. 780 (Haus des Geistesarbeiters); Ritter, Wohnung, S. 362, 382 (Bebauungsplan); S. Lissitzky-Küppers: El Lissitzky, Dresden 1967, S. 68, 73, 369

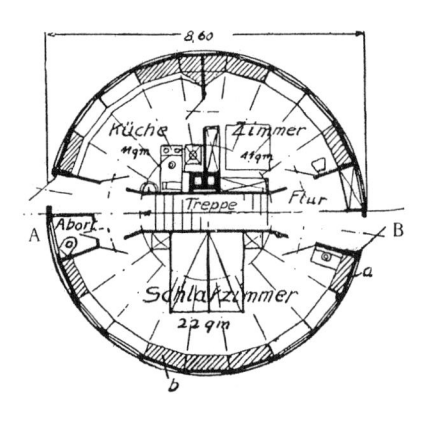

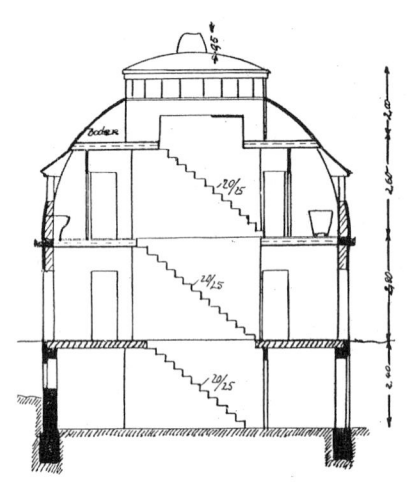

464–467 Martin Körber,
*Einfamilienhaus, Greiz,
Gommlaer Weg, 1925*
464 Erdgeschoßgrundriß
und Schnitt
465 montiertes Skelett
466/467 Ansichten, 1925
und 1991

„Die neue Wohnung" 1924 veröffentlicht hatte. Sparsamster Materialeinsatz war das Ziel. Die Konstruktion Körbers besteht aus gleichartigen Stahlstützen, die in der Höhe des Hauptgesimses abgebogen sind und die Dachkuppel bilden. Das Skelett konnte in vier Tagen montiert werden und wurde beiderseits mit Eternitplatten beplankt. Durch eingebaute Schränke an der Außenwand hat Körber die Wärmedämmung erhöht. Das Haus sollte in Serien gefertigt werden, es ließ sich durch Einfügen eines rechteckigen Teils mit tonnenförmigem Dach zwischen die halbrunden Gebäudehälften beliebig erweitern. Aus unbekannten Gründen ist es aber bei dem Musterhaus in Greiz geblieben, das auch heute noch seinen Zweck erfüllt.[74]

Zu den frühen Versuchen zählt auch die Skelettbauweise des Ingenieurbüros P. Urban in Ludwigshafen, die Hugo Junkers so bemerkenswert fand, daß er sie Gropius empfahl. Urban war ein Anhänger der Bodenreformbewegung und daher an einer Förderung des Siedlungswesens interessiert.[75] Hier mag eine Ursache dafür liegen, daß er nach einer besonders leichten Bauweise gesucht hat. Das Skelett und die Deckenträger bestanden ausschließlich aus Stahlrohren mit einem quadratischen Querschnitt von 64 mm Kantenlänge und einer Wandstärke von nur 2 mm. Die Rohre wurden im Regelabstand von 1,00 m zu raumgroßen Wandrahmen zusammengeschweißt. Diese Wandrahmen ließen sich ohne Hebezeuge montieren. Sie wurden untereinander teils verschraubt, teils verschweißt. Kreuzweis verlegte Rohre bildeten die Bewehrung der Decken. Die Rohre standen übereck in der Wand und griffen mit ihren Kanten in die Ausfachung ein. Das System zählte zu den zweischaligen Typen. Beide Schalen bestanden aus Zellenbeton, die äußeren Platten mit leichter Bewehrung und einem verstärkten und abgeschrägten Rand, die innere von gleicher Form, so daß beim Zusammensetzen ein Hohlraum entstand und die Platten mit ihren abgeschrägten Rändern die Wandstützen umfaßten. Die Platten wurden miteinander verschraubt und erhielten dadurch einen festen Halt. Die Wandstärke betrug bei 4 cm Luftschicht und einem dünnen Außen- und Innenputz nur 14 cm. Die Fugen der Außenseite wurden durch eine Winkelschiene abgedeckt und mit Zellenbeton vergossen. Das System beruhte auf durchaus neuen Konstruktionsgedanken und wurde in der Fachpresse wiederholt gewürdigt. Aus zahlreichen Ländern meldeten sich Interessenten, und Urban nahm viele Auslandspatente auf, um sich gegen Nach-

74 M. Körber: Ein Rundwohnhaus, BW 17 (1926), H. 27, S. 631; H. Hüfner: Greiz (Die deutsche Stadt), Berlin/Leipzig/Wien 1929, S. XII, 17

75 Aktennotiz Bespr. Junkers/Urban vom 25. 1. 1927, Sammlung Erfurth, Dessau

468–470 P. Urban, Leichtbauweise, um 1925
468 Skelett eines Einfamilienhauses
469 Außenwandquerschnitt
470 Musterhaus, 1927

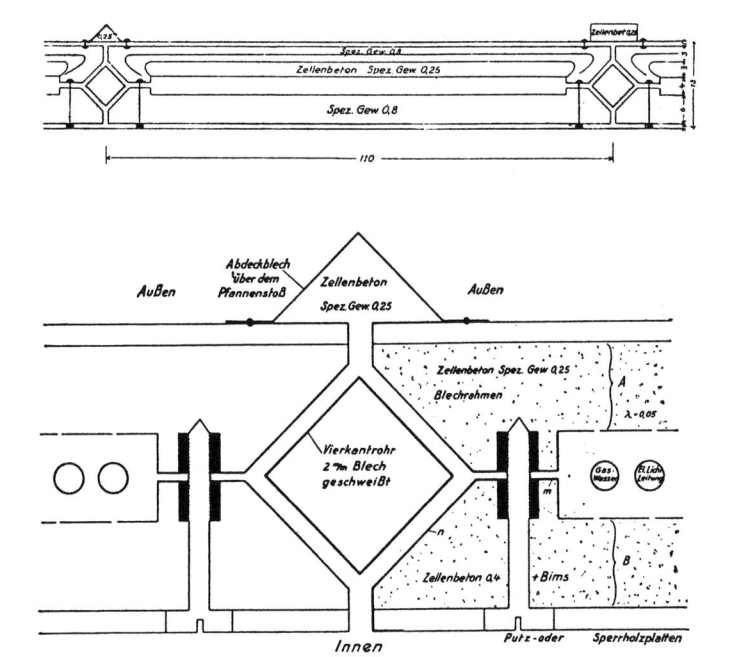

471/472 Adolf Rading, Montagehaus, Spielhagen, Projekt, 1927

471 Blatt 1 (Vorderansicht, Grundriß, Schnitt)
472 Blatt 3 (Details der Konstruktion 1–12)

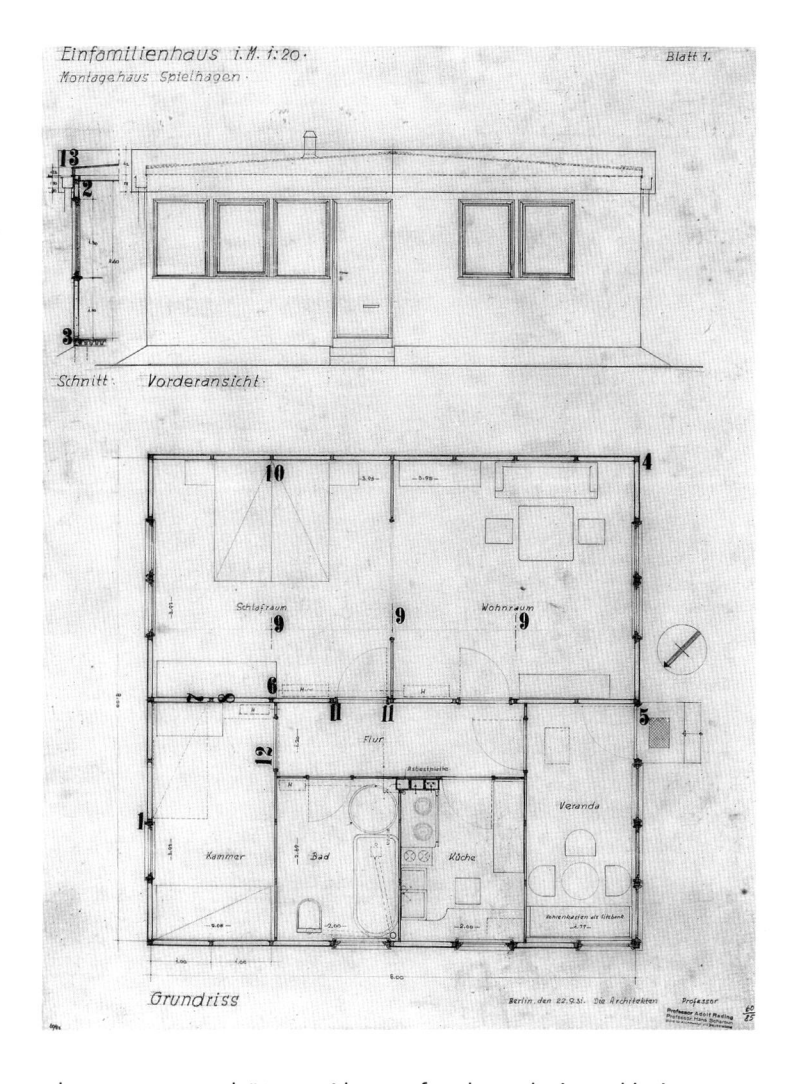

ahmungen zu schützen. Aber er fand anscheinend keinen Hersteller für die Bauelemente und keinen Unternehmer für die Bauausführung. So blieb ein Musterhaus auf der Werkbundausstellung in Stuttgart-Weißenhof der einzige Bau, der in dieser Bauweise bekannt geworden ist.[76]

Wie Urban hat auch Adolf Rading 1931 eine extrem leichte und wahrscheinlich auch kostengünstige Bauweise mit einem Stahlskelett ausgearbeitet. Vielleicht war es eine Auftragsarbeit, denn die Pläne tragen die Bezeichnung „Montagehaus Spielhagen". Das Projekt zeigt ein erdgeschossiges Haus mit einer Grundfläche von 8,00 × 8,00 m. Das stärkste Stahlprofil, ein U-Eisen von 100 mm Steghöhe, bildete die Schwelle, ein Winkelprofil 60/60/6 mm den oberen Rähm. Alle Stützen bestanden aus paarweise mit einem Holzzwischenfutter zusammengeschraubten Winkelleichtprofilen von 60 mm Schenkellänge. Das Holzfutter sollte der Aussteifung und gleichzeitig der Befestigung einer überfalzten Brettlage außen und einer 10 mm dicken Bauplatte innen dienen. Eine Seegrasmatte hinter der Verbretterung war als Abschluß gegen Wind und als zusätzliche Wärmeisolierung gedacht. Der Stützenabstand der Außen- wie der Innenwände betrug knapp einen Meter. Trotz des Rasters mit seinen Bindungen und der beschränkten Wohnfläche ist der Grundriß von einer bestechenden Klarheit und Zweckmäßigkeit und verrät eine intensive Arbeit. Selbst die kleine

76 Spiegel, S. 138–141

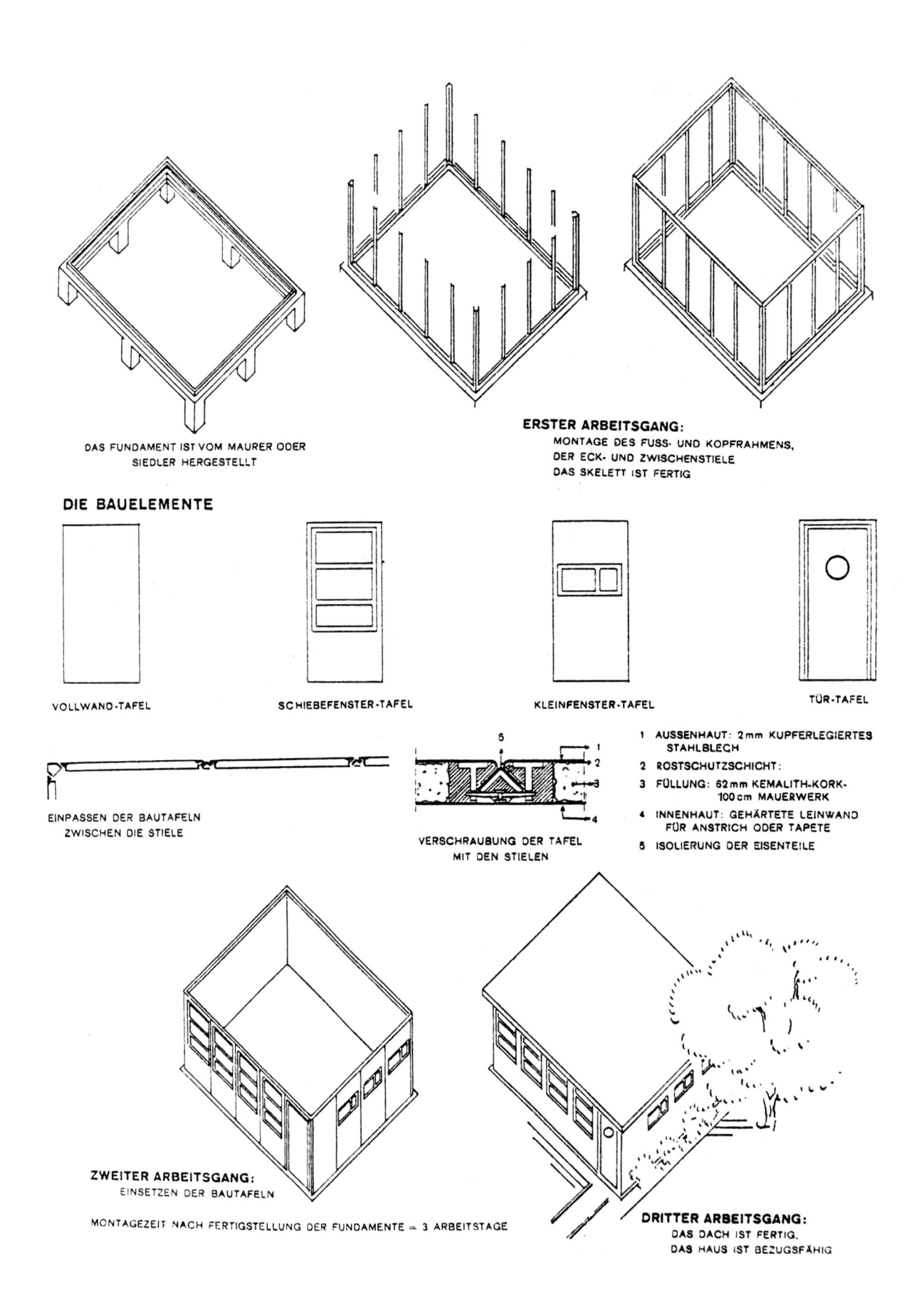

DAS FUNDAMENT IST VOM MAURER ODER
SIEDLER HERGESTELLT

ERSTER ARBEITSGANG:
MONTAGE DES FUSS- UND KOPFRAHMENS,
DER ECK- UND ZWISCHENSTIELE
DAS SKELETT IST FERTIG

DIE BAUELEMENTE

VOLLWAND-TAFEL

SCHIEBEFENSTER-TAFEL

KLEINFENSTER-TAFEL

TÜR-TAFEL

EINPASSEN DER BAUTAFELN
ZWISCHEN DIE STIELE

VERSCHRAUBUNG DER TAFEL
MIT DEN STIELEN

1. AUSSENHAUT: 2mm KUPFERLEGIERTES STAHLBLECH
2. ROSTSCHUTZSCHICHT:
3. FÜLLUNG: 62mm KEMALITH-KORK- 100 cm MAUERWERK
4. INNENHAUT: GEHÄRTETE LEINWAND FÜR ANSTRICH ODER TAPETE
5. ISOLIERUNG DER EISENTEILE

ZWEITER ARBEITSGANG:
EINSETZEN DER BAUTAFELN

MONTAGEZEIT NACH FERTIGSTELLUNG DER FUNDAMENTE = 3 ARBEITSTAGE

DRITTER ARBEITSGANG:
DAS DACH IST FERTIG,
DAS HAUS IST BEZUGSFÄHIG

473 Otto Bartning, Werfthaus, 1931, Information über Bauelemente und Montageablauf

474–479 Walter Gropius
474 Entwurf Einfamiliendoppelhaus für Siedlungsprojekt, Sommerfeld, 1929

Zentralheizung ist auf sparsamsten Betrieb angelegt.[77] Man hätte der Konstruktion eine vielfache Erprobung gewünscht, doch scheint das Häuschen Projekt geblieben zu sein. Ob Rading die so sorgfältig erarbeitete Bauweise auch bei seinem Eternit-Siedlerhaus angewendet hat, muß leider eine offene Frage bleiben.

Als ein technisches Glanzstück ist schließlich das „Werfthaus" von Otto Bartning zu werten, das erst 1931/1932 auf dem Markt erschien. Bartning nannte es Werfthaus, weil eine Werft in Stettin die Fertigung der Bauteile übernommen hatte. Für den Vertrieb gründete er – auch das ist ungewöhnlich – eine eigene Gesellschaft, die Werfthaus System Bartning GmbH. Im Stahlhochbau hatte er bereits bedeutende Erfolge zu verzeichnen. Er war der Schöpfer der weithin bekannten Stahlkirche auf der Pressa-Ausstellung in Köln von 1928, eines Baus aus Stahl und buntem Glas in einprägsamer Gestalt. 1930 errichtete er eine neuartige Rundkirche ebenfalls in einer Stahlkonstruktion. Das Werfthaus war eine abgewandelte Form des Lamellenbaus. Die Außenhaut bestand aus 2 mm dicken umgebördelten Stahlblechen, die in ein Skelett aus einfachen Winkeleisen eingesetzt und so verschraubt wurden, daß sich die Umbördelungen mit einer Dichtungseinlage fest auf die Winkeleisen preßten. Die Stützen und Lamellen standen auf einer Stahlschwelle

77 Pfannkuch, Rading, S. 124, Werkverz. Nr. 76; Zeichnungen Akademie der Künste Berlin, Nachlaß Rading

und wurden durch einen Obergurt gehalten. Die Lamellen waren innen durch eine 62 mm dicke aufgeklebte Korkplatte gegen Schwitzwasser gesichert. Der Kork bewirkte die Wärmedämmung einer 1,00 m dicken Ziegelmauer. Es folgte ein Belag aus gehärteter Leinwand oder einem anderen glatten Material für Anstrich oder Tapete. Die Trennwände bestanden aus Sperrholzplatten. Ein erdgeschossiges Haus wurde in wenigen Stunden montiert und konnte sofort bezogen werden. Alles war aus bestem Material gefertigt. Für den Rostschutz aber konnte auch Bartning nur auf die üblichen Ölfarbanstriche verweisen.[78] Die Zeit aber war für sein Unternehmen denkbar ungünstig, und so scheint das Werfthaus wenig Käufer gefunden zu haben.

Schwere Enttäuschungen überschatteten auch das weitere Wirken von Walter Gropius seit seiner Übersiedlung nach Berlin. Daß er das Bauhaus verließ, hatte verschiedene Ursachen. Eine wichtige, vielleicht sogar die entscheidende Rolle spielte dabei das Angebot des Bauhaus-Mäzens und persönlichen Freundes Adolf Sommerfeld, in Berlin die Projektierung einer großen Siedlung zu übernehmen und dafür eine industrielle Hausproduktion aufzuziehen. Gropius begann die Arbeiten mit Konsultationen bei den bekanntesten Stahlhausproduzenten, in den Werkstätten der Gebrüder Wöhr, in der Stahlhaus GmbH und im Böhler Stahlbau.[79] Im Auftrag Sommerfelds reiste er zum Studium der amerikanischen Hausproduktion auf zwei Monate in die Vereinigten Staaten. Das dort gesammelte Material, die Notizen und Skizzen verraten intensive Arbeit.[80] Nach der Rückkehr beauftragte Sommerfeld ihn und Moholy-Nagy mit der Vorbereitung einer Ausstellung, die die Öffentlichkeit auf das große Siedlungsprojekt hinweisen sollte. Da das vorgesehene Baugelände in Zehlendorf lag, bot die Einweihung der Gagfah-Siedlung im Fischtalgrund im August 1928 dafür eine günstige Gelegenheit. In einem Pavillon am Eingang der Siedlung wurden erste Skizzen der Gesamtanlage, Beispiele amerikanischer Fertighäuser und wahrscheinlich auch Vorentwürfe zur geplanten Bauweise vorgeführt. Es sollte eine Eigenheimsiedlung gebaut werden unter dem Motto: Heraus aus dem Steinmeer – Wohnen im Grünen.[81]

Aus den 1929 angefertigten Typenentwürfen geht hervor, daß Gropius von dem Prinzip des Trockenbaus und der kompletten Vorfertigung ausging, sie sei „die modernste Methode für den fabrikatorischen Bau von Montagehäusern".[82] Er hatte sich zu einer Stahlskelettkonstruktion mit einer Ausfachung entschlossen, die aus geschoßhohen Tafeln bestehen sollte. Seine Konsultationen bei Stahlhausfirmen deuten auf Stahlplatten hin. Vielleicht dachte er auch an eine äußere Buntmetallhaut, da er damals Nichteisenmetalle wegen ihrer Rostfreiheit und wetterabweisenden Wirkung, nicht zuletzt auch wegen der „Schönheit der Oberflächen" als Baustoffe der Zukunft bezeichnete.[83] In der endgültigen Fassung sollten die Tafeln aus einem leichten Gasbeton bestehen; für eine solche Bauweise hatte sich Gropius auf der Baumesse in Leipzig ausgesprochen.[84] 44 Zeichnungen mit Ein- und Zweifamilienhäusern haben sich erhalten. Einige äußere Details erinnern an den Trockenbau am Weißenhof, selbst das um die Hausecke geführte Vordach vom Baukasten im Großen fehlte nicht. Nur das für Gropius charakteristische Flachdach war zugunsten eines halbhohen Walmdaches aufgegeben. Zweifellos gab es dafür einen sehr zwingenden Grund. Denn die Fischtalsiedlung mit ihren traditionellen hohen Dächern neben der flach gedeckten Waldsiedlung von Bruno Taut, Rudolf Salvisberg und Hugo Häring hatte den „Dächerkrieg von Zehlendorf" ausgelöst und die Ablehnung des Flachdaches gerade in jenen Kreisen ans Licht gebracht, die als künftige Abnehmer der Sommerfeld-Häuser in Frage kamen.[85]

Das mit so großem Aufwand begonnene Projekt kam jedoch ins Stocken. Auch ein Angebot Sommerfelds an die Stadt Berlin, 5 000 Wohnungen unter besonderen Bedingungen ohne die Inanspruchnahme von Hauszinssteuerhypotheken zu bauen, zerschlug sich durch die Ablehnung des Magistrats. Gropius' hoher Einsatz an Zeit und Kraft erwies sich am Ende als vergeblich, obwohl die Verhältnisse seit der Weißenhofsiedlung und der Gründung der Reichsforschungsgesellschaft den Industrialisierungsbestrebungen recht günstig gewesen waren und seinen Optimismus beflügelt hatten. Das öffentliche Interesse daran war groß. Als Sommerfeld 1928 in kleinem Kreis seine Hausbauabsichten erstmals bekannt gegeben hatte, berichtete fast die gesamte Berliner Presse voreilig über die kommende Häuserfabrik, so daß Gropius vorsichtig dementieren mußte.[86] Aber im Vertrauen auf die Zukunft schrieb er einen Artikel mit dem provokatorischen Titel: Der Architekt als Organisator der Bauwirtschaft.[87] Als er feststellen mußte, daß der er-

78 Wagner, Wachsendes Haus, S. 57–60; J. Bredow/H. Lerch: Materialien zum Werk des Architekten Otto Bartning, Darmstadt 1983, S. 66–68, Werkverz. Nr. 116; WMB 16 (1932), H. 7, S. 318–321
79 Nerdinger, Gropius, S. 124
80 Herbert, Dream, S. 344, Anm. 67
81 Nerdinger, Gropius, S. 108, 109, 246; Das Neue Berlin 1 (1929), H. 1, S. 20–22
82 W. Gropius: Nichteisenmetall – der Baustoff der Zukunft, Metallwirtschaft 8 (1929), H. 4, S. 89
83 Ebd., S. 89f.
84 W. Gropius: Stahl im Wohnungsbau, Der Stahlbau 2 (1929), H. 7, S. 84; Herbert, Dream, S. 103
85 Junghanns; Taut, S. 87; Bauhausarchiv, S. 235f.

architekt: prof. dr. walter gropius

475–479 Entwicklungsarbeiten für Hirsch Kupfer- und Messingwerke, 1931/32
475 Verbesserte Wandkonstruktion

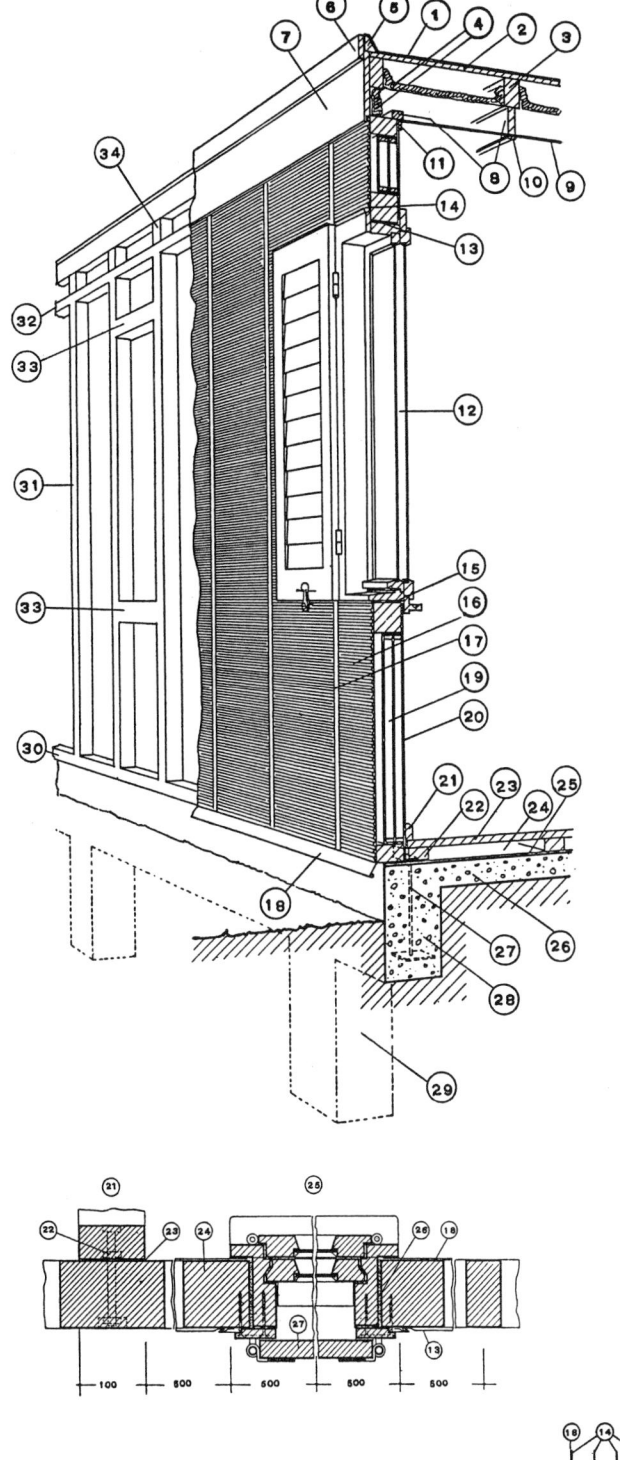

längsschnitt der kupferhaus-außenwand.
(die konstruktionen sind im inlande und auslande patentamtlich geschützt.)

Nr.
1 pappdachdeckung
2 dachschalung 16 mm
3 sparren 50/100 mm
4 tela-matte-isolierung
5 dreikantleiste
6 stirnbrett, gehobelt 20 mm
7 brettverschalung, gehobelt 20 mm
8 hölzer zur befestigung der deckenplatten
9 essex-decken- u. isolierplatte angeschraubt 4 mm oder aluminiumblech 0,6 mm
10 deckleiste
11 abschlußleiste
12 standard-verbund-doppelfenster mit klappläden
13 holzwolle-dichtung
14 kupferblech-rinnchen
15 teerstrick-dichtung
16 kupferwandblech — 0,5 mm mit wellenpressung
17 kupferblech-schiebefalz
18 kupferblech-tropfstreifen
19 isolierungen aus aluminiumfolien und asbest-bitumenpappe
20 aluminium-wandblech
21 scheuerleiste 60 . 25 mm
22 lagerholz 60 . 40 mm
23 dielen-fußböden 25 mm
24 luftraum
25 eine lage asphalt-isolierpappe
26 magerbetonschicht
27 betonsockel
28 verankerung des wandelementes
29 fundamentpfeiler auf frostfreie tiefe 2,0 m
30 fußholz 56 . 96 des wandelementes
31 stiel 56 . 96 des wandelementes
32 kopfholz 56 . 96 des wandelementes
33 fensterriegel 96 . 96
34 futterhölzer zum annageln der brettverschalung

querschnitt der kupferhaus-außen- und innenwand.

Nr.
1 eckwandstoß
2 mittel-wandstoß
3 standard-eckstiel 96 . 66
4 standard-mittelstiel 96 . 56
5 wandverbindung U- bzw. L-eisen, je 3 stück in der höhe einer wandeckendeckleiste, aufgenagelt
6 eckendeckleiste, aufgenagelt
7 gerade deckleiste
8 faserstoff-füllung
9 filzstreifen
10 kupferblech-deckstreifen
11 hafter angenagelt
12 umfalzung des außenwandbleches
13 mit wellenformung versehenes kupfer-außenwandblech 0,5 mm
14 1 lage asbest-bitumenpappe
15 1 lage aluminium-folie
16 2 lagen aluminium-folie
17 2 lagen asbest-bitumenpappe mit 1 lage aluminiumfolie dazwischen
18 mit wellenpressung versehenes aluminium-innenblech
19 holzleiste zum anfügen der isolierungen
20 innenwandblechstoß
21 stumpfer wandstoß
22 wandverbindungseisen je 3 stück in der höhe einer wand
23 filzstreifen
24 standard-fensterstiel 96 . 96
25 standard verbund-doppelfenster
26 holzwolledichtung
27 klappläden

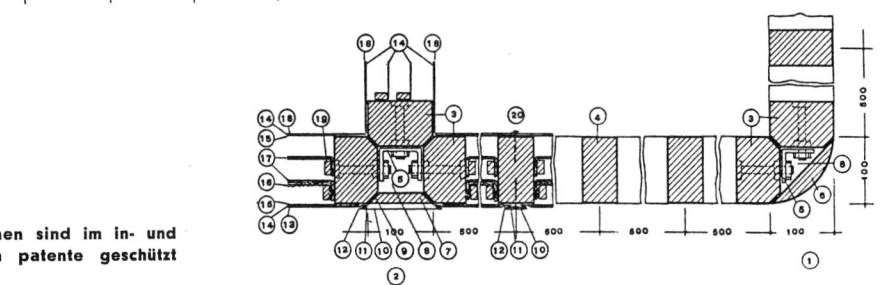

die konstruktionen sind im in- und auslande durch patente geschützt

476/477 neue Typenentwürfe (Typ K und M 2)
478/479 Musterhaus, Ausstellung „Sonne, Luft und Haus für alle", Berlin, 1932, Montage und Ansicht

hoffte allgemeine Durchbruch der Vorfertigung ausblieb, machte er vor allem technische Schwierigkeiten dafür verantwortlich. Nicht zu übersehen ist aber auch, daß der Eigenheimbau, auf den Gropius sein besonderes Interesse gerichtet hatte, zu den Bereichen des Bauwesens zählt, die von Tradition und geltenden Verhaltensmustern besonders geprägt sind. Als ihm 1928 durch einen internen Wettbewerb die Ausführung der großen Siedlung in Bad Dürrenberg zufiel, verzichtete Gropius zugunsten seines Konkurrenten Alexander Klein, weil er seinen Häusern hohe Dächer aufsetzen sollte.[88] So baute die Sommerfeld AG viele hundert Häuser nicht nur in Bad Dürrenberg, sondern auch in Zehlendorf ohne seine Beteiligung. Erst nach längerer Pause konnte er seine Arbeit für die Vorfertigung wieder aufnehmen, als er mit den Hirsch Kupfer- und Messingwerken in Berührung kam.

Gropius war im Juni 1931 an der Herausgabe eines neuen Bauweltkataloges beteiligt und erhielt durch das Arbeitsmaterial einen Einblick in die konstruktiven Einzelheiten der Hirsch-Kupferhäuser. Nach seiner Meinung handelte es sich hier um das entwicklungsfähigste Trockenbauverfahren, und er wandte sich sofort mit kritischen Hinweisen und Verbesserungsvorschlägen an die Werksleitung. Die Direktoren nutzten die gebotene Chance und beauftragten ihn mit der technischen und künstlerischen Überarbeitung ihrer Häuser. Während die Hausproduktion in alten Bahnen weiterlief, begann Gropius ein intensives Studium der wichtigsten einschlägigen Neuerungen, erprobte verschiedenste Verfahren der Wärme- und Schallisolierung bis zum Abschirmen der Regengeräusche auf den Blechdächern; er zog wissenschaftliche Gutachten heran und erfand ein neues Verbindungssystem für die Platten. Schließlich begann er neue Haustypen mit mehreren Varianten zu entwickeln. Sein ganzes Büro war in diese Arbeiten eingespannt, er dirigierte gleichzeitig die Entwurfsabteilung des Werkes und war praktisch für einige Zeit Leiter der Kupferhausabteilung.

Gropius ging zunächst von einem Kleinsthaus mit 37 m² Wohnfläche als Grundtyp aus und variierte ihn (Typ K, K1, K2), es folgte eine mittelgroße M-Serie, ein L-Typ und ein besonders aufweniger R-Typ. Ende November 1931 lagen über 130 Zeichnungen als Grundlage für die weitere Bearbeitung im Entwurfsbüro der Hausbauabteilung vor. Ein Probebau des Grundtyps K mit einfachem Satteldach wurde in der Wollwinkeler Straße in Finow errichtet und getestet. Nach den hier gesammelten Erfahrungen sind sämtliche Typen überarbeitet worden. Die ersten Gespräche über die notwendigen Veränderungen an den Fließlinien begannen. Gropius rechnete mit einem monatlichen Ausstoß von zehn Häusern.[89]

Er stand jetzt im Mittelpunkt der Ereignisse. Es gab monatlich über hundert Anfragen von Kaufinteressierten.

86 Berliner Lokalanzeiger vom 18. 3. 1928; Berliner Tageblatt vom 19. 3. 1928; Vossische Zeitung vom 29. 3. 1928 (nach H. M. Wingler: Das Bauhaus 1919–1933, Bramsche/Köln 1962); Gropius' Dementi in BW 19 (1928), H. 31, S. 720
87 Block, S. 202–214; WW 5 (1928), H. 2, S. 48 (Nachdruck Probst/Schädlich, Bd. III, S. 118)
88 Nerdinger, Gropius, S. 108

Verhandlungen liefen über einen größeren Auftrag der Stadt Cottbus und über eine Kupferhaussiedlung in Glienicke. Vertreter der Sowjetregierung sondierten die Brauchbarkeit der Kupferhäuser unter den Bedingungen des dortigen Klimas, ein amerikanisches Unternehmen wollte den Vertrieb in den Vereinigten Staaten übernehmen und prüfte die Möglichkeit der Anpassung an amerikanische Standards – trotz der Wirtschaftskrise war ein lebhafter Geschäftsverkehr in Gang gekommen.[90] Als 1931 ein Wettbewerb für „wachsende Häuser" ausgeschrieben wurde, bewilligte die Werksleitung die Mittel für eine Beteiligung mit zwei Häusern. Sie sollten in der von Gropius ausgearbeiteten Bauweise und nach seinen Entwürfen ausgeführt werden. Gewählt wurden L-förmige erdgeschossige Einfamilienhäuser, die wohl das ausgereifteste Vorfertigungssystem des Wettbewerbs repräsentierten. Äußerlich erinnerte nur wenig an die gewohnten Kupferhaustypen. Die Kupferhaut war nicht mehr strukturiert wie eine Vertäfelung, sondern durchgehend waagerecht gerieffelt und in schmale geschoßhohe Bahnen unterteilt, deren Ränder durch Deckschienen abgedichtet wurden. Die Stahlblechverkleidung innen ersetzte Gropius durch fein gewelltes Aluminiumblech. Der Hohlraum in den Außenwänden wurde durch zwei Aluminiumfolien auf Bitumenpappe in drei Luftschichten geteilt, so daß die Häuser eine vierfache Metallhaut aufzuweisen hatten. Es gab konstruktive Verbesserungen, z. B. einen wirksameren Verbindungsmechanismus bei den Paneelen. Schließlich verfaßte Gropius einen eingehenden Bericht über die neuen Eigenschaften seiner Häuser.[91] Im wesentlichen beruhte die verbesserte Konstruktion jedoch noch immer auf den Patenten von Förster und Krafft.

Gropius konnte sich auf der Höhe seiner Erfolge glauben. Aber gerade zu diesem Zeitpunkt änderte sich die Einstellung der Werksleitung zu seiner Arbeit. Dafür gab es mehrere Gründe. Zunächst war das erwartete große Geschäft mit den Gropius-Häusern ausgeblieben. Sie erreichten zwar Achtungserfolge in der Fachwelt, aber die Verhandlungen mit den Kunden offenbarten immer wieder ein größeres Interesse an den Förster-Krafft-Häusern. Um so mehr fielen die großen finanziellen Mittel ins Gewicht, die für eine Umstellung der Werkzeuge und Fließbänder auf das Gropius-System erforderlich gewesen wären. Die Kupferhausproduktion verursachte hohe Kosten und brachte wenig ein. Außerdem waren die Hirsch-Kupfer- und Messingwerke durch die langdauernde Wirtschaftskrise mit Millionenbeträgen in die roten Zahlen gekommen. Die Werksdirektoren nahmen deshalb die Gropius-Häuser kaum zur Kenntnis, sie verzichteten sogar auf eine Besichtigung ihrer Häuser auf der Sommerschau von 1932 in Berlin. Schon Anfang Mai erhielt Gropius die Mitteilung, daß die Hausbauabteilung einen neuen Leiter erhalten habe, und kurz danach wurde ihm eröffnet, daß die Kupferhausproduktion überhaupt eingestellt werde.[92] Damit wurde er praktisch um die Früchte seiner riesigen Arbeit gebracht. Die Musterhäuser sind nach Ausstellungsschluß unbeachtet anderwärts wieder aufgebaut worden, ein Haus gelangte nach Ilsenburg am Harz, wo die Hirsch-Werke eine Kupferhütte besaßen, und ist zu einem unbekannten Zeitpunkt wieder abgerissen worden, das zweite scheint nach einer unverbürgten Nachricht in Berlin-Frohnau sein Ende gefunden zu haben.

Als die Hirsch Kupfer- und Messingwerke in Liquidation gingen, beteiligte sich Gropius an dem Kampf um ein Überleben der Hausproduktion, mußte aber eine neue Enttäuschung hinnehmen. Die damals gegründete „Deutsche Kupferhausgesellschaft Berlin" führte zwar die Hausproduktion fort, jedoch auf der Basis der Förster/Krafft-Entwürfe. Gropius blieb ausgeschlossen, der Direktor des neuen Unternehmens nannte seine Verbesserungsvorschläge ein gescheitertes Experiment.[93] Fast ein Jahr vollen Einsatzes war vergeblich gewesen. Als Gropius das Ziel seines Lebens, den Baukasten im Großen mit beliebig kombinierbaren vorgefertigten Bauelementen erreicht hatte, brach alles wie ein Kartenhaus zusammen. Unter den gegebenen wirtschaftlichen Bedingungen waren auch alle Versuche aussichtslos, eine Kupferhausproduktion irgendwie auf der Basis seiner eigenen technischen Ideen und ausgearbeiteten Typen aufzunehmen. Für den sensiblen, von seiner Aufgabe so überzeugten Gropius muß es ein harter Schlag gewesen sein. Erst nach Jahren fand er in der Emigration durch die Begegnung mit Wachsmann eine Möglichkeit, das Thema Vorfertigung wieder aufzugreifen. Aber das Packaged-House-System blieb, wie schon berichtet, nur ein stiller Abgesang. An dem stürmischen Aufschwung der Industrialisierung des Hausbaus und der Produktion von Fertighäusern in Deutschland nach 1945 hatte er keinen Anteil mehr, da er seine zweite Heimat nicht mehr verlassen wollte. Kein deutscher Architekt hat wie Gropius so ausdauernd, in so unterschiedlichen Ansätzen, theoretisch wie praktisch, mit den Problemen der Industrialisierung des Hausbaus gerungen. Sie hätten immer im Vordergrund seiner Gedanken gestanden und seien nur zeitweilig durch die Lebensumstände zurückgedrängt worden, schrieb er noch gegen Ende seines Lebens.[94] Seine vielen Fehlschläge sind nur ein Beweis mehr für die Kompliziertheit dieser säkularen Aufgabe.

In Deutschland gab es noch viele Vorschläge von Architekten für Stahlbauweisen, die sich jedoch mehr oder weniger auf die Jahre der Weltwirtschaftskrise konzentrierten und meist von den damals häufigen Wettbewerben für bil-

480 Hubert Ritter, Wohnhausgruppe, Leipzig-Leutzsch, 1926

lige Kleinhäuser oder Häuser zu festen Preisen angeregt worden waren. Sie haben keine brauchbaren neuen Ideen eingebracht. In der Regel haben freischaffende Architekten, sofern sie sich mit ihren Ideen und Bauten an der Einführung des Stahlbaus in den Wohnungsbau beteiligt haben, gemäß ihrer wirtschaftlichen Interessenlage sich auf das Einfamilienhaus beschränkt, wobei ein ausgesprochenes Streben nach Verbilligung des Kleinhauses meist auf soziale Motivationen zurückging. Der Stockwerksbau in Stahlbautechnik setzte entsprechende Aufträge voraus und schloß höhere Risiken ein, besonders bei Versuchen mit eigenen konstruktiven Lösungen. Hier lassen sich zwei Architekten mit besonderen Leistungen nennen: Hans Spiegel in Düsseldorf und Otto Haesler in Celle, neben ihnen, aber mit Abstand, Hubert Ritter, von 1926 bis 1934 Standtbaurat von Leipzig, und sein Stadtbauamt.

In Leipzig gab es zwei Anlässe, den technischen Fortschritt im Wohnungsbau besonders zu fördern: In der Stadt herrschte größte Wohnungsnot; 1925 hatten 8 Prozent aller Haushalte keine eigene Wohnung. Schneller und billiger zu bauen war eine dringende Aufgabe. Die Stadt betrieb daher seit Kriegsende einen umfangreichen Wohnungsbau in eigener Regie und gab damit ihrem Stadtbaurat die Möglichkeit zum Experimentieren. Als zweiter Anstoß wirkte die Baumesse, die im Zusammenhang mit der Frühjahrsmesse alljährlich durchgeführt wurde. Sie bot das Neueste an Baustoffen, Baumaschinen und Konstruktionen an und war stets mit Tagungen über anstehende Bauprobleme verbunden. An diesen Veranstaltungen nahm Ritter meistens aktiv teil.[95] Er trat für die neueste Technik ein; nach seinem Entwurf wurde die Leipziger Markthalle mit den damals am weitesten gespannten Betonkuppeln von Franz Dischinger, einem der bedeutendsten Konstrukteure jener Jahre, gebaut. Auch im Wohnungsbau ging er neue Wege. Sein Ziel war neben der Beschleunigung des Wohnungsbaus auch eine Bau-

89 Nerdinger, Gropius, S. 170; Herbert, Dream, S. 113–125
90 Herbert, Dream, S. 129–136
91 Ebd., S. 141–147
92 Ebd., S. 147–155; Nerdinger; Gropius, S. 172; Nicht mehr Kupferhäuser, BW 23 (1932), H. 30, S. 744
93 Herbert, Dream, S. 157–159
94 Gropius an Dr. Karl-Heinz Hüter am 8. 2. 1968
95 H. Ritter 70 Jahre, Der Baumeister 53 (1956), H. 4, S. 255; Bibliogr. zur Gesch. der Stadt Leipzig, Bd. I., Weimar 1979, S. 212

kostensenkung, die letztlich einen Druck auf die Ziegelindustrie und ihre Politik der überhöhten Preise ausüben sollte.

Die Stahlhäuser der Leipziger Firmen lehnte Ritter wegen der erhöhten Rostgefahr in der feuchten Elsterniederung rundweg ab. Er begann seine Versuche zunächst mit Hohlmauerwerk in der Jurko-Bauweise und mit Schüttbeton. Dafür zog er die Firma Kossel aus Bremen heran. Als die erwartete Verkürzung der Bauzeit und Kostensenkungen ausblieben, ging er zum Stahlskelettbau über und entwickelte dafür ein eigenes System. Bereits 1926 wurde in Leipzig-Leutzsch eine dreigeschossige Wohnhausgruppe mit fünf Sektionen errichtet. Die Keller wurden traditionell gemauert. Das Skelett, die hölzernen Deckenbalken und der Dachstuhl kamen vorgefertigt auf die Baustelle. Das Montieren der Stahlkonstruktion, das Einbauen der Deckenbalken mit dem Blindboden, das Richten des Dachstuhles und das Decken des Daches dauerten bei einem Haus zwölf Tage. Alle weiteren Arbeiten konnten wettergeschützt durchgeführt werden. Die Ausfachung bestand aus Zellenbetonblöcken, die sich allerdings durch starkes Schwinden und Rissebildung als ungeeignet erwiesen.[96] Ritter ließ daraufhin an Verbesserungen arbeiten und warb noch 1929 in Vorträgen für den „Stahlfachwerksbau".[97] Leider gibt es keine Übersicht über die vom Stadtbauamt ausgeführten Skelettbauten, auch keine späteren Erfolgsberichte. Ein großer Wohnblock am Eingang der Siedlung An der Tabaksmühle von 1931 kann als ein letzter Zeuge der von Ritter angeregten Stahlskelettbauten gelten.

Hans Spiegel arbeitete als freischaffender Architekt in Düsseldorf. Als Statiker und Bauleiter bei Dyckerhoff & Widmann konnte er sich zunächst ein umfangreiches technisches Wissen aneignen. 1922, mit 29 Jahren, eröffnete er in Düsseldorf ein eigenes Architekturbüro. Sein Interesse galt vor allem neuen Werkstoffen und Bautechnologien, schon 1924 wurde er zum Mitglied der Akademie für Bauforschung in Berlin berufen.[98] Als der Trend zum Bauen in Stahl einsetzte, stellte er sich von vornherein die Aufgabe, nur rostgeschützte Konstruktionen zu entwickeln. Seinen Vorstellungen kam die Erfindung des Betonhaftbleches durch den Ingenieur Wilhelm Schütz in Düsseldorf entgegen. Diese Bleche konnten durch beiderseits ausgeschweißte Haften vollständig in Zementmörtel oder Beton eingebettet und damit gegen Rost gesichert werden. Gleichzeitig wurden sie durch die Haften ausgesteift, so daß die Stärke der Blechtafeln auf 0,5 mm reduziert werden konnte. Gemeinsam mit Schütz erarbeitete Spiegel eine entsprechende Skelettbauweise und stellte 1926 auf der schon erwähnten Gesolei einen kleinen Versuchsbau aus. Um die Baukosten zu senken, arbeitete er auf eine Serienfertigung aller Bauteile hin und entwarf dafür drei verschieden große Haustypen mit einigen Varianten. Mit Unterstützung der Stadtverwaltung konnten 1927 zwei dieser Typen als Doppelhaus in Düsseldorf-Heerdt, Benedictstraße, gebaut werden. Sie sind erhalten, aber in Einzelheiten verändert; vor allem wurde der ursprüngliche Außenputz durch eine Klinkerverblendung ersetzt.

Spiegel nannte sein System „Düsseldorfer Stahlhaus". Es bestand aus einem leichten Stahlskelett mit außen aufgesetzten Betonhaftblechen und mit Bimsbetonhohlplatten auf der Innenseite. Nach der Bauakte von 1926 standen die Skelettstützen im Hohlraum zwischen den Blechen und den Betondielen. 1927 aber war Spiegel bereits zur Auffüllung des Hohlraumes mit Magerbeton übergegangen, so daß das Skelett vollständig von Beton umschlossen wurde. Die Gesamtstärke der Außenwände betrug 16,5 cm. Deckenbalken und Dachstuhl waren von Stahl. Ein geplanter fünfgeschossiger Wohnblock kam aus unbekannten Gründen nicht zur Ausführung.[99] Das „Düsseldorfer Stahlhaus" brachte Spiegel jedoch das Interesse der Stahlindustrie und eine Studienreise in die Vereinigten Staaten ein. Dort lernte

*481 R. O. Koppe,
Wohnhausgruppe, Leipzig,
Zwickauer Straße, 1931,
Zustand 1988*

96 H. Ritter: Leipzig, Berlin/Leipzig/Wien 1927, S. XXVII, 75; ders.: Wohnung, S. 57; Spiegel, Stahlhausbau, S. 175
97 Der Stahlbau 2 (1929), H. 23, S. 272–274; 4 (1931), H. 6, S. 72
98 Porträt einer Persönlichkeit, Düsseldorfer Hefte 1963, H. 11, S. 492–497; Zentralblatt für Industriebau 1963, H. 6, S. 314f.

482–491 Hans Spiegel, System „Düsseldorfer Stahlhaus"
482–484 Probebauten, Düsseldorf-Heerdt, Benediktstraße, 1927
482 Gartenfront im Rohbau
483 Grundrisse

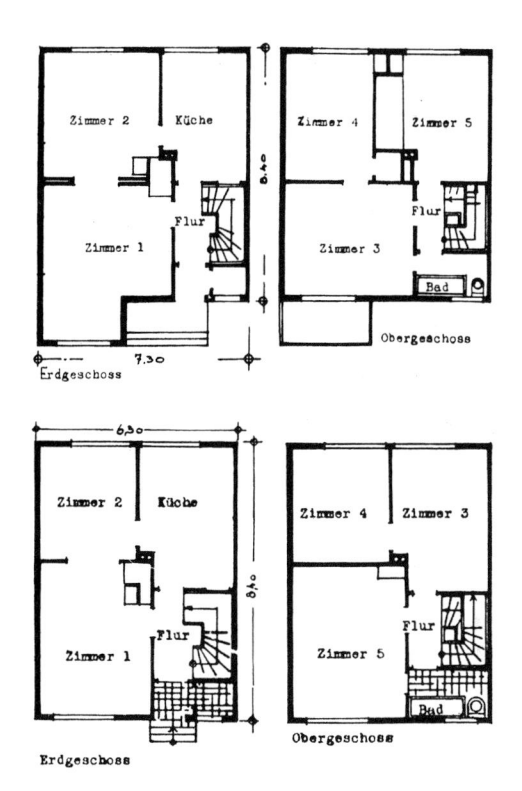

484 Straßenfront, 1991 (Klinkerverblendung und Dachausbau neu)

485 Stahlrahmenbau mit Haftblechen, Musterhaus, Dresden, 1928

486/487 Stahlrahmenbau mit Betonplatten, Versuchssiedlung, Heeren-Werwe (Reg.-Bez. Münster), Kurt-Schumacher-Straße, 1930, abgebrochen um 1950

486 Siedlung im Rohbau
487 Plattenquerschnitte

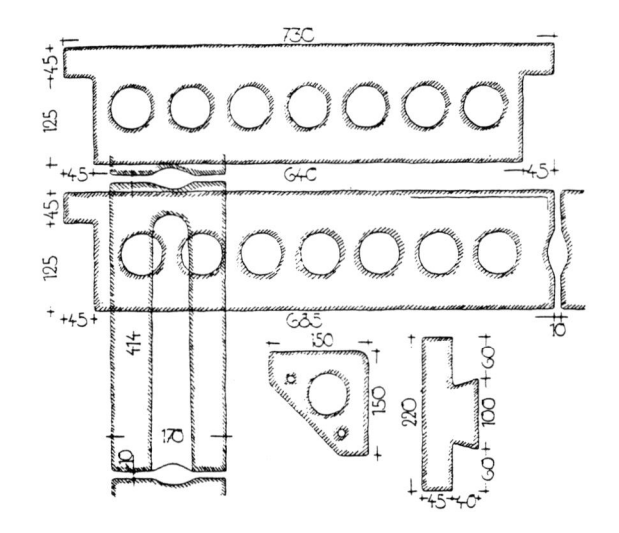

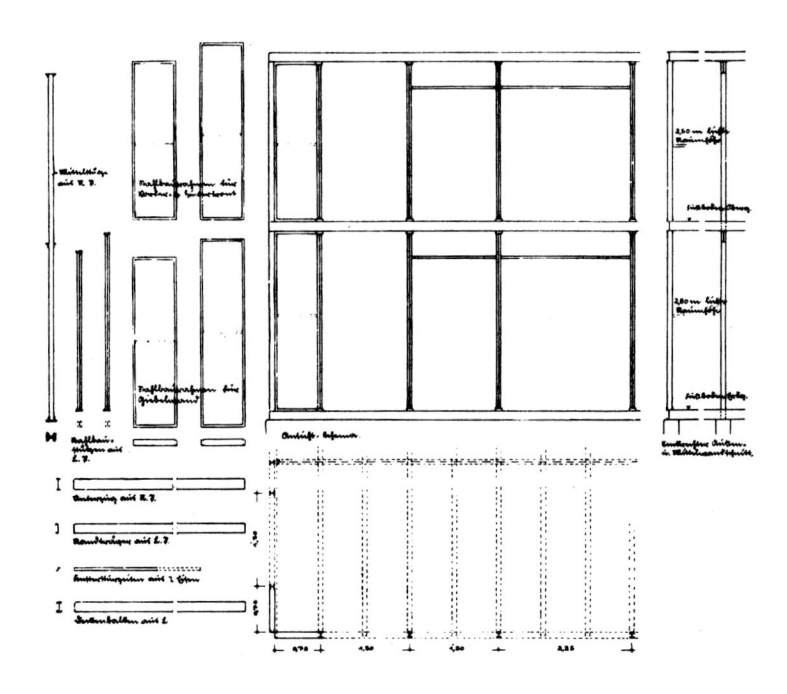

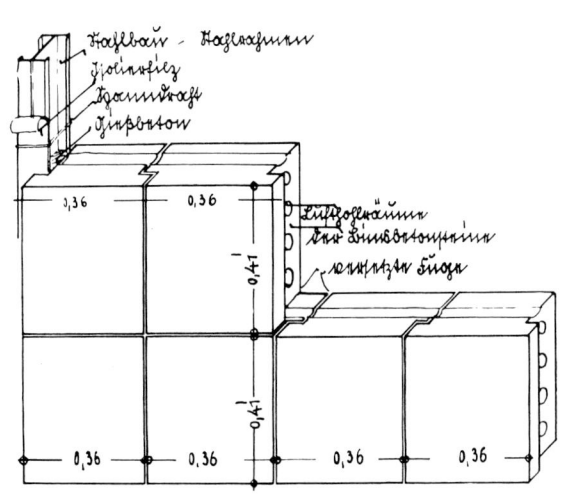

Stahlrahmenbau, Modell, 1930
488 Sortiment der Rahmen
489 Ausfachung
490 Konstruktionsschema des Stahlmontagebaues
491 Montage

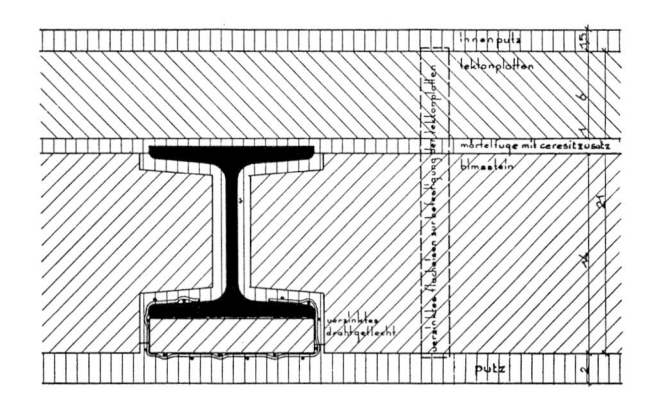

492–499 Otto Haesler, Siedlung Kassel-Rothenberg, 1929–1931

492 Wohnzeilen (vor der Bepflanzung, im Hintergrund Heiz-/Waschhaus)

493 Außenwandquerschnitt

er die amerikanischen Leichtbauweisen kennen, besonders die Vorzüge der Stahlleichtprofile und der Ausfachung mit Hohlsteinen. 1927/28 erfand er in engstem Kontakt mit Blecken und anderen Spezialisten des Stahlhochbaus das System eines neuartigen leichten Stahlrahmenbaus.

Ähnlich dem Fabrizierten Fachwerk von Schmitthenner löste Spiegel das gesamte Skelett in Wand- und Deckenrahmen auf, die auf einfachste Weise zusammengesetzt und verschraubt wurden. Die Montage konnte von ungelernten Arbeitskräften durchgeführt werden. Nach dem Verschrauben bildeten die Längsseiten der Rahmen doppel-T-förmige Querschnitte, die für alle Belastungen bei zwei- und dreigeschossigen Wohnbauten ausreichten. Auch hier benutzte Spiegel anfangs Haftbleche, die außen angesetzt und verputzt wurden. Innen erhielten sie einen Zementmörtelbewurf. Die Ausfachung bestand aus 10 cm dicken Gas-, Zell- oder Bimsbetonplatten mit einer dünnen Dämmschicht gegen Feuchtigkeit und Schall. Die kleinen Hohlräume an den Stützen wurden mit Beton ausgegossen und das Ganze innen mit Lignatplatten oder Gipsdielen ausgekleidet. Als Deckenbalken dienten Leichtprofile; die Untersicht bildeten Lignatplatten oder ein Deckenputz auf einem üblichen Putzträger. Dieses „System Spiegel" wurde von der Stahlbau Düsseldorf GmbH übernommen. Das erste Musterhaus ist im Sommer 1928 auf der Ausstellung „Die technische Stadt" in Dresden gezeigt worden, ein zweigeschossiges Zweifamilienhaus mit hohem Bodenraum und Flachdach. Die Bauzeit betrug fünf Wochen.[100]

Nachdem der Rahmenbau – offensichtlich gefördert durch die Stahlindustrie – an weiteren drei Bauten erprobt worden war, darunter ein dreigeschossiger Wohnblock in Breslau-Grüneiche, konnte Spiegel 1930 eine Versuchssiedlung in Heeren-Werve bei Kamen, Kurt-Schumacher-Straße, mit 48 Wohnungen in zweigeschossigen Häusergruppen unter der Kontrolle der Reichsforschungsgesellschaft errichten. Das Haftblech spielte keine Rolle mehr. Erprobt wurden einerseits hohe Betonplatten in der Breite der Stahlrahmen, andererseits Ausfachungen mit Zellen- und Bimsbetonhohlsteinen, außerdem verschiedene Deckenkonstruktionen. Der Stahlrahmenbau erwies sich in seiner günstigsten Variante um etwa 20 Prozent billiger als ein Ziegelvergleichsbau. Leider wurden sämtliche Versuchshäuser in den fünfziger Jahren abgebrochen. Spiegel nutzte die hier gewonnenen Erfahrungen und verdichtete sie zum „Modell 1930". Den Stahlbedarf für einen Kubikmeter umbauten Raumes konnte er von 18 kg in Heerdt und 16,3 kg in Dresden auf 9,4 kg senken. Für die Ausfachung benutzte er Zellen- oder Bimsbetonblöcke in einer Form, die durchgehende Lager- und Stoßfugen absolut ausschloß. Er hatte ein Maßsystem aufgebaut, dessen Basis die Abmessungen eines DIN-Normenfensters waren. Aus der Rahmenbreite ergab sich ein Stützenabstand von 1,50 m mit dem Zwischenmaß 0,75 m. Die Größe der Betonblöcke war genau darauf abgestimmt.[101]

Neben dem Rahmenbau hat Spiegel auch ein in den Maßen entsprechendes Skelettsystem für mehrstöckige Bauten ausgearbeitet, das die Bezeichnung Stahlmontagebau erhielt. Es hatte Verbundstützen aus Winkelnormalprofilen und Gitterträger in den Außenwänden zur Aufnahme der Deckenbalken aus Stahlleichtprofilen. Für die Decken selbst sah er unter anderem eine „Terrastdecke" mit Streckmetall vor, die auf Gustav Lilienthals Erfindung zurückging. Auch diese Bauweise wurde von der Stahlbau Düsseldorf GmbH ausgeführt, die sowohl Einzelteile einschließlich der Betonblöcke lieferte als auch schlüsselfertige Häuser.[102] Die Zahl der nach dem System Spiegel gebauten Häuser ist unbekannt. Es wird von „vielen Hundert" gesprochen. Ein dreigeschossiges Wohnhaus in Hamborn von 1930 bildete die Deutsche Bauzeitung ab.[103]

Die Erfahrungen mit den im amerikanischen Hausbau üblichen Leichtprofilen ergaben, daß die deutschen Stahlnormenprofile für den Kleinhausbau ungeeignet sind, weil sie einen zu hohen Stahlbedarf bedingen und es für die Verbindung von Stütze und Wand günstigere Profile gibt. Vielleicht auf Spiegels Anregungen kam es zur Bildung einer Studienkommission durch die Reichsforschungsgesellschaft, den Stahlwerksverband und den Deutschen Eisenbauverband, die die Bedingungen einer Serienproduktion im Hausbau und damit auch die Frage neuer DIN-Normen für Walzprofile und andere Bauteile wie Fenster und Türen prüfen sollte. Denn sämtliche Normen für Baustoffe und Konstruktionen orientierten sich nicht, wie schon Gropius bemängelt hatte, auf die Einheit des Hauses, sondern gingen auf gegebene Herstellungsgewohnheiten zurück.[104] Auswirkungen auf die Normenarbeit hatten die Erkenntnisse der Studienkommission anscheinend nicht, doch ein wachsendes Interesse der Stahlindustrie an leichten, stahlsparenden Bauweisen war unverkennbar. 1931 erschienen die ersten nach amerikanischen Mustern vorgefertigten leichten Deckenkonstruktionen auf dem Markt, darunter zwei Deckensysteme der Stahlbau Düsseldorf GmbH nach Spiegels Entwürfen.[105]

Neben dem Hausbau galt das Interesse Spiegels auch dem Industriebau, dem zweiten Gebiet großer technischer Neuerungen. Er errichtete zahlreiche Werksanlagen und gab seit 1928 die Zeitschrift „Der Industriebau" heraus. Im gleichen

99 Spiegel, Stahlhausbau, S. 105–114; ders.: Die Düsseldorfer Stahlhaus-Musterhäuser in Düsseldorf-Heerdt, Stahlhauskorrespondenz Nr. 2., Düsseldorf, Dez. 1927; BW 19 (1928), H. 14, S. 356; WW 4 (1927), H. 1/2, S. 15; Stein/Holz/Eisen 42 (1928), H. 35, S. 639
100 Spiegel, Stahlhausbau, S. 143–154; WLB Bd. IV, S. 443
101 Stegemann, Vom Wirtsch. Bauen, 7. Folge, S. 64–67; Tragende und nichttragende Außenwände in der Siedlung Heeren-Werve. RFG Mitt.blatt Nr. 4/5, Okt./Nov. 1930, S. 4; Stahlrahmenbau System Spiegel. Hrsg. Beratungsstelle für Stahlverwendung Düsseldorf, Düsseldorf o. J., S. 4f.
102 Beratungsstelle, S. 10
103 DBZ 65 (1931), Beil. Konstr. u. Ausführ. Nr. 5, S. 39
104 Spiegel, Stahlhausbau, S. 114, 146; BW 19 (1928), H. 14, S. 356; Stegemann, Vom Wirtsch. Bauen, 7. Folge, S. 41
105 Eine neuartige Massivdecke, Baugilde 14 (1932), H. 4, S. 410–412

Jahr plädierte er mit seiner Dissertation „Die Auflösung der Gebäudekonstruktion durch den Stahlskelettbau" erneut für die neue Bautechnik. 1929 brachte er mit seinem Buch „Der Stahlhausbau" erstmals eine Übersicht über den Stand der Entwicklung in den Vereinigten Staaten, England, Frankreich und Deutschland heraus. Er war wie viele Architekten damals überzeugt, daß „nur über die weitgehende sorgfältige Normierung der Bauelemente und montagemäßige Herstellung von typisierten Wohnbauten" ein wirtschaftlicher Wohnungsbau möglich ist.[106] 1931 folgte ein zweiter Band: „Grundlagen für das Bauen mit Stahl". Spiegel übernahm Vorlesungen an der TH Aachen über neue Baustoffe und Bauweisen. Als aber nach 1933 die technische Entwicklung nach seinen Worten „zurückgedreht" wurde, war sein bisheriges Wirken keine Empfehlung mehr. Erst als die Sorge um die Erhaltung der „Wehrkraft" erneut zur systematischen Arbeit an den Problemen des Wohnungsbaus führte, war er wieder gefragt. In der Planungsabteilung des Reichswohnungskommissars leitete er seit 1941 die Vorarbeiten für den Wohnungsbau nach dem Krieg. Unter den Schlägen der Luftangriffe wurden jedoch Hilfsaktionen für ausgebombte verzweifelte Familien zur Hauptaufgabe. Mit Spiegels Namen ist der „Reichseinheitstyp 001" verbunden – eine Hütte von 22 m² Wohnfläche für vier Personen. Sie war das letzte Wohnangebot des faschistischen Staates vor dem Zusammenbruch.

Als nach dem Krieg die Stahlindustrie mangels Aufträgen wieder auf die Stahlhausproduktion zurückgriff, versuchte Spiegel an seine Erfolge in der Weimarer Zeit anzuknüpfen und eine neue Bauweise zu entwickeln. Berichtet wird von drei Versuchshäusern auf dem Gelände der Gutehoffnungshütte in Sterkrade, die 1946 nach Spiegels Entwürfen hergestellt worden waren, aber auf lebhafte Kritik stießen. Sie bestanden aus beiderseits mit Stahlblech beschlagenen Tafeln. Die Bauweise erwies sich letztlich als unwirtschaftlich und wurde nicht weiter verfolgt.[107] Spiegel baute auch mit Betonfertigteilen, aber seine frühere Bedeutung konnte er nicht mehr zurückgewinnen.

Otto Haesler schließlich begann seine Pionierleistungen als freischaffender Architekt in Celle. Er war aufgeschlossen für die technischen und künstlerischen Probleme des Bauens, vor allem aber durchdrungen von der Überzeugung, daß der Wohnungsbau für die werktätige Bevölkerung zu einer zentralen Aufgabe des Jahrhunderts geworden sei. Dieser Gedanke war für ihn „eine Art Zwangsvorstellung".[108] In allen Städten, die er bereiste, suchte er zuerst die Elendsviertel auf. Sein ganzes Schaffen war darauf gerichtet, die Baukosten für Kleinwohnungen zu senken, gleichzeitig aber auch bei der kleinsten Wohnung einen gewissen Komfort und Wohnwert zu sichern. Er beobachtete vor allem die Lebensweise der ärmeren Bevölkerungsschichten und stellte einen Kodex von Forderungen auf, die jeder Wohnungsbau in wirtschaftlicher, bauphysikalischer, funktioneller, hygienischer und psychologischer Hinsicht erfüllen sollte.[109] Sie waren auch der Maßstab bei den eigenen Wohnungsbauten. Haesler war der erste, der 1925 in Celle-Georgsgarten die Zeilenbauweise anwandte, die allen Wohnungen gleich günstige hygienische Bedingungen sichert und die den Siedlungsbau zwischen den Weltkriegen dann wesentlich mitgeprägt hat. Die kleine Siedlung hatte eine Signalwirkung. Haesler war einer der strengsten Funktionalisten der zwanziger Jahre, der die architektonische Form allein aus den technischen und funktionellen Gegebenheiten eines Bauorganismus zu entwickeln suchte, auch wenn er dabei alte, von ihm geschätzte Bauformen wie das ausdrucksvolle steile Dach der Ratio opfern mußte. Auf diese Weise erreichte er in der Siedlung Georgsgarten eine solche Kostensenkung, daß er ein Kinderheim mit Spielplatz und Planschbecken und eine kleine Leihbücherei zusätzlich errichten konnte.

Als 1926 der Stahlhausbau begann, beschäftigte sich Haesler vor allem mit dem Stahlskelettbau und stellte umfangreiche Versuche an. Denn die Möglichkeit, auf diese Weise Außenwände mit einer weit besseren Wärmedämmung zu schaffen als mit dem Mauerbau, kam seinem Ziel entgegen, auch kleinste Wohnungen mit einer Zentralheizung auszustatten. Durch verstärkte Wärmedämmung wollte er niedrigste Heizungskosten erreichen.[110] 1929 konnte er erstmals in der Siedlung Kassel-Rothenberg die Stichhaltigkeit seiner Berechnungen überprüfen. Er konstruierte ein Stahlskelett aus Doppel-T-Profilen und wählte

---

106 Spiegel, Stahlhausbau, Vorwort; Fehl/Harlander, S. 2100f. (396f.)
107 Schriftwechsel über Stahlhäuser für eine geplante Ford-Siedlung in Köln, Haniel-Archiv Düsseldorf, Akte 464 125, Schreiben vom 31. 3. 1947 und 27. 6. 1947
108 O. Haesler: Mein Lebensweg als Architekt, Berlin 1957, S. 10
109 Ebd., S. 10f., 24–26
110 Ebd., S. 26, 41f.
111 Ebd., S. 22–37; O. Haesler: Stahlskelettbauweise für den Wohnungsbau?, ZBV 49 (1929), H. 47, S. 757–760; ders.: Die Rothenberg-Bebauung in Kassel, und G. Jobst: Das wirtschaftliche Ergebnis der Rothenberg-Siedlung in Kassel, DBZ 65 (1931), Beil. Konstr. u. Ausführ. Nr. 21, S. 161–168; O. Völckers: Warum Stahlskelett für den Wohnungsbau?, Stein/Holz/Eisen 44 (1930), H. 3, S. 61–66; A. Schumacher: Otto Haesler und der Wohnungsbau der Weimarer Republik, Marburg 1982, S. 389–392

Siedlung Karlsruhe-Dammerstock, 1929
494/495 Einfamilienreihenhäuser

494 Gartenfront
495 Eingangsfront

Siedlung Celle-Blumenlägerfeld, 1930/31
496 Grundrißsystem
497 Stahlskelett

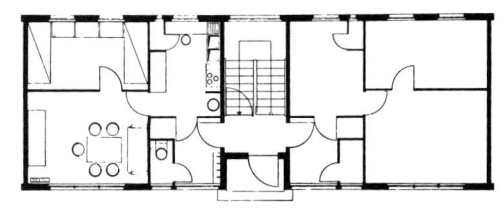

Bild 66 Wohnung 2-Betten-Typ. Wohnfläche 34,10 m²

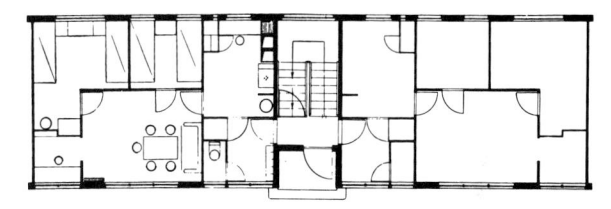

Bild 67 Wohnung 4-Betten-Typ. Wohnfläche 42,70 m²

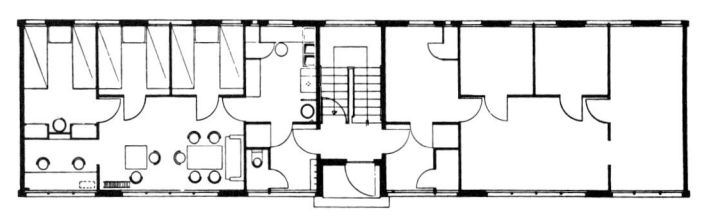

Bild 68 Wohnung 6-Betten-Typ. Wohnfläche 48,90 m²

eine Bimsbetonausfachung einschließlich einer zusätzlichen Dämmschicht von 10 cm Heraklith. Sämtliche Treppen waren vorgefertigt. Auch hier erreichte er eine erhebliche Senkung der Baukosten. Die Mieten lagen nach Angabe der Stadtverwaltung 25 Prozent unter dem ortsüblichen Niveau.[111] In der Siedlung Karlsruhe-Dammerstock erprobte er diese Bauweise auch bei zweigeschossigen Reihenhäusern.[112] 1930 erreichte er mit der Siedlung Blumlägerfeld in Celle einen Höhepunkt seiner zähen Pionierarbeit. Er hatte das Skelettsystem verfeinert, verwendete nur leichte Winkeleisen und nahm als Ausfachung Solomit-Strohpreßplatten, die einen einfachen Wandaufbau ermöglichten und den Wärmehaushalt wesentlich verbesserten. Ein Versuchsbau wurde von der Reichsforschungsgesellschaft finanziert. Die Siedlung

498 Gartenfront
499 Wohnraum mit Arbeitsnische

besteht aus zweigeschossigen Reihenhäusern mit jeweils vier Wohnungen. Jede Wohnung ist zentral beheizt, das Heizhaus verband Haesler mit einer zentralen Badeanlage und einer Wäscherei. Die Wohnungsgrundrisse hatte er genauestens bedacht, jeder Wohnraum erhielt eine kleine abgesonderte Arbeitsnische, jedes Obergeschoß einen Austritt am Treppenhaus für Schmutzarbeiten. Trotz dieses für damalige Verhältnisse hohen Komforts waren die Mieten im Endergebnis niedrig, die kleinste Wohnung kostete nur 12 Mark monatlich.[113] Ähnlich sensationelle Einsparungen erreichte offenbar nur noch Alfred Fischer, ein führender Industriearchitekt in Essen, bei einer Siedlung in Neuss. Hier kostete eine Wohnung mit 57 m² Wohnfläche statt 61 nur 40 Mark Miete. Auch Fischer hatte Solomitplatten für die Ausfachung gewählt.[114]

Um eine möglichst weitgehende Vorfertigung zu erreichen, schlug Haesler einen anderen Weg ein als Scharoun, Häring oder Hans Schmidt. Er hielt nur das Tiefenmaß der Stahlkonstruktion konstant und entwickelte ein Grundrißsystem, mit dem verschieden große Wohnungen innerhalb dieses Maßes gebaut werden konnten. Küche, Bad, Vorraum und gegebenenfalls eine Loggia wie in der Rothenbergsiedlung bildeten einen gleichbleibenden Kern, während sich das Wohnzimmer entsprechend der Anzahl der Schlafräume vergrößerte. Haesler erreichte durch diese Rationalisierung ein Maximum wiederkehrender Bauelemente als Vorbedingung wirksamer Serienfertigung.[115] Diese von der Funktion ausgehende systematisierende Methode brachte ihm allerdings auch Gegner ein. Die Kritik richtete sich vor allem gegen die Reduzierung der Schlafräume zu kleinen Schlafkabinen und gegen die gleichbleibende Küche bei Vergrößerung des Haushalts.

Haesler war einer der wenigen Architekten, die mit Hilfe der Rationalisierung und einer neuen Bautechnik die erstrebten wesentlichen Kostensenkungen und entsprechend niedrige Mieten tatsächlich erreicht haben. Um so gehässiger und verleumderischer waren die Angriffe des Baugewerbes, das seine Position in der Bauwirtschaft durch Haeslers Erfolge gefährdet sah. Er war wiederholt gezwungen, durch Erwiderungen in der Presse sich zu verteidigen. Das Fachblatt der Bauunternehmer, die Deutsche Bauhütte, stellte einen ganzen Katalog von technischen Mängeln in der Siedlung Blumenlägerfeld zusammen, darunter Risse in Wänden und Decken, undichte Dächer und schlecht schließende Türen und Fenster. Aber gerade diese Siedlung steht heute noch unverändert in bestem Zustand, die Rothenbergsiedlung ist ebenfalls gut erhalten, nur „modernisiert", und die Bauten Haeslers in Karlsruhe-Dammerstock zeigen mit ganz geringen Veränderungen noch immer den ursprünglichen Zustand. Die Kritik an den bautechnischen Qualitäten ist längst verstummt. Auch sind Haeslers Wohnungen immer noch sehr gesucht, obwohl sie bereits zu ihrer Zeit hinsichtlich Größe und Ausstattung Notprodukte waren und die Wohnansprüche inzwischen allgemein gestiegen sind.[116]

Bis 1924 war Haesler ein wenig bekannter Architekt, der dann in kurzer Zeit zu einem international geachteten Repräsentanten des progressiven Kleinwohnungsbaus wurde. Er führte ihn in einzigartiger Weise bis an die fabrikmäßige Vorfertigung heran. „Ein sorgfältiges Verfahren einer rationellen Massenfabrikation von Stahlhäusern" nannte der Präsident der Reichsforschungsgesellschaft das System der Siedlung Blumenlägerfeld.[117] Dieses Ergebnis ist um so bemerkenswerter, als es ohne Unterstützung durch die Stahlindustrie allein mit städtischen Behörden und kleinen lokalen Bauvereinen als Bauherren erarbeitet werden mußte. Seine Siedlungen seien deshalb gering an Umfang, schrieb Haesler, aber dennoch Spitzenleistungen in bezug auf wohnhygienische und wirtschaftliche Forderungen gewesen.[118] Im übrigen verwies er ausdrücklich auf die Erfahrung, daß die Wirtschaftlichkeit seiner Bauweise ganz wesentlich der straffen Koordinierung aller auf der Baustelle tätigen Gewerke zu verdanken war. Eine solche Arbeitsweise war damals durchaus nicht die Regel, so daß eine allgemeine Überlegenheit des Wohnungsbaus mit Stahlskelett sich nicht ergeben hat. Aber auch Haeslers Erfolgen setzte die Weltwirtschaftskrise ein Ende. Nach dem Krieg leitete er den Wiederaufbau in Rathenow, erreichte wieder Spitzenleistungen im Wohnungsbau, geriet aber zunehmend in Widerspruch zur eingleisigen technischen Politik im Wohnungsbau der Deutschen Demokratischen Republik, die eine Weiterentwicklung seiner Ideen und Erfahrungen in seinen letzten Lebensjahren verhindert hat.[119] 1962 ist er gestorben.

Das Grundrißsystem Haeslers war nicht spezifisch für den Stahlskelettbau, man hätte es auch bei anderen Bauweisen anwenden können. Andere Architekten gingen von der Eigenart aus, daß beim Skelettbau alle Wand- und Deckenlasten von punktförmig wirksamen Stützen aufgenommen

---

112 Haesler, Lebensweg, S. 37–40
113 Ebd., S. 41–47; Schumacher, S. 396, 398
114 Der Stahlbau 4 (1931), H. 9, S. 108
115 Haesler, Lebensweg, S. 28–31
116 Schumacher, S. 399, 245; Ch. Borngräber: Bruno Taut a Magdeburgo e Otto Haesler a Celle, Casabella Nr. 463/464, Nov./Dez. 1980, S. 31–42
117 Lübbert, S. 54
118 O. Haesler an den Verfasser 3. 2. 1948
119 Haesler, Lebensweg, S. 90–104

werden und damit eine weitgehende Freiheit der Grundrißgestaltung gegeben ist. Erinnert sei an den großen Wohnblock von Mies van der Rohe in der Weißenhofsiedlung. Damals sollte die Möglichkeit gezeigt werden, die allgemein wachsenden Wohnbedürfnisse trotz der wirtschaftlich notwendigen Typung und Rationalisierung durch den Stahlskelettbau weitgehend zu berücksichtigen. Jede Wohnung hatte einen individuellen Zuschnitt, alle Trennwände bis auf den Küche-Bad-Komplex waren je nach den wechselnden Bedürfnissen versetzbar. Die Anpassung des Grundrisses an die Wünsche der Bewohner, die bisher nur dem Eigenheimbau vorbehalten war, ließ sich damit auch im Stockwerksbau verwirklichen. Ein Tor schien aufgestoßen zur vollen Entfaltung der Individualität des modernen Menschen.[120]

Auch Hans Scharoun und Adolf Rading, beide befreundet, verfolgten diesen Grundgedanken. Bereits 1926 wollten sie ein universales Stahlskelettsystem für einen Hausbau mit flexiblen Grundrissen schaffen. Als einen optimalen Stützenabstand ermittelten sie 5,00 m in Längs- und Querrichtung und entwarfen dafür die verschiedensten Raumaufteilungen. Durch diese Variabilität erhofften sie eine breite Anwendbarkeit ihres Skelettsystems und damit eine Serienfertigung großen Ausmaßes. Im Endergebnis rechneten sie mit einer wesentlichen Baukostensenkung.[121] Sie gaben das Projekt jedoch wieder auf, den Grundgedanken benutzte Rading einige Zeit später bei einem als Hochhaus gedachten Wohnblock auf der Werkbundausstellung „Wohnung und Werkraum" von 1929 in Breslau. Hier hatte jede Wohnung eine quadratische Grundfläche innerhalb eines Skelettsystems von 5,00 m Stützweite, aber stets einen individuellen Grundriß.[122] Rading fand leider keine Gelegenheit mehr, sein System auszubauen und in der Praxis anzuwenden.

Auch die Brüder Luckhardt wollten das Stahlskelett für Fortschritte im Wohnungsbau nutzen. „Die Möglichkeit zu ganz freier Baugestaltung", schrieben sie 1927, „bringt ... erst der moderne Eisenbau in Verbindung mit Beton oder ähnlichen Baustoffen".[123] Durch ihr Atelierhaus in der Schorlemer Allee verfügten sie bereits über einschlägige

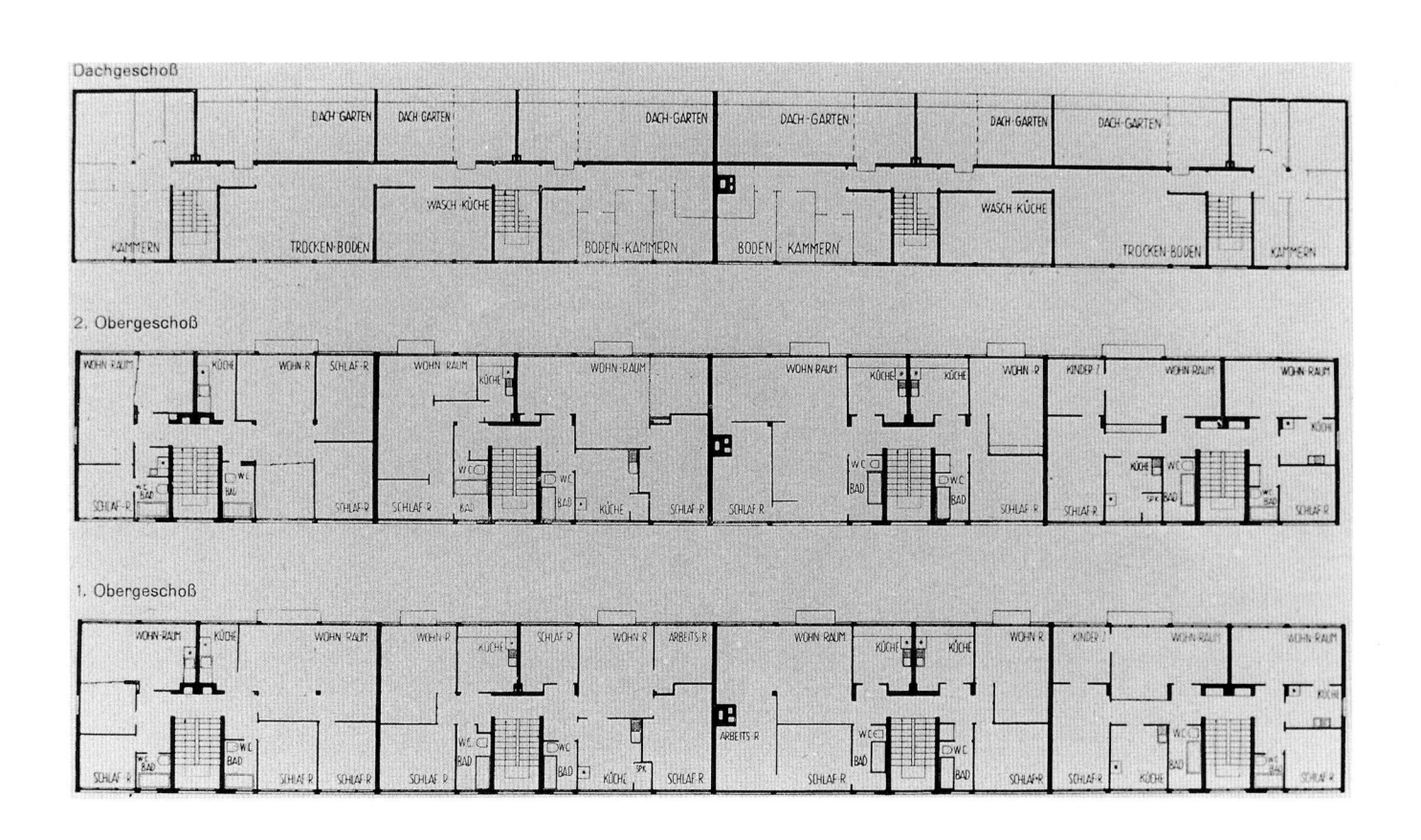

Seite 284:
500 Ludwig Mies van der Rohe, Wohnblock mit flexiblen Grundrissen, Weißenhofsiedlung, 1927, Grundrisse der Obergeschosse

501/502 Adolf Rading, Wohnhochhaus mit flexiblen Grundrissen, Ausstellung „Wohnung und Werkraum", Breslau, 1929
501 Ansicht
502 Grundrißvarianten

Erfahrungen. Ihr Ziel war ebenfalls eine Baukostensenkung im Kleinwohnungsbau bei gleichzeitiger Erhöhung der Wohnqualität. „Dem modernen Wohngedanken werden diejenigen Ausführungen am besten gerecht, die dem kleinsten Einkommen die hygienisch besten Wohnmöglichkeiten gewähren."[124] Sie gingen das Problem von zwei Seiten an, sowohl konstruktiv als auch städtebaulich. Ihr Traum war eine „Stadt ohne Höfe", das Mittel der Bau von freistehenden, allseitig in Grün eingebetteten „Wohntürmen". Diese Wohntürme sollten höchstens vier Geschosse haben und je Stockwerk vier gleich große Wohnungen. Für die damals gängigen Größen der Kleinwohnungen von 45, 57 und 70 m² entwarfen sie Türme mit den verschiedensten Grundrissen, um die Freiheit der Raumaufteilung selbst bei beengten Verhältnissen zu verdeutlichen. Sie dachten auch an eine Kombination der Wohntürme mit Wohnzeilen, die mit dem gleichen Skelettsystem gebaut werden konnten und demonstrierten ihre Vorstellungen mit einem eindrucksvollen Modell. Auch ihr Wettbewerbsentwurf für die Forschungssiedlung Spandau-Haselhorst von 1928 ging von der Idee der Wohntürme aus.[125] Die „Stadt ohne Höfe" blieb jedoch Pro-

120 L. Mies van der Rohe: Zu meinem Block, Bau u. Wohnung, S. 77–85
121 Block, S. 65, 84f.
122 Pfannkuch, Rating, S. 68–77
123 Luckhardt: Versuche zur Fortentwicklung des Wohnungsbaues, BW 18 (1927), H. 31, S. 762
124 Ebd.
125 Brüder Luckhardt, S. 152, 212, 214, 219, Werkverz. Nr. 47, 48, 49

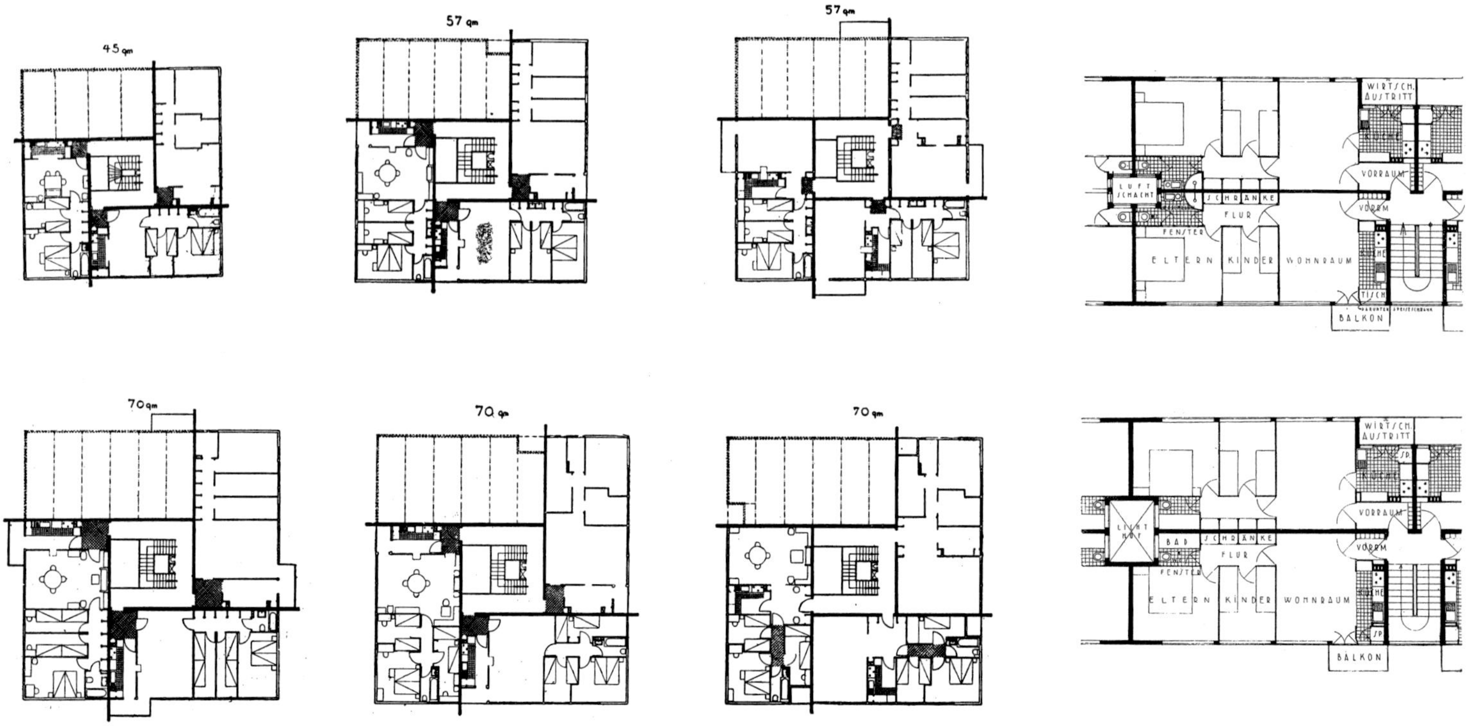
45 qm
57 qm
57 qm
70 qm
70 qm
70 qm
WIRTSCH. AUSTRITT
VORRAUM
LUFT SCHACHT
SCHRÄNKE
FLUR
FENSTER
ELTERN
KINDER
WOHNRAUM
BALKON
LICHT HOF
BAD

Seite 286:
503–505 Gebr. Luckhardt & Anker, Projekt „Stadt ohne Höfe", 1927 (oder früher)
503 Modell
504 variable Grundrisse für 45, 51 und 70 m² Wohnfläche
505 Grundrisse der Wohnzeilen

506 Hans Schmidt-Basel, Typengrundrisse mit einheitlichem Skelettsystem

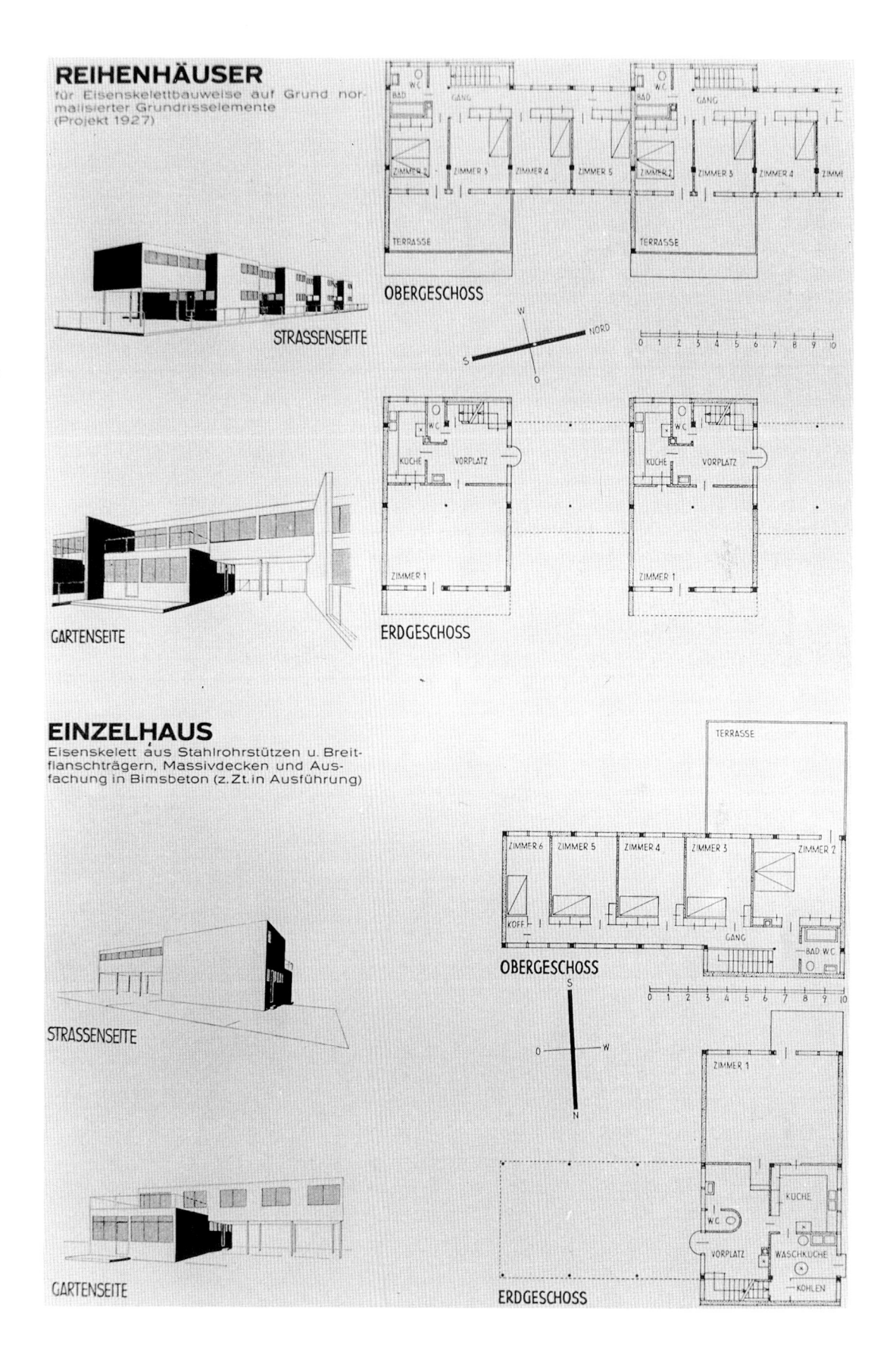

REIHENHÄUSER
für Eisenskelettbauweise auf Grund normalisierter Grundrisselemente (Projekt 1927)

EINZELHAUS
Eisenskelett aus Stahlrohrstützen u. Breitflanschträgern, Massivdecken und Ausfachung in Bimsbeton (z.Zt. in Ausführung)

jekt, an keiner Stelle konnte die sympathische Idee verwirklicht werden.

Zu erwähnen ist auch Hans Schmidt-Basel, der zu ähnlichen Überlegungen gekommen ist. Nach den unbefriedigenden Ergebnissen seiner Betonplattenbauweise hatte er sich dem Stahlskelettbau zugewandt und 1927 eines seiner schönsten Einfamilienhäuser geschaffen. Die Baukosten lagen niedriger als bei einem entsprechenden Mauerbau.[126] Es war charakteristisch für sein starkes Engagement, daß er in erster Linie nach Wegen suchte, die neue Technik für eine Verbilligung des Kleinwohnungsbaus zu nutzen. Bestärkt wurde er darin durch die äußerst rationell angelegten Kleinhausreihen von J. P. Oud und seines Freundes Mart Stam in der Weißenhofsiedlung. Sein Ziel war ein Skelett, das möglichst viele optimale Grundrißlösungen gestatten sollte. Als Grundmaß ging er von 1 m aus, weil es als Einfaches oder Vielfaches bei den Möbeln und Räumen des Kleinwohnungsbaus am häufigsten zu finden ist, und er bestimmte das Achsmaß mit 3,10 m, weil diese Länge für kleine Wohn- und Schlafräume zweckmäßig ist und vorgefertigte Deckenplatten bei dieser Spannweite wirtschaftlich sind. Die Wohnungsgrundrisse sollten so sorgfältig durchdacht werden wie die Raumaufteilung beim Waggonbau. Auch er entwarf Beispieltypen für Einzel- und Reihenhäuser und für einen Stockwerksbau im Maisonettesystem.[127] Eine Konsequenz seines vehementen Eintretens für die neue Technik war, daß er bei seinem ersten Stahlskelettbau auch industriell gefertigte Stahlfenster einbauen ließ, ohne die volle Sicherheit ihrer Bewährung in Wohnräumen abzuwarten. In Erinnerung an diesen Entschluß verwies er wiederholt auf das große persönliche Risiko, das ein Architekt bei besonderen Pionierleistungen einging. Denn er war dem Bauherrn gegenüber für die Qualität des Baus, für die gewählten Materialien und Konstruktionen voll verantwortlich.

1927 galt das Stahlskelett mit Ausfachung als eine der aussichtsreichsten Bauweisen.[128] Auch zu Beginn der dreißiger Jahre konnte man noch annehmen, daß Stahlskelettkonstruktionen im Wohnungsbau sich durchsetzen würden. Die Stahlindustrie gab sich optimistisch, ihr Studienausschuß stellte 1931 fest, daß viele konstruktive Probleme in den ver-

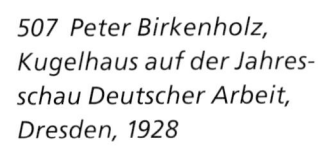

507 Peter Birkenholz, Kugelhaus auf der Jahresschau Deutscher Arbeit, Dresden, 1928

gangenen Jahren gelöst worden seien, daß die Rostgefahr keine Rolle mehr spiele. Die Architekten bevorzugten den Stahlskelettbau, weil damit eine spürbare Senkung der Kosten und der Mieten möglich geworden sei. Ersparnisse könnten nur noch bei der Durchbildung der Decken und Wände erzielt werden, da für das Skelett die rationellsten Formen gefunden seien. Reserven gäbe es allein in der Lockerung der baupolizeilichen Bestimmungen.[129] Dennoch blieb das Wohnhaus mit Stahlskelett eine Einzelerscheinung. Anerkannte Standardkonstruktionen konnten sich nicht herausbilden, nirgends wurde die Vorfertigung von Skeletten in großen Serien erreicht. Die Stahlteile in den relativ dünnen Außenwänden waren stets latente Kältebrücken und konnten zu Durchfeuchtungen führen.

Auch das Haus mit Stahlhaut verkörperte für kurze Zeit technische Modernität. Nicht zufällig ist das erste gebaute Kugelhaus der Welt, das 1928 auf der Jahresschau „Die technische Stadt" in Dresden zu sehen und zu begehen war, ein Stahlhautbau gewesen,[130] aber sein Ansehen ging rasch verloren. Schon gegen Ende 1929 sprach man vom „erledigten Stahlhaus".[131] Vor allem waren die Banken vorsichtig, sie bremsten die hypothekarische Beleihung von Stahlhäusern. Bemerkenswert bleibt jedoch die Bündelung der Ereignisse. Nach einer kurzen Vorbereitungsphase war 1926 zum Erscheinungsjahr der meisten Systeme des Stahltafel- und Stahlskelettbaus geworden. Diese Zeitgleichheit läßt erkennen, welche Energien und hohe Erwartungen der Gedanke ausgelöst hat, den Wohnhausbau auf eine Stahlbasis umzustellen. Das Aufleuchten einer Idee, das Auslösen vielfältiger schöpferischer Energien, die anfängliche Überschätzung des Neuen und das folgende Zurückweichen auf ein reales Verhältnis zur Wirklichkeit und zur Tradition ist beim Stahlhausbau auf wenige Jahre zusammengedrängt und wie ein Drama nachvollziehbar. Aufrüstung und Weltkrieg warfen die Entwicklung weit zurück. Nach dem Krieg kam es zwar aufgrund der großen Wohnungsnot zu einem erneuten Aufschwung der Stahlhausvorfertigung, aber er war nur von kurzer Dauer. Unter den neuen Bedingungen ging die Entwicklung der Bautechnik andere Wege.

126 H. Schmidt: Technische und wirtschaftliche Resultate eines Wohnhausbaues, ABC 2, Serie 1927/1928, Nr. 4, S. 9; Rasch, S. 134f.; Der Baumeister 15 (1928), H. 6, Taf. 59–62

127 H. Schmidt: Typengrundrisse, ABC 2, Serie 1927/1928, Nr. 4, S. 7/8. Nachdr. in Schmidt, Beiträge, S. 38–40

128 RFG, Techn. Tagung, S. 3

129 Der Stahlbau 4 (1931), H. 9, S. 108

130 Architekt Peter Birkenholz München, Ausf. MAN Werk Gustavsburg, Der Baumeister 26 (1928), H. 10, S. B 225–B 227

131 Stein/Holz/Eisen 13 (1929), H. 51/52,, S. 794

5 Das wachsende Haus

Als die Entwicklung der Vorfertigung im Wohnungsbau durch Wirtschaftskrise und Notverordnungen einen Tiefstand erreicht hatte, zeigte sich die Industrialisierungsidee ein letztes Mal vor der endgültigen Katastrophe in ihrer vollen werbenden Kraft. Die Weltwirtschaftskrise war eine Überproduktionskrise von solchem Ausmaß, daß alle Wirtschaftszweige darunter litten und das Bauwesen in eine besonders schwierige Lage kam. Gegenüber seinem Jahreshöchststand von 350 500 Wohnungen 1929 sank der Wohnungsbau auf ein Drittel ab. Fast die gesamte freie Architektenschaft war ohne Aufträge und schlug sich zum Teil mit ganz untergeordneten Arbeiten durch. Die sinkenden Einkommen der Bevölkerung verstärkten die Nachfrage nach Kleinwohnungen, so daß zunehmend unvermietbare große Wohnungen in kleinere aufgeteilt wurden. Die Bautätigkeit verlagerte sich auf das kleine Haus. 1931 veranstaltete die Bauwelt einen Wettbewerb für „Das billige zeitgemäße Eigenheim". Es war bezeichnend für die Lage der Architekten, daß 1903 Entwürfe eingingen, darunter auch Arbeiten bekannter Repräsentanten wie Hans Scharoun, Konrad Wachsmann und Egon Eiermann.[1] Sie wurden auf der Bauwelt-Musterschau ausgestellt. Um den durch die Krise verunsicherten Menschen eine feste Orientierung zu geben, wurde ein Jahr später eine Ausstellung mit „Häusern zu festen Preisen" durchgeführt. Im Hof des Bauwelt-Hauses war das Luckhardt-Ludovici-Haus für 2 600 Mark aufgebaut. Ähnliche Ausstellungen fanden in Frankfurt am Main, Stuttgart, Essen, Nürnberg, in Bremen und anderen Städten statt.[2] Die Regierung konzentrierte die gekürzten Baudarlehen vorwiegend auf sogenannte Nebenerwerbssiedlungen am Stadtrand, die Arbeitslose weitgehend in Selbsthilfe errichten sollten. Um diesen Siedlern zu helfen, hatte Rading sein Siedlerhaus entworfen und Wachsmann eine geeignete einfache Holzbauweise, auch Scharouns „Transportables Haus" ist hier zu nennen.

Das Konzept Martin Wagners

Die Dauer der Krise vermochte niemand abzuschätzen, weil sie erstmals globalen Charakter angenommen hatte. Ein Teil der Fachwelt sah in der Politik der Stadtrandsiedlungen bereits eine „Umstellung im Siedlungswesen" und in der Kleinhaussiedlung die künftige Form der Stadterweiterung mit dem Ziel einer Verländlichung der Großstadt.[3] Die Errungenschaften des Wohnungs- und Städtebaus der zwanziger Jahre schienen über Nacht wertlos geworden zu sein. Die Landflucht, die seit dem Beginn der Industrialisierung eine ständige Erscheinung gewesen war, schlug in Stadtflucht um. Manche sprachen schon von „sterbenden Städten".[4]

In dieser Situation warf Martin Wagner die Idee des „wachsenden Hauses" in die Debatte. Der Bau eines Hauses sollte mit einem kleinen Kernbau beginnen, der ein Wohnen in bescheidenstem Rahmen ermöglicht, um dann je nach Wirtschaftslage durch spätere An- und Aufbauten in der gewünschten Größe abgeschlossen zu werden. Der Gedanke war nicht neu, er hatte schon in der Not der Nachkriegsjahre eine Rolle gespielt. Im „Frühlicht", das Bruno Taut herausgab, wurde 1921 das „Wachsen" als das natürliche Bauen bezeichnet und ein wachsendes Haus vorgestellt.[5] In einer Periode des schroffen Wechsels von Konjunktur und Krise wird dieses Verfahren eine selbstverständliche Form der Anpassung. Die Beschränkung des Wohnraumes bei Neubauten war dann nicht durch staatliche Kreditbedingungen aufgezwungen wie 1931/32 und nicht von Dauer, sondern freiwillig und nur eine Vorstufe zu normalen Wohnverhältnissen. So wirkte der Gedanke des wachsenden Hauses wie eine echte Alternative zur unsozialen Wohnungspolitik der Reichsregierung. Außerdem schien sich damit eine Möglichkeit zu eröffnen, spätere Hauserweiterungen, die bei Eigenheimen in der Regel zu unbeholfenen An- und Aufbauten führten, in geordnete Bahnen zu lenken. Es ging also nicht nur um wirtschaftlich bedingte Tagesfragen. Wagner war vom praktischen Wert des etappenweisen Bauens so überzeugt, daß er es nach 1945 erneut empfahl, und auch Max Taut schlug für den Wiederaufbau „wachsende Wohnungen" vor.[6]

Das Problem lag in der Entwicklung von Grundrissen, die eine sinnvolle Erweiterung ohne Abbrüche und Verluste an der vorhandenen Gebäudesubstanz zuließen. Zur Senkung der Kosten empfahl Wagner außerdem die Bildung von Kleinparzellen von nur 300 m² Größe und die Berücksichtigung einer so engen Bebauung auch im Grundriß der Häuser. Sie sollten ein abgeschlossenes Wohnen in Haus und Garten ermöglichen. Wagner erreichte die Zustimmung des Berliner Magistrats und erhielt den Auftrag, zur Vorbereitung einer entsprechenden Ausstellung eine Arbeitsgruppe zu bilden. Er formierte sie gleichsam als einen erweiterten

508 Ausstellung „Sonne, Luft und Haus für Alle", Berlin, 1932

Gesamtansicht der Musterhäuser
Außenring: von Veltheim/Müller-Rehm, Poelzig, Wagner, Scharoun, Ullrich/Schalow; im Hintergrund: Bruno Taut, Mebes/Emmerich, Max Taut; Innenring: Gropius, Heinicke, dahinter Eiermann/Jaenicke

DEWOG-Kopf, jedoch ohne Ernst May, der bereits in der Sowjetunion arbeitete. Gropius, B. Taut und er selbst gehörten ihr an, außerdem O. Bartning, H. Scharoun, A. Gellhorn, H. Häring, L. Hilberseimer, E. Mendelsohn, H. Poelzig, M. Taut, P. Mebes und einige jüngere Architekten, unter ihnen Egon Eiermann. In diesem Kreis ausgesprochen schöpferischer Architekten wurde das Problem nicht nur nach seiner technischen und wirtschaftlichen Seite hin erörtert, sondern auch als ein Symptom des in der Stadtbevölkerung wachsenden Bedürfnisses nach einem Kontakt mit der Natur und nach einer Vermenschlichung des Städtebaus. Schließlich schlug Poelzig vor, die gesamte Problematik auf breitester Basis durch einen Wettbewerb zu klären. Wagner übernahm die Ausschreibung und erläuterte die Idee der Arbeits-

1 BW 22 (1931), H. 9, S. 256 bis 316 (60 Entwürfe, Scharoun Nr. 34, Eiermann Nr. 42, Wachsmann Nr. 43); H. 15, S. 490 (Bauweisen); 23 (1932), H. 1, S. 9–24 (weitere 28 Entwürfe)
2 BW 23 (1932), H. 9, S. 220ff.; 24 (1933), H. 4, S. 108
3 A. Muesmann (Hrsg.): Umstellung im Siedlungswesen, Stuttgart 1932
4 M. Wagner: Sterbende Städte? Oder planwirtschaftlicher Städtebau?, Die Neue Stadt 1 (1932), H. 3, S. 50–59

5 E. Fresdorf: Natürliches Bauen – Organisches Siedeln, Frühlicht (Magdeburg) 1921, H. 1, S. 20/21; H. Schadewald: Wachsendes Haus – Sinkende Schuld, BW 22 (1931), H. 41, S. 1291–1293
6 Wagner: Fabrikerzeugte Häuser, S. 614; Akad. d. Künste (Hrsg.): Max Taut 1884–1967. Zeichnungen, Bauten, Akademiekat. 142. Berlin 1984, S. 102

gruppe und das Ziel des Wettbewerbs in den führenden Architekturzeitschriften.[7] Das Besondere aber war, daß er in der Ausschreibung ausdrücklicher Bauweisen mit industrieller Vorfertigung forderte, weil sie für verlustlose Erweiterungen am günstigsten und deshalb am aussichtsreichsten seien, und weil man auf andere Weise die überhöhten Preise des Baugewerbes nicht umgehen könne.[8] Trotz seiner vielen Enttäuschungen hoffte er noch immer auf eine Baukostensenkung durch Industrialisierung.

Der Wettbewerb fand ein ähnlich großes Echo wie der Bauwelt-Wettbewerb, es gab 1079 Einsendungen. Alle einschlägigen Fachzeitschriften brachten Berichte,[9] 24 Musterhäuser nach den Entwürfen der drei Preisträger und der Mitglieder der Arbeitsgruppe wurden gebaut. In Erwartung künftiger Aufträge fanden sich genügend Unternehmen, die die Ausführung der Bauten übernahmen. Die Häuser bildeten einen Teil der Berliner Sommerschau 1932 „Sonne, Luft und Haus für alle". Gerhart Hauptmann eröffnete die Ausstellung und feierte sie als „eine schlichte Tat zu einem echten Ziel".[10] Obwohl die Wohnbautätigkeit 1932 ihren Tiefpunkt erreichte, war das Interesse der Bevölkerung an Baufragen ungebrochen. 1931 mußte eine Leistungsschau der GEHAG mit ihren rationellsten Kleinwohnungen wegen Überfüllung zeitweise geschlossen werden.[11] 1932 aber war der Hausbau unter zwei brennend aktuellen neuen Gesichtspunkten zu sehen: als ein Problem der Kostensenkung durch die Anwendung neuester Bautechnik und als ein Weg zu einem eigenen Häuschen auch für die Schichten mit niedrigem Einkommen. Schließlich mag auch der hohe Anteil bekannter Architekten an den Musterbauten ein Anziehungspunkt gewesen sein. Die Besucherzahlen waren hoch.[12]

Natürlich gab es auch Kritik, neben grundsätzlicher Ablehnung als „wirtschaftliches Unding" und neben verächtlicher Abwertung der Entwürfe als „erweiterungsfähige Wochenendhäuser" auch wohlwollende Hinweise auf Mängel.[13] So wurde der Verzicht auf ein vorgegebenes Achsmaß beanstandet, weil durch die Vielzahl der Bausysteme die Übernahme in eine industrielle Serienfertigung erschwert werde. Diese Einheitlichkeit herbeizuführen war zweifellos in der Kürze der Zeit selbst innerhalb der Arbeitsgruppe kaum möglich. Bei den Grundrissen wurde eine zu geringe Berücksichtigung der Wohnweise gerade jener Schichten festgestellt, die wegen ihrer bescheidenen Mittel für das etappenweise Bauen in erster Linie in Frage kamen.[14] Im allgemeinen jedoch war das Presseecho günstig. Ein scharfer Kritiker wie Werner Hegemann nannte die Ausstellung verdienstvoll; die „Modernen Bauformen" sprachen von der „elementaren Bedeutung des Problems". In einem Buch von 1932 über den Eigenheimbau wurde dem wachsenden Haus ein ganzes Kapitel gewidmet.[15] Als technisch vollkommen fanden die Kupferhäuser von Gropius und das Werfthaus von Bartning besondere Anerkennung. Insgesamt war die Ausstellung ein bedeutendes Ereignis und Wagners letzter großer Erfolg in Deutschland.

Eine Ausstellung vorgefertigter Häuser

Zwanzig der aufgestellten Musterhäuser waren Montagebauten. Wagners eigener Entwurf enthielt sein ganzes Zukunftsprogramm. Das Haus war funktionell angelegt, der Wohnraum als der größte und wärmste Raum zentral gelegt und mit Funktionsräumen wie Schlafkammern, Bad und Küche umgeben. Ausdrücklich verwies Wagner auf das alte niedersächsische Bauernhaus, dem das gleiche wärmesparende Prinzip zugrunde liegt.[16] Die Dämmzone erweiterte er durch gewächshausartig vorgesetzte Glaswände. Auf diese Weise wurde auch die einstrahlende Sonnenenergie für die Senkung der Heizkosten genutzt. Damals fanden diese Gedanken und die eigenartige Architektur des Hauses noch wenig Verständnis, heute sind sie eine selbstverständliche Grundlage des energiesparenden Wohnens. Mit den Pflanzen und Blumen in den Anbauten lag ein besonderer Akzent auf der Einbindung des Hauses in den Garten. Außerdem öffnete sich das Haus nach drei Seiten zu Freiräumen für Gymnastik und Spiel, für Mahlzeiten und Geselligkeit und für häusliche Arbeiten.

Für den Bau in Etappen sah Wagner eine Paneelbauweise vor, die er nach einem schwedischen Vorbild mit den Techni-

7 M. Wagner: Sparen – und was dann?, BW 22 (1931), H. 35, S. 1124; ders.: Das wachsende Haus, DBZ 65 (1931), H. 73, S. 431; ders.: Vom wachsenden Haus zur wachsenden Stadt, Wissenschaft und Fortschritt 6 (1932), H. 6, S. 232–237
8 M. Wagner: Das wachsende Haus der Arbeitsgemeinschaft, DBZ 66 (1932), H. 3, S. 42–55; Wagner, Wachsendes Haus, S. 2; B. Wagner, S. 31f.
9 M. Kießling: Der Wettbewerb Das wachsende Haus, DBZ 66 (1932), H. 3, S. 55–60; BW 23 (1932), H. 1, S. 3–7; Der Baumeister 30 (1932), H. 4, S. 131f.
10 Teilabdruck der Ansprache in Die Neue Stadt 1 (1932), H. 3, S. 37
11 WW 8 (1931), H. 5, S. 95; BW 23 (1932), H. 19, S. 482
12 Ablauf der Ausstellung in BW 23 (1932), H. 17, 19, 22, 26, 32, 47
13 Baugilde 14 (1932), H. 4, S. 200; Der Baumeister 30 (1932), H. 8, S. 294
14 E. Neufert: Wohnbauten der Berliner Sommerschau, ZBV 52 (1932), H. 32, S. 373f.
15 WMB 16 (1932), H. 7, S. 319; Moderne Bauformen 31 (1932), H. 16, S. 289; Grobler, Eigenheim, S. 235
16 Wagner, Wachsendes Haus, S. 18f., 45

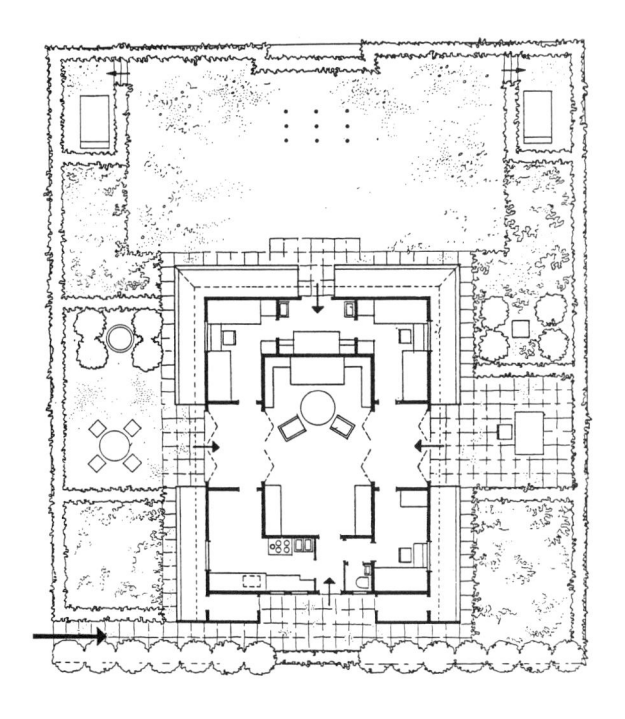

509–514 Martin Wagner
509 Haus- und Garten-
grundriß

510 Montage
511 Südansicht

512 Wohnraum
513 Siedlungsplan
514 Werbeprospekt der Bauhütte Stettin für Dawa-Häuser

kern der Bauhütte Stettin ausgearbeitet hatte. Die Bauhütte zählte zu den bestgeleiteten und erfolgreichsten des Verbandes Sozialer Baubetriebe. Die geschoßhohen Paneele waren aus acht 10 × 10 cm starken Kanthölzern zusammengesetzt, die mit Nut und Feder verbunden waren und durch zwei Zugeisen aneinander gepreßt wurden. Die Dachplatten bestanden aus hochkant gestellten Bohlen mit Verbretterung und Isoliermatten. Für die Bebauung hatte Wagner einen Siedlungsplan mit „Gangstraßen" ausgearbeitet. Diese Straßen hatten die Form von einfachen Rasenstreifen mit zwei gepflasterten Radspuren, die auch als Fußpfad dienen sollten. Seine Absicht war, autofreie Wohnbereiche zu schaffen und gleichzeitig die Straßenbaukosten zu senken. Er modernisierte damit die sogenannten Gartengänge, die schon vor 1914 in einigen Bremer Kleinhaussiedlungen erprobt worden waren. Für Garagen hatte er Geländestreifen längs der Fahrstraßen vorgesehen.[17] Überlegungen ähnlicher Art gab es auch bei anderen Architekten. So wurden nichtbefahrbare Wohnwege vorgeschlagen. Hans Poelzig übernahm die Idee der begrünten Gangstraßen und benutzte sie bei einem Entwurf für die Siedlung Dreipfuhl in Berlin-Dahlem. Den Auftrag erhielt er von der Philipp Holzmann AG, die sich hier den Bauplatz für eine große Zahl vorgefertigter Häuser sichern wollte.[18]

Wagner rechnete damals mit einer wesentlichen Verkürzung der wöchentlichen Arbeitszeit und erwartete die Herausbildung einer neuen Wohnkultur der Werktätigen. Die wachsende Bedeutung der Kleingartenbewegung und ihre Beliebtheit in der Arbeiterschaft war für ihn ein Hinweis, daß das Wohnen mit Garten zu den elementaren Bedürfnissen der Zukunft zählen werde. Denn in seiner Weltsicht signalisierte die bisher schwerste aller Wirtschaftskrisen das Ende der freien Marktwirtschaft mit ihren zyklischen Wellen der Überproduktion und die Wende zu einer planmäßigen Gemeinwirtschaft. In einer solchen auf das Gemeinwohl gerichteten Wirtschaft sah er die entscheidende Grundlage für eine kontinuierliche und dadurch kostengünstige Bauelementeproduktion und letztlich die Voraussetzung des Etappenbauens und einer neuen städtischen Wohnweise.[19] Im Sinne dieser Perspektive übernahm die Bauhütte Stettin sein Ausstellungshaus und das Konstruktionssystem als „Dawa-Haus Typ I" in ihr Produktionsprogramm. Angeboten wurde es in verschiedenen Ausstattungsgraden für 6 500 bis 12 000 Mark.

Nicht alle Architekten der Arbeitsgruppe „Wachsendes Haus" teilten die Erwartungen Wagners, aber sie waren ebenfalls überzeugt, daß die Zeit für neue Hausformen und einen entsprechenden Städtebau herangereift sei. So war für Hans Scharoun das wachsende Haus ein nachdrücklicher Anstoß, an seinem Baukarosystem weiterzuarbeiten und es in den Wettbewerb einzubringen, denn die Ziele, die er damit verfolgt hatte, fand er in den Forderungen der Ausschreibung wieder. Die Pläne für sein Ausstellungshaus hat er im Frühjahr 1932 ausgearbeitet. Der langgestreckte Bau von vier Maßeinheiten Tiefe zeigte den Endausbau für eine Familie mit zwei Kindern. Scharoun bot jedoch auch andere Kern- und Ausbaugrundrisse an. Wie Martin Wagner zeichnete auch er das Schema einer Siedlung mit seinen Häusern auf kleinstem Raum. Deutlich ablesbar ist sein Bemühen, trotz der Gleichartigkeit der Häuser durch leichtes Versetzen wechselnde Raumeindrücke zu schaffen. Er betrachtete sein System in Übereinstimmung mit Wagner ausdrücklich als einen Schritt zu einem rationell organisierten Hausbau, nach seinen Worten als einen Beitrag „zum Entwicklungsprozeß des Planwirtschaftlichen".[20] Das Ausbleiben der erhofften Hausbestellungen und der Angebote aus der Industrie konnte seinen Glauben an die grundsätzliche Bedeutung seines Bausystems nicht erschüttern. Er arbeitete weiterhin an Grundrißvorschlägen mit aufgelockerten Baukörpern wie schon beim Liegnitz-Haus, und noch 1964 erinnerte er in der „Bauwelt" an das Baukarosystem und die damit verfolgten Ziele.[21]

Auch Hugo Häring, der seit Jahren für den Flachbau eingetreten war, fand den Gedanken des wachsenden Hauses so zeitgemäß, daß er ganze Serien von Entwürfen anfertigte. Er dachte sich dafür einige Besonderheiten aus. Die Häuser sollten nach innen entwässerte Flachdächer erhalten. An die Stelle der für die Aufnahme der Dachlast üblichen Mittelmauer setzte er bei einer Typenserie eine tief gefächerte durchgehende Schrankwand. Zur Nutzung der Sonnenwärme sah er große Fensterflächen vor, die im Winter zur Senkung der Heizkosten zum Teil abgedeckt und abgedichtet werden sollten. Die Decken ließ er leicht ansteigen, um durch einen Lüftungsschlitz an der höchsten Stelle eine kontinuierliche Belüftung ohne Öffnen der Fenster zu gewährleisten. Für alle Haustypen war eine Skelettkonstruktion aus Stahlblechstützen vorgesehen. Die Art der Beplan-

17 Ebd., S. 144–149; Die Form 7 (1932), H. 6, S. 183–185; H. Jansen: Bremens grundlegende Neuerung im Stadtbauwesen. Die Einführung von Gartengängen in die Großstadtbebauung, Der Baumeister 12 (1914), H. 1, S. 1–4
18 G. Schirren (Hrsg.): Hans Poelzig. Die Pläne und Zeichnungen aus dem ehemaligen Verkehrs- und Bauministerium in Berlin, Berlin 1989, S. 171f.; Wagner, Wachsendes Haus, S. 46
19 Wagner, Wachsendes Haus, S. 6–10
20 Ebd., S. 92–95; Pfannkuch, Scharoun, Werkverz. Nr. 111
21 H. Scharoun: Das Baukaro, BW 55 (1964), H. 35, S. 948

515–518 Hans Scharoun
515 Baukaro-Haus
516 Wohnraum
517 Siedlungsplan
518 Grundrißvarianten

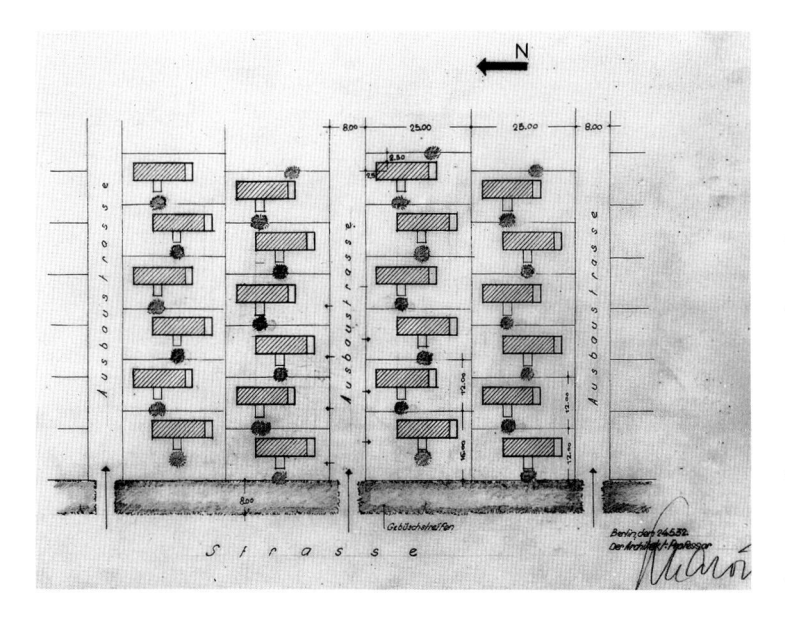

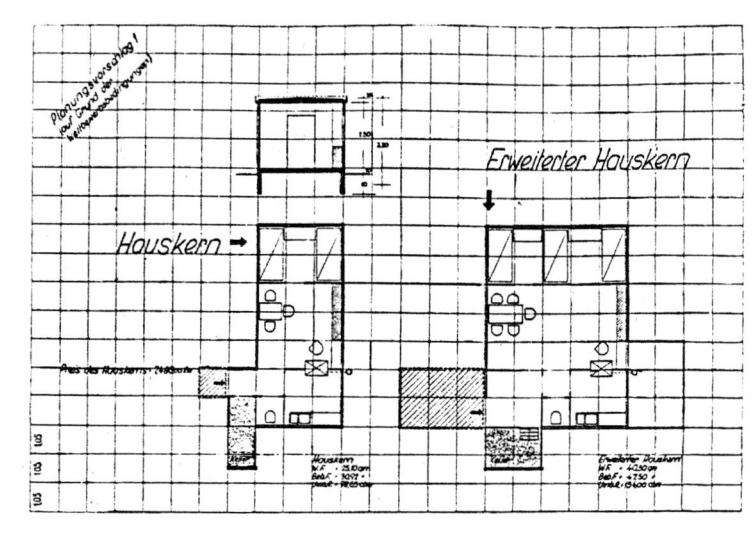

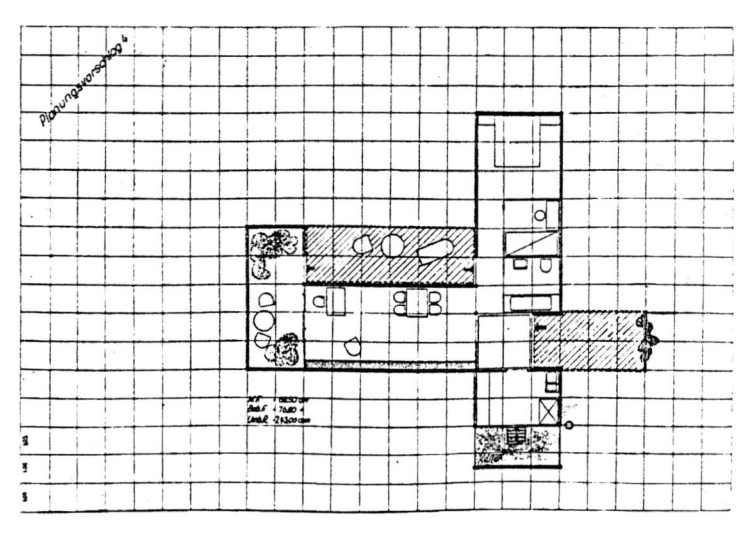

kung außen und innen ließ Häring offen; er dachte unter anderem an eine Stahlblechhaut.[22] Entgegen der Regel wurde der von ihm für die Ausstellung entworfene Bau nicht ausgeführt.

Ludwig Hilberseimer hatte ebenfalls jahrelang an Systemen für Flachbausiedlungen gearbeitet. 1928 propagierte er wie Häring das L-förmige Haus in Verbindung mit einzelnen Hochhäusern für kinderlose Ehepaare und Ledige. Sein Ziel war, mit Einfamilienhäusern eine Wohndichte wie beim Stockwerksbau zu erreichen. Sein wachsendes Haus war im Endzustand ebenfalls ein Winkelbau, für dessen rationellste städtebauliche Anordnung er einen Bebauungsplan mit einem Netz von schmalen Wohnstraßen und einfachen Wohnwegen vorlegte.[23] Auch er hielt die Industrialisierung des Hausbaus für nahe bevorstehend; sie werde „durch die heutigen Verhältnisse erzwungen".[24] Sein Ausstellungshaus war aus geschoßhohen Holzpaneelen mit ausgesprochen kräftigen Deckleisten zusammengesetzt. Man hätte damit auch zweigeschossig bauen können.

Eigens für den Wettbewerb hatte Hans Poelzig ein Holzhaus entworfen, das von einem bis zum Sockel reichenden Bohlenbinderdach eingeschlossen war.[25] Klaus Zweigenthal bot ein Haus mit einem Skelett aus Rohren, Winkeleisen und Zwischenstützen aus Holz an, das außen mit Pfannenblechen von 3 m Höhe beplankt war. Solche Bleche lieferte die Stahlindustrie bereits als Serienprodukt. Innen war eine Holzschalung angebracht, der Plattenhohlraum wurde mit Torf ausgefüllt. Dirk Gascard und P. M. Canthal, die zweiten Preisträger des Wettbewerbs, ließen ihr Haus aus Paneelen errichten, die aus diagonal verspannten Holzrahmen mit einer Außenschicht von Heraklith und Eternit bestanden. Um Beschädigungen zu vermeiden, wurde die innere Verkleidung aus glatten Bauplatten erst nach der Montage des Hauses aufgebracht. Das „G. & C. Anbauhaus" sollte auch für Selbsthilfe geeignet sein.[26] Solche Eigensysteme waren meist sehr sorgfältig ausgedacht, aber kaum bauphysikalisch untersucht und noch weniger wirtschaftlich getestet.

Einige Architekten hatten es vorgezogen, ihre Ideen mit bereits erprobten Bauweisen vorzuführen wie Bartning mit

22 Lauterbach/Joedicke, S. 116, Werkverz. Nr. 54; Wagner, Wachsendes Haus, S. 69–71
23 L. Hilberseimer: Flachbau und Stadtraum, ZBV 51 (1931), H. 53/54, S. 773–778; ders.: Flachbau und Flachbautypen, Moderne Bauformen 31 (1932), H. 9, S. 471; Rassegna 8 (1986), Septemberheft, S. 49–51; Wagner, Wachsendes Haus, S. 72–75
24 L. Hilberseimer: Bauwirtschaft und Wohnungsbau, Sozialistische Monatshefte 31 (1925), S. 291
25 Wagner, Wachsendes Haus, S. 53–56; Schirren, S. 168–170
26 Wagner, Wachsendes Haus, S. 140–143, 112–115

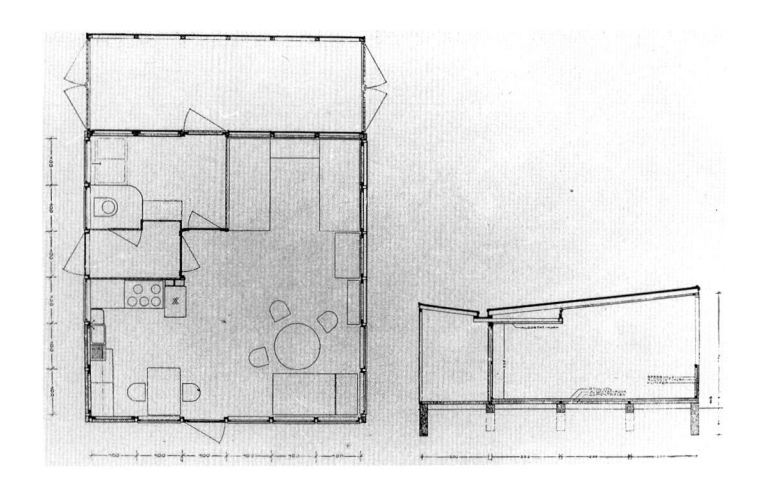

519/520 Hugo Häring
519 Grundriß und Schnitt eines Kernbaus
520 Typenserie

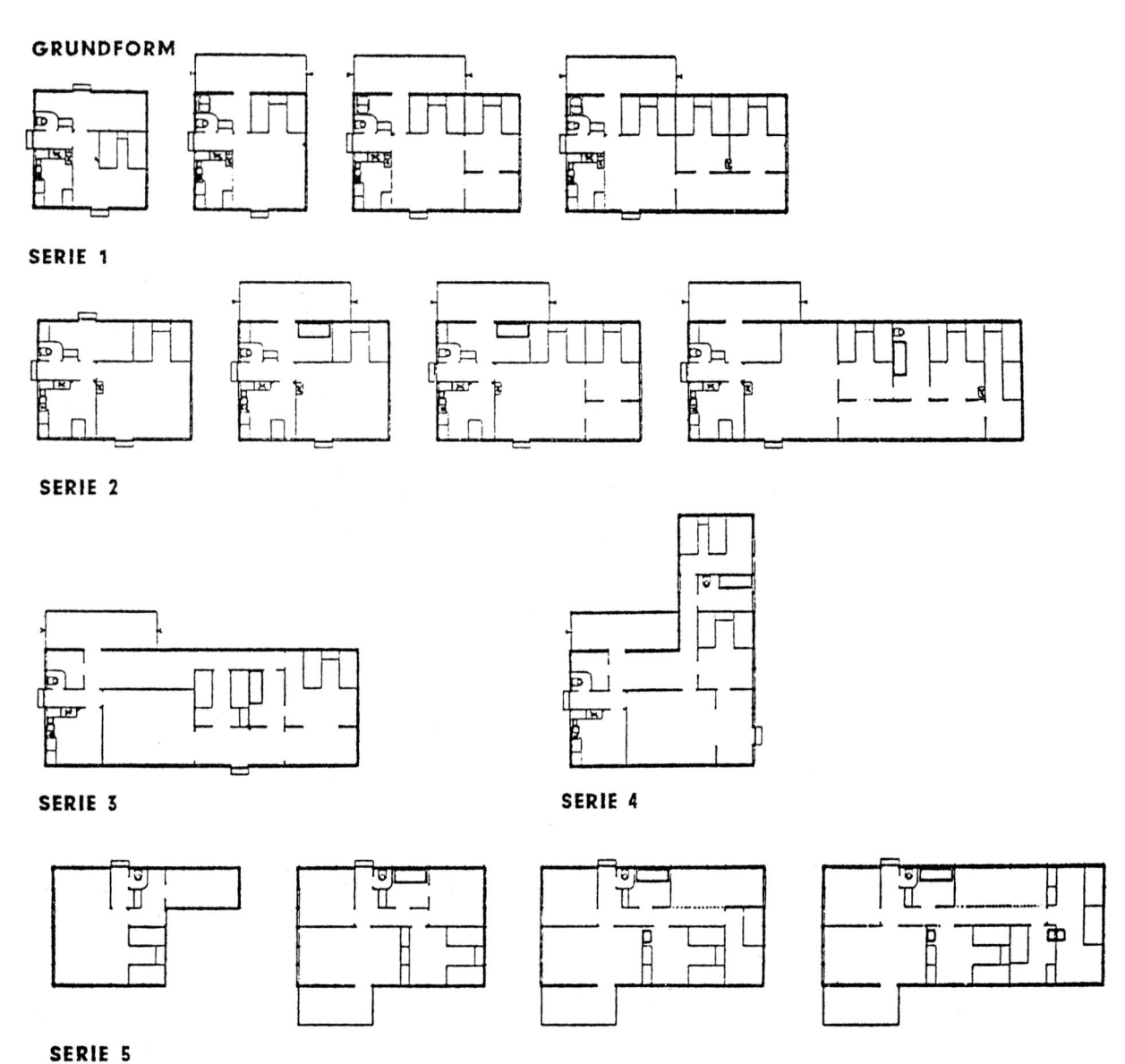

GRUNDFORM

SERIE 1

SERIE 2

SERIE 3

SERIE 4

SERIE 5

521/522 Ludwig Hilberseimer
521 L-Haus
522 Siedlungsplan

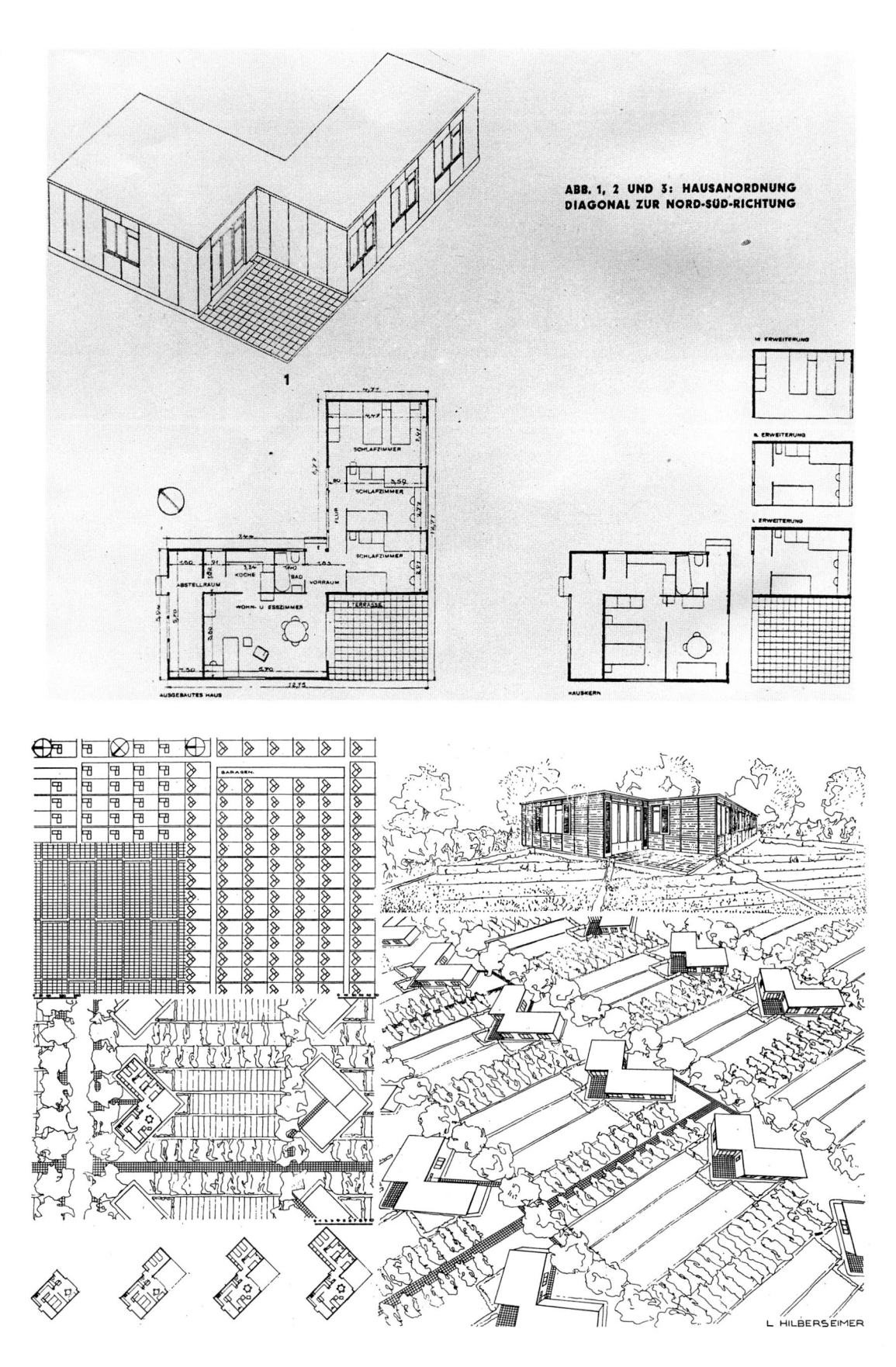

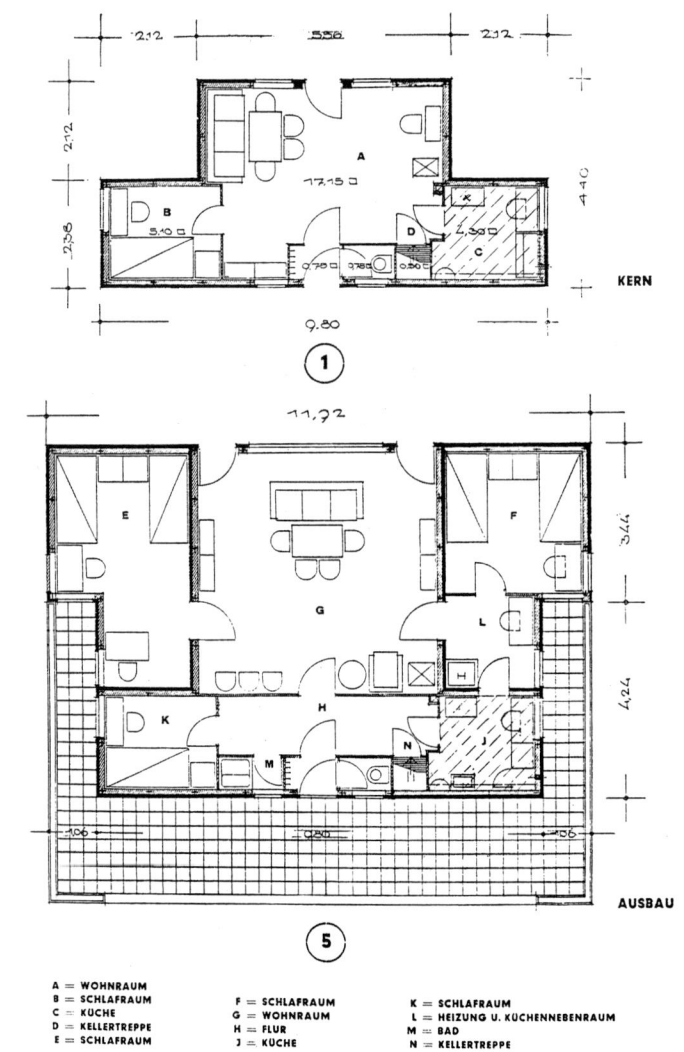

*523/524 Erich Mendelsohn,
Haus in Böhler-Bauweise
523 Kernbau Südansicht
524 Grundriß Kernbau und
5. Aufbaustufe*

A = WOHNRAUM
B = SCHLAFRAUM
C = KÜCHE
D = KELLERTREPPE
E = SCHLAFRAUM
F = SCHLAFRAUM
G = WOHNRAUM
H = FLUR
J = KÜCHE
K = SCHLAFRAUM
L = HEIZUNG U. KÜCHENNEBENRAUM
M = BAD
N = KELLERTREPPE

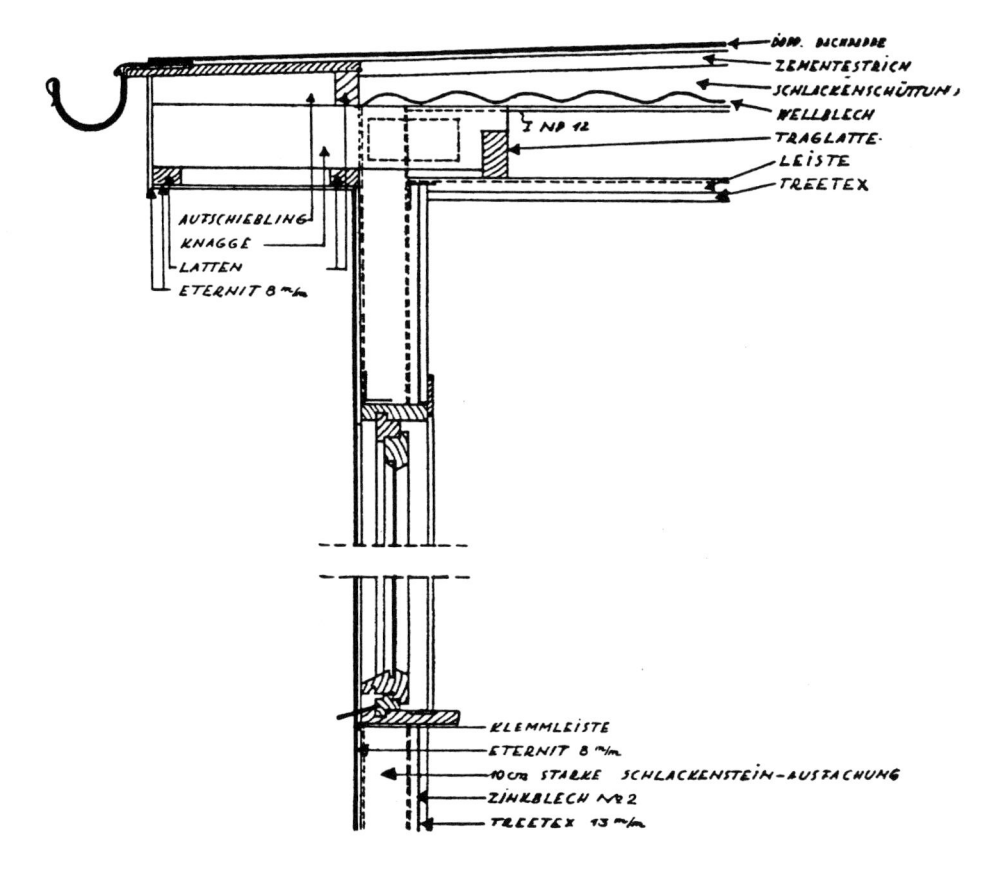

525/526 Alfred Gellhorn,
Haus in Böhler-Bauweise
525 Ansicht Vollausbau
526 Außenwand- und
Deckenkonstruktion

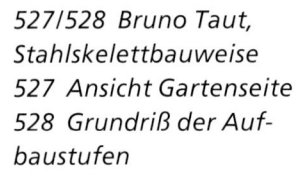

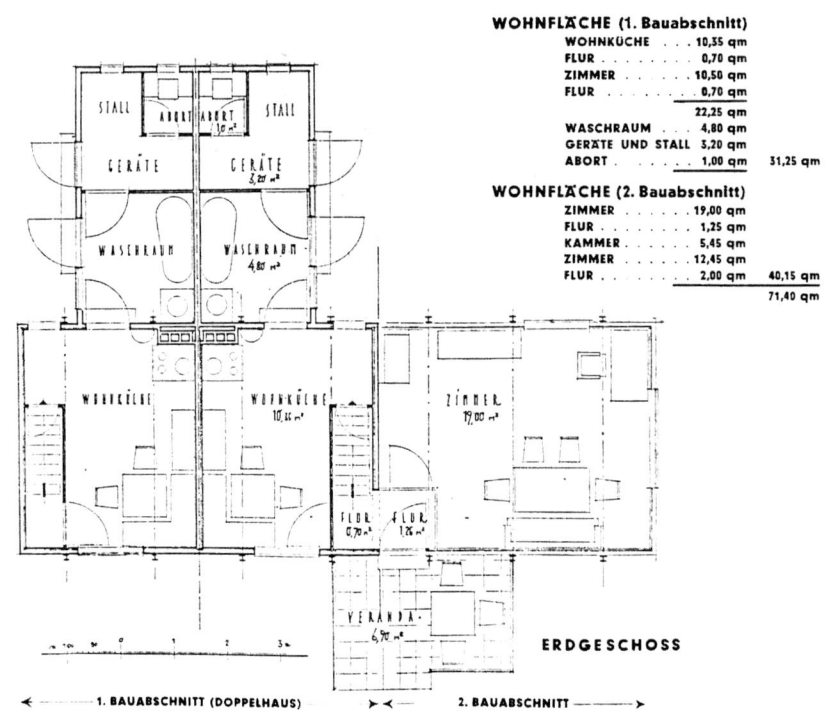

527/528 Bruno Taut,
Stahlskelettbauweise
527 Ansicht Gartenseite
528 Grundriß der Aufbaustufen

WOHNFLÄCHE (1. Bauabschnitt)

WOHNKÜCHE	10,35 qm
FLUR	0,70 qm
ZIMMER	10,50 qm
FLUR	0,70 qm
	22,25 qm
WASCHRAUM	4,80 qm
GERÄTE UND STALL	3,20 qm
ABORT	1,00 qm

31,25 qm

WOHNFLÄCHE (2. Bauabschnitt)

ZIMMER	19,00 qm
FLUR	1,25 qm
KAMMER	5,45 qm
ZIMMER	12,45 qm
FLUR	2,00 qm

40,15 qm

71,40 qm

dem Werfthaus und Gropius mit seinem Kupferhaus. Auch Scharoun ist hier nochmals zu nennen. Egon Eiermann stellte seinen Entwurf auf die Holzbauweise Struzyna ein, Paul Mebes zeigte zwei Musterhäuser, davon eines in der schon beschriebenen Bauweise von Richter & Schädel.[27] Erich Mendelsohn und Alfred Gellhorn wählten das Böhler-System in seiner Spätform, bei der die Pfannenbleche zwischen der Außen- und der Innenbeplankung angeordnet waren.[28] Bruno und Max Taut benutzten eine abgewandelte Konstruktion der Philipp Holzmann AG. Sie setzten das Stahlskelett vor die Außenwand, die aus 8 cm dicken Bimsbetonplatten und einer inneren Dämmschicht zusammengesetzt war. Durch die senkrechten Linien des Skeletts wurden die Häuser zu Beispielen einer betonten Montagearchitektur. Damit wurde zwar das zeitraubende Umhüllen der Stützen und das Einpassen der Wandplatten in die Gefache vermieden, aber die Rostgefahr erhöht. Trotzdem schätzte der kritische Ernst Neufert die Häuser als „technisch gut", wenn auch ästhetisch als „wenig gewinnend" ein.[29]

Wettbewerb und Musterhäuser hatten eine Fülle brauchbarer und auch weniger brauchbarer Gedanken und praktischer Beispiele gebracht. Selbst die Frage nach einer neuen Siedlungsform war aufgeworfen worden und hatte zu Vorschlägen für einen engräumigen durchgrünten Flachbau geführt. Für Wagner war das Ergebnis ein weiterer Schritt zu einem sozialen Städtebau. Er sah in der lebhaften Beteiligung am Wettbewerb den Ausdruck eines „pionierhaft vorstürmenden Lebensgeistes" und hoffte auf eine Weiterentwicklung in Richtung einer neuen naturnahen und trotzdem billigen städtischen Siedlungsweise.[30] Die für so beengtes Wohnen unerläßliche Selbstdisziplin der Bewohner glaubte er durch den „Gemeinsinn" gesichert, der seit der Novemberrevolution in den werktätigen Schichten lebendig war und in den neuen Siedlungen auf vielfältige Weise, besonders bei den großen Sommerfesten, zum Ausdruck kam. Wagner bemühte sich deshalb, das mit dem Wettbewerb und der Ausstellung Erreichte als eine Basis der künftigen Arbeit festzuhalten und faßte es in seinem bekanntesten Buch „Das wachsende Haus" zusammen. Es enthält die Ansichten und Grundrisse der 24 Musterhäuser mit den Erklärungen der Entwurfsautoren und eine Darstellung des Entwicklungsstandes im Hausbau und der anstehenden Aufgaben. Denn immer wieder betonte Wagner, daß das Erreichte nur ein Anfang sei und keinesfalls ein endgültiges Ergebnis.

27 Wagner, Wachsendes Haus, S. 57–60, 65–68, 76–79, 108–111
28 Ebd., S. 84–87, 61–64
29 Ebd., S. 90–103; Neufert, Wohnbauten, S. 379
30 Wagner, Wachsendes Haus, S. 40f.

529–531 Hans Poelzig, Bohlenbinderhaus
529 Ansicht
530 Schnitte
531 Grundriß

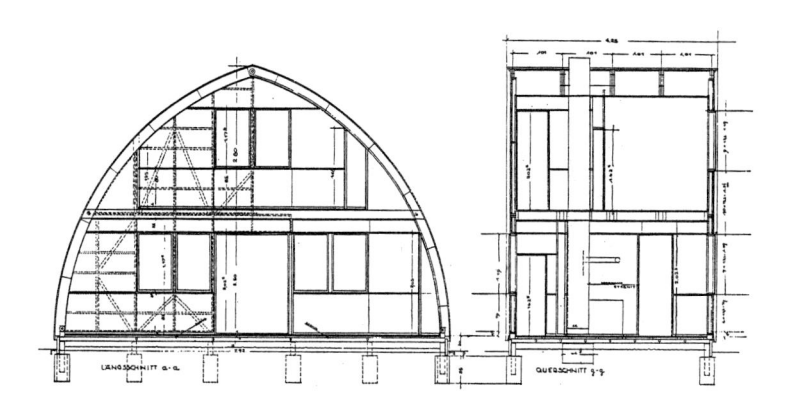

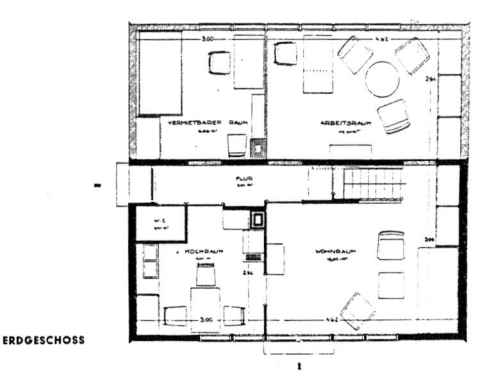

532/533 Otto Bartning,
Werfthaus
532 Ansicht Vollausbau
533 Grundrißvarianten

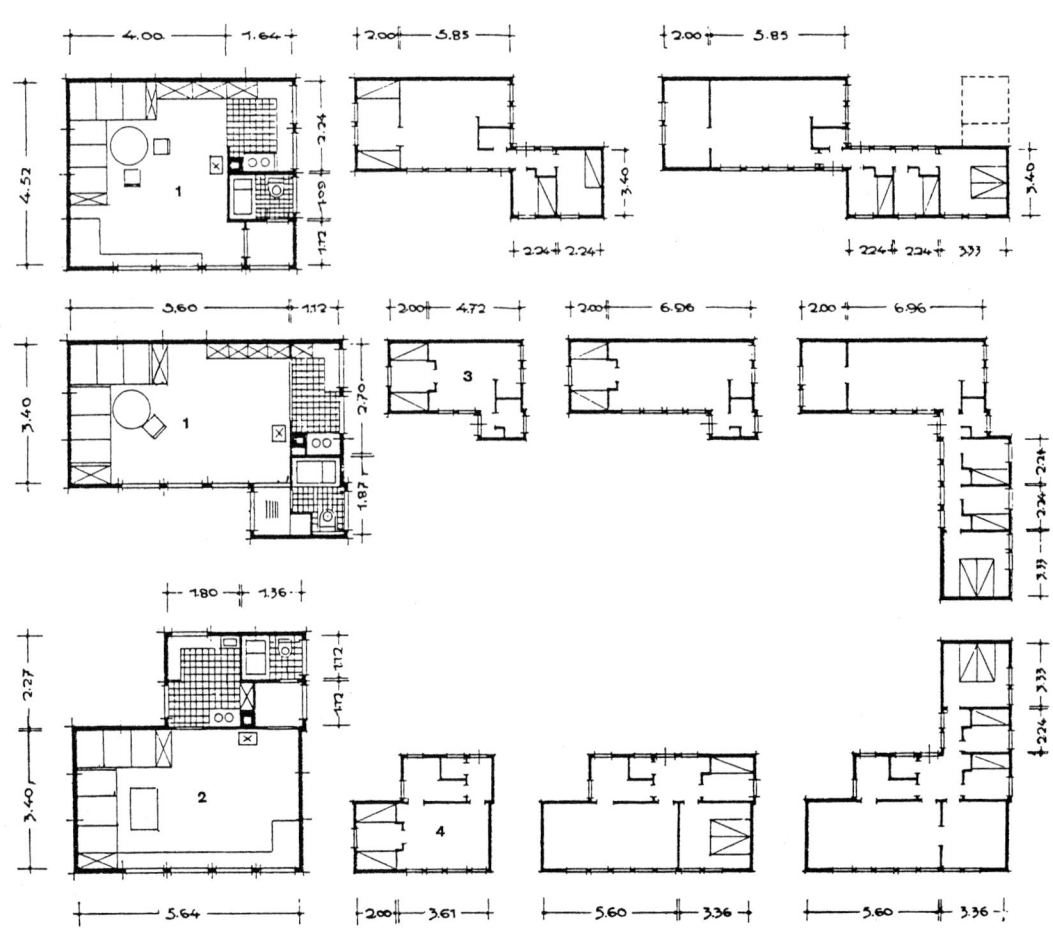

534–536 Dirk Gascard und P. M. Canthal, G & C Anbauhaus

534 Ansicht Vollausbau
535 Grundriß
536 Wandkonstruktion

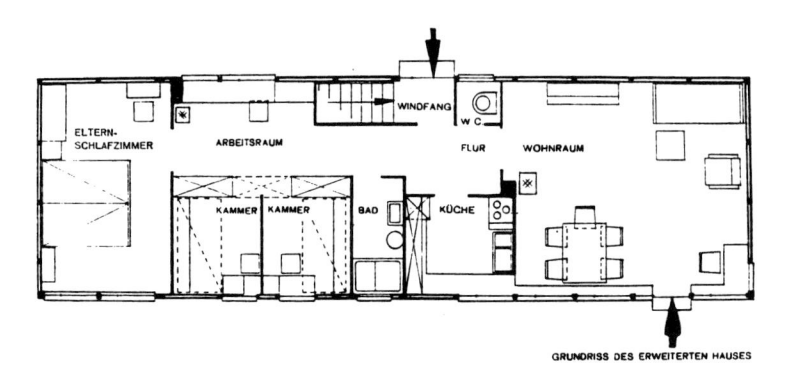

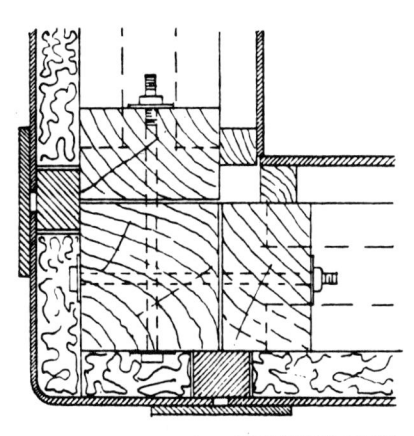

GRUNDRISS DES ERWEITERTEN HAUSES

ECKAUSBILDUNG

So aktuell bahnbrechend die Idee des wachsenden Hauses auch war, am Ende blieb sie ohne praktische Auswirkungen. Das Interesse in der Bevölkerung war zwar groß gewesen, aber die Zukunft wurde immer ungewisser, die politischen Verhältnisse spitzten sich zu und die kleinen Sparer hielten ihre Gelder zurück. Ohnehin stufte die Baupolizei wachsende Häuser wegen ihrer bescheidenen Kernbauten nur als Wohnlauben ein und erschwerte damit die hypothekarische Beleihung. Die Bauindustrie, die die Bauausstellung von 1931 in Berlin in der Erwartung einer Wende zu einer Demonstration ihrer technischen und wirtschaftlichen Potenzen aufgebläht hatte, ging jedoch auf Wagners Idee und auf die Angebote der Architekten nicht ein. Die Geschichte ist darüber hinweg gegangen. Geblieben ist das Verdienst, die Vorfertigung erneut in das Blickfeld der Öffentlichkeit gerückt zu haben. So war die Berliner Sommerschau von 1932 die bisher größte Ausstellung vorgefertigter Häuser und ein würdiger Abschluß eines für Architektur und Städtebau ungewöhnlich fruchtbaren Jahrzehnts.

Während der letzte große Anlauf zur Vorfertigung im krisengeschüttelten Deutschland vergebens war, suchte die Industrie in den Vereinigten Staaten auf der Jagd nach Absatz den Baumarkt durch eine Massenproduktion von billigen Fertighäusern zu erobern. Der Vorstoß war so erfolgreich, daß er weitgehende Illusionen über die Möglichkeit auslöste, die Wohnungsnot in den amerikanischen Städten zu lindern oder gar zu beseitigen. Sie wurden noch bestätigt durch das Ende der Wirtschaftskrise 1933 und den Beginn eines neuen Aufschwungs. Die Popularität des Fertighauses ließ damals die Begriffe prefabrication und prefab house entstehen, die sich seither weltweit eingebürgert haben. Aber auch in Amerika zeigte sich, daß die neuen Fertighäuser für die meisten Familien noch zu teuer waren.[31] Erst mit der Einführung des mobile house, das wie ein Auto in der Fabrik fertiggestellt und auf eigenen Rädern und mit voller innerer Ausstattung angeliefert und aufgestellt wird, gelang eine echte Kostensenkung. Die Verbreitung dieser Hausform ist inzwischen so groß, daß in den Vereinigten Staaten sich ein besonderer Häusermarkt neben dem traditionellen Immobilienhandel herausgebildet hat.[32]

In Deutschland wurde die weitere Entwicklung der Vorfertigung durch die Hinterlassenschaft des zweiten Weltkrieges geprägt. Trümmerberge und ein riesiges Wohnungs-

31 Bruce/Sandbank, S. 7f., 41 bis 45; Kelly, S. 28ff.; L. Mumford: City Development, London 1946, S. 54ff.

32 G. Fehl: „Wohnungen" vom Fließband, in: A. Schmidt/A. Sywottek: Massenwohnung und Eigenheim, Frankfurt/New York 1988, S. 591

defizit begünstigten die Entwicklung der schweren Vorfertigung, aber es wurden auch Stahl- und erstmals Kunststoffhäuser angeboten. Für die schwere Vorfertigung begann in ganz Europa eine Hochkonjunktur, eine neue Etappe auf höherem technischen Niveau. Sie steuert offensichtlich auf eine variationsreiche Synthese von traditioneller und neuer Bautechnik hin.

1945 waren seit den Anfängen der Vorfertigung hundert Jahre vergangen. Bis zum ersten Weltkrieg kann man von einem Gleichmaß der Entwicklung sprechen. Durch diesen Krieg und seine Folgen, insbesondere durch die Novemberrevolutoin, begann jedoch eine Ära höchster schöpferischer Aktivität, die nicht allein der allgemeinen Beschleunigung des technisch-wissenschaftlichen Fortschritts verdankt wird. Die Volksmassen waren in Bewegung geraten und stimulierten mit ihrem Kampf um bessere Lebensbedingungen sensible Geister, mit größter Intensität an den Problemen des Kleinwohnungsbaus und damit auch an der Vorfertigung zu arbeiten, so daß Scharoun zwanzig Jahre später mit Hochachtung daran erinnerte: „Der soziale Wohnungsbau stellte eine echte Wandlung dar, wie sie der Menschheit nur selten begegnet."[33] Die Geschichte stellt jederzeit Aufgaben, deren Lösung von den kühnsten der progressiven Kräfte in Angriff genommen wird, ohne daß die Gewähr eines Erfolges gegeben ist. Nachgeborene mögen über die hochgespannten Erwartungen und die Selbsttäuschungen dieser Akteure lächeln. Indessen wird im Leben der Gesellschaft ohne Illusionen und Selbsttäuschungen nichts Großes bewegt. Nirgends kommt die soziale Komponente des Funktionalismus der zwanziger Jahre so deutlich zum Ausdruck wie im Bereich der Vorfertigung, nirgends auch die gesellschaftliche Verantwortung des Architekten. Martin Wagner, Otto Haesler, Walter Gropius, Ernst May, Konrad Wachsmann und Hans Scharoun seien stellvertretend hier genannt, auch wenn sie noch keine schlüssige Lösung für die Industrialisierung des Wohnungsbaues gefunden haben. Aber das Feuer jener Jahre ist erloschen, die Welt hat sich seither grundlegend verändert. Möge der Widerschein jener Vergangenheit noch weit hinein in unsere Zukunft leuchten.

33 Haesler, Lebensweg, S. XIX

Verzeichnis der Abkürzungen

BW	Bauwelt
DBZ	Deutsche Bauzeitung
DVW	Die Volkswohnung
HdbA	Handbuch der Architektur
RFG	Reichsforschungsgesellschaft für Wirtschaftlichkeit im Bau- und Wohnungswesen
SBW	Soziale Bauwirtschaft
WLB	Wasmuths Lexikon der Baukunst
WMB	Wasmuths Monatshefte für Baukunst

Literaturverzeichnis

Achleitner, F.: Österreichische Architektur im 20. Jahrhundert, Bd. II, Wien 1983
Akademie der Künste Berlin (Hrsg.): Akademie-Kataloge
Nr. 117: Hermann Muthesius 1861–1927, Berlin 1978
Nr. 140: Adolf Loos 1870 bis 1933. Raumplan – Wohnungsbau, Berlin 1984
Nr. 142: Max Taut 1884 bis 1967. Zeichnungen, Bauten, Berlin 1984
Nr. 146: Martin Wagner 1885 bis 1957. Wohnungsbau und Weltstadtplanung, Berlin 1986
Akademie der Künste Berlin (Hrsg.): Schriftenreihe
Bd. 3: Adolf Rading. Bauten, Entwürfe und Erläuterungen, Berlin 1970
Bd. 6: Hans Poelzig. Gesammelte Schriften und Werke, Berlin 1970
Bd. 10: Hans Scharoun. Bauten, Entwürfe, Texte, Berlin 1974
Bd. 21: Brüder Luckhardt und Alfons Anker. Berliner Architekten der Moderne, Berlin 1990
Arbeitslosen-Kleinsiedlung – ein Ausweg? Deutsche Bauzeitung 65 (1931), H. 75/76, Beil. Bauwirtschaft und Baurecht Nr. 38, S. 213

Bartschat, J. (Hrsg.): Sommer- und Ferienhäuser, Wochenendhäuser, Berlin 1927
Batz, R.: Stahlhäuser und Stahlhaussiedlungen bei Düsseldorf. Zentralbl. der Bauverw. 49 (1929), H. 26, S. 415
Bau und Wohnung, Hrsg. Deutscher Werkbund, Stuttgart 1927
Bauelementefabrik. G Zschr. für elementare Gestaltung, H. 3, Juni 1924
Bauweltkatalog 1939, Berlin 1939
Bauweltkatalog 1942, Berlin 1942
Bayer, H./Gropius, W./Gropius, I.: Bauhaus Weimar/Dessau 1919 bis 1928, Stuttgart 1955
Behrens, P./De Fries, H.: Vom sparsamen Bauen, Berlin 1918
Bericht über den 1. Allgemeinen Deutschen Wohnungskongreß 1904, Göttingen 1905
Bericht über die Verhandlungen der Stadtverordnetenversammlung der Stadt Frankfurt, Bd. 63, 1930
Berking, E. F.: Das Lamellendach, Die Volkswohnung 3 (1921), H. 23, S. 316
Ders.: Die Gußbauweise, Die Volkswohnung 4 (1922), H. 6, S. 93
Berlin und seine Bauten, Der Hochbau, Bd. III, Berlin 1896
Besuch in der Frankfurter Bauplattenfabrik, Stein/Holz/Eisen 42 (1928), H. 37, S. 678
Betonrahmen, ABC Beiträge zum Bauen 1 (1925), H. 3/4, S. 6
Birk, G.: Entstehung und Untergang des Daimler-Benz Flugzeugmotorenwerkes in Ludwigsfelde, Trebbin 1986
Blecken, H.: Stahlhäuser, Deutsche Bauzeitung 60 (1926), H. 20, Beil. Konstruktion und Ausführung, S. 149
Ders.: Der heutige Stand des Stahlhausbaues, Stein/Holz/Eisen 42 (1926), H. 36, S. 657
Ders.: Das Lamellenhaus System Blecken, Stahlhaus-Korrespondenz Nr. 3, Jan. 1928
Ders.: das Stahlhaus der Vereinigten Stahlwerke Düsseldorf, Mitteilungen der Reichsforschungsgesellschaft für Wirtschaftlichkeit im Bau- und Wohnungswesen Nr. 10, 1928, S. 14
Ders.: Neuzeitlicher Stahlhausbau, Deutsche Bauzeitung 63 (1929), H. 20, Beil. Moderner Wohnungsbau, S. 31
Block, F. (Hrsg.): Probleme des Bauens, Potsdam 1928
Bollerey, F./Hartmann, K.: Wohnen im Revier. 99 Beispiele aus Dortmund, München o. J.
Dies.: Siedlungen aus den Reg.-Bez. Arnsberg und Münster, Düsseldorf 1977
Dies.: Siedlungen aus dem Reg.-Bez. Düsseldorf, Essen 1978
Borngräber, Ch.: Bruno Taut a Magdeburgo e Otto Haesler a Celle, Casabella Nr. 463/464, Nov./Dez. 1980, S. 42–51
Bouvier, F.: Das „Eiserne Haus", Hist. Jb. der Stadt Graz, Bd. 10, Graz 1978, S. 221–234
Brackmeyer, R.: Das Stahlhaus, Stuttgart 1928
Brandt-Mannesmann, R.: Max Mannesmann/Reinhard Mannesmann. Dokumente aus dem Leben der Erfinder, Remscheid 1964
Bredow, J./Lerch, H.: Materialien zum Werk des Architekten Otto Bartning, Darmstadt 1983
Brenne, W.: Wie die Siedlungen gebaut wurden, Siedlungen der zwanziger Jahre – heute, S. 47
Breuer, M.: Das Kleinmetallhaus Typ 1926, Offset Buch- und Werbekunst 1926, H. 7, S. 371
Ders.: Sun and Shadow. The Philosophy of an Architect, London/New York/Toronto 1956
Briese, P.: Wohnungsbau im Rahmen der Kriegswirtschaft, Der Deutsche Baumeister 2 (1940), H. 5, S. 27
Brown, Th. H.: The Work of Gerrit Rietveldt, Utrecht 1958
Bruce, A./Sandbank, H.: A History of Prefabrication, Rariton NJ 1945
Brüning, H./Dessauer, F./Sander, K.: Das Nationale Bauprogramm, Berlin 1927
Bueckschmitt, J.: Ernst May, Stuttgart 1963
Bunin, A. W.: Geschichte des Russischen Städtebaus, Berlin 1961
Burchard, H.: Betonfertigteile im Wohnungsbau, Berlin 1941
Burchard, J.: Stahlhausbau, Wasmuths Monatshefte für Baukunst 11 (1927), H. 5, S. 217

Chateau, Th.: Technologie du Bâtiment, Bd. 1, Paris 1863
Christoph & Unmack: Katalog Nr. 14, o. O. 1925
Ders.: Katalog Der Kleine Christoph, o. O. 1926
Ders.: 1835–1935, 100 Jahre Christoph & Unmack, Görlitz 1935
Christophe, P.: Der Eisenbeton und seine Anwendung, Berlin 1905
Collins, P.: Concrete. The Vision of a New Architecture, New York 1959
Cowan, J.: An Historical Outline of Architectural Science, Amsterdam/London/New York 1966

Deutsche Kupferhaus Gesellschaft: Katalog, Berlin (1932)
Dies.: Warum Kupferhäuser für Palestina?, Berlin (1933)

Deutscher Werkbund/Werkbundarchiv (Hrsg.): Die zwanziger Jahre des Deutschen Werkbundes, Gießen/Lahn 1982

Dexel, D. und W.: Das Wohnhaus von heute, Leipzig 1928

Diehl, R.: Die Tätigkeit Ernst Mays in Frankfurt in den Jahren 1925–1930, Diss. Frankfurt 1976

Eberstadt, R.: Städtische Bodenfragen, Berlin 1894

Eck, Ch.: Traité de Construction en Poteries et Fer, Paris 1836

Eisler, M.: Das wachsende Haus in Wien, Moderne Bauformen 31 (1932), H. 16, S. 289 bis 308

Elkart, E.: Holzbauten, Die Volkswohnung 2 (1920), H. 5, S. 70

Emperger, F.: Handbuch des Eisenbetons, Bd. 11, Berlin 1915[2]

Engelmann, Ch./Schädlich, Ch.: Die Bauhausbauten in Dessau, Berlin 1991

Erfurth, H.: Das letzte Bauwerk Prof. Hugo Junkers, Liberal-Demokratische Ztg. Dessau vom 12. 7. 1984

Ders.: Hugo Junkers und das Bauhaus in Dessau, Bauwelt 82 (1991), H. 1/2, S. 34–41

Fehl, G./Harlander, T.: Hitlers sozialer Wohnungsbau 1940 bis 1945, Stadtbauwelt 75 (1984), H. 48, S. 2095–2102 (391–398)

Fehl, G.: »Wohnungen" vom Fließband, A. Schmidt/A. Sywottek: Massenwohnung und Eigenheim, Frankfurt/New York 1988, S. 584–624

Festschrift 75 Jahre Freie Scholle, Berlin 1970

Festschrift zur 700-Jahrfeier der Stadt Wolgast, Wolgast 1957

Fieger, C.: Das Wohnhaus als Maschine, Baugilde 6 (1923), H. 19, S. 409

Frank, J.: Wohnhäuser aus Gußbeton, Josef Frank 1885–1967, Hrsg. Hochschule für angewandte Kunst Wien, Wien 1981, S. 112–115

Franke, A.: Holzbau im Siedlungsbau, Deutsche Bauzeitung 65 (1931), Beil. Konstruktion und Ausführung Nr. 3, S. 28

Frankfurter Normen, Das Neue Frankfurt 2 (1928), H. 7/8

Fresdorf, E.: Natürliches Bauen – organisches Siedeln, Frühlicht (Magdeburg) 1921, H. 1, S. 20

Friedrich, E.: Sparsame Baustoffe, Die Volkswohnung 1 (1919), H. 1, S. 12; H. 2, S. 24 bis 26

Friedrich, E. G.: Die Kleinsiedlung in Hamburg-Langenhorn, Die Volkswohnung 2 (1920), H. 10, S. 131

Ders.: Eine neue rationelle Bauweise, Zentralbl. der Bauverwaltung 47 (1927), H. 44, S. 564–566

Ders.: Das Stahlhaus und der Wohnungsbau, Zentralbl. der Bauverwaltung 48 (1928), H. 12, S. 189–193

Fries, H. de: Künstlerische Probleme des Holzbaues, Die Volkswohnung 1 (1919), H. 9, S. 110–112

Garbai, A.: Die Bauhütten, Hamburg 1928

Garbotz, G.: 100 Jahre Mechanisierung im deutschen Baugewerbe. Zschr. des VDI 91 (1949), H. 21, S. 547

Ders.: Baumaschinen einst und jetzt, Baumaschine und Bautechnik 21 (1974), H. 10, S. 333–346

Gegen Hesse und das Bauhaus, C. Schnaidt: Hannes Meyer und das Bauhaus, Form + Zweck 8 (1976), H. 6, S. 35

Gehler, W./Amos, A.: Versuche mit fabrikmäßig hergestellten Eisenbetonbauteilen, Berlin 1934

Giedion, S.: Raum, Zeit, Architektur, Ravensburg 1965

Gloag, J./Bridgewater, D.: A History of Cast Iron Architecture, London 1948

Goecke, Th.: Kleinwohnungsbau, die Grundlage des Städtebaues, Der Städtebau 12 (1915), H. 1, S. 3–5; H. 2, S. 22f.

Gräff, W.: Innenräume, Stuttgart 1928

Grobler, J.: Das Eigenheim, Berlin/Leipzig 1932

Groehler, O./Erfurth, H.: Hugo Junkers, Berlin 1989

Gropius, W.: Programm zur Gründung einer allgemeinen Hausbaugesellschaft auf künstlerisch einheitlicher Grundlage m.b.H, H. Probst/Ch. Schädlich: Walter Gropius, Bd. III, Ausgewählte Schriften, Berlin 1987, S. 18 bis 25

Ders.: Die Entwicklung moderner Industriebaukunst, Die Kunst in Industrie und Handel, Jb. des Deutschen Werkbundes 1913, Jena 1913, S. 17–22

Ders.: Neues Bauen, Deutsche Bauzeitung 54 (1920), Beil. Der Holzbau Nr. 2, S. 5

Ders.: Wie wollen wir in Zukunft bauen?, Wohnungswirtschaft 1 (1924), H. 18, S. 154

Ders.: Wohnhaus-Industrie, A. Meyer (Hrsg.): Ein Versuchshaus des Bauhauses in Weimar, Bauhausbücher 3, München 1925, S. 5–14

Ders.: Der Architekt als Organisator der modernen Bauwirtschaft und seine Forderungen an die Industrie, F. Block (Hrsg.): Probleme des Bauens, Potsdam 1928, S. 202–214

Ders.: Vortrag anläßlich der Vorbesichtigung der Gagfah-Ausstellung im Fischtalgrund in Berlin-Zehlendorf, Baugilde 10 (1928), H. 17, S. 1313f.

Ders.: Nichteisenmetall – der Baustoff der Zukunft, Metallwirtschaft 8 (1929), H. 4, S. 89

Ders.: Stahl im Wohnungsbau, Der Stahlbau 2 (1929), H. 7, S. 84

Grüning, M.: Der Wachsmann Report. Auskünfte eines Architekten, Berlin 1985

Gubler, J.: Nationalisme et Internationalisme dans l'Architecture de la Suisse, Lausanne 1973

Gurlitt, C.: Neue Baustoffe und Bauarten, Deutsche Bauzeitung 61 (1927), H. 31/32, S. 268–272

Gut, A.: Der Wohnungsbau in Deutschland nach dem Weltkriege, München 1928

Haegermann, G. (Hrsg.): Vom Caementum zum Spannbeton, Beitr. zur Geschichte des Betons Bd. I–III, Wiesbaden/Berlin 1964/1965

Haenel, E.: Die Gartenstadt Hellerau, Dekorative Kunst Bd. XIX, 14 (1911), S. 320

Hänseroth, Th.: Der Aufbruch zum modernen Bauwesen. Zur Geschichte des industrialisierten Bauens, Diss. TU Dresden 1984

Haesler, O.: Stahlskelettbauweise für den Wohnungsbau?, Zentralbl. der Bauverwaltung 49 (1929), H. 47, S. 757–761

Ders.: Die Rothenberg-Bebauung in Kassel, Deutsche Bauzeitung 65 (1931), Beil. Konstruktion und Ausführung Nr. 21, S. 161–166

Ders.: Mein Lebensweg als Architekt, Berlin 1957

Hahn, P.: Experiment Bauhaus, Auswahlkatalog, Berlin 1988

Handwörterbuch der Architektur, Bd. III, 2, 1, Darmstadt 1891

Handwörterbuch des Wohnungswesens, Jena 1930

Harrison, D.: A Survey of Prefabrication. Hrsg. Ministry of Works, London 1945

Haves, P.: Gußbeton, Berlin 1916

Hawranek, A.: Der Stahlskelettbau, Berlin/Wien 1931

Herbert, G.: Pioneers of Prefabrication, Baltimore/London 1978

Ders.: The „Palestine Prefabs" of the 1930s, Haifa 1979

Ders.: The Dream of the Factory-Made House, Cambridge Mass. 1986[2]

Hesse, F.: Von der Residenz zur Bauhausstadt, Bad Pyrmont o. J.

Hesse-Frielinghaus, H.: Karl Ernst Osthaus, Recklinghausen 1971

Hilberseimer, L.: Flachbau und Stadtraum, Zentralbl. der Bauverwaltung 51 (1931), H. 53/54, S. 773

Ders.: Flachbau und Flachbautypen, Moderne Bauformen 31 (1932), H. 9, S. 471

Hirdina, H.: Neues Bauen, Neues Gestalten. Das Neue Frankfurt, Dresden 1984

Hirtsiefer, H.: Die Wohnungswirtschaft in Preußen, Eberswalde 1929

Hitchcock, H. R.: Early Victorian Architecture, London 1954

Hoeber, F.: Das gegossene Haus als zukünftiger Typ unserer Baukunst, Sozialistische Monatshefte 19 (1913), Bd. II, S. 671–674

Höntsch, W.: Das deutsche Holzhaus Bauart Höntsch, Niedersedlitz 1928[3]

Holzbauweise Schäffer, Deutsche Bauzeitung 68 (1934), H. 47, S. 930

Holzhausbau in Fabrik- und Einzelanfertigung, Der Baumeister 29 (1931), H. 7, S. 285

Hotz, E.: Kostensenkung durch Bauforschung, Berlin 1932

Hüfner, H.: Greiz (Die deutsche Stadt), Berlin/Leipzig/Wien 1929

Hüter, K.-H.: Architektur in Berlin 1900–1933, Dresden 1987

Jaeggi, A.: Das Großlaboratorium für die Volkswohnung, Siedlungen der zwanziger Jahre – heute, Ausstell.kat. Berlin 1985

Jahn, L.: Konstruktion und Wirtschaftlichkeit der Fafa-Bauweise, Deutsche Bauzeitung 65 (1931), H. 1, Beil. Konstruktion und Ausführung Nr. 3, S. 22–26

Jahrbuch der Baukunst und Bauwissenschaft, 1844

Jahrbuch der Bodenreform, Bd. IV, Jena 1908

Jansen, H.: Bremens grundlegende Neuerung im Stadtbauwesen. Die Einführung von Gartengängen in die Großstadtbebauung, Der Baumeister 12 (1914), H. 1, S. 1

Jansen, J.: Bauproduktion 1919 bis 1933 in Deutschland, Dortmund 1987

Jaquet, P.: Le Chalet Suisse. Das Schweizer Chalet, Zürich 1963

Jobst, G.: Das wirtschaftliche Ergebnis der Rothenberg-Siedlung in Kassel, Deutsche Bauzeitung 65 (1931), Beil. Konstruktion und Ausführung Nr. 21, S. 166

Joedicke, J./Plath, Ch.: Die Weißenhofsiedlung in Stuttgart, Stuttgart 1977[2]

Junghanns, K.: Die Maschine in der Architekturtheorie des 19. und 20. Jahrhunderts. W. Kurth zum 80. Geburtstag, Berlin 1964, S. 182–197

Ders.: Der Deutsche Werkbund. Sein erstes Jahrzehnt, Berlin 1982

Ders.: Bruno Taut 1880–1938, Berlin 1983[2]

Ders.: KPD – SPD, zwei Linien in der Wohnungspolitik der zwanziger Jahre, Wiss. Zt.schr. der HAB Weimar 29 (1983), H. 5/6, S. 376–380

Kanow, E.: Colonie Victoriastadt, Architektur der DDR 30 (1981), H. 1, S. 50–53

Kapust, E.: Zollinger-Lamellenbau, untersucht anhand der Ulmenhofsiedlung in Ahlen, Münster 1982

Kelly, B.: The Prefabrication of Houses, New York/London 1951

Kempf, J.: Das Einfamilienhaus des Mittelstandes, München 1926

Kießling, M.: Der Wettbewerb Das Wachsende Haus, Deutsche Bauzeitung 66 (1932), H. 3, S. 55

Kirsch, K.: Die Weißenhofsiedlung. Werkbund-Ausstellung „Die Wohnung" – Stuttgart 1927, Stuttgart 1987

Kistenmacher, G.: Fertighäuser, Tübingen 1950

Kleinlogel, A.: Fertigkonstruktionen aus Eisenbeton, Beton und Eisen 24 (1925), H. 10, S. 154

Ders.: Fertigkonstruktionen in Eisenbeton, Berlin 1929

Ders.: Fertigkonstruktionen im Beton- und Stahlbetonbau, Berlin 1949

Köhler, H.: Arbeitsbeschaffung, Siedlung und Reparationen in der Schlußphase der Regierung Brüning, Vierteljahreshefte für Zeitgeschichte 17 (1965), H. 3, S. 276–307

Körber, M.: Ein Rundwohnhaus, Bauwelt 17 (1926), H. 27, S. 631

Konzc, T.: Handbuch der Fertigteilbauweise, Wiesbaden 1966[2]

Krischanitz, A./Kapfinger, O.: Die Wiener Werkbundsiedlung, Wien 1985

Kunstgewerbe 1906, Das Deutsche. Ausstellungspublikation, München 1906

Kutschke, Ch.: Bauhausbauten der Dessauer Zeit, Diss. Habil. Weimar 1981

Landmann, L.: Das Siedlungsamt der Großstadt. Deutscher Verein für Wohnungsreform (Hrsg.): Kommunale Wohnungs- und Siedlungsämter, Stuttgart 1919

Langenbeck/von Coler/Werner: Die transportable Lazarettbaracke, Berlin 1890[2]

Lauterbach, H./Joedicke, J.: Hugo Häring. Schriften, Entwürfe, Bauten, Stuttgart 1965

Le Corbusier: Vers une Architecture, Paris 1928[3]

Leonhardt, A.: Von der Cementware zum konstruktiven Stahlbetonfertigteil, G. Haegermann: Vom Caementum zum Spannbeton, Beitr. zur Geschichte des Betons Bd. III. Berlin 1965, S. 1–91

Lihotzky, M.: Rationalisierung im Haushalt, Das Neue Frankfurt 1 (1926/1927), H. 5, S. 120

Lilienthal, A. und G.: Die Lilienthals, Stuttgart/Berlin 1930

Lilienthal, G.: Das Vorstadthaus für eine Familie, Prometheus 1891, H. 54, S. 21–26

Lilienthal, Gustav, 1849–1933. Baumeister, Lebensreformer, Flugtechniker, Ausstell.kat. Berlin 1989

Linnecke, R.: Die Organisation der Gemeinwirtschaft im Bau- und Wohnungswesen. Wohnungswirtschaft 4 (1927), H. 3/4, S. 180

Lion, A.: Englische Stahlhäuser der Bauart Weir, Zentralbl. der Bauverwaltung 47 (1927), H. 16, S. 181

Ders.: Die ersten typisierten und normalisierten Wohnbauten in Europa, Wohnungswirtschaft 4 (1927), H. 5, S. 51

Ders.: Das Stahlhaus der Vulkanwerft Hamburg, Der Baumeister 26 (1928), H. 11, S. b 226

Lissitzky-Küppers, S.: El Lissitzky, Dresden 1967

Luckhardt, W. und H.: Versuche zur Fortentwicklung des Wohnbaues, Bauwelt 18 (1927), H. 31, S. 762–771

Luckhardt & Anker: Zur Neuen Wohnform. (Der wirtschaftliche Baubetrieb Bd. III), Berlin 1930

Lübbert, W.: Rationeller Wohnungsbau. Typ/Norm, Berlin 1926

Ders.: Zwei Jahre Bauforschung, Berlin 1930

Lüdecke, G.: Industrieform – Wohnhausbauform, Bauwelt 16 (1925), H. 13, S. 305–308

Massivdecke, Eine neuartige, Baugilde 14 (1932), H. 4, S. 414

May, E.: Selbsthilfebau, Die Volkswohnung 4 (1922), H. 17, S. 239–242

Ders.: Praktische Rationalisierung im Wohnungsbau, Bauwelt 17 (1929), H. 34, S. 826

Ders.: Mechanisierung des Wohnungsbaues, Das Neue Frankfurt 1 (1926/1927), H. 2, S. 35

Ders.: Rationalisierung im Bauwesen, Veröff. des Reichskuratoriums für Wirtschaftlichkeit Nr. 1., Berlin 1927, S. 25–34

Ders.: Fünf Jahre Wohnungsbautätigkeit in Frankfurt/M., Das Neue Frankfurt 4 (1930), H. 2/3 und 4/5

Ernst May und das Neue Frankfurt, Ausstell.kat. Frankfurt/M. 1987

Meyer, A. (Hrsg.): Ein Versuchshaus des Bauhauses in Weimar, München 1925

Meyer, M.: Die Anregungen Taylors für den Baubetrieb, Berlin 1915

Meyer-Heinrich, H. (Hrsg.): Philipp Holzmann AG im Wandel von 100 Jahren 1849 bis 1949, Frankfurt/M. 1949

Mies van der Rohe, L.: Industrielles Bauen, G Zeitschrift für elementare Gestaltung, H. 3, Juni 1924, S. 8–13

Ders.: Zu meinem Block, Bau und Wohnung, Hrsg. Deutscher Werkbund, Stuttgart 1927, S. 77

Mohr, Ch./Müller, M.: Funktionalität und Moderne, Das Neue Frankfurt und seine Bauten 1923–1933, Frankfurt/Köln 1984

Muche, G.: Stahlhausbau, Das Bauhaus 2 (1927), H. 2, S. 3

Ders.: Das Stahlhaus in Dessau-Törten, Stein/Holz/Eisen 41 (1927), H. 13, S. 274

Ders.: Bauhaus – Epitaph, E. Neumann: Bauhaus und Bauhäusler, Berlin/Stuttgart 1961, S. 167

Ders.: Blickpunkt Sturm, Dada, Bauhaus, Gegenwart, München 1961

Müller, A.: Holzhäuser, Darmstadt 1922

Müller, H.: Die neue Zeit, Deutsche Bauzeitung 68 (1934), H. 36, S. 701

Müller, Ö.: Rationelle Mauerwerkskonstruktionen, R. Stegemann: Vom wirtschaftlichen Bauen, Folge 4, Dresden 1928, S. 35–47

Muesmann, A. (Hrsg.): Umstellung im Siedlungswesen, Stuttgart 1932

Mumford, L.: City Development, London 1946

Muthesius, H.: Das Arbeiterdoppelhaus in der IBM-Bauweise, Berlin 1918

Naumann, F.: Kunst und Industrie, Das Deutsche Kunstgewerbe 1906, München 1906

Nerdinger, W. (Hrsg.): Richard Riemerschmid. Vom Jugendstil zum Werkbund, Ausstell.kat. München 1982

Ders.: Walter Gropis, Berlin 1985

Neufert, E.: Der Holzbau. Zentralbl. der Bauverwaltung 52 (1932), H. 2, S. 20–23; H. 4, S. 41–47; H. 5, S. 54–56

Ders.: Wohnbauten der Berliner Sommerschau, Zentralbl. der Bauverwaltung 52 (1932), H. 32, S. 373

Ders.: Die Pläne zum Kriegseinheitstyp, Der Wohnungsbau in Deutschland 3 (1943), H. 13/14, S. 233

Ders.: Möglichkeiten der Gestaltung beim Kriegseinheitstyp, Der Wohnungsbau in Deutschland 3 (1943), H. 17/18, S. 279

Nicht mehr Kupferhäuser, Bauwelt 23 (1932), H. 30, S. 744

Niggemeyer, R.: Einheitsbau, Diss. TU Hannover 1927

Novy, K.: Wohnreform in Köln, Köln 1986

Novy, K./Prinz, M.: Illustrierte Geschichte der Gemeinwirtschaft, Berlin/Bonn 1985

Österreichische Kunsttopographie Bd. XLVI. Die Kunstdenkmäler der Stadt Graz, Profanbauten des 4. und 5. Bez., Wien o. J.

Olearius, A.: Moskowitische und persische Reise, Berlin 1939

Paulick, R.: Notiz im Volksblatt für Anhalt, Aug. 1927

Ders.: Das Stahlhaus in Dessau, Form + Zweck 8 (1976), H. 6, S. 30

Paulsen, F.: Holzhäuser für Siedlungen, Bauwelt 10 (1919), H. 35, S. 14/15

Ders.: Industrieller Hausbau, Bauwelt 17 (1926), H. 12, S. 273

Ders.: Unser Bauwesen von 1924 bis 1931, verurteilt durch Dr. H. Schacht, Bauwelt 22 (1931), H. 11, S. 385

Ders.: Verforschte Millionen?, Bauwelt 23 (1932), H. 13, S. 14f.

Peters, T. F.: Bauen und Technologie 1820–1914, Diss. ETH Zürich Nr. 5919, 1977

Petersen, S.: Norwegische Holzhäuser, Wasmuths Monatshefte für Baukunst 10 (1926), H. 9, S. 370–378

Peterson, Ch. E.: Early American Prefabrication, Gazette des Beaux Arts 90 (1948), Bd. 33, S. 37–46

Ders.: Pioneer Prefabs in Honolulu, AJA Journal Sept. 1973, S. 42–47

Petry, W.: Betonwerkstein und künstlerische Behandlung des Betons. Entwicklung von den ersten Anfängen der deutschen Kunststeinindustrie bis zur werksteinmäßigen Verarbeitung des Betons, München 1913

Ders.: Der Beton- und Eisenbetonbau 1898–1923, Obercassel 1923

Ders.: Beton im Wohnungsbau, Deutsche Bauzeitung 63 (1929), H. 5, Beil. Modernes Wohnungswesen, S. 49–58

Pfannkuch, P.: Adolf Rading. Bauten, Entwürfe und Erläuterungen, Schr.reihe der Akad. der Künste Berlin Nr. 3, Berlin 1970

Ders.: Hans Scharoun. Bauten, Entwürfe, Texte, Schr.reihe der Akad. der Künste Berlin, Bd. 10, Berlin 1974

Porträt einer Persönlichkeit, Düsseldorfer Hefte 1963, H. 11, S. 492–497

Posener, J.: Hans Poelzig. Gesammelte Schriften und Werke, Schr.reihe der Akad. der Künste Berlin, Bd. 6, Berlin 1970

Probst, H./Schädlich, Ch.: Walter Gropius, Bd. 1–3, Berlin 1985 bis 1987

Ragon, M.: Histoire Mondiale de l'Architecture et de l'Urbanisme, o. O. 1971

Rasch, H. und B.: Wie Bauen?, Stuttgart 1928

Reichensperger, A.: Die christlich-germanische Baukunst und ihr Verhältnis zur Gegenwart, Trier 1860[3]

Reichsforschungsgesellschaft für Wirtschaftlichkeit im Bau- und Wohnungswesen: Geschäftsbericht 1927, Mitt. 1 (1928), H. 12, S. 4–14

Dies.: Technische Tagung in Berlin vom 15.–17. Apr. 1929, Berlin 1929

Dies.: Sonderhefte, Berlin 1928/1929
Nr. 1: Kleinwohnungsgrundrisse, 1928
Nr. 3: Reichswettbewerb zur Erlangung von Vorentwürfen für die Aufteilung und Bebauung des Geländes der Forschungssiedlung in Spandau-Haselhorst, 1929
Nr. 4: Bericht über die Versuchssiedlung Frankfurt-Praunheim (Frankfurter Montagebauverfahren), 1929
Nr. 5: Bericht über die Versuchssiedlung in München, 1929
Nr. 6: Bericht über die Siedlung in Stuttgart am Weißenhof, 1929
Nr. 7: Bericht über die Versuchssiedlung in Dessau, 1929

Reichs- und preußischer Staatskommissar für das Wohnungswesen: Bericht über die Beratung über dringende Maßnahmen auf dem Gebiet der Wohnungsfürsorge, Druckschr. Nr. 1, Berlin 1919

Ders.: Ersatzbauweisen, Druckschr. Nr. 2, Berlin 1919

Richtlinien der Gewerkschaften für ein Wohnungsbauprogramm, Wohnungswirtschaft 3 (1926), H. 22, S. 181

Riedel, R.: Gemeinwirtschaft und Rationalisierung, Diss. TH Braunschweig 1932

Riemerschmid, R.: Holzhäuser, Wasmuths Monatshefte für Baukunst 16 (1932), H. 11, S. 533

Riepert, P. H.: Der Kleinwohnungsbau und die Betonbauweisen, Berlin 1924

Riezler, W./Pechmann, G. von: Die Ausstellung München 1908, München 1908

Ritter, H.: Leipzig (Die deutsche Stadt), Berlin/Leipzig/Wien 1937

Ders. (Hrsg.): Wohnung. Wirtschaft, Gestaltung, Berlin/Leipzig/Wien 1928

Ritter, Hubert, 70 Jahre, Der Baumeister 53 (1956), H. 4, S. 255

Sadler, A. L. (Hrsg.): The Ten Foot Square Hut and Tales of the Heike, translated by A. L. Sadler, Tokyo 1977

Salotti, G. D. (Hrsg.): Bruno Taut. La Figura e l'Opera, Milano 1990

Say, J. B.: Vollständiges Handbuch der praktischen Nationalökonomie, Stuttgart 1829

Scarpa, L.: Martin Wagner und Berlin, Braunschweig/Wiesbaden 1986

Schadewald, H.: Wachsendes Haus – sinkende Schuld, Bauwelt 22 (1931), H. 41, S. 1291–1293

Schädlich, Ch.: Das Eisen in der Architektur des 19. Jahrhunderts, Habil.schr. HAB Weimar 1967

Ders.: Die industriellen Montagebauweisen im Wohnungsbau der Sowjetunion, Wiss. Zschr. HAB Weimar 9 (1962), H. 1, S. 25–46

Schallenberger, J./Kaffert, H.: Berliner Wohnbauten aus öffentlichen Mitteln, Berlin 1926

Scharoun, H.: Das Baukaro, Bauwelt 55 (1964), H. 35, S. 948

Scheidig, W.: Die Bauhaus-Siedlungsgenossenschaft, Dezennium II, Dresden 1972, S. 249–262

Schirren, M. (Hrsg.): Hans Poelzig. Die Pläne und Zeichnungen aus dem ehemaligen Verkehrs- und Bauministerium in Berlin, Berlin 1989

Schleicher, G.: Die Holzhäuser der Deutschen Werkstätten Hellerau/München, Moderne Bauformen 29 (1930), H. 6, S. 241

Schliepmann, H.: Betrachtungen über Baukunst, Berlin 1891

Schmidt, D.: Karl Schmidt, H. Thiersch (Hrsg.): Wir fingen einfach an. Richard Riemerschmid zum 85. Geburtstag, München 1953, S. 68

Schmidt, H.: Beiträge zur Architektur 1924–1964. Hrsg. B. Flierl, Berlin 1965

Ders.: Technische und wirtschaftliche Resultate eines Wohnhausbaues, ABC Beiträge zum Bauen 2. Serie 1927/1928, H. 4, S. 9

Ders.: Typengrundrisse, ABC Beiträge zum Bauen 2. Serie 1927/1928, H. 4, S. 7/8

Schmitthenner, P.: Bauen im neuen Reich, München 1934

Schütte-Lihotzky, M.: Soziales Bauen, Zeitzeuge des Jahrhunderts, Ausstell.kat. Wien 1993

Schumacher, A.: Otto Haesler und der Wohnungsbau in der Weimarer Republik, Marburg 1982

Schwan, B.: Die Wohnungsnot und das Wohnungselend in Deutschland, Berlin 1929

Sekler, E.: Josef Hoffmann. Das architektonische Werk, Salzburg/Wien 1982

Siedler, J.: Die Lehre vom neuen Bauen, Berlin 1932

Siedlersorgen in Törten, Volksblatt für Anhalt vom 26. 11. 1927

Siedlungen der zwanziger Jahre – heute. Vier Berliner Großsiedlungen 1924–1984, Hrsg. Bauhausarchiv, Berlin 1984

Speer, A.: Stein statt Eisen, Baugilde 19 (1937), H. 9, S. 285

Spiegel, H.: Die Düsseldorfer Stahlhaus-Musterhäuser in Düsseldorf-Heerdt, Stahlhaus-Korrespondenz Nr. 2, Dez. 1927

Ders.: Der Stahlhausbau, Bd. I, Wohnbauten aus Stahl, Berlin 1929

Staatliches Bauhaus Weimar 1919–1923, Weimar/München 1923

Stahlbauweise, Eine neue, in England, Bauwelt 16 (1925), H. 9, S. 215

Stahlhaus, Das erste, in Deutschland rohbaufertig, Bauwelt 17 (1926), H. 35, S. 851

Stahlhäuser, Die neuen, in England, Bauwelt 16 (1925), H. 34, S. 799

Stahlrahmenbau System Spiegel. Hrsg. Beratungsstelle für Stahlverwendung Düsseldorf, Düsseldorf o. J.

Stegemann, R. (Hrsg.): Neuzeitliche Mauerkonstruktionen im Bauwesen, Schr.reihe der Deutschen Gesellschaft für Bauingenieurwesen Nr. 26, Berlin 1925

Ders.: Vom wirtschaftlichen Bauen, Schr.reihe des Deutschen Ausschusses für wirtschaftliches Bauen und des Technischen Ausschusses des Reichsverbandes der Wohnungsfürsorgegesellschaften, 3. Folge, Dresden 1927, 4. Folge, Dresden 1928, 7. Folge, Dresden 1929

Straßberg, E.: Porosit-Schüttbauverfahren, Deutsche Bauzeitung 63 (1929), H. 68/69, S. 594

Stratemann, S.: Die Industrialisierung des Wohnungsbaues, Der deutsche Wohnungsbau 3 (1943), H. 4, S. 85–106

Strauch, E.: Neuzeitliche Methoden im Wohnungsbau, Phil. Diss. Berlin (Gedruckter Auszug) 1931

Sulzer, P.: Die Plattenbauweise „System Stadtbaurat Ernst May". Versuch einer technikgeschichtlichen Einordnung, Bauwelt 77 (1986), H. 28, S. 1062

Taut, B.: Notbauten für ostpreußische Landwirte, Bauwelt 5 (1914), H. 45, Beil. Die Bauberatung S. 9–12

Ders.: Die industrielle Herstellung von Wohnungen, Wohnungswirtschaft 1 (1924), H. 16, S. 157/158

Ders.: Rußland und der westliche Wohnungsbau, Das Neue Rußland 1 (1924), H. 1/2, S. 10/11

Ders.: Die Neue Wohnung. Die Frau als Schöpferin, Leipzig 1924, 1926[4]

Ders.: Ein Wohnhaus, Stuttgart 1927

Ders.: Die Grundrißfrage, Wohnungswirtschaft 5 (1928), H. 21/22, S. 311–317

Ders.: Der Weg der russischen Architektur, Wohnungswirtschaft 6 (1929), H. 16/17, S. 258–262

Ders.: Gegen den Strom, Wohnungswirtschaft 7 (1930), H. 17, S. 315–324

Ders.: Grenzen der Wohnungsverkleinerung, Deutsche Bauzeitung 65 (1931), H. 11, S. 210

Ders.: Die Kleinwohnung als technisches Problem, Bauwelt 22 (1931), H. 9, S. 254/255

Ders.: Siedlungsmemoiren, Deutsche Architektur 24 (1975), H. 12, S. 761–764

Thiersch, H. (Hrsg.): Wir fingen einfach an. Richard Riemerschmid zum 85. Geburtstag, München 1953

Tragende und nichttragende Außenwände in der Siedlung Heeren-Werve, RFG Mitt.bl. Nr. 4/5, Okt./Nov. 1930, S. 4

Triebel, W.: Geschichte der Bauforschung, Hannover 1983

Uhlig, G.: Sozialisierung und Rationalisierung im „Neuen Bauen". Vergessene Aspekte der Funktionalismusdiskussion. Martin Wagners Beitrag zu den Reformstrategien im Wohnungsbau. Arch. + 1979, H. 45, S. 5–8

Untersuchung einer Schüttbetonbauweise, RFG Mitt.bl. Nr. 2, Aug. 1930, S. 5

Vergnolle, H.: La Préfabrication chez les Romains, Technique et Architecture 9 (1950), H. 7/8, S. 11/12

Völckers, O.: Warum Stahlskelett für den Wohnungsbau?, Stein/Holz/Eisen 44 (1930), H. 3, S. 61

Ders.: Zwischenbilanz des „Neuen Bauens", Bauwelt 23 (1932), H. 44, S. 1105

Voß, H. von: Tafelbauweise, Stuttgart 1958

Wachsmann, K.: Holzhausbau, Berlin 1930

Ders.: Kleine und große Bauten in neuer Holzbautechnik, Bauwelt 22 (1931), H. 50, S. 1559–1574

Wagenführ, R.: Die deutsche Industrie im Kriege 1939 bis 1945, Berlin 1963[2]

Wagner, B.: Martin Wagner 1885–1957. Leben und Werk, Hamburg 1985

Wagner, M.: Neue Bauwirtschaft, ein Beitrag zur Verbilligung der Baukosten im Wohnungswesen, Schriften des Deutschen Wohnungsausschusses H. 5. Berlin 1918

Ders.: Gemeinwirtschaft im Wohnungswesen, Soziale Bauwirtschaft 1 (1921), H. 2, S. 13; H. 3, S. 28; H. 4, S. 40ff.

Ders.: Das Bauhüttensystem, Soziale Bauwirtschaft 3 (1923), H. 10/11, S. 120–128

Ders.: Probleme der Baukostensenkung, Soziale Bauwirtschaft 4 (1924), H. 13, S. 131 bis 135

Ders.: Vom eigenen Werk, Wohnungswirtschaft 1 (1924), H. 1, S. 2–11

Ders.: Neue Wege im Kleinwohnungsbau, Soziale Bauwirtschaft 4 (1924), H. 3/4, S. 21–33

Ders.: Rationalisierter Wohnungsbau, Wohnungswirtschaft 2 (1925), H. 21, S. 171 bis 173

Ders.: Großsiedlungen, ein Weg zur Rationalisierung des Wohnungsbaues, Wohnungswirtschaft 3 (1926), H. 11/14, S. 81–114

Ders.: Sparen – und was dann?, Bauwelt 22 (1931), H. 35, S. 1124

Ders.: Das wachsende Haus der Arbeitsgemeinschaft, Deutsche Bauzeitung 66 (1932), H. 3, S. 41–43

Ders.: Das wachsende Haus, Berlin/Leipzig 1932

Ders.: Vom wachsenden Haus zur wachsenden Stadt, Wissenschaft und Fortschritt 6 (1932), H. 6, S. 232

Ders.: Sterbende Städte oder planwirtschaftlicher Städtebau?, Die Neue Stadt 1 (1932), H. 3, S. 50–59

Ders.: Fabrikerzeugte Häuser, Neue Bauwelt 38 (1947), H. 39, S. 611–614

Wasmuths Lexikon der Baukunst, Bd. I–IV, Berlin 1929 bis 1932

Wedemeyer, Dr.-Ing.: Der Holzhausbau im Wohnungs- und Siedlungswesen, Bauwelt 12 (1921), H. 42, S. 611–614

Weis, U.: Rationalisierung des Bauwesens als Instrument der Stadtplanung, The Production of the Built Environment, 8. Burlett International Summer School, Dessau 1986, S. 109–115

Wettbewerb Sommer- und Ferienhäuser, Die Woche, 19. Sonderheft, Berlin 1911

White, R. B.: Prefabrication. A History of the Development in Great Britain, London 1965

Wichmann, H.: Aufbruch zum neuen Wohnen, Basel/Stuttgart 1978

Wingler, F. M.: Das Bauhaus 1919–1933, Bramsche/Köln 1962

Winter, K./Rug, W.: Innovationen im Holzhausbau. Die Zollbauweise, Bautechnik 69 (1992), H. 4, S. 190–197

Wohnungsbau, Der deutsche. Verh. und Ber. des Ausschusses zur Untersuchung der Erzeugungs- und Absatzbedingungen der deutschen Wirtschaft, Unterausschuß III, Berlin 1931

Wolgaster Holzhäuser Gesellschaft: Fünfzig Jahre Holzhausbau 1868–1918, Wolgast o. J.

Worbs, D.: Der Raumplan im Wohnungsbau von Adolf Loos, Akad. d. Künste Berlin (Hrsg.): Adolf Loos 1870 bis 1933. Raumplan – Wohnungsbau. Akademiekat. 140. Berlin 1984, S. 64–77

Wurm, H.: Vorgefertigte Bauwerke des 19. Jahrhunderts. Technikgeschichte 33 (1966), H. 3, S. 228–255

Zementindustrie und Wohnungsbauprogramm. Der Deutsche Baumeister 2 (1940), H. 11, S. 29

Ziehen, E.: Die deutsche Schweizerhausbegeisterung 1750 bis 1815, Frankfurt 1922

Ziffer, A./De Rentiis, Ch. (Hrsg.): Bruno Paul und die Deutschen Werkstätten Hellerau, Ausst.kat. Hellerau 1993

Zollinger, F. (Hrsg.): Merseburg (Deutschlands Städtebau), Berlin 1929[2]

Zur Nieden, J.: Zerlegbare Häuser, Berlin 1889

200 Jahre Lauchhammer, Lauchhammer 1925

Personenregister

Abel, Friedrich 157, 167
Anker, Alfons – siehe Luckhardt & Anker
Atterbury, Grosvenor 21, 22, 68, 119

Bartning, Otto 96, 266, 267, 291, 297, 304
Behrens, Peter 63, 69, 81
Berlage, Hendryk Petrus 22
Bertsch, Karl 165, 167, 171, 172, 176
Blecken, Heinrich 214–219
Bodelschwingh, Friedrich von 46
Bötticher, Karl 24, 69
Bogardus, James 16
Bonatz, Paul 102
Breuer, Marcel 226, 251
Brück, Georg 58
Brüning, Heinrich 100, 239

Canthal, P. M. 297, 305
Coignet, François 19, 53
Conzelmann, John F. 22, 23

Damaschke, Adolf 45
Delavelaye 17, 18
Dischinger, Franz 273
Doecker, G. O. 37
Drömmer, Peter 226, 230

Ebeling, Siegfried 226, 233, 234
Edison, Thomas A. 20, 21, 56, 57, 65, 68
Ehmsen, Heinrich 226, 233
Eiermann, Egon 290, 303
Einstein, Albert 162
Elingius & Schramm 213–215

Fieger, Carl 221, 222, 250
Fischer, Alfred 283
Förster, Frigyes 235
Forbát, Fred 116
Franck, Wilhelm 62
Frank, Josef 107, 223, 225
Fritz, Hans 137

Gascard, Dirk 297, 305

Gehlhaar, H. 139
Gellhorn, Alfred 226, 291, 301, 303
Goecke, Theodor 57, 74
Gropius, Walter 63–67, 71, 76, 77, 91, 93, 95, 96, 98–100, 116, 120, 131–135, 146, 149, 194–196, 206, 227, 239, 258, 267, 291, 292
Gurlitt, Cornelius 96

Häring, Hugo 143, 291, 295, 298
Haesler, Otto 278, 280–283
Hall, John 15
Harms, Henry J. 22
Hassenpflug, Gustav 128
Hegemann, Werner 292
Heilemann, F. C. 50–52
Hempel, Oswin 172
Hengerer, Karl 42, 43
Hennebique, François 21
Hilberseimer, Ludwig 291, 297, 299
Hitler, Adolf 104
Högg, Emil 96
Hoffmann, Josef 220, 221
Hutchinson, C. S. 21

Ingeroll, Charles 107
Itten, Johannes 250

Jost, Wilhelm 176
Junkers, Hugo 101, 131, 226–235

Kelemen, J. 196
Klein, Alexander 110
Körber, Martin 261
Krafft, Robert 236
Kreis, Wilhelm 176

Landmann, Ludwig 125
Le Corbusier 63, 66, 144
Leonardo da Vinci 10
Lihotzky, Margarete – siehe Schütte-Lihotzky
Lilienthal, Gustav 43–49, 81
Lilienthal, Otto 43
Lissitzky, El 261
Loos, Adolf 44

Luckhardt & Anker 115, 116, 188, 192, 224, 226, 233, 242, 246, 284, 290
Ludwig, A. u. G. 71
Lübbert, Wilhelm 96, 99
Lüdecke, Gustav 173, 261

Mannesmann, Max 59–62
Mannesmann, Reinhardt 62, 107
May, Ernst 76, 95, 96, 107, 120, 124–131, 291
Mebes, Paul 96, 140, 244, 291, 303
Mendelsohn, Erich 226, 291, 300, 303
Meyer, Adolf 63, 117, 119, 131, 132
Mies van der Rohe, Ludwig 63, 90, 92, 107, 146, 284
Moholy-Nagy, László 250, 268
Molnár, Farkas 120, 123, 250
Muche, Georg 117, 254–258
Müller, Albin 74, 84, 155, 157, 158
Müller, Otto 114, 244
Muthesius, Hermann 58, 69, 81, 82

Napoleon III. 19
Nash, John 17
Naumann, Friedrich 71
Neufert, Ernst 104, 110, 303
Niemeyer, Adalbert 164, 169, 170
Niggemeyer, Robert 141, 143

Osthaus, Karl Ernst 67
Oud, Jacobus Johannes Pieter 91, 93, 136, 288
Owen, Robert 68

Paul, Bruno 119, 168, 172, 176
Paulick, Richard 90, 98, 254
Poelzig, Hans 101, 125, 146, 170, 172, 176, 291, 295, 297, 303

Rabitz, C. 58
Rading, Adolf 100, 188, 191, 265, 284, 285, 290

Ranger, M. 19
Rathenau, Emil 65, 67
Riemerschmid, Richard 68, 70, 101, 146, 147, 165, 166, 169, 170, 176, 195, 196, 199–201
Riese, Alexis 56
Riesold 13
Ritter, Hubert 114, 273

Salvisberg, Rudolf 178, 179
Say, J. B. 68
Schacht, Hjalmar 96, 100
Schäfer, Wilhelm 138
Scharoun, Hans 91, 119, 142, 143, 159, 199, 202–205, 264, 290, 295–297
Schinkel, Friedrich 16
Schmid, A. 225
Schmidt, Karl 71, 167, 169
Schmidt-Basel, Hans 107, 140, 145, 287, 288
Schmitthenner, Paul 96, 104, 206
Schmückler 249
Schultze-Naumburg, Paul 96
Schumacher, Fritz 107
Schütte-Lihotzky, Margarete 83, 84, 128
Schwartz, René 239
Schwemmle, Eugen 171, 173–175
Scott, Bailley 169
Semper, Gottfried 24
Shaw, Norman 20
Siedler, Jobst 96
Small, George G. 22
Snow, George 14, 15
Sommerfeld, Adolf 149, 177, 268
Speer, Albert 104
Spiegel, Hans 274–280
Stam, Mart 288
Struzyna, Paul 205, 206, 303

Tall, Joseph 19, 20
Taut, Bruno 44, 68, 73, 77, 78, 81, 89–91, 96, 99, 100, 120, 124, 135, 136, 148, 261, 290, 302, 303
Taut, Max 91, 108, 146, 183, 190, 191, 290, 303

Firmenregister

Tessenow, Heinrich 69
Türrschmidt 56

Urban, Paul 227, 228, 263, 264

Volkart, L. 102

Wachsmann, Konrad 76, 95, 100, 160, 167, 192–198, 290
Wagner, Martin 76, 78, 79, 81, 85–87, 90, 96, 98, 100, 119, 124, 290, 292, 303
Wilhelm II. 68
Wolf, Gustav 98
Wright, Frank Lloyd 58

Zeller 57
Zimmermann, W. O. 113
Zollinger, Fritz 57, 110–114
Zweigenthal, Klaus 297

Allgemeine Elektrizitätsgesellschaft, Berlin (AEG) 65, 67
Allgemeine Häuserbaugesellschaft AG Sommerfeld, Berlin (Ahag) 84, 110, 177–179

Bauhütte für Pommern, Stettin 88, 294, 295
Bellhouse, Manchester 17
Ferdinand Bendix Söhne, Berlin 42
Benzinger & Co, Freiburg i. Br. 62
Boswau & Knaur, Berlin 249
Braune & Roth, Leipzig 94, 208, 210, 211, 214, 257

A. Calmon, Hamburg 13, 42
Christoph & Unmack, Niesky 13, 37–41, 68, 74, 84, 95, 146–148, 150
Cohnfeld & Co, Freital 50
Czarnikow & Co, Berlin 62

Deutsche Barackenbaugesellschaft, Köln 148
Deutsche Kupferhaus Gesellschaft, Berlin 239, 272
Deutsche Magnesitwerke, Berlin 50
Deutsche Stahlhaus AG, Leipzig/Gleiwitz 214
Deutsche Werkstätten, Hellerau/München 85, 95, 102, 146, 147, 164–170
Deutsche Wohnungsfürsorge AG für Beamte, Angestellte und Arbeiter, Berlin (Dewog) 88, 119
Dyckerhoff & Widmann, München 140, 144

Eisenhütte, Bermsdorf 25, 26
Eisenhütte, Lauchhammer 26

Franz & Co., Wien 83, 84
Fürstenberg Häuserbau AG, Berlin-Oberschönweide 240

Gebrüder Böhler & Co AG, Wien 94, 222, 268, 303
Gebrüder Wöhr, Unterkochen 94, 208, 210, 268
Gemeinnützige Heimstätten Spar- und Bau AG, Berlin (Gehag) 88, 89
Gesellschaft für neue Bauweisen mbH, Berlin (Geneba) 192
Gewerkschaft Mannebach, Dortmund 57, 107
Grün & Bilfinger, Mannheim 107
Grünzweig & Hartmann, Ludwigshafen 42
Gutehoffnungshütte, Oberhausen 94, 220, 221, 241, 242

Gottfried Hagen, Hamburg 42, 148
Hirsch Kupfer- und Messingwerke, Finow 101, 235, 271
Holzhaus- und Hallenbau AG, München 196
Philipp Holzmann AG, Berlin 24, 95, 114, 130, 140, 233, 242, 244, 245, 295, 303
Holzwerke Grein, St. Nikola (Österreich) 183, 189
Höntsch & Co, Niedersedlitz 95, 179, 182–188

Junkerswerke Dessau 94, 226 bis 235

Carl Kästner AG, Leipzig 94, 212, 213, 255
Kossel Schnellbau, Bremen 113, 114, 274
Kraftbau AG, Berlin 108
Gustav Kunze, Berlin-Tempelhof 213, 221, 222

W. H. Lascelles, London 20
Lippmann, Schneckenburger & Cie, Batignolles 19
H. und M. Loesch, Karlsruhe 108
Friedrich W. Lohmüller, Güsten 183, 189

John Manning, London 15
Mathmah-Gesellschaft, Wiesbaden 137
Molling & Co, Berlin 206

R. Plate & Sohn GmbH, Hamburg 41, 42

Richter & Schädel, Berlin 139, 140, 248, 303
H. Roese & Co, Berlin 43

Siebel-Werke, Köln-Rath 72, 73, 84, 85, 148
Skillings & Flint, Boston 14
Stahlhaus GmbH, Düsseldorf 94, 214–219, 268

Terrast-Baugesellschaft mbH, Berlin-Lichterfelde 45
Wilhelm Tillmann, Remscheid 28
Torkret Gesellschaft, Berlin 242

Vogel & Noot, Wartberg 220, 221
Vulkanwerft Hamburg (Deutsche Schiffs- und Maschinenbau AG, Werk Vulkan), Hamburg 213–215

Albert Wagner, Ludwigshafen 247
Wayß & Freytag, Frankfurt/M. 58, 95, 107, 140, 243
Wolgaster Aktiengesellschaft für Holzbearbeitung (später Wolgaster Holzhäuser Gesellschaft), Wolgast 30–37, 84, 85, 179–183

Bildnachweis

Abbildungen aus Archiven

Akademie der Künste Berlin, Sammlung Baukunst: 117, 169, 170, 176, 215, 216, 218, 219, 251–53, 322, 346–352, 392, 429, 430, 435, 439, 459–461, 471, 472, 501–505, 508, 511, 514–516, 527, 529
Bauhausarchiv, Berlin: 101, 334, 335, 337, 354, 355, 447, 459 bis 461, 476–479
Bezirksbauamt Berlin-Reinickendorf: 28–31, 305–307
Bezirksbauamt Berlin-Weißensee: 77–79
Bodelschwinghsche Anstalten, Bielefeld, Hauptarchiv: 58, 59
Busch-Reißiger-Museum der Havard University, Cambridge Mass.: 474
Deutsches Museum, München: 90, 91
Deutsche Werkstätten Hellerau/ München, Werksarchiv: 261, 263, 266–268, 270, 271, 279, 280, 292, 293
Helmut Erfurth, Dessau: 394–398, 401–414, 454, 468, 507
Haniel-Archiv, Düsseldorf: 427
Kristiana Hartmann, Dortmund: 165
Jochen Haupt, Berlin: 86, 87
Louis Held, Weimar: 175
Hochschule für Architektur und Bauwesen Weimar, Bildarchiv: 456–458
Institut für Regionalentwicklung und Strukturplanung Berlin, Archiv: 50–54, 109, 188, 194, 212, 213, 255, 262, 462
Kreismuseum Wolgast: 38, 301
Landesarchiv Berlin: 61, 64–67, 69–74
Mannesmann AG, Düsseldorf: 94, 95
Frank-Heinrich Müller, Leipzig: 166, 167
Österreichisches Museum für angewandte Kunst Wien (Archiv Schütte-Lihotzky): 125, 126, 191, 192
Sächsische Landesbibliothek Dresden, Abt. Deutsche Fotothek: 21, 103, 104
Stadtplanungsamt Dresden, Foto-Archiv: 289, 290
TU München, Architekturmuseum: 341–345
Untere Denkmalbehörde, Düsseldorf: 484
Klaus Winter, Merseburg: 159, 161, 162
Renate Worel, Berlin: 260

Reproduktionen aus Büchern und Ausstellungskatalogen

J. Bartschat, Sommer- und Ferienhäuser: 208
H. Bayer/W. Gropius/I. Gropius, Bauhaus: 448
Beratungsstelle für Stahlverwendung, Stahlrahmenbau System Spiegel: 115, 486, 488 bis 491
A. W. Bunin, Geschichte des Russischen Städtebaues: 1
Christoph & Unmack, Nordische Holzhäuser, Kat.: 55–57
P. Collins, Concrete: 15–17
Das Deutsche Kunstgewerbe 1906: 105
Deutsche Kupferhaus-Gesellschaft Berlin, Kat.: 424, 425
Deutsche Werkstätten Hellerau/ München, DeWe Holzhäuser, Kat.: 264, 265, 272, 286
Deutscher Werkbund, Bau und Wohnung: 133–136, 500
Ders., Jahrbuch 1915: 110
W. Dexel, Das Wohnhaus von heute: 195
Ch. Eck, Traité de Construction en Poteries et Fer: 14
B. Flierl, Hans Schmidt, Beiträge zur Architektur: 212, 213
Josef Frank 1885–1967: 152, 153
Gehag, Die Gehag-Wohnung 1931, Ausst. Kat.: 132
J. Grobler, Das Eigenheim: 380
W. Gropius, Bauhausbauten Dessau: 198, 199, 201
A. Gut, Der Wohnungsbau in Deutschland nach dem Weltkrieg: 118, 235
O. Haesler, Mein Lebensweg: 496–499
Handbuch der Architektur Bd. III, 2, 1: 25, 26, 76, 81, 83
G. Herbert, The Dream of the Factory-Made House: 8, 332, 336, 415
Hirsch Kupfer- und Messingwerke, Kat.: 417, 418, 422
Historisches Jahrbuch der Stadt Graz Bd. 10: 22, 23
H. R. Hitchcock, Early Victorian Architecture: 10, 12
Hochschule für Architektur und Bauwesen Weimar, Ernst May, Ausst. Kat.: 190
Hochschule für angewandte Kunst Wien, Josef Frank: 152, 153
Höntsch & Co, Das deutsche Holzhaus, Kat.: 309–312
H. Hüfner, Greiz: 464–466
K.-H. Hüter, Das Bauhaus in Weimar: 450
G. Kistenmacher, Fertighäuser: 381
A. Kleinlogel, Fertigkonstruktionen im Beton- und Stahlbetonbau, 1. Aufl.: 209, 3. Aufl.: 151
T. Koncz, Handbuch der Fertigteilbauweise: 20
L. Lang, Das Bauhaus 1919–1933: 449, 452, 455
Langenbeck/von Voler/Werner, Die transparable Lazarettbaracke: 2–4, 6
Lauterbach/Jödicke, Hugo Häring: 220
N. Lieb, Die Fugger und die Kunst: 102
A. Müller, Holzhäuser: 243, 244
W. Nerdinger, Walter Gropius: 177
Ch. E. Pererson, Early American Prefabrication: 7
W. Petry, Betonwerkstein und künstl. Behandlung des Betons: 97, 98
P. Pfannkuch, Hans Scharoun: 250
RFG, Sonderheft 4 (1929): 184, 186, 187, 189
Ders., Technische Tagung 1929: 221, 428, 440
Reichskommissar für das Wohnungswesen, Ersatzbauweisen: 75, 124, 154
P. Riepert, Der Kleinwohnungsbau und die Betonbauweisen: 155
Riezler/von Pechmann, Die Ausstellung München 1908: 106, 107
H. Ritter, Leipzig: 480
E. Sekler, Josef Hoffmann: 384
A. Sigrist, Das Buch vom Bauen: 438
H. Spiegel, Der Stahlhausbau: 359–361, 363, 365, 368–372, 374, 383, 388, 389, 431, 432, 441, 469, 470, 481, 482
R. Spörhase, Wohnungsunternehmen im Wandel der Zeit: 160
R. Stegemann, Vom wirtschaftlichen Bauen, 7. Folge: 426, 487
B. Taut, Die Auflösung der Städte: 114
Ders., Die neue Baukunst: 385
W. Triebel, Geschichte der Bauforschung: 205
K. Wachsmann, Holzhausbau: 43, 249, 248, 254, 256, 257, 259, 275–277, 282–284, 326, 356

M. Wagner, Das wachsende Haus: 210, 473, 475, 509, 513, 518–526, 528, 530–533, 535, 536
Wolgaster Holzhäuser-Gesellschaft, 50 Jahre Holzhausbau: 299, 300

Reproduktionen aus Zeitschriften

ABC Beiträge zum Bauen, 1927/28: 506
Allgemeine Bauzeitung Wien, 1845: 13; 1850: 11
Architektur der DDR, 1981: 84
Das Baugewerbe, 1943: 149, 150
Baugilde, 1923: 138, 445; 1927: 366; 1932: 382
Der Baumeister, 1929: 390, 391; 1931: 386, 387
Bauwelt, 1914: 111, 112; 1929: 196, 197; 1931: 327–331; 1932: 324, 325
Dekorative Kunst, 1926/27: 279
Deutsche Bauzeitung, 1919: 121–123; 1920: 156, 157; 1934: 318
Deutsche Kunst und Dekoration, 1914: 113; 1925: 269
Das Deutsche Landhaus, 1905/06: 48, 49
Die Form, 1932: 512, 520, 522
Fronta Brünn, 1927: 451
Der Holzbau, 1920: 44, 46, 47, 226–230, 294, 295, 316
Das ideale Heim, 1927: 273, 274, 338–340
Moderne Bauformen, 1923: 245–247; 1929: 385; 1930: 278; 1933: 141–143
Der Neubau, 1926: 214
Das neue Frankfurt, 1926/27: 185
Offset Buch- und Werbekunst, 1926: 446
RFG Mitteilungen 33, 1929: 221, 254; 34, 1929: 448

Stein/Holz/Eisen, 1928: 206
Die Volkswohnung, 1919: 119, 120; 1920: 231, 232; 1922: 89
Wasmuths Monatshefte für Baukunst, 1925: 463; 1927: 358, 367, 373; 1929: 357, 375
Der Wohnungsbau in Deutschland, 1943: 144–147
Wohnungswirtschaft, 1926: 18, 19, 129, 179–181
Zentralblatt der Bauverwaltung, 1927: 207

Alle nicht aufgeführten Abbildungen stammen vom Verfasser